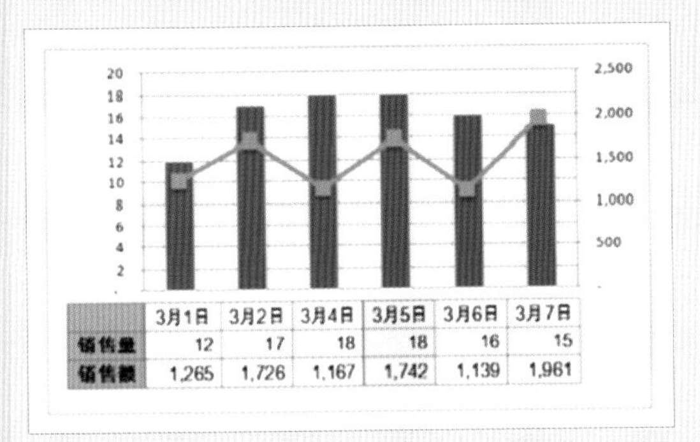

技巧 48 多种方法实现在图表中显示数据表

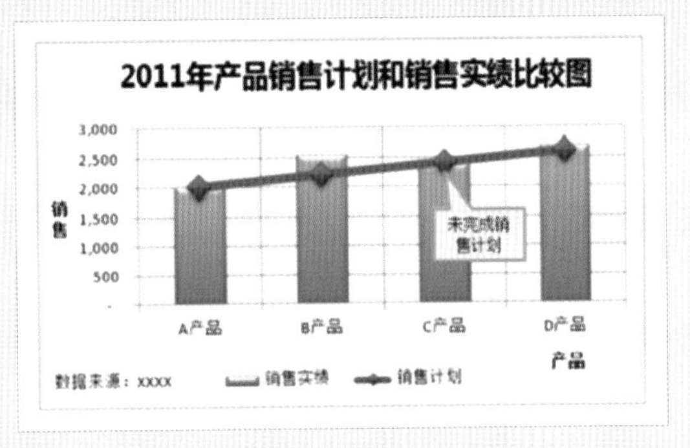

技巧 54 在图表中插入说明文字

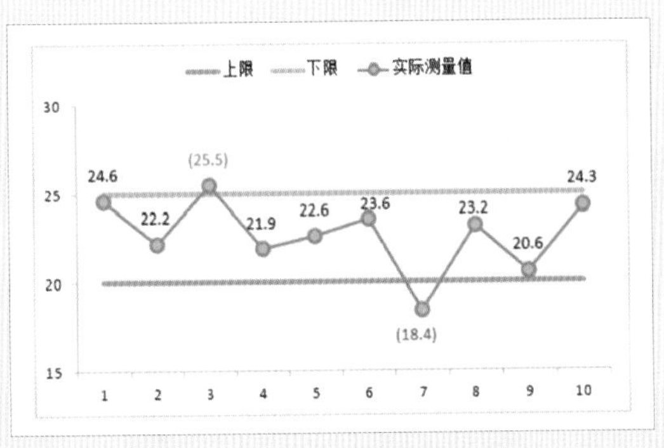

技巧 59 按条件变色的数据标签

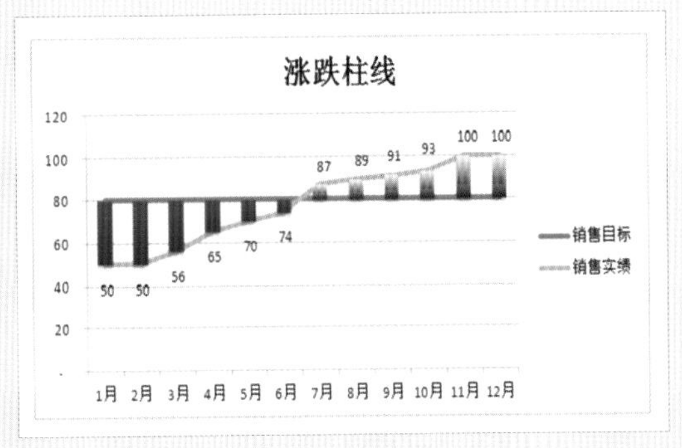

技巧 64 为图表设置涨跌柱线

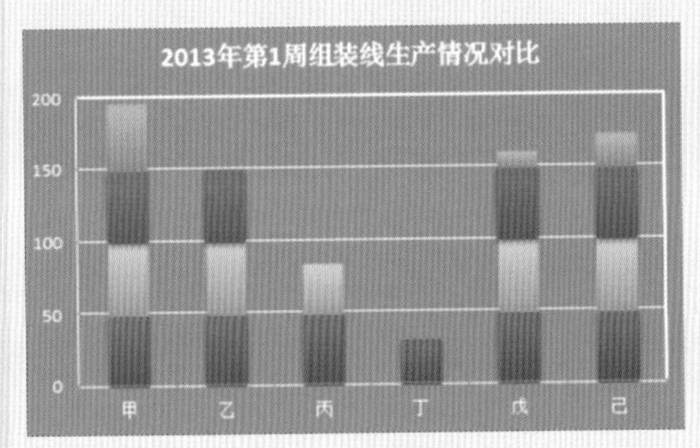

技巧 75 细分柱形图

技巧 77 大事记图

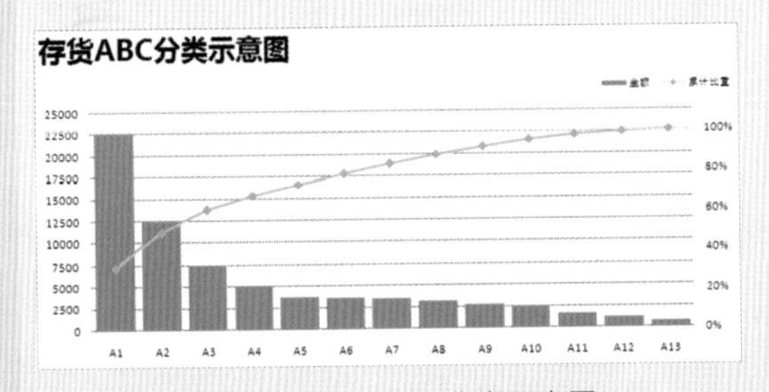

技巧 80 存货 ABC 分类示意图

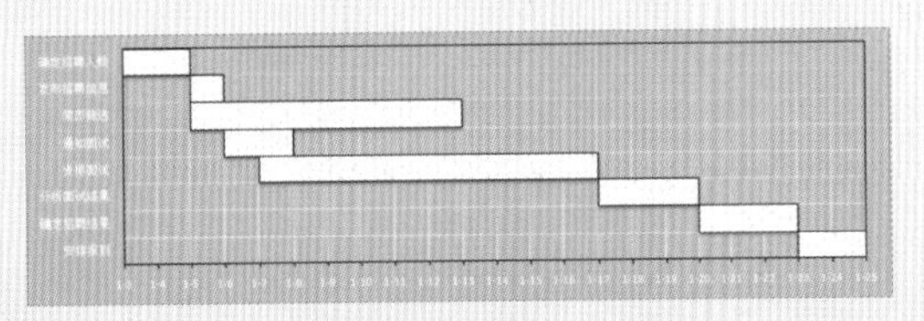

技巧 81 招募进度计划图

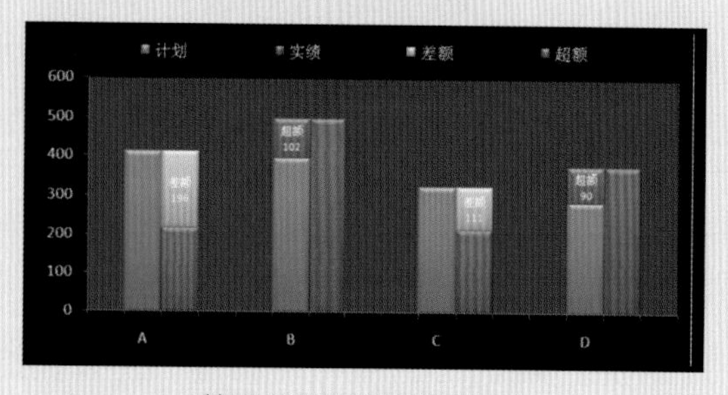

技巧 82 计划实绩对比图

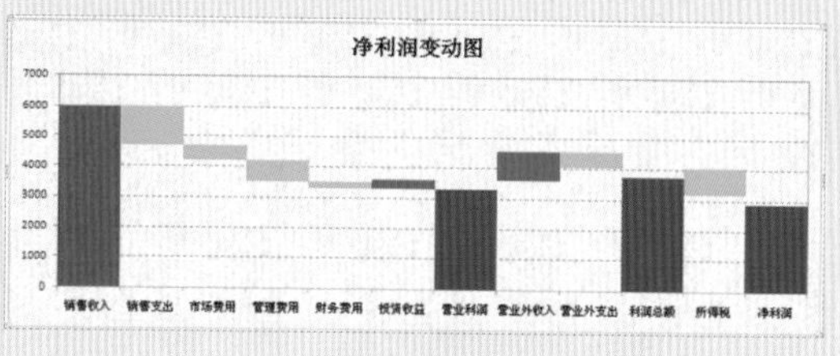

技巧 85 净利润变动图

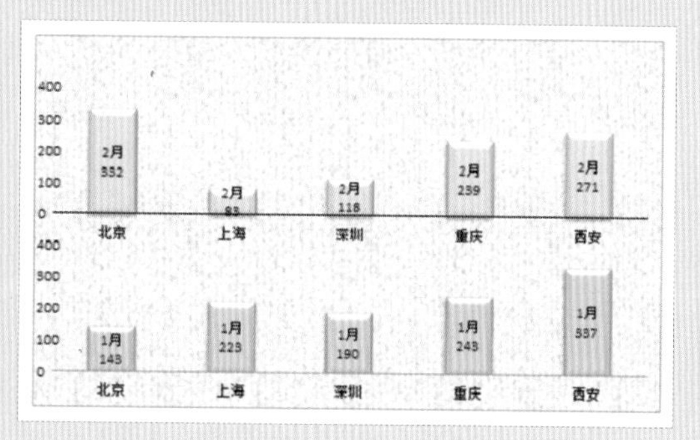

技巧 83 双层柱形图

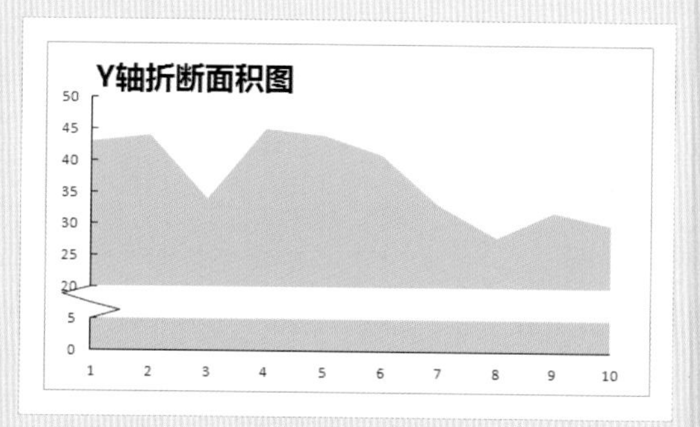

技巧 86 *y* 轴折断图

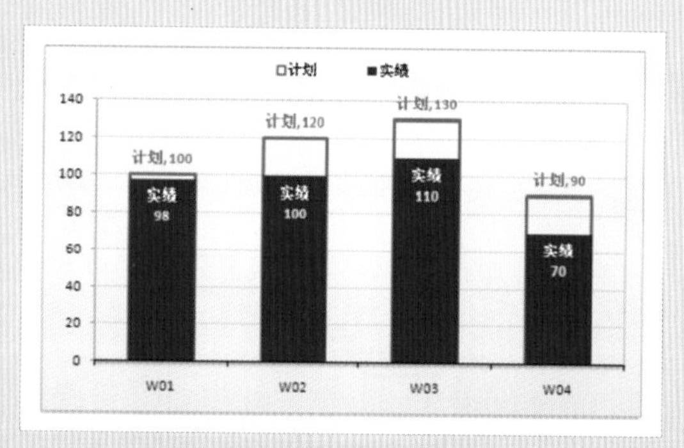

技巧 87 目标达成图

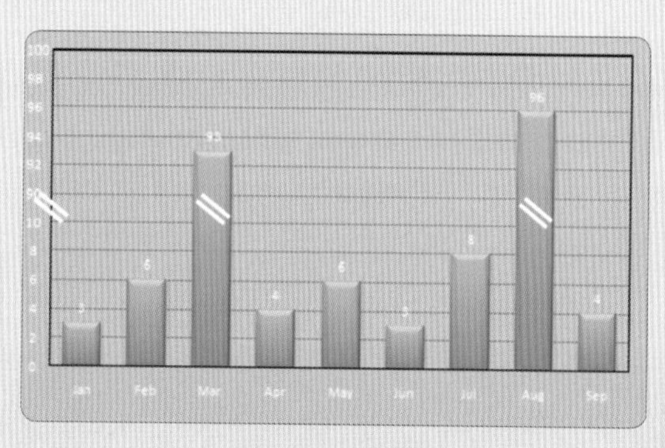

技巧 88 断层图

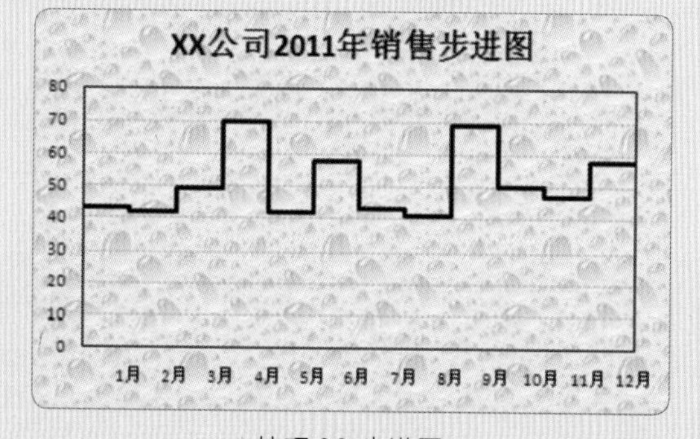

技巧 89 步进图

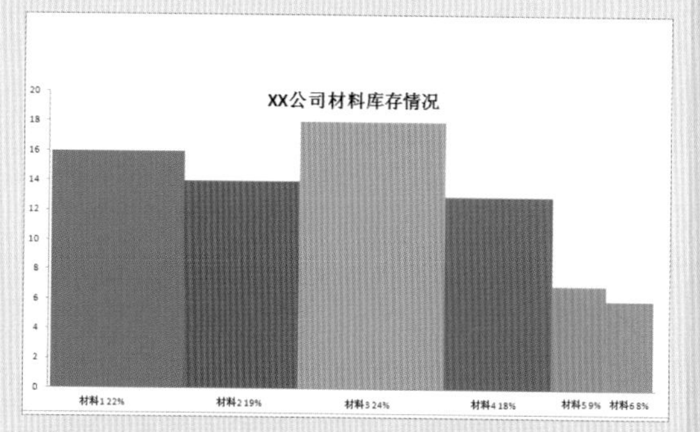

技巧 90 任意宽度的柱形图

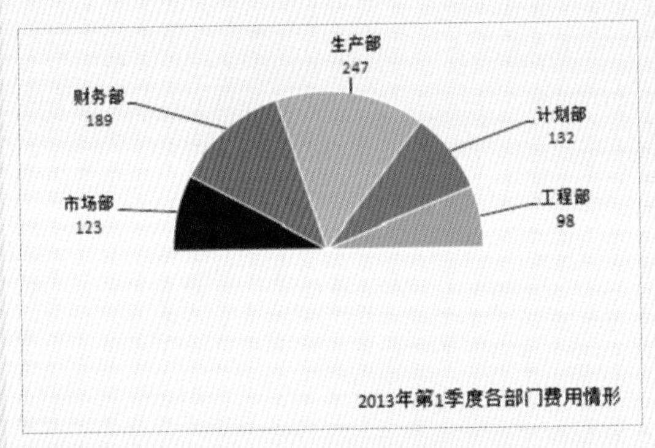

技巧 91 半圆型饼图

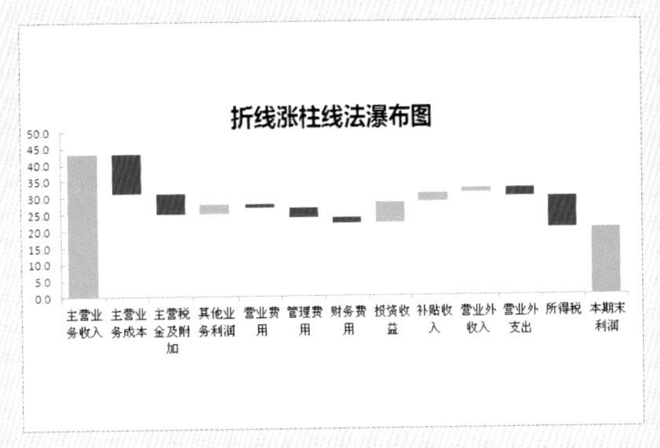

技巧 92 瀑布图

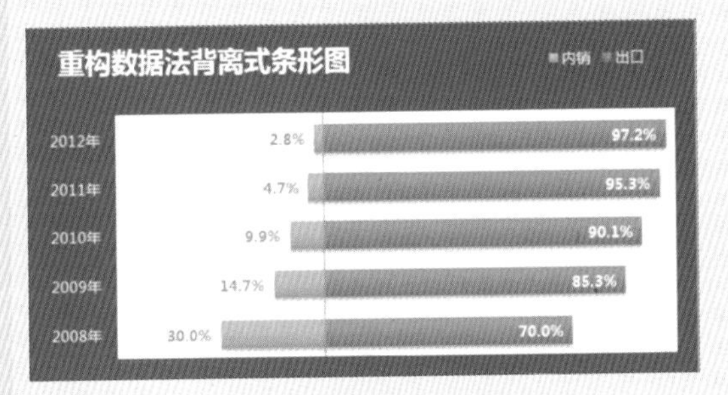

技巧 93 背离式条形图

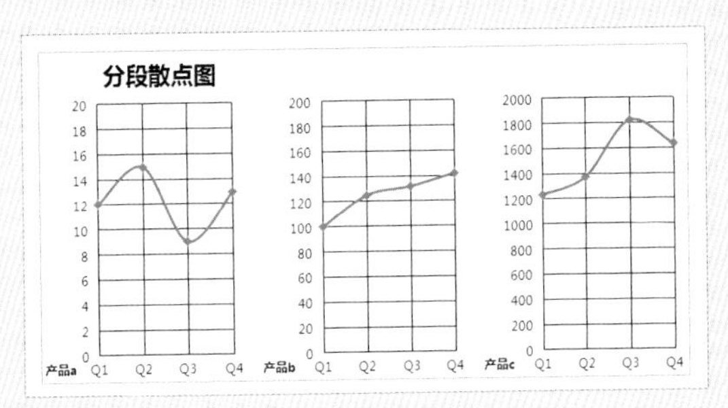

技巧 94 多 y 轴图

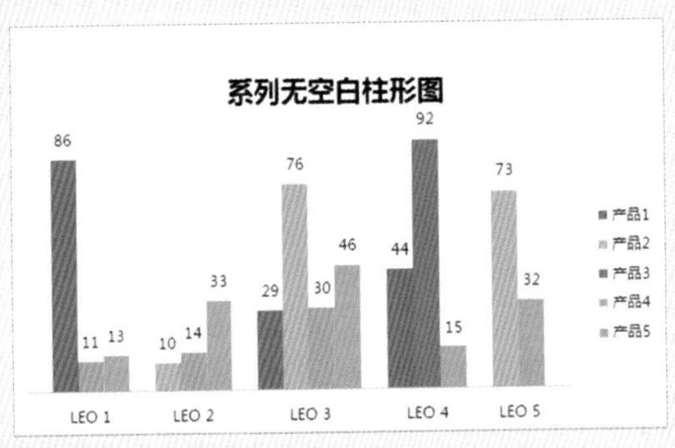

技巧 95 系列无空白柱形图

技巧 96 分值区间图

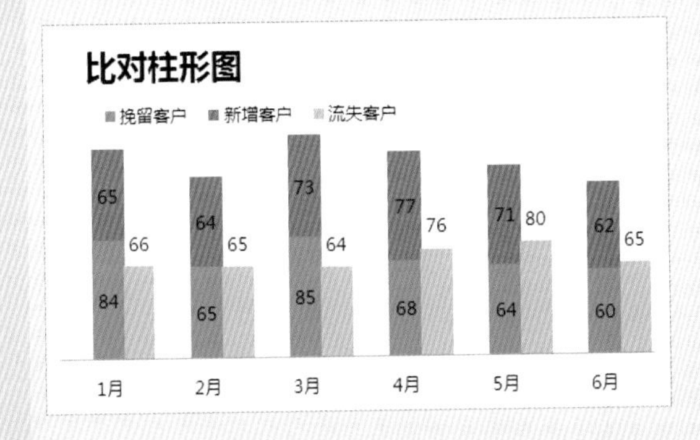

技巧 97 数据比对柱形图

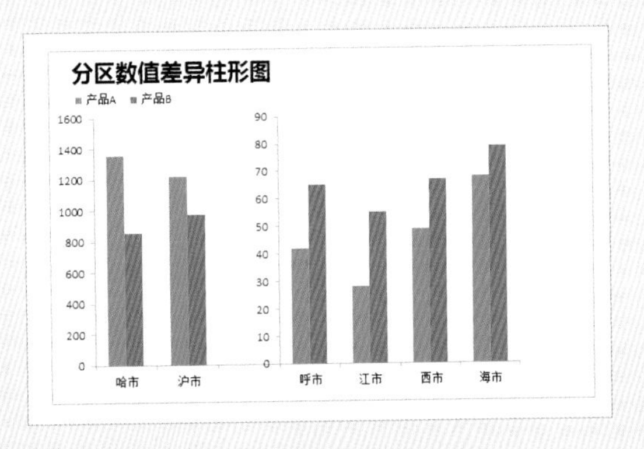

技巧 98 分区显示数值差异柱形图

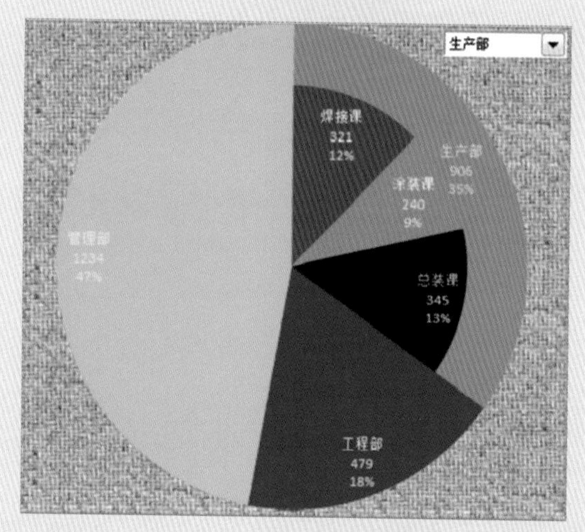

技巧 106 动态子母饼图

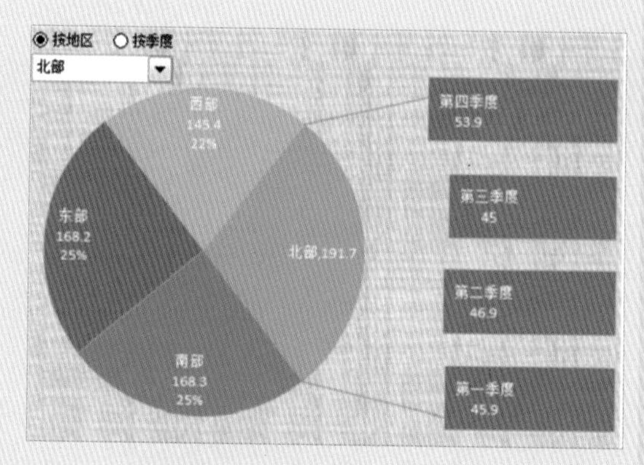

技巧 107 动态复合条饼图

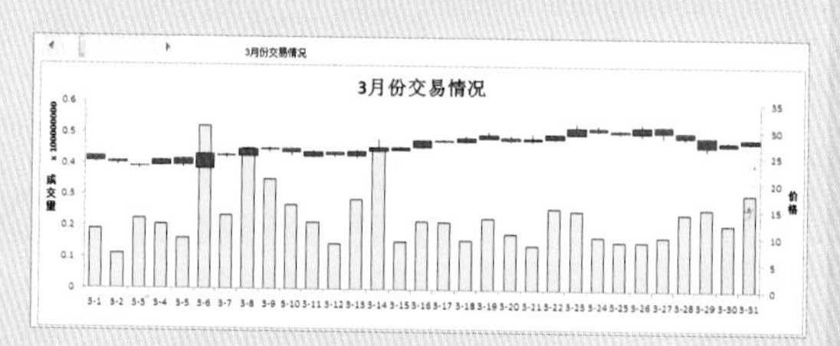

技巧 109 按月份查看的动态股票图

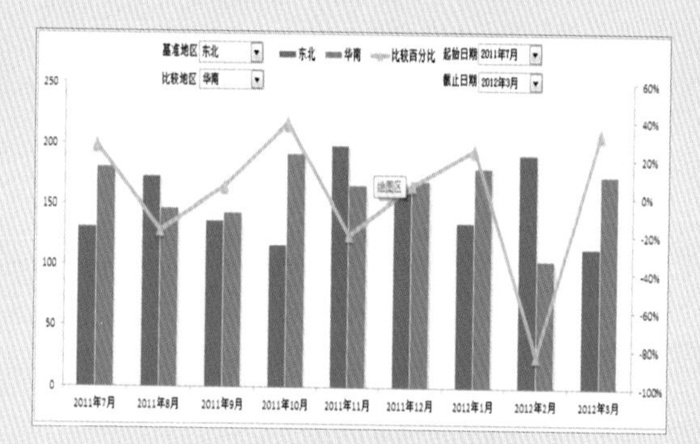

技巧 108 动态对比分析图

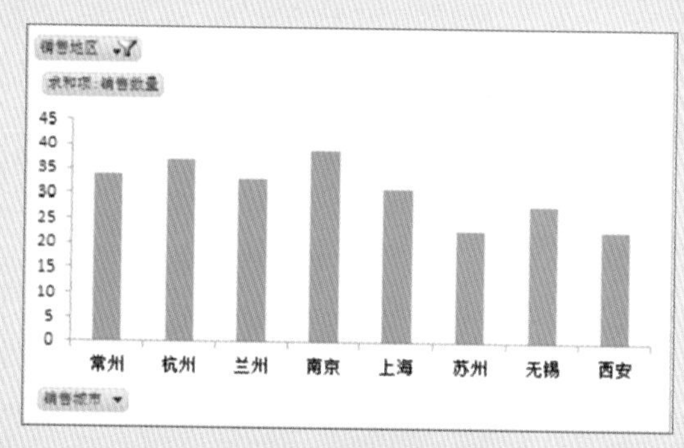

技巧 112 数据透视图

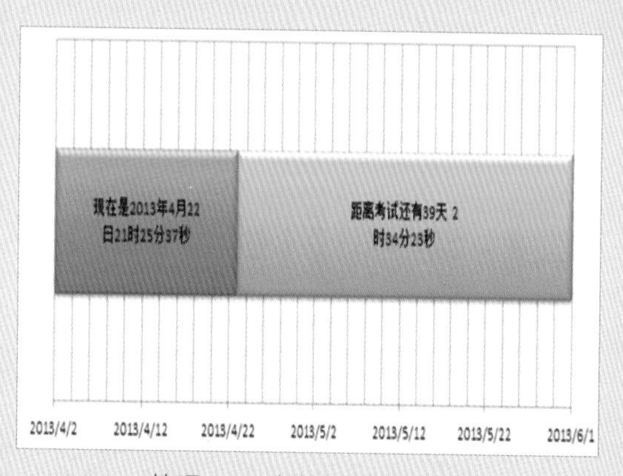

技巧 110 动态考试倒计时图

客户调查表

售后服务

调查项目	很满意	满意	不满意	完全不满意
交货期	12%	14%	3%	1%
价格	15%	18%	2%	2%
售后服务	22%	11%	9%	3%
服务响应时间	21%	5%	9%	1%
产品质量	18%	32%	1%	4%
产品包装	12%	6%	9%	5%
物流运输	31%	4%	6%	2%
其它	19%	9%	5%	3%
售后服务	22%	11%	9%	3%

技巧 115 客户满意度调查图

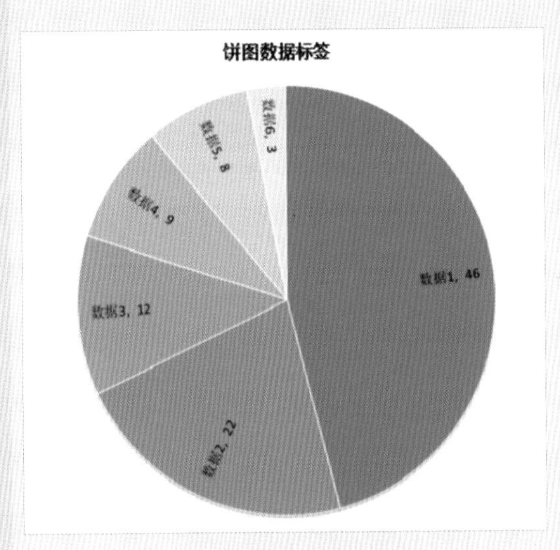

技巧 123 对齐的饼图数据标签

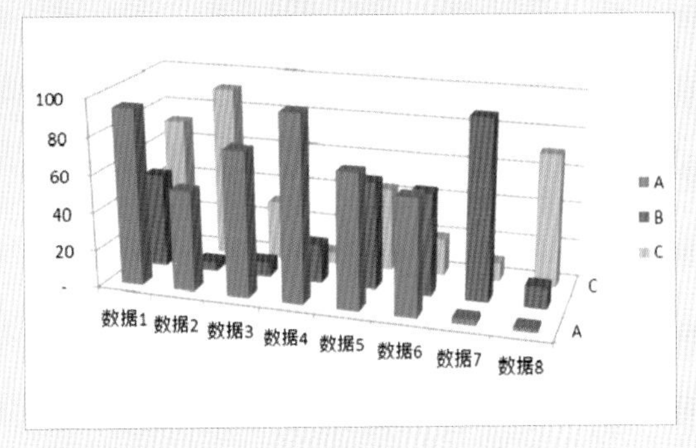

技巧 126 三维图表旋转展示

	数据1	数据2	数据3	数据4	迷你图
A	5	-2	-3	7	
B	-4	-10	5	1	
C	-10	8	8	9	
D	-6	-6	2	-1	

技巧 13 创建一组迷你图

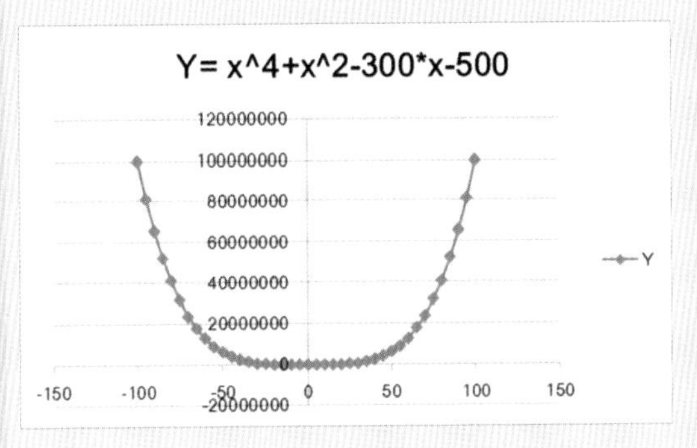

技巧 128 任意函数曲线图

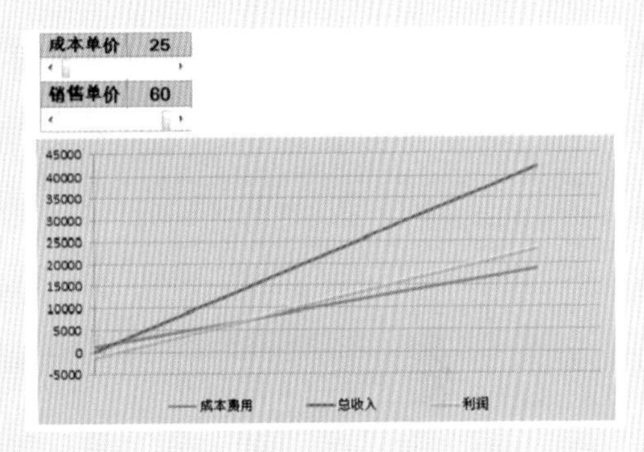

技巧 111 盈亏平衡分析图

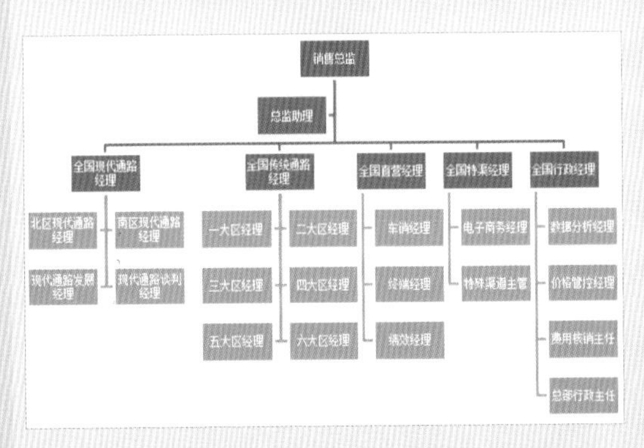

技巧 133 SmartArt 的使用

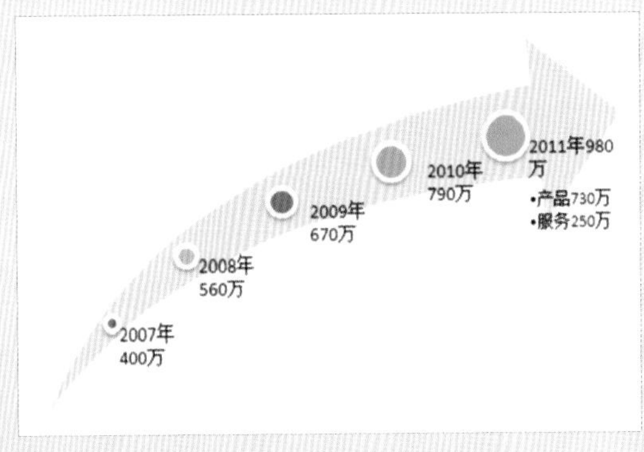

技巧 134 为 SmartArt 选择恰当的布局

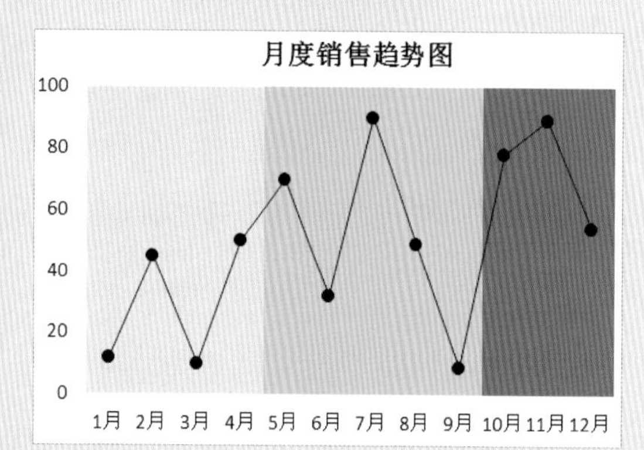

技巧 141 绘图区的纵向分割

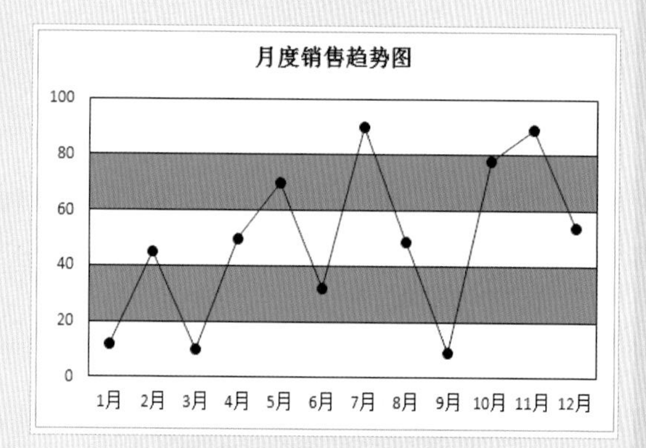

技巧 140 绘图区的横向分割

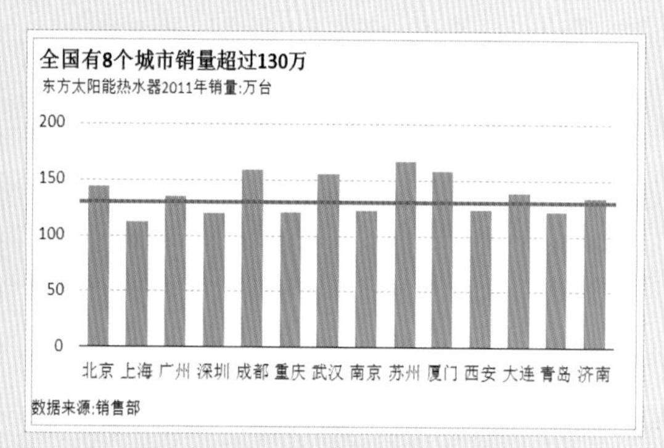

技巧 142 为图表添加横向参考线

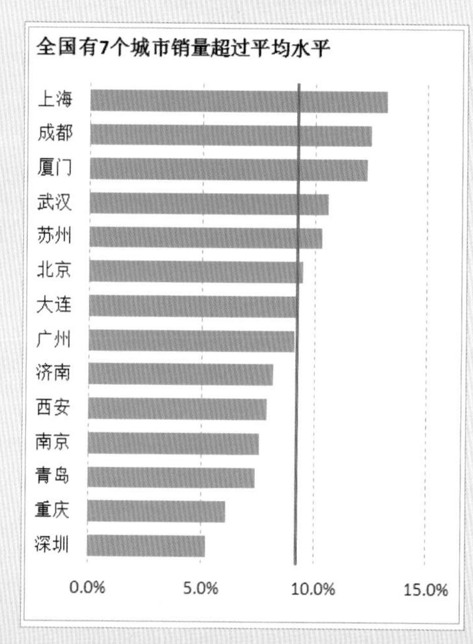

技巧 143 为图表添加纵向参考线

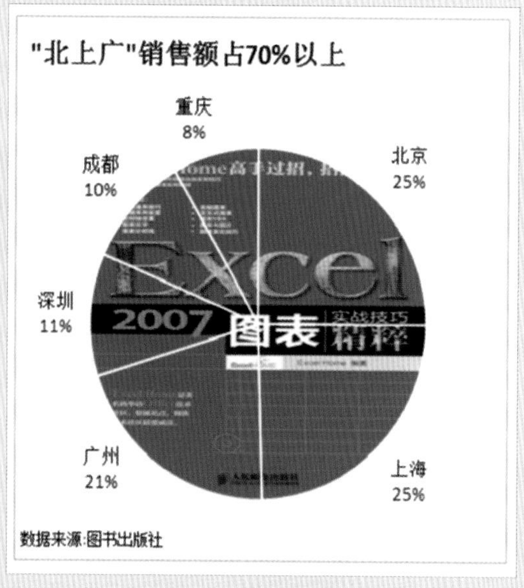

技巧 144 背景饼图

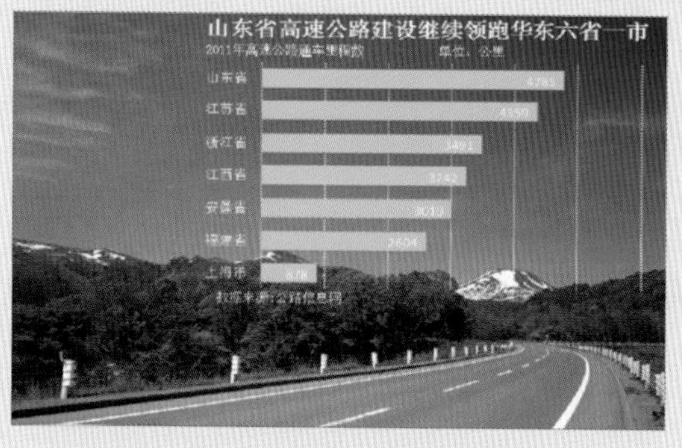

技巧 145 将背景图片与图表合二为一

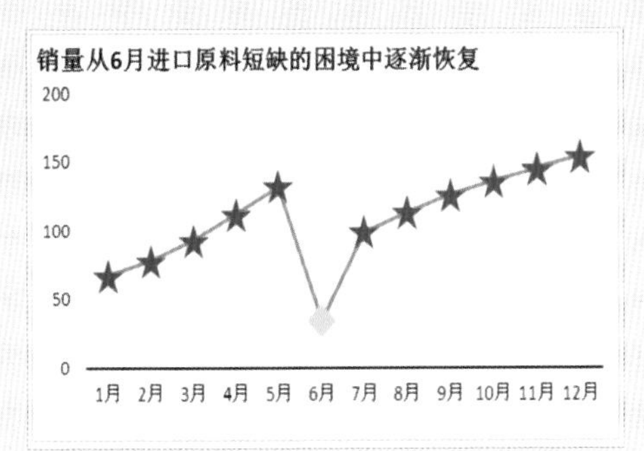

技巧 146 使用图形或图片设置系列格式

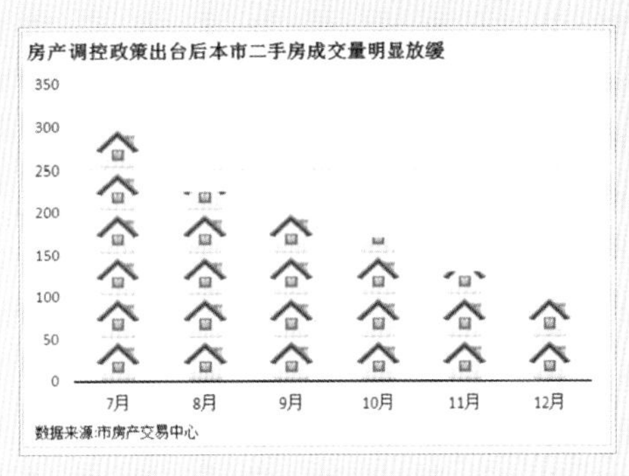

技巧 147 使用图片作为柱形图的系列格式

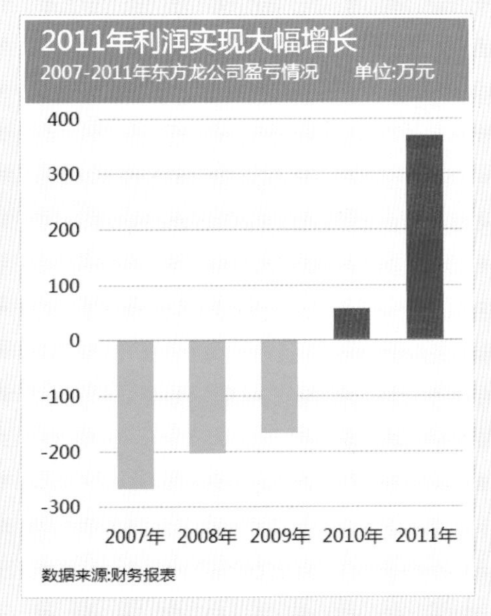

技巧 153 强调盈亏状况的柱形图

技巧 154 体现销售额构成变化的百分比堆积柱形图

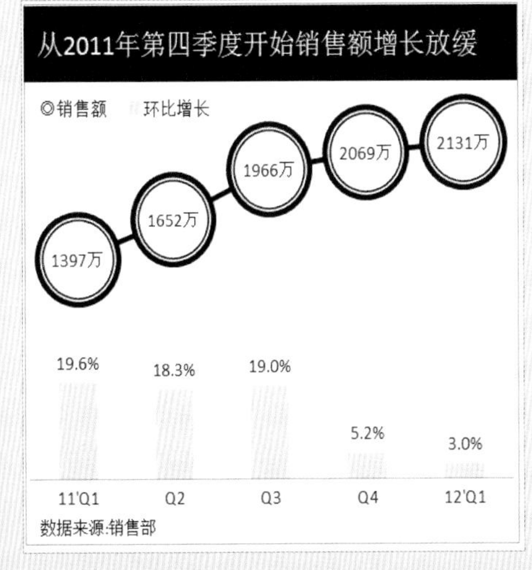

技巧 155 个性化的折线图数据标记

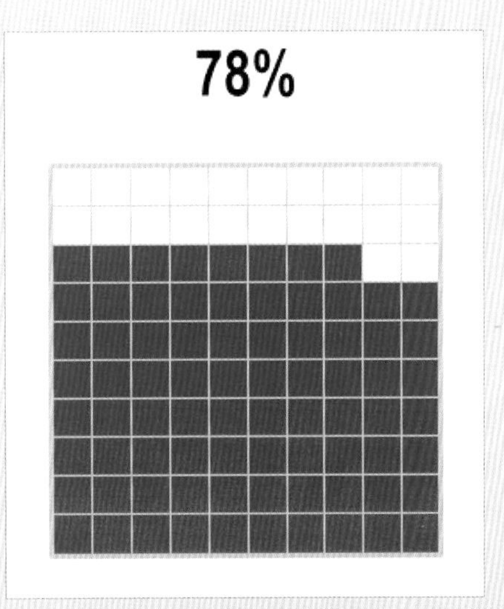

技巧 130 方格百分比图

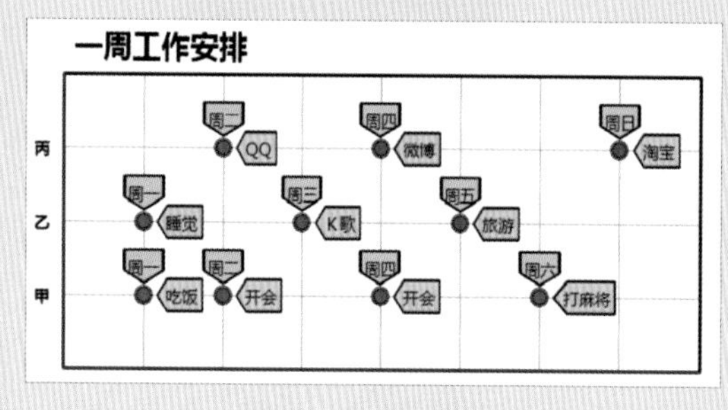

技巧 157 网格点图

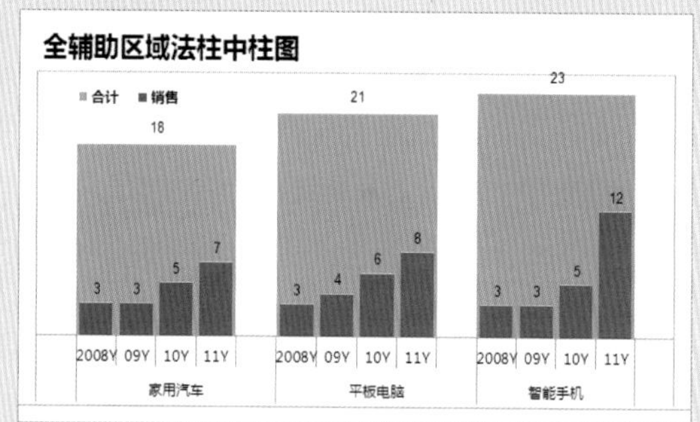

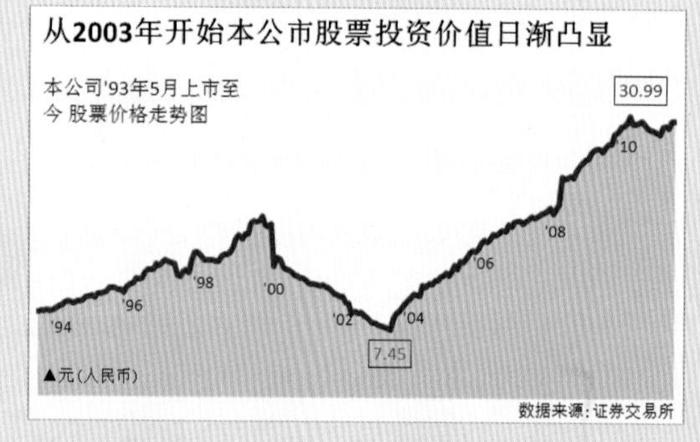

技巧 156 强调变化趋势的粗边面积图

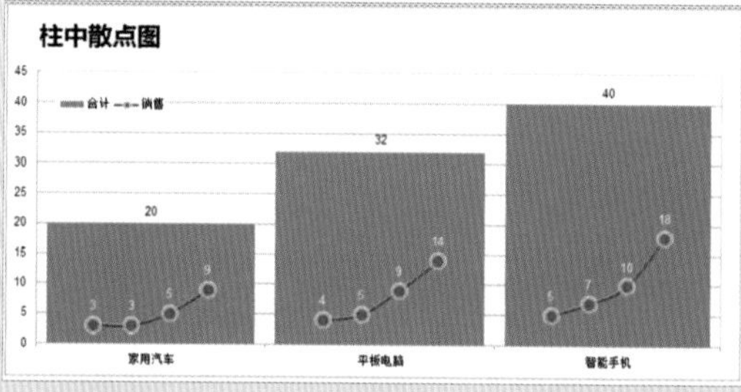

技巧 76 明细柱形图

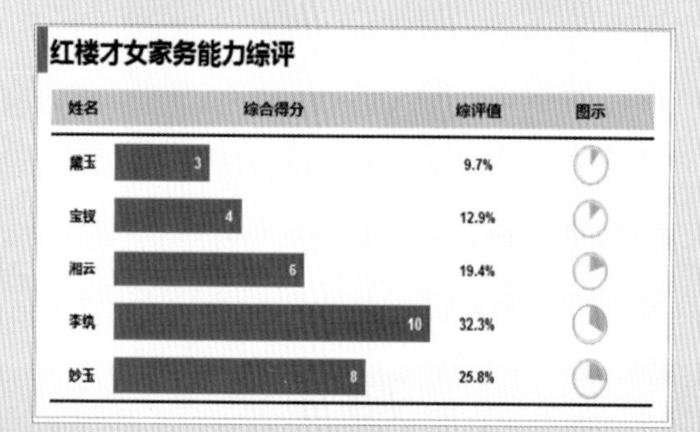

技巧 158 信息式图表

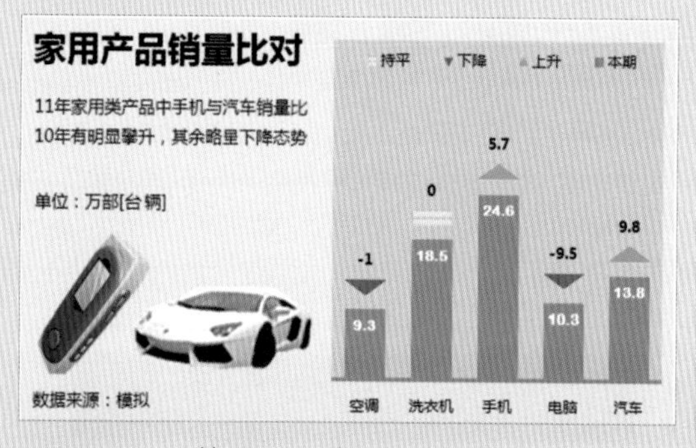

技巧 159 直示式比对图

红楼人物魅力指数

姓名	编号	相片	考核项目	综合得分
李纨	HL02009		魅力指数	15
妙玉	HL04011		魅力指数	11
史湘云	HL03008		魅力指数	9
贾探春	HL01009		魅力指数	6
薛宝钗	HL03004		魅力指数	5
林黛玉	HL03006		魅力指数	3

技巧 160 表样式图表

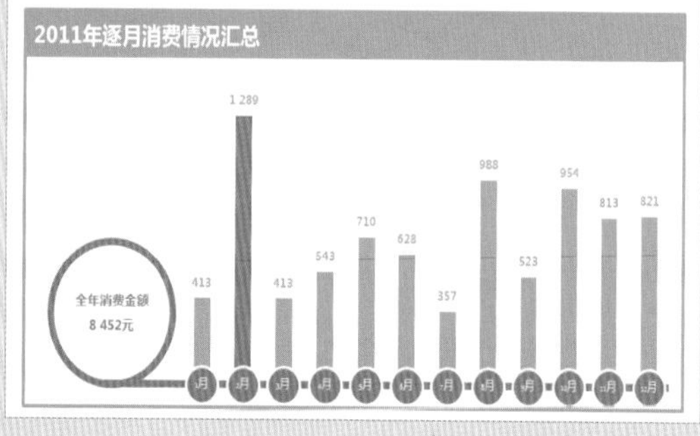

技巧 161 消费总分图

Excel 2010 图表 实战技巧精粹

Excel Home 编著

人民邮电出版社
北京

图书在版编目（CIP）数据

Excel 2010图表实战技巧精粹 / Excel Home编著. -- 北京 : 人民邮电出版社, 2013.12（2020.5重印）
ISBN 978-7-115-33572-2

Ⅰ. ①E… Ⅱ. ①E… Ⅲ. ①表处理软件 Ⅳ. ①TP391.13

中国版本图书馆CIP数据核字(2013)第259673号

内容提要

本书通过对Excel Home技术论坛中上百万提问的分析与提炼，汇集了用户在使用Excel图表过程中最常见的需求，通过160多个技巧的演示与讲解，将Excel高手的过人技巧手把手教给读者，并帮助读者发挥创意，灵活有效地使用Excel 2010图表。全书分为10章，首先介绍图表制作中经常使用的各种技巧，然后分别介绍数据系列技巧、坐标轴技巧、图表文字技巧、图表分析线技巧、高级图表技巧、交互式图表技巧、图表VBA技巧、图形与图片使用技巧和图表美化技巧等内容。

本书内容丰富，图文并茂，内容由浅入深，适合于各个学习阶段的读者阅读，能有效地帮助读者提高Excel 2010图表制作水平，提升工作效率。

◆ 编　　著　Excel Home
责任编辑　马雪伶
责任印制　程彦红

◆ 人民邮电出版社出版发行　北京市丰台区成寿寺路11号
邮编　100164　电子邮件　315@ptpress.com.cn
网址　http://www.ptpress.com.cn
固安县铭成印刷有限公司印刷

◆ 开本：787×1092　1/16
印张：29.75
字数：786千字　　2013年12月第1版
印数：16 701－17 500册　　2020年5月河北第16次印刷

定价：69.00元（附光盘）

读者服务热线：(010)81055410　印装质量热线：(010)81055316
反盗版热线：(010)81055315
广告经营许可证：京东工商广登字20170147号

前言

非常感谢您选择了《Excel 2010 图表实战技巧精粹》。

从书简介

Excel 按照其主要功能大致可以划分为五类，如下图所示。

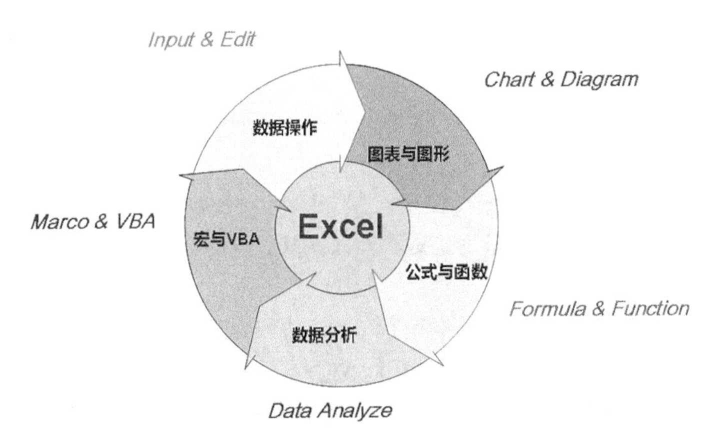

基于这样的划分标准，同时考虑到国内大部分用户已经升级到 Excel 2010 的现状，我们组织了多位来自 Excel Home 的中国资深 Excel 专家，继续从数百万技术交流帖中挖掘出网友们最关注或最迫切需要掌握的 Excel 应用技巧，并重新演绎、汇编，打造出基于 Excel 2010 的全新“精粹”系列图书。它们分别是：

- 《Excel 2010 数据处理与分析实战技巧精粹》
- 《Excel 2010 图表实战技巧精粹》
- 《Excel 2010 函数与公式实战技巧精粹》
- 《Excel 2010 VBA 实战技巧精粹》

作为《Excel 实战技巧精粹》的后续系列版本，全套图书秉承了其简明、实用和高效的特点，以及“授人以渔”式的传教风格。同时，通过提供大量的实例，并在内容编排上尽量细致和人性化，发挥 Excel Home 图书所特有的“动画式演绎”风格，以求读者能方便而又愉快地学习。

本书内容概要

全书包含绪论部分以及 10 章内容，由 161 个技巧组成，涵盖了图表制作的方方面面，由浅入深，适合各学习阶段的读者阅读。

绪论　向读者揭示了卓越图表的内蕴与核心，讲解了设计制作优秀图表必须了解的原则和思路。

第 1 章“图表通用技巧”主要讲述了图表制作中经常用到的各种技巧，可以帮助读者打下坚实的基础，轻松制作出合适的常规性图表。

第 2 章“数据系列”介绍了数据系列的构成和设置方法。熟练掌握设置数据系列和数据点技巧，是提高作图技能的重要环节。

第 3 章“坐标轴”通过对不同类型坐标轴的演示，设计出符合预期目标的图表。

第 4 章“图表文字”主要介绍设置文字格式、使用数字样式和动态文字等技巧，使图表主题表达得更加清晰明确。

第 5 章“图表分析线”揭示了数据点之间或数据点与坐标轴之间的关系，还可以显示数据点的变化趋势并预测数据的未来走向。

第 6 章“高级图表”展示了许多高级图表的应用场合和制作思路，而您所要做的只是按照其中所述的步骤按部就班地操作，就可以轻松地领略到这些高级图表的奥妙所在，并可将其直接应用到实际工作中。

第 7 章“交互式图表”介绍了多种制作动态图表的方法。动态图表扩展了图表显示的范围，也为制作大量相似图表避免不必要的重复劳动。

第 8 章“图表 VBA”介绍了使用宏和 VBA 控制图表的方法。VBA 可以使许多操作过程实现自动化，帮助我们批量地生成和修改图表，自动完成对图表对象的设置，同时避免了重复操作中产生的失误。

第 9 章“图形与图片”为您准备了许多制作和处理图形的技巧。您可以将漂亮的图形应用到工作表或图表中，令它们更加引人注目。

第 10 章“图表美化技巧”通过介绍图表颜色的搭配、图元素的使用原则和合理布局、以及利用图表模板和主题快速美化图表，制作出专业、美观的图表。

当然，要想在一本书里罗列出 Excel 图表与图形的所有应用技巧是不可能的事情，所以我们只能尽可能多地把最通用和实用的一部分挑选出来，展现给读者，尽管这些仍只不过是冰山一角。对于我们不得不放弃的其他技巧，读者可以登录 Excel Home 网站，在海量的文章库和帖子中搜索自己所需要的。

读者对象

本书面向的读者群是 Excel 的中、高级用户以及 IT 技术人员，因此，希望读者在阅读本书以前具备 Excel 2003 以及更高版本的使用经验，了解键盘与鼠标在 Excel 中的使用方法，掌握 Excel 的基本功能和对菜单命令的操作方法。

本书约定

在正式开始阅读本书之前，建议读者花上几分钟时间来了解一下本书在编写和组织上使用的一些惯例，这会对您的阅读有很大的帮助。

软件版本

本书的写作基础是安装于 Windows 7 操作系统上的中文版 Excel 2010。尽管如此，除了少数特别注明的部分以外，本书中的技巧也适用于 Excel 的早期版本，如 Excel 2003 和 Excel 2007，或者其他语言版本的 Excel，如英文版、繁体中文版。但是为了能顺利学习本书介绍的全部功能，仍然强烈建议读者在中文版 Excel 2010 的环境下学习。

菜单命令

我们会这样来描述在 Excel 或 Windows 以及其他 Windows 程序中的操作，比如在讲到对某个 Excel 工作表进行隐藏时，通常会写成：在 Excel 功能区中单击【开始】选项卡中的【格式】下拉按钮，在其扩展菜单中依次选择【隐藏和取消隐藏】→【隐藏工作表】。

鼠标指令

本书中表示鼠标操作的时候都使用标准方法："指向"、"单击"、"右键鼠标右键"、"拖动"、"双击" 等，您可以很清楚地知道它们表示的意思。

键盘指令

当读者见到类似<Ctrl+F3>这样的键盘指令时，表示同时按下 Ctrl 键和 F3 键。

Win 表示 Windows 键，就是键盘上印着⊞的键。本书还会出现一些特殊的键盘指令，表示方法相同，但操作方法会稍许不一样，有关内容会在相应的技巧中详细说明。

Excel 函数与单元格地址

书中涉及的 Excel 函数与单元格地址将全部使用大写，如 SUM( )、A1:B5。但在讲到函数的参数时，为了和 Excel 中显示一致，函数参数全部使用小写，如 SUM(number1, number2,...)。

阅读技巧

虽然我们按照一定的顺序来组织本书的技巧，但这并不意味着读者需要逐页阅读。读者完全可以凭着自己的兴趣和需要，选择其中的某些技巧来读。

当然，为了保证对将要阅读到的技巧能够做到良好的理解，建议读者可以从难度较小的技巧开始学习。万一遇到读不懂的地方也不必着急，可以先 "知其然" 而不必 "知其所以然"，参照我们的示例文件把技巧应用到练习或者工作中去，以解燃眉之急。然后在空闲的时间，通过阅读其他相关章节的内容，或者按照我们在本书中提供的学习方法把自己欠缺的知识点补上，那么就能逐步理解所有的技巧了。

写作团队

本书由周庆麟策划并组织，绪论部分由张敏编写，第 1 章～第 5 章由盛杰编写，第 6

章由叶仓会、崔学明编写，第 7 章由叶仓会编写，第 8 章由盛杰编写，第 9 章~第 10 章由张敏、崔学明编写，最后由盛杰和周庆麟完成统稿。

致谢

感谢 Excel Home 全体专家作者团队成员对本书的支持和帮助。

Excel Home 论坛管理团队和 Excel Home 免费在线培训中心教管团队长期以来都是 Excel Home 图书的坚实后盾，他们是 Excel Home 中最可爱的人。最为广大会员所熟知的代表人物有朱尔轩、林树珊、吴晓平、刘晓月、方骥、赵刚、黄成武、赵文妍、孙继红、王建民、周元平、陈军、顾斌等，在此向这些最可爱的人表示由衷的感谢。

衷心感谢 Excel Home 的百万会员，是他们多年来不断地支持与分享，才营造出热火朝天的学习氛围，并成就了今天的 Excel Home 系列图书。

后续服务

在本书的编写过程中，尽管我们的每一位团队成员都未敢稍有疏虞，但纰缪和不足之处仍在所难免。敬请读者能够提出宝贵的意见和建议，您的反馈将是我们继续努力的动力，本书的后继版本也将会更臻完善。

您可以访问 Excel Home 论坛，这里有我们开设的专门的板块用于本书的讨论与交流。

您也可以发送电子邮件到 book@excelhome.net，我们将尽力为您服务。

同时，也欢迎您关注我们的官方微博和官方微信，这里会经常发布有关图书的更多消息，以及大量的 Excel 学习资料。

目录

绪论　“智造”专业 Excel 图表

01　何谓专业 Excel 图表

图表（Chart）是指利用点、线、面等多种元素，展示统计信息的属性（时间性、数量性等），对知识挖掘和信息直观生动感受起关键作用的“图形结构”，是一种很好的将数据直观、形象地进行展示的“可视化沟通语言”。

图表的关键字是“图形结构”与“可视化沟通语言”，讨论它的发展过程就像讨论人类的发展过程。在史前文明阶段，原始人即创造了最初的信息图形，如图 01-1 所示。在人类任何一种文化中均发现，这些人造图形在语言还未出现之前就已经在表达人类的思想和情感。

接着人类用图标（象形文字）来记录牛和其他家禽、家畜，这些图像逐渐发展成我们现在的文字和字母，如图 01-2 所示。

图 01-1　洞穴壁画

图 01-2　象形文字

直至现在，看图仍然比阅读文字更容易获得信息。图形常常应用在信息需要被快速、简单解释的情况下，例如在标志、地图、报纸杂志、技术论文和教育活动中。为了使概念性的信息交流和扩展的过程更容易，图形作为一种工具被计算机专家、数学家和统计学家广泛地应用在所有科学领域。

我们生活在一个丰富多彩的现代社会，毫不夸张地说：“几乎所有的知识都来自于视觉。”人们也许无法记住一连串的数字，以及它们之间的关系和趋势，但是，可以很轻松地记住一幅图画或者一条曲线所展现的观点。

数据图表以其直观、形象的特点，能一目了然地反映数据的特点和内在的规律，能在较小的空间里承载较多的信息，以至于在当今的职场，用数据说话；用图表说话已经蔚然成风。可以说，这是商务沟通中的标准做法。

信息技术的发展为我们设计图表提供了许多方便高效的工具，Microsoft Office Excel 就是其中之一。但是，先进的工具并不总是能帮助用户制作出优秀的图表。在图表设计过程中，人们总是有意或无意地犯下这样或那样的错误，这些错误导致了图表的平庸、粗糙，让阅读者不知所云，甚至使图表所反映的数据不再客观和真实。

依据 GIGO 原则（Garbage In Garbage Out），当我们装入的是垃圾，出来的当然也是垃圾。因此，我们在设计图表时必须“从全局出发，从细节处着手”，运用科学的方法，才能制作出一份专业、精美的图表，从而达到“可视觉沟通”的目的。

著名图表视觉大师爱德华·塔夫特（Edward Tufte）曾经说过："图形表达应当使那些发现文字难于理解的观众感受到愉悦和乐趣"，同时也总结了，卓越的图表应当是：

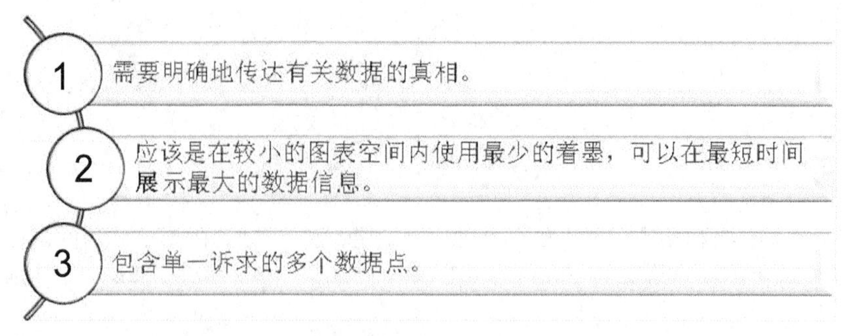

以上 3 点概括出，卓越图表应当具备 3 个重要的要素：真实、简明、丰富。

真实：首先图表所表达观点和传递的信息必须真实、准确，同时不可令读者产生歧义。我们经常在 Excel Home 技术论坛看到"有如下数据，请高手代为制作一幅图表"的求助帖，这样的求助很难得到好的解答，因为不同的出发点理解数据会有不同，观点不一样自然所作图表也会截然不同。在开始作图之前，必须考虑清楚这幅图表用来说明什么，要传递和表达何种信息。必须记住，图表是一门"沟通的语言"，因此在沟通之前就必须考虑清楚，我们需要"说"什么，怎样"说"才不会使听者产生歧义。

简明：其次是图表必须具有易读性，并且通俗易懂、简单明了。需要表达的观点和传递的信息应该直接可以从图表中轻松地获得。就如语言的发音一样，发音标准，吐词清晰，不要含糊不清或带着地方口音。千万不要犹抱琵琶半遮面地让读者去猜测这副图表到底要表达什么。

丰富：最后是图表设计的艺术性，图表是通过视觉的沟通传递来完成的，必须考虑到读者的欣赏习惯和审美情趣，这也是"视觉语言"区别于文字表达的艺术特性。

利用 Excel 只需要单击几下鼠标即可完成图表的制作，但制作一幅专业、精美的图表却需要科学的思路和方法才可能做到，不管我们是否意识到，图表的制作其实是一种设计过程。提到设计，大家可能会觉得高深莫测，而有意地回避。其实设计并不高深，设计是指有目标和步骤的创作行为，而图表的设计大致需要经过如下几个步骤。

Step 1　搜集数据

- 图表来源于数据，因此首先需要获取到真实、完整的数据。对于未经证实的数据需要进一步确认数据的可信度，因为错误的数据比没有数据更可怕。另外，获取的数据必须完整，断章取义的数据将使图表呈现错误的结果。

Step 2　明确观点

- 有了数据之后，需要考虑如何将数据变化为"可视化语言"，有时还要应用统计学的知识对其进行整理、分析，进一步发掘其中蕴含的规律和观点。同时需要将数据进行适当的整理，例如排除无效数据、排序数据、归纳数据、突出显示某些特别的数据等。另外在这个环节中。可能会发现还有欠缺或未考虑到的情况，需要回到第一步再次收集数据。

Step 3　选择图表

- 通过对数据的整理和分析，我们已经对数据有了明确的观点和结论。根据不同的观点和结论需要考虑使用何种表达形式如何布局图表，因此如何选择图表类型不仅仅是数据本身，更重要的是你希望通过数据所表达的观点和结论。所谓"横看成岭侧成峰，远近高低各不同"，同样的

	数据，因为立场和价值判断，不同的人所发现的信息和得出的观点可能截然不同，那么选择的图表类型自然也就不一样。
Step 4	**考虑布局** ● 在确定了图表类型之后需要考虑如何布局和呈现图表，包括图表的所有元素，例如系列的叠放层次、坐标轴的位置、标题的位置、是否需要图例、如何添加文字等，这些内容应该和眼球（视线）在图表上移动的轨迹相适应，决不可不假思索地简单堆砌。一般而言，眼球在完成对图表的直观判断后，往往从图表的左上角开始，然后向下再向右，按照字母"F"的形式浏览图表，不难发现多数出版物、电脑应用软件都设计成左上角为主要聚焦区，因此我们也需要要沿着这条线路放置标题、图例、绘图区、辅助信息等。
Step 5	**设计制作** ● 完成了上述工作后，才能开始 Excel 图表的实际制作阶段。在这里需要强调的是要运用"图表 + 所有 Excel 元素"来做图表，充分发挥想象力，不要被 Excel 默认的图表规则束缚了这种想象力。无论简单或复杂的图表。内在的基础构图元素都是由点、线、面和文字所构成，这些元素的层次组合形成了图表空间位置结构。而本书也将尽最大可能地向大家阐述制作图表的各种方法和技巧。
Step 6	**美化改进** ● 当完成图表的制作之后，我们应该将图表作为一件艺术品来美化和修饰图表上的每一个元素，例如颜色的组合、字体的选择、线条的粗细等。在很大程度上，正是这种无微不至的细节处理，才能体现图表的专业性。但必须说明的是，图表的美化必须以最大程度提高图表的阅读性为前提，不反对为了让图表更美观而合理地使用颜色，但绝对反对毫无理由、毫无意义地使用各种颜色，把图表搞得花里胡哨。
Step 7	**检查确认** ● 图表完成之后，需要站在阅读者的角度再次确认和检查。假想你是读者，你是否能轻松地理解图表所表达的观点和结论，图表的整体是否协调；是否让人感到心情愉悦；是否有多余的元素对理解产生困扰。在这里必须再次强调 GIGO 原则（Garbage In Garbage Out），当我们装入的是垃圾，出来的当然也是垃圾。

另外，图表并非全部，现在从事经营分析的人容易养成一种思维习惯，凡是数字就必用图表，有时候甚至是"分析不够图表凑"，似乎不用图表就不叫分析。但是，我们要知道何时不应该使用图表，如果表格或数字本身就可以很好地表达数据，那就没有必要再使用图表。

如图 01-3 所示，根据左侧表格数据制作的条形图，广州与其他城市的数据差异极大，而其他城市之间数据差异却不大。因此，不如直接对左侧的表格进行适当的格式设置，既简洁又清晰地表达数据，也许效果比使用图表更好，如图 01-4 所示。

要记住图表是一种图形化的"可视化沟通语言"，所有的一切图表元素必须以加强沟通为前提。本书将讲解一系列的图表制作技巧，帮助你制作媲美专业咨询报告和财经杂志的图表，提升数据说服力，提高“语言”的沟通能力和技巧，令读者信服你的观点，树立你的专业形象。

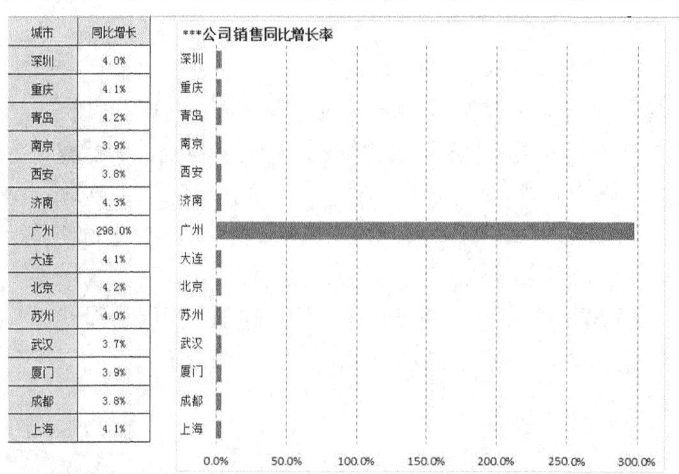

城市	同比增长
深圳	4.0%
重庆	4.1%
青岛	4.2%
南京	3.9%
西安	3.8%
济南	4.3%
广州	298.0%
大连	4.1%
北京	4.2%
苏州	4.0%
武汉	3.7%
厦门	3.9%
成都	3.8%
上海	4.1%

图 01-3　不必要的图表

城市	同比增长
深圳	4.0%
重庆	4.1%
青岛	4.2%
南京	3.9%
西安	3.8%
济南	4.3%
广州	298.0%
大连	4.1%
北京	4.2%
苏州	4.0%
武汉	3.7%
厦门	3.9%
成都	3.8%
上海	4.1%

图 01-4　用表格表达数据

02　选择恰当的图表类型进行表达

Excel 2010 图表包括 11 种图表类型：柱形图、折线图、饼图、条形图、XY 散点图、面积图、股价图、曲面图、圆环图、气泡图和雷达图。

柱形图和折线图是最常用的图表类型，柱形图主要表现数据之间的差异；折线图主要表现数据的变化趋势；柱形图和折线图一般可以互相转换使用，也可以在同一图表中组合使用。柱形图的变形即为面积图，柱形图旋转 90° 则为条形图。条形图主要按顺序显示数据的大小并可以使用较长的说明文字。饼图和圆环图都是展现数据的构成比例的图表，饼图只能展现一组数据；圆环图可以同时展现多组数据。因为可以同时设置 *xy* 两个坐标轴的坐标，XY 散点图和气泡图越来越多地应用到高级图表中，而股价图、曲面图和雷达图则更多地应用在专业图表领域。

建议采用的图表类型，如图 02-1 所示。

	建议采用图表类型						
应用范围	柱形图	折线图	饼图	条形图	面积图	散点图	其他图表
数据差异							
数据变化趋势							
数据构成比例							
数据相关关系							
部分数据明细							
立体图表							

图 02-1　建议采用图表类型

1. 柱形图

柱形图也称作直方图，是 Excel 2010 的默认图表类型，也是用户经常使用的一种图表类型。通常用来描述不同时期数据的变化情况或者描述不同类别数据（称作分类项）之间的差异，也可以同时描述不同时期、不同类别数据的变化和差异。例如描述不同时期的生产指标，产品的质量分布，或者不同时期多种销售指标的比较等。

柱形图包括 19 种子图表类型，如图 02-2 所示（括号中为该图表的 VBA 对象名称）。

- 簇状柱形图（xlColumnClustered）
- 堆积柱形图（xlColumnStacked）
- 百分比堆积柱形图（xlColumnStacked100）
- 三维簇状柱形图（xl3DColumnClustered）
- 三维堆积柱形图（xl3DColumnStacked）
- 三维百分比堆积柱形图（xl3DColumnStacked100）
- 三维柱形图（xl3DColumn）
- 簇状圆柱图（xl3DCylinderColClustered）
- 堆积圆柱图（xlCylinderColStacked）
- 百分比堆积圆柱图（xlCylinderColStacked100）
- 三维圆柱图（xl3DCylinderCol）
- 簇状圆锥图（xlConeColClustered）
- 堆积圆锥图（xlConeColStacked）
- 百分比堆积圆锥图（xlConeColStacked100）
- 三维圆锥图（xl3DConeCol）
- 簇状棱锥图（xlPyramidColClustered）
- 堆积棱锥图（xlPyramidColStacked）
- 百分比堆积棱锥图（xlPyramidColStacked100）
- 三维棱锥图（xl3DPyramidCol）

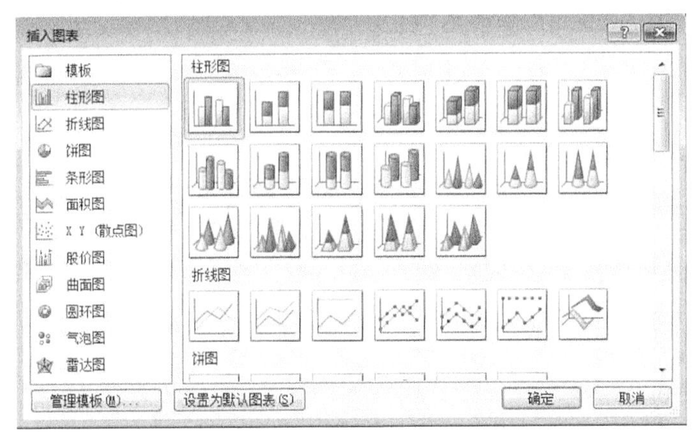

图 02-2 柱形图

2. 折线图

折线图是用直线段将各数据点连接起来而组成的图形，以折线方式显示数据的变化趋势。折线图可以清晰地反映出数据是递增还是递减、增减的速率、增减的规律（周期性、螺旋性等）、峰值等特征。因此，折线图常用来分析数据随时间变化的趋势；也可用来分析多组数据随时间变化的相互作用和相互影响。

例如，可用折线图来分析某类商品或是某几类相关的商品随时间变化的销售情况，从而进一步预测未来的销售情况。在折线图中，一般水平轴（*x* 轴）用来表示时间的推移，并且间隔相同；而垂直轴（*y* 轴）代表不同时刻的数据的大小。

折线图意在描绘趋势，但是当分类轴的时间跨度较大时，图表很可能会带有一定的欺骗性，因此用户应该在折线图与柱形图之间进行谨慎选择。

折线图包括 7 种子图表类型，如图 02-3 所示。

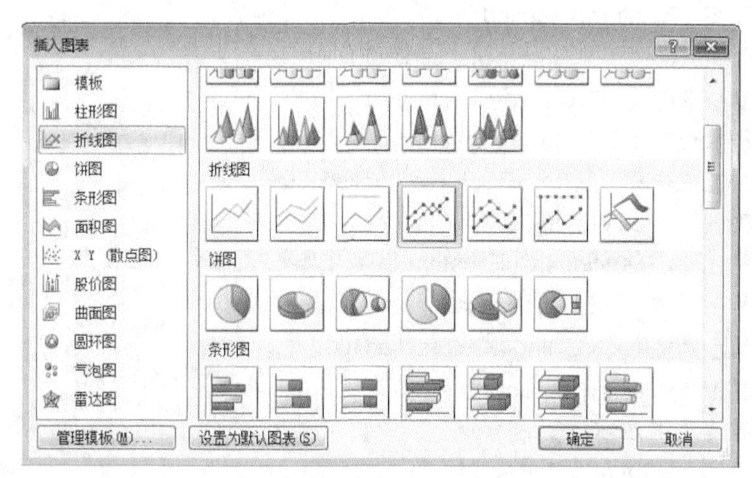

图 02-3　折线图

- 折线图（xlLine）
- 堆积折线图（xlLineStacked）
- 百分比堆积折线图（xlLineStacked100）
- 带数据标记的折线图（xlLineMarkers）
- 带数据标记的堆积折线图（xlLineMarkersStacked）
- 带数据标记的百分比堆积折线图（xlLineMarkersStacked100）
- 三维折线图（xl3DLine）

3. 饼图

饼图通常只用一组数据系列作为源数据。它将一个圆划分为若干个扇形，每个扇形代表数据系列中的一项数据值，其大小用来表示相应数据项占该数据系列总和的比例值。饼图通常用来描述比例、构成等信息。例如某基金投资的各金融产品的比例，某企业的产品销售收入构成，某学校的各类人员构成等。

饼图包括 6 种子图表类型，如图 02-4 所示。

- 饼图（xlPie）
- 三维饼图（xl3DPie）
- 复合饼图（xlPieOfPie）
- 分离型饼图（xlPieExploded）
- 分离型三维饼图（xl3DPieExploded）
- 复合条饼图（xlBarOfPie）

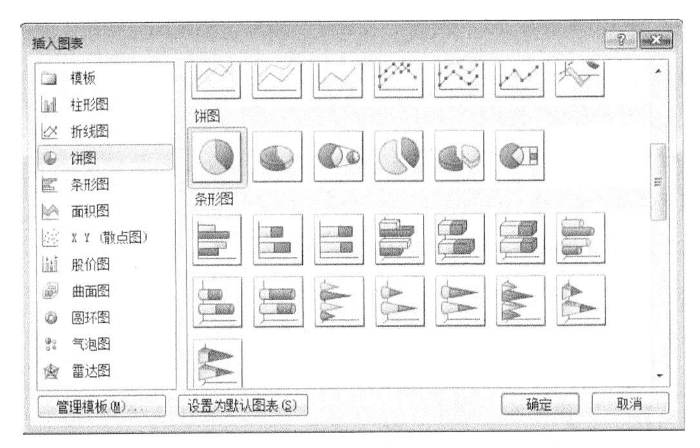

图 02-4　饼图

4. 条形图

条形图有些类似于水平的柱形图，它使用水平的横条来表示数据值的大小。条形图主要用来比较不同类别数据之间的差异情况。一般把分类项在垂直轴上标出，而把数据的大小在水平轴上标出，这样可以突出数据之间差异的比较，而淡化时间的变化。例如要分析某公司在不同地区的销售情况，可使用条形图在垂直轴上标出地区名称，在水平轴上标出销售额数值。

条形图包括 15 种子图表类型，如图 02-5 所示。

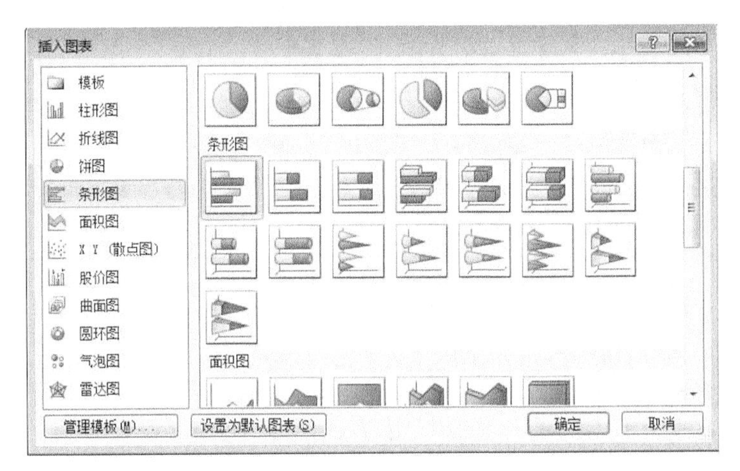

图 02-5　条形图

- 簇状条形图（xlBarClustered）
- 堆积条形图（xlBarStacked）
- 百分比堆积条形图（xlBarStacked100）
- 三维簇状条形图（xl3DBarClustered）
- 三维堆积条形图（xl3DBarStacked）
- 三维百分比堆积条形图（xl3DBarStacked100）
- 簇状水平圆柱图（xlCylinderBarClustered）
- 堆积水平圆柱图（xlCylinderBarStacked）

- 百分比堆积水平圆柱图（xlCylinderBarStacked100）
- 簇状水平圆锥图（xlConeBarClustered）
- 堆积水平圆锥图（xlConeBarStacked）
- 百分比堆积水平圆锥图（xlConeBarStacked100）
- 簇状水平棱锥图（xlPyramidBarClustered）
- 堆积水平棱锥图（xlPyramidBarStacked）
- 百分比堆积水平棱锥图（xlPyramidBarStacked100）

5. XY 散点图

XY 散点图显示了多个数据系列的数值间的关系，同时它还可以将两组数字绘制成 XY 坐标系中的一个数据系列。XY 散点图显示了数据的不规则间隔（或簇），它不仅可以用线段，而且可以用一系列的点来描述数据。XY 散点图除了可以显示数据的变化趋势以外，更多地用来描述数据之间的关系。例如几组数据之间是否相关，是正相关还是负相关，以及数据之间的集中程度和离散程度等。

XY 散点图包括 5 种子图表类型，如图 02-6 所示。

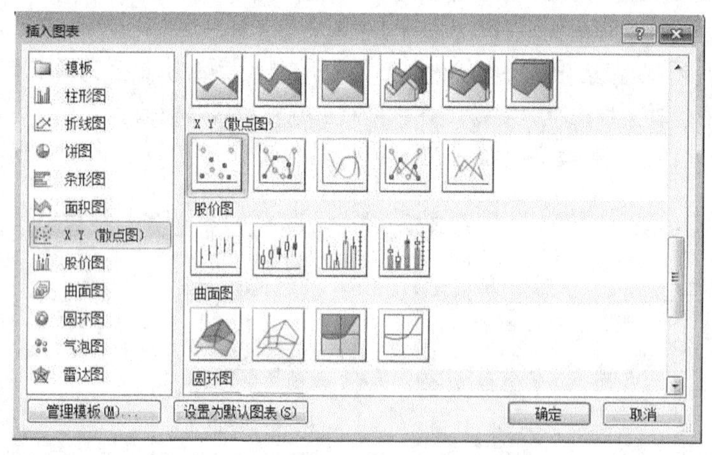

图 02-6　XY 散点图

- 仅带数据标记的散点图（xlXYScatter）
- 带平滑线和数据标记的散点图（xlXYScatterSmooth）
- 带平滑线的散点图（xlXYScatterSmoothNoMarkers）
- 带直线和数据标记的散点图（xlXYScatterLines）
- 带直线的散点图（xlXYScatterLinesNoMarkers）

6. 面积图

面积图实际上是折线图的另一种表现形式，它使用折线和分类轴（*x* 轴）组成的面积以及两条折线之间的面积来显示数据系列的值。面积图除了具备折线图的特点，强调数据随时间的变化以外，还可以通过显示数据的面积来分析部分与整体的关系。例如，面积图可用来描述企业在不同时期销售预实数据等。

面积图包括 6 种子图表类型，如图 02-7 所示。

- 面积图（xlArea）

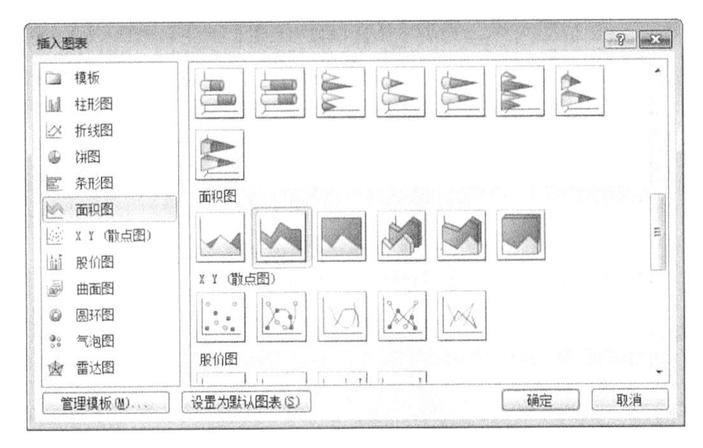

图 02-7 面积图

- 堆积面积图（xlAreaStacked）
- 百分比堆积面积图（xlAreaStacked100）
- 三维面积图（xl3DArea）
- 三维堆积面积图（xl3DAreaStacked）
- 三维百分比堆积面积图（xl3DAreaStacked100）

7. 股价图

股价图常用来显示股票价格变化。这种图表也常被用于科学数据，例如用来指示温度的变化。股份图包括 4 种子图表类型，如图 02-8 所示。

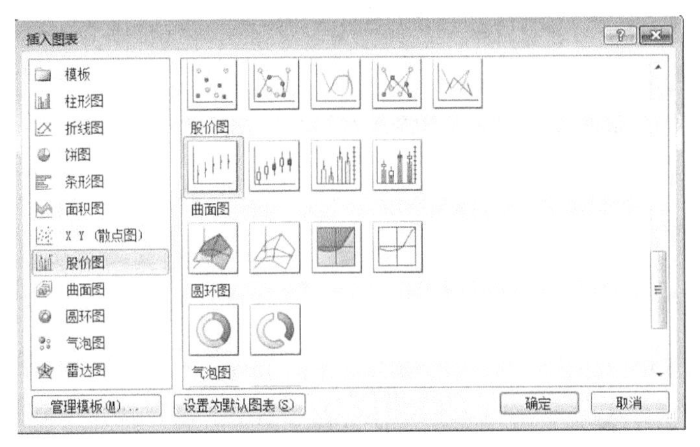

图 02-8 股价图

- 盘高-盘低-收盘图（xlStockHLC）
- 开盘-盘高-盘低-收盘图（xlStockOHLC）
- 成交量-盘高-盘低-收盘图（xlStockVHLC）
- 成交量-开盘-盘高-盘低-收盘图（xlStockVOHLC）

8. 曲面图

如果需要得到两组数据间的最佳组合，曲面图将很有帮助。例如在地形图上，颜色和图案表示具有相同取值范围的地区。曲面图实际上是折线图和面积图的另一种形式，它在原始数据的基础上，通过跨两维的趋势线描述数据的变化趋势，而且可以通过拖放图形的坐标轴方便地变换观察数据的角度。

曲面图包括 4 种子图表类型，如图 02-9 所示。

- 三维曲面图（xl3DSurface）
- 三维曲面图（框架图）（xl3DSurfaceWireframe）
- 曲面图（xlSurfaceTopView）
- 曲面图（俯视框架图）（xlSurfaceTopViewWireframe）

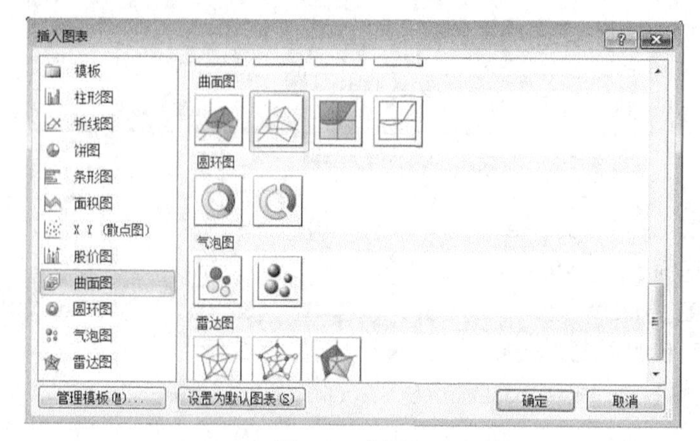

图 02-9　曲面图

9. 圆环图

圆环图与饼图类似，也是用来描述比例和构成等信息的，不同之处在于圆环图可以显示多个数据系列。圆环图由多个同心的圆环组成，每个圆环划分为若干个圆环段，每个圆环段代表一个数据值在相应数据系列中所占的比例。

圆环图除了具有饼图的特点以外，常用来比较多组数据的比例和构成关系。

由于圆环图中内环与外环在直径大小上有区别，因此很可能误导图表的阅读者，要谨慎使用。

圆环图包括两种子图表类型，如图 02-10 所示。

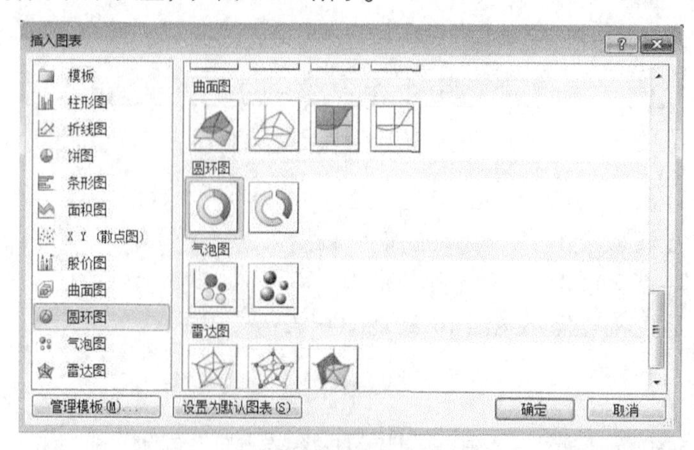

图 02-10　圆环图

- 圆环图（xlDoughnut）
- 分离型圆环图（xlDoughnutExploded）

10．气泡图

气泡图是 XY 散点图的扩展，它相当于在 XY 散点图的基础上增加了第三个变量，即气泡的尺寸。气泡所处的坐标分别对应水平轴（*x* 轴）和垂直轴（*y* 轴）的数据值，同时气泡的大小可以表示数据系列中第三个数据的值，数值越大，则气泡越大。所以，气泡图可以应用于分析更加复杂的数据关系。除了描述两组数据之间的关系之外，该图还可以描述数据本身的另一种指标。

气泡图包括两种子图表类型，如图 02-11 所示。

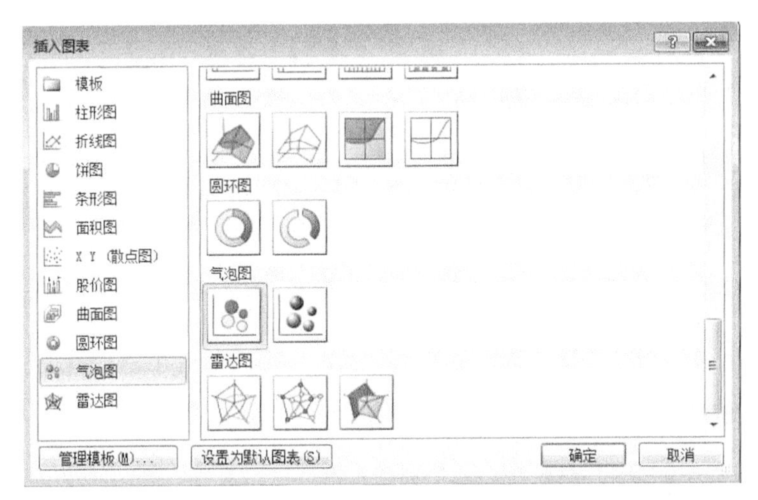

图 02-11 气泡图

- 气泡图（xlBubble）
- 三维气泡图（xlBubble3DEffect）

11．雷达图

在雷达图中，每个分类都使用独立的由中心点向外辐射的数值轴，它们在同一系列中的值则是通过折线连接的。雷达图通常由一组坐标轴和 3 个同心圆构成。每个坐标轴代表一个指标。同心圆中最小的圆表示最差水平或是平均水平的 1/2；中间的圆表示标准水平或是平均水平；最大的圆表示最佳水平或是平均水平的 1.5 倍。其中，中间的圆与外圆之间的区域称为标准区。

雷达图对于采用多项指标全面分析目标情况有着重要的作用，是诸如企业经营分析等分析活动中十分有效的图表，具有完整、清晰和直观的特点。

雷达图包括 3 种子图表类型，如图 02-12 所示。

- 雷达图（xlRadar）
- 带数据标记的雷达图（xlRadarMarkers）
- 填充雷达图（xlRadarFilled）

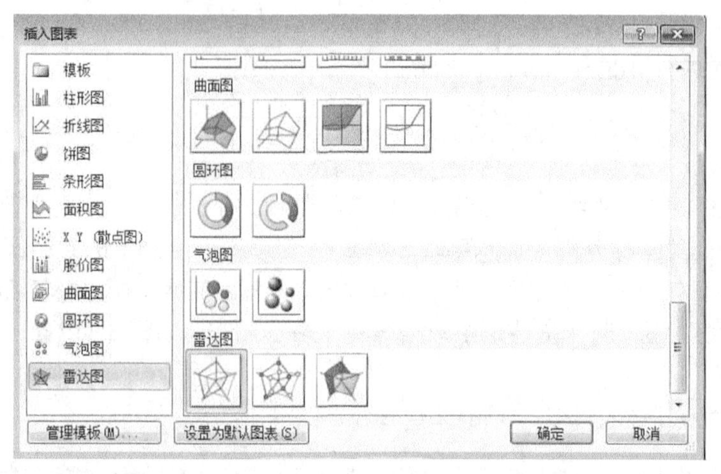

图 02-12　雷达图

03　合理的图表布局

布局合理的图表不仅有利于阅读者直观、轻松地读懂图表所表达的信息，往往还能给予大家专业、严谨的印象，使阅读者更加信赖图表所阐述的观点。

在图 03-1 中，两幅图表数据来源一致，仅凭直觉，我们也能判断出左侧的图表比右侧的图表显得专业，并且图表所表达的信息重点突出，使人一目了然。

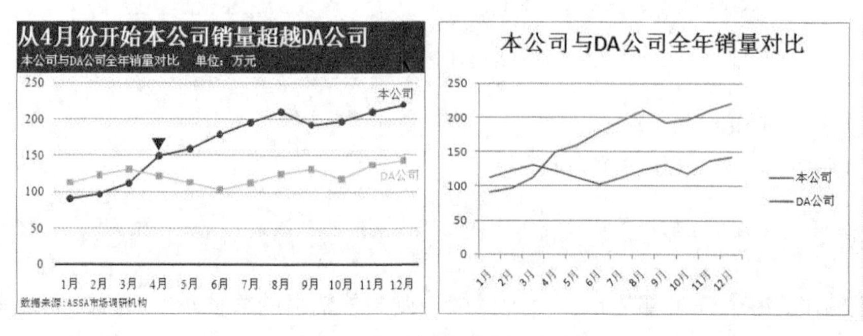

图 03-1　合理布局与不合理布局

分析图 03-1 的两幅图表，左侧的图表之所以优于右侧的图表主要是在图表布局上更合理、且具备了完整的图表元素，本技巧将介绍如何优化图表的布局以及完善图表元素。

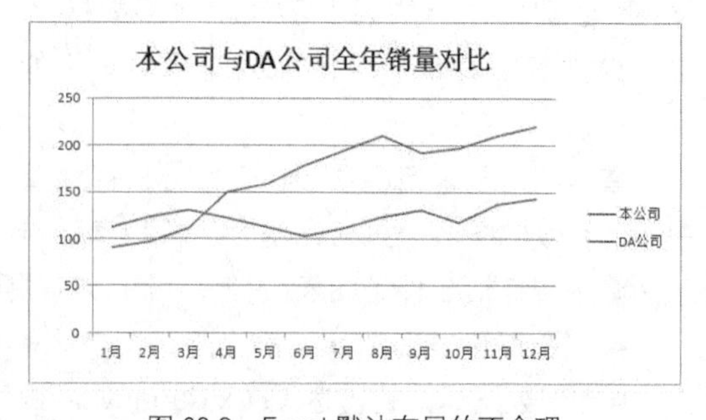

图 03-2　Excel 默认布局的不合理

图 03-1 右侧的图表是用 Excel 默认设置生成的，下面我们首先分析一下 Excel 默认设置在布局上有哪些不合理的地方，如图 03-2 所示。

分析上图，可以看出如下图表元素存在不合理之处：

- 主标题观点不明，且缺少副标题。
- 图表区空白区域较多，浪费版面，图表布局松散。
- 绘图区图表序列颜色相近，不易分辨和阅读。
- 垂直轴缺少必要的计量单位。
- 图例远离绘图区，未能起到辨识作用。
- 脚注区缺少必要的数据来源与相关信息。

通过分析专业的商业杂志图表，得出布局合理的图表应具备的元素包括：标题（主标题和副标题）、绘图区、图例、脚注。原则上除了图例在有些时候可以省略外，其他元素都是不可缺少的，下面将分别解释各个图表元素存在的意义和作用。

主标题的作用是对读者开门见山地表达图表传递的信息，避免图表信息被读者误读的风险，如图 03-3 所示。

从这幅图表中可以看出，面对一幅没有主标题的图表，读者可能做出不同的理解，是武汉的销量最高？还是广州的销量最低？又或是要表达其他的观点？为了避免误解，需要直接把要表达的主题作为图表的标题，如图 03-4 所示。

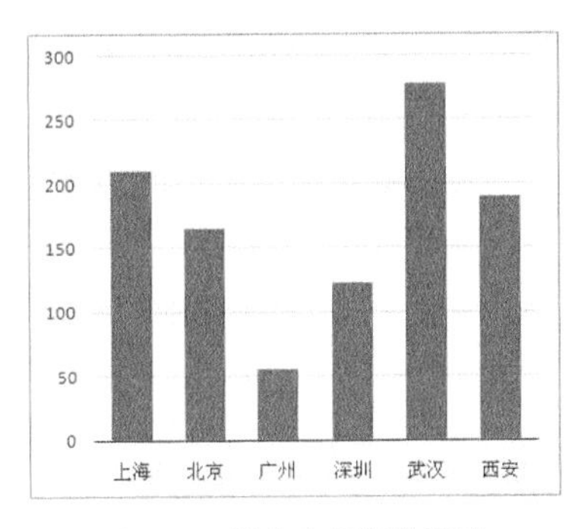

图 03-3　没有主标题的图表

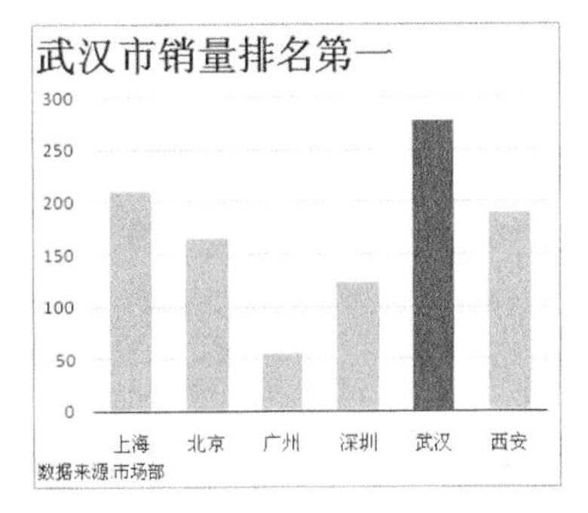

图 03-4　主题鲜明的图表

副标题的作用是对主标题的补充，在主标题阐明观点后还需要告知读者更详细的信息，例如武汉市销售量排名第一，从 4 月份开始本公司销量超越 DA 公司，这些都是明确的主题，但还不够充分，是什么产品的销量？是哪里的销量？是哪一年的销量？我们有必要在图表中告诉读者更详细的信息，这就是副标题的含义，如图 03-5 所示。

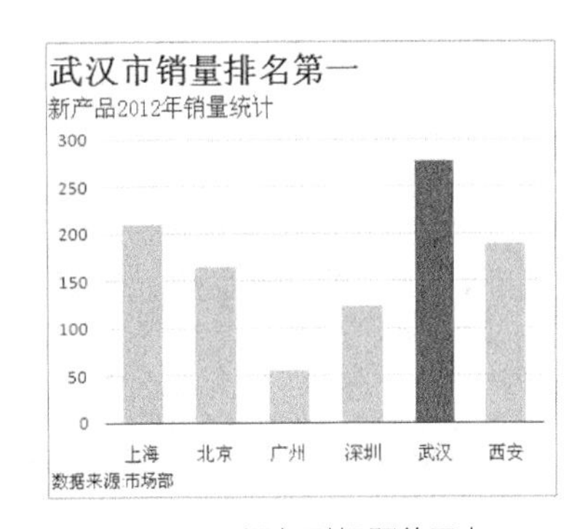

图 03-5　添加副标题的图表

绘图区是图表的主体部分，任何图表都不能缺少绘图区。大多数图表技巧的运用都是围绕此部分展开的，例如修改图表的坐标轴、绘图区背景的横向与竖向分割、参考线的作用、修改数据系列的背景、图表的配色等。

图例不是必须的图表元素，根据实际情况来决定是否使用图例，例如当图表中有多个数据系列时，我们可能需要用图例来区分各个数据序列所代表的内容。如图 03-6 所示，两幅图表中，左侧虽没有使用图例而右侧使用了图例，但都能使读者直观地区分数据序列所代表的含义。

关于图例，需要强调的一点是图例的位置，Excel 默认将图例放在绘图区的右侧，如图 03-7 所示。而合理的图表布局是将图例放在标题下方或绘图区的空白位置上，好处是除了让图表布局更紧凑之外，还使读者在阅读图表时，视线不用离开绘图区就能清楚了解数据序列所代表的内容，如图03-6 右侧图表所示。

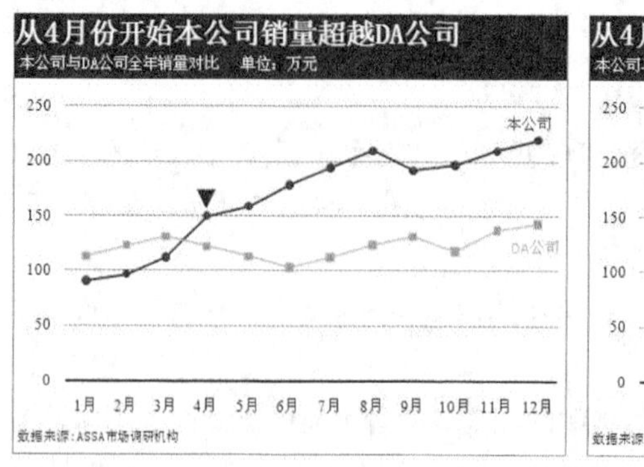

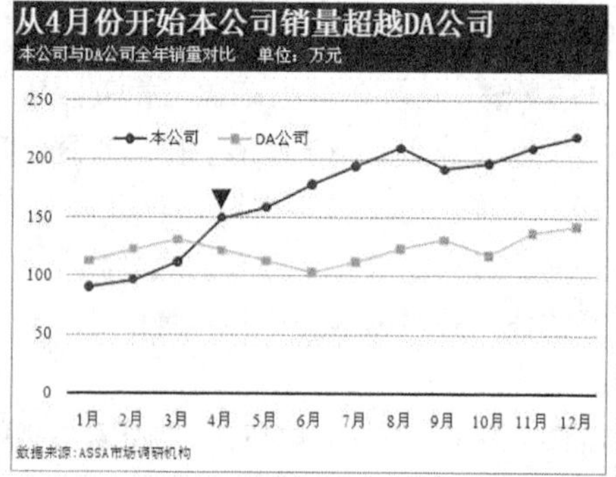

图 03-6 图例的使用对比

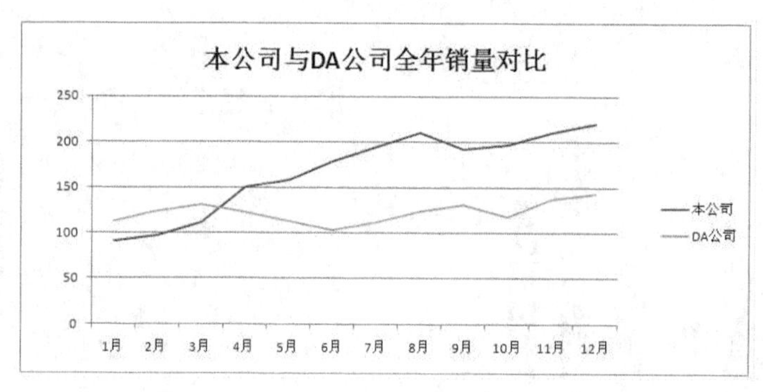

图 03-7 默认的图例

脚注是制图者容易忽略的元素，但对于专业的图表而言，脚注是一项非常重要的元素。在脚注中需要告诉读者图表数据的来源，这能提高读者对图表数据的信赖度。另外，还需要对图表中一些内容进行注释，例如数据的统计方法、特殊数据的处理方式、预测数据的方法等。

04 图表元素的设计原则

在 03 中我们介绍了图表的布局以及构成图表的 5 项元素：标题（主标题和副标题）、绘图区、图例、脚注。图表中的这些元素都不可以随意地摆放和设置，必须遵循一定的原则。世界著名设计师 Robbin Williams 在他的经典著作《写给大家看的设计书》中将设计归纳为了亲密性、对齐、重复、对比 4 项基本原则。任何优秀的设计中都会体现这 4 项基本原则，对于图表的设计也不例外，本技巧将介绍如何在图表元素中运用这 4 项基本原则。

1. 亲密性

亲密性的原则是指将图表中相关的元素组织在一起。亲密性的根本目的是使图表内容更有组织性。图表中物理位置的接近就意味着它们彼此之间存在关联，反之，如果元素之间彼此无关，则要将它们分开。

需要强调的是，在图表中应该如何判断哪些项目是相关的，这要结合该幅图表所要呈现的观点而定。如图 04-1 所示，通过标题的主语，该图强调的是“上海的销量构成”，所以需要把构成上海的相关项目在图表上建立亲密性，右侧的图表将上海的销量构成项目紧密地组织在了一起，因此，右侧的图表是亲密性原则的正确运用。

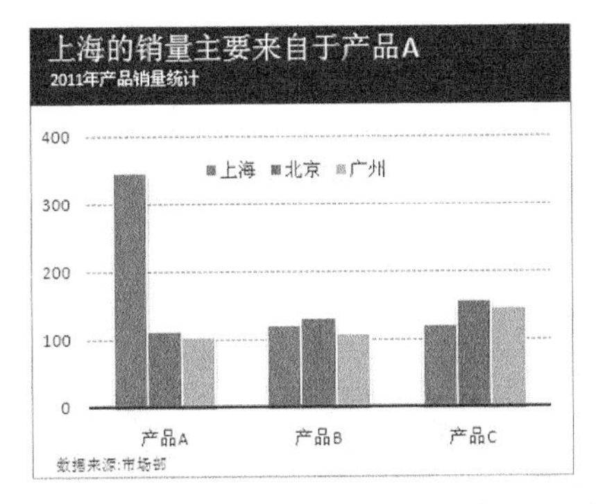

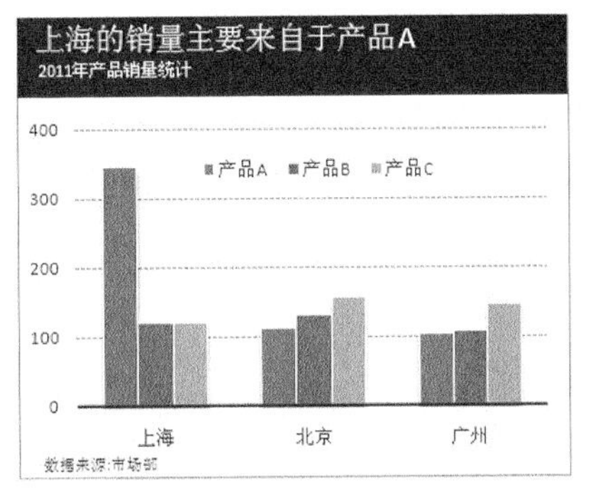

图 04-1　亲密性原则

2. 对齐

对齐原则是指图表中的每项元素都应当与图表中的其他内容存在某种视觉上的联系。对齐的根本目的是使图表统一且更有条理。对齐原则要求所有的元素不能被随意安排位置，而是向“无形的线条”对齐。

在平时的作图中，我们实际上已经运用了这一原则，但很多情况下，用到的都可能是居中对齐，如图 04-2 左侧图表所示，这个中心线在人的视觉中的概念是模糊的，虽然能给人一种更正式、稳重的外观，但往往也让人觉得乏味。

在图表中，更推荐使用左对齐或右对齐，这样会让那条“无形的线条”更加明确，使图表元素看起来更清晰、图表的布局更分明。

另外，要避免在图表中混合使用多种对齐方式，通常情况下，所有图表元素都左对齐、或右对齐、或全部居中，如图 04-2 右侧图表所示。

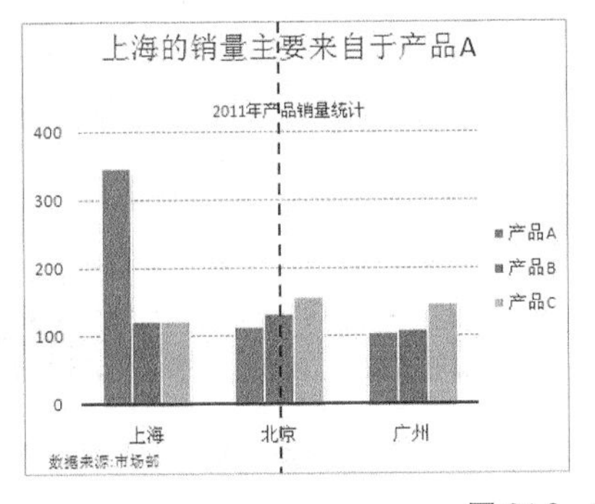

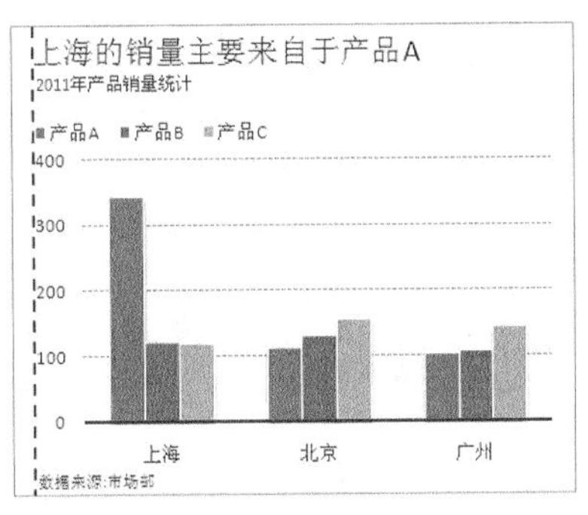

图 04-2　对齐原则

图 04-2 左侧图表中标题与副标题行间距太大，不符合亲密性原则，应该如右侧图表所示缩小行间距使其靠在一起，组成一个整体。

3. 重复

重复原则是指在图表中某些方面重复地多次出现，例如字体、线条、颜色、格式、图片、数据标记、数据序列颜色、绘图区背景等。重复的目的是统一，并且增强视觉效果。

如图 04-3 所示，在左侧图表中，主标题、副标题、图例、垂直坐标轴标签、水平坐标轴标签和脚注运用了不同的字体，显示整个图表比较凌乱，同时也缺乏表达的重点，而右侧图表只运用了一种字体，使图表简化，一目了然。

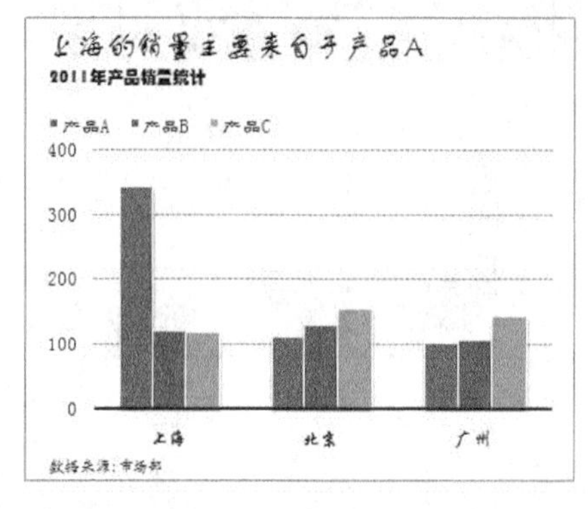

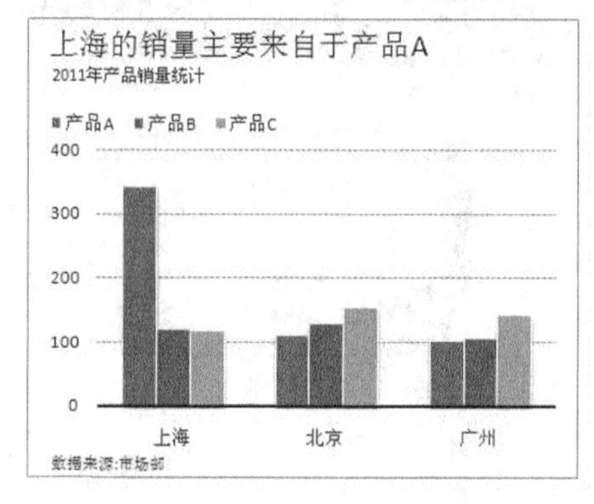

图 04-3　重复性原则

4．对比

对比原则是指如果图表中两个项目不完全相同，就应当使之不同，而且应当是截然不同。要想实现有效的对比，对比就必须强烈，千万不要畏首畏尾。对比的根本目的有两个方面：一个目的是增强图表的视觉效果，另一个目的是有助于传递图表所要表达的信息。

对比是图表设计中最容易实施并且最有效果的设计原则，在图表设计中，对比可以通过很多方法实现，如字号、字体、颜色、形状、图片等。比如在分公司销售情况的柱形图中，你要突出上海分公司的销量，整个数据序列都是灰色的，你只需要将代表上海分公司的数据点改为红色，这个对比效果将完全不同，如图 04-4 所示。

必须牢记，如果你想形成对比，就必须加大力度。不要将棕色与黑色进行对比，也不要将 1 磅的线条和 1.5 磅的线条进行对比，如果希望某种元素与其他不同，就干脆让它们截然不同。

在图表中要形成对比，可以进行综合运用，更能达到加大力度的效果。例如比较分公司销量，需要突出上海分公司的销量，可以采取排序后制作的条形图，将上海分公司放在条形图的第一个数据点，并且使这个数据点的颜色与其他数据点截然不同，从而达到强烈的对比，如图 04-5 所示。

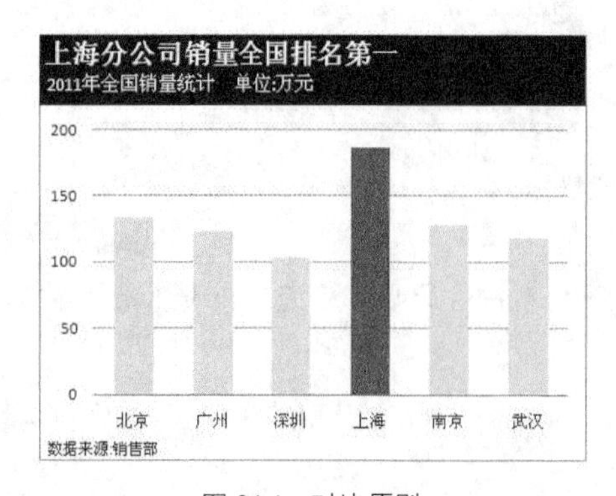

图 04-4　对比原则

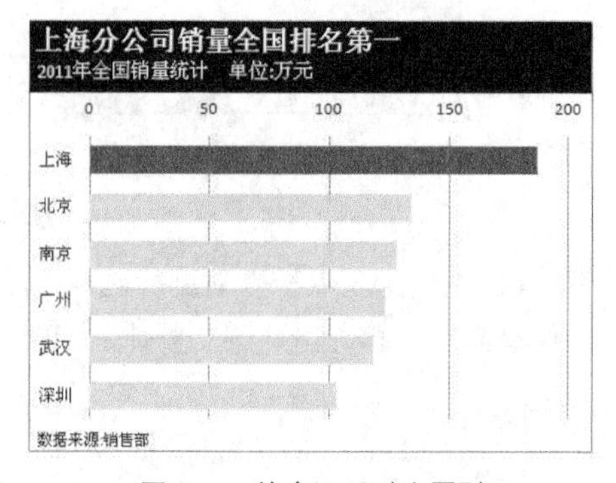

图 04-5　综合运用对比原则

05 图表颜色的使用技巧

在 Excel 中，颜色一般采用 RGB 模式，由红色、绿色和蓝色 3 种颜色混合而成，每种颜色的深浅程度可以从 0~255 的范围取值，通过调整 3 种颜色的深浅程度，可以调和出 256×256×256=16 777 216 中不同的颜色。当这 3 个值都是 0 时，颜色是纯黑色；当这 3 个值都是 255 时；颜色是白色；当这 3 个值都是 128 时，颜色是中灰色，如图 05-1 所示。

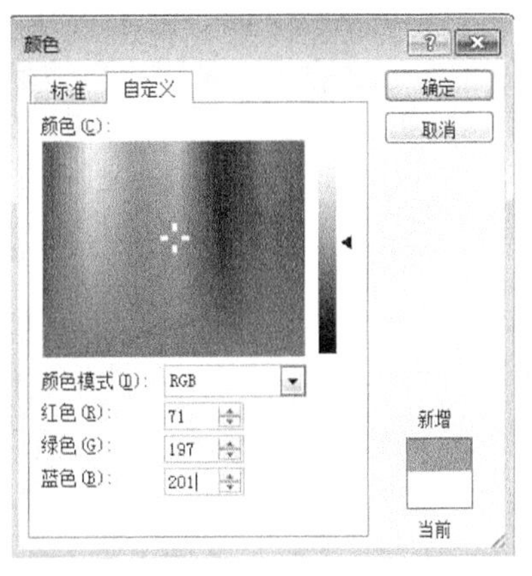

图 05-1　Excel 的 RGB 模式

关于色彩的理论可以非常深入、非常复杂，但并非本书的重点。因此，在本技巧中仅为大家介绍 Excel 图表中颜色的运用原则、配合色轮介绍几种经典的图表配色方案，以及如何借鉴优秀的配色方案。

1. Excel 图表中颜色的运用原则

（1）优化数据关系，使图表易于理解

这是图表中使用颜色的根本目的。为图表搭配各种颜色使图表美观、协调，这必须是构建在有效地展示数据关系，使图表更易于理解的基础上。比如为了突出特定的数据，需要在某个数据点上运用颜色；又或者为了区别不同的数据系列，为其使用不同的颜色加以区分。因此，在图表中运用颜色使图表更美观固然重要，但绝对不要毫无意义地使用各种颜色使图表难以理解。

（2）重点突出数据元素

图表是由标题、绘图区、坐标轴、数据标签、背景、网格线、趋势线、图例、脚注等元素构成的，但是在图表中，数据元素才是重点，比如柱形图的数据系列，散点图中的数据标记。因此，一般情况下应弱化坐标轴、网格线、数据标签、背景等非数据元素，而重点突出数据元素，这样才能使读者的视线焦点聚集在图表所表达的信息上。

（3）颜色数量不宜过多

过于花俏的颜色，将分散读者的注意力，会显得比较刺眼。一般应将颜色的数量控制在 6 种以下，使读者将精力集中在阅读图表上。

（4）保持整体风格的统一

在同一份报告或演示文档中，一旦选定了图表的配色方案，就应当使每张图表都保持一致的风格，切忌不要毫无意义地变换配色方案。

2. 色轮及经典的图表配色方案

将三棱镜对着阳光，就可以将白光分解为色光光谱。将这段光谱弯曲并首尾相连组成圆环，则形成了最简单的色彩模式——色轮，如图 05-2 所示。

而颜色有明暗之分，为了体现颜色的明暗，将色轮上颜色的明度由外圈向内圈增强，常用的色轮由 5 个同心圆环组成，有 60 种颜色可供选用。如图 05-3 所示，下面我们将利用这个色轮介绍几种经典的图表配色方案。

图 05-2　色轮

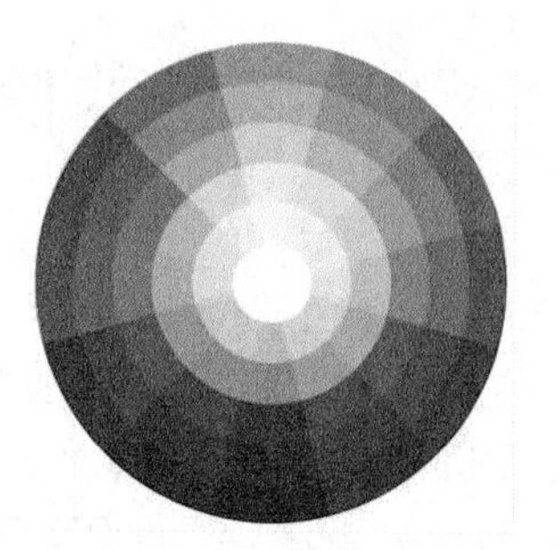
图 05-3　5 环色轮

补色搭配：在色轮上直线相对的两种颜色称为补色，例如红色和绿色，如图 05-4 所示。

由于两种颜色完全对立，将形成强烈的对比效果，因此通常用一种颜色作为主色，而用另一种颜色来强调。如图 05-5 所示，用绿色作为图表的主色，用红色强调 1 车间。

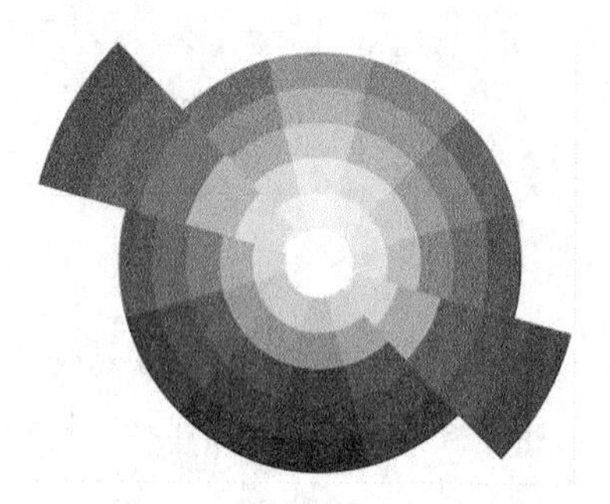
图 05-4　补色

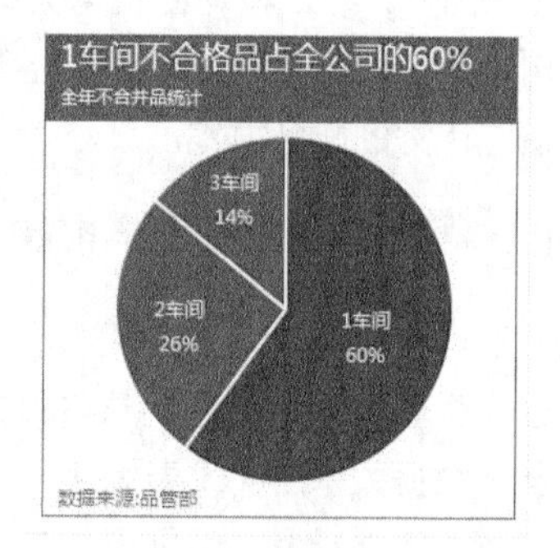

图 05-5　补色图表

单色搭配：将色轮的半径等比例分割，然后在分割点上取色。取出的颜色将具有完全相同的色相，但具有不同明度，如图 05-6 所示。

由于明暗的层次效果，单色应用在图表上将有整齐、大气的视觉效果，如图 05-7 所示。

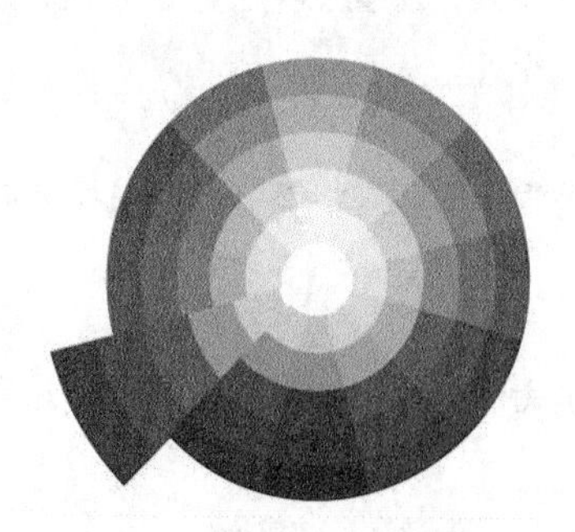
图 05-6　单色

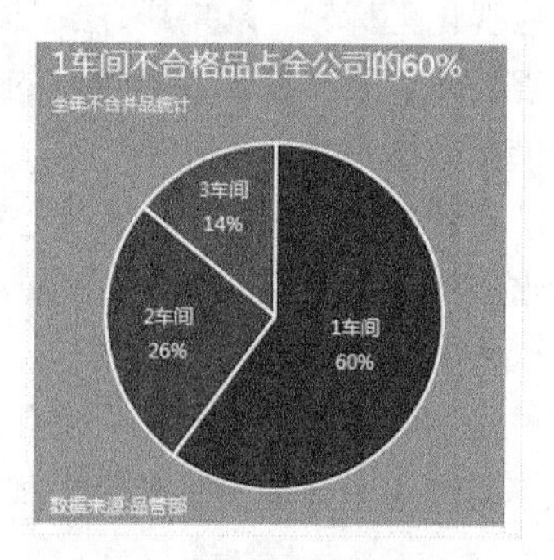

图 05-7　单色图表

类比色搭配：由色轮上彼此相邻的颜色组成，类比色都拥有共同的颜色，如图 05-8 所示，共同拥有黄色和红色。

类比色有低对比的美感，这种颜色搭配产生了一种令人悦目、和谐的美感，应用在图表上往往会有不错的效果，如图 05-9 所示。

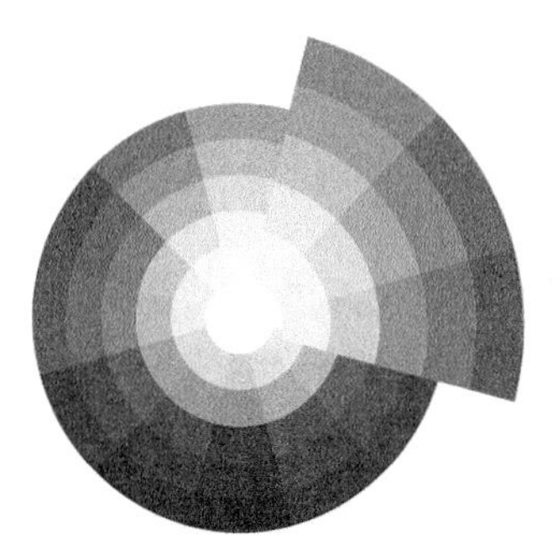

图 05-8 类比色

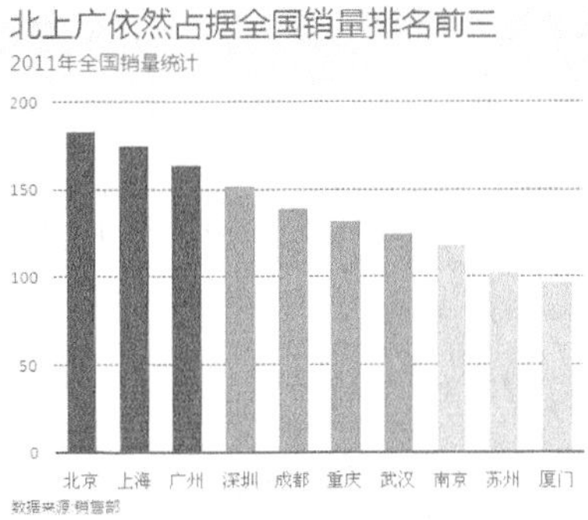

图 05-9 类比色图表

分裂补色搭配：在色轮上同时选用补色和类比色的方法，称为分裂补色。取色时，先选定一种颜色作为主色，例如取红色，然后取同心圆补色位置左右各 30° 处的颜色，如图 05-10 所示。

分裂补色应用在图表中，既有类比色的低对比度美感，又有补色突出重点的效果，特别是应用于投影环境中，效果表现尤佳，如图 05-11 所示。

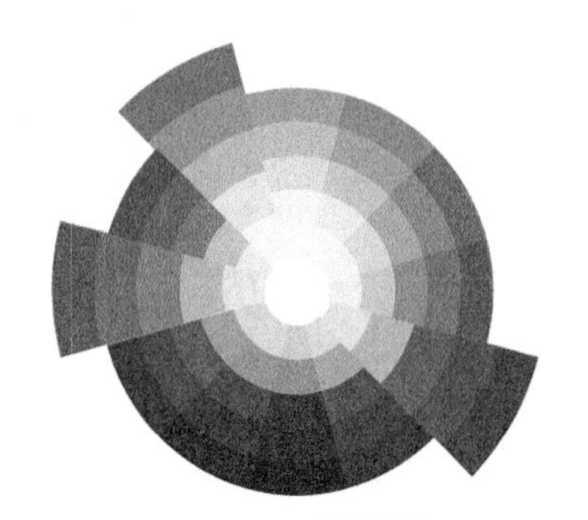

图 05-10 分裂补色

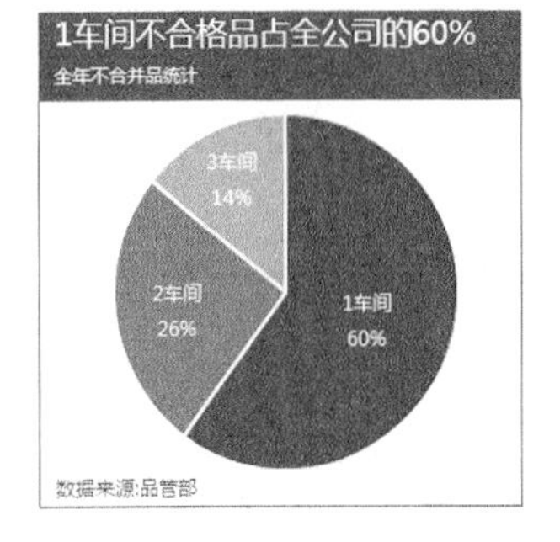

图 05-11 分裂补色图表

黑、白、灰搭配：色轮无法呈现黑色、白色与灰色，但黑、白、灰的搭配是永恒的经典配色。在制作图表时，如果对亮丽的颜色把握不准，特别是需要打印出来供读者阅读时，不妨采用黑、白、灰的搭配，如图 05-12 所示。

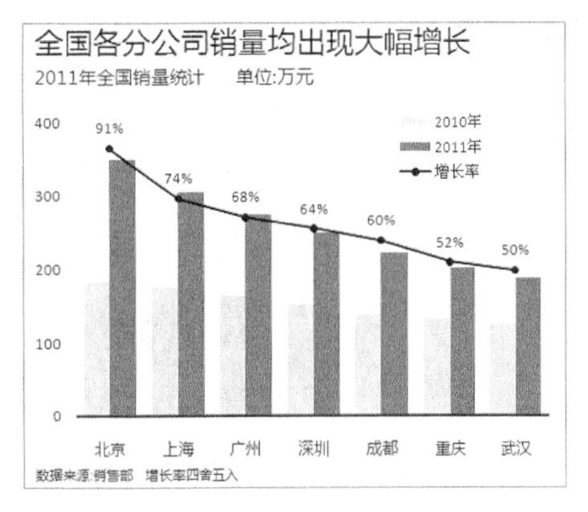

图 05-12 黑白灰图表

3. 借鉴优秀的配色方案

互联网将我们带入到一个色彩斑斓的世界，在这里，优秀的配色方案无处不在，如网页、企业 Logo、商业图表的电子版等。对于普通的 Excel 用户来讲，借鉴其配色方案和思路，是一种行之有效的好方法。

这里，需要用到屏幕取色软件，推荐一款叫作 ColorPix 的绿色软件。

ColorPix 使用方法很简单，首先打开需要取色的网页或图表文件，运行 ColorPix 程序后，将鼠标指针移动到需要取色处，按空格键即可锁定颜色，单击鼠标左键 RGB 后面的数值，就可以将颜色复制到剪贴板，如图 05-13 所示。

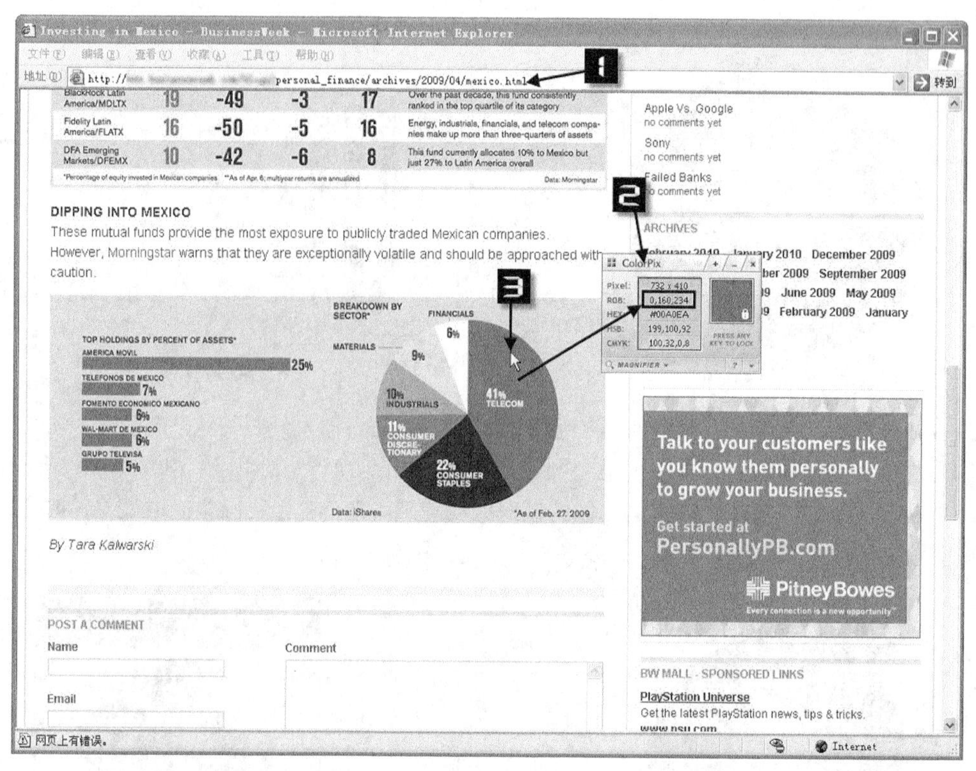

图 05-13　ColorPix 取色

获取到合适的颜色后，在 Excel 图表中选择需要设置颜色的元素，然后在【图表工具】选项卡的【格式】子选项卡中，单击【形状填充】下拉按钮，选择【其他填充颜色】选项，打开【颜色】对话框，切换到【自定义】选项卡，在【颜色模式】下拉按钮中选择“RGB”，分别将前一步获取的 RGB 色彩值填入【红色】、【绿色】和【蓝色】文本框，然后单击【确定】按钮，关闭【颜色】对话框，如图 05-14 所示。

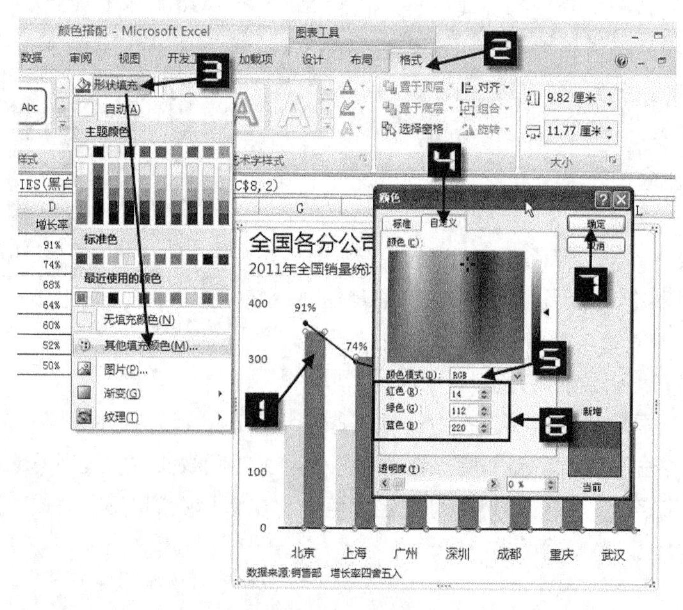

图 05-14　自定义颜色

06 图表的字体的使用技巧

一幅图表，如果字体选择不当，不仅会影响到图表的美观，还会影响到图表的可读性，如图 06-1 所示，就是使用了不规范字体的图表。

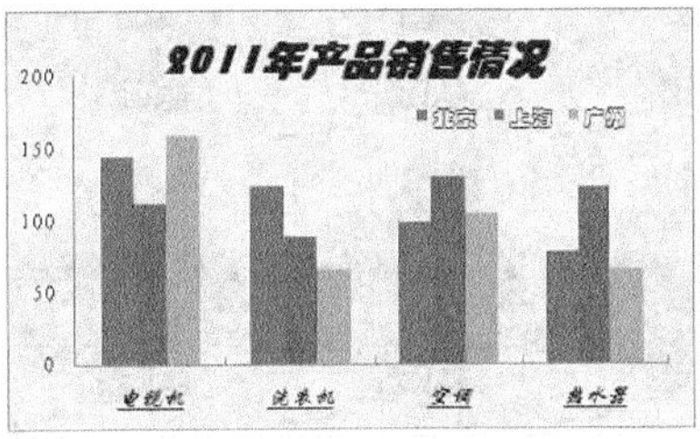

选择字体时，要综合考虑到图表中信息的可读性，并结合美观和图表的使用场合选择恰当的字体。本技巧将介绍如何选择图表中的字体。

通常情况下，Excel 字库中的字体分为有衬线字体（Serif）和无衬线字体（Sans Serif）两种。

2011年产品销售情况

图 06-1　使用不规范字体的图表

- 有衬线字体——笔画的开始和结尾处有带装饰性的笔画且粗细不均匀，如宋体、新宋体、楷体、Times New Roman 字体等，如图 06-2 所示。
- 无衬线字体——具有清晰的样式，无装饰性的笔画且粗细不均匀，如微软雅黑、幼圆、黑体、Arial 字体等，如图 06-3 所示。

宋体　　新宋体
隶书
Times New Roman
1 2 3 4 5 6 7 8 9 0

图 06-2　有衬线字体

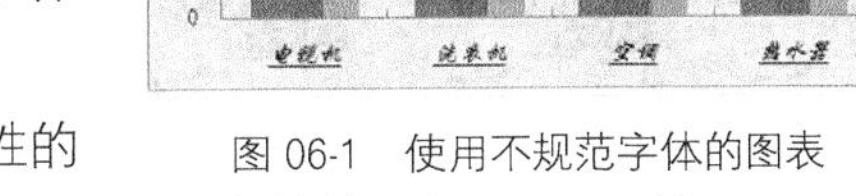

幼圆
Arial
1 2 3 4 5 6 7 8 9 0

图 06-3　无衬线字体

选择何种类型的字体，要根据图表运用的场合来确定，有衬线字体比较严肃正式，具有较好的可读性，一般出版物、报纸、杂志等印刷品大都使用有衬线字体。因此，如果制作的图表是需要打印出来供人使用阅读的，通常使用有衬线字体，如图 06-4 所示。

无衬线字体的优点是清晰醒目，尤其是需要将图表通过幻灯片放映时，更需要选择无衬线字体。因为有衬线字体在许多投影仪的播放效果中会显得比较模糊，因此在用于演讲、汇报时通常使用无衬线字体，如图 06-5 所示。

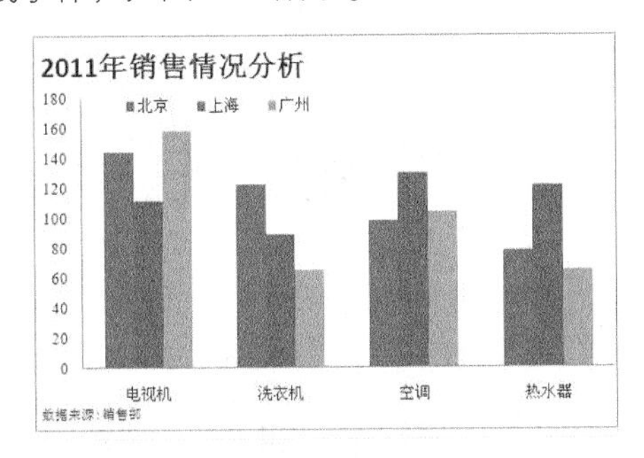

图 06-4　有衬线字体图表

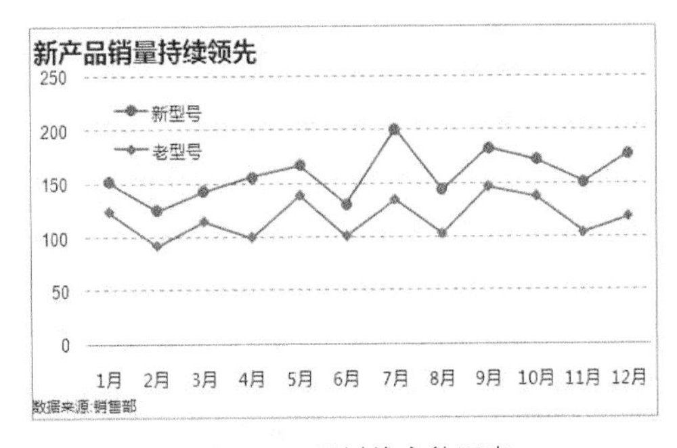

图 06-5　无衬线字体图表

专业、美观的图表不仅对字体有一定的规范，对字号的大小也有一定的规范要求。如果图表中的字号千篇一律，阅读者很难迅速寻找到图表中要表达的主要信息，因此，在设计图表时应该主次分明地设置图表中文字的字号。

首先，图表标题标明了该图表要阐述的主要观点，因此标题字号通常应该最大。其次，如果图表中对某个数据序列或数据标记进行了特别的说明文字，应该将说明文字的字号设置得比其他文字大或加粗显示。最后，如果图表中还有其他辅助信息，如备注信息、数据来源等，则应该设置为最小字体，并放置在图表的最下方，如图 06-5 所示。

另外，如果图表需要打印，其字号最好不要小于五号；如果图表需要用于幻灯片演示，其字号最好不要小于 16 磅，否则过小的字体会给阅读或演示造成不便。

07 使用 Excel 2010 主题功能美化图表

Office 2010 提供了主题功能，只要一次简单的鼠标单击，就能改变文档的外观。文档主题由 3 个部分组成：颜色、字体和效果（对于图形对象）。使用主题的好处是帮助非设计专业的用户，方便快速地建立一个整体美观、协调一致的文档，本技巧将介绍如何使用主题功能美化图表。

Excel 2010 为用户内置了 24 套主题，如要对文档应用主题，用户只需在【页面布局】选项卡中单击【主题】下拉按钮，在打开的主题面板中，将鼠标移动到相应的主题上就可显示该主题的预览。鼠标单击选择相应的主题，整个文档的颜色、字体、图形将发生相应变化，除使用自定义模板创建的图表外，图表的颜色、字体也将发生变化，如图 07-1 所示。

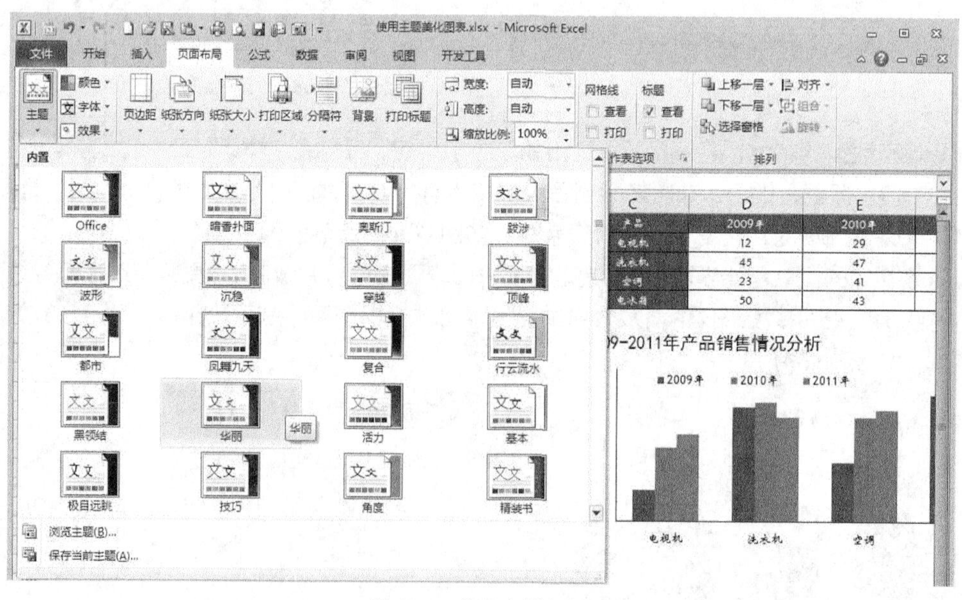

图 07-1 使用文档主题

同时，也可以混合使用主题元素。例如可以使用一个主题的颜色，而使用另一个主题的字体，以及第三个主题的效果。用户只需在【页面布局】选项卡的【主题】组中，分别单击【颜色】、【字体】、【效果】下拉按钮，分别选择即可，如图 07-2 所示。

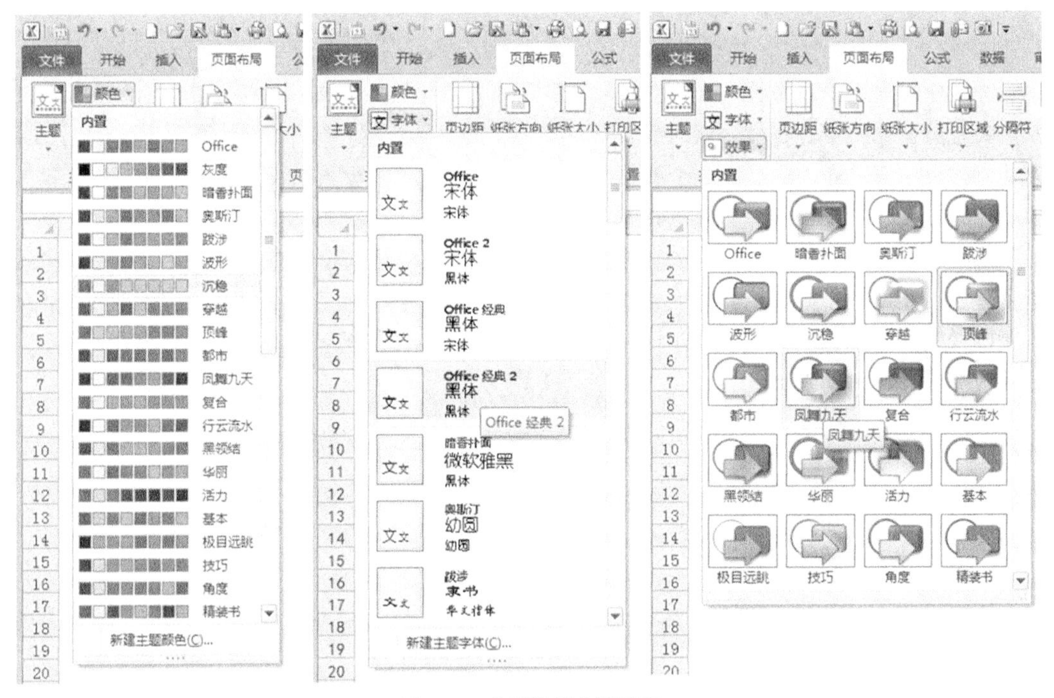

图 07-2　分别设置主题元素

08 避免制作使人误读的图表

绘制图表的目的是表现数据的规律和特点，一个优秀的图表，应该主题清晰、数据准确、信息完整、色彩协调。如果图表不能体现出图形化数据的优点，则走入了图表制作的误区。

1. 主题清晰

选用正确的图表类型，配合合适的图表标题，才能清楚地表达图表的主题。

如图 08-1 所示，柱线组合图选择使用柱形图表示销售额，折线图表示销售目标，配合图表标题“月度销售目标完成情况”，表现每个月度销售额和销售目标之间完成程度的主题。虽然两者使用相同的销售额数据，但饼图以百分比的形式表示每个月销售额占全年销售额的比例，所以其主题与图表标题相同：年度销售完成率。

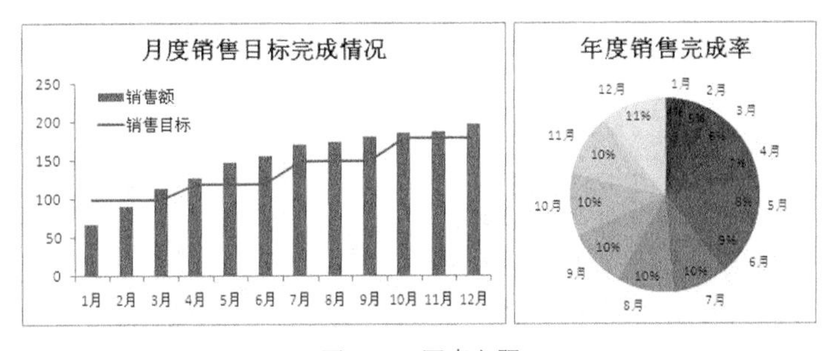

图 08-1　图表主题

2. 数据准确

在图表中准确地表现数据，首先需要选用适宜的图表比例。图表比例包括图表区比例和绘图区比例。黄金分割比例 0.618 被公认为最具有审美意义的比例数字，Excel 默认图表的比例也在黄金分割比例附近，而普通 4:3 显示器正逐渐被宽屏显示器所取代。根据常用的显示比例来看，长方形图表的比例以 0.5~0.65 为宜，而饼图、圆环图、雷达图等图表类型以正方形为宜。

不同的图表比例会显示出不同的数据变化趋势，绘图区高度和长度的比例越小，在图表中显示数据变化越小，反之，则显示数据变化越大。如图 08-2 所示，为 3 种不同图表比例的折线图。3 种不同比例的图表均有其存在的合理性，但应该保持前后制作的图表使用一致的大小和比例，以免造成对数据变化趋势的误读。

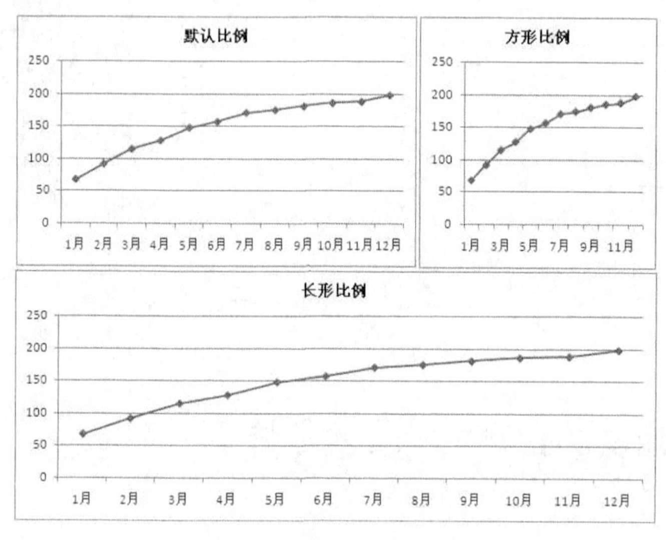

图 08-2　3 种不同的图表比例

其次，要注意坐标轴刻度的差异。使用相同的数据系列和不同的坐标轴刻度绘制的图表，将传递给人截然不同的图表信息。如图 08-3 所示，增加最大值刻度值会使柱体变小，增加最小值刻度值会使柱体变大，调整交叉点刻度值会隐藏一部分柱体并产生负值柱体。

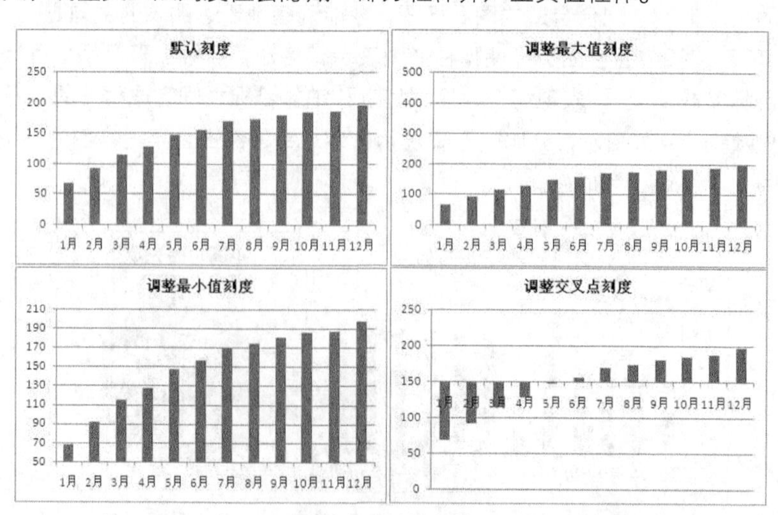

图 08-3　刻度的差异

然后，还需要谨慎使用次坐标轴和对数刻度。对数刻度会减小数据的差异，不同刻度的次坐标轴会使折线发生位移，如图 08-4 所示。

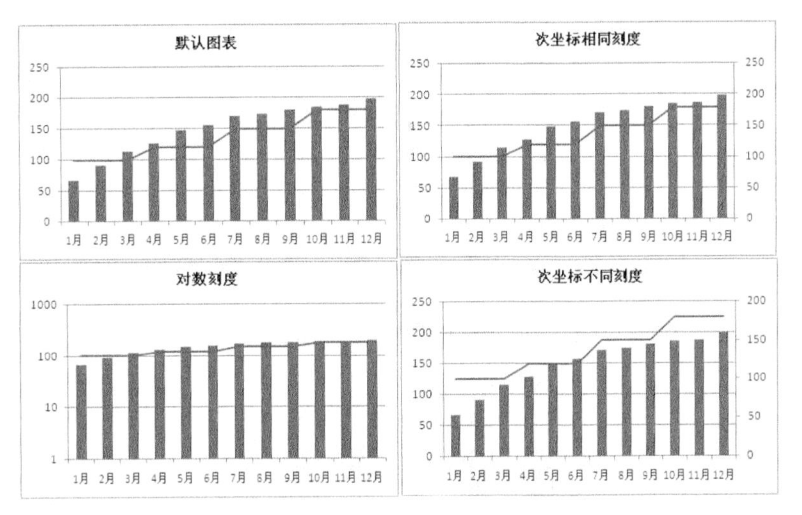

图 08-4　次坐标轴和对数刻度

另外，要注意饼图和圆环图中将负值作为正值来绘制图表的误区，此时，图形应修改为堆积柱形图，以避免图表内数据汇总的错误，如图 08-5 所示。

最后，还应注意平滑线出界的问题。在折线图或 XY 散点折线图中使用平滑线并不影响数据点的值，但必须注意可能会使数据点之间的连接线，超出特定的界限，如图 08-6 所示。

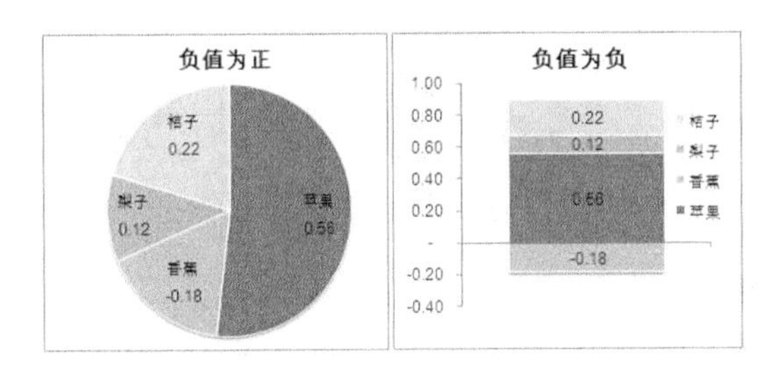

图 08-5　图表负值处理

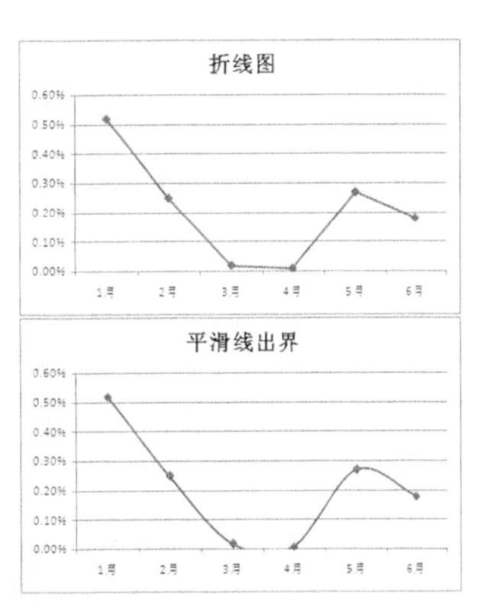

图 08-6　平滑线出界

3. 信息完整

一个完整的图表，应使人一目了然。一般来说，一个完整的图表除了绘图区的图形外，至少应该包含图表标题和坐标轴标题。如果图表中多于一个数据系列，则需要添加图例或者数据表；如果没有网格线，则需要添加数据标志，反之，如果没有数据标志，则需要添加网格线。

如图 08-7 所示，上图中没有图表标题和图例，根本不清楚图表中的数据所表示的是什么含义。

而下图则表明该图表为 x 年居民消费价格指数的逐月推移图，3 种柱形分别表示全国、城市和农村的 3 种 CPI 指数。

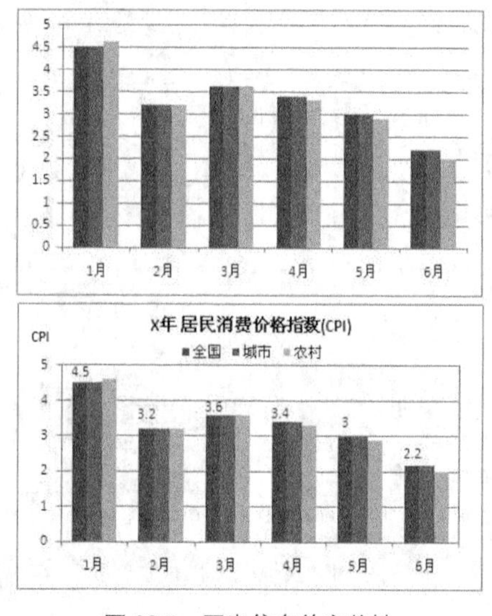

图 08-7　图表信息的完整性

4. 色彩协调

在图表的色彩应用方面，需要符合一般的审美要求，即需要突出的部分使用对比色，相同或相似的部分使用同一色系的渐变色。若不注意颜色的搭配使用，在一个图表中使用过多的色彩，或者颜色不相配，则会使图表非常难看而不能被人接受。

图 08-8 所示为常见的图表颜色搭配方案：浅色背景配深色图形和文字，深色背景配浅色图形和文字，渐变色填充数据系列，互补色突出显示不同的数据等。

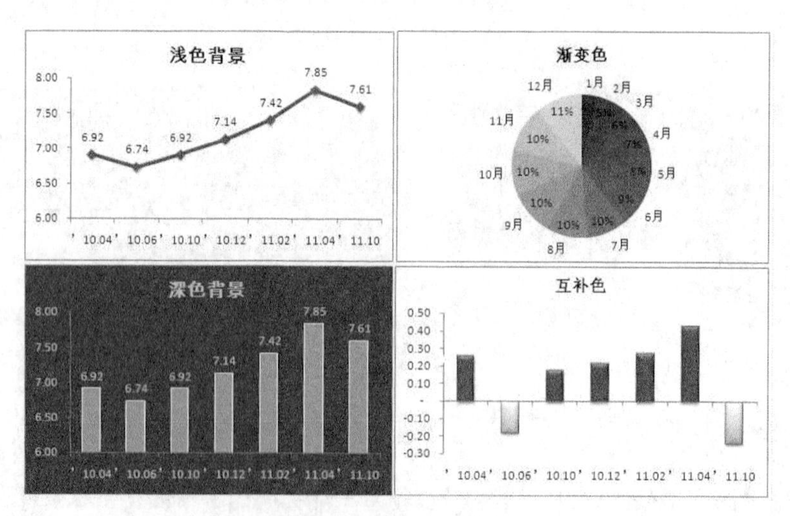

图 08-8　图表颜色搭配

同理，图表使用字体样式最好不要超过 3 种。标题样式可以适当突出，其他字体应尽量使用宋体、黑体、Arial 等标准字体。

第 1 章　图表通用技巧

Excel 图表通用技巧，是指以 Excel 功能区提供的命令为基础的操作技巧。它主要包括创建图表，理解图表种类和图表元素，选择图表源数据和数据系列，设置图表布局、样式、位置和大小，以及图表的排版和打印等。图表是源数据图形化的表现，设计一个优秀的数据表，配合 Excel 图表丰富和简洁的功能，可以提高数据的表现力和说服力。

技巧 1　Excel 图表的 4 种类型

Excel 2010 提供了 4 种类型的图表：迷你图、嵌入式图表、图表工作表、Microsoft Graph 图表。创建 4 种类型图表的方法略有不同。

1.1　迷你图

迷你图是 Microsoft Excel 2010 中的一个新功能，它是工作表单元格中的一个微型图表，可提供数据的直观表示。

选择 G2 单元格，单击【插入】选项卡中的【迷你图】→【柱形图】命令，打开【创建迷你图】对话框，将光标定位到【数据范围】编辑框内，选择工作表中的 C2:F2 单元格区域，单击【确定】按钮，在 G2 单元格中插入一个迷你柱形图，如图 1-1 所示。

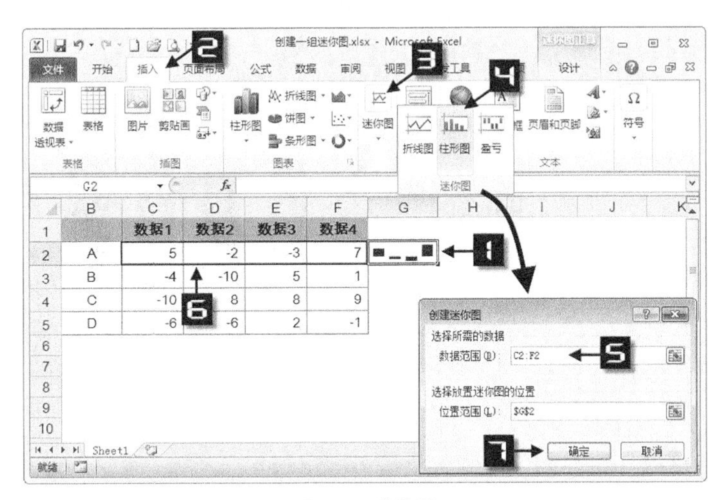

图 1-1　迷你图

迷你图与传统 Excel 图表相比，具有其鲜明的特点。

（1）迷你图是单元格背景中的一个微型图表，传统 Excel 图表是嵌入在工作表中的一个图形对象。

（2）使用迷你图的单元格可以输入文字和设置填充色。

（3）迷你图可以像填充公式一样方便地创建一组图表。

（4）迷你图图形比较简洁，没有纵坐标轴、图表标题、图例、数据标志、网格线等图表元素，主要体现数据的变化趋势或者数据对比。

（5）仅提供 3 种常用图表类型：折线迷你图、列迷你图和盈亏迷你图，并且不能制作两种以上图表类型的组合图。

（6）迷你图可以根据需要突出显示最大值和最小值。

（7）迷你图提供了 36 种常用样式，并可以根据需要自定义颜色和线条。

（8）迷你图占用的空间较小，可以方便地进行页面设置和打印。

1.2 嵌入式图表

嵌入式图表是 Excel 中运用最多的图表样式，其特点是作为一个图表对象嵌入在工作表中，图表的数据源为对应工作表中的数据。

选择 A1:C5 单元格区域中的任意单元格，单击【插入】选项卡中的【柱形图】→【簇状柱形图】命令，在工作表中插入一个嵌入式的柱形图，如图 1-2 所示。

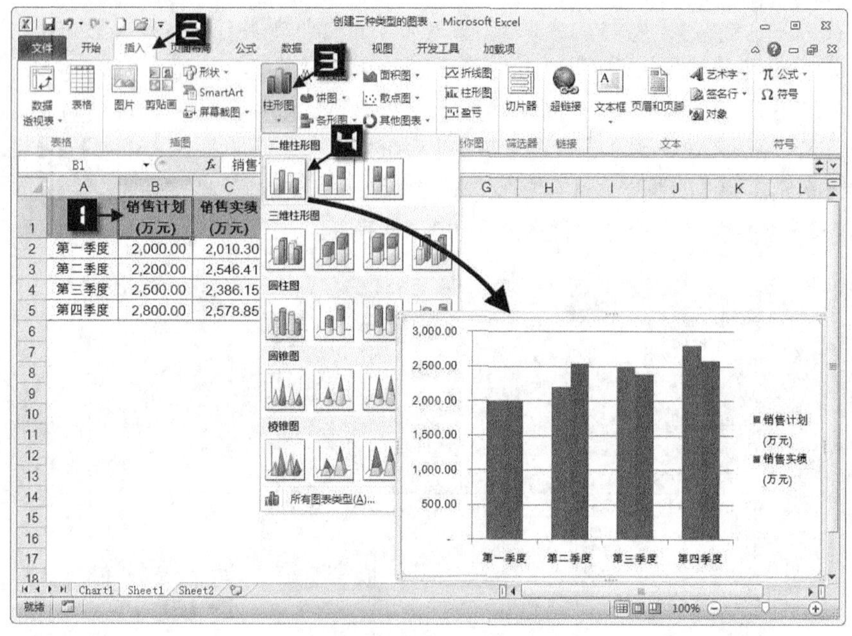

图 1-2 嵌入式图表

1.3 图表工作表

图表工作表的特点是一个工作表即一张图表，图表的数据源为工作表中的数据。

制作图表工作表的方法很简单，选中目标数据区域的任意单元格，按<F11>快捷键，Excel 自动插入一个新的图表工作表“Chart1”，并创建一个以所选单元格相邻区域为数据源的柱形图，如图 1-3 所示。

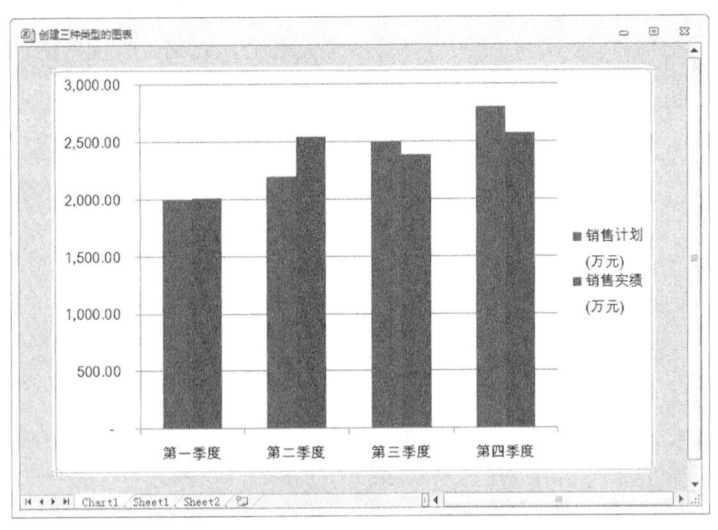

图 1-3　图表工作表

1.4　Microsoft Graph 图表

Microsoft Graph 图表也是嵌入在工作表中的图表对象，其主要特点是图表的数据源与工作表无关，而与图表对象一起存储。

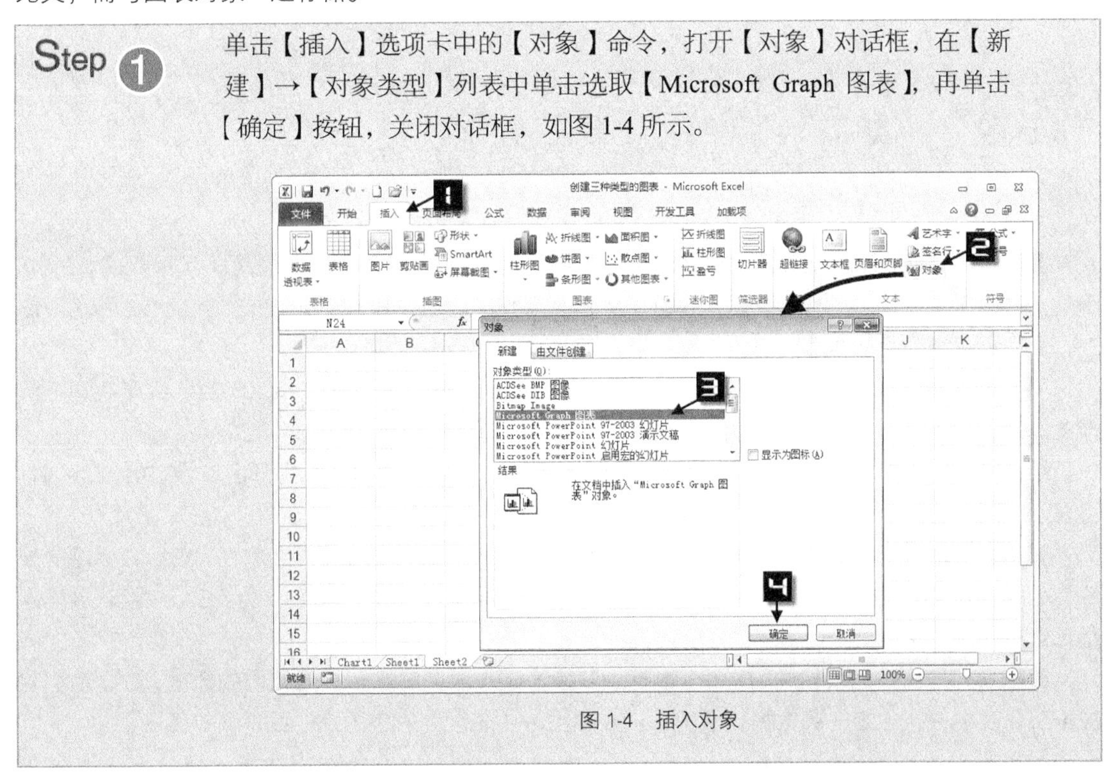

Step 1　单击【插入】选项卡中的【对象】命令，打开【对象】对话框，在【新建】→【对象类型】列表中单击选取【Microsoft Graph 图表】，再单击【确定】按钮，关闭对话框，如图 1-4 所示。

图 1-4　插入对象

Step 2 在上一步中关闭对话框的同时，打开 Microsoft Graph 图表编辑窗口，同时显示一个嵌入式的柱形图和一个数据表对话框。在数据表中输入数据后，再单击工具栏上的【按列】命令，图表自动更新为以列数据为数据系列的柱形图，如图 1-5 所示。单击任意单元格，关闭数据表对话框，返回 Excel 2010 窗口。

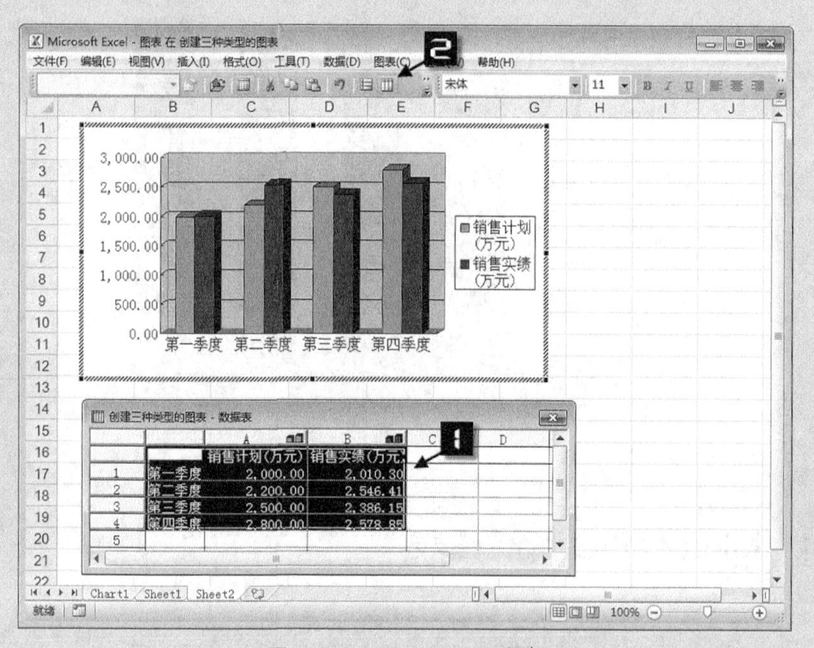

图 1-5 Microsoft Graph 图表

技巧 2 快速了解 Excel 图表的组成

图表的各个组成部分，对于正确选择图表元素和设置图表对象格式来说是非常重要的。Excel 图表由图表区、绘图区、标题、数据系列、图例和网格线等基本组成部分构成，如图 2-1 所示。此外，图表还可能包括数据表和三维背景等在特定图表中显示的元素。

图表区是指图表的全部范围，Excel 默认的图表区是由白色填充区域和 50%灰色细实线边框组成的。选中图表区时，将显示图表对象边框，以及用于调整图表大小的 8 个控制点。

绘图区是指以图表区内的图形表示的区域，即以两个坐标轴为边的长方形区域。选中绘图区时，将显示绘图区边框，以及用于调整绘图区大小的 8 个控制点。

标题包括图表标题和坐标轴标题。图表标题是显示在绘图区上方的类文本框，坐标轴标题是显示在坐标轴外侧的类文本框。图表标题只有一个，而坐标轴标题最多允许 4 个。Excel 默认的标题是无边框的黑色文字。

数据系列是由数据点构成的，每个数据点对应于工作表中的某个单元格内的数据，数据系列对应于工作表中一行或者一列数据。数据系列在绘图区中表现为彩色的点、线、面等图形。

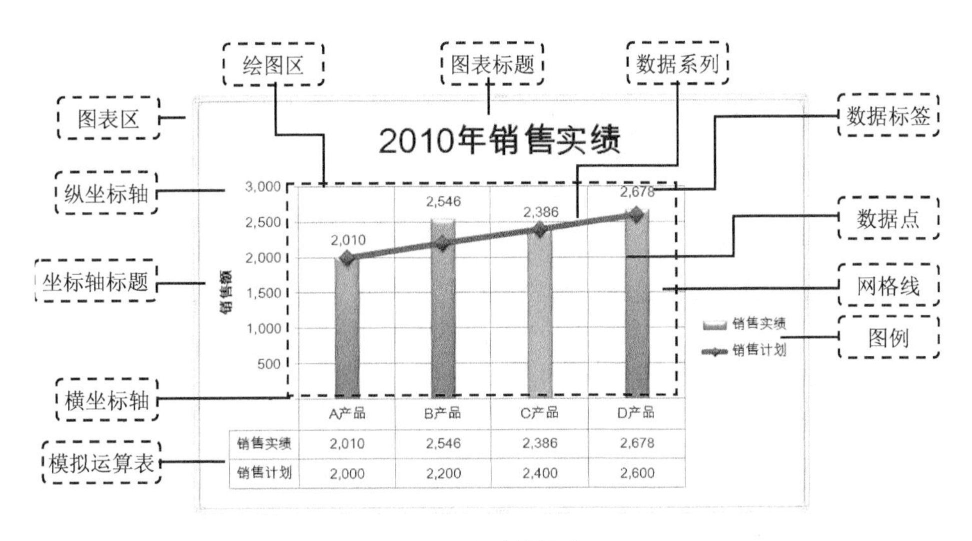

图 2-1　图表的组成

坐标轴按位置不同可分为主坐标轴和次坐标轴两类。Excel 默认显示的是绘图区左边的主要纵坐标轴和下边的主要横坐标轴。坐标轴按引用数据不同可分为数值轴、分类轴、时间轴和序列轴 4 种。

图例由图例项和图例项标示组成，在默认设置中，包含图例的无边框矩形区域显示在绘图区右侧。

数据表显示图表中所有数据系列的源数据，对于设置了显示数据表的图表，数据表将固定显示在绘图区的下方。如果图表中已经显示了数据表，则一般不再同时显示图例。

三维背景由基底、背面墙和侧面墙组成，如图 2-2 所示。设置三维视图格式，可以调整三维图表的透视效果。

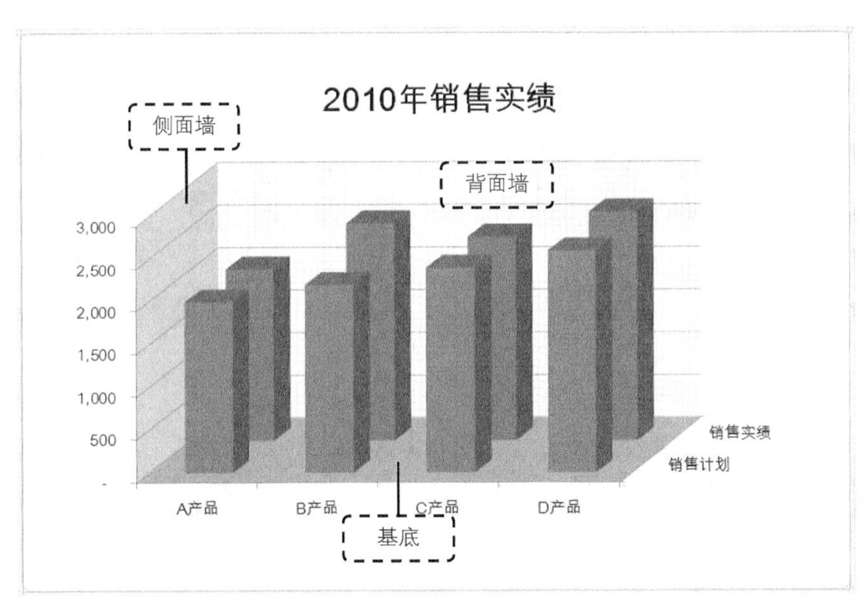

图 2-2　三维背景

技巧 3 如何更改图表类型

Excel 2010 提供了 11 类 73 种图表类型。常用的图表类型有柱形图、条形图、折线图、XY 散点图、饼图等，而面积图、气泡图、股价图、雷达图、曲面图、圆环图等使用的频率稍低一些。不同的图表类型一般可以相互转换，且同一图表内，可以同时使用多种二维图表类型的组合。

更改图表类型的方法，按照所选择的图表元素不同略有不同。如果选择图表的绘图区或图表区，则更改图表中所有的图表类型；如果选择图表的一个数据系列，则更改所选数据系列的图表类型。

以更改一个数据系列的图表类型为例，先选择“销售计划”数据系列，再依次单击【图表工具】→【设计】选项卡中的【更改图表类型】命令，打开【更改图表类型】对话框，选择【折线图】→【带数据标记的折线图】图表类型，最后单击【确定】按钮，将所选柱形图更改为折线图，如图 3 所示。

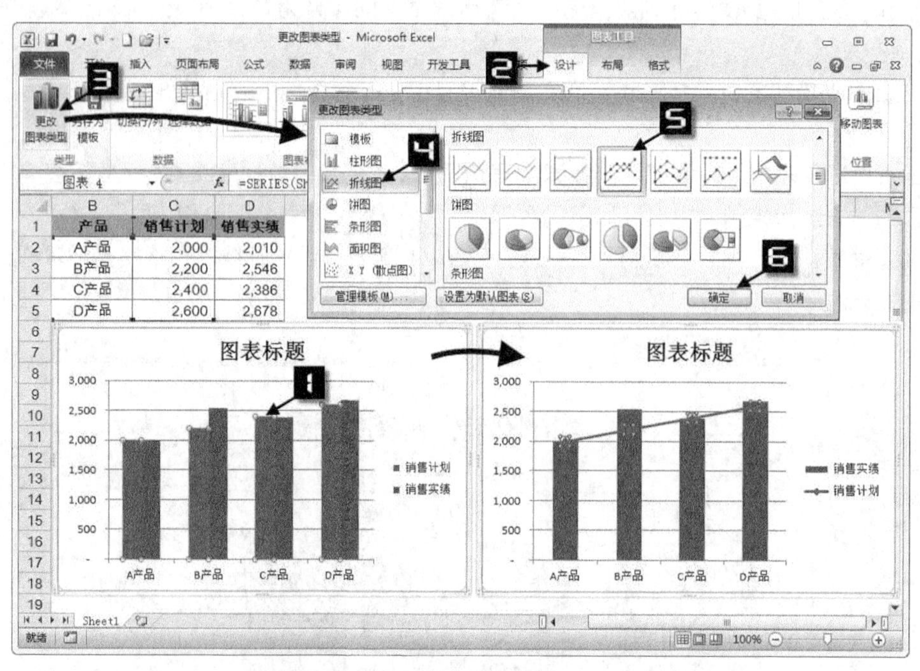

图 3 更改图表类型

技巧 4 源数据切换行列

数据表由行和列构成，按行数据和按列数据都可以绘制成图表，并且可以互相切换。按列数据绘制的图表，每一列数据是一个数据系列（图例项）。按行数据绘制的图表，每一行数据是一个数据系列（图例项）。

选择图表，再依次单击【图表工具】→【设计】选项卡中的【切换行/列】命令，即可实现将图表的列数据系列切换为行数据系列，如图 4 所示。再次单击【切换行/列】命令，可以恢复图表为列数据系列。

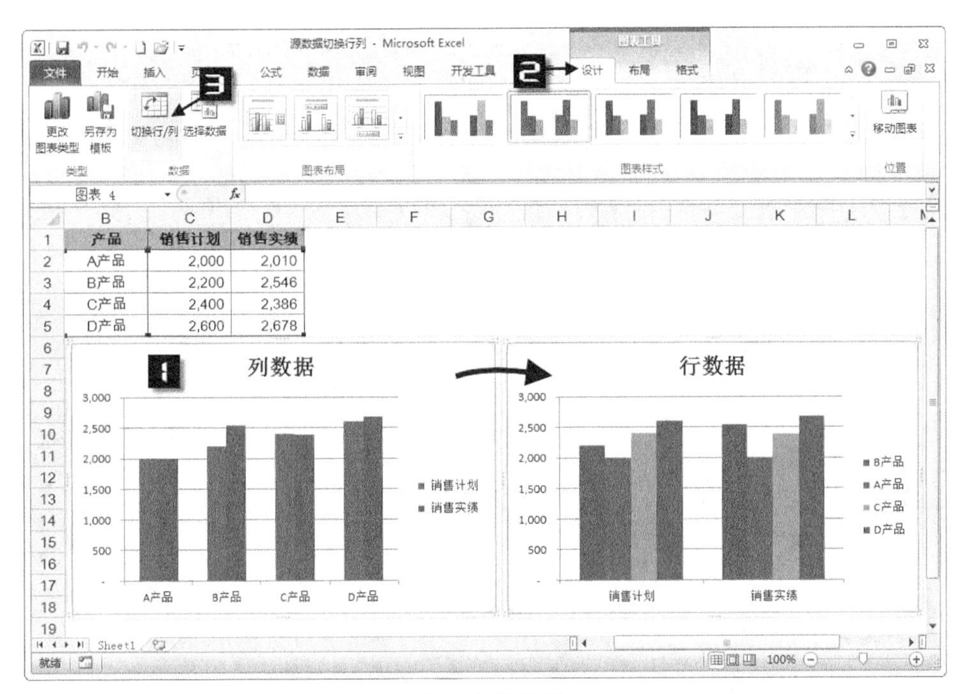

图 4　切换行列

技巧 5　快速编辑数据系列

数据系列是数据源中的行或列，位于工作表的数据区域。数据系列是图表中最重要的图表元素，灵活掌握编辑数据系列是提高绘图水平的基础之一。

5.1　更改数据引用

原图表使用 C 列和 D 列数据作为数据系列，若要更改为使用 C 列和 E 列数据作为数据系列绘图，则需要更改图表的数据引用。

Step 1　选择图表，再依次单击【图表工具】→【设计】选项卡中的【选择数据】命令，打开【选择数据源】对话框，选择【图例项（系列）】列表中的【数据 2】，单击【编辑】按钮，如图 5-1 所示。

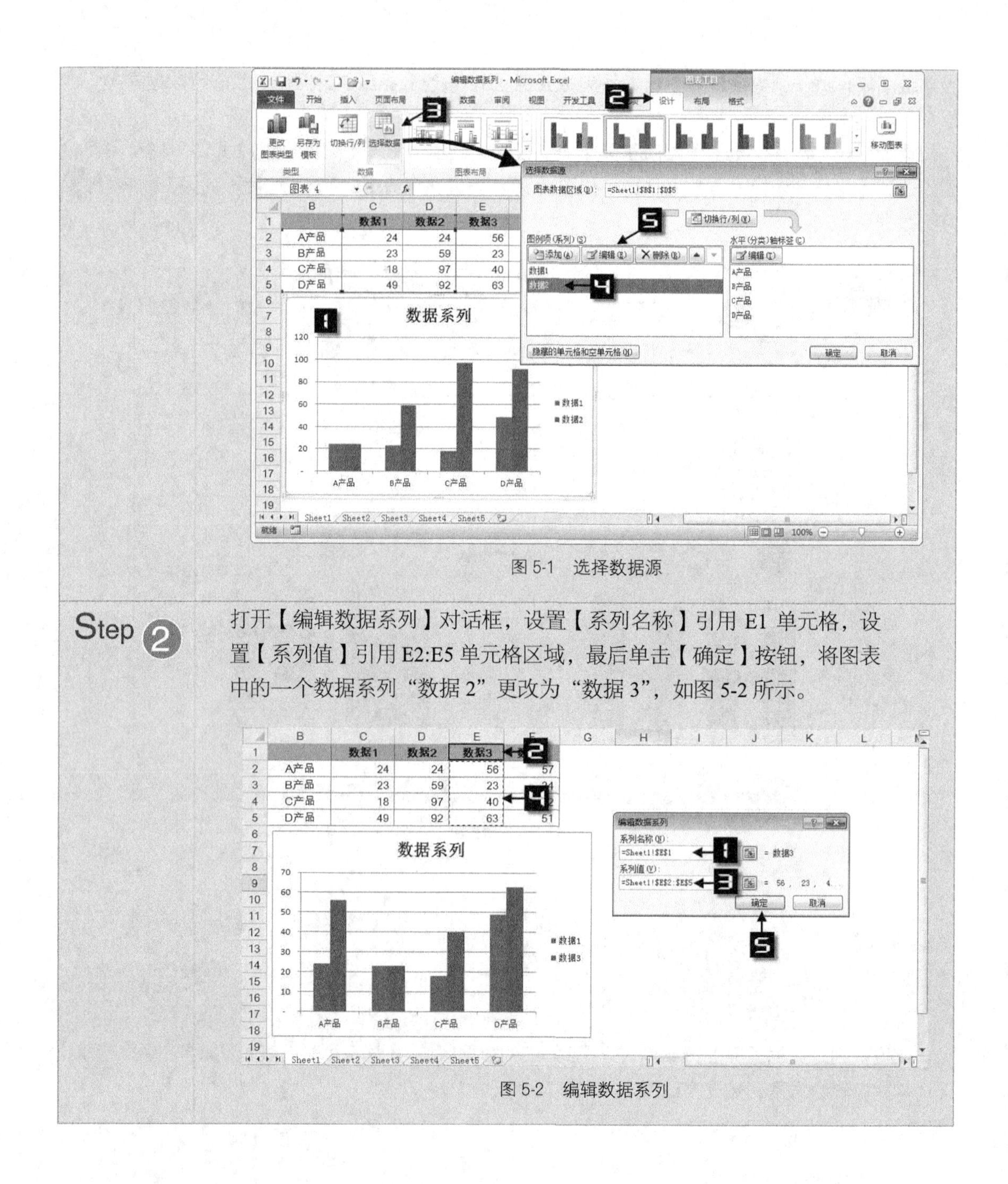

图 5-1 选择数据源

Step 2 打开【编辑数据系列】对话框，设置【系列名称】引用 E1 单元格，设置【系列值】引用 E2:E5 单元格区域，最后单击【确定】按钮，将图表中的一个数据系列“数据 2”更改为“数据 3”，如图 5-2 所示。

图 5-2 编辑数据系列

5.2 选择数据绘图

选择单元格区域后绘图，所选的单元格区域即为图表的数据源。适当地选择不相邻的数据区域，可以在一定程度上提高作图的效率。

选择 B1:B5 单元格区域，在按住<Ctrl>键的同时，选择 D1:D5 单元格区域。然后按住<Ctrl>键的同时，选择 F1:F5 单元格区域。再依次单击【插入】→【柱形图】→【簇状柱形图】命令，在工作表中插入一个柱形图，该柱形图由“数据 2”和“数据 4”两个数据系列构成，如图 5-3 所示。

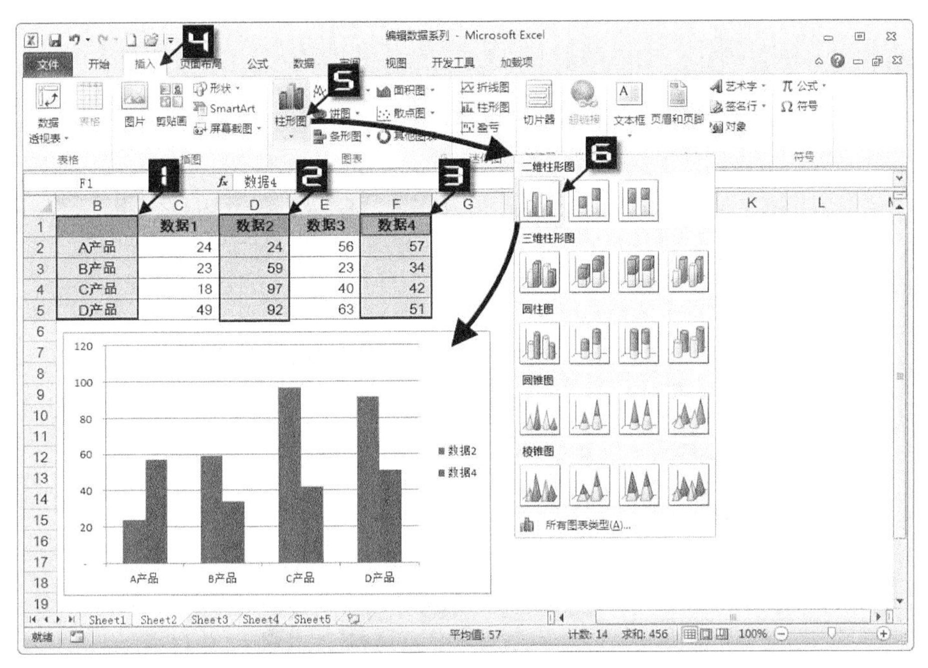

图 5-3　选择数据绘图

5.3　快速更改数据引用

快速更改数据引用是使用鼠标拖放引用单元格区域来实现的。

单击选取图表的绘图区，在工作表的引用单元格区域显示 3 个矩形框：紫色为分类轴标签，绿色为数据系列名称，蓝色为数据系列。将光标定位到蓝色矩形框线上，框线变粗，光标变更为十字箭形时，按下鼠标左键，拖动蓝色矩形框线到 E2:F5 单元格区域，绿色矩形框线也同时移动到 E1:F1 单元格区域，松开鼠标左键完成更改数据引用，如图 5-4 所示。

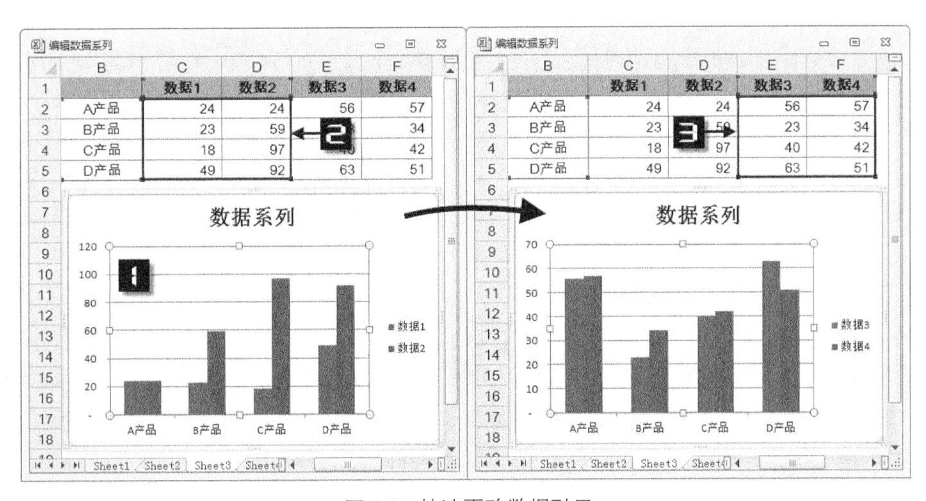

图 5-4　快速更改数据引用

5.4 快速添加数据系列

使用复制、粘贴命令可以快速添加新的数据系列。

选取 F1:F5 单元格区域，依次单击【开始】→【复制】命令（或<Ctrl+C>组合键），再选择图表，最后单击【开始】→【粘贴】命令（或<Ctrl+V>组合键），实现向图表快速添加一个名为“数据 4”的数据系列，如图 5-5 所示。

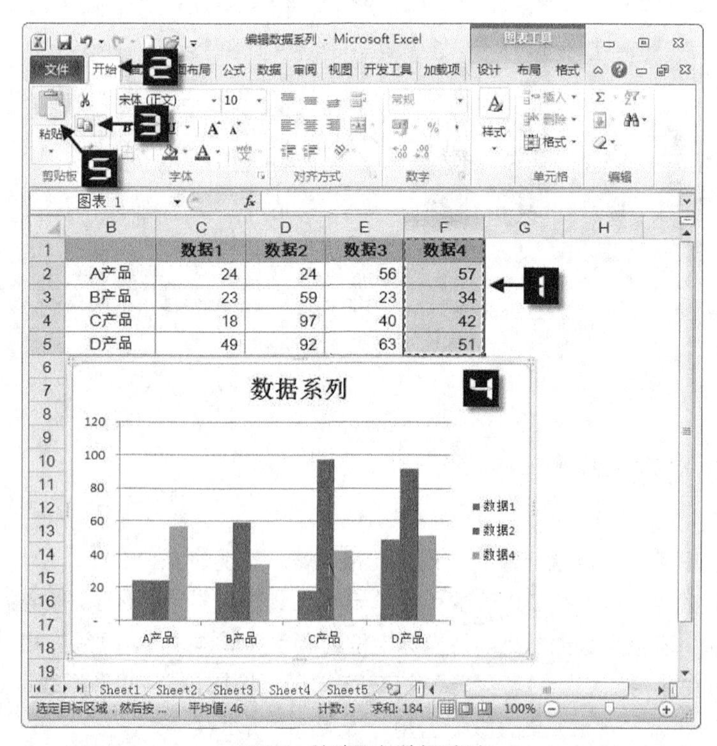

图 5-5 快速添加数据系列

5.5 隐藏数据系列

隐藏数据行或数据列，可以实现隐藏图表中的数据系列。通过设置，也可以显示隐藏单元格对应图表中的数据系列。

设置工作表中 F 列为隐藏后，图表中不再显示“数据 4”数据系列。选择图表，依次单击【图表工具】→【设计】选项卡中的【选择数据】命令，打开【选择数据源】对话框，单击【隐藏的单元格和空单元格】按钮，打开【隐藏和空单元格设置】对话框，勾选【显示隐藏行列中的数据】复选框，单击【确定】按钮，即在图表中显示隐藏了的“数据 4”数据系列，如图 5-6 所示。

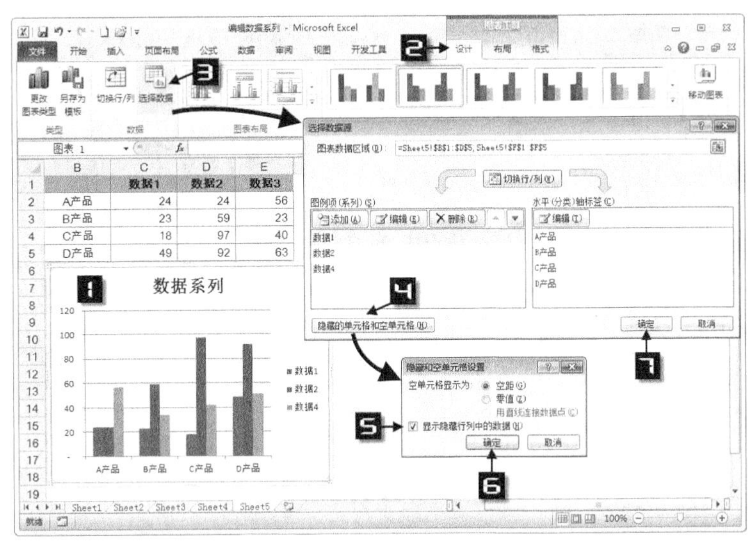

图 5-6　显示隐藏数据系列

技巧 6　轻松调整图表布局

图表布局是指图表中显示的图表元素及其位置、格式等的组合。Excel 2010 提供了 11 种内置图表布局，以方便用户选择不同布局的图表样式，同时，也提供详细的设置选项，以符合个性化的需求。

Step 1　选择图表，依次单击【图表工具】→【设计】选项卡中的【图表布局】下拉按钮，打开图表布局样式库，选择【布局 3】，将图表布局运用到所选择的图表，如图 6-1 所示。

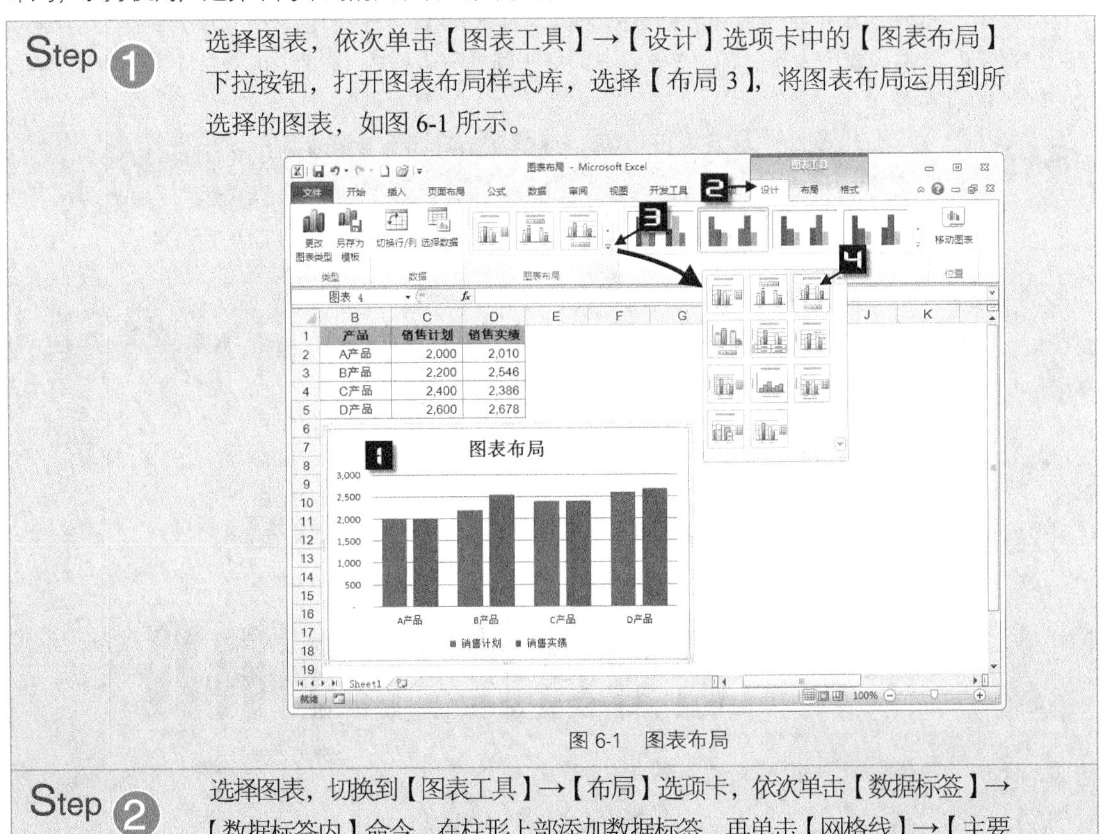

图 6-1　图表布局

Step 2　选择图表，切换到【图表工具】→【布局】选项卡，依次单击【数据标签】→【数据标签内】命令，在柱形上部添加数据标签，再单击【网格线】→【主要纵网格线】→【主要网格线】命令，在图表中添加纵网格线，如图 6-2 所示。

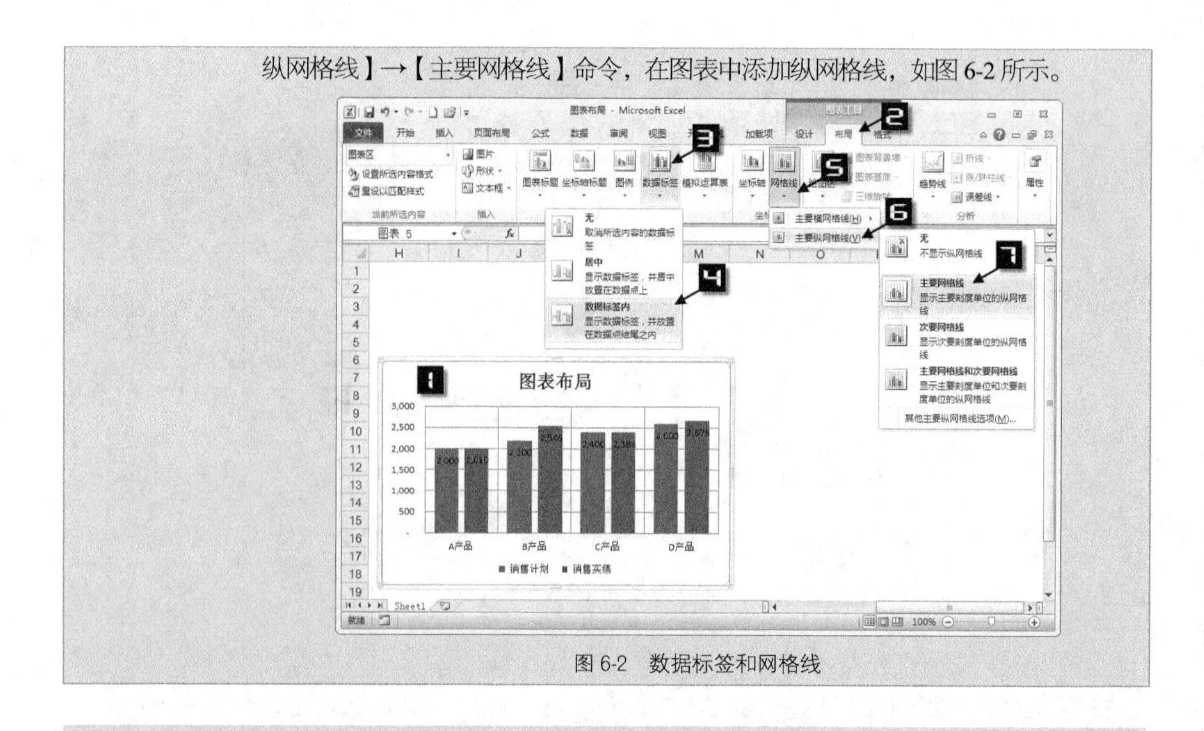

图 6-2　数据标签和网格线

技巧 7　选择不同的图表样式

图表样式是指图表中绘图区和数据系列形状、填充颜色、框线颜色等格式设置的组合。Excel 2010 提供了 48 种内置图表样式，以方便用户选择不同的图表样式，同时，也提供详细的设置选项，以符合个性化的需求。

Step ①　选择图表，依次单击【图表工具】→【设计】选项卡中的【图表样式】下拉按钮，打开图表样式库，选择【样式 27】，将图表样式运用到所选择的图表，如图 7-1 所示。

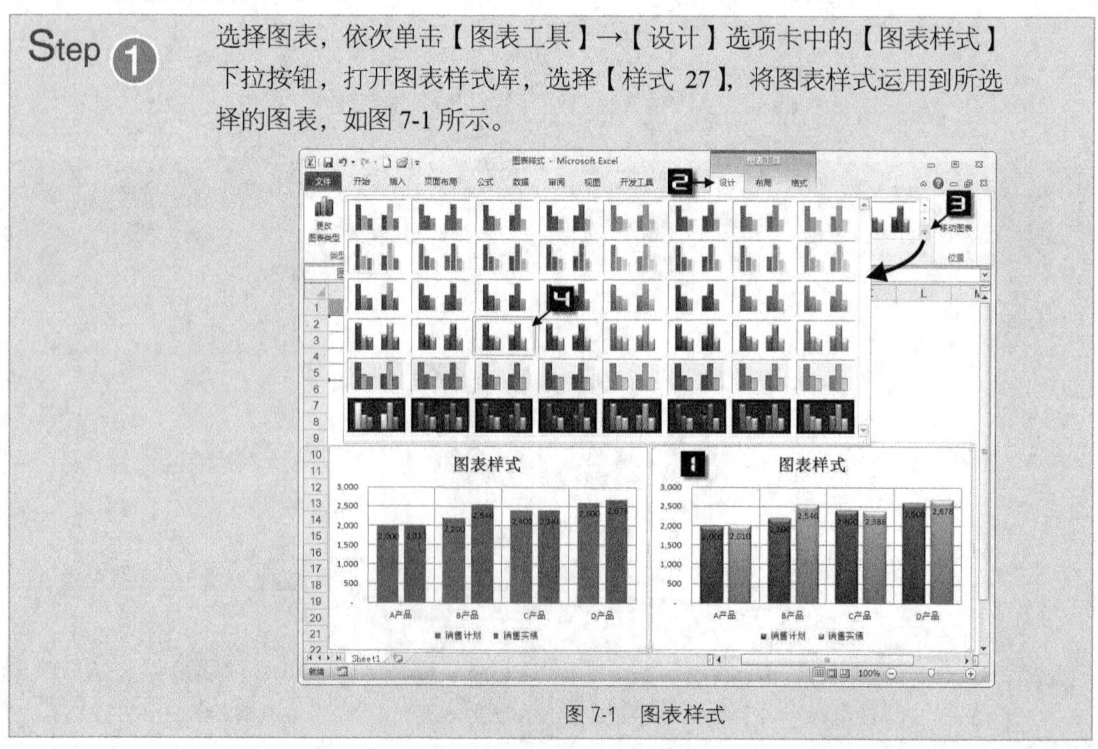

图 7-1　图表样式

Step 2　单击图表的图表区选取图表，切换到【图表工具】→【布局】选项卡，单击【设置所选内容格式】命令，打开【设置所选内容格式】对话框，在【填充】选项卡中勾选【渐变填充】单选钮，最后单击【关闭】按钮，为图表区填充蓝色渐变的背景颜色，如图 7-2 所示。

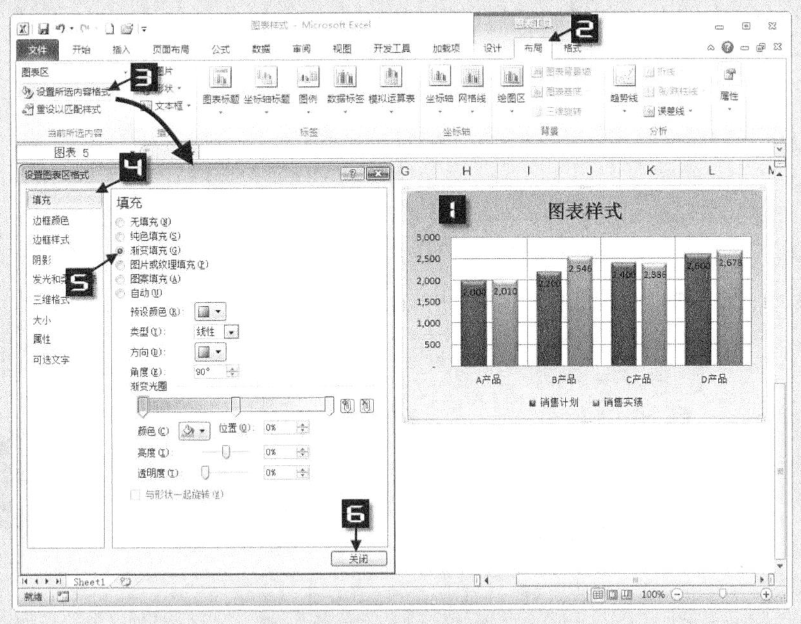

图 7-2　图表区填充

Step 3　单击图表中“销售实绩”数据系列的柱形，选择该数据系列，再一次单击该数据系列的第 2 个数据点，选择该数据点，再依次单击【格式】→【形状样式】组中的【其他】按钮，打开形状样式库，共 42 种形状样式，选择【浅色 1 轮廓，彩色填充-强调颜色 6】，将形状样式运用到所选择的数据点柱形，如图 7-3 所示。

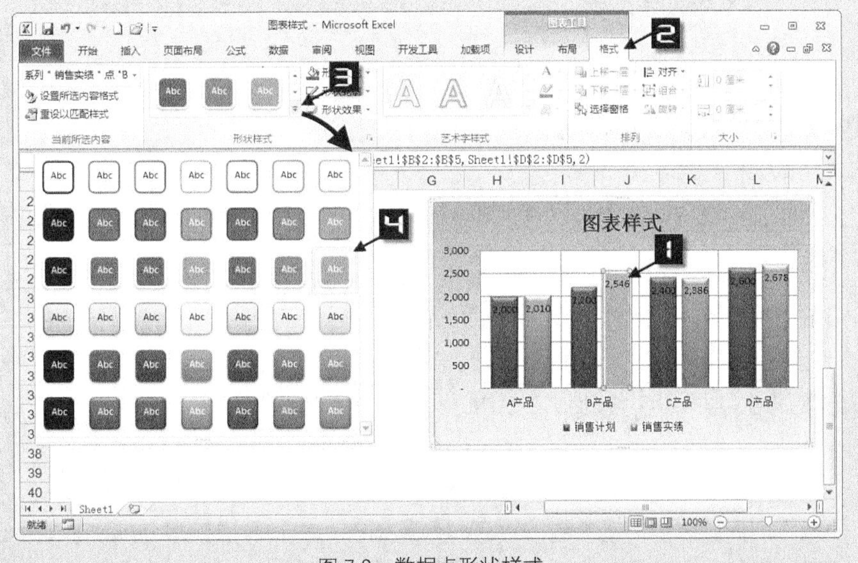

图 7-3　数据点形状样式

技巧 8　设置图表位置

嵌入式图表和图表工作表可以互相转换位置，同一工作表内的图表可以直接移动位置，不同工作表内的图表可以用剪切、粘贴的方法移动。

嵌入式图表和图表工作表互相转换位置时，先选择图表，再依次单击【图表工具】→【设计】选项卡中的【移动图表】命令，打开【移动图表】对话框，选择【新工作表：Chart1】单选钮，单击【确定】按钮就可以将图表移动到图表工作表，如图 8 所示。反之，选择【对象位于：Sheet1】单选钮，可以将图表移动到工作表 Sheet1 中，成为嵌入式图表。

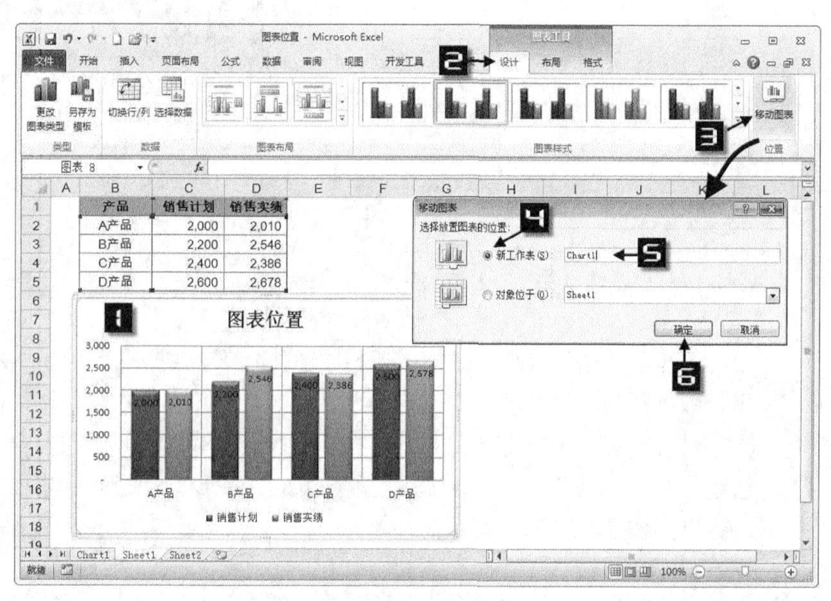

图 8　图表工作表移动

同一工作表内的图表可以直接用鼠标指针拖放来移动位置，也可以用剪切、粘贴的方法移动到指定的单元格位置。

不同工作表内的图表可以用剪切、粘贴的方法移动，粘贴时图表的左上角将与所选单元格的左上角对齐。

技巧 9　调整图表大小

嵌入图表的大小与工作表的行高和列宽相关，包括图表的尺寸大小和显示比例。

工作表的显示比例越大，则图表显示也按比例放大。

选择图表时，在图表区外框显示 8 个控制点，将光标定位到控制点上，当其显示为双向箭头样式时，可以拖放调整图表的尺寸大小。

若要精确调整图表的尺寸大小，先选择图表，然后依次单击【图表工具】→【格式】选项卡中【大小】组内的微调按钮，可以设置图表的长度和宽度数值，如图 9-1 所示。

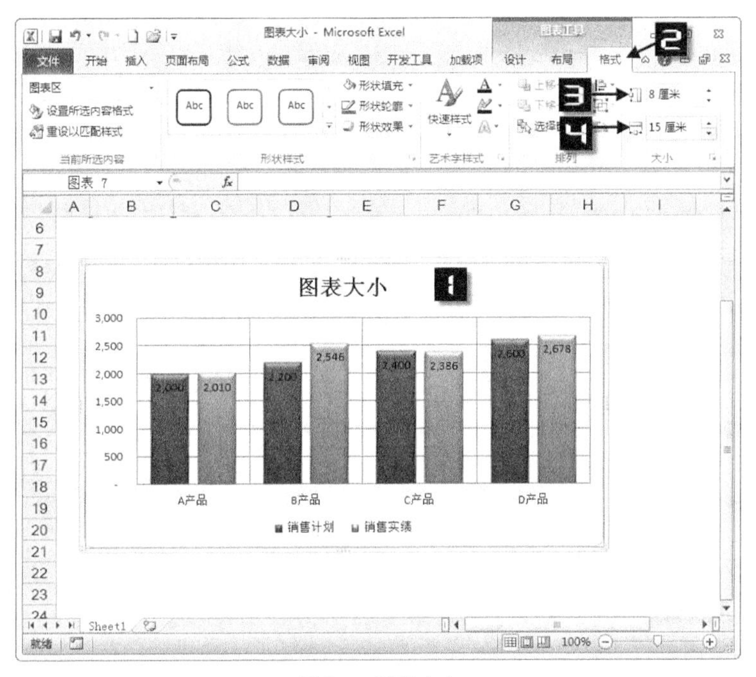

图 9-1　图表大小

将行高调大，或者插入一行，则图表的尺寸也随之变大；将行高调小，或者删除一行，则图表的尺寸变小。列宽也是同样变化。若需要固定图表的大小，则单击【格式】选项卡中【大小】组的对话框启动器按钮，打开【设置图表区格式】对话框，在【属性】选项卡中勾选【大小和位置均固定】单选钮即可，如图 9-2 所示。

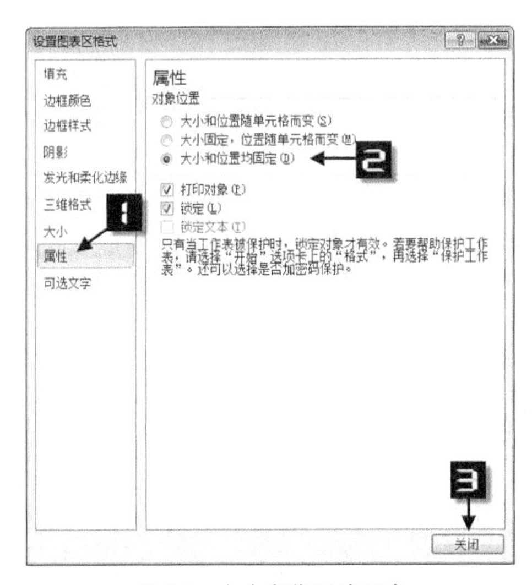

图 9-2　大小和位置均固定

技巧 10　快速复制图表

Excel 支持将图表复制到其他工作表、工作簿，甚至 Word、PowerPoint 等其他 Office 文档资料中。另外，Excel 2010 增加了复制图表格式的功能。

复制整个图表，只要使用【复制】命令（或<Ctrl+C>组合键）和【粘贴】命令（或<Ctrl+V>组合键）即可。

复制图表格式，需要使用选择性粘贴功能。选择源图表，单击【开始】选项卡中的【复制】命令（或<Ctrl+C>组合键），再选择目标图表，单击【粘贴】下拉按钮，在展开的快捷菜单中，单击【选择性粘贴】命令，打开【选择性粘贴】对话框，勾选【格式】单选钮，如图 10 所示。最后单击【确定】按钮，将源图表的格式全部应用到目标图表。

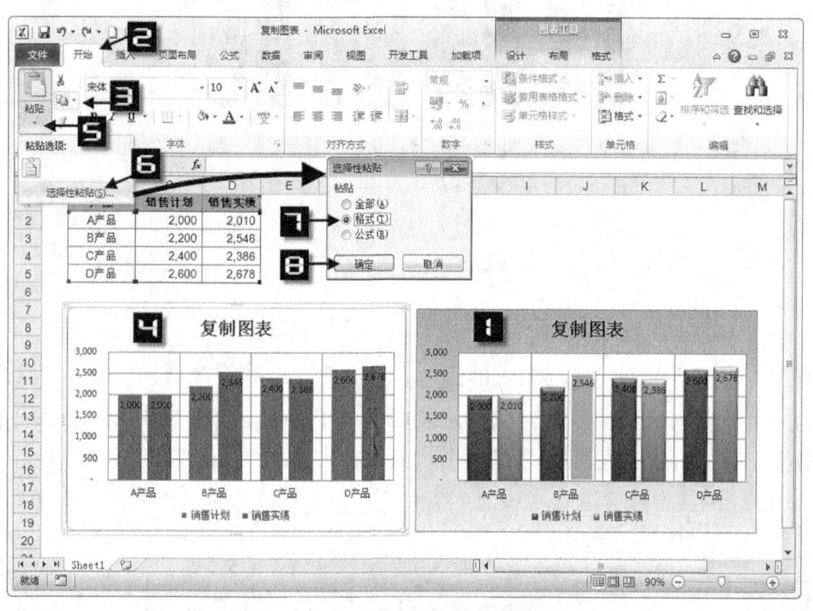

图 10　复制图表格式

技巧 11　图表的显示与隐藏

嵌入式图表作为对象，可以设置显示或隐藏在工作表中。根据图层的概念，工作表中的对象和书本一样，只能看到最上层的图表或图形对象。

选择任意一个图表，依次单击【图表工具】→【格式】选项卡中的【选择窗格】命令，打开【选择和可见性】窗格，单击窗格中【图表 6】右侧的眼睛图标，变更为空白的图标，同时隐藏“图表 6”，如图 11-1 所示。若再次单击空白图标，则变更为眼睛图标，显示“图表 6”。若单击窗格下方的【全部显示】按钮，则显示所有图表和图形对象。若单击窗格下方的【全部隐藏】按钮，则隐藏所有图表和图形对象。

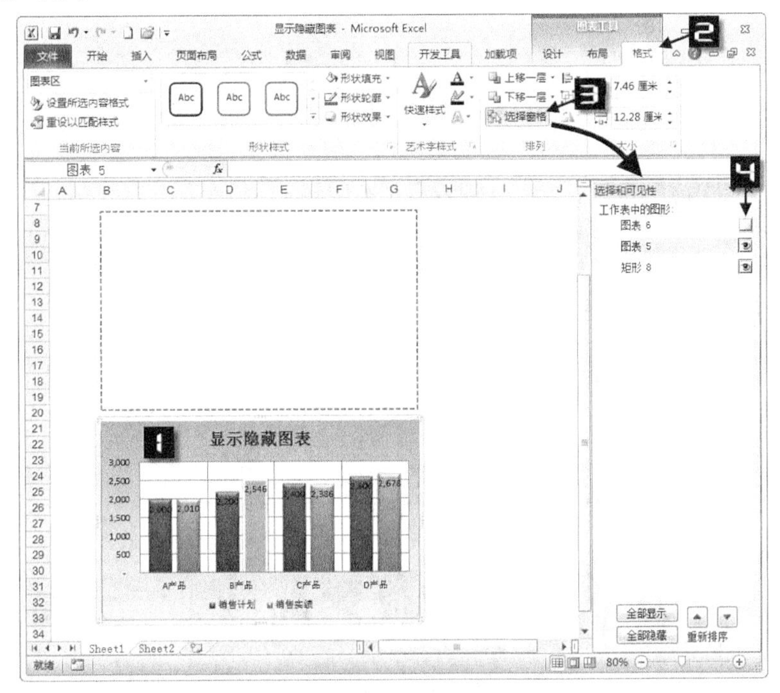

图 11-1　隐藏图表

选择一个图表“图表 1”，依次单击【图表工具】→【格式】选项卡中的【下移一层】→【置于底层】命令，可以将所选图表对象移动到图层的最下面，被矩形图形遮挡的部分则被隐藏了，如图 11-2 所示。

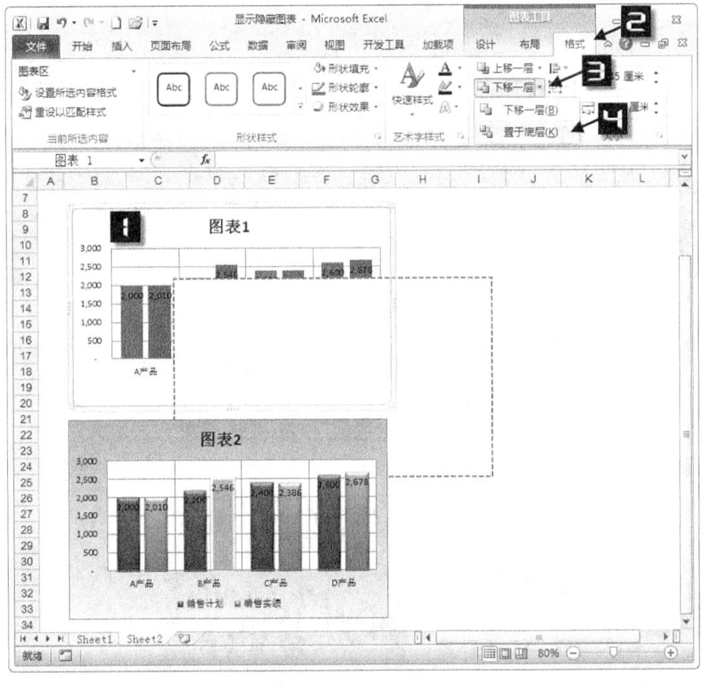

图 11-2　图层

技巧 12　多个图表的整齐排列

图表可以按照单元格的位置进行排列和对齐，也可以使用对齐命令进行排列。

依次单击【开始】选项卡中的【查找和选择】下拉按钮，在展开的快捷菜单中单击【选择对象】命令，光标变更为空心箭形时，即可框选多个图表对象，如图 12-1 所示。

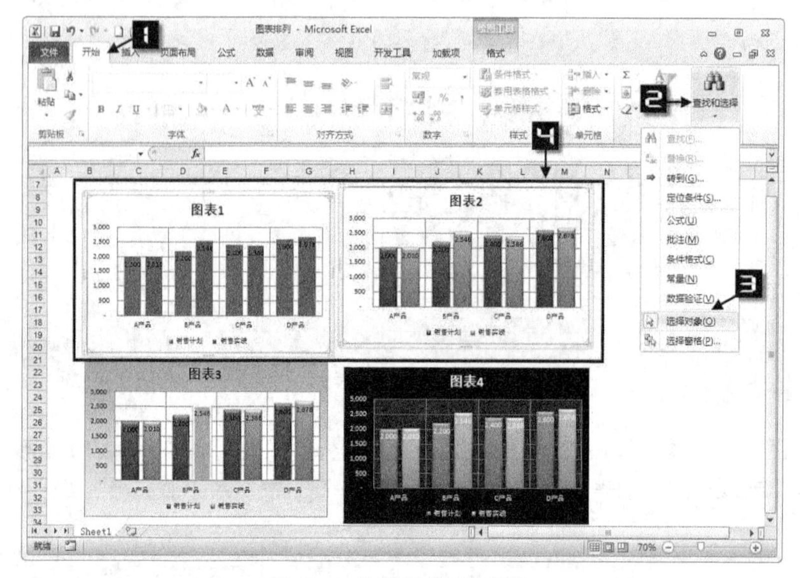

图 12-1　选择多个图表对象

然后单击【绘图工具】→【格式】选项卡中的【对齐】下拉按钮，在展开的快捷菜单中单击【顶端对齐】命令，将所选图表按顶端对齐进行排列，如图 12-2 所示。

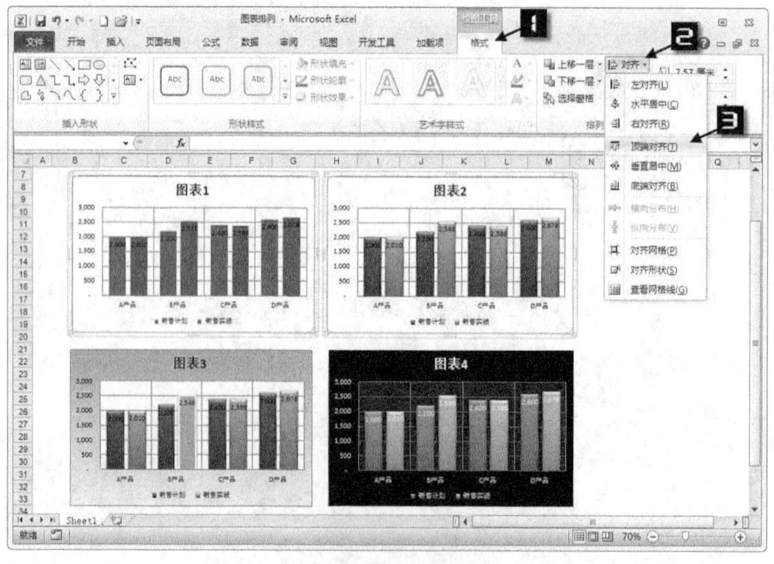

图 12-2　顶端对齐

技巧 13　创建一组迷你图

迷你图可以组合成一组，以方便用户统一设置图表格式。

选择 C2:F5 单元格区域，单击【插入】选项卡中的【迷你图】→【柱形图】命令，打开【创建迷你图】对话框，将光标定位到【位置范围】编辑框内，选择工作表中的 G2:G5 单元格区域，单击【确定】按钮，在 G2:G5 单元格区域中插入一组迷你柱形图，如图 13-1 所示。

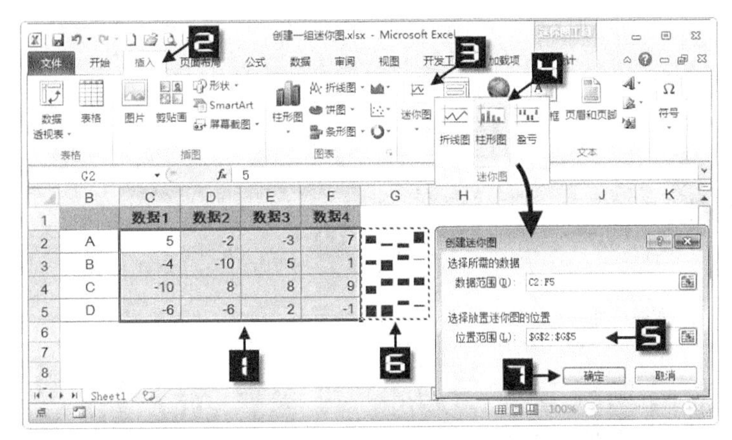

图 13-1　创建一组迷你图

在已有一个迷你图的情况下，可以使用填充单元格和复制粘贴单元格的方法，创建一组迷你图。在已有多个迷你图时，可以选择多个迷你图，再通过选择【迷你图工具】→【设计】选项卡中的【组合】命令，创建一组迷你图。

选择 G2 单元格，显示选择一组迷你图的框线。在【迷你图工具】→【设计】选项卡中单击【折线图】命令，将这一组迷你图修改为折线图。然后勾选【负点】单选钮，再单击【坐标轴】→【显示坐标轴】命令，在这一组迷你图中显示负点标记和水平坐标轴，如图 13-2 所示。

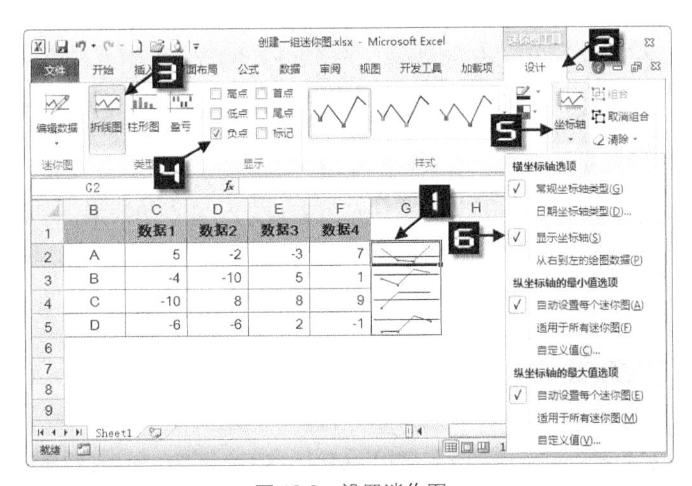

图 13-2　设置迷你图

技巧 14　图表转换为图片

Excel 2010 支持将图表直接转换为图片。也可以通过另存为网页文件的方法，将工作簿中的图表保存为图片文件。

选择图表，在【开始】选项卡中单击【复制】命令（或<Ctrl+C>组合键），然后选择 H8 单元格，单击【粘贴】下拉按钮，在打开的快捷菜单中单击【图片】命令，在工作表中添加一个与图表显示相同的图片，如图 14 所示。

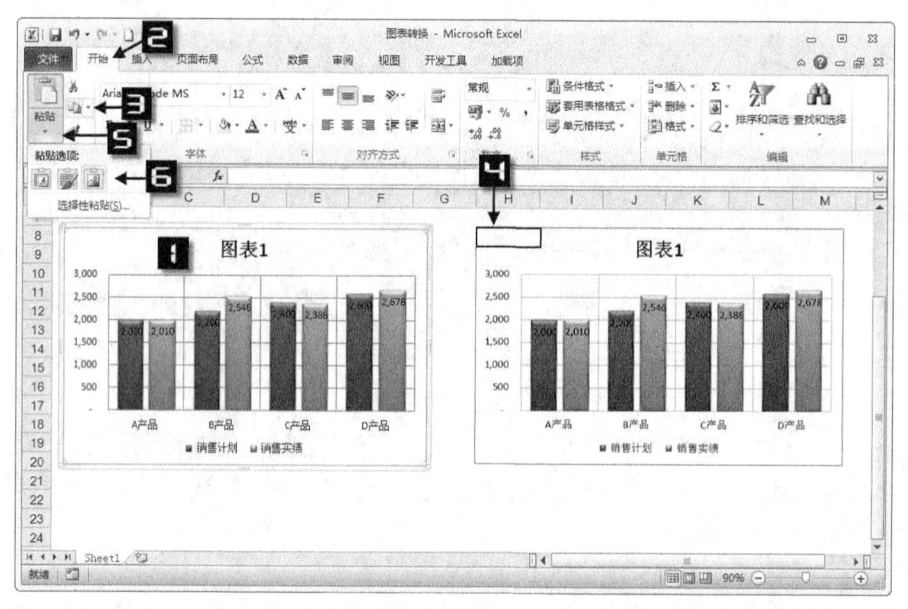

图 14　图表转换为图片

技巧 15　图表打印技巧

图表设置完成后，可以按需要打印图表。打印之前应先预览打印效果，以避免一张图表打印在两张纸上的错误，减少不必要的纸张浪费。

15.1　整页打印图表

选中图表，单击【文件】菜单中的【打印】命令，在 Excel 窗口的右侧显示打印预览画面，如图 15-1 所示，最后单击【打印】按钮完成打印输出。

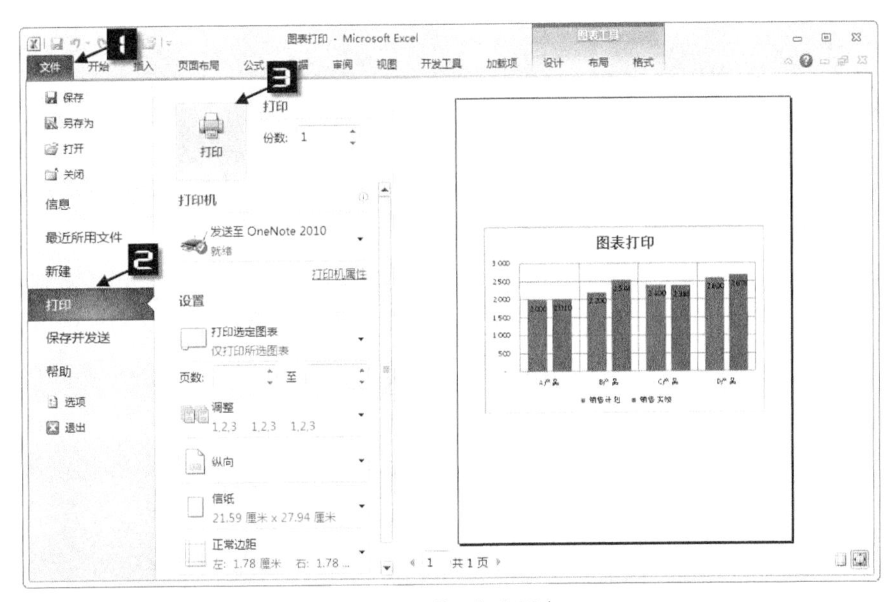

图 15-1　整页打印图表

15.2　图文混排打印

选中工作表中的任意单元格，单击【视图】功能区的【页面布局】按钮，显示页面布局画面，调整右侧和下侧边距，使打印内容在同一页内，如图 15-2 所示。最后单击【文件】菜单中的【打印】命令，完成打印输出。

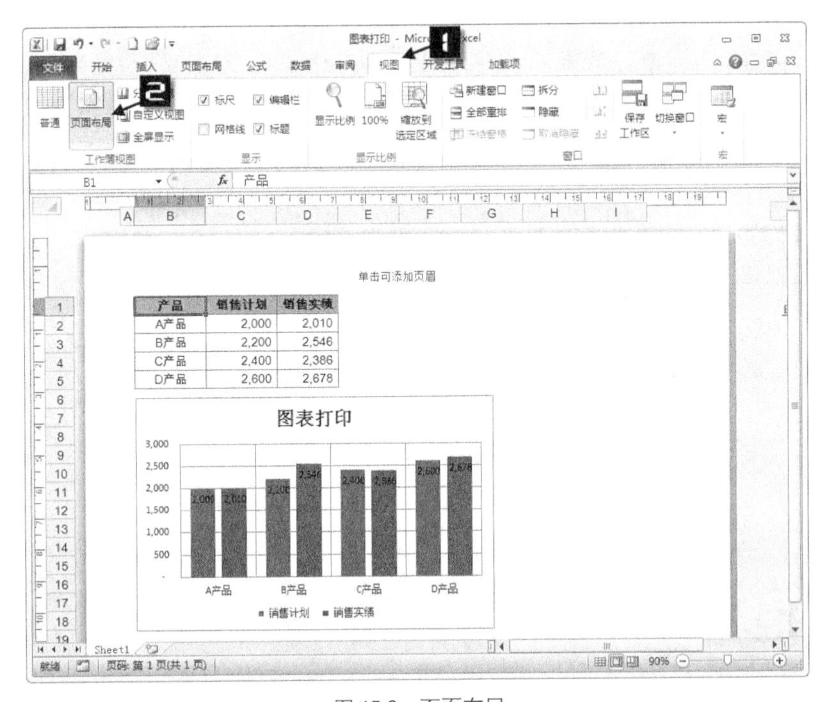

图 15-2　页面布局

15.3 不打印工作表中的图表

选择图表的图表区，按<Ctrl+1>组合键打开【设置图表区格式】对话框，切换到【属性】选项卡，取消选择【打印对象】复选框，如图 15-3 所示，单击【关闭】按钮完成设置。最后选择工作表中的任意一个单元格，单击【文件】菜单中的【打印】命令，完成打印输出。

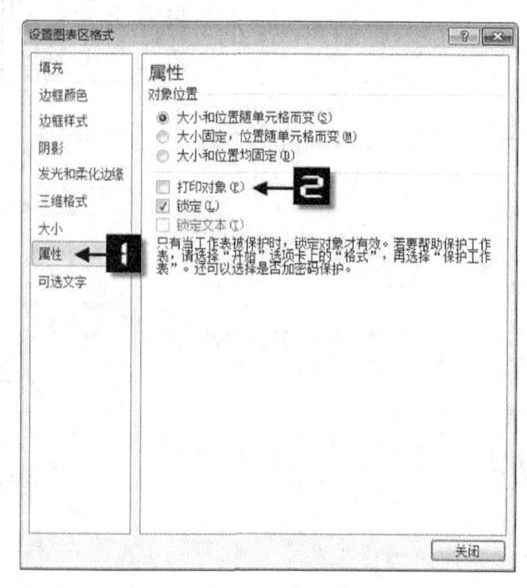

图 15-3 打印对象

第 2 章　数据系列

Excel 图表是根据工作表中的数据表格来绘制的，该数据表格称为图表的数据源，数据源中的一行或一列数据称为数据系列，数据系列中的每一个单元格内的数据称为数据点。数据系列是数据的图形化表现形式，也是正确绘制图表类型的基础。熟练掌握设置数据系列和数据点技巧，是提高作图技能的重要环节。

技巧 16　理解数据系列

在 Excel 2010 的 11 种图表类型中，大致可以分为 5 种类型的数据系列，相同类型的数据系列图表可以互相转换图表类型。

16.1　基本数据系列

柱形图、条形图、面积图、折线图、饼图、圆环图、雷达图等图表类型都属于基本数据系列的图表。基本数据系列由系列名称和系列值组成，对应数据表中的一行或一列数据。

如图 16-1 所示，【系列名称】引用 B1 单元格，【系列值】引用 B2:B6 数据列。

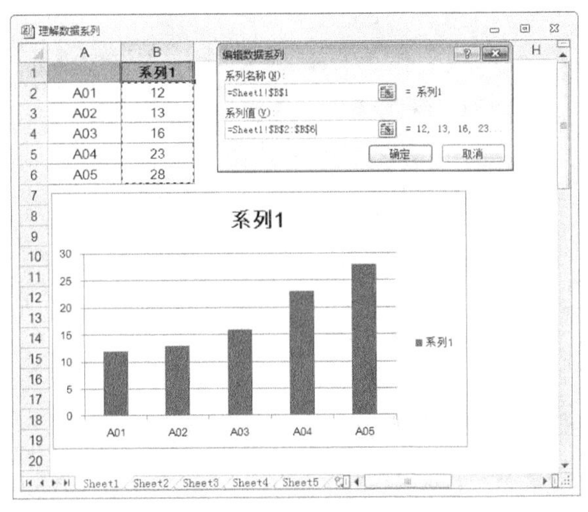

图 16-1　基本数据系列

16.2　XY 数据系列

XY 数据系列是 XY 散点图特有的数据系列，由系列名称、x 轴系列值和 y 轴系列值组成，对应数据表中的两行或两列数据。

如图 16-2 所示，【系列名称】引用 C1 单元格，【X 轴系列值】引用 B2:B6 数据列，【Y 轴系列值】引用 C2:C6 数据列。

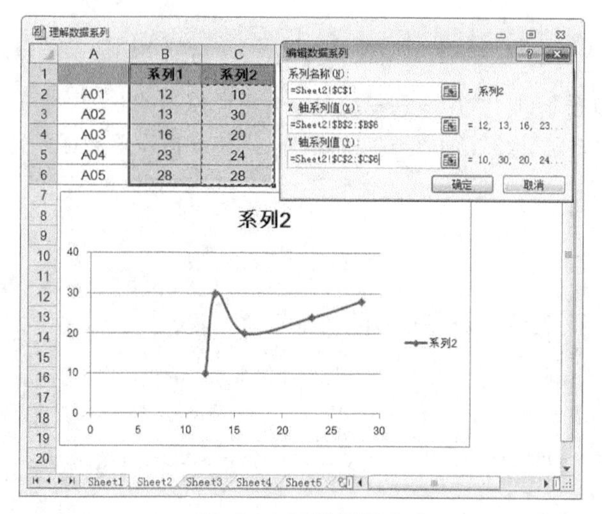

图 16-2　XY 数据系列

16.3　气泡图数据系列

气泡图数据系列是气泡图特有的数据系列，由系列名称、*x* 轴系列值、*y* 轴系列值和系列气泡大小组成，对应数据表中的三行或三列数据。

如图 16-3 所示，【系列名称】引用 D1 单元格，【X 轴系列值】引用 B2:B6 数据列，【Y 轴系列值】引用 C2:C6 数据列，【系列气泡大小】引用 D2:D6 数据列。

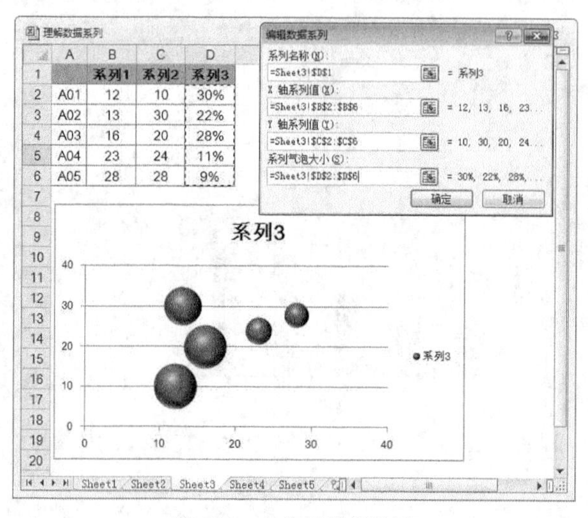

图 16-3　气泡图数据系列

16.4　股票图数据系列

股票图数据系列是股票图特有的数据系列，由开盘、盘高、盘低和收盘四个基本数据系列组成，对应数据表中的四行或四列数据。顾名思义，盘高和盘低分别对应数据点中的最大值和最小值，开盘和收盘必须介于盘高和盘低之间，否则不能绘制股票图。

如图 16-4 所示，【开盘】引用 B2:B6 数据列，【盘高】引用 C2:C6 数据列，【盘低】引用 D2:D6 数据列，【收盘】引用 E2:E6 数据列。

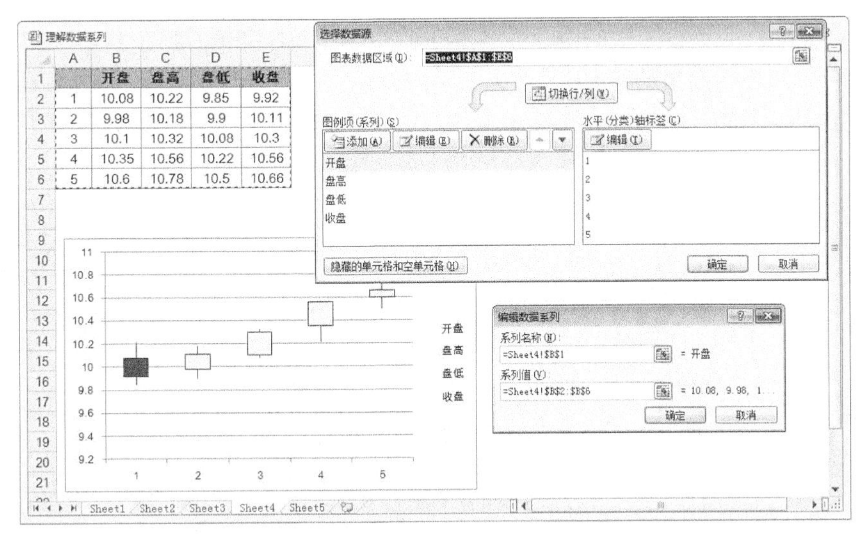

图 16-4　股票图数据系列

16.5　曲面图数据系列

曲面图数据系列是曲面图特有的数据系列，至少由两个基本数据系列组成，对应数据表中的两行或两列数据。

如图 16-5 所示，曲面图由【系列 1】和【系列 2】两个数据系列组成，【系列 1】的【系列值】引用 B2:B6 数据列，【系列 2】的【系列值】引用 C2:C6 数据列。

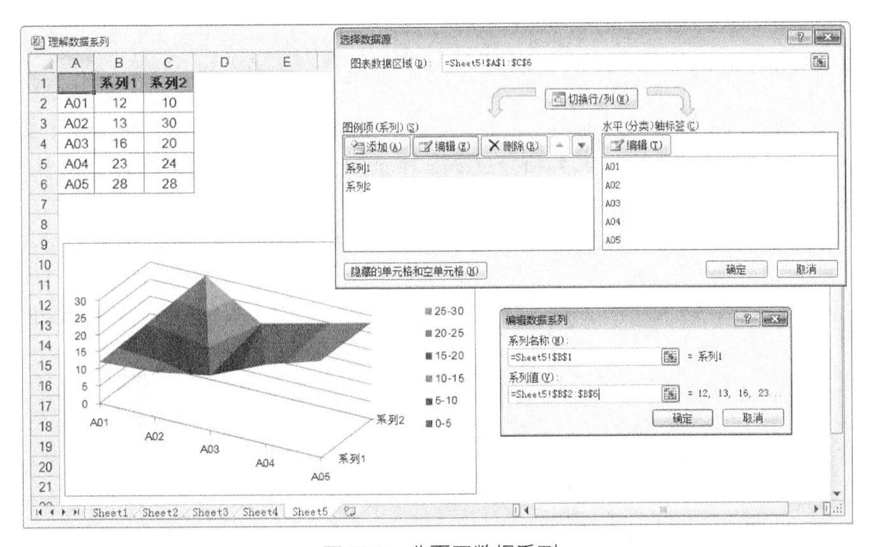

图 16-5　曲面图数据系列

技巧 17 旋转折线图

利用交换 XY 散点图数据系列中 *x* 轴系列值和 *y* 轴系列轴的引用数据，可以将折线图旋转 90°，并将指定的数据绘制在 *y* 轴上。若源图表类型为折线图，需改变图表类型为 XY 散点折线图。旋转折线图的操作方法如下。

Step 1 选择图表，依次单击功能区的【图表工具】→【设计】选项卡中的【选择数据】命令，打开【选择数据源】对话框，再单击【编辑】按钮，打开【编辑数据系列】对话框，如图 17-1 所示。

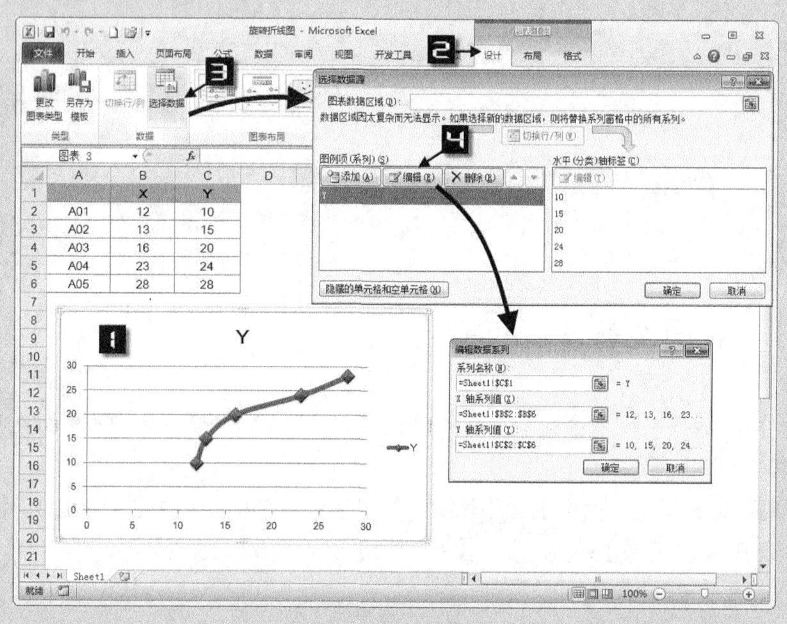

图 17-1 编辑数据系列

Step 2 删除【X 轴系列值】文本框中的引用单元格地址，重新引用 C2:C6 数据列，删除【Y 轴系列值】文本框中的引用单元格地址，重新引用 B2:B6 数据列。最后单击【确定】按钮，完成折线图旋转，如图 17-2 所示。

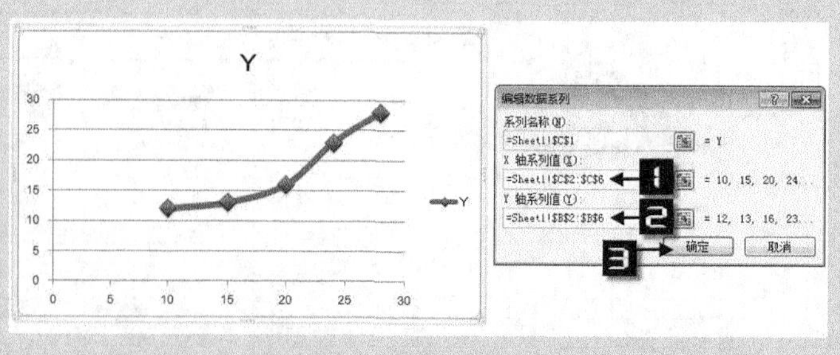

图 17-2 交换引用数据列

技巧 18　快速添加数据系列

添加数据系列是绘制 Excel 图表的基本操作之一，其方法有以下 4 种，其中复制粘贴法最实用，在图表数据源中添加系列最详细。

18.1　复制粘贴法

复制粘贴法是添加数据系列时最常用的方法，只要复制数据后粘贴到图表中即可。

Step 1　选择 C1:C6 数据列，按<Ctrl+C>组合键，在所选单元格区域显示虚线框，如图 18-1 所示。

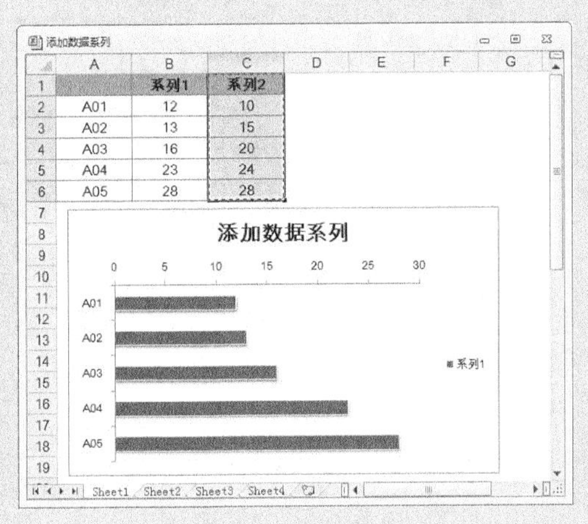

图 18-1　复制数据列

Step 2　选择图表，按<Ctrl+V>组合键，将所选数据列添加到图表中，Excel 自动将文本单元格设置为系列名称，数据单元格设置为系列值，如图 18-2 所示。

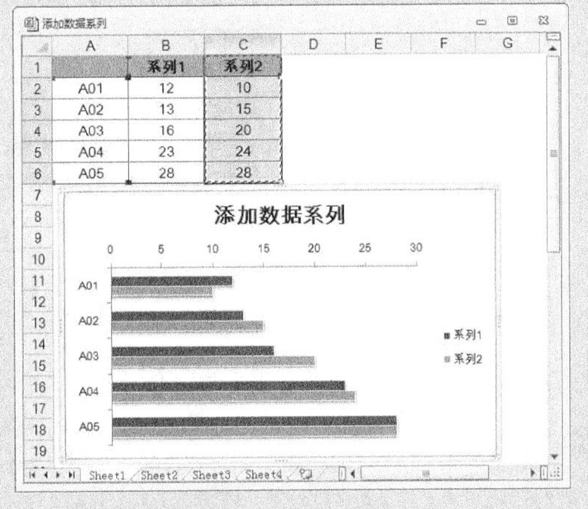

图 18-2　粘贴数据系列

18.2 鼠标拖放法

鼠标拖放法适用于连续的数据区域，操作方法也比较简单。

Step 1 选择图表，对应的工作表中 B2:C6 单元格区域显示蓝色框线，表示该区域为数据系列引用的单元格区域，将光标定位到蓝色框线的右上角时，光标变为双向箭形，如图 18-3 所示。

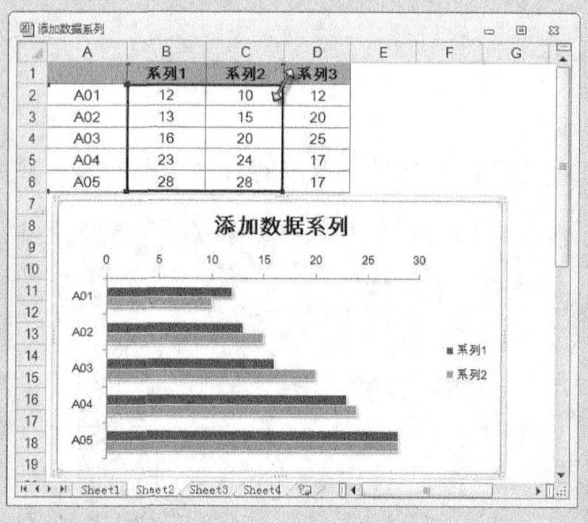

图 18-3 定位光标

Step 2 拖放蓝色框线到 D 列，松开鼠标左键，图表自动添加数据系列“系列 3”，系列值引用 D2:D6 数据列，如图 18-4 所示。

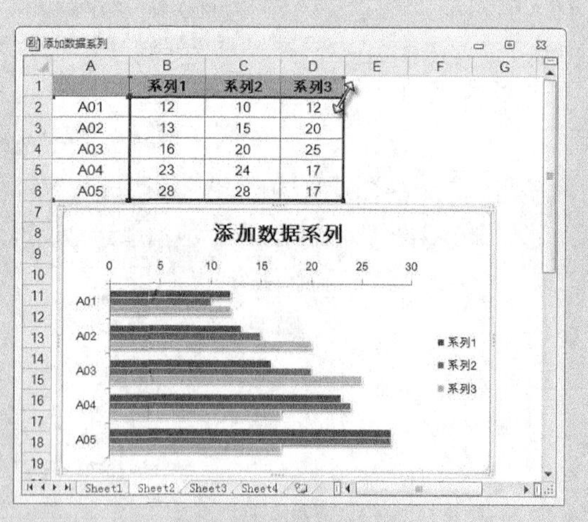

图 18-4 拖放蓝色框线

18.3 重置图表数据区域

重置图表数据区域，即重新设置图表的数据源，可以引用不连续的数据区域，操作方法如下。

Step 1　选择图表，依次单击功能区的【设计】选项卡中的【选择数据】命令，打开【选择数据源】对话框，【图表数据区域】文本框中显示引用“=Sheet3!$A$1:$C$6”，如图 18-5 所示。

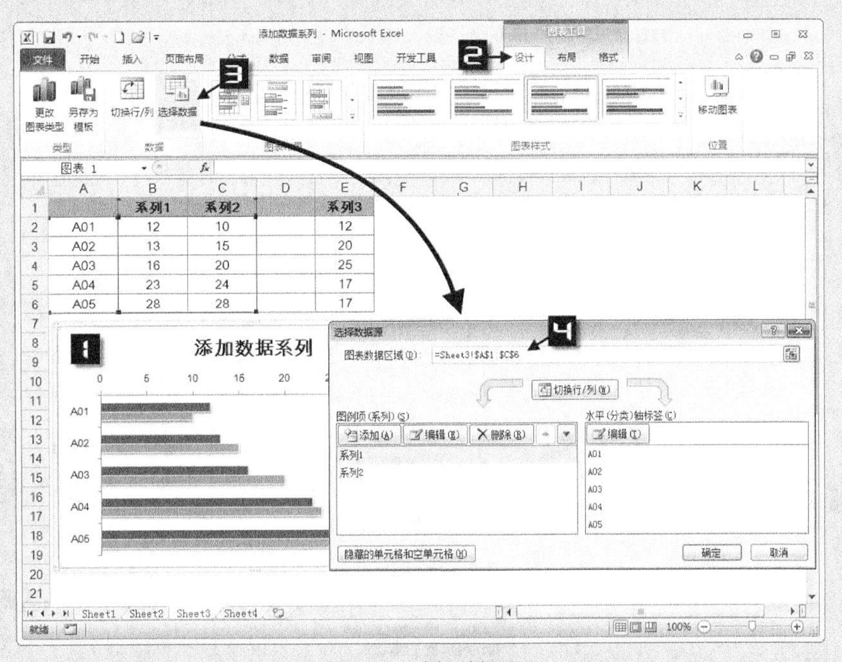

图 18-5　选择数据源

Step 2　在文本框的最后输入半角逗号，再用鼠标指针选择 E1:E6 单元格区域，在【图表数据区域】文本框中显示引用“=Sheet3!$A$1:$C$6,Sheet3!$E$1:$E$6”，最后单击【确定】按钮，完成重置图表数据区域并添加数据系列“系列 3”，如图 18-6 所示。

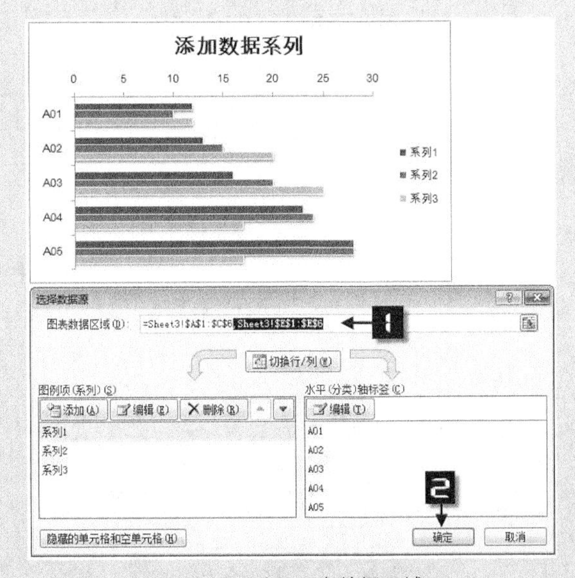

图 18-6　重置图表数据区域

18.4 在数据源中添加数据系列

在数据源中添加数据系列是标准的添加数据系列方法，可以引用不连续的数据区域，准确地指定系列名称，操作方法如下。

Step 1 选择图表，依次单击功能区的【设计】选项卡中的【选择数据】命令，打开【选择数据源】对话框，然后单击【添加】按钮，打开【编辑数据系列】对话框，如图 18-7 所示。

图 18-7　编辑数据系列

Step 2 将光标定位到【编辑数据系列】对话框的【系列名称】文本框中，再选择 F1:F2 单元格区域。然后将光标定位到【系列值】文本框中，删除文本“={1}”，再选择 F3:F7 单元格区域。最后单击【确定】按钮，完成添加数据系列“系列 4 说明”，如图 18-8 所示。

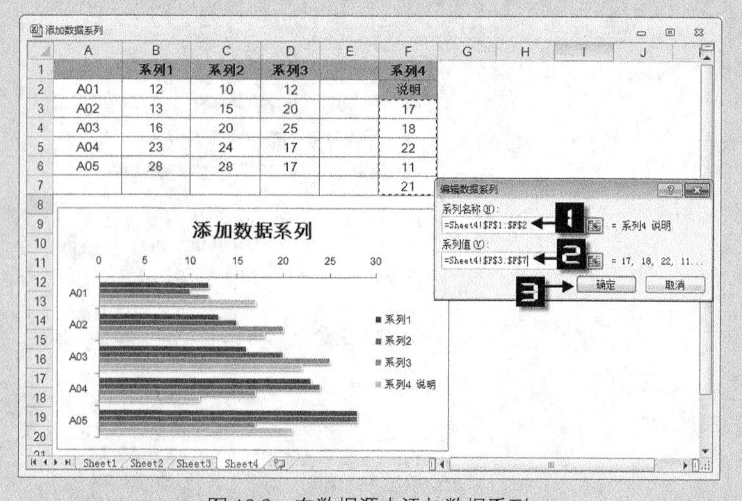

图 18-8　在数据源中添加数据系列

技巧 19　调整数据系列的次序

根据数据系列的重要性或含义，可以调整数据系列在图表中绘制的位置次序。

Step 1 选择图表，依次单击功能区的【设计】选项卡中的【选择数据】命令，打开【选择数据源】对话框，然后选择【图例项（系列）】列表中的【系列 2】，如图 19-1 所示。

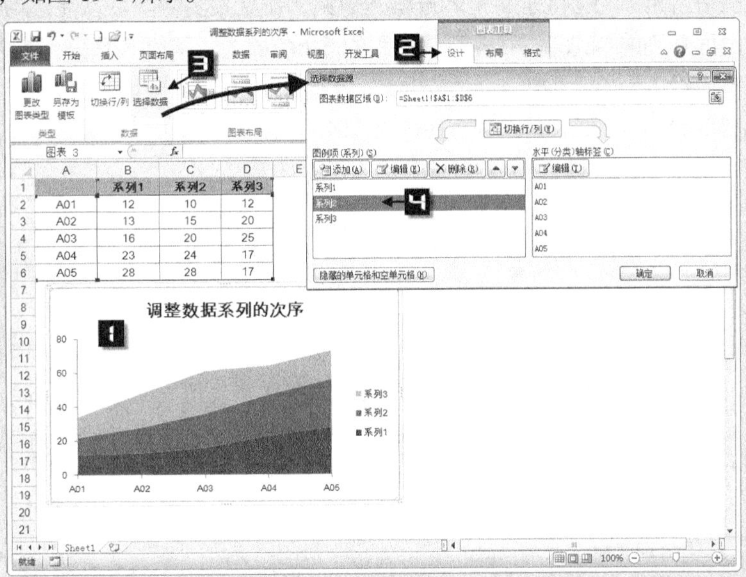

图 19-1　选择数据系列

Step 2 单击【下移】按钮，【图例项（系列）】列表中的系列名称【系列 2】下移一行。最后单击【确定】按钮，完成调整数据系列的次序，图表中的“系列 2”图形上移一个位置，如图 19-2 所示。

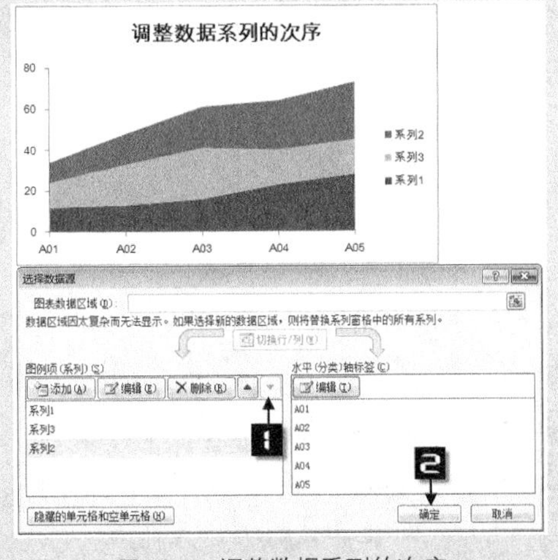

图 19-2　调整数据系列的次序

单击【上移】按钮，所选系列名称将上移一行，图表中的图形则下移一个位置。

技巧 20 修改数据系列公式（SERIES 公式）

除了曲面图、股票图等特殊图表以外，一般图表中的每个数据系列都对应一个数据 SERIES 公式。选择图表中需要修改的数据系列，在公式编辑栏中显示对应的 SERIES 公式，在 SERIES 公式中可以编辑引用单元格地址、文本或常量数组、自定义名称等，从而达到改变图表数据源的目的。但是，数据系列的 SERIES 公式不是真正的 Excel 公式，不能在系列公式中直接使用函数，也不可以将其直接输入到单元格中。

数据系列的 SERIES 公式根据图表类型不同略有不同，大致分为以下 3 种格式：

```
=SERIES(系列名称,分类轴标签,系列值,数据系列编号)
=SERIES(系列名称,x 轴系列值,y 轴系列值,数据系列编号)
=SERIES(系列名称,x 轴系列值,y 轴系列值,数据系列编号,气泡大小)
```

修改数据系列的 SERIES 公式的方法如下。

Step 1 选择图表中一个数据系列“系列 1”，在公式编辑栏显示对应的 SERIES 公式“=SERIES(Sheet1!$B$1,Sheet1!$A$2:$A$6,Sheet1!$B$2:$B$6,1)”，如图 20-1 所示。

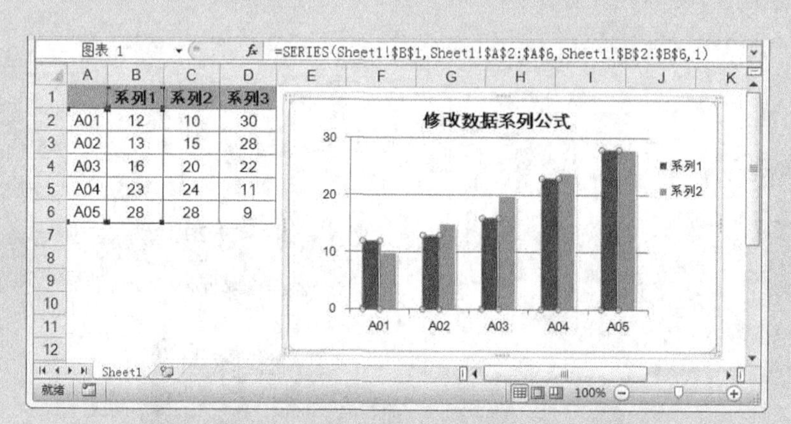

	A	B	C	D
1		系列1	系列2	系列3
2	A01	12	10	30
3	A02	13	15	28
4	A03	16	20	22
5	A04	23	24	11
6	A05	28	28	9

图 20-1 显示 SERIES 公式

Step 2 在公式编辑栏中修改【系列名称】引用 D1 单元格，修改【系列值】引用 D2:D6 单元格区域，将 SERIES 公式修改为“=SERIES(Sheet1!$D$1,Sheet1!$A$2:$A$6,Sheet1!$D$2:$D$6,1)”，单击公式编辑栏中的【输入】按钮，或直接按回车键，完成修改 SERIES 公式，“系列 1”柱形图自动更新为“系列 3”，如图 20-2 所示。

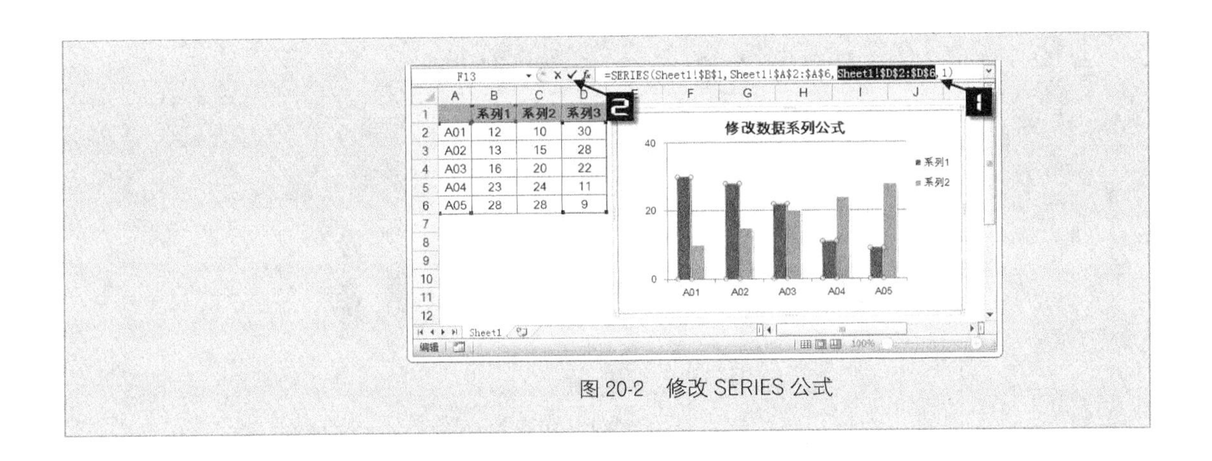

图 20-2　修改 SERIES 公式

技巧 21　引用当前工作表以外的数据作图

引用当前工作表以外的数据是指图表数据系列引用当前工作簿的其他工作表数据，或者其他工作簿的数据。引用其他工作簿的数据时，须将两个工作簿文件一起打开。

Step 1 引用当前工作簿的其他工作表数据。选择"Sheet2"工作表中的 B1:B6 单元格区域，按<Ctrl+C>组合键复制，然后切换到"Sheet1"工作表，选择图表，按<Ctrl+V>组合键粘贴，为柱形图添加新的数据系列"系列 2"，如图 21-1 所示。选择"系列 2"柱形图，在公式编辑栏显示：

```
=SERIES(Sheet2!$B$1,Sheet1!$A$2:$A$6,Sheet2!$B$2:$B$6,2)
```

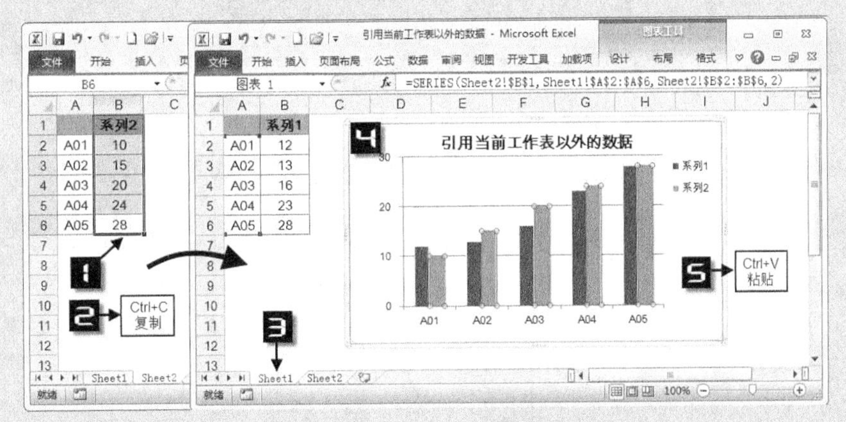

图 21-1　引用其他工作表数据

Step 2 引用其他工作簿的数据。选择其他工作簿的"Sheet1"工作表中的 B1:B6 单元格区域，按<Ctrl+C>组合键复制，然后切换到图表所在工作簿的"Sheet1"工作表，选择图表，按<Ctrl+V>组合键粘贴，为柱形图添加新的数据系列"系列 3"，如图 21-2 所示。选择"系列 3"柱形图，在公式编辑栏显示：

```
=SERIES([其他工作簿.xlsx]Sheet1!$B$1,Sheet1!$A$2:$A$6,[其他工作簿.xlsx]Sheet1!$B$2:$B$6,3)
```

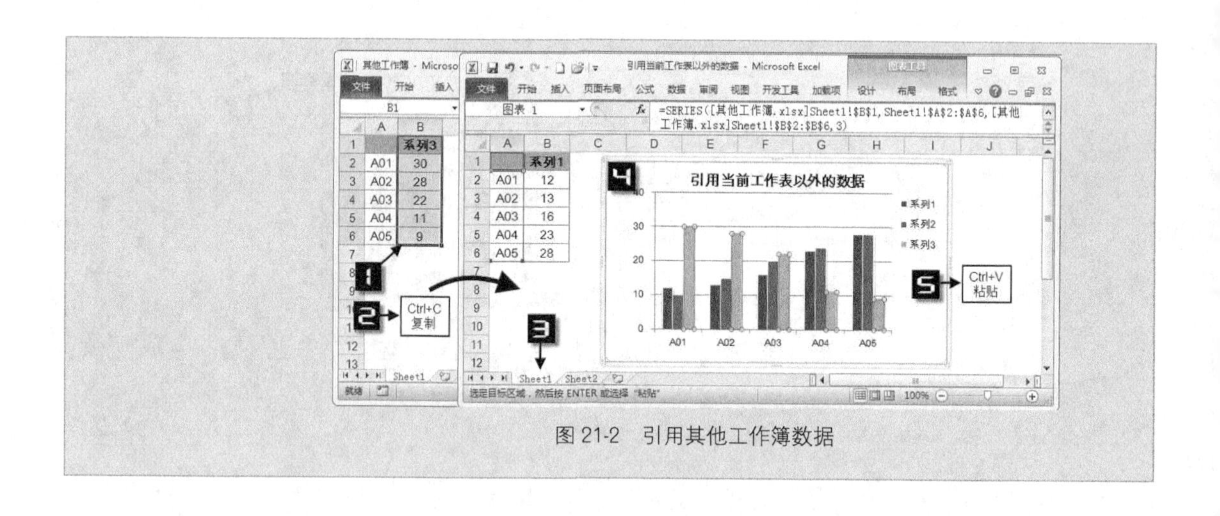

图 21-2 引用其他工作簿数据

技巧 22 在数据系列中使用自定义名称

若自定义名称引用一行或一列单元格，则可以在图表数据系列中引用该名称。为了方便在图表中引用自定义的名称，建议使用工作表及名称。

Step 1 自定义名称。依次单击功能区【公式】选项卡中的【名称管理器】命令，打开【名称管理器】对话框，再单击【新建】按钮，打开【新建名称】对话框，在【名称】文本框中输入“系列值”文本，在【范围】组合框的下拉列表中选择“Sheet1”工作表，在【引用位置】文本框中引用 B2:B6 单元格区域，如图 22-1 所示。依次类推，定义 3 个名称：

```
系列名=Sheet1!$B$1
分类标签=Sheet1!$A$2:$A$6
系列值=Sheet1!$B$2:$B$6
```

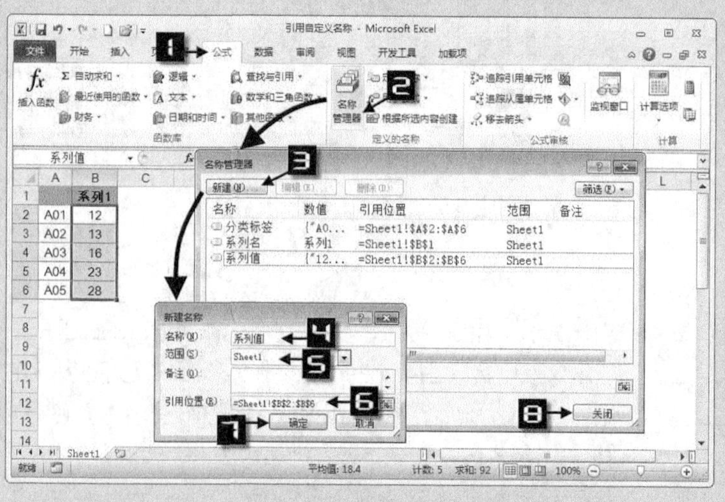

图 22-1 自定义名称

Step 2 引用自定义名称。选择图表中要修改的数据系列，在公式编辑栏显示 SERIES 公式，将公式修改为：

```
=SERIES(Sheet1!系列名,Sheet1!分类标签,Sheet1!系列值,1)
```

按回车键，完成图表数据系列引用自定义名称，如图 22-2 所示。

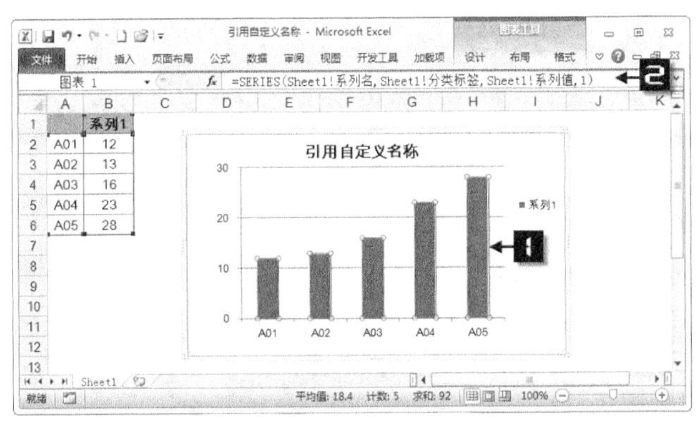

图 22-2　引用自定义名称

技巧 23　在数据系列公式中直接使用文本和数值

选择图表中的数据系列后，将光标定位到公式编辑栏中的 SERIES 公式内，按<F9>键可以查看数据系列的数值和文字内容，然后按<ESC>键将恢复数据系列引用数据，按回车键则保持数值和文字内容。由此可见，不使用工作表数据，也可以通过在 SERIES 公式中输入文本和数字，直接绘制图表。

Step 1 在 A1 单元格输入数字 1，然后选择 A1 单元格绘制柱形图，选择图表中的柱体，在公式编辑栏显示 SERIES 公式：

```
=SERIES(,,Sheet1!$A$1,1)
```

将 SERIES 公式的系列值引用修改为数字数组：

```
=SERIES(,,{30,28,22,11,9},1)
```

按回车键完成一个不使用工作表数据的柱形图，如图 23-1 所示。

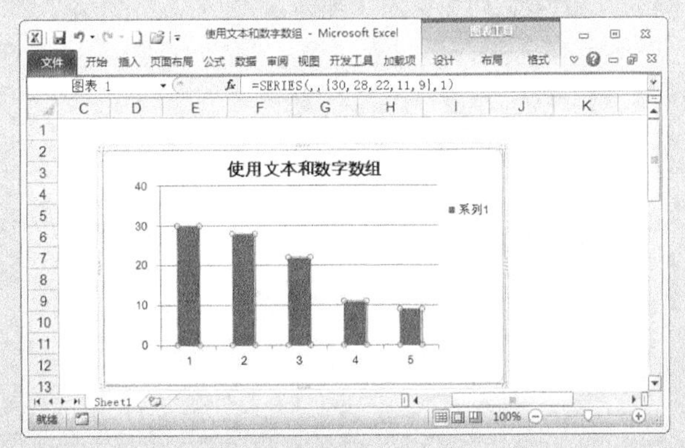

图 23-1　使用数字数组

Step 2 进一步完善 SERIES 公式，输入加引号的文本设置系列名和分类标签：

```
=SERIES("系列",{"A01","A02","A03","A04","A05"},{30,28,22,11,9},1)
```

按回车键完成柱形图的系列名和分类标签设置，如图 23-2 所示。

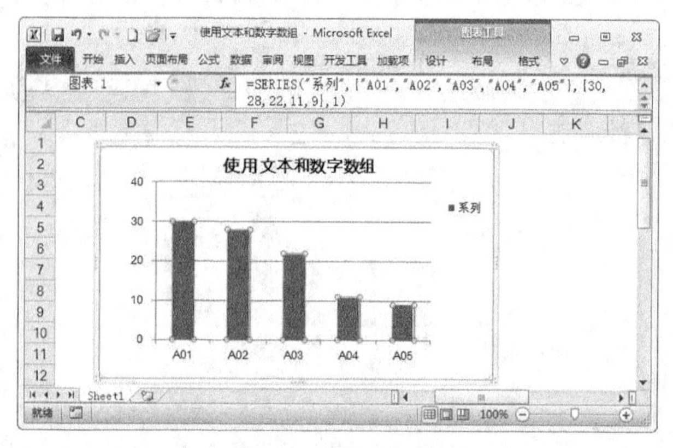

图 23-2　使用文本

使用这种方法制作的图表，类似于静态图片，不会因工作表的内容变化而更新。

技巧 24　灵活处理空单元格

作图数据并不都是连续的，比如一些测量数据在星期天是没有的。空白数据不是零，而是在单元格中没有任何输入，即空单元格。在折线图中，空单元格有 3 种表现形式。

24.1　空距

若工作表中存在空单元格时，按 Excel 默认设置绘制的折线图形式为“空距”，即对应的空白数据数据点不绘制点和折线，如图 24-1 所示。

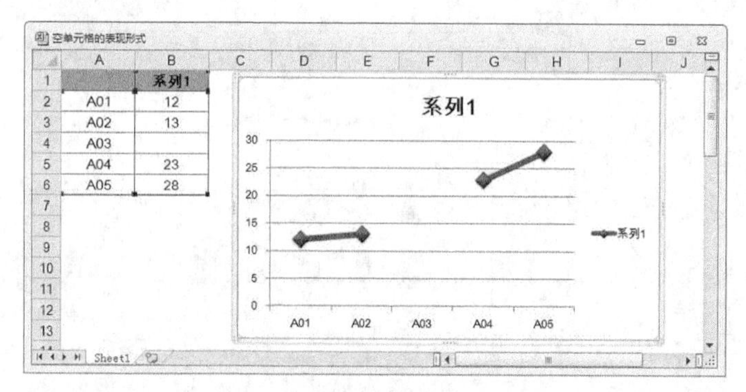

图 24-1　空距

24.2　零值

选择图表，单击功能区【图表工具】→【设计】选项卡中的【选择数据】命令，打开【选择数据源】对话框，再单击【隐藏的单元格和空单元格】，打开【隐藏和空单元格设置】对话框，选择【零值】单选钮，折线图以零值绘制空单元格，如图 24-2 所示。

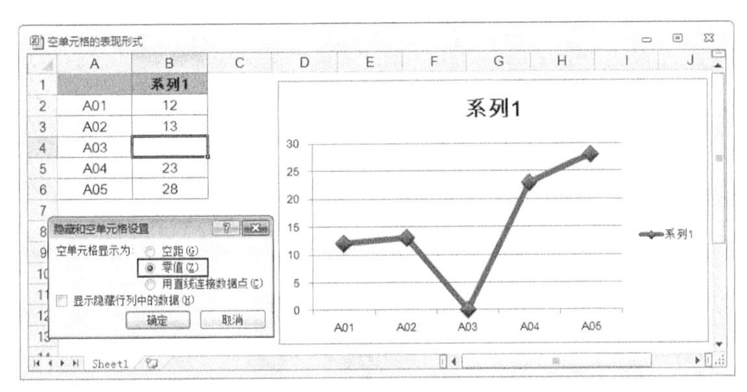

图 24-2　零值

若在 B4 单元格中输入数值零，可以得到和选择【零值】选项相同的折线图效果。

24.3　用直线连接数据点

选择图表，单击功能区【图表工具】→【设计】选项卡中的【选择数据】命令，打开【选择数据源】对话框，再单击【隐藏的单元格和空单元格】，打开【隐藏和空单元格设置】对话框，选择【用直线连接数据点】单选钮，折线图以直线连接空单元格对应的数据点，如图 24-3 所示。

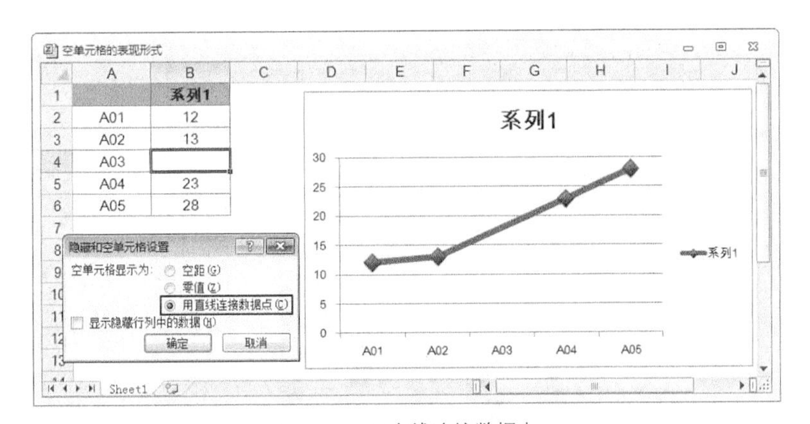

图 24-3　用直线连接数据点

若在 B4 单元格中输入公式“=NA()”或文本“#N/A”，可以得到和选择【用直线连接数据点】选项相同的折线图效果。

技巧 25 源数据中的隐藏单元格对图表的影响

在默认情况下，隐藏单元格或筛选后隐藏的单元格，是不显示在 Excel 图表中的，如图 25-1 所示，隐藏的第 4 行在柱形图中没有显示柱形。

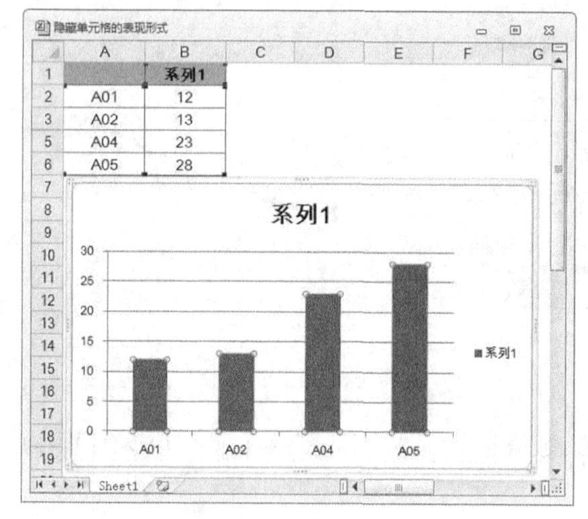

图 25-1 隐藏单元格

选择图表，单击功能区【图表工具】→【设计】选项卡中的【选择数据】命令，打开【选择数据源】对话框，再单击【隐藏的单元格和空单元格】，打开【隐藏和空单元格设置】对话框，选择【显示隐藏行列中的数据】复选框，柱形图将绘制出隐藏单元格对应的数据点，如图 25-2 所示。

若将第 4 行的行高设置为 0.1，可以得到和选择【显示隐藏行列中的数据】选项相同的柱形图效果。

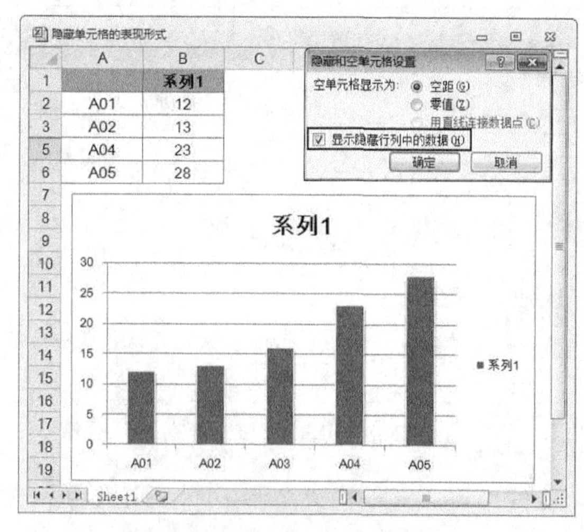

图 25-2 显示隐藏行列中的数据

技巧 26　调整柱形图数据系列的间距

在柱形图中，系列重叠是指不同数据系列之间柱形的重叠比例。分类间距是指同一数据系列内柱形之间空白宽度和柱形宽度的比例。

柱形图中默认的系列重叠比例为 0%，分类间距为 150%，如图 26-1 所示。

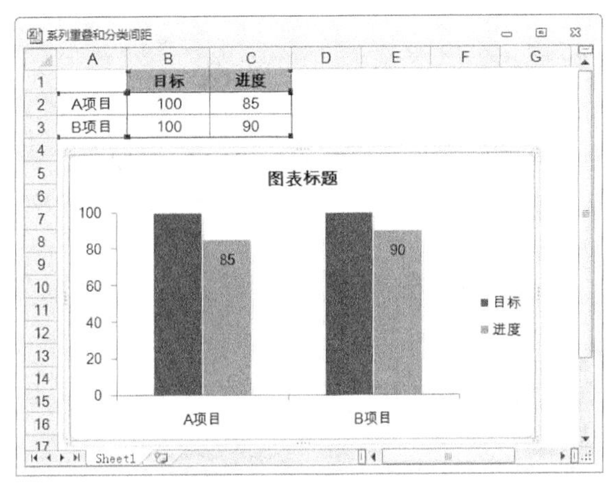

图 26-1　柱形图

选择柱形图中的数据系列，按<Ctrl+1>组合键，打开【设置数据系列格式】对话框，在【系列选项】选项卡中，设置【系列重叠】比例为“90%”，再设置【分类间距】为“50%”，单击【关闭】按钮关闭对话框，调整柱形图数据系列的间距，如图 26-2 所示。

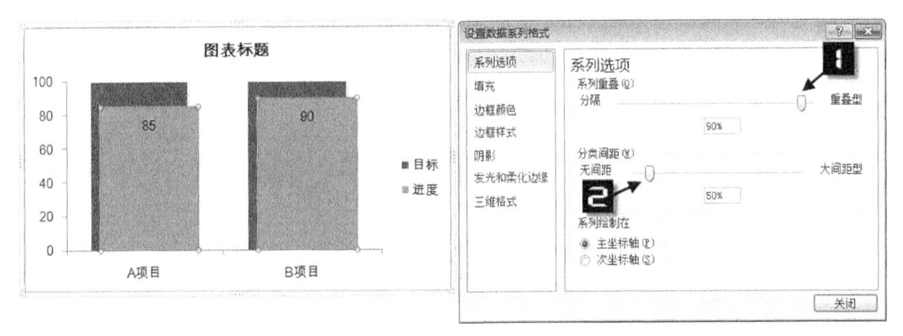

图 26-2　系列重叠和分类间距

技巧 27　渐变填充数据系列

Excel 2010 提供了 48 种图表样式，但是没有渐变填充的样式。手工设置柱形图的渐变填充方法如下。

选择柱形图的数据系列，按<Ctrl+1>组合键，打开【设置数据系列格式】对话框，切换到【填充】选项卡中，选择【渐变填充】单选钮，调整【角度】微调按钮到 0°，然后在【渐变光圈】图示中单击左侧的“停止点 1”，设置【颜色】为“红色”，如图 27-1 所示。

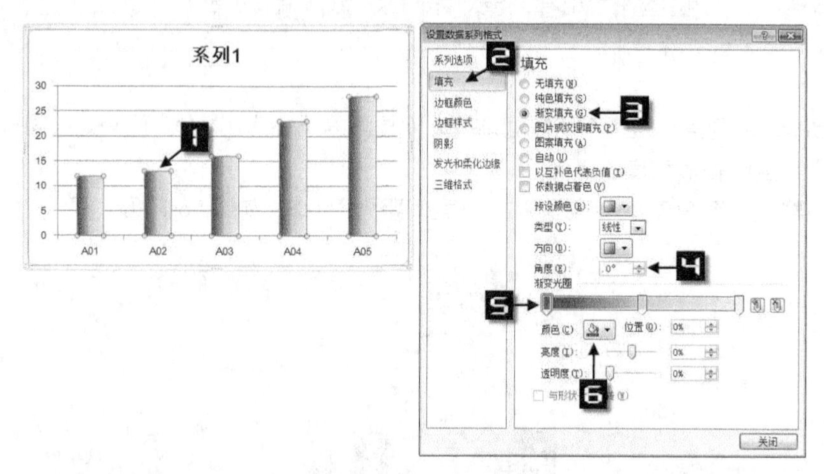

图 27-1　单边渐变填充

在【渐变光圈】图示中，单击右侧的“停止点 3”，设置【颜色】为“红色”。单击【关闭】按钮关闭对话框，调整柱形图的填充颜色为红→淡蓝→红的渐变效果，如图 27-2 所示。

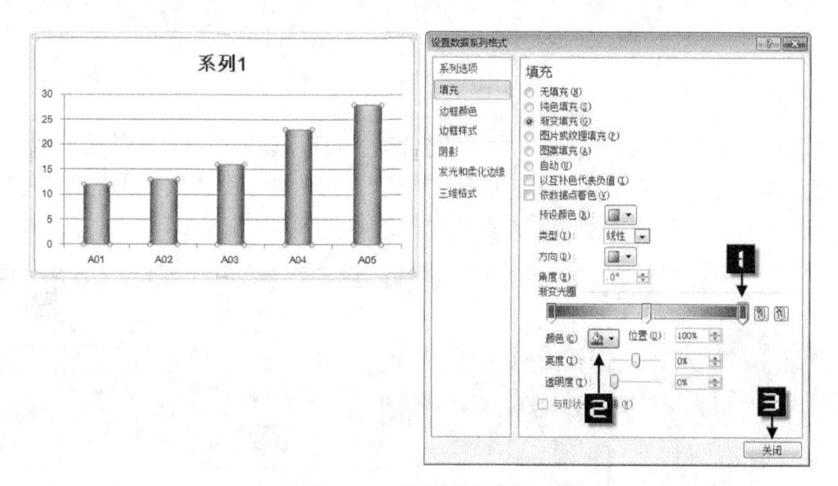

图 27-2　双边渐变填充

技巧 28　使用图片填充数据系列

条形图的数据系列格式设置与柱形图类似，除了使用颜色填充之外，还可以使用图片或剪贴画进行填充。

选择条形图的数据系列，按<Ctrl+1>组合键，打开【设置数据系列格式】对话框，切换到【填充】选项卡中，选择【图片或纹理填充】和【层叠】单选钮，然后单击【剪贴画】按钮，打开【选择图片】对话框，在【搜索文字】文本框中输入“南瓜”并单击【搜索】按钮，在图片列表中显示包含“南瓜”关键词的相关图片，单击该图片应用到所选的数据系列中，最后单击【确定】按钮关闭对话框，完成图片的层叠填充，如图 28 所示。

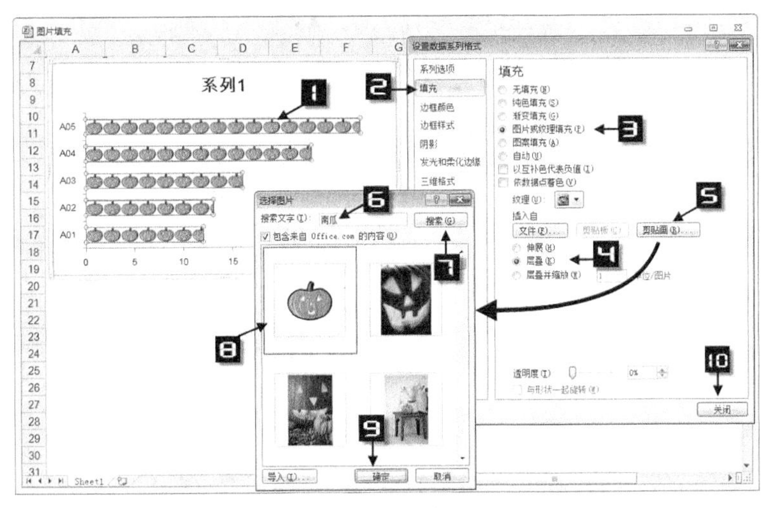

图 28　图片填充

技巧 29　设置数据点的样式

折线图和 XY 散点图中都会用点来表示数据图形，Excel 2010 称这些点为数据标记。数据标记的样式分为标记类型、标记填充、标记线样式和标记线颜色等选项。

Step 1 选择散点图的数据系列，按<Ctrl+1>组合键，打开【设置数据系列格式】对话框，切换到【数据标记选项】选项卡中，选择【数据标记类型】中的【内置】单选钮，再选择【类型】为“圆形”，【大小】为“10”，如图 29-1 所示。

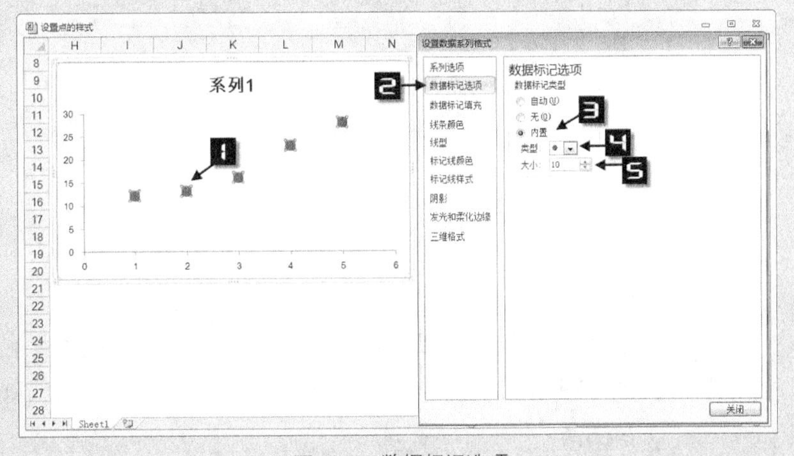

图 29-1　数据标记选项

Step 2 切换到【数据标记填充】选项卡中，选择【纯色填充】单选钮，并在【颜色】下拉列表中选择“白色”，如图 29-2 所示。

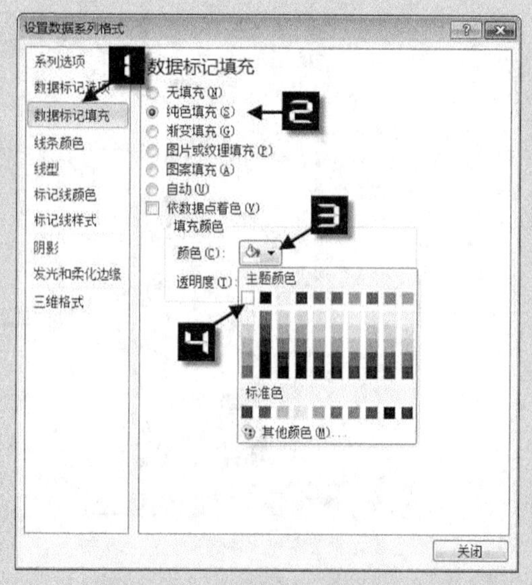

图 29-2　数据标记填充

Step 3 切换到【标记线颜色】选项卡中，选择【实线】单选钮，并在【颜色】下拉列表中选择“蓝色”，如图 29-3 所示。

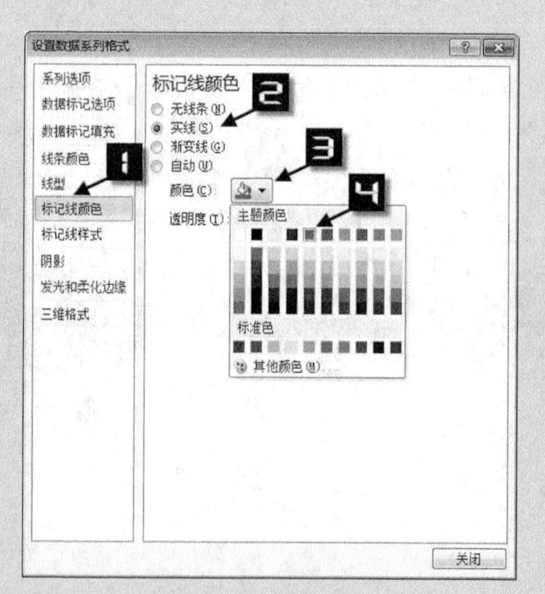

图 29-3　标记线颜色

Step 4 切换到【标记线样式】选项卡中，调整【宽度】微调按钮到“4 磅”，如图 29-4 所示。最后单击【关闭】按钮关闭对话框，完成散点图中点的样式设置。

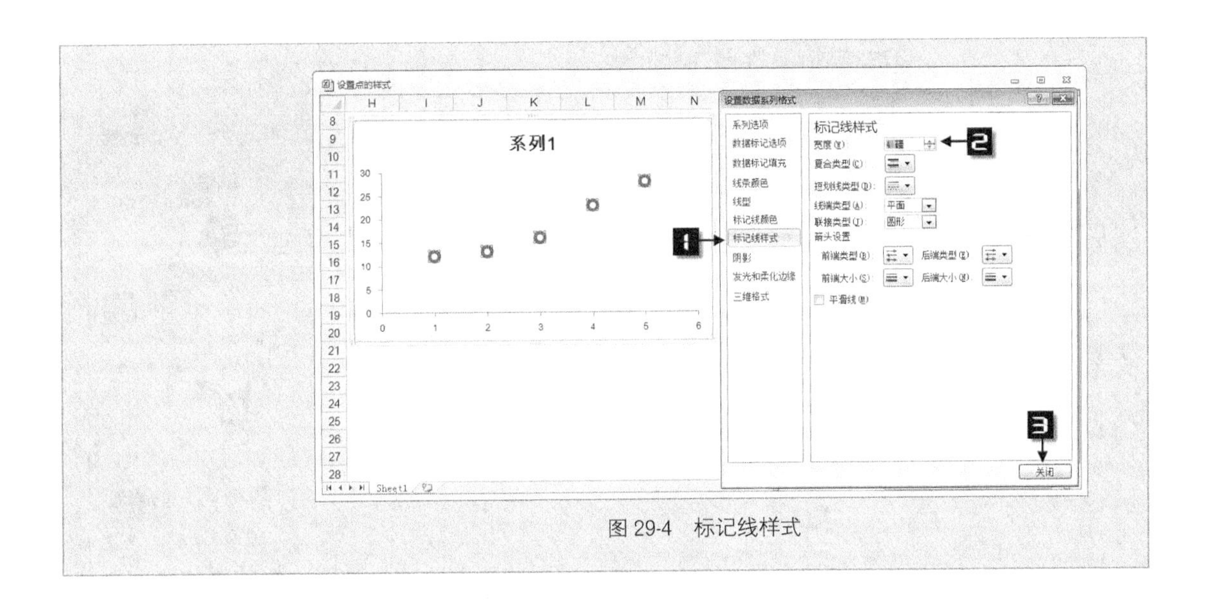

图 29-4　标记线样式

技巧 30　设置线条样式

折线图和 XY 散点图中连接数据点的线条，表示数据的变化趋势，它可以设置线条的样式，突出趋势变化的特点。

Step 1　选择折线图的数据系列，按<Ctrl+1>组合键，打开【设置数据系列格式】对话框，切换到【线条颜色】选项卡中，选择【实线】单选钮，并在【颜色】下拉列表中选择“紫色”，如图 30-1 所示。

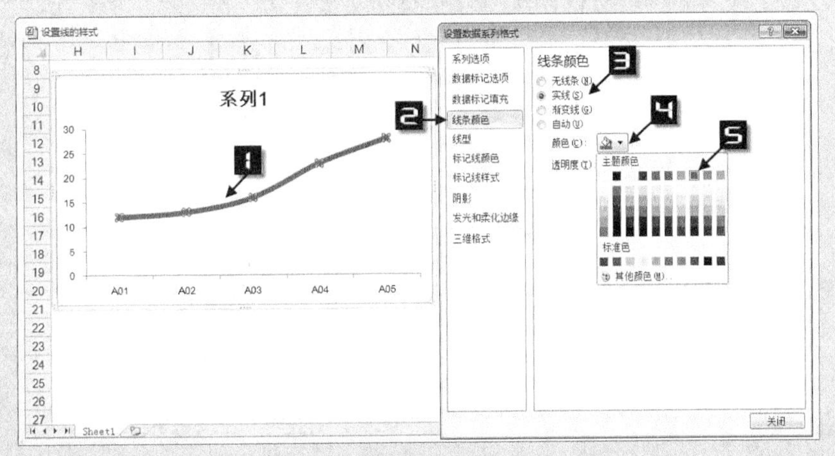

图 30-1　线条颜色

Step 2　切换到【线型】选项卡中，选择【宽度】为“6 磅”，选择【短划线类型】为“方点”，设置【箭头设置】→【后端类型】为“燕尾箭头”，并勾选【平滑线】复选框，如图 30-2 所示。最后单击【关闭】按钮关闭对话框，完成折线图中线条的样式设置。

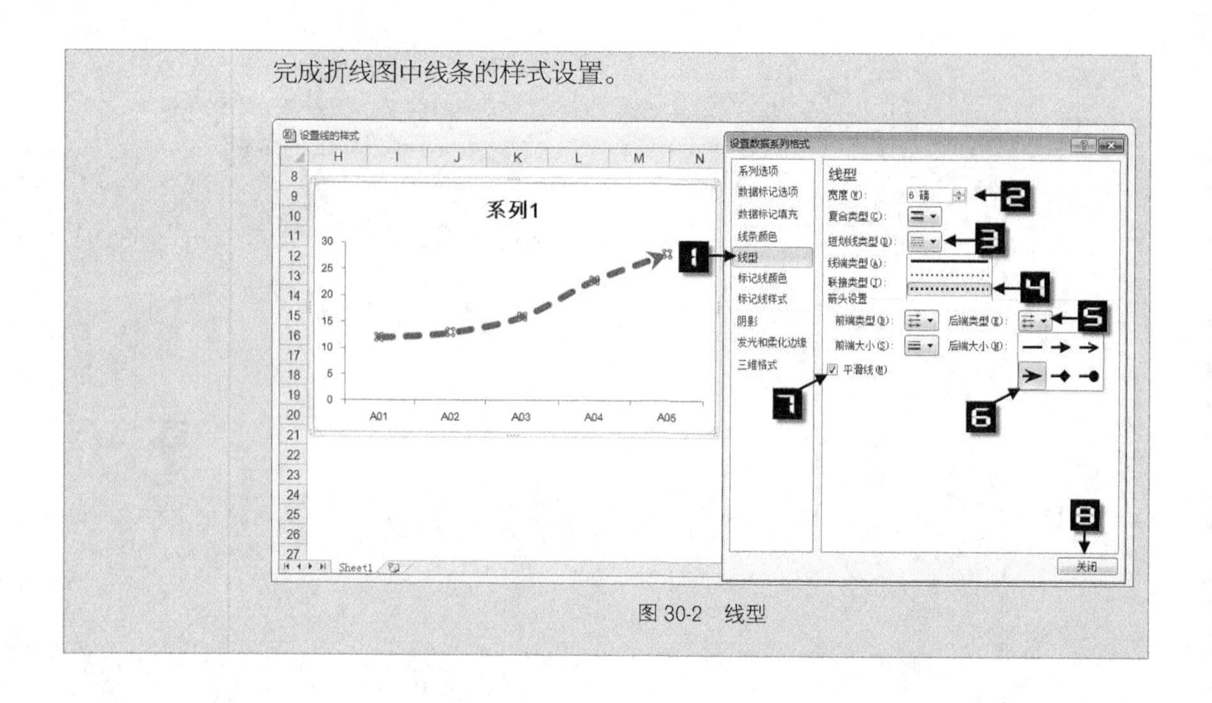

图 30-2　线型

技巧 31　饼图的分离

一个数据系列构成一个饼图，每一个数据点对应一个扇区。分离型饼图可以设置扇区之间的分离程度，也可以设置单个扇区与整个饼图的分离，还可以设置饼图的旋转角度，以突出显示单个扇区。

Step ① 单击选择饼图的整个数据系列，再单击一个扇区，选择指定的扇区“A03”，按住鼠标左键不放，光标变为十字箭形时，向饼图外侧拖放该扇区，如图 31-1 所示，使指定的扇区与整个饼图分离。

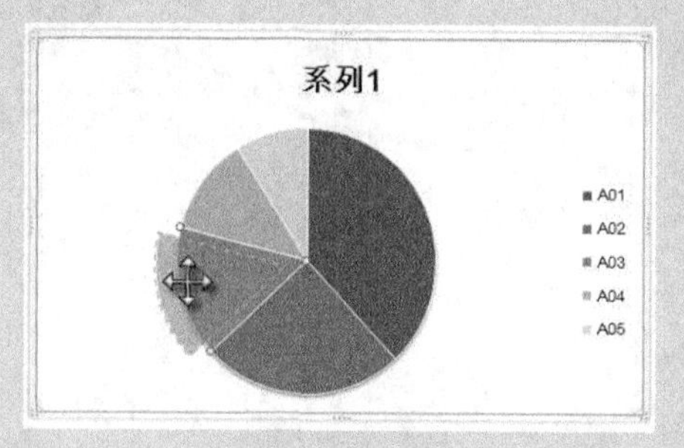

图 31-1　分离饼图

Step ② 选择饼图的数据系列，按<Ctrl+1>组合键，打开【设置数据系列格式】对话框，切换到【系列选项】选项卡中，设置【第一扇区起始角度】为“180”，最后单击【关闭】按钮关闭对话框，完成饼图旋转 180°，如图 31-2 所示。

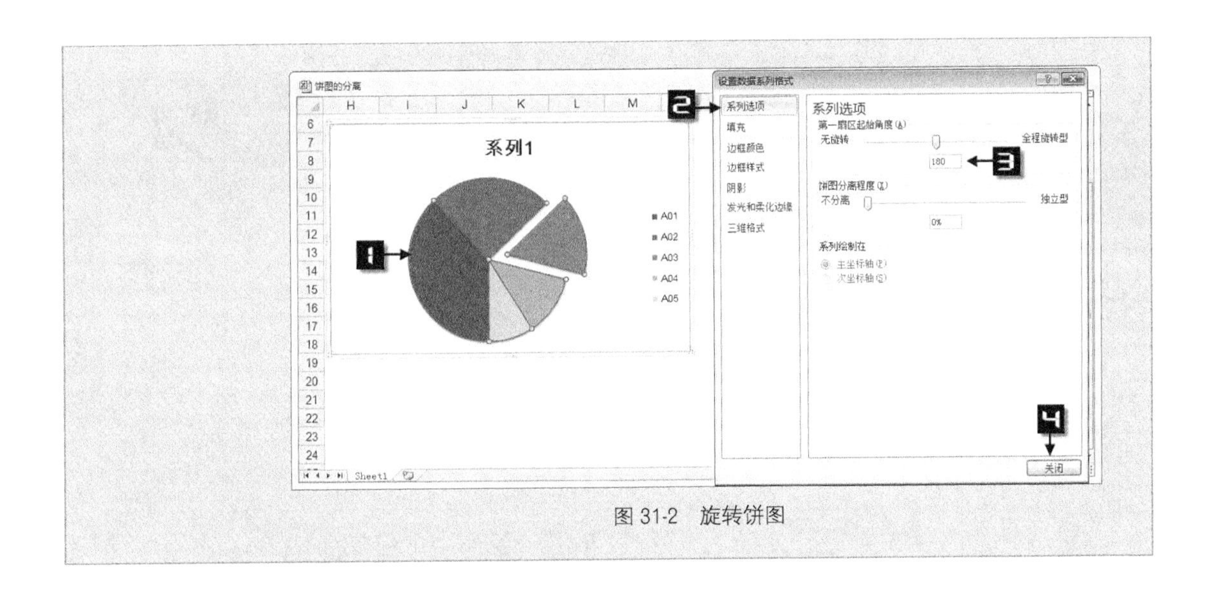

图 31-2　旋转饼图

技巧 32　灵活设置复合饼图的第二绘图区

复合饼图由两个饼状图形组成，分别称为第一绘图区和第二绘图区。复合拼图可以设置第二绘图区大小及其包含数据点的个数。

Step 1　选择复合饼图的数据系列，按<Ctrl+1>组合键，打开【设置数据系列格式】对话框，切换到【系列选项】选项卡中，设置【第二绘图区大小】为“60%”，完成设置第二绘图区大小，如图 32-1 所示。

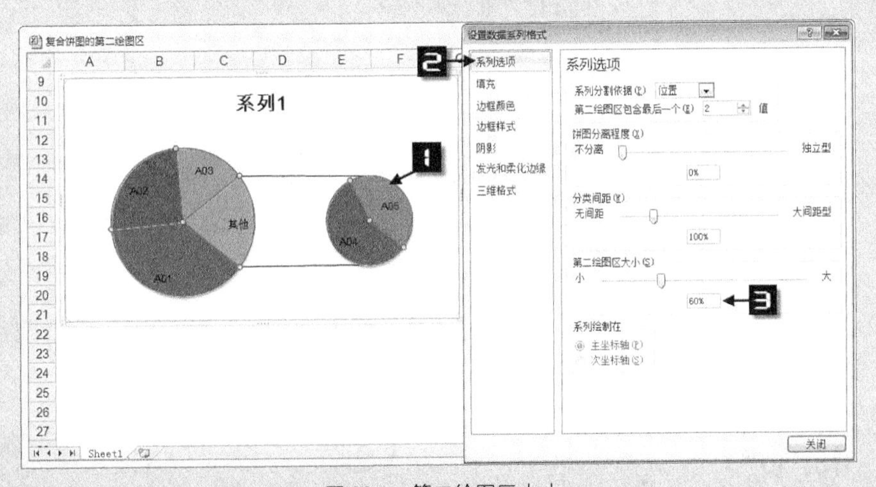

图 32-1　第二绘图区大小

Step 2　在【系列选项】选项卡中，选择【系列分割依据】为“位置”，设置【第二绘图区包含最后一个】为“3”，将第二绘图区设置为包含 3 个数据点，如图 32-2 所示。

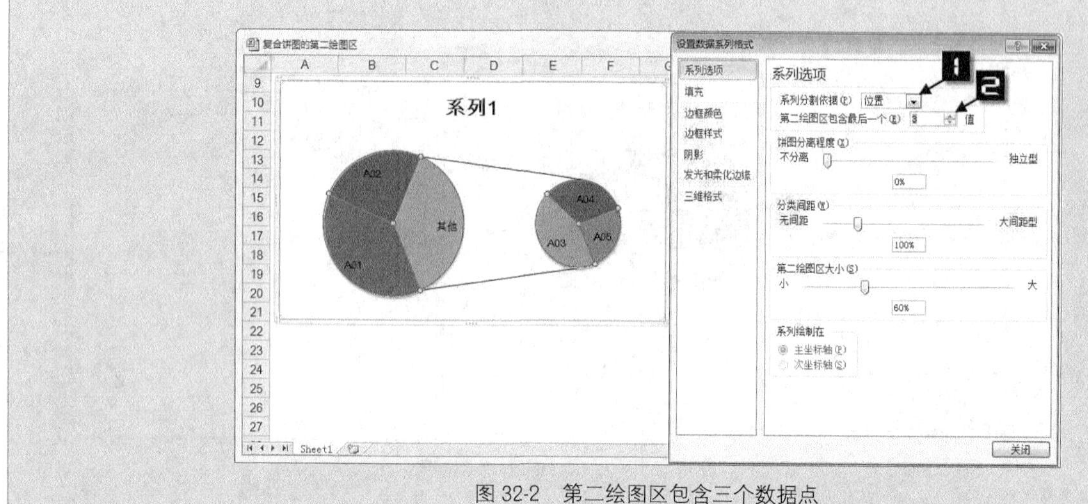

图 32-2　第二绘图区包含三个数据点

Step 3　在【系列选项】选项卡中，选择【系列分割依据】为“自定义”，选择图表中的“A04”扇区，再设置【点属于】为“第一绘图区”，最后单击【关闭】按钮关闭对话框，完成移动指定扇区，如图 32-3 所示。

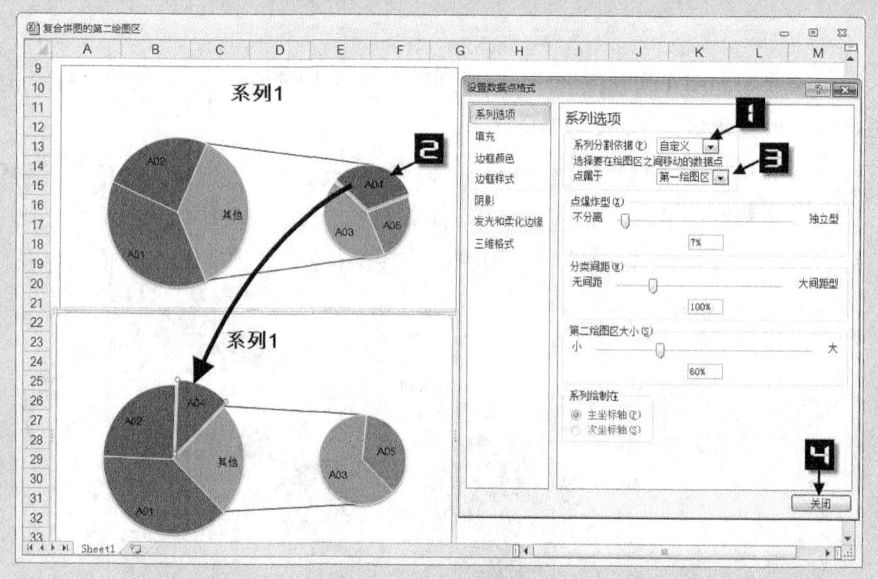

图 32-3　移动指定扇区

技巧 33　调整圆环图内径

默认的圆环图内部空白圆形的内径约占 50%，当数据系列较多时，导致圆环直径变小。圆环图内部空白圆形的内径最小可以设置为 10%，若要去除空白圆形，则必须将图表类型改变为饼图。

Step 1　选择圆环图的数据系列，按<Ctrl+1>组合键，打开【设置数据系列格式】对话框，切换到【系列选项】选项卡中，设置【圆环图内径大小】为“10%”，最后单击【关闭】按钮关闭对话框，完成放大圆环图的环形大小，如图33-1 所示。

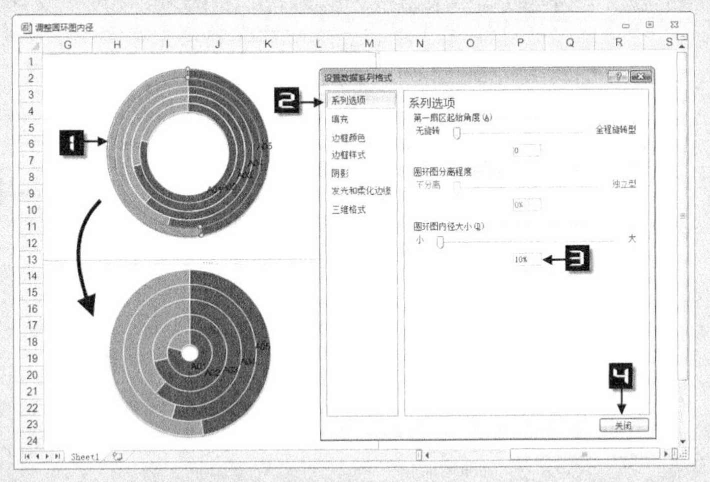

图 33-1　圆环图内径大小

Step 2　选择圆环图最里面的一个数据系列，依次单击【插入】→【饼图】→【饼图】命令，将所选数据系列修改为饼图，去除了圆环图内部的空白圆形，如图 33-2 所示。

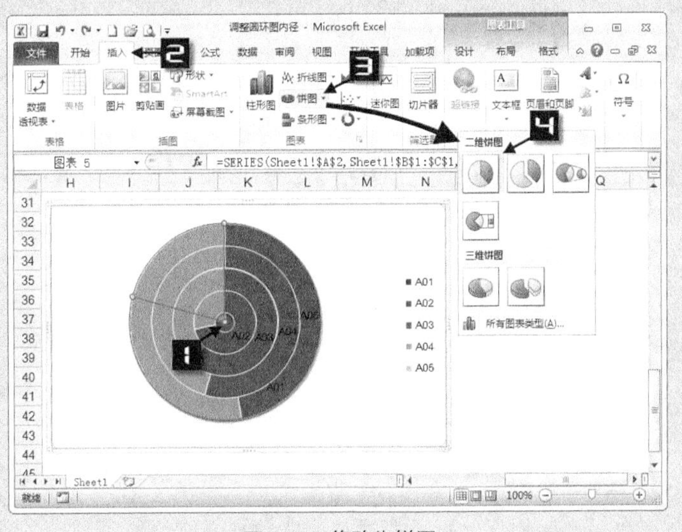

图 33-2　修改为饼图

技巧 34　快速设置气泡大小

气泡大小默认是以气泡面积来计算的，也可以设置按气泡宽度（直径）来绘制图形，并可以设置气泡按比例放大或缩小。

Step 1 选择气泡图的数据系列，按<Ctrl+1>组合键，打开【设置数据系列格式】对话框，切换到【系列选项】选项卡中，选择【气泡面积】单选钮，设置【将气泡大小缩放为】为“80”，将气泡图形按面积缩小，如图 34-1 所示。

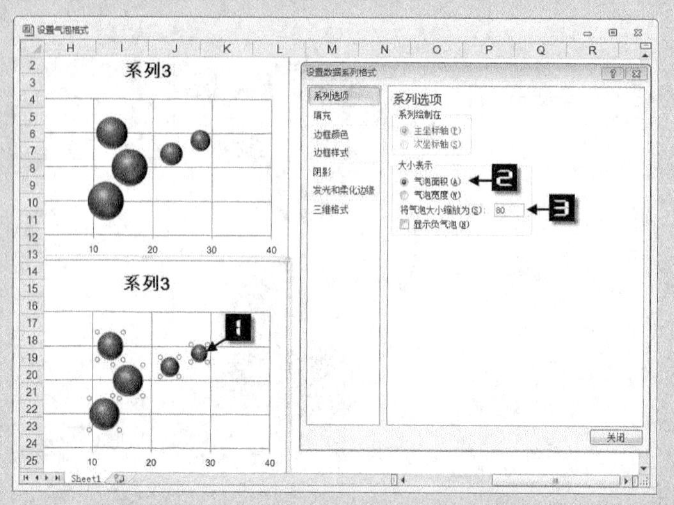

图 34-1　气泡面积

Step 2 在【系列选项】选项卡中，选择【气泡宽度】单选钮，设置【将气泡大小缩放为】为“50”，最后单击【关闭】按钮关闭对话框，将气泡大小调整为原来的一半，如图 34-2 所示。

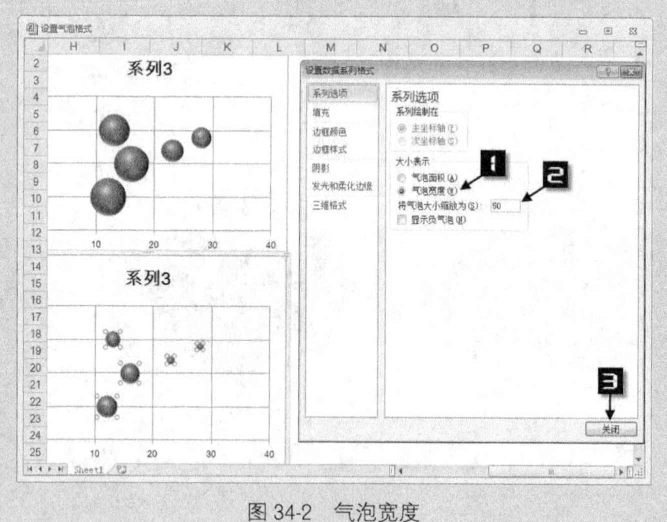

图 34-2　气泡宽度

技巧 35　设置三维图的边框样式

三维图中不能设置数据系列的边框样式，这是 Excel 2010 的一个 Bug，但是，可以通过先设置二维图表中数据系列的边框样式，再改变图表类型，来达到设置三维图的边框样式的目的。

Step ① 选择柱形图的数据系列，按<Ctrl+1>组合键，打开【设置数据系列格式】对话框，切换到【边框颜色】选项卡中，选择【实线】单选钮，设置【颜色】为“深蓝色”，如图 35-1 所示。

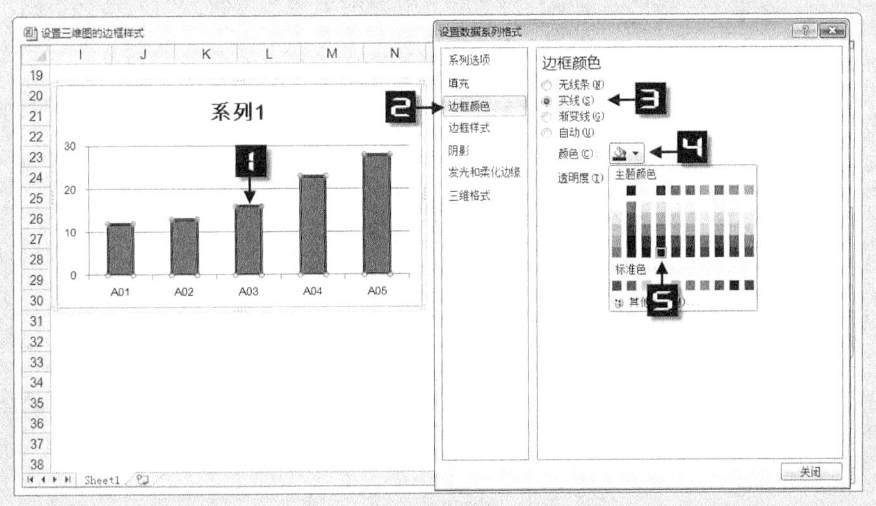

图 35-1　边框颜色

Step ② 切换到【边框样式】选项卡中，设置【宽度】为“5 磅”，选择【复合类型】→【由粗到细】样式，最后单击【关闭】按钮关闭对话框，完成柱形图边框样式设置，如图 35-2 所示。

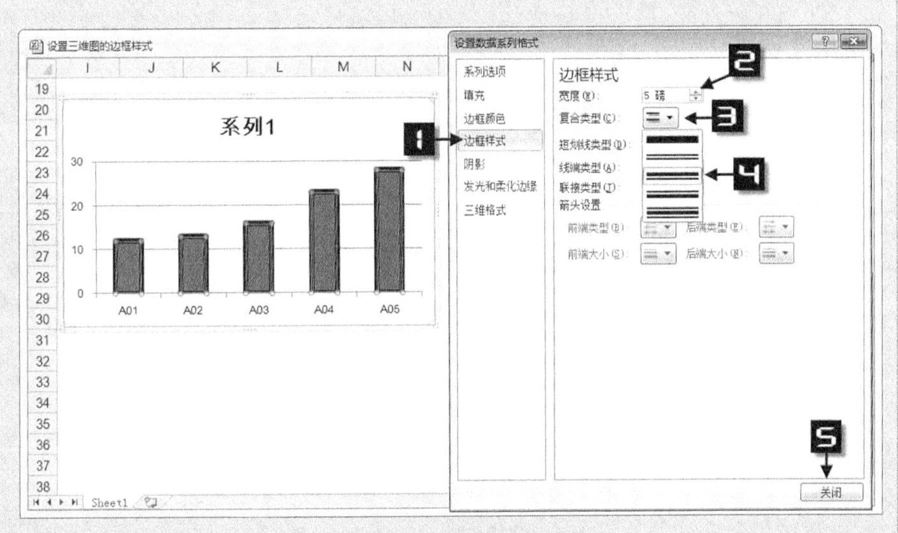

图 35-2　柱形图边框样式

Step ③ 选择柱形图，依次单击【插入】→【柱形图】→【三维簇状柱形图】命令，将所选图表修改为三维柱形图，如图 35-3 所示，三维柱形图显示深蓝色的边框。

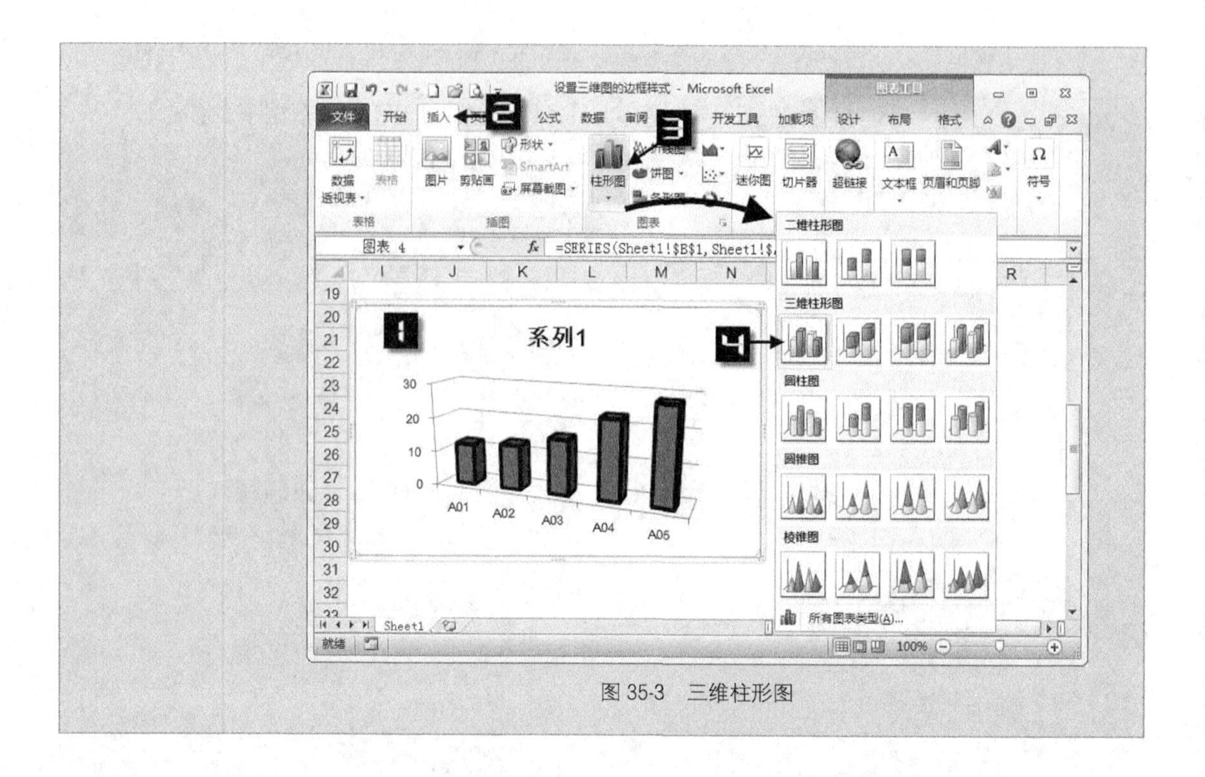
设置三维图的边框样式 - Microsoft Excel
图表工具
文件
开始
插入
公式
数据
审阅
开发工具
加载项
设计
布局
格式
数据透视表
表格
图片
剪贴画
形状
SmartArt
屏幕截图
柱形图
饼图
迷你图
切片器
超链接
文本框
页眉和页脚
符号
图表
插图
二维柱形图
三维柱形图
圆柱图
圆锥图
棱锥图
所有图表类型(A)...
图表 4
=SERIES(Sheet1!$B$1, Sheet1!$
系列1
A01
A02
A03
A04
A05
Sheet1
就绪
100%

图 35-3　三维柱形图

第 3 章　坐标轴

坐标轴是图表中作为数据点参考的两条相交直线，包括坐标轴标题、坐标轴线、刻度线、坐标轴标签、网格线等图表元素。Excel 图表一般默认有两个坐标轴：水平 *x* 轴和垂直 *y* 轴。三维图表有第三个轴即系列轴，雷达图只有一个数值轴，饼图和环形图没有坐标轴。

技巧 36　认识坐标轴

在 Excel 2010 图表中，坐标轴分为三大类：分类轴、数值轴和系列轴，如图 36-1 所示。分类轴又可以分为文本、日期两种类型。

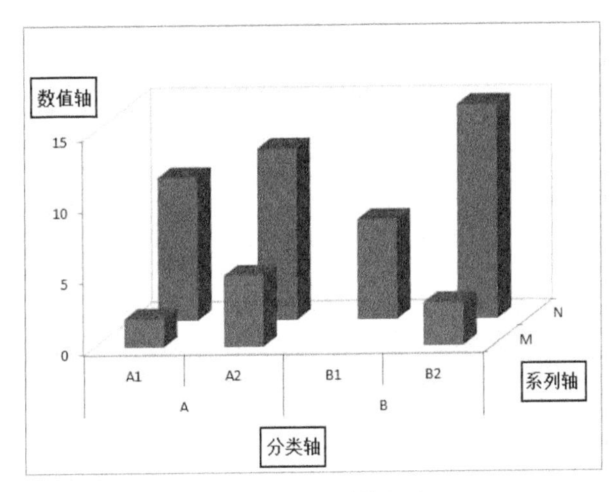

图 36-1　坐标轴的类别

36.1　分类轴

分类轴显示数据系列中每个对应的分类标签。如果分类轴引用单元格区域包含多行（或多列）文本，则显示多级分类标签。

大多数图表以水平轴为分类轴，条形图以垂直轴为分类轴，而雷达图、饼图和环形图则按数据点显示分类标签。

1. 文本坐标轴

文本坐标轴是指在相同间隔的刻度内显示文本标签的分类轴，这里的文本可以是文字、数字、以文本表示的日期等多种样式。文本坐标轴选项如图 36-2 所示。

文本坐标轴包括的选项及其说明见表 36-1。

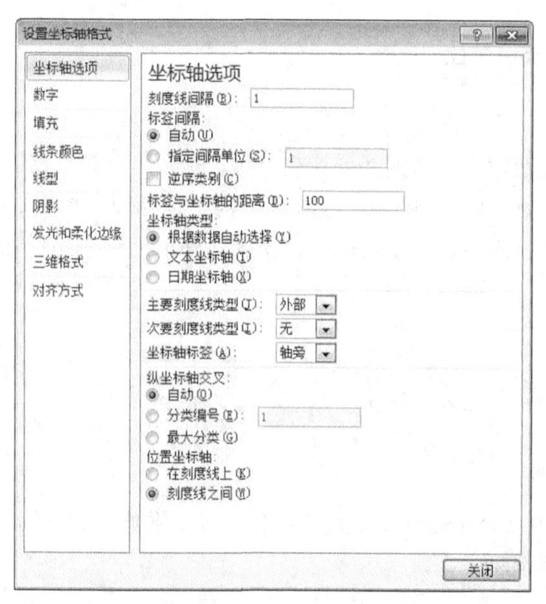

图 36-2　文本坐标轴

表 36-1　　　　文本坐标轴包括的选项及其说明

选　项	说　明
刻度线间隔	更改刻度线之间的间隔。在【刻度线间隔】文本框中输入所需的数值，输入的数值决定在刻度线之间显示多少个分类
标签间隔	更改轴标签之间的间隔。在【指定间隔单位】文本框中输入所需的数值，例如，输入“1”，显示每个分类的标签，输入“2”，每隔一个分类刻度显示一个标签，依次类推
逆序类别	勾选【逆序类别】复选框时，分类逆序排列
标签与坐标轴的距离	确定坐标轴和标签的位置，在【标签与坐标轴的距离】文本框中输入一个较小的值可将标签放在更靠近坐标轴的位置，输入一个较大的值则标签与坐标轴之间的距离会更大
坐标轴类型	允许指定要使用的坐标轴类型为【文本坐标轴】或【日期坐标轴】
主要刻度线类型	指定主要刻度线的显示方式
次要刻度线类型	指定次要刻度线的显示方式
坐标轴标签	指定坐标轴标签的显示方式
纵坐标轴交叉	允许更改垂直轴与水平轴交叉的位置 ● 【自动】：使用默认设置。 ● 【分类编号】：指定坐标轴将交叉的分类数。 ● 【最大分类】：指定垂直轴在水平轴上的最后一个分类之后交叉
位置坐标轴	数据点和标签在轴上的显示方式（仅适用于二维面积图、柱形图、条形图和折线图） ● 【在刻度线上】：将数据点、标签与刻度线对齐。 ● 【刻度线之间】：在刻度线之间显示数据点和标签

2．日期坐标轴

日期坐标轴是以时间序列作为刻度的分类轴。时间具有连续性的特征，在使用日期坐标轴绘制图表时，如果数据系列的数值点在时间上不连续，则会在图表中形成空白数据点。日期坐标轴选项如图 36-3 所示。

日期坐标轴包括的选项及其说明见表 36-2。

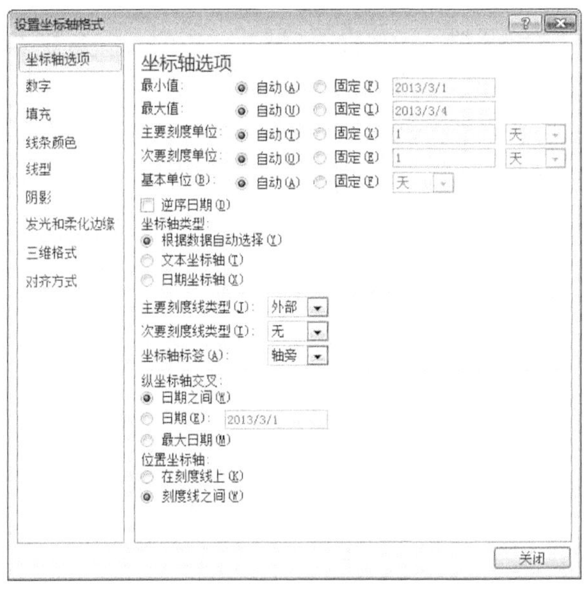

图 36-3　日期坐标轴

表 36-2　日期坐标轴包括的选项及其说明

选　项	说　明
最小值	坐标轴开始处的时间值
最大值	确定日期坐标轴结束处的时间值
主要刻度单位	确定主要刻度线和主要网格线的间隔。选择该选项，在【主要刻度单位】→【固定】文本框中输入数值，然后在列表框中选择【天】、【月】、【年】等基本单位
次要刻度单位	确定次要刻度线和次要网格线的间隔，设置同【主要刻度单位】
基本单位	指定显示在坐标轴上的【天】、【月】、【年】等基本单位
逆序日期	要反转日期坐标轴上显示的次序，勾选【逆序日期】复选框
坐标轴类型	允许指定要使用的坐标轴类型为【文本坐标轴】或【日期坐标轴】
主要刻度线类型	指定主要刻度线的显示方式
次要刻度线类型	指定次要刻度线的显示方式
坐标轴标签	指定坐标轴标签的显示方式
纵坐标轴交叉	更改垂直（或水平）轴与日期坐标轴交叉的位置 ● 【日期之间】：使用 Excel 的默认设置。 ● 【日期】：指定坐标轴交叉的日期。 ● 【最大日期】：指定数值轴在日期坐标轴上的最后日期之后交叉
位置坐标轴	坐标轴标签在坐标轴上的显示方式 ● 【在刻度线上】：将坐标轴标签与刻度线对齐。 ● 【刻度线之间】：在刻度线之间显示坐标轴标签

36.2　系列轴

系列轴是指在三维图表中显示的 *z* 轴方向的系列轴。系列轴的选项如图 36-4 所示。

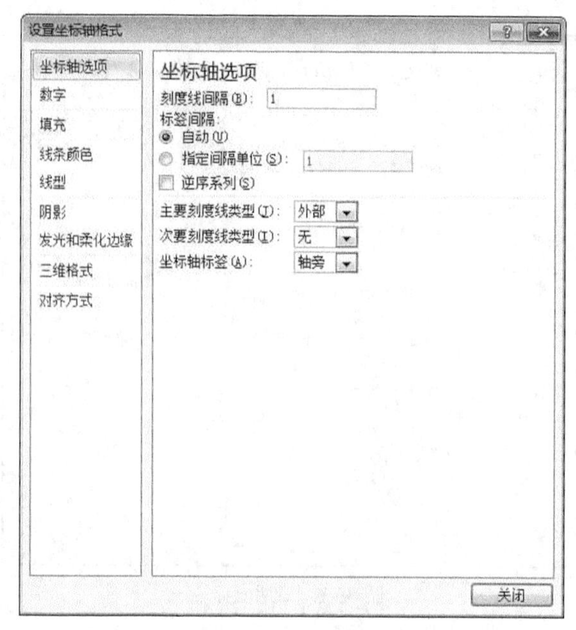

图 36-4　系列轴选项

系列轴包括的选项及其说明见表 36-3。

表 36-3　　系列坐标轴包括的选项及其说明

选　项	说　明
刻度线间隔	更改刻度线之间的间隔，在【刻度线间隔】文本框中输入的数值决定在刻度线之间显示多少个系列
标签间隔	更改坐标轴标签之间的间隔，在【指定间隔单位】文本框中，键入所需的数值
逆序系列	勾选【逆序系列】复选框时，系列的次序反转
主要刻度线类型	指定主要刻度线的显示方式
次要刻度线类型	指定次要刻度线的显示方式
坐标轴标签	指定坐标轴标签的显示方式

技巧 37　添加坐标轴箭头

Excel 图表中默认的坐标轴为直线形式，Excel 2010 新增了为坐标轴添加箭头的功能，其设置方法如下。

选择要添加箭头的坐标轴，依次单击【图表工具】→【格式】选项卡中的【设置所选内容格式】命令，如图 37-1 所示。

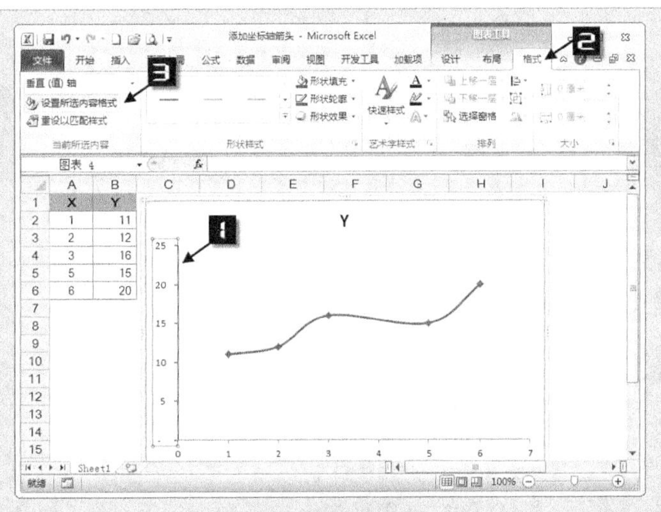

图 37-1　选择坐标轴

Step 2　打开【设置坐标轴格式】对话框，切换到【线型】选项卡，设置【后端类型】为“燕尾箭头”，设置【后端大小】为“右箭头 9”样式，如图 37-2 所示。

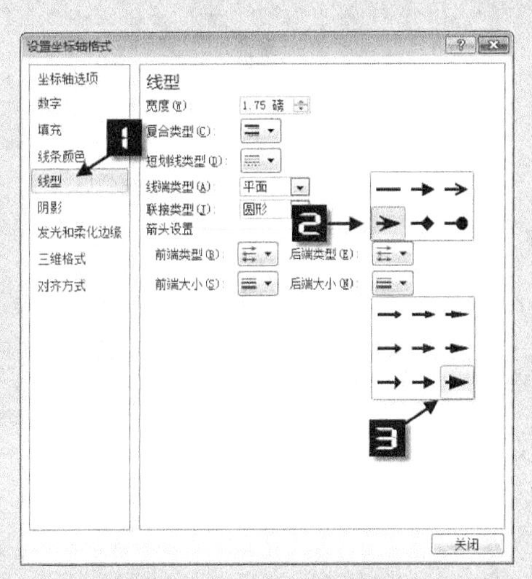

图 37-2　设置坐标轴线型

Step 3　单击【关闭】按钮关闭对话框，完成坐标轴箭头设置，如图 37-3 所示。

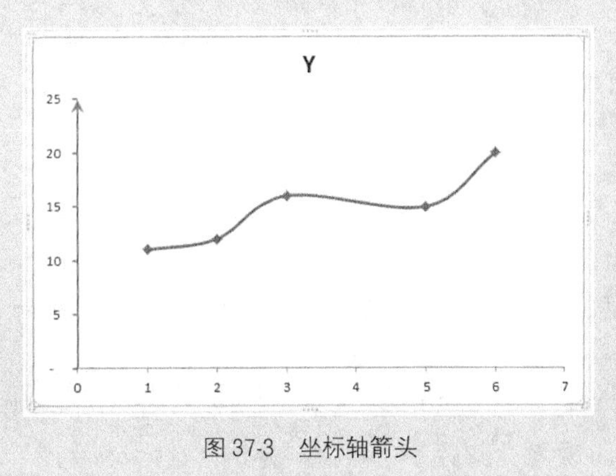

图 37-3　坐标轴箭头

技巧 38 设置数值轴刻度

根据图表数据的大小，Excel 会自动计算和调整数值坐标轴的最小值、最大值以及刻度间距，也可以自定义坐标轴刻度以满足不同图表的需要。

Step 1 在图表的数值坐标轴上单击鼠标右键，在弹出的快捷菜单中选择【设置坐标轴格式】命令，如图 38-1 所示。

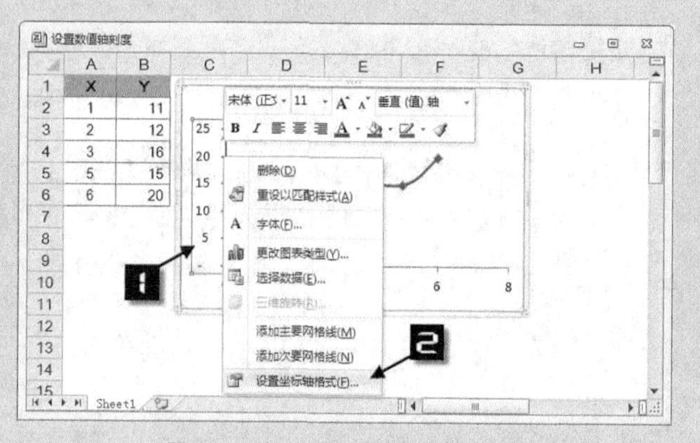

图 38-1 打开坐标轴格式设置窗口

Step 2 打开【设置坐标轴格式】对话框，在【坐标轴选项】选项卡中，设置【最小值】为固定值“10”，设置【最大值】为固定值“30”，如图 38-2 所示。

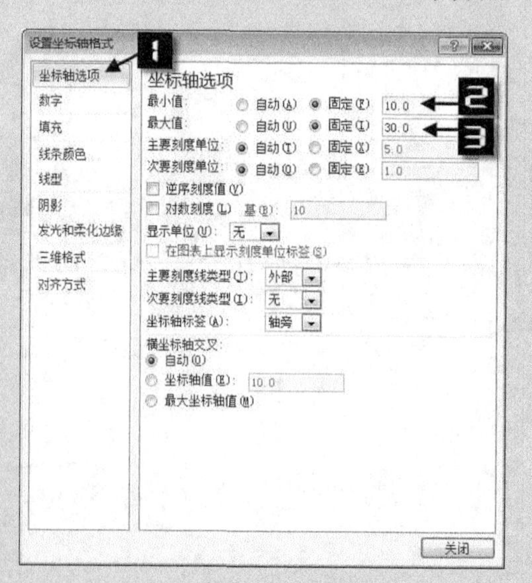

图 38-2 坐标轴选项

Step 3 单击【关闭】按钮关闭对话框，完成坐标轴刻度设置。坐标轴刻度对比如图 38-3 所示。

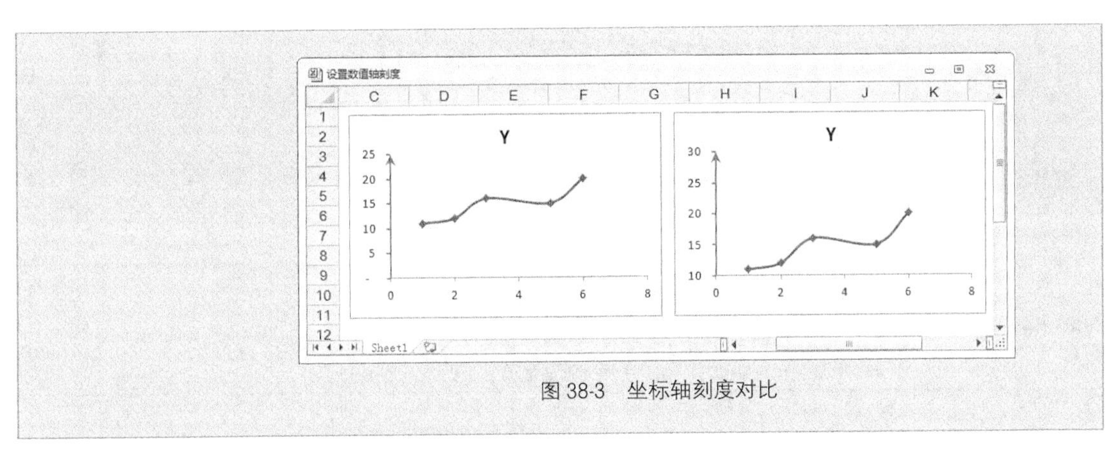

图 38-3　坐标轴刻度对比

数值轴，顾名思义是用来表示数值大小的坐标轴。数值轴的刻度选项如图 38-4 所示。

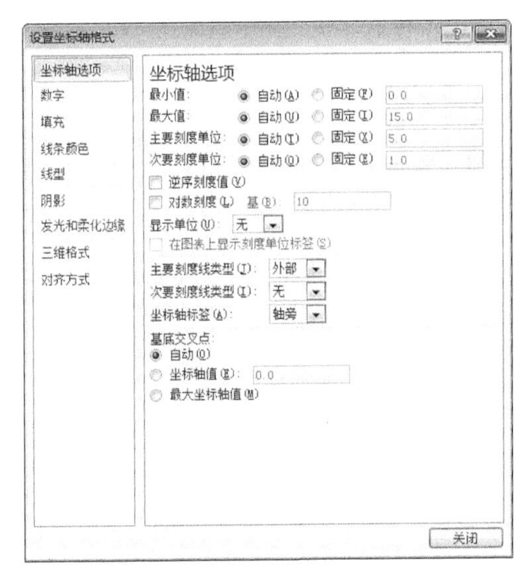

图 38-4　数值轴选项

数值轴包括的选项及其说明见表 38。

表 38　**数值轴包括的选项及其说明**

选　项	说　明
最小值（最大值）	确定数值轴开始（结束）处的数值
主要刻度单位	确定主要刻度单位的刻度线和主要网格线的间隔
次要刻度单位	确定次要刻度单位的刻度线和次要网格线的间隔
逆序刻度值	要反转数值轴上值的次序，勾选【逆序刻度值】复选框
对数刻度	要将数值轴更改为对数，勾选【对数刻度】复选框，对数刻度不能用于负值或零值
显示单位	更改数值轴上的显示单位，在列表框中选择或输入所需的单位
主要刻度线类型	指定主要刻度线的显示方式 ● 【无】：没有主要刻度线。 ● 【内部】：在轴的内侧显示主要刻度线。 ● 【外部】：在轴的外侧显示主要刻度线（默认设置）。 ● 【交叉】：在轴的两侧显示主要刻度线
次要刻度线类型	指定次要刻度线的显示方式，设置方法同【主要刻度线类型】

续表

选　项	说　明
坐标轴标签	指定坐标轴标签的显示方式 ● 【无】：没有坐标轴标签。 ● 【高】：坐标轴标签在轴的右侧显示。 ● 【低】：坐标轴标签在轴的左侧显示。 ● 【轴旁】：坐标轴标签在轴的旁边显示（默认设置）
横坐标轴交叉	允许更改分类轴与数值轴交叉的位置 ● 【自动】：使用由 Excel 确定的默认设置。 ● 【坐标轴值】：指定坐标轴将交叉的坐标轴值。 ● 【最大坐标轴值】：指定在分类轴与数值轴上的最大值处交叉

技巧 39　设置网格线

图表中的网格线，按坐标轴刻度分为主要网格线和次要网格线，按坐标轴分为横网格线和纵网格线。

Step 1 选择主要横网格线，单击【图表工具】功能区【格式】选项卡中的【细线-强调颜色 2】样式，将主要横网格线设置为红色细线，如图 39-1 所示。

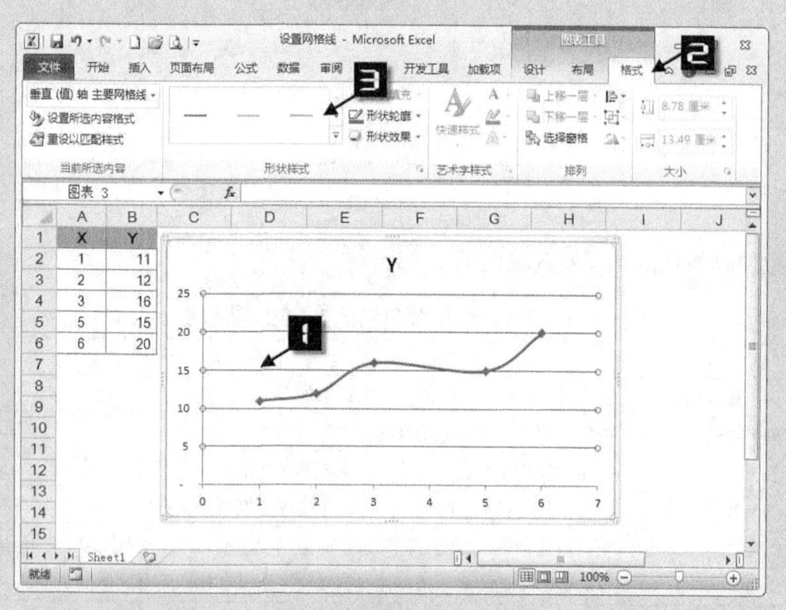

图 39-1　设置主要网格线样式

Step 2 依次单击【布局】选项卡中的【网格线】→【主要横网格线】→【主要网格线和次要网格线】命令，在图表中显示灰色的次要横网格线，如图 39-2 所示。

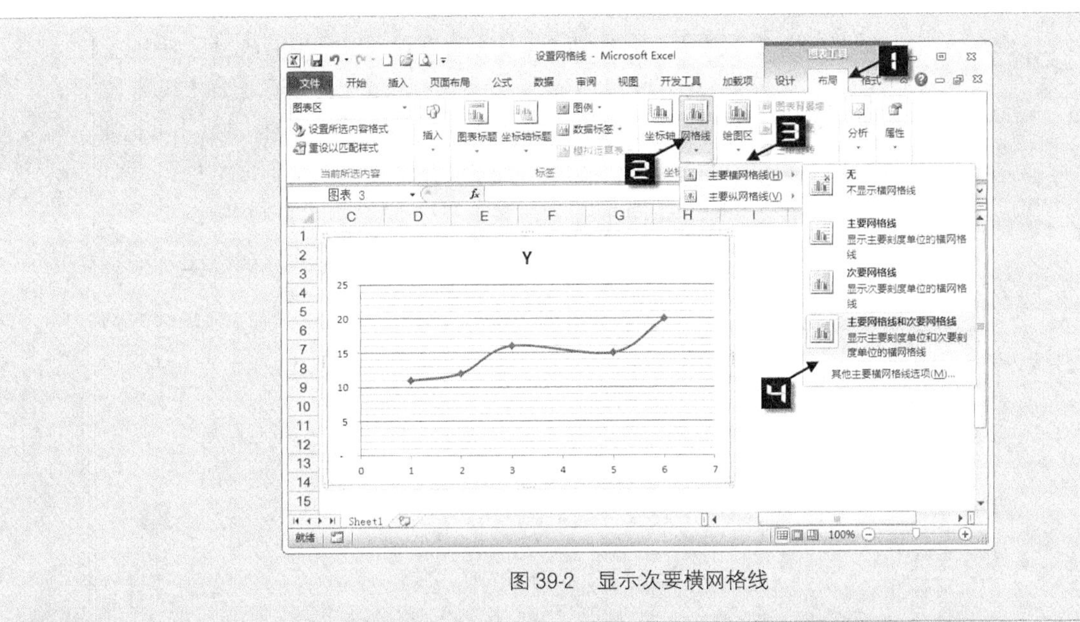

图 39-2　显示次要横网格线

Step 3　依次单击【布局】选项卡中的【网格线】→【主要纵网格线】→【主要网格线和次要网格线】命令，在图表中显示灰色的主要纵网格线和次要纵网格线，如图 39-3 所示。

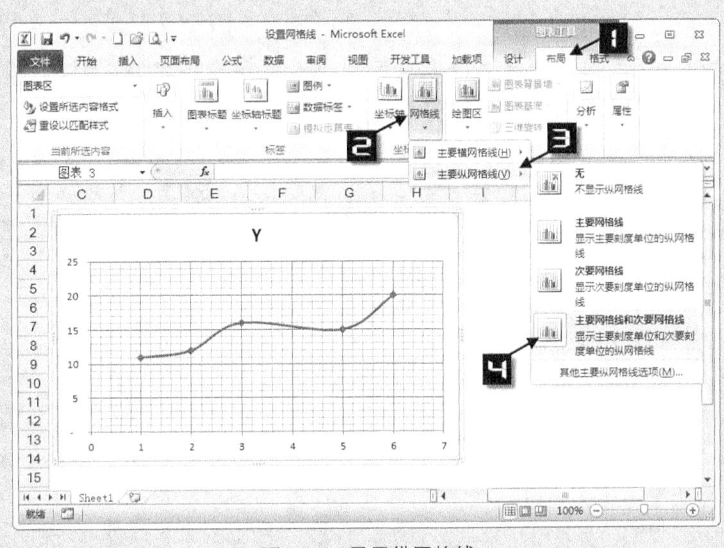

图 39-3　显示纵网格线

技巧 40　更改坐标轴的交叉位置

水平坐标轴和垂直（值）坐标轴的的交叉位置一般位于绘图区的左下角，通过更改坐标轴的交叉位置，使坐标轴交叉于绘图区的中间。

Step 1 在图表的垂直（值）坐标轴上单击鼠标右键，在弹出的快捷菜单中选择【设置坐标轴格式】命令，打开【设置坐标轴格式】对话框，切换到【坐标轴选项】选项卡，选择【横坐标交叉】选项中的【坐标轴值】单选钮，并在右侧文本框中输入“15”，使图表的横坐标交叉于垂直（值）轴的值 15 处，如图 40-1 所示。

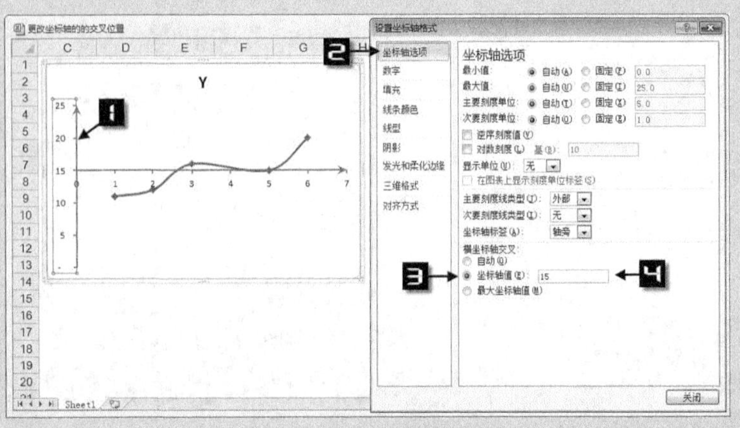

图 40-1　设置垂直坐标轴格式

Step 2 单击水平坐标轴，切换到水平坐标轴的【设置坐标轴格式】对话框，在【坐标轴选项】选项卡的【纵坐标交叉】选项中，选择【坐标轴值】单选钮，并在右侧文本框中输入“3”，使图表的纵坐标交叉于水平轴的值 3 处，如图 40-2 所示。

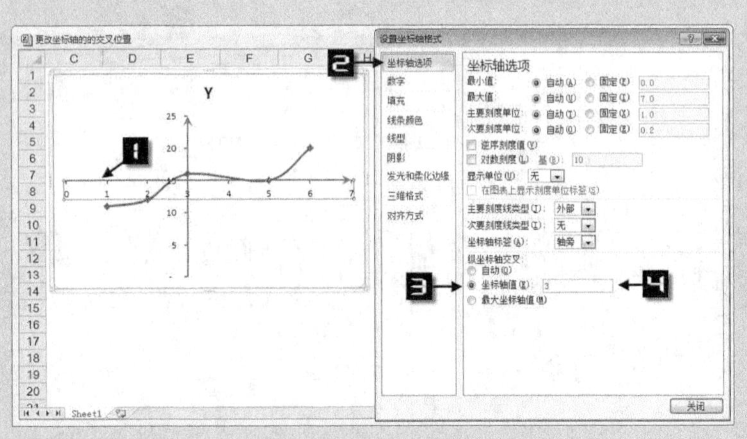

图 40-2　设置水平坐标轴格式

技巧 41　使用对数刻度

当图表数据源的数据差异较大时，较小的数据点可能与横坐标轴重合，或者不能清晰地显示其变化趋势，如图 41-1 所示。若数据都大于零，则可以使用对数刻度来解决此问题。

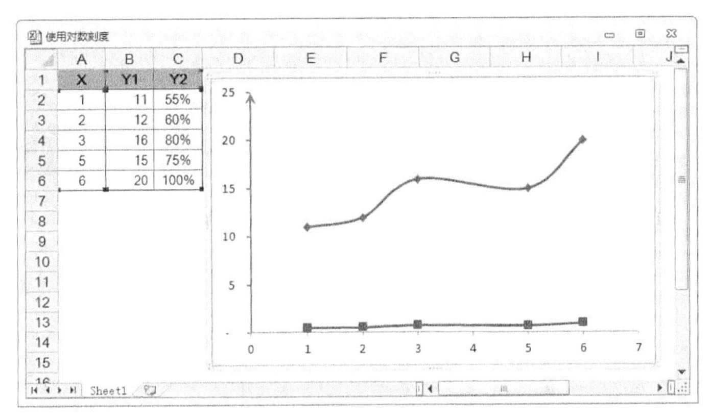

图 41-1　数据差异较大

Step 1 在图表的数值坐标轴上双击鼠标左键，打开【设置坐标轴格式】对话框，切换到【坐标轴选项】选项卡，勾选【对数刻度】复选框，对数的【基】自动设置为 10，再设置【横坐标轴交叉】→【坐标轴值】为“0.1”，如图 41-2 所示。

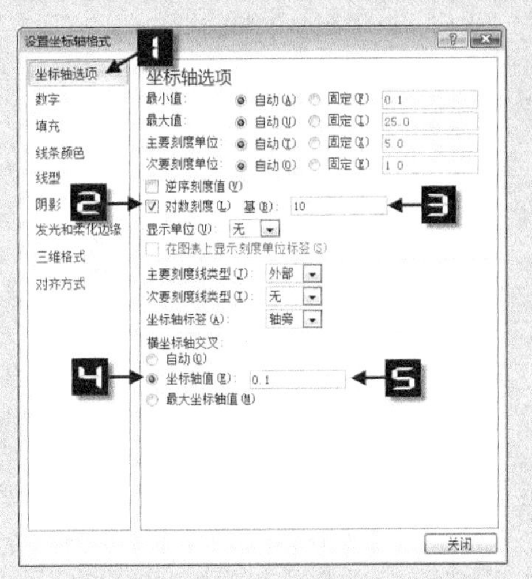

图 41-2　设置坐标轴格式

Step 2 单击【关闭】按钮关闭对话框，完成设置对数刻度，刻度间距为 10 的倍数，如图 41-3 所示。

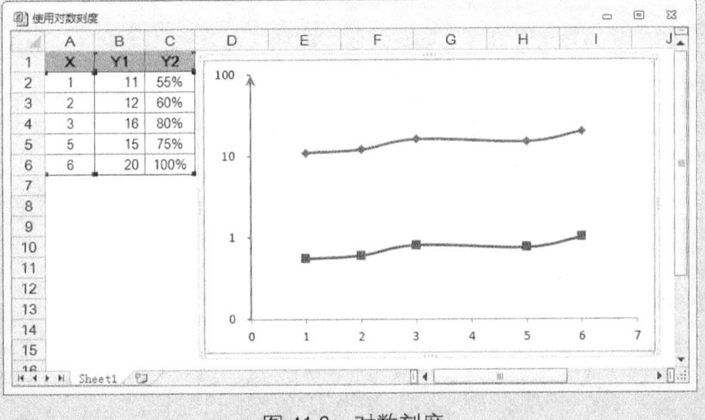

图 41-3　对数刻度

技巧 42 设置双坐标轴并显示次坐标轴

当图表中包含两个及两个以上的数据系列时，可以设置显示次坐标轴。次坐标轴的刻度反映相关联数据系列的值，因此，次坐标轴经常用来表现差异较大的两个数据系列。

Step 1 选中数据区域 A1:C7，在【插入】选项卡中单击【柱形图】下拉按钮，在扩展菜单中选择【簇状柱形图】，在工作表中插入一个柱形图，如图 42-1 所示。因为“销售量”数据远小于“销售额”数据，所以在柱形图中几乎看不到“销售量”的柱形图。

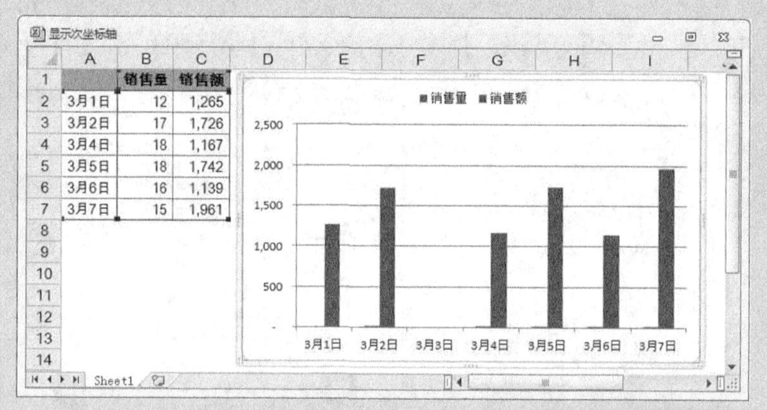

	销售量	销售额
3月1日	12	1,265
3月2日	17	1,726
3月4日	18	1,167
3月5日	18	1,742
3月6日	16	1,139
3月7日	15	1,961

图 42-1 差异较大的柱形图

Step 2 在柱形图中的“销售额”数据系列柱形上双击鼠标左键，打开【设置数据系列格式】对话框，切换到【系列选项】选项卡，选择【系列绘制在】→【次坐标轴】单选钮，显示次要纵坐标轴，如图 42-2 所示。

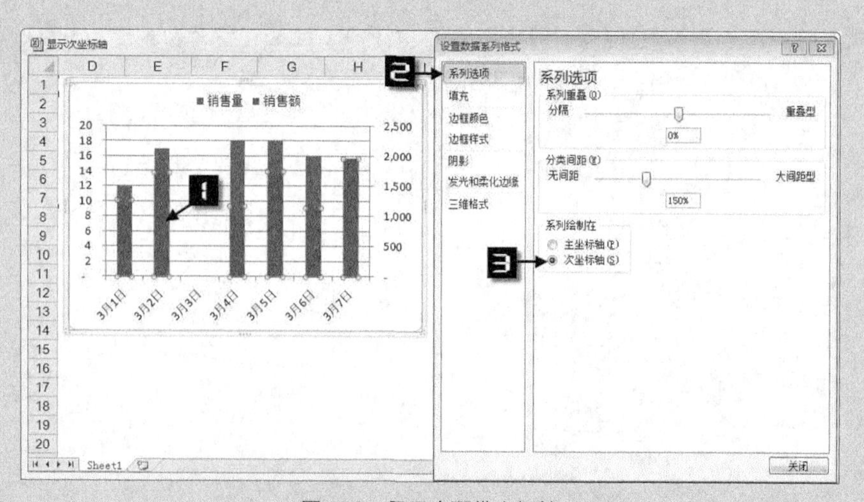

图 42-2 显示次要纵坐标轴

Step 3 为了使两个柱形图不重叠，需更改一个数据系列为折线图。选择“销售额”数据系列，依次单击【插入】→【折线图】→【带数据标记的折线图】命令，将所选择的柱形图更改为折线图，如图 42-3 所示。

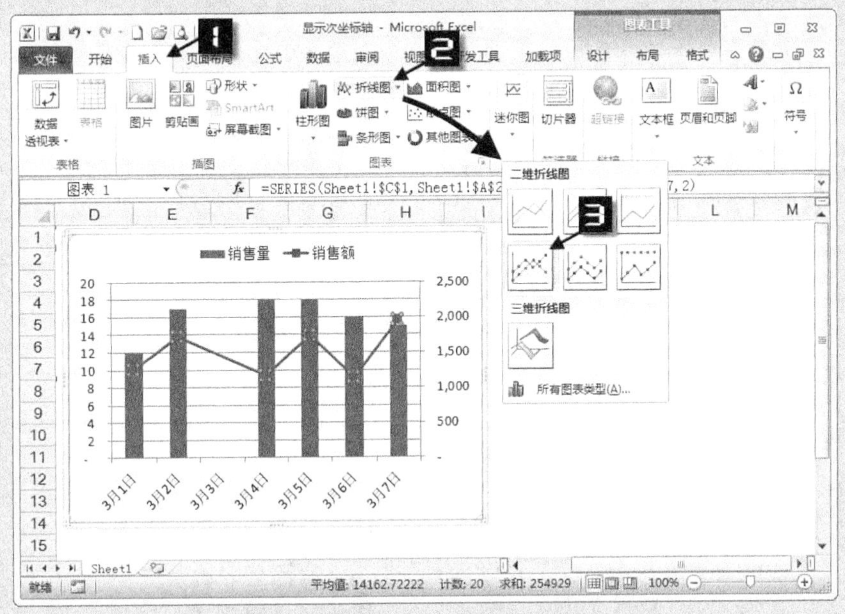

图 42-3 更改图表类型

Step 4 选择图表，依次单击【图表工具】→【布局】选项卡中的【坐标轴】→【次要横坐标轴】→【显示从左向右坐标轴】命令，显示次要横坐标轴，如图 42-4 所示。

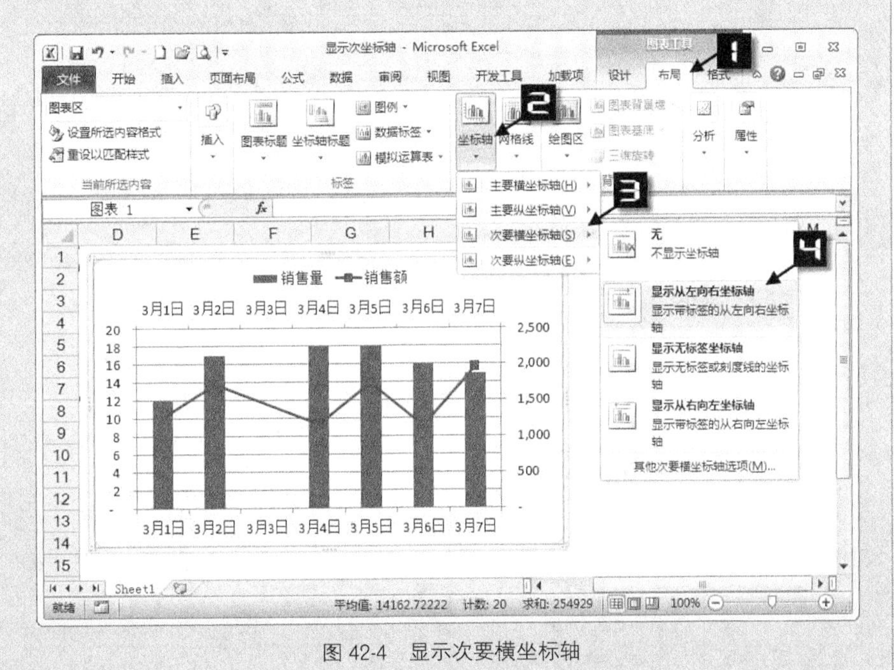

图 42-4 显示次要横坐标轴

技巧43 修改坐标轴标签

修改坐标轴标签，一般是通过修改数据源的引用来实现的，常用的修改方法如下。

Step 1 在图表的绘图区单击鼠标右键，在弹出的快捷菜单中选择【选择数据】命令，如图 43-1 所示。

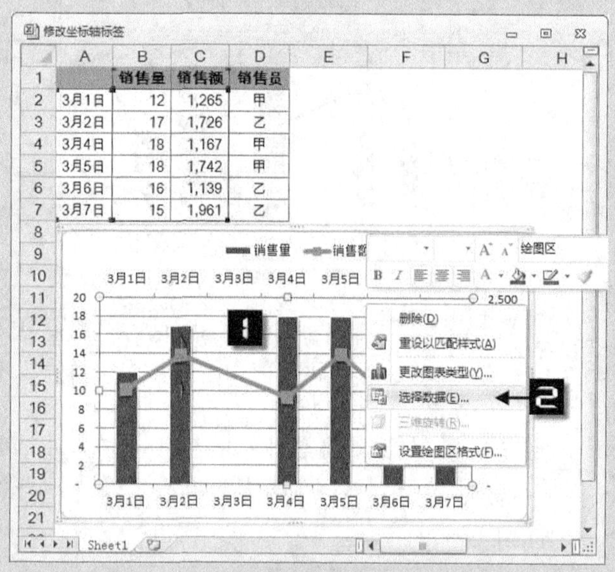

图 43-1 选择数据

Step 2 打开【选择数据源】对话框，选择【图例项（系列）】列表中的【销售额】数据系列，单击【编辑】按钮，打开【轴标签】对话框，设置【轴标签区域】引用 D2:D7 单元格区域，如图 43-2 所示。

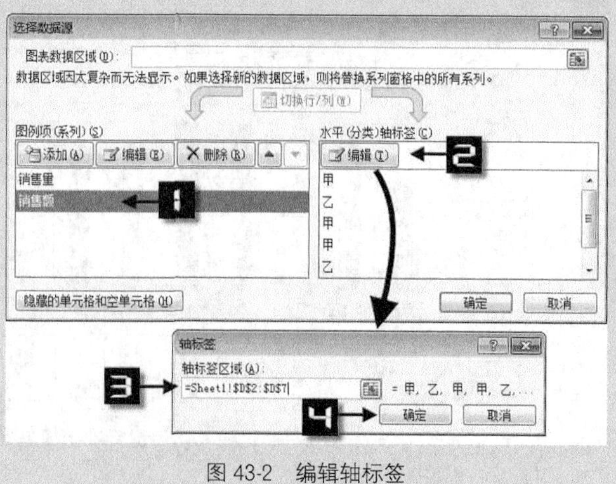

图 43-2 编辑轴标签

Step 3　单击【确定】按钮关闭对话框，完成修改坐标轴标签，在次要横坐标轴上显示新的标签，如图 43-3 所示。

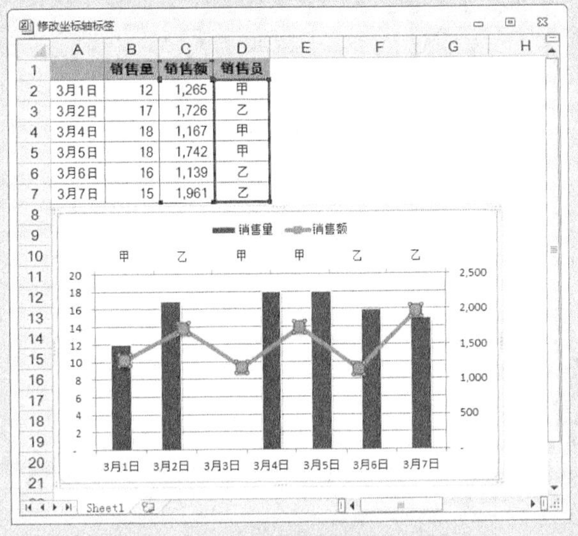

图 43-3　修改坐标轴标签

技巧 44　隐藏坐标轴

在一些显示数据系列标签的图表中，可以选择隐藏坐标轴，使图表显得更简洁。

Step 1　选择图表，依次单击【图表工具】→【布局】选项卡中的【坐标轴】→【主要横坐标轴】→【无】命令，如图 44-1 所示。选择对应的坐标轴，按<Delete>键也可以删除所选的坐标轴。

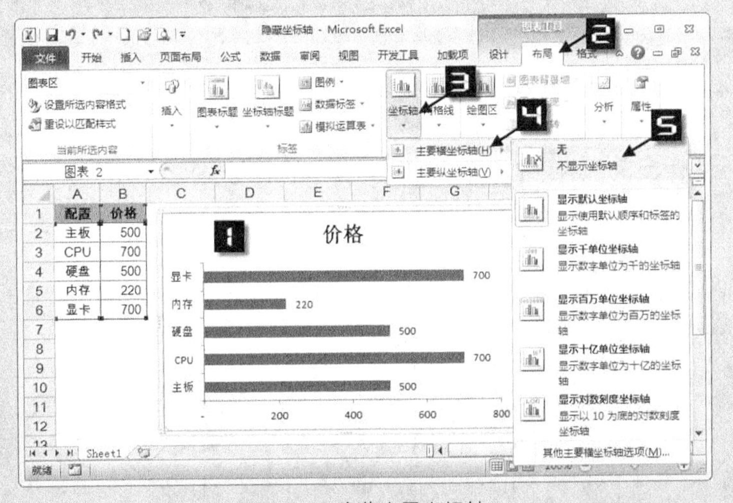

图 44-1　隐藏水平坐标轴

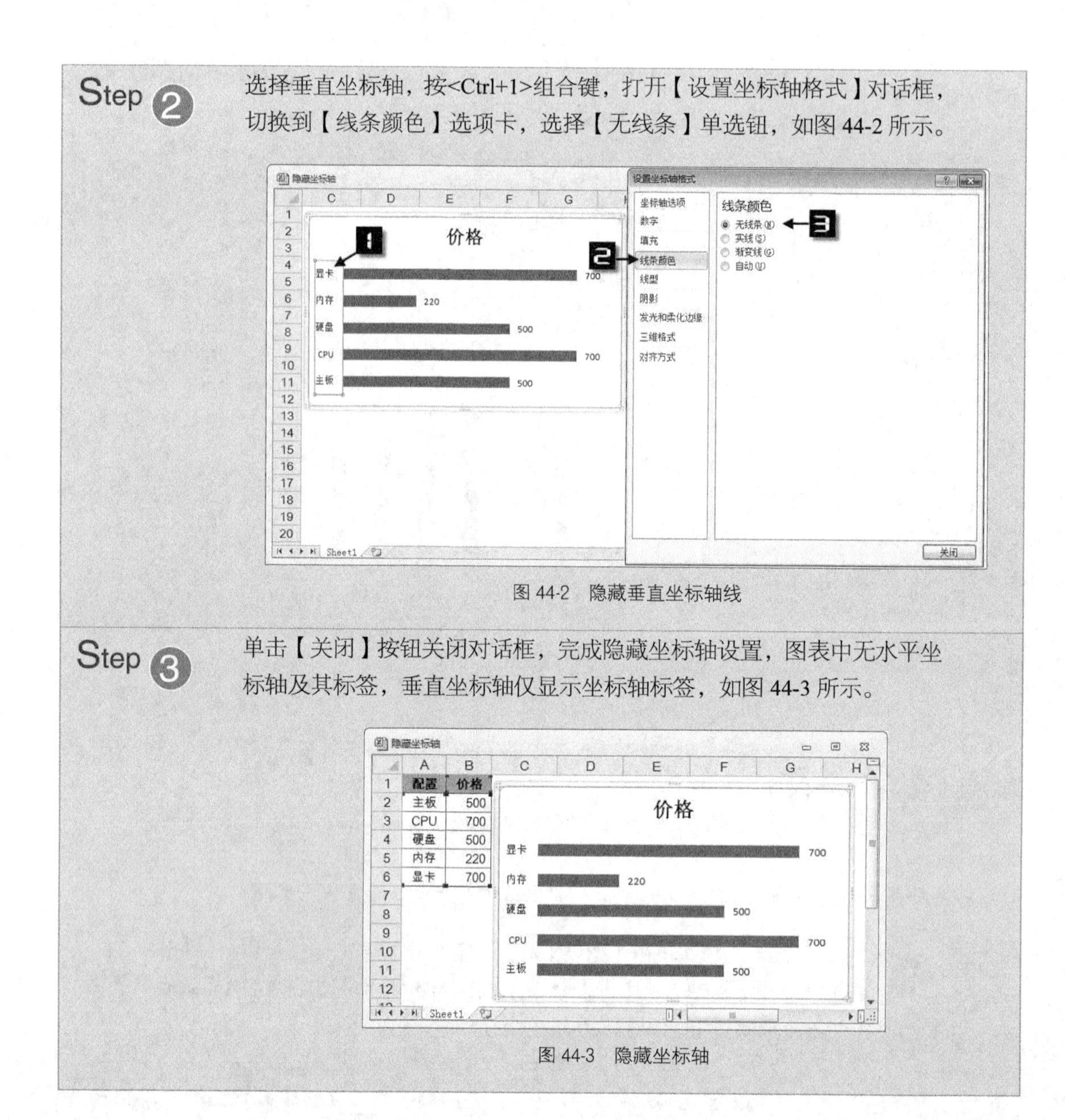

Step 2 选择垂直坐标轴，按<Ctrl+1>组合键，打开【设置坐标轴格式】对话框，切换到【线条颜色】选项卡，选择【无线条】单选钮，如图 44-2 所示。

图 44-2　隐藏垂直坐标轴线

Step 3 单击【关闭】按钮关闭对话框，完成隐藏坐标轴设置，图表中无水平坐标轴及其标签，垂直坐标轴仅显示坐标轴标签，如图 44-3 所示。

配置	价格
主板	500
CPU	700
硬盘	500
内存	220
显卡	700

图 44-3　隐藏坐标轴

技巧 45　转换日期和文本坐标轴

日期具有连续性的特点，每个日期之间的间隔为 1。日期坐标轴显示连续的日期坐标轴标签，而文本坐标轴标签仅显示对应的文本。

选中数据区域 A1:B7，在【插入】选项卡中单击【柱形图】下拉按钮，在扩展菜单中选择【簇状柱形图】，在工作表中插入一个柱形图，如图 45-1 所示。虽然数据源中缺少“3 月 3 日”的日期，但水平日期坐标轴仍显示连续的日期标签。

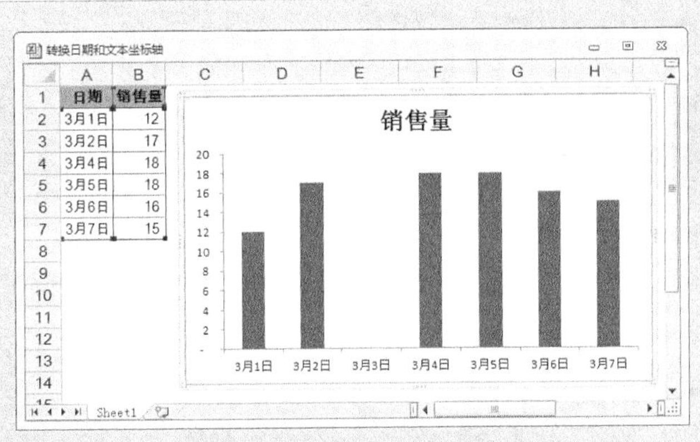

图 45-1　日期坐标轴

Step 2

在图表的水平坐标轴上双击鼠标左键，打开【设置坐标轴格式】对话框，切换到【坐标轴选项】选项卡，选择【文本坐标轴】单选钮，如图 45-2 所示。

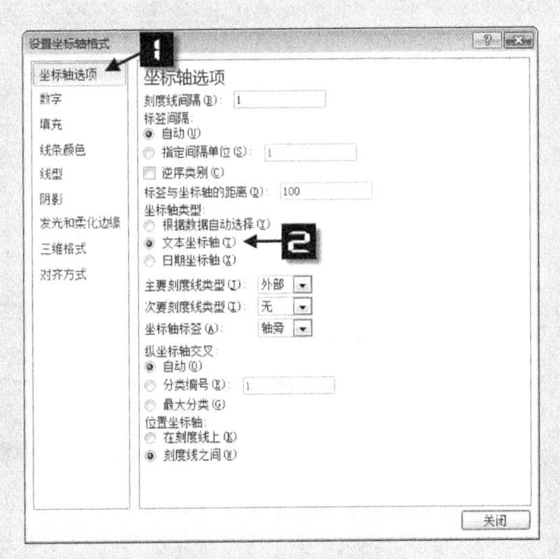

图 45-2　坐标轴选项

Step 3

单击【关闭】按钮关闭对话框，完成文本坐标轴设置，不显示“3 月 3 日”对应的数据，如图 45-3 所示。

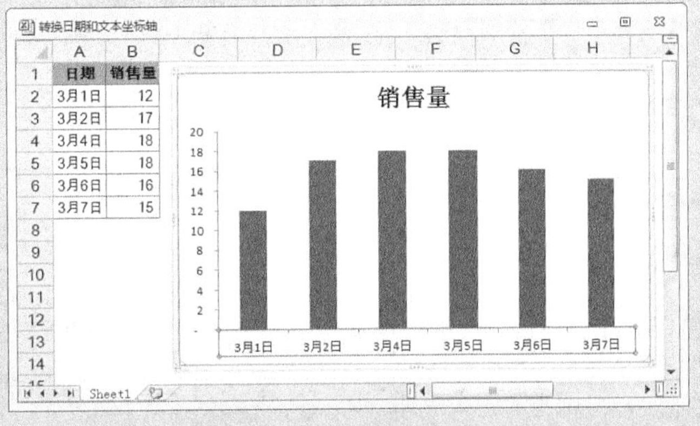

图 45-3　文本坐标轴

技巧 46 逆序坐标轴标签

在条形图中，坐标轴标签顺序与数据源中对应的文字顺序正好相反，如图 46-1 所示。

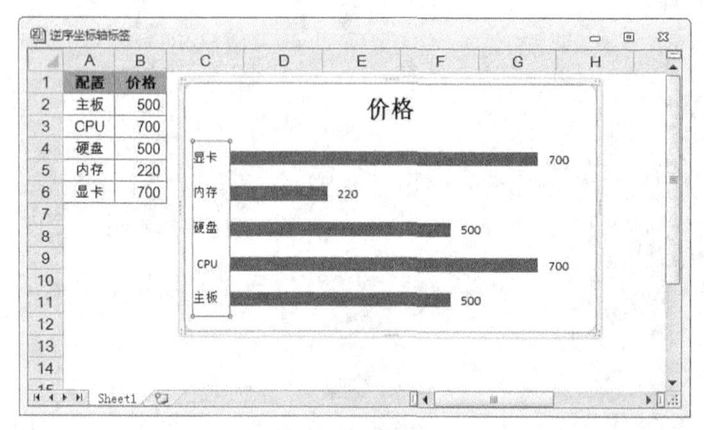

图 46-1 条形图坐标轴标签

Step 1 在图表的垂直坐标轴上单击鼠标右键，在弹出的快捷菜单中选择【设置坐标轴格式】命令，打开【设置坐标轴格式】对话框，切换到【坐标轴选项】选项卡，勾选【逆序类别】复选框，如图 46-2 所示。

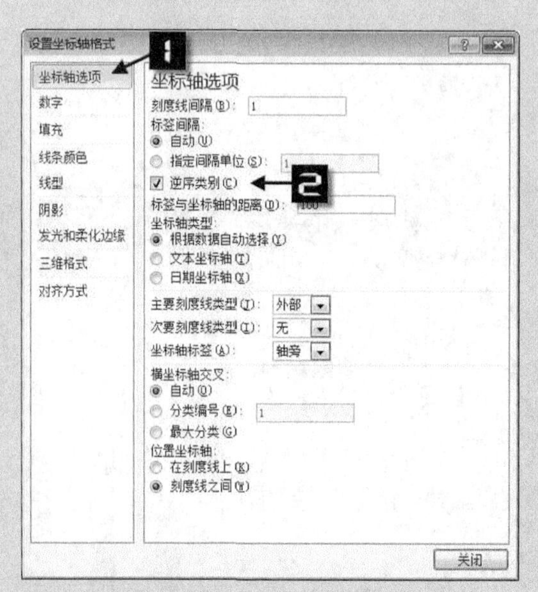

图 46-2 坐标轴选项

Step 2 单击【关闭】按钮关闭对话框，完成逆序坐标轴标签设置，调整条形图的坐标轴标签与数据源中对应的文字顺序相同，如图 46-3 所示。

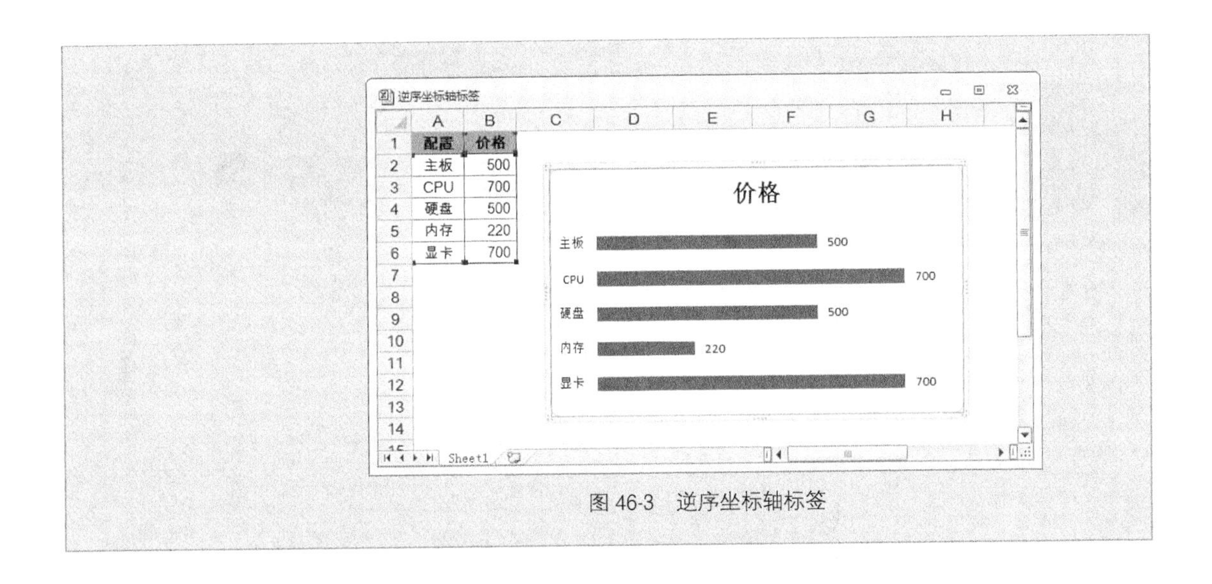

图 46-3　逆序坐标轴标签

技巧 47　灵活调整坐标轴标签样式

根据数据点的多少和数据标签文字的长短，Excel 图表会自动设置坐标轴标签的对齐方式。Excel 图表也可以通过手工设置单元格文字换行的方式，更改坐标轴标签的显示位置。

Step 1　选中数据区域 A1:B6，在【插入】选项卡中单击【柱形图】下拉按钮，在扩展菜单中选择【簇状柱形图】，在工作表中插入一个柱形图，Excel 2010 图表能够对长文字坐标轴标签进行自动换行，如图 47-1 所示。

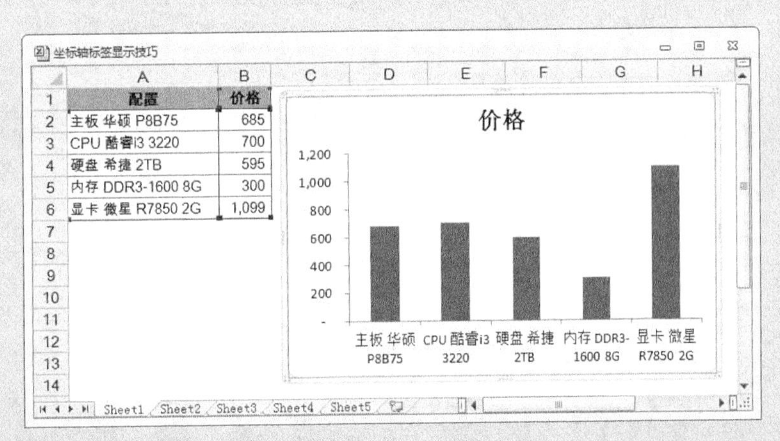

图 47-1　自动换行标签

Step 2　在图表的水平坐标轴上双击鼠标左键，打开【设置坐标轴格式】对话框，切换到【对齐方式】选项卡，设置【自定义角度】为-30°，则坐标轴标签显示为斜向文本，如图 47-2 所示。

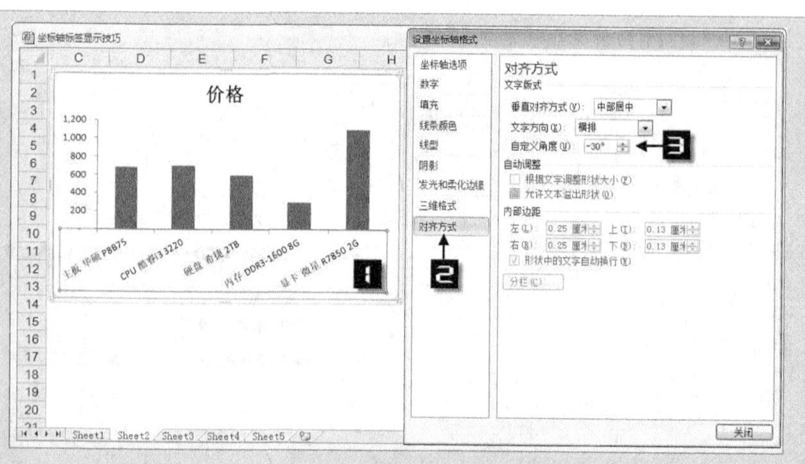

图 47-2　自定义角度

Step 3

在【设置坐标轴格式】对话框的【对齐方式】选项卡中，设置【文字方向】为【所有文字旋转 270°】，则坐标轴标签显示为竖向文本，如图 47-3 所示。

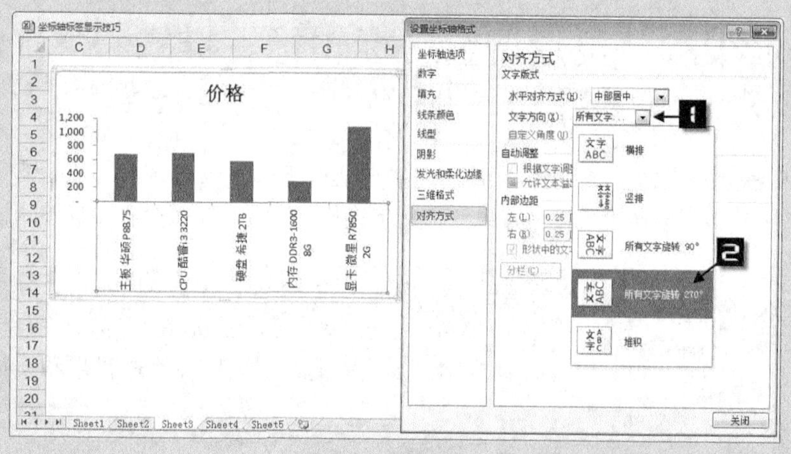

图 47-3　竖向文本

Step 4

在 A2 单元格中，将光标定位到“主板”后面，按<Alt+Enter>组合键插入一个硬回车，使单元格内文字变更为两行。依次类推，设置 A3:A6 单元格区域换行，使坐标轴标签与单元格内文本相同，如图 47-4 所示。

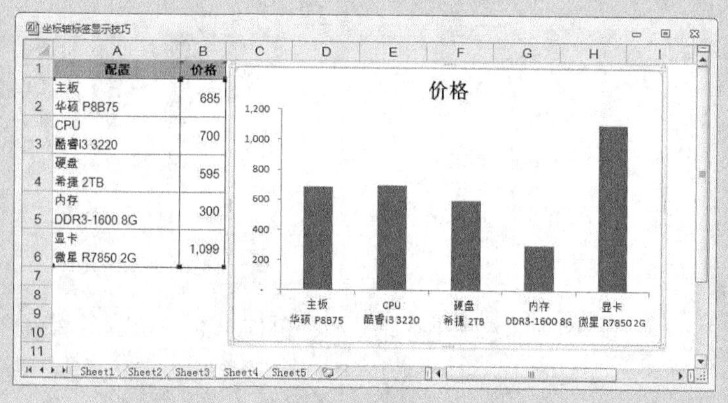

图 47-4　指定换行

Step 5 在 A2 单元格中，将光标定位到“主板”后面，按<Alt+Enter>组合键，在“主板”后插入一空行。在 A3 单元格中，将光标定位到“CPU”前面，按<Alt+Enter>组合键，在“CPU”前插入一空行。依次类推，间隔设置 A4:A6 单元格区域换行，使坐标轴标签错位显示，如图 47-5 所示。

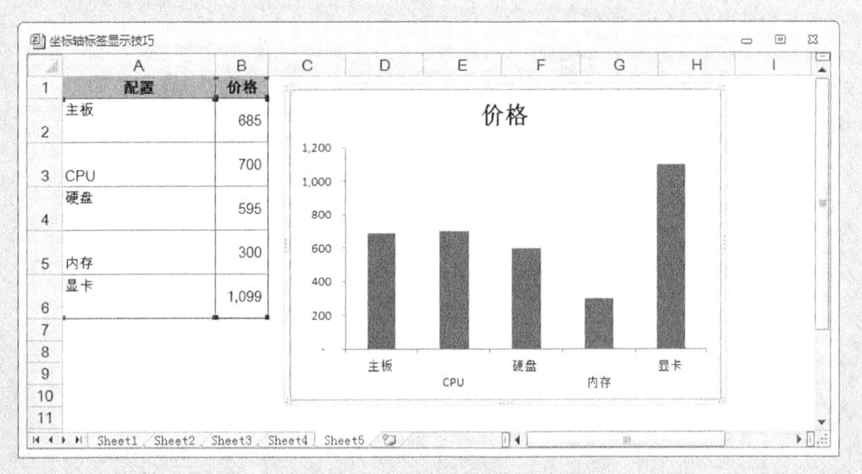

图 47-5　错位标签

技巧 48　多种方法实现在图表中显示数据表

数据表一般显示在水平坐标轴下方，可以用来代替图例、坐标轴标签和数据系列标签等。

48.1　模拟运算表

习惯上，微软产品将图表中的数据表格称作“数据表”，而在 Excel 2010 中将其翻译为“模拟运算表”。【图表工具】→【布局】选项卡中的【模拟运算表】命令与【数据】选项卡中的【模拟分析】→【模拟运算表】命令是两个完全不同的概念。

Step 1 选择图表，依次单击【图表工具】→【布局】选项卡中的【模拟运算表】→【显示模拟运算表和图例项标示】命令，在水平坐标轴下方显示数据表，如图 48-1 所示。

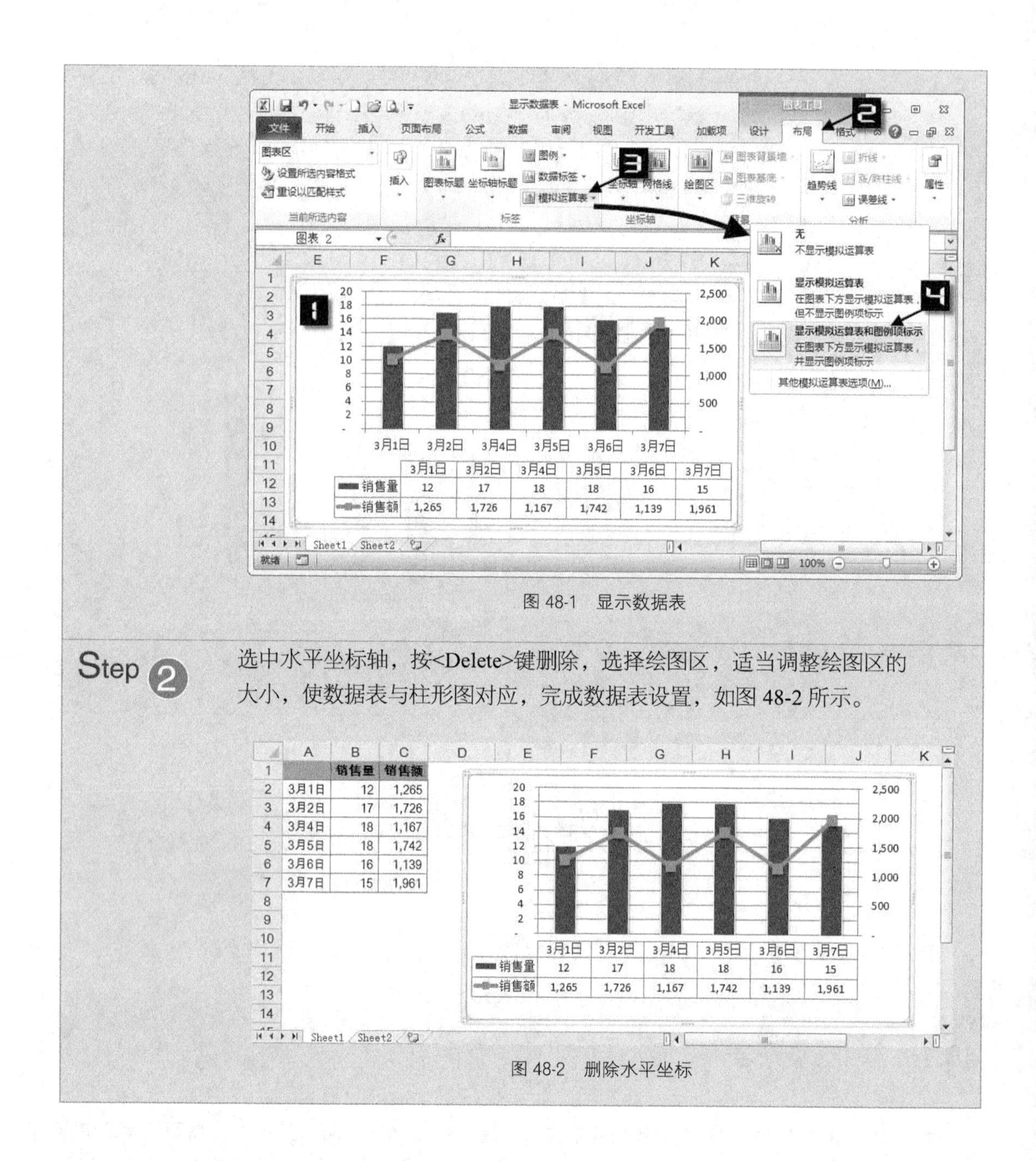

图 48-1　显示数据表

Step 2　选中水平坐标轴，按<Delete>键删除，选择绘图区，适当调整绘图区的大小，使数据表与柱形图对应，完成数据表设置，如图 48-2 所示。

图 48-2　删除水平坐标

48.2　图片数据表

Excel 图表数据表的格式基本是固定的，若想获得更丰富的数据表格式，可以在工作表中设计好数据表，再复制图片作为图表的数据表。

选择 E14:K16 单元格区域，单击【开始】选项卡中的【复制】→【复制为图片】命令，打开【复制图片】对话框，如图 48-3 所示。单击【确定】按钮关闭对话框。

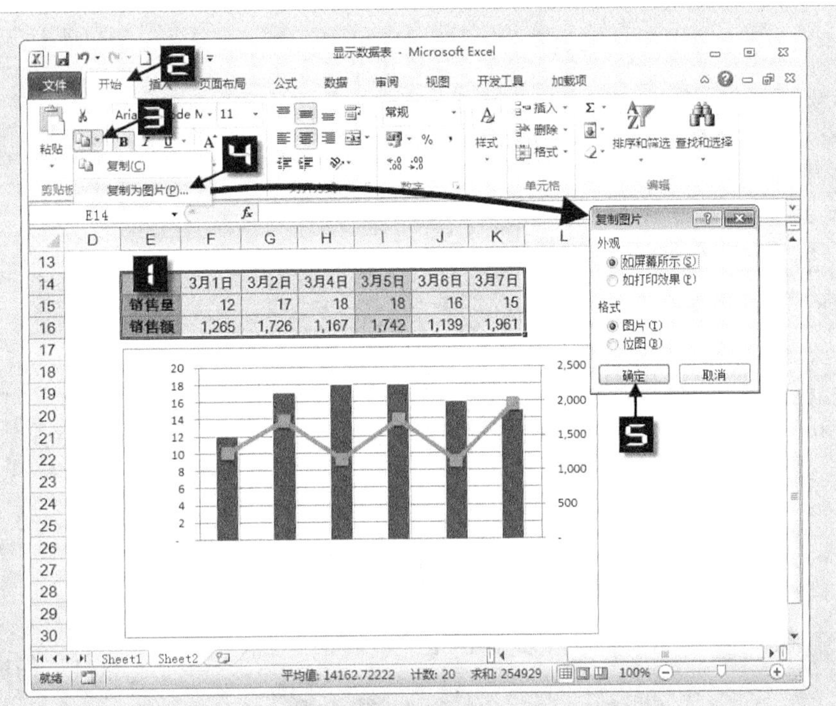

图 48-3　复制图片

Step 2　选择图表，单击【开始】选项卡中的【粘贴】命令，将数据表图片粘贴到图表中，适当调整图片大小和位置，完成图片数据表，如图 48-4 所示。

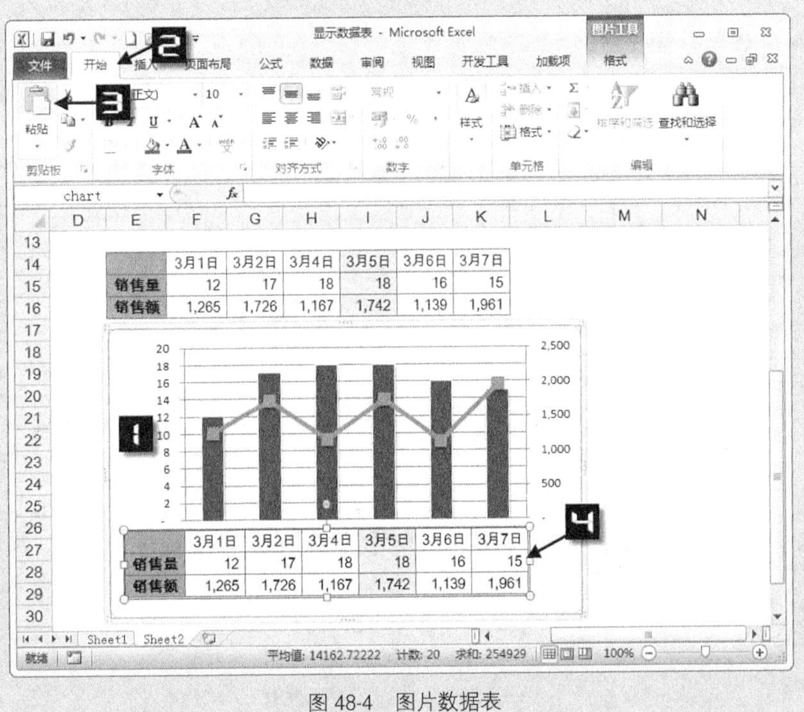

图 48-4　图片数据表

技巧 49　随心所欲模拟坐标轴

坐标轴一般显示等差或等比的刻度间距，若要显示指定数据的刻度，则可以通过绘制 XY 散点图来模拟坐标轴。

Step 1　在 D1:E6 单元格区域输入要模拟的坐标轴刻度坐标值，然后选择 D1:E6 单元格区域，依次单击【插入】→【散点图】→【带直线和数据标记的散点图】，在工作表中插入一个 XY 散点折线图，如图 49-1 所示。

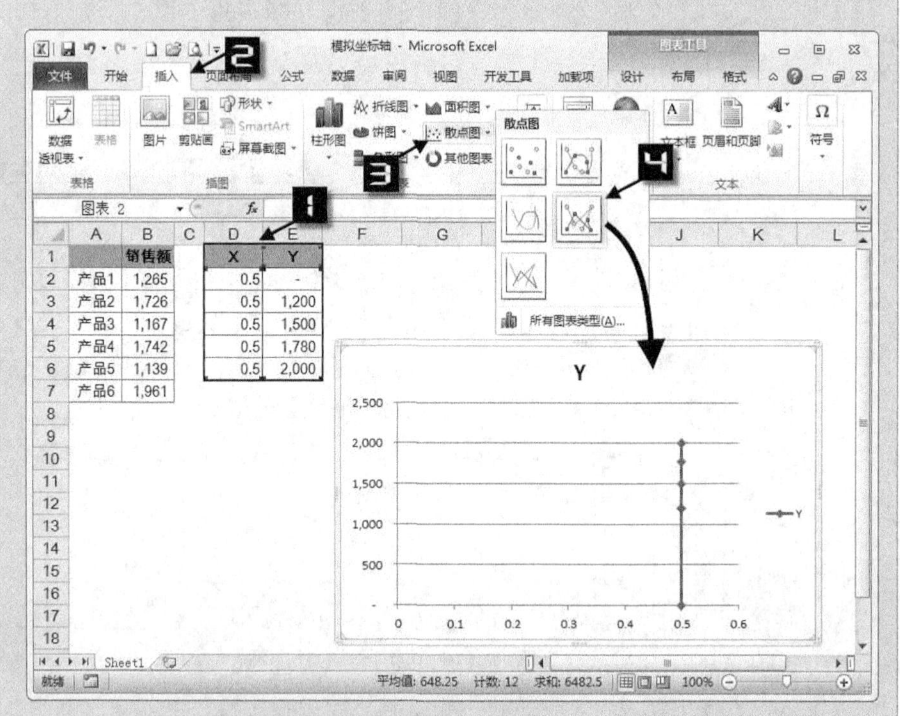

图 49-1　绘制散点图

Step 2　选择 A1:B7 单元格区域，单击【开始】选项卡中的【复制】命令，再选择图表，单击【开始】选项卡中的【粘贴】→【选择性粘贴】命令，打开【选择性粘贴】对话框，选择【新建系列】单选钮和【首行为系列名称】复选框，最后单击【确定】按钮，完成添加“销售额”数据系列，如图 49-2 所示。

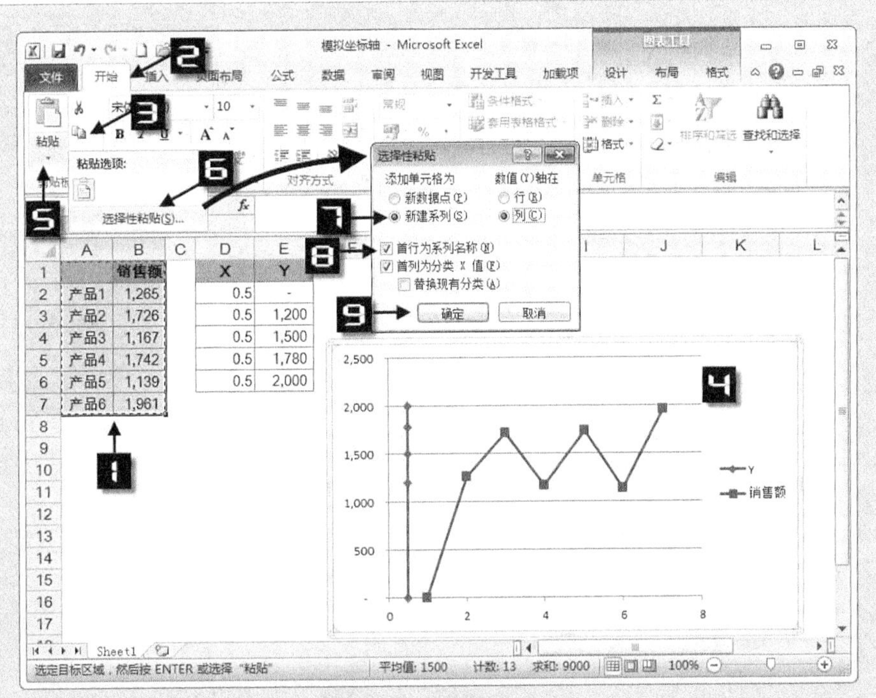

图 49-2　添加数据系列

Step 3　选择数据系列“销售额”，依次单击【插入】→【柱形图】→【柱形图】命令，将所选数据系列更改为柱形图，如图 49-3 所示。

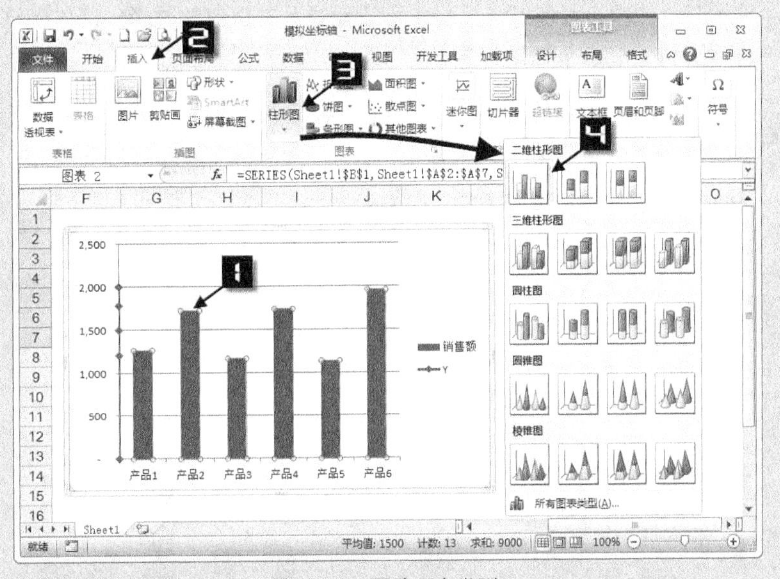

图 49-3　更改图表类型

Step 4　选择“Y”数据系列，依次单击【图表工具】→【布局】选项卡中的【数据标签】→【左】命令，显示“Y”数据系列模拟坐标轴的数据标签。最后删除纵坐标轴、网格线、图例等图表元素，完成模拟纵坐标轴的柱形图，如图 49-4 所示。

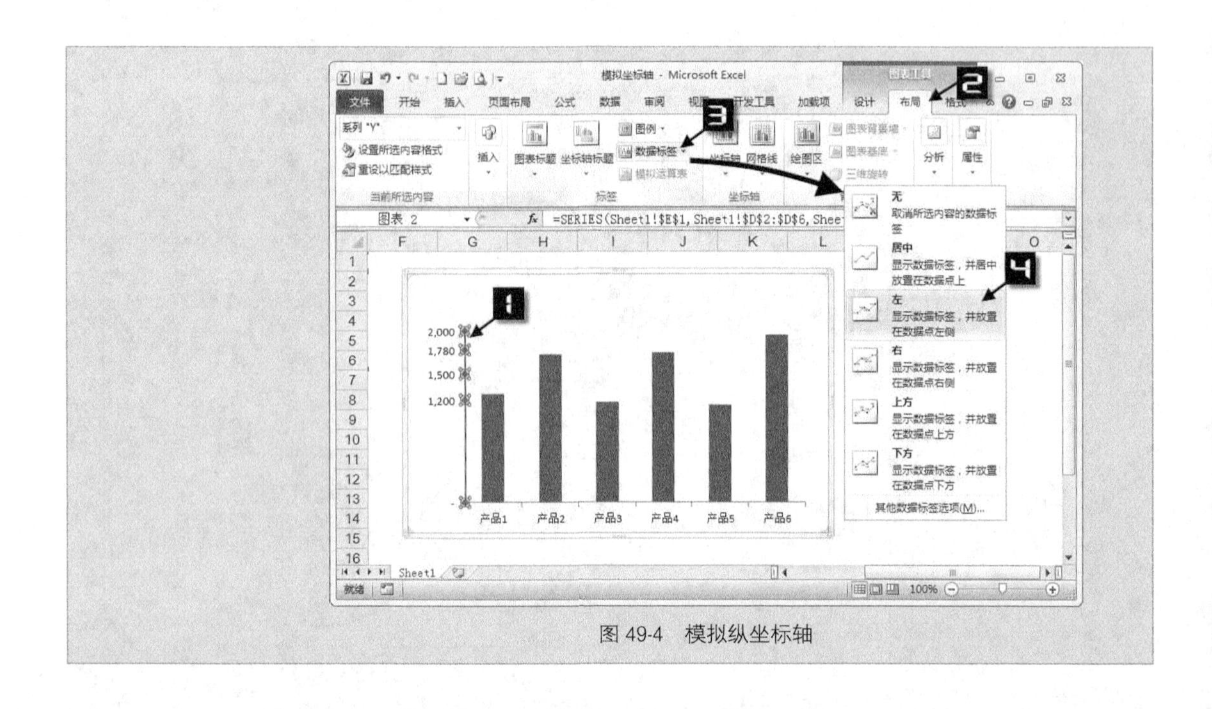

图 49-4　模拟纵坐标轴

技巧 50　轻松模拟坐标轴标签

当柱形图中的额为负值时，坐标轴标签会显示在负值的柱形中。堆积柱形图模拟坐标轴标签，可以在合适的位置显示坐标轴标签。

Step 1　选择 A1:C6 单元格区域，依次单击【插入】→【柱形图】→【堆积柱形图】命令，在工作表中插入一个堆积柱形图，如图 50-1 所示。

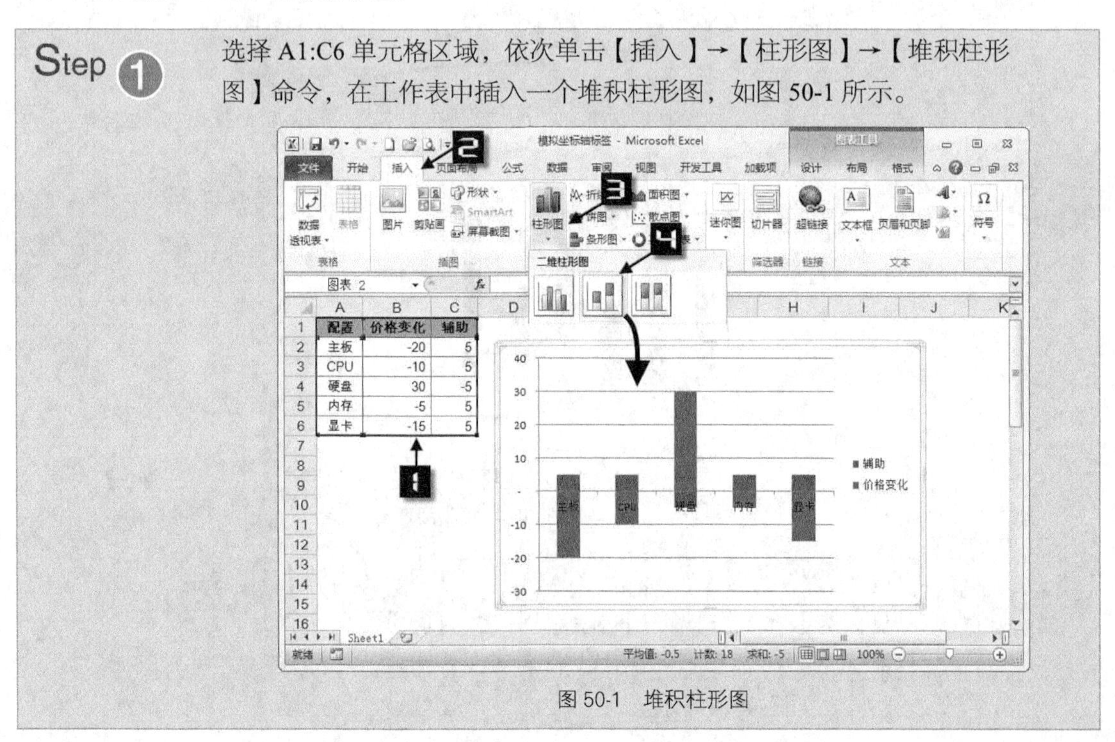

图 50-1　堆积柱形图

Step 2　选择堆积柱形图的横坐标轴，按<Ctrl+1>组合键，打开【设置坐标轴格式】对话框，在【坐标轴选项】选项卡中设置【坐标轴标签】选项为“无”，如图 50-2 所示。单击【关闭】按钮关闭对话框，隐藏横坐标轴标签。

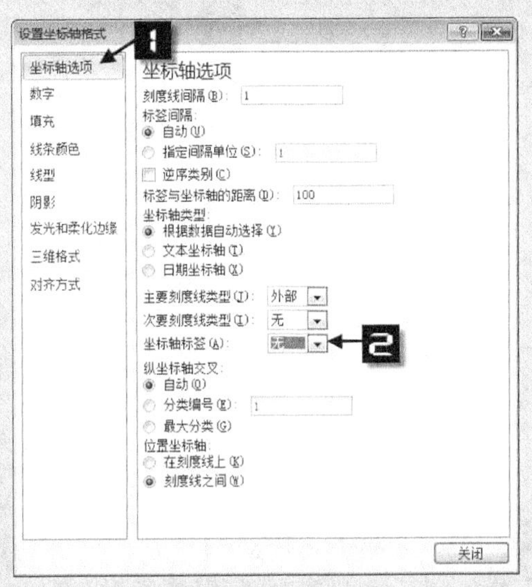

图 50-2　隐藏坐标轴标签

Step 3　选择图表，依次单击【图表工具】→【布局】选项卡中的【数据标签】→【居中】命令，显示堆积柱形图的数据标签，如图 50-3 所示。

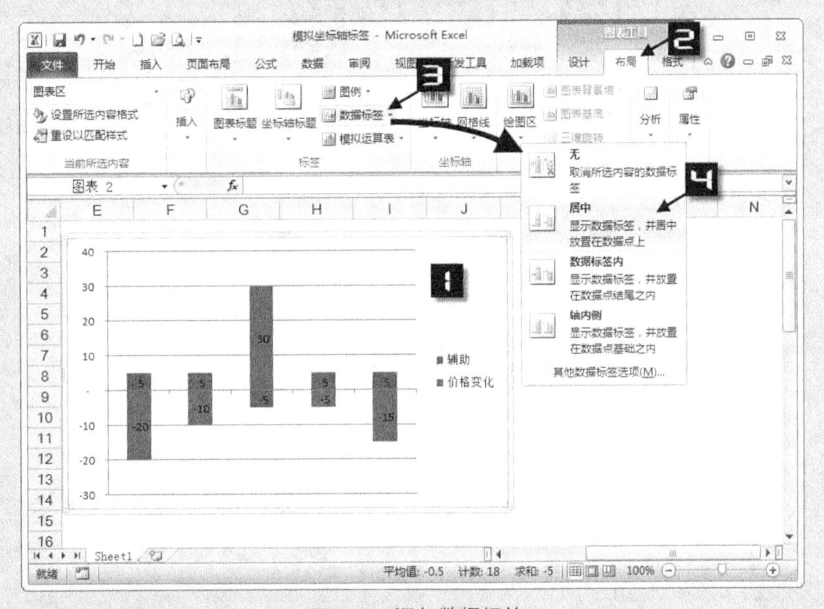

图 50-3　添加数据标签

Step 4　选择“辅助”数据系列的数据标签，按<Ctrl+1>组合键，打开【设置数据标签格式】对话框，在【标签选项】选项卡中，勾选【类别名称】复选框，取消勾选【值】复选框，如图 50-4 所示。单击【关闭】按钮关闭对话框，显示类别名称的数据标签。

图 50-4 显示类别名称

Step 5 在【图表工具】→【格式】选项卡的【图表元素】下拉列表中选择【系列"辅助"】，设置【形状填充】为【无填充颜色】，设置【形状轮廓】为【无轮廓】，完成模拟的坐标轴标签，如图 50-5 所示。

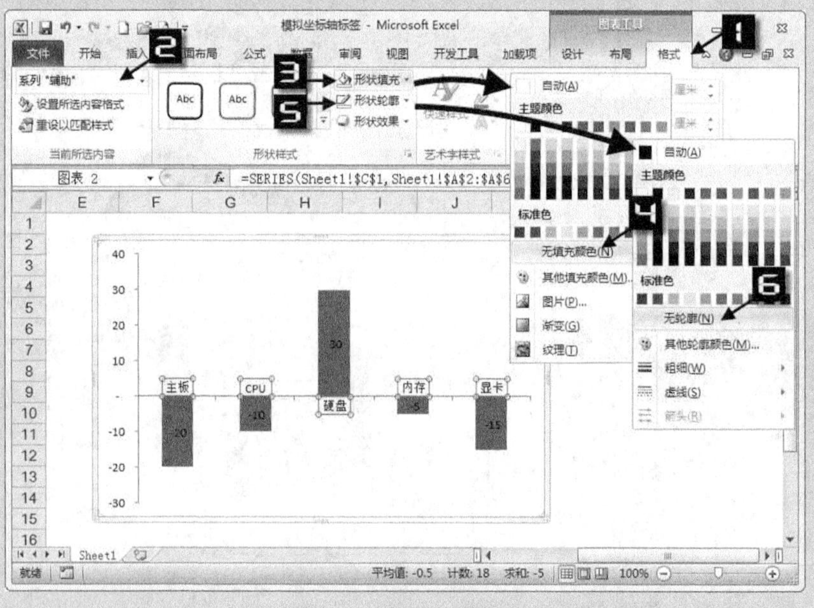

图 50-5 模拟坐标轴标签

第 4 章　图表文字

图表中的文字包括标题、图例、数据标签、坐标轴标签、数据表等。图表文字技巧主要涉及设置文字格式、使用数字样式和动态文字等技巧。其中，变化最丰富的是数字样式，它不仅可以显示小数、分数、科学记数，而且可以按照数字的大小显示不同的颜色。

技巧 51　灵活编辑图表标题

图表标题是图表的主题说明文字，位于图表绘图区的正上方。一个完整的图表必须要有图表标题，有的图表会适当添加副标题，以完善图表的显示内容。

如果图表中没有显示标题，则按照以下方法添加图表标题。先选择图表，再依次单击【图表工具】→【布局】选项卡→【图表标题】按钮→【图表上方】命令，为图表添加一个字体为“18 磅”，内容为“图表标题”的图表标题，如图 51-1 所示。

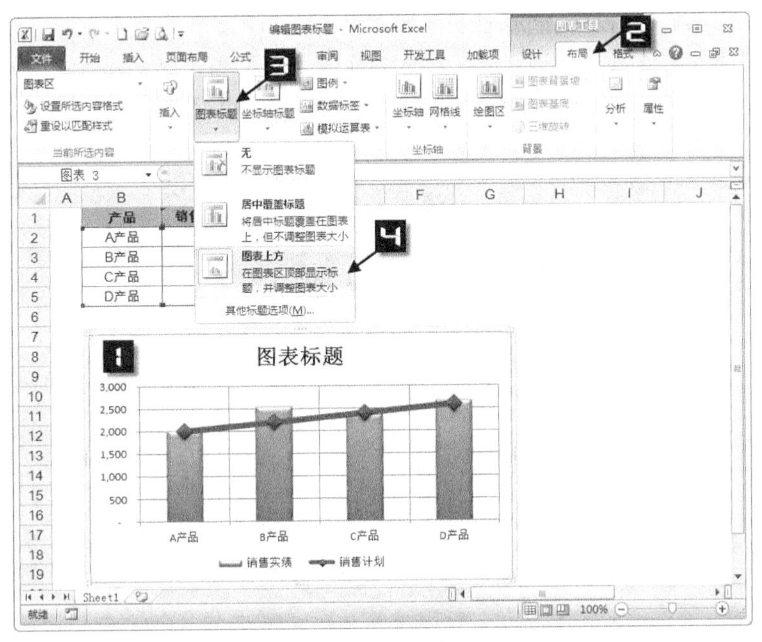

图 51-1　添加图表标题

可以直接在图表标题中输入、删除、编辑文字。在比较正式的场合，图表标题建议使用黑体或微软雅黑。如果图表标题内的文字较多时，图表标题会自动换行。此时，应适当调整字体大小，依次单击【开始】→【减小字号】命令，使图表标题只显示一行，如图 51-2 所示。

将光标定位到图表标题中，按回车键可以实现手动换行。在新的一行上，可以输入图表副标题，并可以设置所选文字的字号和颜色等，如图 51-3 所示。

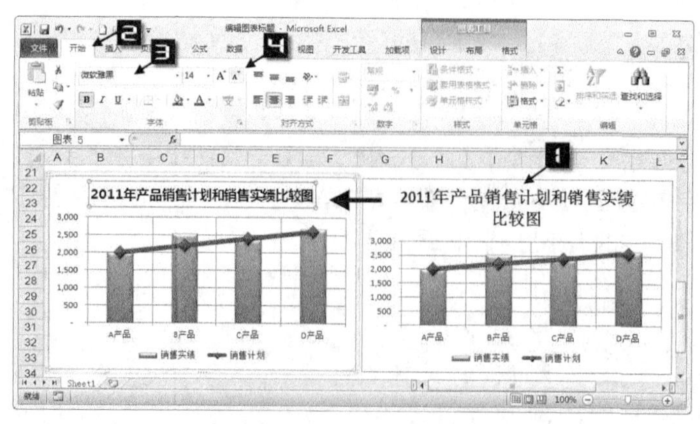

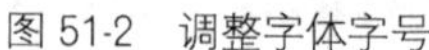
图 51-2　调整字体字号

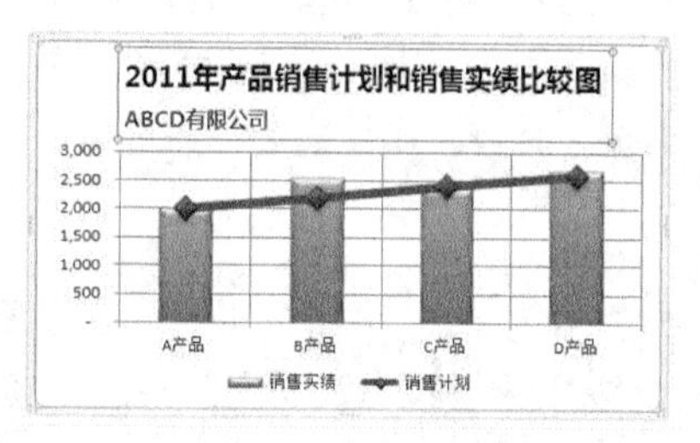

图 51-3　图表副标题

技巧 52　设置动态图表标题

图表标题还可以链接到单元格，使图表标题随单元格变化而变化，形成动态的图表标题。

单击选择图表标题，然后在公式编辑栏中输入“=”，再用鼠标选择 F1 单元格，在公式编辑栏中显示“=Sheet1!$F$1”，按回车键完成设置，如图 52 所示。若改变 F1 单元格中的内容，则图表标题也随之改变。若图表标题与单元格建立链接后，再直接编辑图表标题内的文字，则会断开图表标题与单元格的链接，变更为普通图表标题。

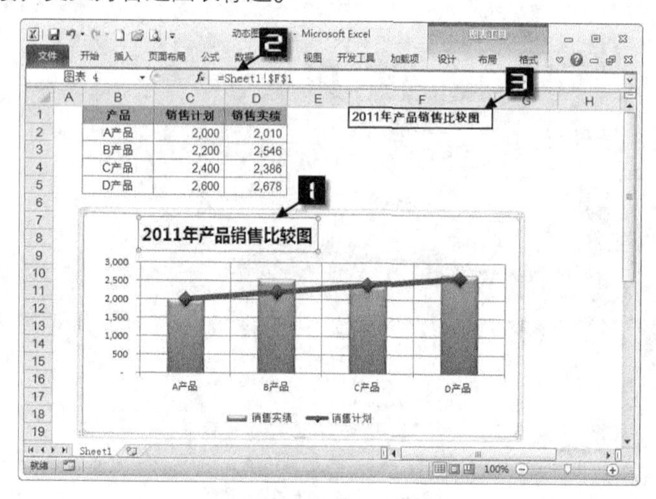

图 52　动态图表标题

技巧 53　设置坐标轴标题

一个坐标轴对应一个坐标轴标题，一个图表中最多有 4 个坐标轴和坐标轴标题。

显示坐标轴标题的方法和图表标题类似。先选择图表，再依次单击【图表工具】→【布局】选项卡中的【坐标轴标题】→【主要横坐标轴标题】→【坐标轴下方标题】命令，添加横坐标轴标题。依次单击【坐标轴标题】→【主要纵坐标轴标题】→【竖排标题】命令，添加纵坐标轴标题，如图 53-1 所示。

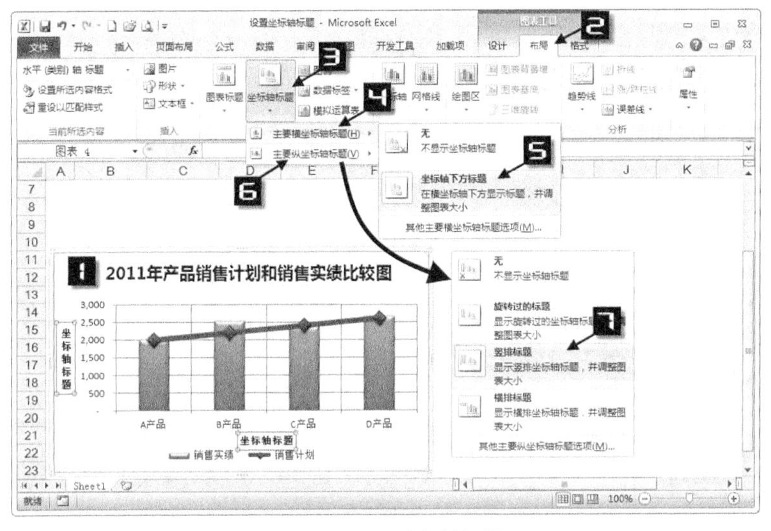

图 53-1　显示坐标轴标题

直接将横坐标轴标题改为“产品”，纵坐标轴标题改为“销售”，最后单击坐标轴标题，将光标定位于坐标轴标题的边框上，光标变为十字箭形时，可将其拖放到图表区内合适的位置，如图 53-2 所示，完成坐标轴标题设置。

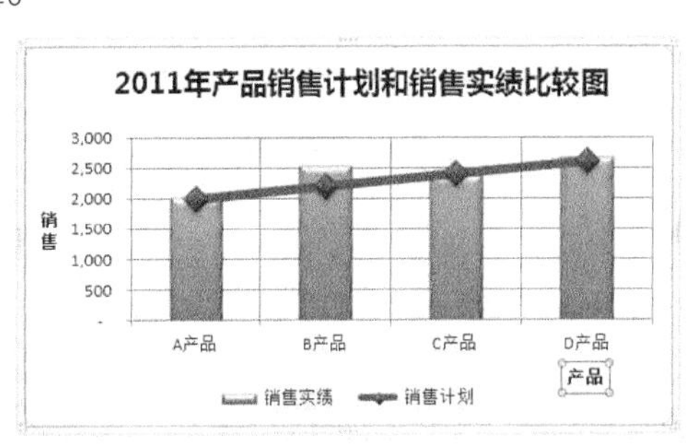

图 53-2　移动坐标轴标题位置

技巧 54　在图表中插入说明文字

在图表中，可以插入文本框和其他图形来添加说明文字，也可以使用文本框代替图表标题和坐标轴标题。先选择图表，再插入文本框，该文本框为嵌入在图表对象中的图形，移动图表时随图表一起移动。

插入文本框的方法比较简单，先选择图表，再依次单击【插入】选项卡中的【文本框】→【横排文本框】命令，光标变更为十字形，然后在图表的空白处画一个文本框，并在其中输入文字“数据来源：XXXX”，如图 54-1 所示。最后设置文本框的填充色和边框线为“无”，即完成在图表中插入文本框。

也可以使用复制粘贴的方法，将工作表中的图形文字插入到图表中。如图 54-2 所示，复制选择工作表中制作好的矩形标注文字，单击【复制】命令（或<Ctrl+C>组合键），再选择图表，单击【粘贴】命令（或<Ctrl+V>组合键），将矩形标注文字插入到图表中，适当调整大小、位置即可。

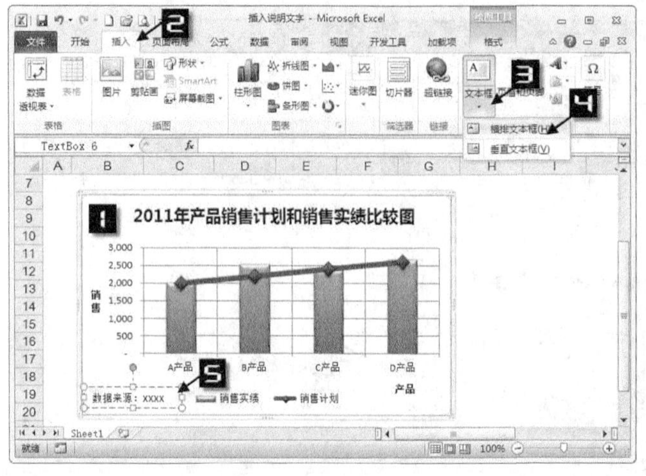

图 54-1 插入文本框

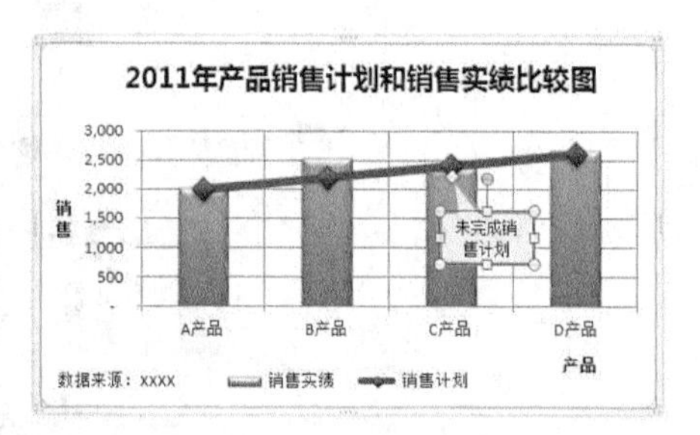

图 54-2 插入说明文字

技巧 55 显示与修改图例

图例项与数据系列是一一对应的，如果图表有两个数据系列，则图例包含两个图例项。图例项的文字与数据系列的名称是一一对应的，如果没有指定数据系列的名称，则图例项自动显示为“系列 1”这样的格式。

若要显示图例，先选择图表，再依次单击【图表工具】功能区中的【布局】→【图例】→【在顶部显示图例】命令，在图表中显示“系列 1”、“系列 2”两个图例项，如图 55-1 所示。

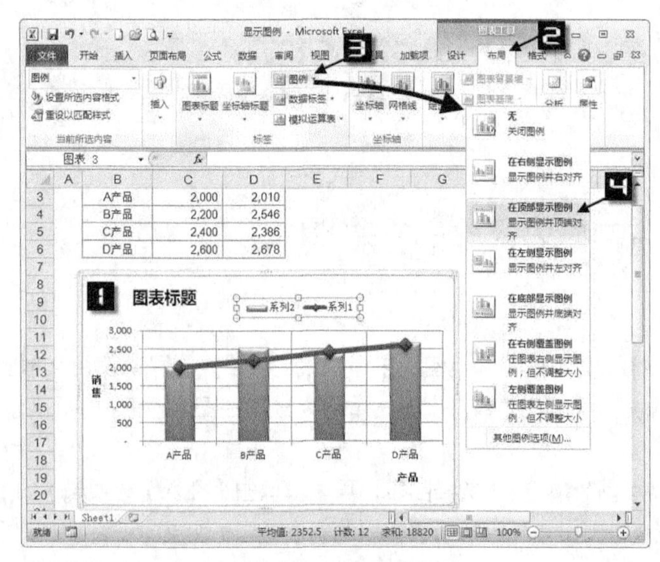

图 55-1 显示图例

若要修改图例项文字，则需修改数据系列名称。单击柱形图选择“系列 2”，在【公式编辑栏】中显示数据系列公式“=SERIES(,Sheet1!$B$3:$B$6,Sheet1!$D$3:$D$6,2)”，将光标定位到第一个逗号之前，再选择 D1 单元格，数据系列公式显示为“=SERIES (Sheet1!$D$1,Sheet1!$B$3:$B$6, Sheet1!$D$3:$D$6,2)”，按回车键将图例项文字“系列 2”修改为“销售实绩”，如图 55-2 所示。使用相同的方法，将图例项文字“系列 1”修改为“销售计划”。

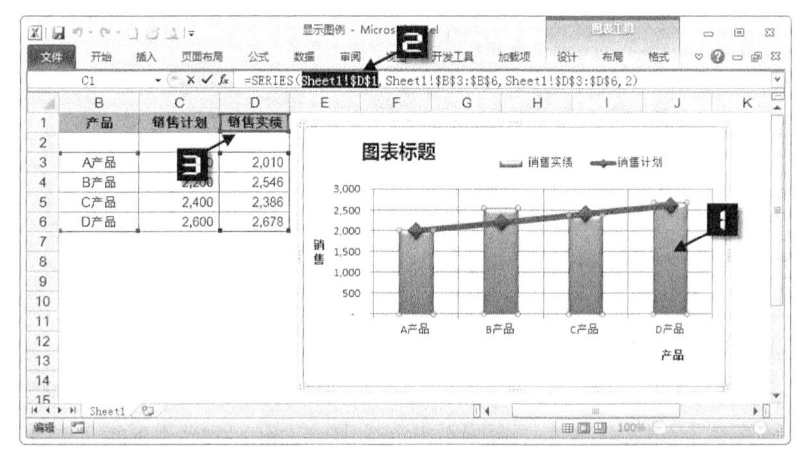

图 55-2　修改图例

技巧 56　使用上标和下标

在日常学习、工作中，难免会使用含有上标或下标的文字，比如单位符号、数学公式、化学分子式、注册商标等。

单元格中的文字，可以通过设置单元格格式来设置上标和下标。选择对应文字，单击鼠标右键，在弹出的右键快捷菜单中单击【设置单元格格式】命令，打开【设置单元格格式】对话框，选择【上标】或【下标】复选框即可，如图 56-1 所示。

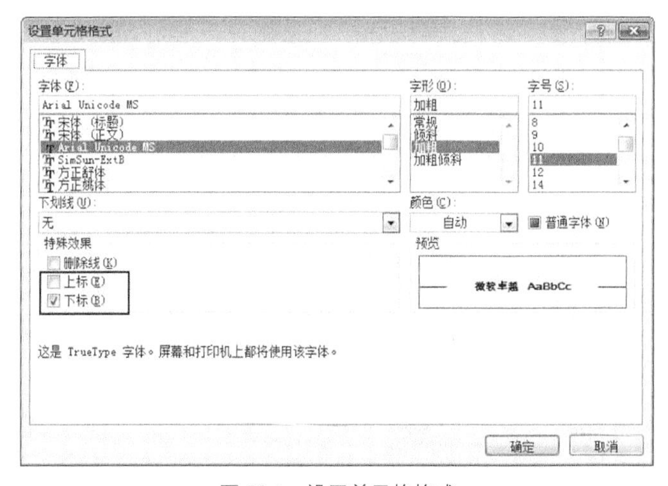

图 56-1　设置单元格格式

单元格中的上标和下标文字，在图表中只能显示为普通文字，如图 56-2 所示。

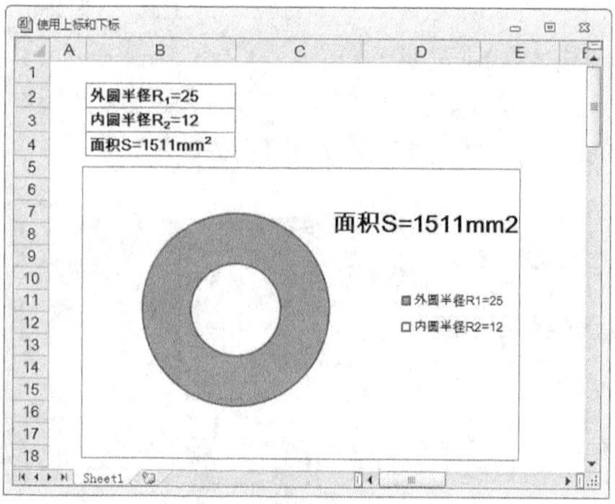

图 56-2 单元格中的上标和下标

要在图表中使用上标或下标，需在单元格中插入上标或下标字符。单击【插入】选项卡中的【符号】命令，打开【符号】对话框，在【字体】下拉列表中选择“Arial Unicode MS”（也可选择其他含有“MS”的字体），在【子集】下拉列表中选择【拉丁语-1 增补】或者【上标和下标】，再选择相应的字符，单击【插入】按钮即可，如图 56-3 所示。

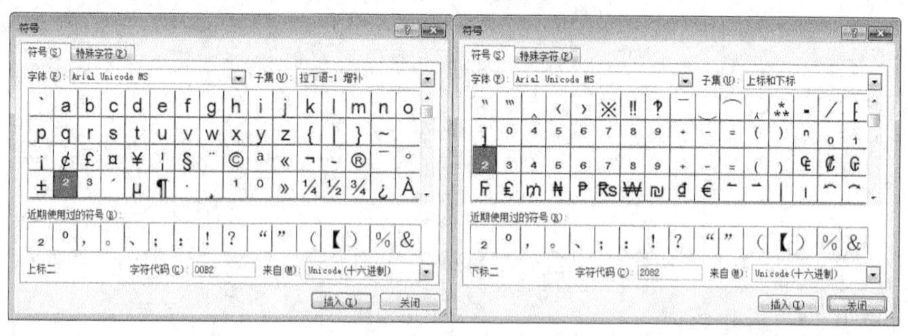

图 56-3 上标和下标字符

若在单元格中插入上标或下标字符，则在图表中也显示为上标和下标字符，如图 56-4 所示的 mm^2、R_1、R_2等。

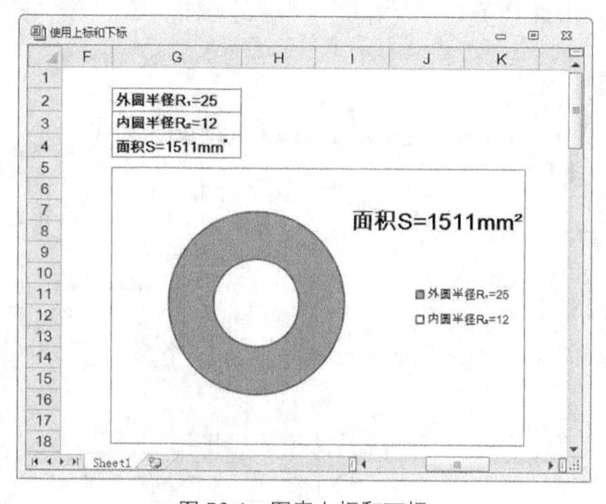

图 56-4 图表上标和下标

技巧 57　分数和科学记数标签

在图表中，有些数据需要使用分数格式，有些数据需要使用科学记数格式。Excel 分数格式为指定分母的分数，科学记数格式为含有“E+”字符的数字，如图 57-1 所示。

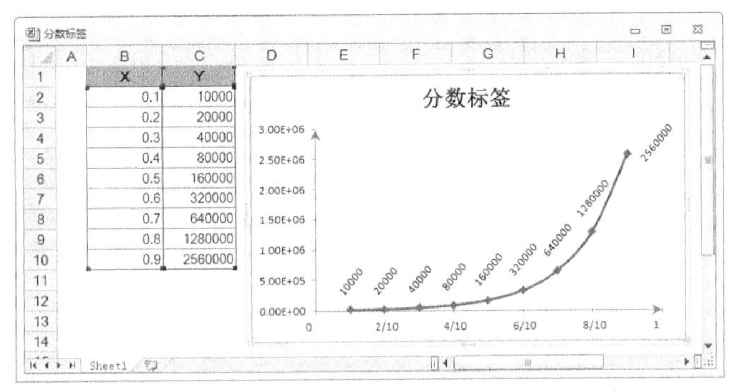

图 57-1　分数和科学记数标签

图表中，修改数字格式的方法与设置单元格格式类似。选择 *y* 轴标签，按<Ctrl+1>组合键，打开【设置坐标轴格式】对话框，切换到【数字】选项卡，在【类别】列表中选择“科学记数”，【格式代码】显示为“0.00E+00”，单击【确定】按钮完成 *y* 轴标签科学记数格式设置。选择 *x* 轴标签，按<Ctrl+1>组合键，打开【设置坐标轴格式】对话框，切换到【数字】选项卡，在【类别】列表中选择“分数”，在【类型】列表中选择“以 10 为分母 (3/10)”，【格式代码】显示为“# ?/10”，单击【确定】按钮完成 *x* 轴标签分数格式设置，如图 57-2 所示。

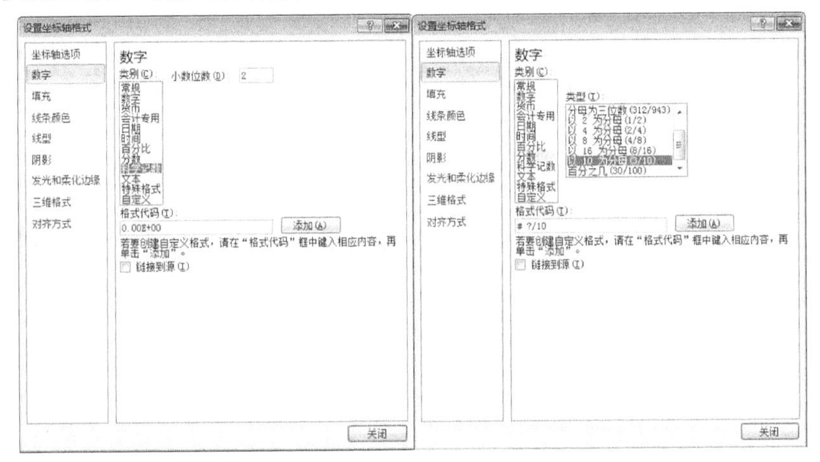

图 57-2　设置数字格式

技巧 58　精确设置时间标签

Excel 中，默认一天的数值为 1，一小时的数值为 1/24，一分钟的数值为 1/24/60，一秒钟的数值为 1/24/3600。因为时间不是标准的十进制数字，所以在使用时间坐标轴时，不能自动显示准点的时间刻度。如图 58-1 散点折线图所示，*x* 轴坐标的主要刻度单位为 0.1 天，即 2 小时 24 分。

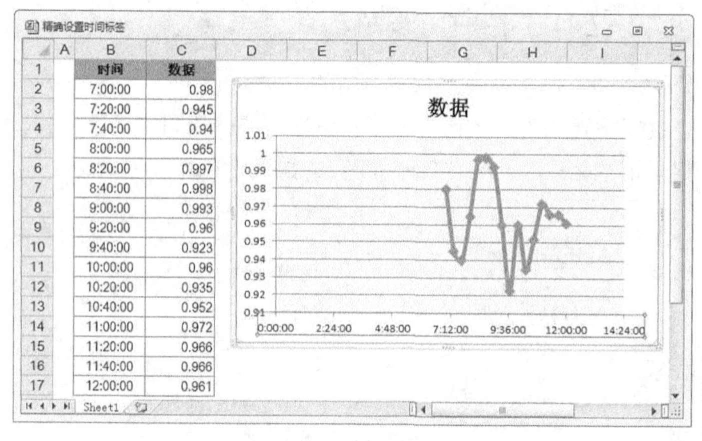

图 58-1　散点折线图

要设置精确的时间标签，需修改坐标轴刻度。先选择 *x* 轴标签，再按<Ctrl+1>组合键，打开【设置坐标轴格式】对话框，在【坐标轴选项】选项卡中设置【最小值】为固定数值“0.25”（即 6 点钟=6/24），设置【主要刻度单位】为固定数值“0.0416667”（即 1 小时=1/24），最后单击【关闭】按钮，关闭对话框，完成坐标轴时间刻度的精确设置，如图 58-2 散点折线图所示。

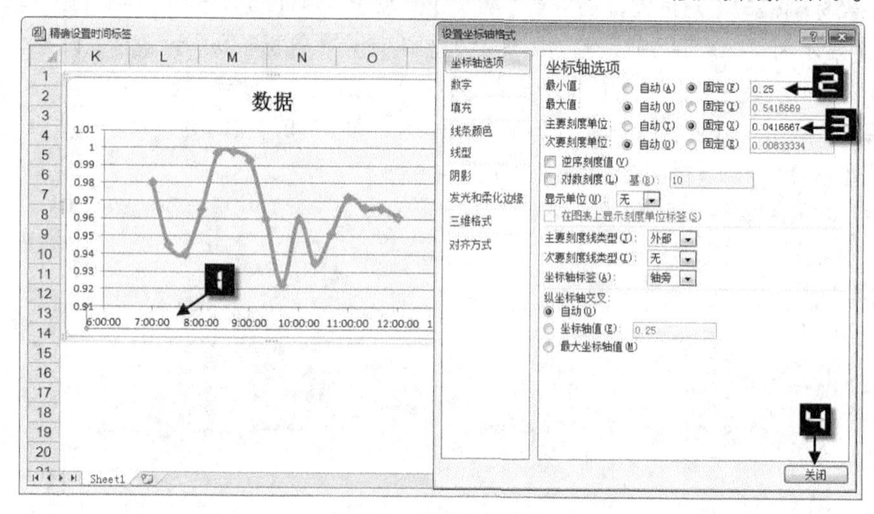

图 58-2　精准时间刻度

技巧 59　按条件变色的数据标签

Excel 2010 支持设置单元格数字格式，同步更新对应的图表数字格式。

若要设置图表中的负数为红色字体，则选择 B2:B11 单元格区域，按<Ctrl+1>组合键，打开【设置单元格格式】对话框，在【数字】选项卡中选择【数值】分类，在【负数】列表中选择红色的“(1234.0)”样式，单击【确定】按钮完成设置，在单元格和图表的 *y* 坐标轴标签中显示红色带括号的负数，如图 59-1 所示。

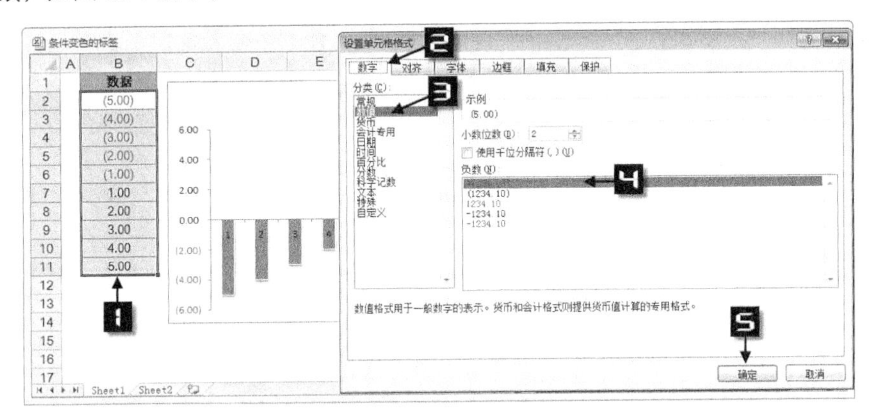

图 59-1　红色负数

若要设置图表中的数字，按条件显示不同的字体颜色，则选择 D2:D11 单元格区域，按<Ctrl+1>组合键，打开【设置单元格格式】对话框，在【数字】选项卡中选择【自定义】分类，在【类型】文本框中输入“[红色] [>25] (#.0)；[蓝色] [<20] (#.0);#.0”自定义条件格式，如图 59-2 所示。单击【确定】按钮完成设置，在单元格和图表的数据系列标签中，按条件显示不同的字体颜色，大于 25 的数字显示为红色带括号；小于 25 的数字显示为蓝色带括号；其他数字显示为一般样式，如图 59-3 所示。

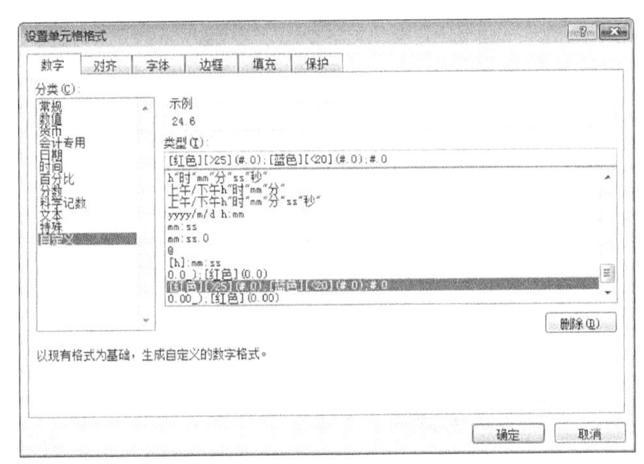

图 59-2　自定义数字格式

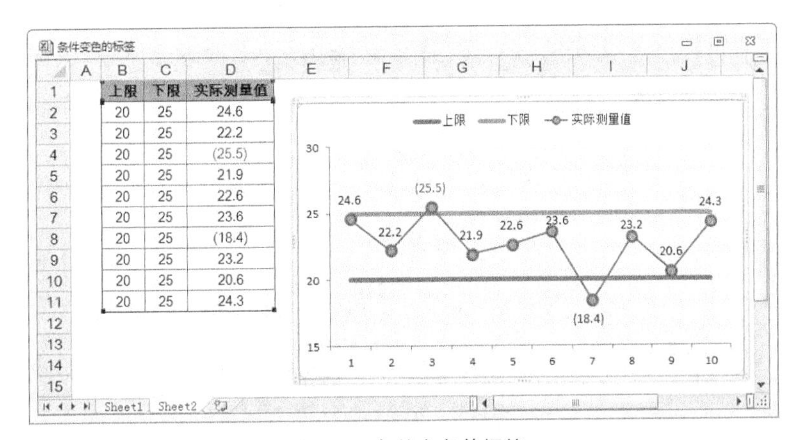

上限	下限	实际测量值
20	25	24.6
20	25	22.2
20	25	(25.5)
20	25	21.9
20	25	22.6
20	25	23.6
20	25	(18.4)
20	25	23.2
20	25	20.6
20	25	24.3

图 59-3　条件变色的标签

技巧 60 统一图表字体格式

图表中的文字经过多次修改，可能并不能达到预期的要求，这时，图表需要恢复到原来的样式或字体格式。

若要恢复图表原来的样式，则选择图表后，单击【图表工具】→【布局】选项卡中的【重设以匹配样式】命令，如图 60-1 所示。

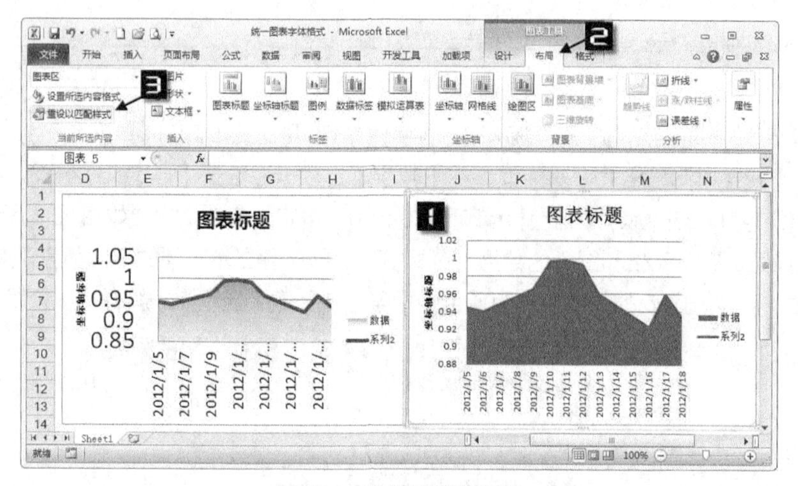

图 60-1 重设以匹配样式

若要统一图表中的字体格式，则选择图表，依次设置【开始】选项中的【字体】为“微软雅黑”，【字号】为“11”，如图 60-2 所示。所选图表中的标题、坐标轴标题、坐标轴标签等字体统一为微软雅黑 11 号的格式。

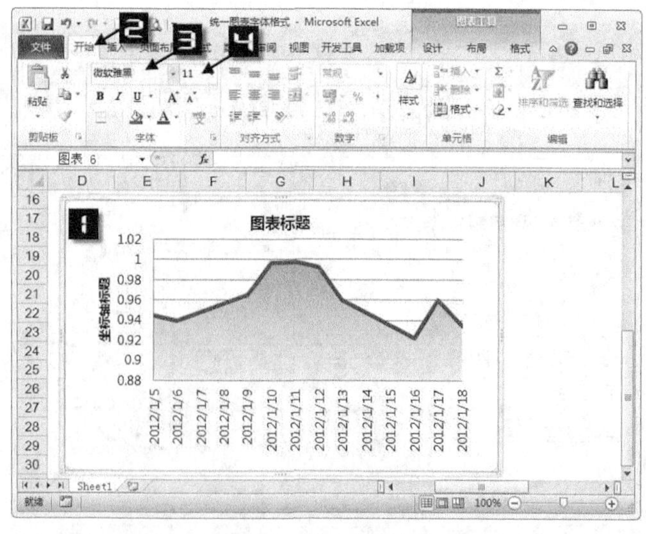

图 60-2 统一字体格式

第 5 章 图表分析线

所谓图表分析线是指穿过数据点的直线或曲线。图表分析线包括系列线、垂直线、高低点连线、涨跌柱线、趋势线、误差线等。图表分析线可以揭示数据点之间或数据点与坐标轴之间的关系，还可以显示数据点的变化趋势并预测数据的未来走向。不同的图表类型可以使用不同的图表分析线，到目前为止，三维图表还不能使用图表分析线。

技巧 61 为图表设置系列线

系列线是同一数据系列中连接各数据点顶点的线，只能绘制在二维的堆积条形图和堆积柱形图中，用于强调数据点之间的增减变化。设置系列线的方法如下。

Step 1 选择堆积柱形图，然后在【图表工具】→【布局】选项卡中，单击【折线】下拉按钮，在扩展菜单中单击【系列线】命令，为堆积柱形图中的两个数据系列添加系列线，如图 61-1 所示。

图 61-1 添加系列线

Step 2 双击图表中的系列线，打开【设置系列线格式】对话框，切换到【线型】选项卡，设置【宽度】为“1.5 磅”，【短划线类型】为“方点”，【箭头设置】→【前端类型】为“燕尾箭头”，如图 61-2 所示。最后单击【关闭】按钮，关闭【设置系列线格式】对话框，完成系列线格式设置。

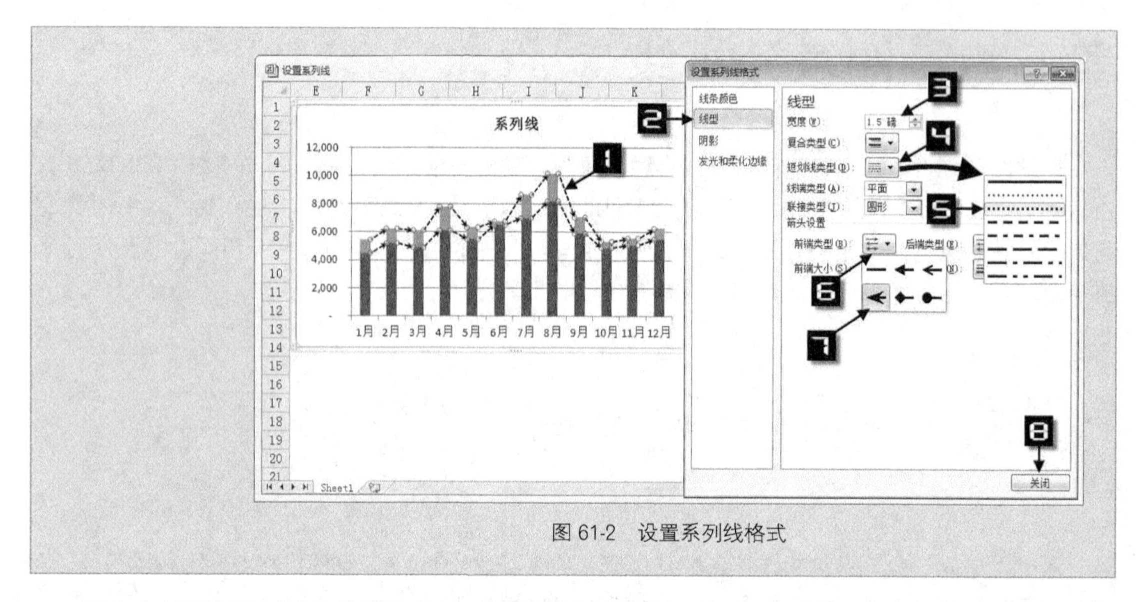

图 61-2　设置系列线格式

图表中的两条系列线不能单独选取，所有的系列线只能设置为相同的格式。将其中一个数据系列绘制在次坐标轴上，则最多可以设置两种格式的系列线。

技巧62　为图表设置垂直线

垂直线是从数据系列的每个数据点延伸到分类（x）轴的直线，只能绘制在二维或三维的折线图和面积图中，用于识别数据点对应的分类轴标志。设置垂直线的方法如下。

Step 1 选择折线图，然后在【图表工具】→【布局】选项卡中，单击【折线】下拉按钮，在扩展菜单中单击【垂直线】命令，为折线图添加垂直线，如图 62-1 所示。

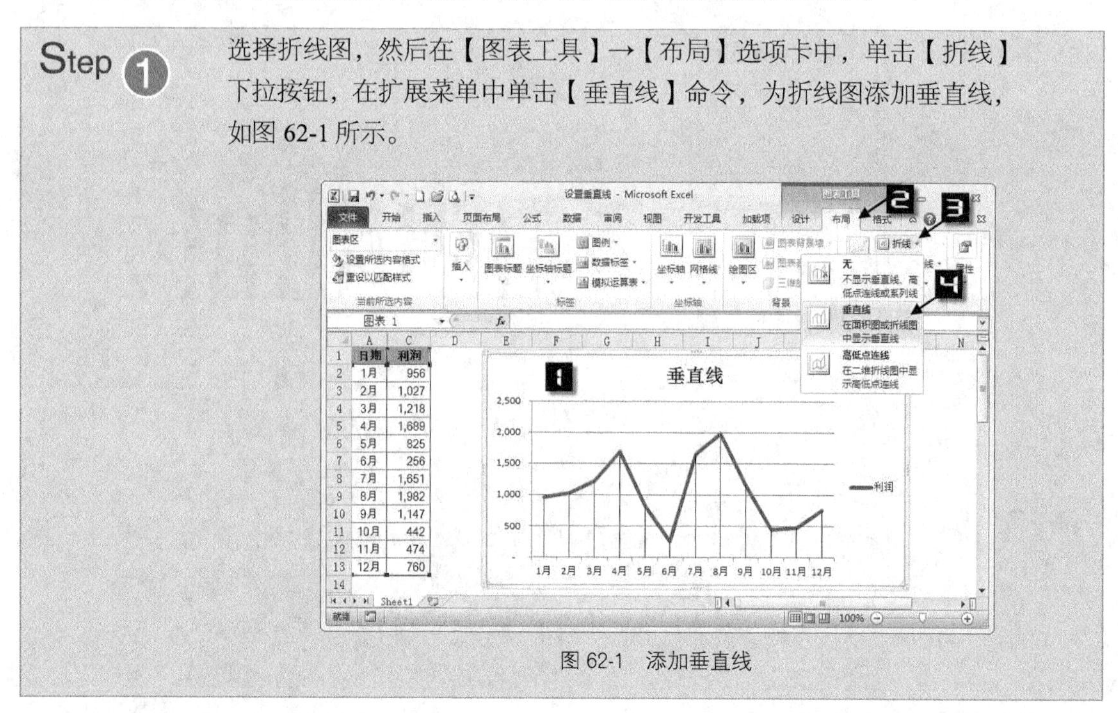

图 62-1　添加垂直线

Step ② 双击图表中的垂直线，打开【设置垂直线格式】对话框，切换到【线型】选项卡，设置【宽度】为“3 磅”，【箭头设置】→【前端类型】为“圆形箭头”，【后端类型】也为“圆形箭头”，如图 62-2 所示。最后单击【关闭】按钮，关闭【设置垂直线格式】对话框，完成垂直线格式设置。

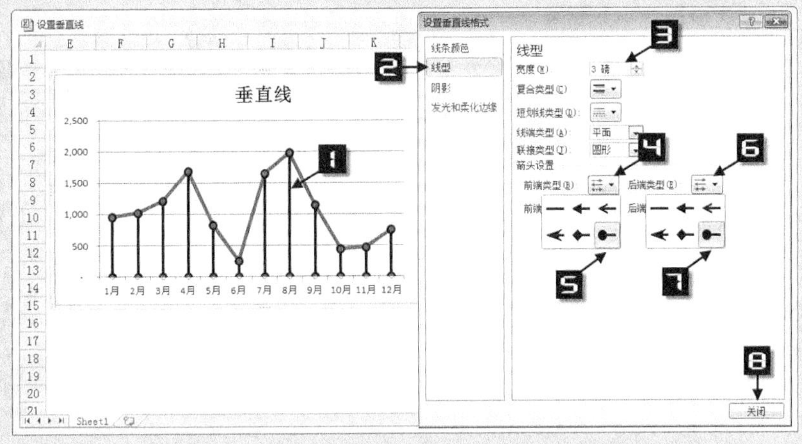

图 62-2　设置垂直线格式

技巧 63　轻松设置高低点连线

高低点连线是同一分类轴标志上不同数据系列的最高值到最低值的连线，只能绘制在多个系列的折线图和股价图中。设置高低点连线的方法如下。

Step ① 选择折线图，然后在【图表工具】→【布局】选项卡中，单击【折线】下拉按钮，在扩展菜单中单击【高低点连线】命令，为折线图添加高低点连线，如图 63-1 所示。

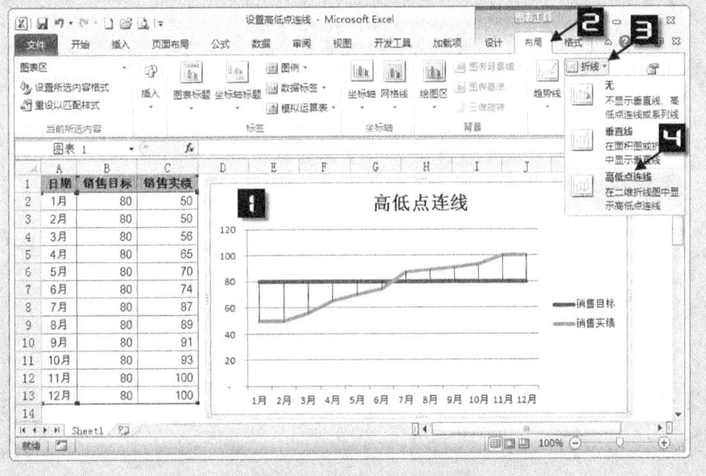

图 63-1　添加高低点连线

Step 2 选择折线图中“销售实绩”数据系列，然后在【图表工具】→【布局】选项卡中，单击【数据标签】下拉按钮，在扩展菜单中单击【下方】命令，在“销售实绩”折线下方添加数据标签，如图 63-2 所示。

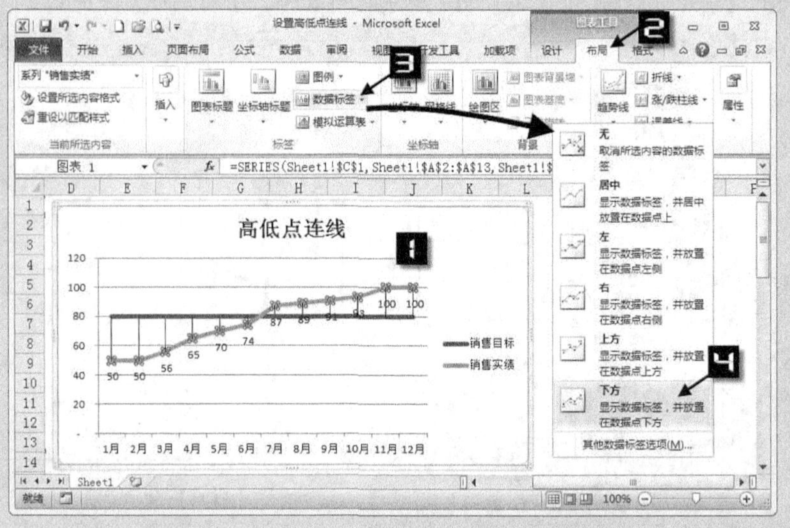

图 63-2　添加数据标签

Step 3 单击折线图中的数据标签，选择所有数据标签。再单击“100”数据标签，选中一个数据标签，用鼠标指针拖放到折线上方。然后逐个将大于 80 的数据标签拖放到合适的位置，如图 63-3 所示。

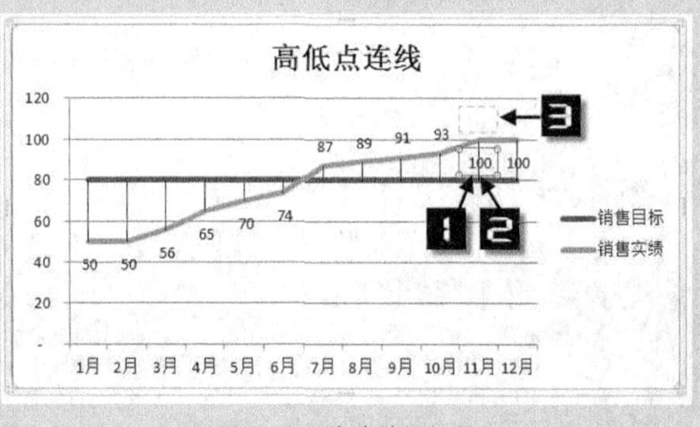

图 63-3　移动数据标签

技巧 64　为图表设置涨跌柱线

涨跌柱线是第一个数据系列与最后一个数据系列的数据点之间的柱形，涨柱线和跌柱线可以设置为不同的颜色。涨跌柱线只能绘制在具有多个数据系列的折线图或股价图中。设置涨跌柱线的方法如下。

Step 1　选择折线图，然后在【图表工具】→【布局】选项卡中，单击【涨/跌柱线】下拉按钮，在扩展菜单中单击【涨/跌柱线】命令，为折线图添加涨柱线和跌柱线，如图 64-1 所示。

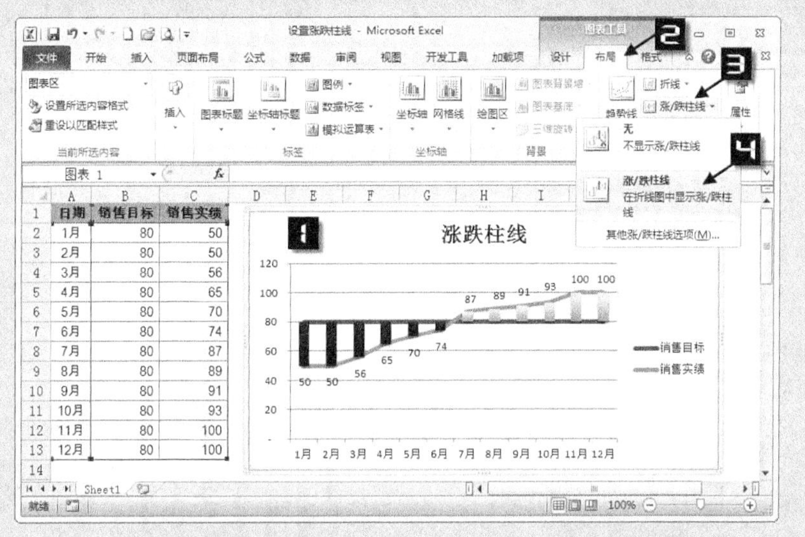

图 64-1　添加涨跌柱线

Step 2　双击图表中的涨柱线，打开【设置涨柱线格式】对话框，在【填充】选项卡中单击【渐变填充】单选钮，然后单击【预设颜色】下拉按钮，在预设颜色的样式列表中单击【熊熊火焰】，如图 64-2 所示。最后单击【关闭】按钮，关闭【设置涨柱线格式】对话框，完成涨跌柱线格式设置。

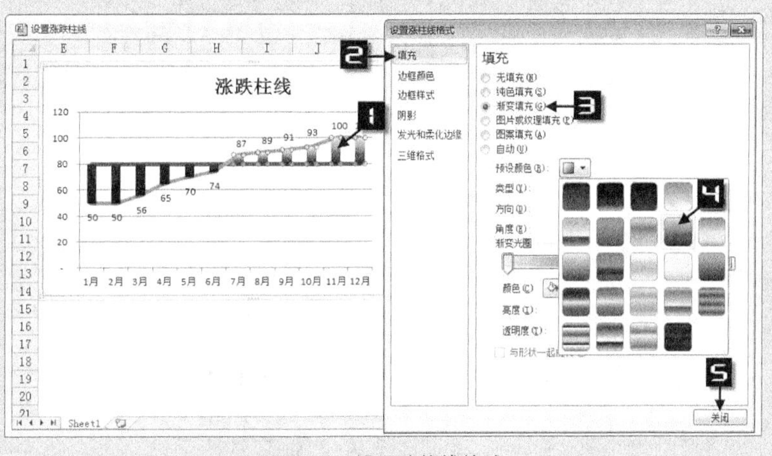

图 64-2　设置涨柱线格式

技巧 65　添加趋势线

趋势线以图形的方式显示了数据的变化趋势，同时还可以用来预测分析，即回归分析。使用回归分析，可以在图表中延伸趋势线，预测未来的数据走势。添加趋势线首先要选取数据系列，趋势线是在指定数据系列的基础上绘制的，具体操作步骤如下。

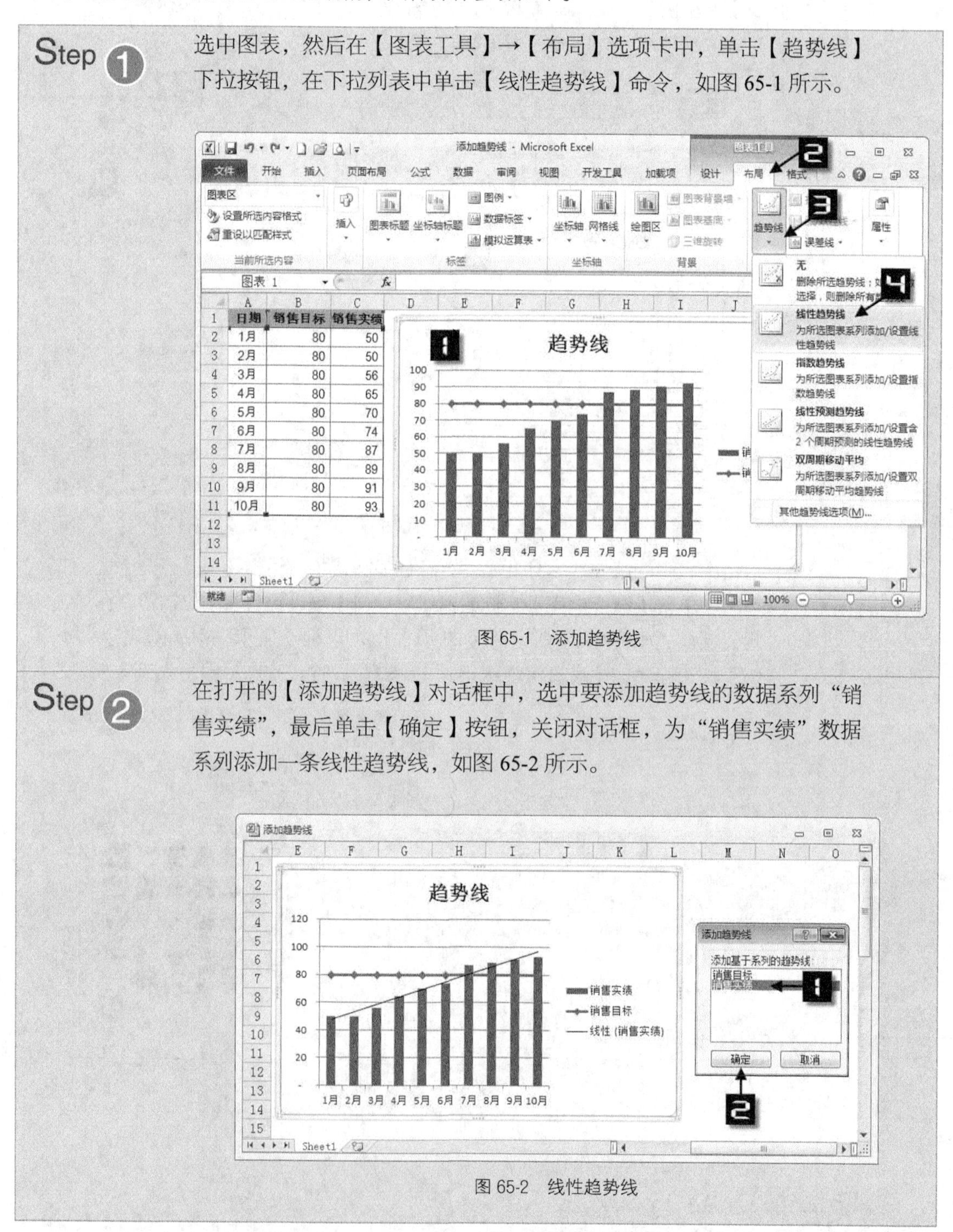

Step 1 选中图表，然后在【图表工具】→【布局】选项卡中，单击【趋势线】下拉按钮，在下拉列表中单击【线性趋势线】命令，如图 65-1 所示。

图 65-1　添加趋势线

Step 2 在打开的【添加趋势线】对话框中，选中要添加趋势线的数据系列“销售实绩”，最后单击【确定】按钮，关闭对话框，为“销售实绩”数据系列添加一条线性趋势线，如图 65-2 所示。

图 65-2　线性趋势线

可以向非堆积型的二维面积图、条形图、柱形图、折线图、股价图、XY 散点图和气泡图中的数据系列添加趋势线，但不能向三维图表、堆积图表、雷达图、饼图或圆环图中的数据系列添加趋势线。

技巧 66 显示趋势线的公式

在图表中添加趋势线时，Excel 同时自动计算出趋势线公式的相关参数。不同类型的趋势线，其公式构成和参数也不同，但移动平均线不能显示公式。

通过以下设置，可以在图表中直接显示趋势线的公式，并且可以调整趋势线公式中系数的显示精度。

Step 1 双击图表中的线性趋势线，打开【设置趋势线格式】对话框，切换到【趋势线选项】选项卡中，勾选【显示公式】复选框，单击【关闭】按钮，关闭对话框，在图表中显示线性趋势线的公式为“y = 5.5091x + 42.2”，如图 66-1 所示。

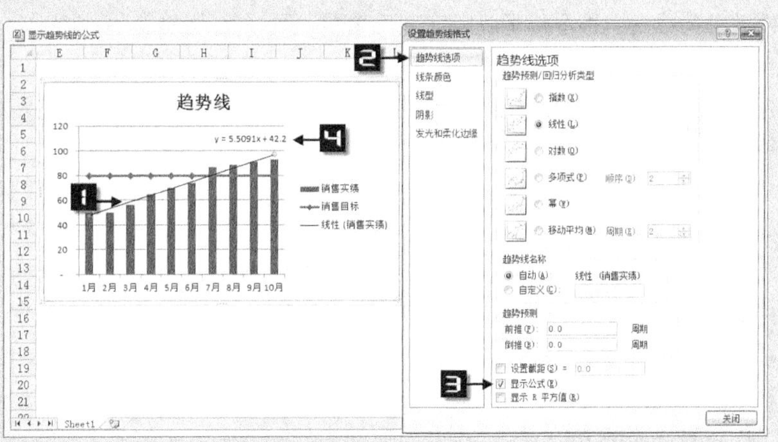

图 66-1 显示趋势线的公式

Step 2 选中图表中的趋势线公式标签，切换到【设置趋势线标签格式】对话框，在【数字】选项卡中，单击数字类别列表中的【数字】项，并设置【小数位数】为“6”，最后单击【关闭】按钮，关闭对话框，在图表中显示线性趋势线的公式为“y = 5.509091 x + 42.200000”，如图 66-2 所示。

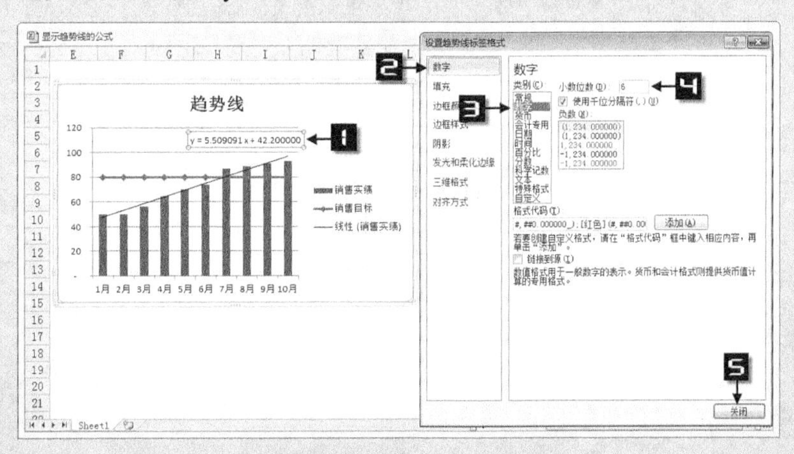

图 66-2 调整趋势线公式的精度

技巧 67 选择合适的趋势线类型

Excel 图表共提供了 6 种趋势线类型：线性、对数、多项式、乘幂、指数和移动平均。

线性趋势线是适用于简单线性数据集的最佳拟合直线。如果数据点构成的图案类似于一条直线，则表明数据是线性的。线性趋势线通常表示事物以恒定的比率增加或减少。

如果数据增加或减小的速度很快，但又迅速趋近于平稳，那么对数趋势线是最佳的拟合曲线。

多项式趋势线是数据波动较大时适用的曲线。多项式的阶数可由数据波动的次数或曲线中拐点（峰和谷）的个数确定。二阶多项式趋势线通常仅有一个峰或谷。三阶多项式趋势线通常有一个或两个峰或谷。四阶多项式通常多达三个峰或谷。

乘幂趋势线是一种适用于以特定速度增减的数据集的曲线，例如赛车一秒内的加速度。如果数据中含有零或负数值，则无法创建乘幂趋势线。

指数趋势线是一种曲线，它适用于增或减速度越来越快的数据值。如果数据值中含有零或负值，就不能使用指数趋势线。

移动平均趋势线平滑处理了数据中的微小波动，从而更清晰地显示了数据变化的趋势。移动平均趋势线使用特定数目的数据点（由“周期”选项设置），取其平均值，然后将该平均值作为趋势线中的一个点。例如如果“周期”设置为 2，那么，最前端的两个数据点的平均值就是移动平均趋势线中的第一个点，第二个和第三个数据点的平均值就是趋势线的第二个点，依此类推。

在实际应用场合，究竟该选择哪一种趋势线类型来进行预测呢？查看图表趋势线的 R 平方值，可以决定选择一种合适的趋势线类型。理论上，趋势线的 R 平方值越接近于 1，拟合程度和可信度越高，即为最佳趋势线。

双击图表中的线性趋势线，打开【设置趋势线格式】对话框，切换到【趋势线选项】选项卡中，勾选【显示 R 平方值】复选框，在图表中显示线性趋势线的 R 平方值为“$R^2 = 0.965073$”，如图 67-1 所示。

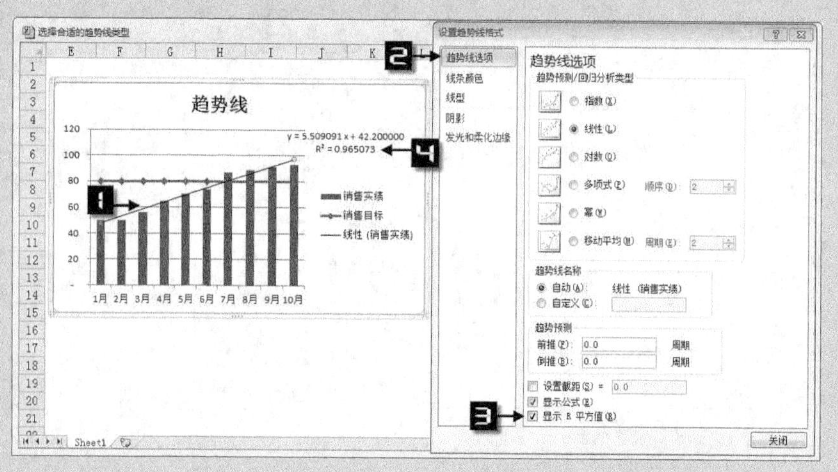

图 67-1 显示 R 平方值

Step 2 在打开的【设置趋势线格式】对话框的【趋势线选项】选项卡中，选择【多项式】趋势线类型，并调整【顺序】微调按钮，将趋势线设置为三阶多项式，在图表中显示 R 平方值为 "R^2 = 0.988225"，最后单击【关闭】按钮，关闭对话框，如图 67-2 所示。显然，三阶多项式的 R 平方值更接近于 1，三阶多项式的趋势线比线性趋势线更佳。

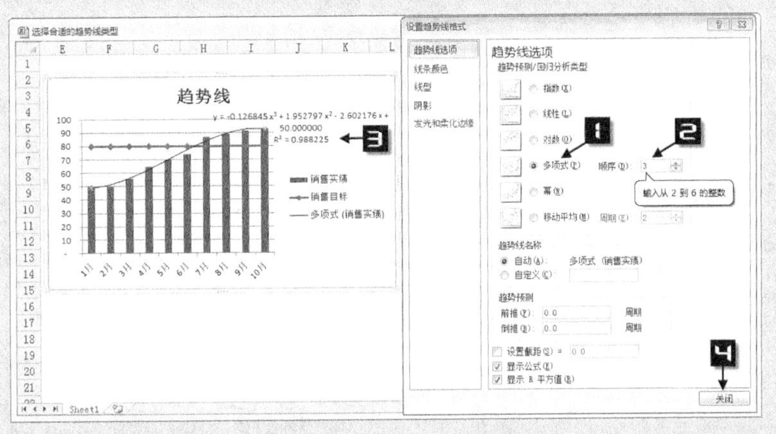

图 67-2　三阶多项式趋势线

技巧 68　利用趋势线进行预测

利用趋势线可以对未来几个周期的数据进行预测，并将其绘制在图表中。若要取得预测的实际数据，这需要利用趋势线公式进行计算而获得。

Step 1 双击图表中的趋势线，打开【设置趋势线格式】对话框，切换到【趋势线选项】选项卡中，设置【趋势预测】→【前推】为 "2" 个周期。最后单击【关闭】按钮，关闭对话框，图表中的趋势线向右侧延伸绘制两个周期的长度，如图 68-1 所示。

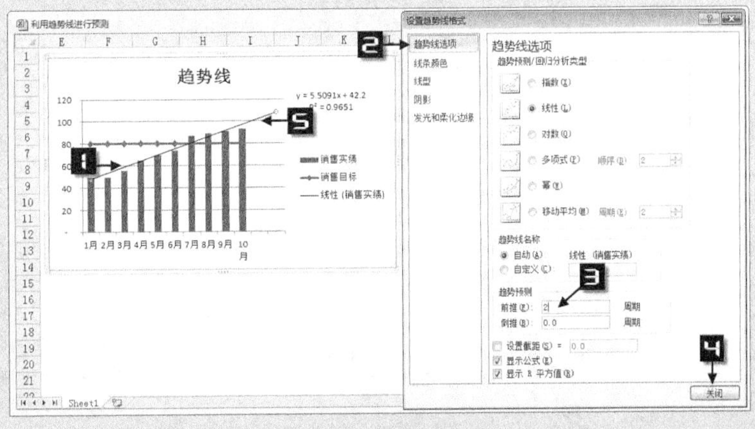

图 68-1　设置趋势预测

Step 2 根据图表中显示的线性趋势线公式“y = 5.509091 x + 42.200000”，可以计算出未来两个周期的数据。在 D12 单元格中输入公式“=5.509091*11+42.2”，按回车键即可计算出 11 月的预测数据为 103，在 D13 单元格中输入公式“=5.509091*12+42.2”，按回车键即可计算出 12 月的预测数据为 108。最后将 D1:D13 单元格区域复制粘贴到图表中，快速添加“销售预测”数据系列的折线图，如图 68-2 所示。

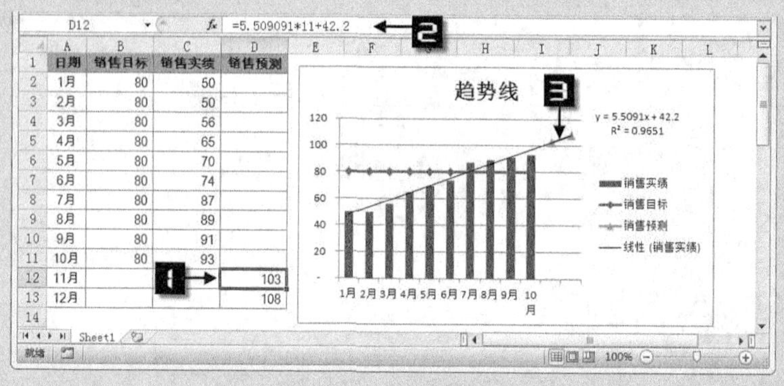

日期	销售目标	销售实绩	销售预测
1月	80	50	
2月	80	50	
3月	80	56	
4月	80	65	
5月	80	70	
6月	80	74	
7月	80	87	
8月	80	89	
9月	80	91	
10月	80	93	
11月			103
12月			108

图 68-2　计算预测数据

技巧 69　计算趋势线上任意点的坐标

利用趋势线公式，可以求出趋势线上任意点的坐标。若趋势线与原数据系列拟合较佳时（R 平方值大于 0.9），则趋势线上任意点的坐标近似等于原数据系列上任意点的坐标。

Step 1 选中图表中的折线，单击右键，在展开的快捷菜单中单击【添加趋势线】命令，打开【设置趋势线格式】对话框，在【趋势线选项】选项卡中，选择【多项式】趋势线类型，勾选【显示公式】和【显示 R 平方值】复选框，在图表中显示趋势线、趋势线公式和 R 平方值，如图 69-1 所示。

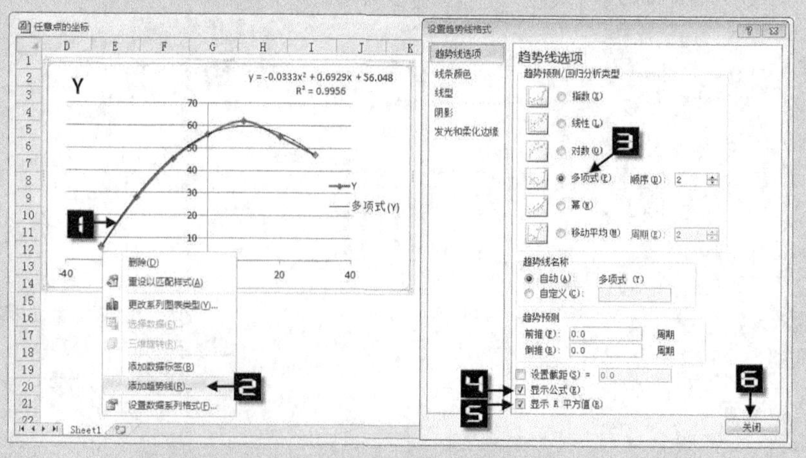

图 69-1　添加趋势线

Step 2

在 A11 单元格输入文本“点”，在 A12 单元格输入任意 X 值“5”，在 B12 单元格输入趋势线公式“=-0.0333*A12^2+0.6929*A12+56.048”，按回车键得到 A12 给定 X 点的 Y 值计算结果为“58.68”，如图 69-2 所示。

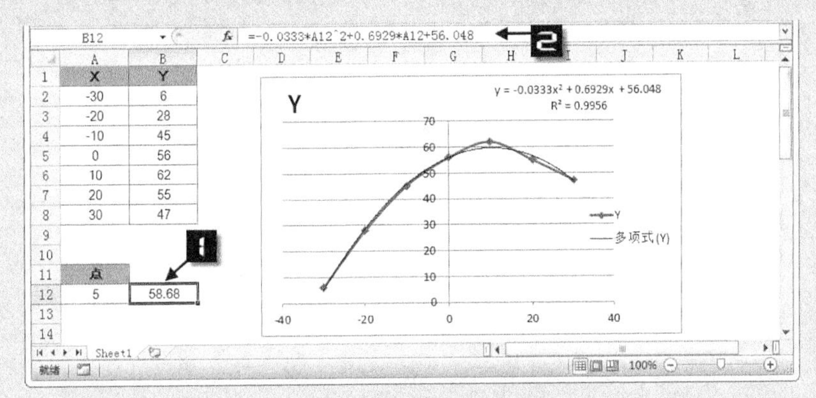

图 69-2　计算点的坐标值

Step 3

在图表的绘图区单击鼠标右键，在展开的快捷菜单中单击【选择数据】命令，打开【选择数据源】对话框，再单击【添加】按钮，打开【编辑数据系列】对话框，设置【系列名称】为引用 A11 单元格，设置【X 轴系列值】为引用 A12 单元格，设置【Y 轴系列值】为引用 B12 单元格，最后单击【确定】按钮关闭对话框，在图表中绘制一个点，如图 69-3 所示。若修改 A12 单元格中的 *x* 坐标值，则 Excel 会自动计算出 B12 单元格中的 *y* 坐标值，并在图表中显示点的位置。

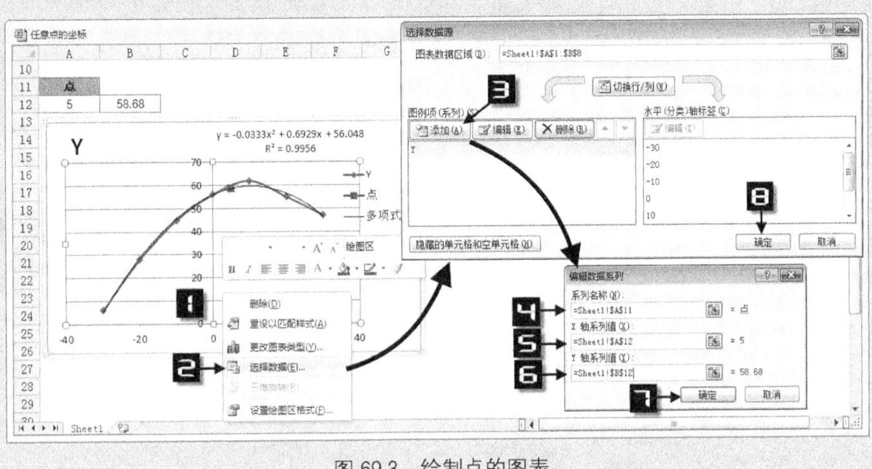

图 69-3　绘制点的图表

技巧 70　移动平均趋势线

在股票、基金、汇率等技术分析中，经常会用到各种移动平均线，比如 5 日均线、10 日均线、

30 日均线、半年线以及年线等。下面以上证指数为例，介绍为折线图添加两条不同周期的移动平均趋势线。

Step 1 根据上证指数 2010 年 5～9 月的数据，绘制上证指数折线图，如图 70-1 所示。

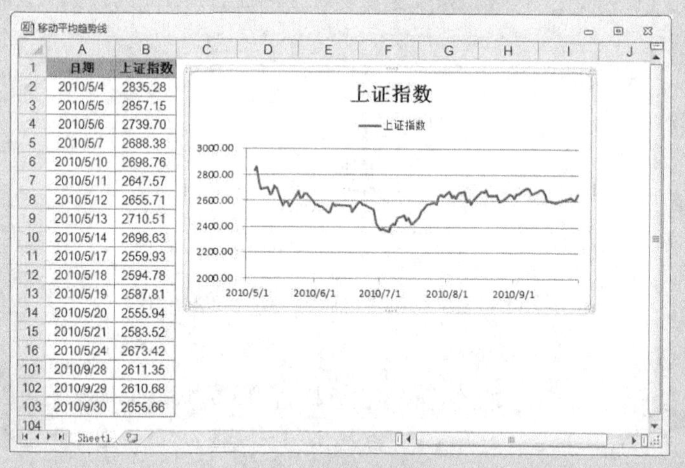

图 70-1 上证指数折线图

Step 2 单击选取上证指数折线图，然后在【图表工具】→【布局】选项卡中，单击【趋势线】→【其他趋势线选项】命令，打开【设置趋势线格式】对话框，切换到【趋势线选项】选项卡，选中【移动平均】单选钮，并设置【周期】为“10”，【趋势线名称】自动显示为“10 per.Mov.Avg.（上证指数）”，最后单击【关闭】按钮，关闭对话框，完成添加 10 日移动平均线，如图 70-2 所示。

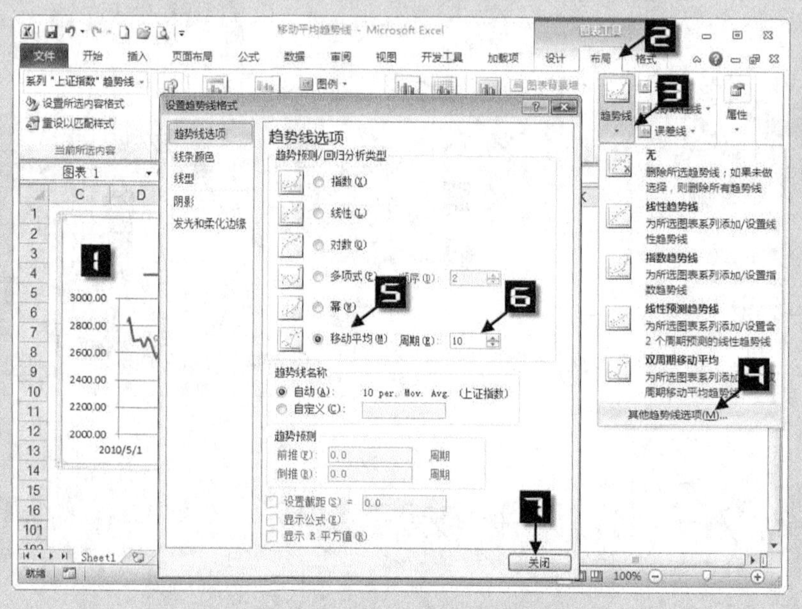

图 70-2 添加 10 日移动平均线

Step 3 在上证指数折线图的折线上单击鼠标右键，在弹出的快捷菜单中，单击【添加趋势线】命令，打开【设置趋势线格式】对话框，在【趋势线选项】选项卡中，单击选中【趋势预测/回归分析类型】中的【移动平均】单选钮，并设置【周期】为“30”（最大周期数为 101），再单击【趋势线名称】中的【自定义】单选钮，并输入自定义名称为“30 日”，最后单击【关闭】按钮，关闭对话框，完成添加 30 日移动平均线，如图 70-3 所示。

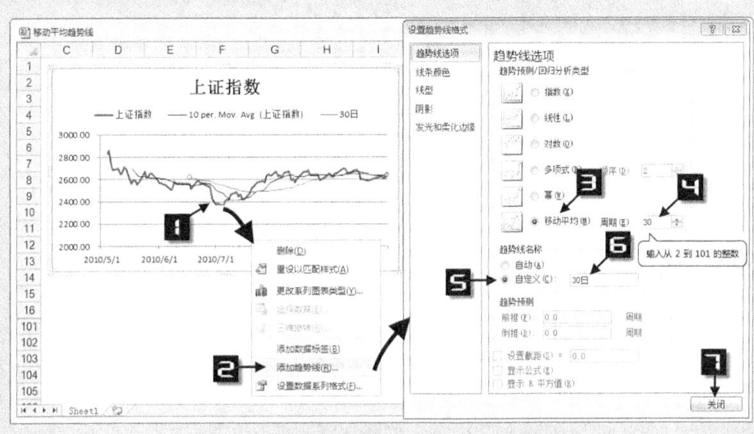

图 70-3　添加 30 日移动平均线

技巧 71　移动平均折线图

除了使用添加趋势线的方法绘制移动平均线，还可以直接在工作表中计算出移动平均值，再绘制移动平均折线图。还是以上证指数折线图为例。

Step 1 选择 C6 单元格，并输入公式“=AVERAGE(B2:B6)”，计算出前 5 日上证指数的平均值，再将 C6 单元格的公式填充到 C7:C103 单元格区域，在 C 列完成计算 5 日移动平均值，如图 71-1 所示。

	A	B	C
1	日期	上证指数	5日
2	2010/5/4	2835.28	
3	2010/5/5	2857.15	
4	2010/5/6	2739.70	
5	2010/5/7	2688.38	
6	2010/5/10	2698.76	2763.85
7	2010/5/11	2647.57	2726.31
8	2010/5/12	2655.71	2686.02
9	2010/5/13	2710.51	2680.19
10	2010/5/14	2696.63	2681.84
11	2010/5/17	2559.93	2654.07
12	2010/5/18	2594.78	2643.51
13	2010/5/19	2587.81	2629.93
14	2010/5/20	2555.94	2599.02
15	2010/5/21	2583.52	2576.40
16	2010/5/24	2673.42	2599.09
101	2010/9/28	2611.35	2603.65
102	2010/9/29	2610.68	2606.05
103	2010/9/30	2655.66	2619.44

图 71-1　计算 5 日移动平均值

Step 2　选择 C1:C103 单元格区域，按<Ctrl+C>组合键复制所选内容，然后选择图表，再按<Ctrl+V>组合键粘贴所选内容到图表中，为上证指数折线图快速添加一个名称为“5 日”的数据系列，即 5 日移动平均折线，如图 71-2 所示。

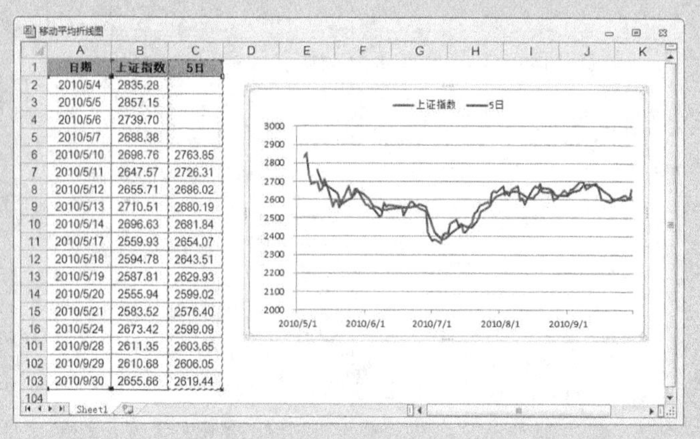

	A	B	C
1	日期	上证指数	5日
2	2010/5/4	2835.28	
3	2010/5/5	2857.15	
4	2010/5/6	2739.70	
5	2010/5/7	2688.38	
6	2010/5/10	2698.76	2763.85
7	2010/5/11	2647.57	2726.31
8	2010/5/12	2655.71	2686.02
9	2010/5/13	2710.51	2680.19
10	2010/5/14	2696.63	2681.84
11	2010/5/17	2559.93	2654.07
12	2010/5/18	2594.78	2643.51
13	2010/5/19	2587.81	2629.93
14	2010/5/20	2555.94	2599.02
15	2010/5/21	2583.52	2576.40
16	2010/5/24	2673.42	2599.09
101	2010/9/28	2611.35	2603.65
102	2010/9/29	2610.68	2606.05
103	2010/9/30	2655.66	2619.44

图 71-2　添加 5 日移动平均折线

技巧 72　为图表添加误差线

误差线是指用图形的方式表示每个数据点的变化范围，误差线只能添加到二维的面积图、条形图、柱形图、折线图、XY 散点图和气泡图中。

Excel 图表提供了 4 种常用误差线，添加和设置误差线类型的步骤如下。

Step 1　单击选取图表，然后在【图表工具】→【布局】选项卡中，单击【误差线】→【标准误差误差线】命令，为柱形图添加标准误差误差线，如图 72-1 所示。标准误差误差线的中心与数据系列的数值相同，正、负偏差为对称的数值，并且所有数据点的误差量数值均相同。如果数据系列的各数据点数值波动越大，则标准误差越大。如果数据系列的各数据点值相同，则标准误差为 0。

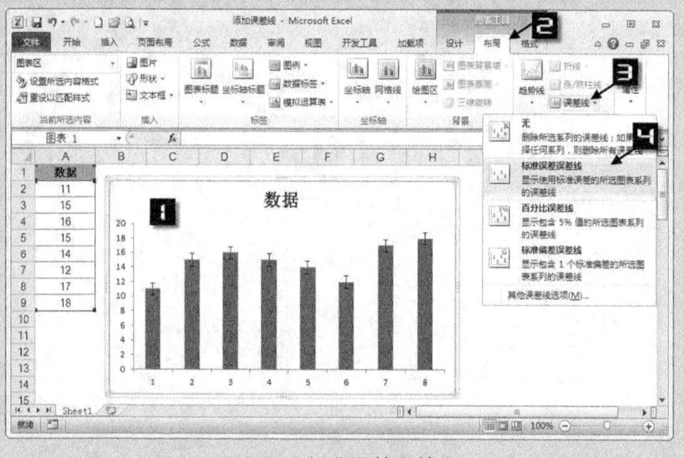

图 72-1　标准误差误差线

Step 2　双击图表中的误差线，打开【设置误差线格式】对话框，切换到【垂直误差线】选项卡，选中【固定值】单选钮，并设置【固定值】为“5”。最后单击【关闭】按钮，关闭对话框，将误差线的误差量设置为固定值“5”，如图 72-2 所示。固定值误差线的中心与数据系列的数值相同，正、负偏差为对称的数值，并且所有数据点的误差量数值均相同。

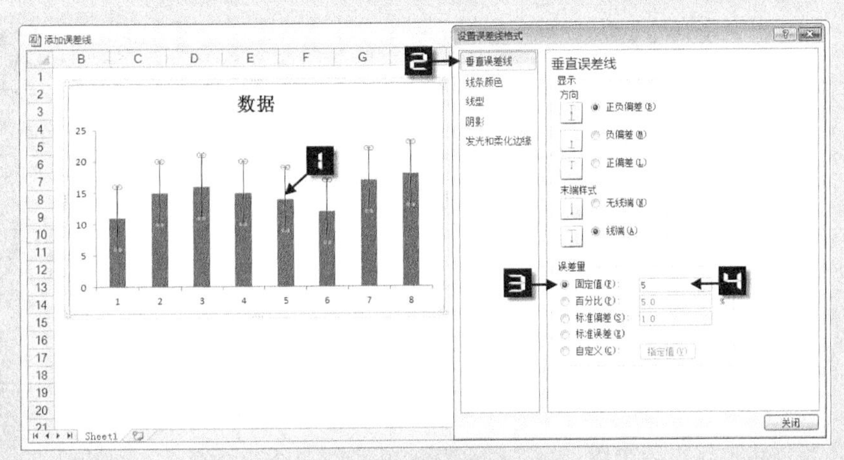

图 72-2　固定值误差线

Step 3　在【设置误差线格式】对话框的【垂直误差线】选项卡中，单击选中【误差量】→【百分比】单选钮，并设置【百分比】为“10”。最后单击【关闭】按钮，关闭对话框，将误差线的误差量设置为各数据点值的 10%，如图 72-3 所示。百分比误差线的中心与数据系列的数值相同，正、负偏差为对称的数值，各数据点的误差量为百分比与各数据点数值相乘的积。

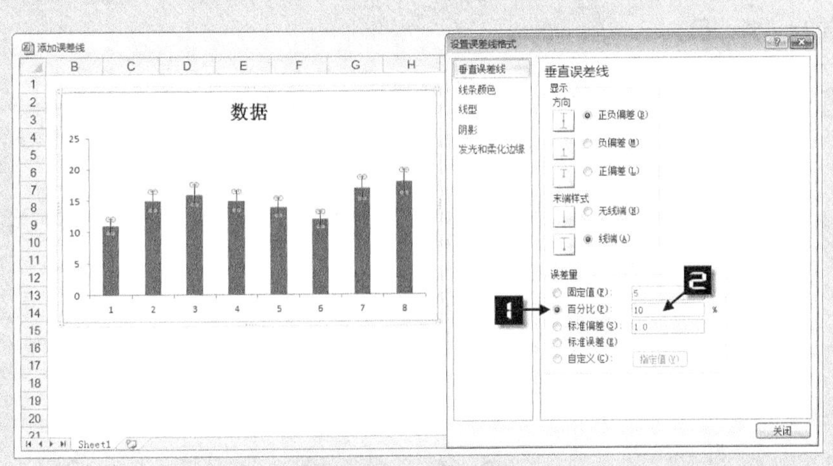

图 72-3　百分比误差线

Step 4　在【设置误差线格式】对话框的【垂直误差线】选项卡中，单击选中【误差量】→【标准偏差】单选钮，并设置【标准偏差】为“1”。最后单击【关闭】按钮，关闭对话框，将误差线的误差量设置为 1 倍标准偏差，如图 72-4 所示。标准偏差误差线的中心为数据系列各数据点的平均值，正、负偏差为不对称的数值，各数据点的误差量数值均相同。如果数据系列的各数据点数值波动越大，则标准偏差越大。如果数据系列的各数据点值相同，则标准偏差为 0。

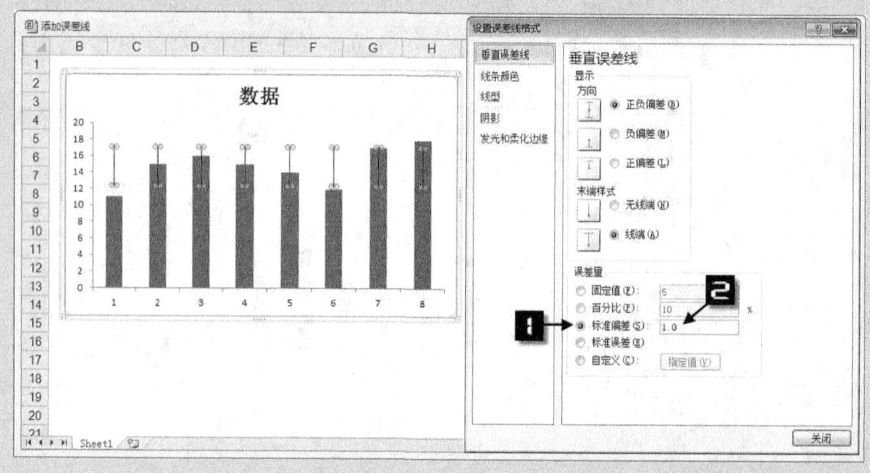

图 72-4　标准偏差误差线

技巧 73　自定义误差线的误差量

在 Excel 图表误差线中，除了使用固定数值或比例误差量以外，还可以引用单元格中的数值作为自定义误差量。

Step 1 在 B2 单元格输入公式“=20-A2”，并填充 B2 单元格的公式到 B3:B9 单元格区域，在 C2:C9 单元格区域输入数值 5，如图 73-1 所示。

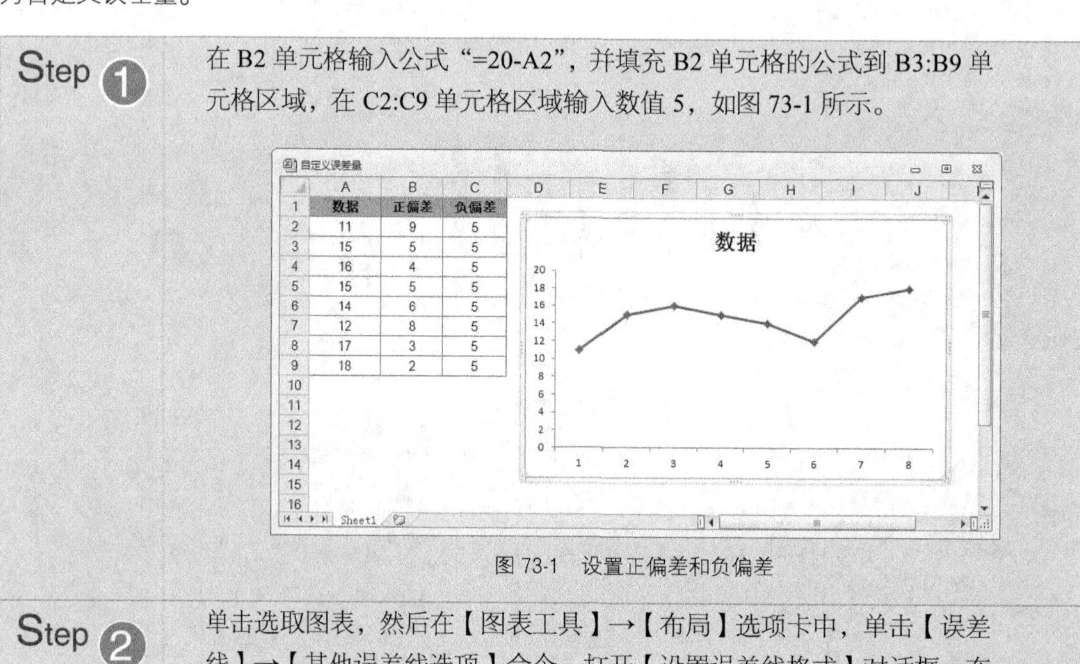

数据	正偏差	负偏差
11	9	5
15	5	5
16	4	5
15	5	5
14	6	5
12	8	5
17	3	5
18	2	5

图 73-1　设置正偏差和负偏差

Step 2 单击选取图表，然后在【图表工具】→【布局】选项卡中，单击【误差线】→【其他误差线选项】命令，打开【设置误差线格式】对话框，在

【垂直误差线】选项卡中，单击选中【误差量】→【自定义】单选钮，并单击【指定值】按钮，打开【自定义错误栏】对话框，设置【正错误值】引用单元格“=Sheet1!$B$2:$B$9”，【负错误值】引用单元格“=Sheet1!$C$2:$C$9”，如图 73-2 所示。

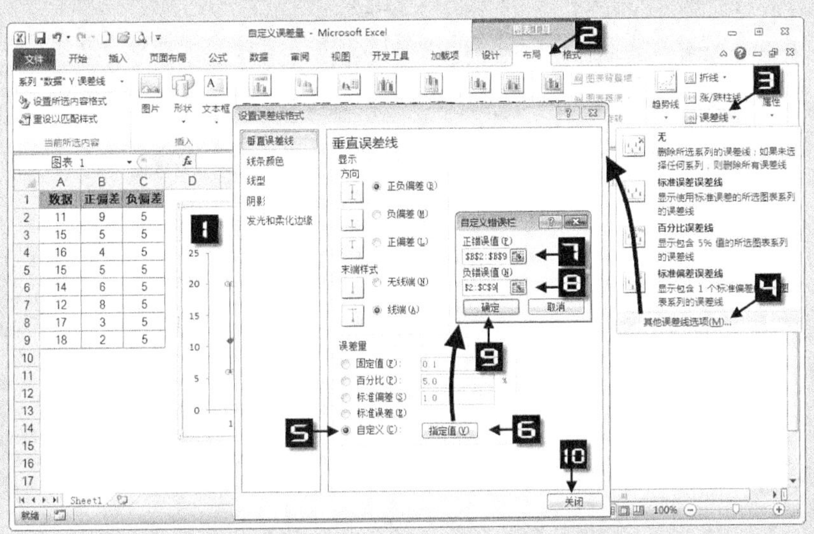

图 73-2　设置自定义误差量

Step 3　单击【确定】按钮，关闭【自定义错误栏】对话框，单击【关闭】按钮，关闭【设置误差线格式】对话框，为折线图添加自定义误差线，如图 73-3 所示。自定义误差线的中心分别与数据系列各数据点的数值相同，每个数据点的自定义误差量的正偏差和负偏差分别对应一个单元格中的自定义数值。

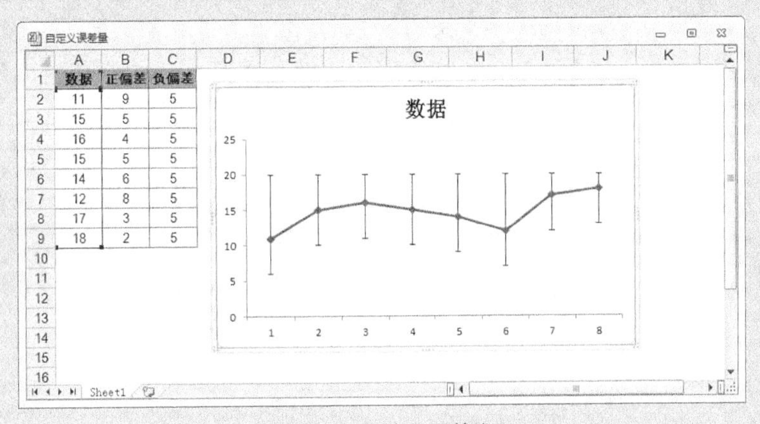

图 73-3　自定义误差线

技巧 74　突破误差线的限制

误差线只能添加在数值轴对应的方向上，例如柱形图和折线图只能添加垂直误差线，条形图只能添加水平误差线。若要在图表中同时显示垂直误差线和水平误差线，则需使用 XY 散点图或气泡图。

Step 1 单击选取图表，然后在【图表工具】→【布局】选项卡中，单击【误差线】→【标准误差误差线】命令，为 XY 散点图添加垂直误差线和水平误差线，如图 74-1 所示。

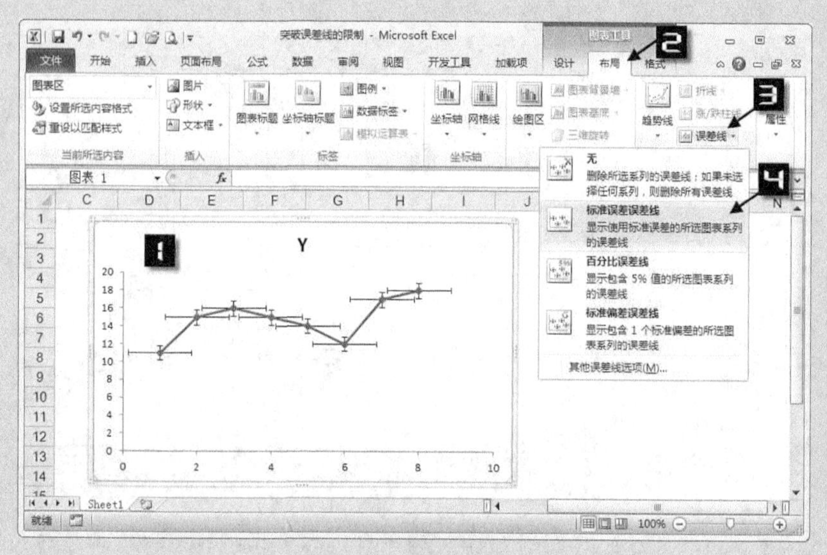

图 74-1 添加水平误差线

Step 2 双击图表中的水平误差线，打开【设置误差线格式】对话框，在【水平误差线】选项卡中，选中【末端样式】→【无线端】单选钮，选中【误差量】→【自定义】单选钮，并单击【指定值】按钮，打开【自定义错误栏】对话框，设置【正错误值】为“={0}”，设置【负错误值】引用单元格“=Sheet1!$A$2:$A$9”，如图 74-2 所示。单击【确定】按钮，关闭【自定义错误栏】对话框，单击【关闭】按钮，关闭【设置误差线格式】对话框，为 XY 散点图添加自定义误差量的水平误差线。

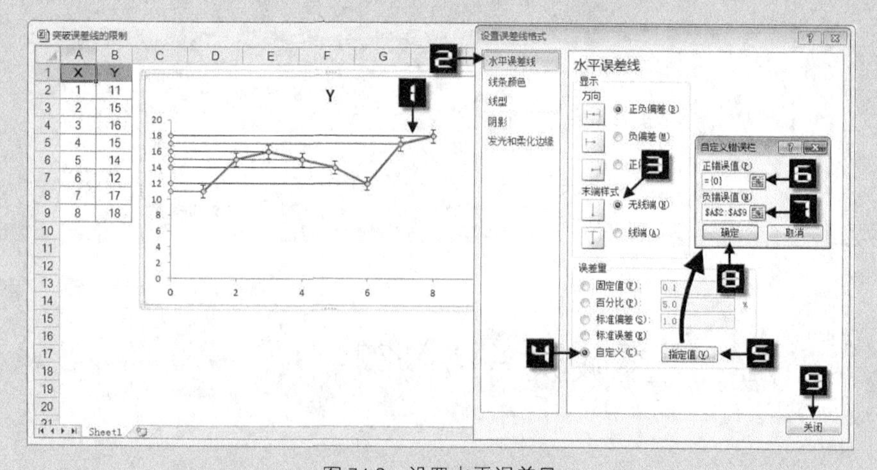

图 74-2 设置水平误差量

Step 3

双击图表中的垂直误差线，打开【设置误差线格式】对话框，在【垂直误差线】选项卡中，选中【末端样式】→【无线端】单选钮，选中【误差量】→【自定义】单选钮，并单击【指定值】按钮，打开【自定义错误栏】对话框，设置【正错误值】为“={0}”，设置【负错误值】引用单元格“=Sheet1!$B$2:$B$9”，单击【确定】按钮，关闭【自定义错误栏】对话框。单击【关闭】按钮，关闭【设置误差线格式】对话框，为 XY 散点图添加自定义误差量的垂直误差线，如图 74-3 所示。

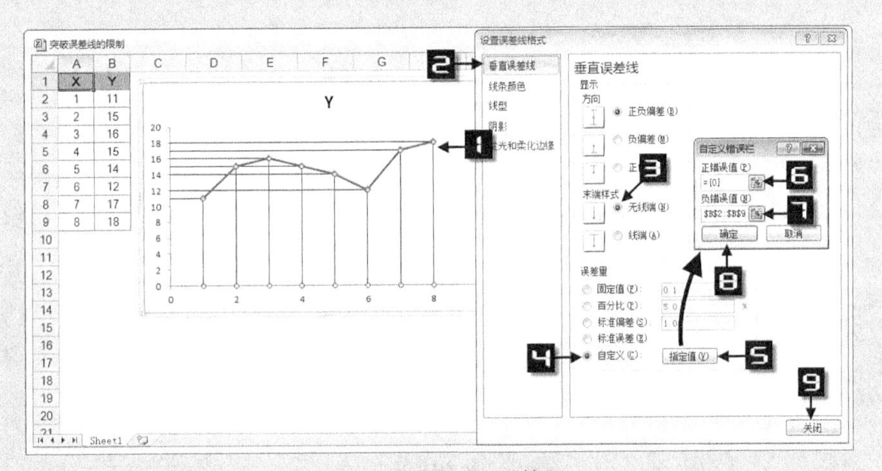

图 74-3　设置垂直误差量

第 6 章　高级图表

所谓高级图表就是更注重构图思路、制作细节及数据在图表中的表达。本章主要介绍如何使用 Excel 制作各类专业图表。通过对本章的学习，读者将能很好地理解如何利用 Excel 图表去完成在实际工作中经常要制作的各类专业图表。

技巧 75　细分柱形图

Excel 柱形图中的堆积柱形图，可以直观地显示柱体中各个分段情况。根据这一特点，利用构建辅助列数据制作细分柱形图，以突出显示各个分段间的柱形差异。

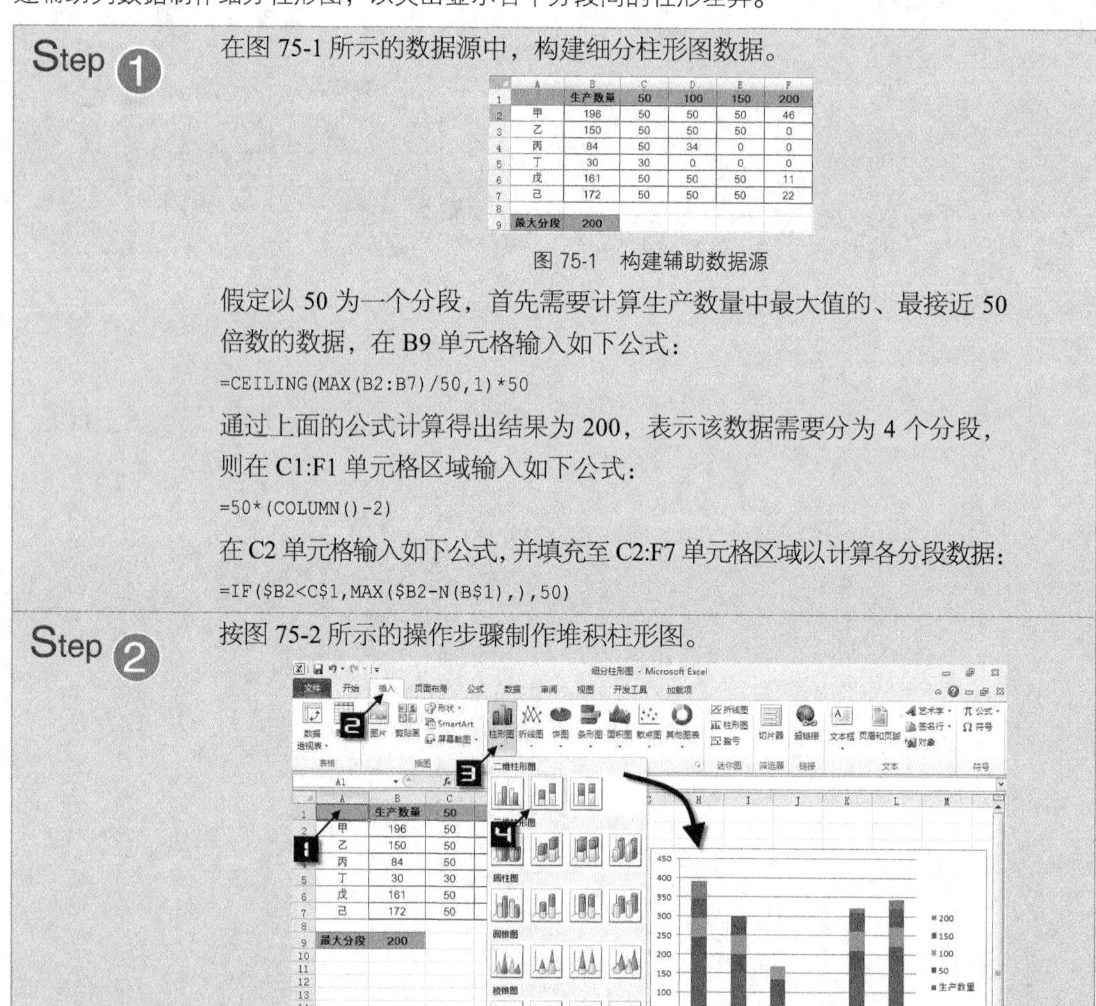

Step 1　在图 75-1 所示的数据源中，构建细分柱形图数据。

	A	B	C	D	E	F
1		生产数量	50	100	150	200
2	甲	196	50	50	50	46
3	乙	150	50	50	50	0
4	丙	84	50	34	0	0
5	丁	30	30	0	0	0
6	戊	161	50	50	50	11
7	己	172	50	50	50	22
8						
9	最大分段	200				

图 75-1　构建辅助数据源

假定以 50 为一个分段，首先需要计算生产数量中最大值的、最接近 50 倍数的数据，在 B9 单元格输入如下公式：

```
=CEILING(MAX(B2:B7)/50,1)*50
```

通过上面的公式计算得出结果为 200，表示该数据需要分为 4 个分段，则在 C1:F1 单元格区域输入如下公式：

```
=50*(COLUMN()-2)
```

在 C2 单元格输入如下公式，并填充至 C2:F7 单元格区域以计算各分段数据：

```
=IF($B2<C$1,MAX($B2-N(B$1),),50)
```

Step 2　按图 75-2 所示的操作步骤制作堆积柱形图。

图 75-2　制作堆积柱形图

选中【垂直（值）轴】，依次单击【格式】→【设置所选内容格式】，打开【设置坐标轴格式】对话框，在该对话框中设置坐标轴选项的【最大值】为固定值“200”，【主要刻度单位】为固定值“50”，然后单击【关闭】按钮完成设置，如图 75-3 所示。

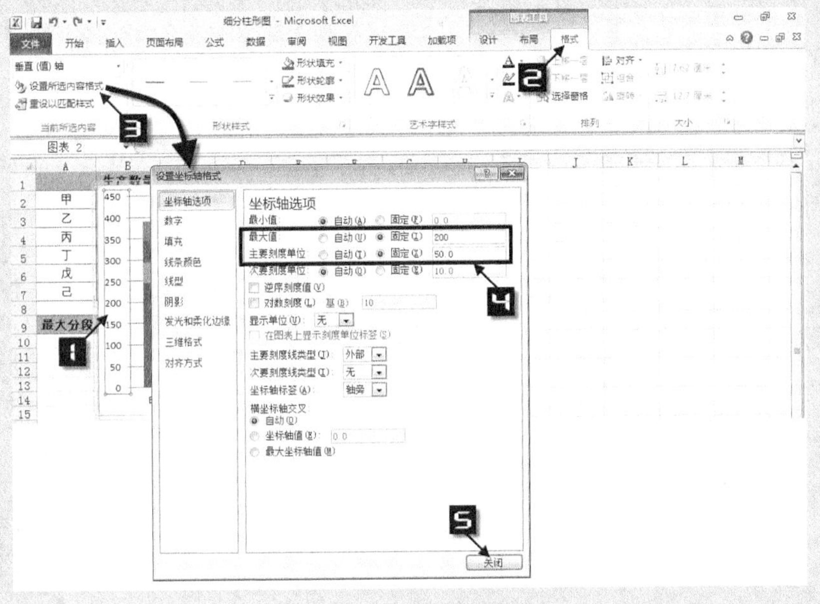

图 75-3　设置坐标轴格式

Step 4

选中数据系列“生产量”，按<Delete>键删除。

Step 5

删除图表图例，进一步根据需要美化图表，并设置坐标轴、图表区、绘图区、网格线等格式，添加图表标题，最终完成的效果如图 75-4 所示。

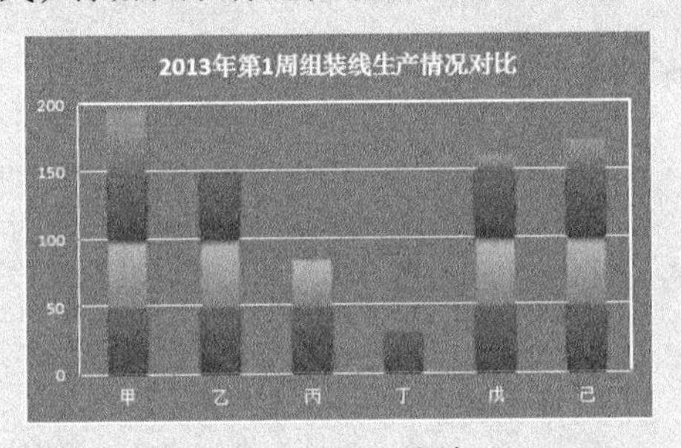

图 75-4　最终图表效果

技巧 76　明细柱形图

明细柱形图是利用柱形图中柱体的范围，添加柱形图、堆积柱形图、散点图或折线图，使其组合成能够体现出对应明细数据的柱形图表。

76.1 柱中柱图

柱中柱图是在标准簇状柱形图的柱体中添加对应的明细柱形图，使其能够进一步展现明细数据的变化趋势。

1. 全辅助区域法

重构数据表。根据 B2:G5 单元格区域的数据表，转换成 I2:L18 单元格区域的数据表，如图 76-1 所示。

商品	2008Y	09Y	10Y	11Y	合计
家用汽车	3	3	5	7	18
平板电脑	3	4	6	8	21
智能手机	3	3	5	12	23

→

商品	年份	合计	销售
家用汽车	2008Y	18	3
	09Y	18	3
	10Y	18	5
	11Y	18	7
平板电脑	2008Y	21	3
	09Y	21	4
	10Y	21	6
	11Y	21	8
智能手机	2008Y	23	3
	09Y	23	3
	10Y	23	5
	11Y	23	12

图 76-1　全辅助数据表格

Step 2

创建图表。选择重构的数据表 K2:L18 单元格区域，在【插入】选项卡【图表】组中，依次单击【柱形图】→【簇状柱形图】命令，在工作表中插入一个柱形图，如图 76-2 所示。

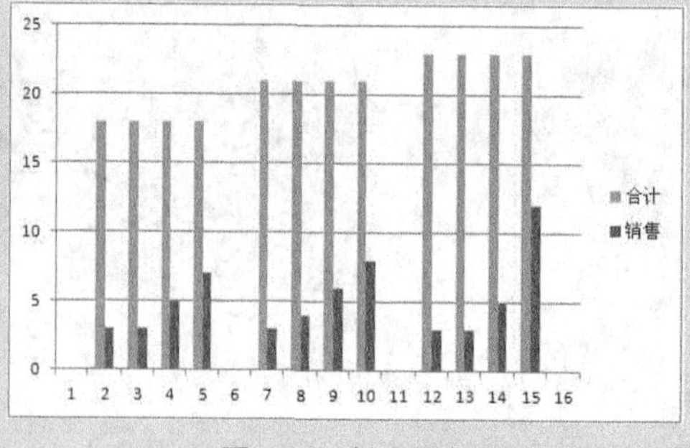

图 76-2　创建图表

Step 3

修改坐标轴数据。右键单击图表，在弹出的快捷菜单上选择【选择数据】命令，打开【选择数据源】对话框，单击【水平（分类）坐标轴】下的【编辑】按钮，打开【轴标签】对话框，在【轴标签区域】编辑框中输入“=全辅助区域法!$I$3:$J$18”，两次单击【确定】，完成坐标轴标签数据修改，如图 76-3 所示。

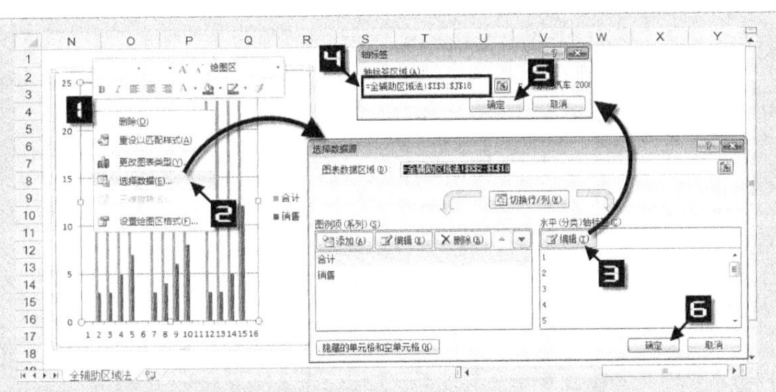

图 76-3　修改坐标轴数据

Step 4　设置【合计】系列选项。选择图表中的【系列“合计”】，按<Ctrl+1>组合键，打开【设置数据系列格式】对话框，然后移动【分类间距】滑块到【无间距】侧，即分类间距为“0%”，切换到【填充】选项卡，选择【纯色填充】单选钮，单击【颜色】下拉按钮，选择“浅蓝”，完成【合计】系列选项设置，如图 76-4 所示。

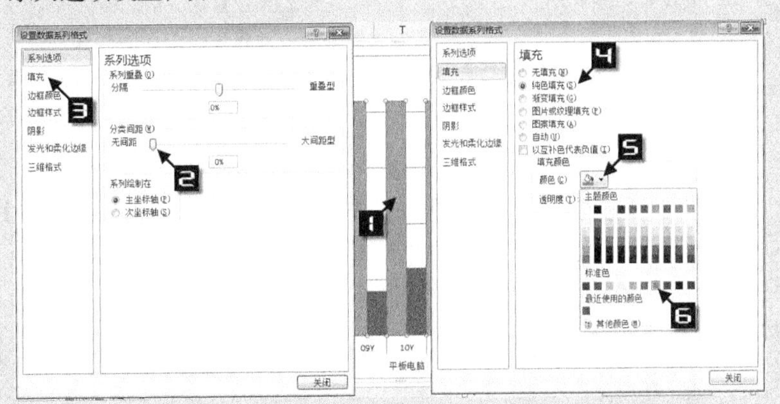

图 76-4　设置合计系列选项

Step 5　设置【销售】系列选项。选中图表中【系列“销售”】，然后选择【系列绘制在】→【次坐标轴】选项按钮，并在【分类间距】文本框中输入“20%”，切换到【填充】选项卡，选择【纯色填充】，在【颜色】下拉列表中选择“红色”，完成【销售】系列选项设置，如图 76-5 所示。

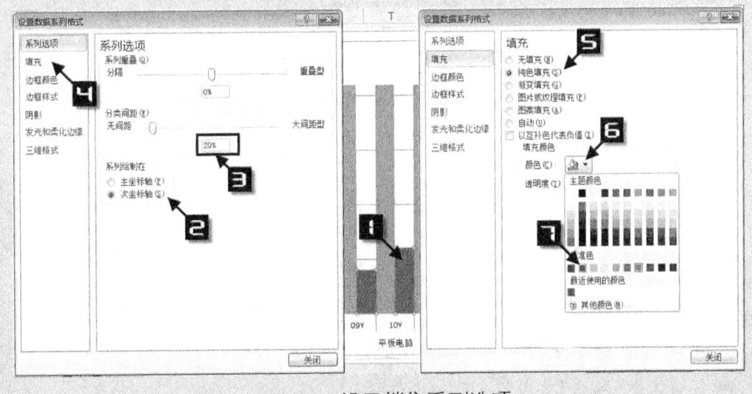

图 76-5　设置销售系列选项

Step 6 设置坐标轴格式。选择图表左侧的【垂直（值）轴】，设置【坐标轴标签】和【主要刻度线类型】均为“无”，再选择图表右侧的【次坐标轴 垂直（值）轴】，设置【最大值】为【固定】数值“25”，同样设置【坐标轴标签】和【主要刻度线类型】均为“无”。最后单击【关闭】按钮，完成设置坐标轴格式，如图 76-6 所示。

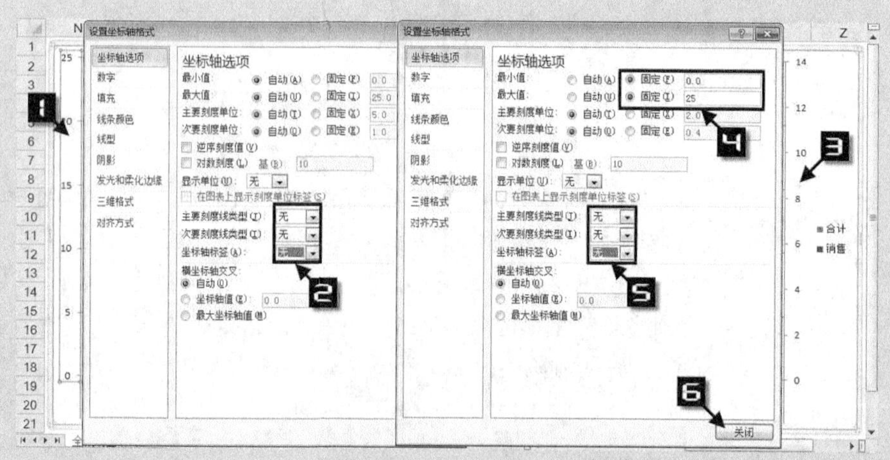

图 76-6　设置坐标轴格式

Step 7 添加【销售】数据标签。在图表中选择【系列“销售”】，依次单击【图表工具】→【布局】选项卡【标签】组中的【数据标签】下拉按钮，在其下拉列表中单击【数据标签外】命令，为【销售】系列添加数据标签，如图 76-7 所示。

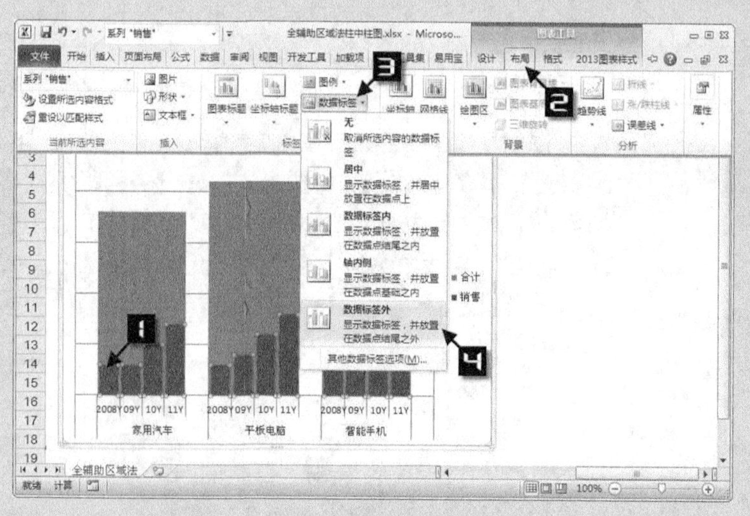

图 76-7　添加销售数据标签

Step 8 添加【合计】标签数据系列。单击图表，在编辑栏内输入“=SERIES（"标签"，全辅助区域法!$G$3:$G$5,3）”，按<Enter>键，完成数据添加，如图 76-8 所示。

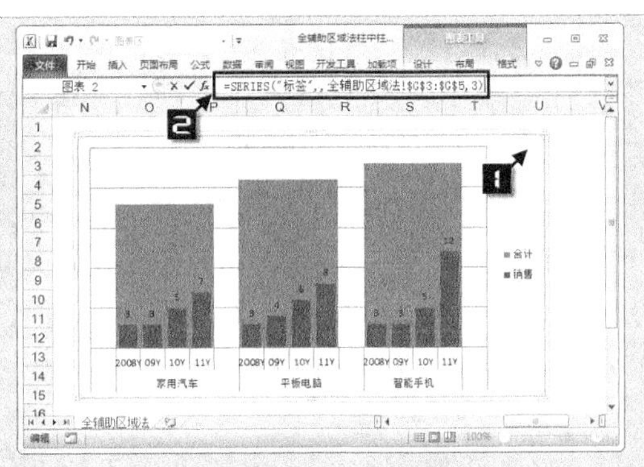

图 76-8　添加合计标签数据

Step 9

更改【标签】系列图表类型。在图表中，右键单击【系列“标签”】，在弹出的快捷菜单上选择【更改系列图表类型】命令，在打开的【更改图表类型】对话框中，依次选择【XY（散点图）】→【仅带数据标记的散点图】，单击【确定】按钮，完成图表类型更改，如图 76-9 所示。

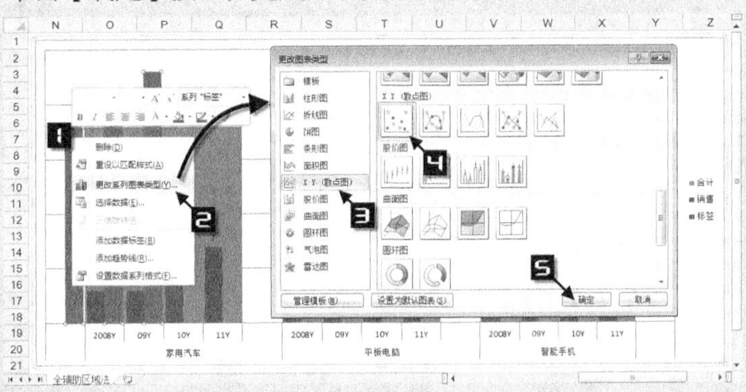

图 76-9　更改图表类型

Step 10

完善【标签】数据。在图表中选中【系列“标签”】，在编辑栏中将公式修改为“=SERIES("标签",{3.5,8.5,13.5}, 全辅助区域法!$G$3:$G$5,3)”，按<Enter>键，完成数据添加，如图 76-10 所示。

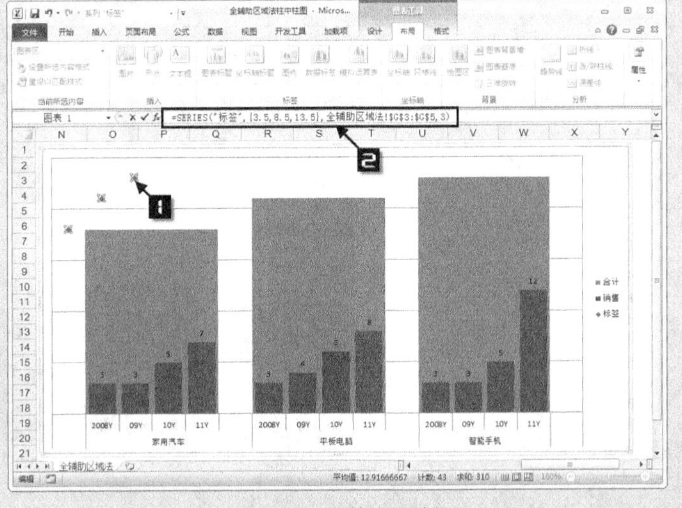

图 76-10　完善标签数据

Step 11 添加【标签】系列数据标签并设置格式。在图表中，右键单击【系列“标签”】，在弹出的快捷菜单上选择【添加数据标签】命令，再次右键单击【系列“标签”】，在弹出的快捷菜单上选择【设置数据系列格式】命令，打开【设置数据系列格式】对话框，切换到【数据标记选项】选项卡，在【数据标记类型】中选择“无”，单击【关闭】按钮，如图 76-11 所示。

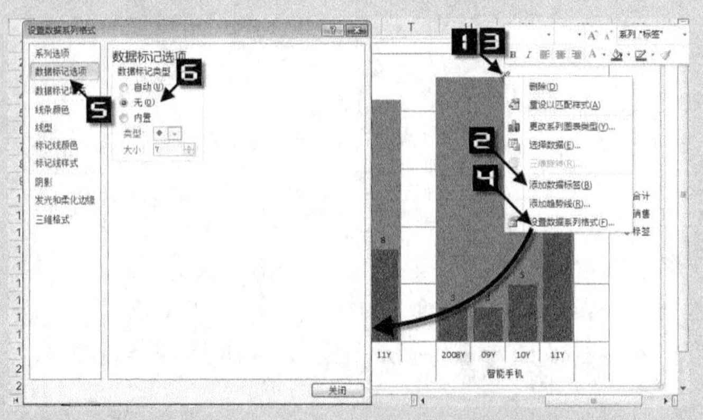

图 76-11　添加标签设置格式

Step 12 选中【系列“标签”】的数据标签，选择【标签位置】→【靠上】选项，单击【关闭】按钮，完成格式设置，如图 76-12 所示。

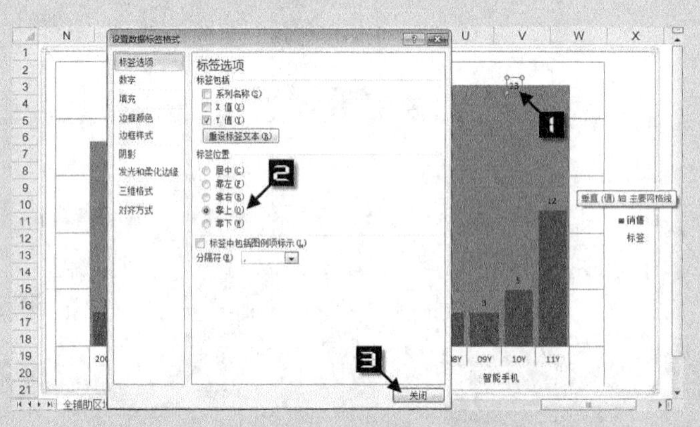

图 76-12　设置数据标签格式

Step 13 删除【系列“标签”图例项】、调整【绘图区】大小、添加【标题】、移动【图例】位置，完成全辅助法柱中柱图制作，如图 76-13 所示。

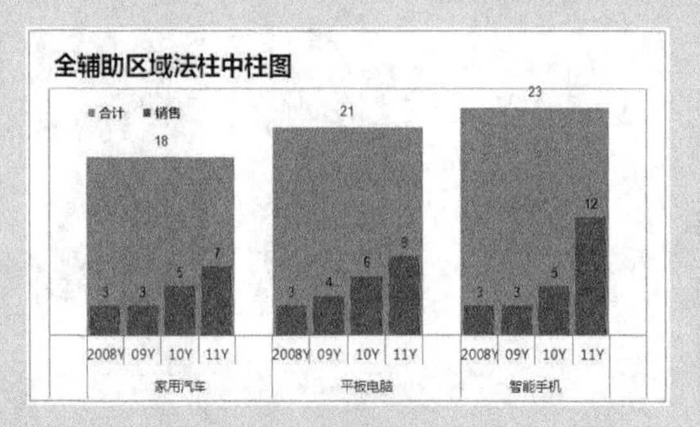

图 76-13　全辅助法柱中柱图

2. 半辅助区域法

Step 1

创建图表。按住<Ctrl>键，选取 B2:B5 和 G2:G5 单元格区域，依次单击【插入】→【柱形图】→【簇状柱形图】命令，在工作表中插入“合计”柱形图，并设置【分类间距】为“20%”，如图 76-14 所示数据。

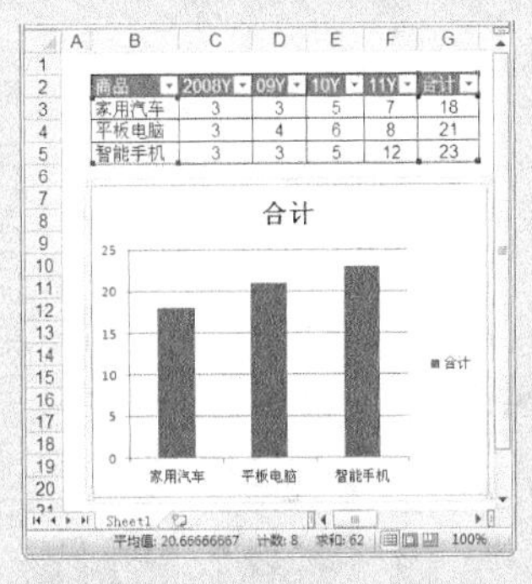

图 76-14　创建图表

Step 2

半辅助数据表。将 B2:F5 单元格区域转换为 I3:J18 的数据表，然后选择 J1:J19 单元格区域，按<Ctrl+C>组合键复制，选择图表，按<Ctrl+V>组合键进行粘贴，为图表添加“销售”柱形图，删除图例，如图 76-15 所示。

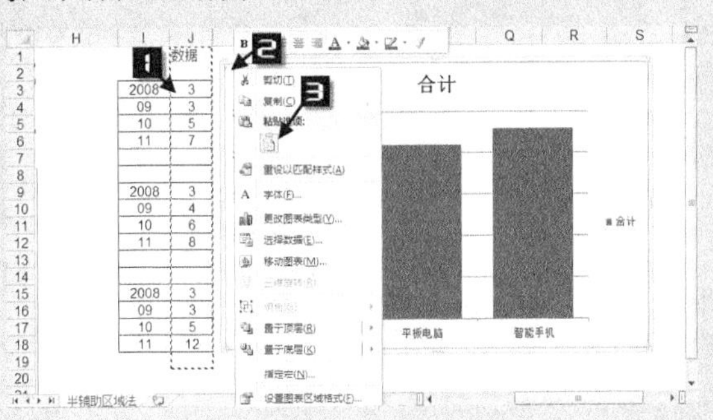

图 76-15　添加辅助数据

Step 3

设置数据系列格式。在图表中选择【系列“数据”】，按<Ctrl+1>组合键打开【设置数据系列格式】对话框，然后选择【系列绘制在】→【次坐标轴】选项按钮，并移动【分类间距】滑块到分类间距为“30%”，如图 76-16 所示。单击【关闭】按钮，关闭【设置数据系列格式】对话框。

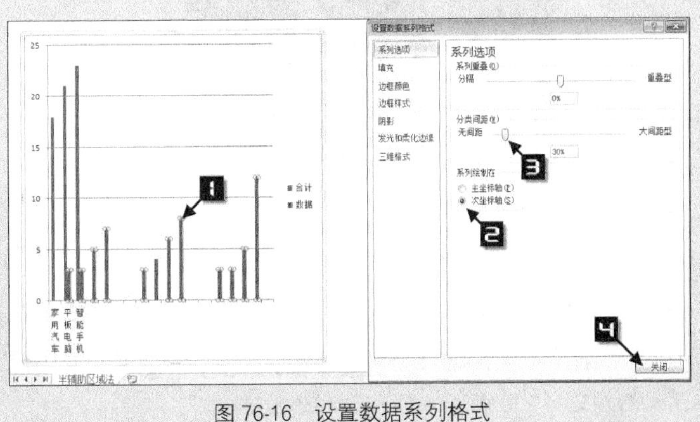

图 76-16　设置数据系列格式

Step 4 显示次要横坐标轴。选择图表，依次单击【图表工具】→【布局】选项卡中的【坐标轴】→【次要横坐标轴】→【显示从左到右坐标轴】命令，使【数据】柱形图绘制在次要横坐标轴上，如图 76-17 所示。

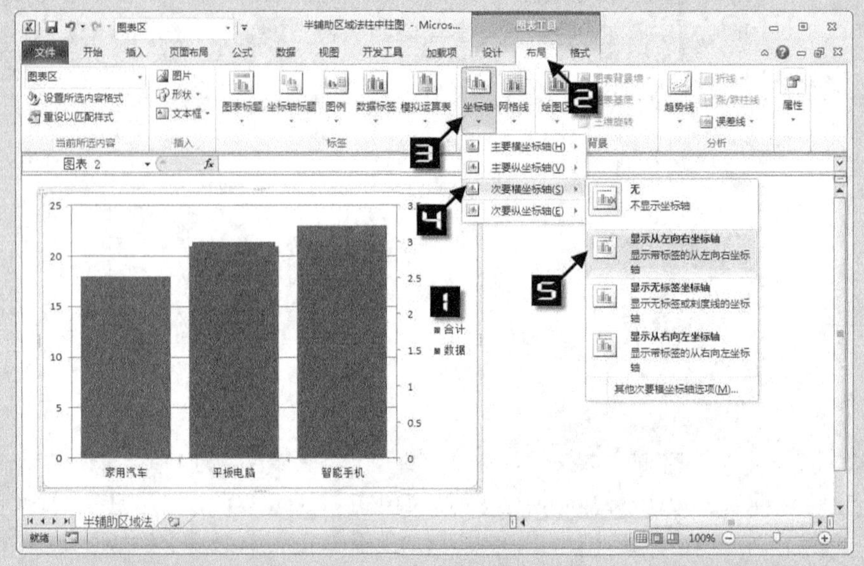

图 76-17　显示次要横坐标轴

Step 5 设置【次坐标轴 垂直（值）轴】格式。选择图表右侧的【次坐标轴 垂直（值）轴】，按<Ctrl+1>组合键，打开【设置坐标轴格式】对话框，设置【最大值】为【固定】数值“25”，并设置【坐标轴标签】和【主要刻度线类型】均为“无”，【横坐标轴交叉】选择【自动】单选钮，如图 76-18 所示。

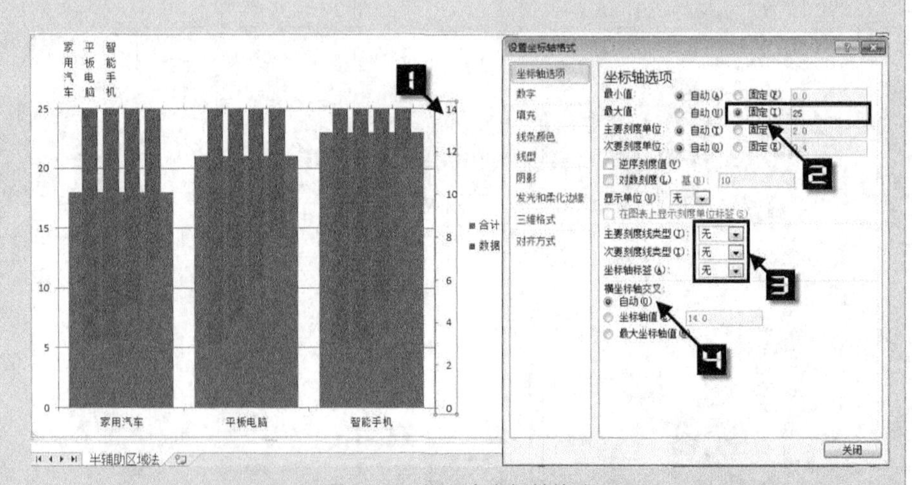

图 76-18　设置次坐标轴格式

Step 6 设置次要横坐标轴标签。选择图表中的【次坐标轴 水平（类别）轴】，选择【坐标轴标签】为“无”，切换到【线条颜色】选项卡，选择【无线条】单选钮，如图 76-19 所示。

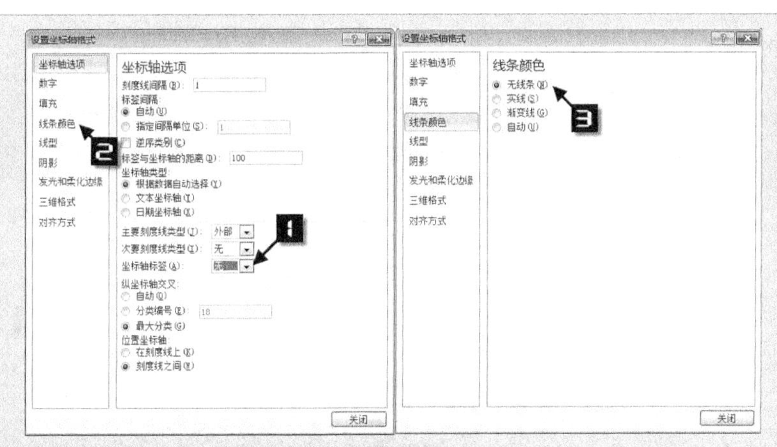

图 76-19　设置次要横坐标轴格式

Step 7

设置水平坐标轴格式。在图表中选择【水平（类别）轴】，在【标签与坐标轴的距离】文本框中输入“800”，单击【关闭】按钮，完成水平坐标轴格式设置，如图 76-20 所示。

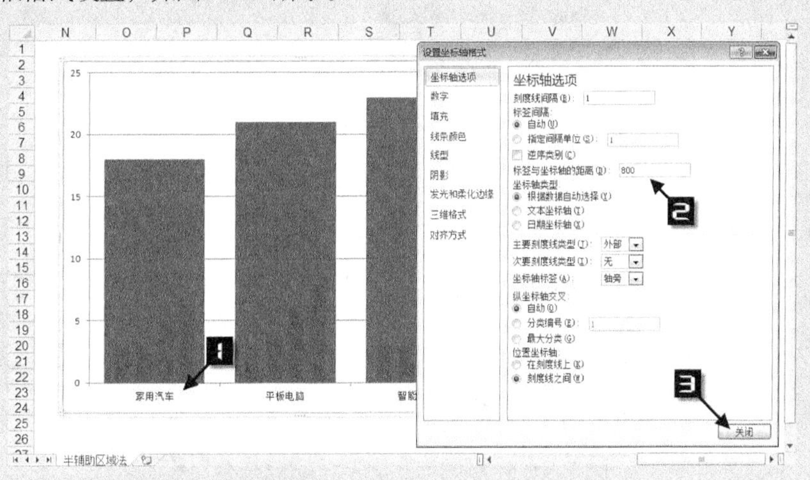

图 76-20　设置水平轴格式

Step 8

添加副标签数据。单击图表，在编辑栏中输入“=SERIES（"副标签",半辅助区域法!$K$3:$K$18，半辅助区域法!$L$3:$L$18,3）”，按<Enter>键，完成【副标签】数据添加，如图 76-21 所示。

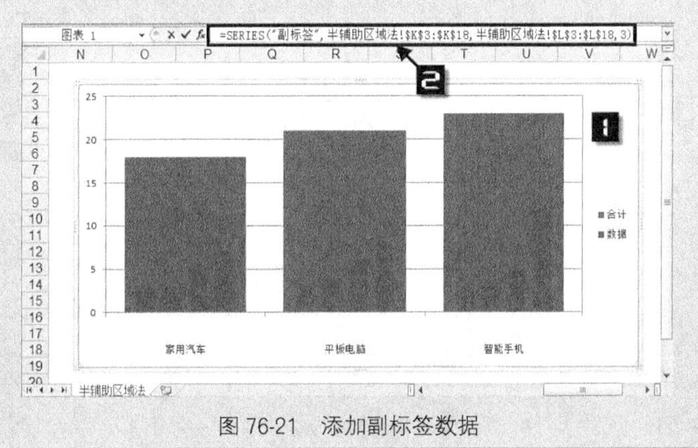

图 76-21　添加副标签数据

Step 9 更改【系列“副标签”】图表类型。在快捷菜单栏【图表元素】下拉列表中选择【系列“副标签”】，在【图表工具】选项卡中依次单击【设计】→【更改图表类型】，打开【更改图表类型】对话框，依次选择【XY（散点图）】→【仅带数据标记的散点图】，单击【确定】按钮，完成图表类型更改，如图 76-22 所示。

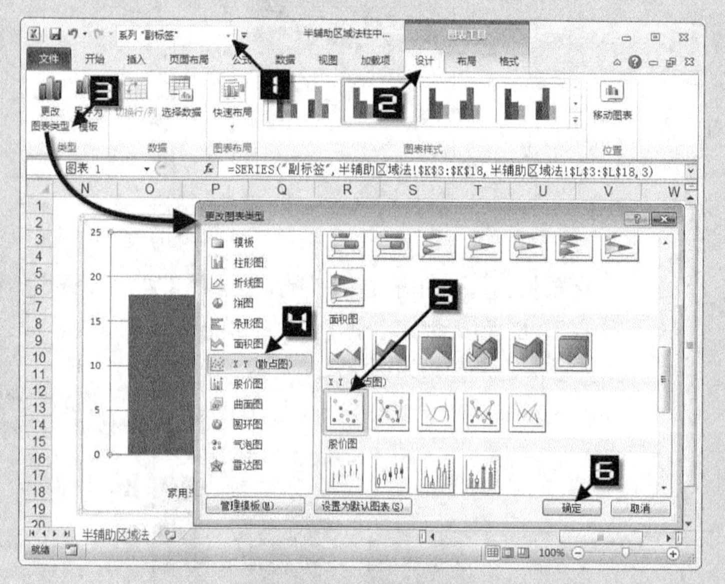

图 76-22　更改图表类型

Step 10 在图表中选择【系列“副标签”】，在【布局】选项卡中依次单击【数据标签】→【下方】选项，选择【副标签】系列标签，修改数据标签引用 J4:J17 单元格的内容，如图 76-23 所示，然后设置【副标签】系列格式【数据标记类型】为“无”。

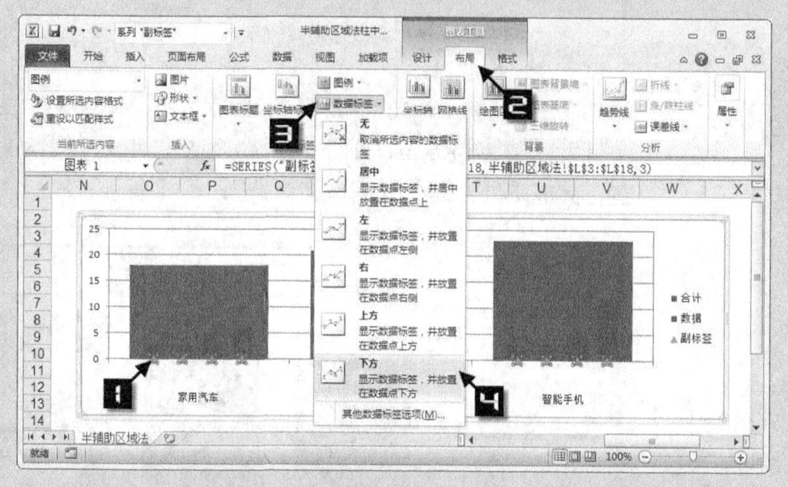

图 76-23　添加副标签数据标签

Step 11 删除【系列“副标签”图例项】，调整【绘图区】大小和【图例】位置，添加其他系列数据标签，添加图表标题，完成图表，如图 76-24 所示。

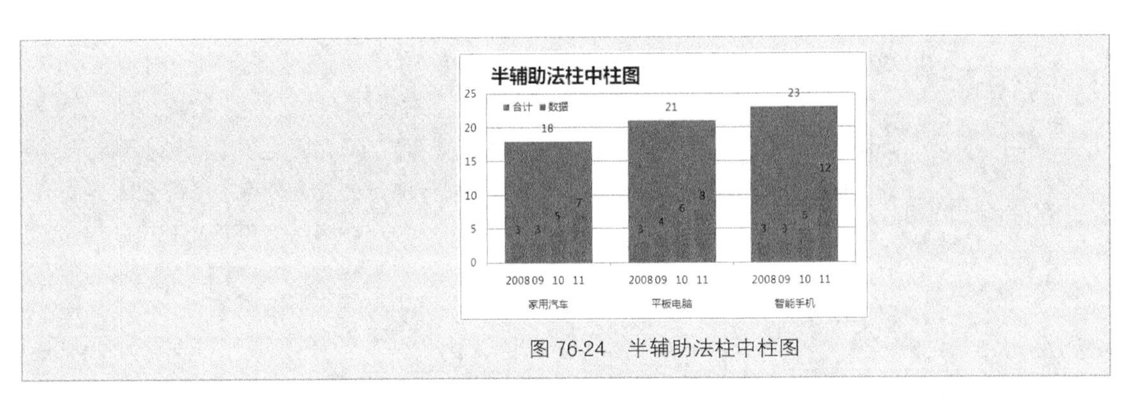

图 76-24　半辅助法柱中柱图

3. 柱-散点组合法

Step 1 创建图表。选取 B2:C5 单元格区域，按<Alt+F1>组合键在工作表中插入一个【簇状柱形图】，如图 76-25 所示，设置【合计】系列格式之【分类间距】为“20%”，完成图表创建。

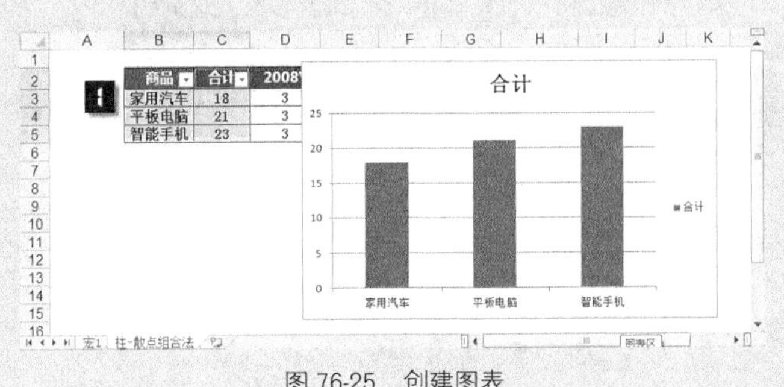

图 76-25　创建图表

Step 2 转换并添加数据。将 D2:G5 单元格区域数据转换为 I2:J16 单元格区域，单击图表，在【设计】选项卡中单击【选择数据】，打开【选择数据源】对话框，单击【添加】，打开【编辑数据系列】对话框，在【系列名称】框中输入“='柱-散点组合法'!$J$1”，在【系列值】框中输入“='柱-散点组合法'!$J$2:$J$17”，如图 76-26 所示，同理，添加【散点】系列。

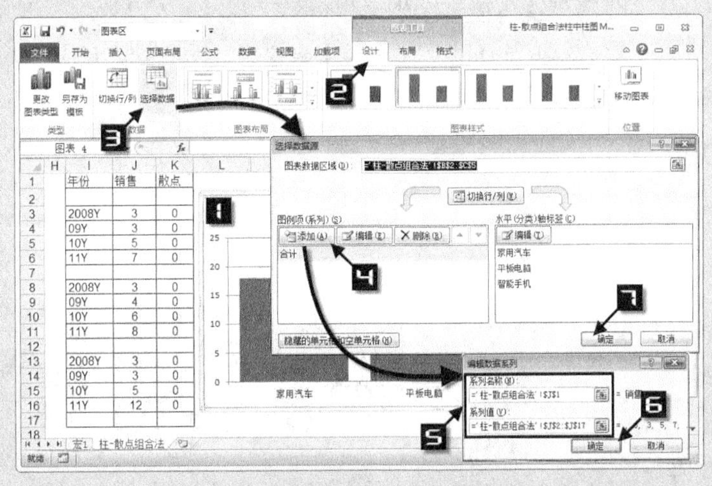

图 76-26　转换并添加数据

Step 3 更改图表类型。在图表上选择【系列“销售”】，单击鼠标右键，选择【更改系列图表类型】，打开【更改图表类型】对话框，依次单击【XY（散点图）】→【仅带数据标记的散点图】→【确定】，完成更改【销售】系列的图表类型更改，如图 76-27 所示。同样地，更改【散点】系列图表类型，编辑【散点】系列【*x* 轴系列值】为“='柱-散点组合法'!$I$2:$I$17”。

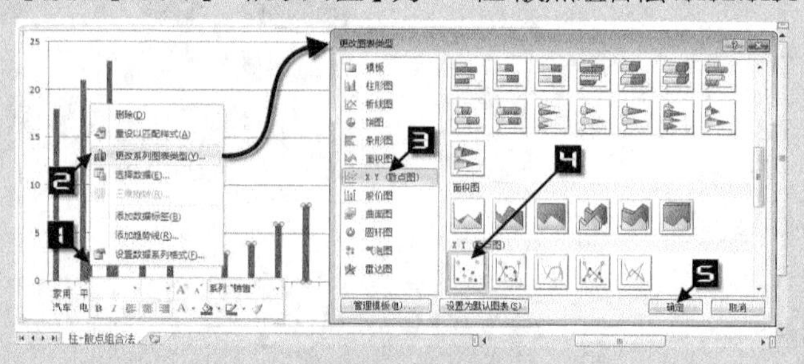

图 76-27　更改图表类型

Step 4 更改数据系列绘制位置。在图表上选择【系列“销售”】，按<Ctrl+1>组合键，打开【设置数据系列格式】对话框，选择【次坐标轴】单选钮，如图 76-28 所示。同样地，设置【系列“散点”】绘制位置，最后单击【关闭】按钮关闭对话框。

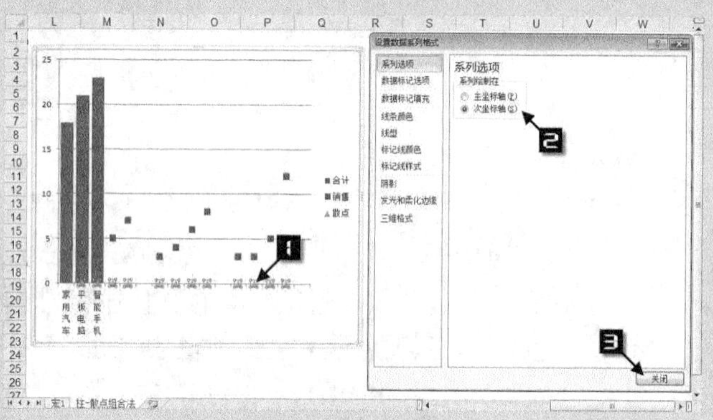

图 76-28　更改数据绘制位置

Step 5 显示次要横坐标轴。选择图表，在【布局】选项卡中的【坐标轴】组中，依次单击【坐标轴】→【次要横坐标轴】→【显示默认坐标轴】命令，如图 76-29 所示。

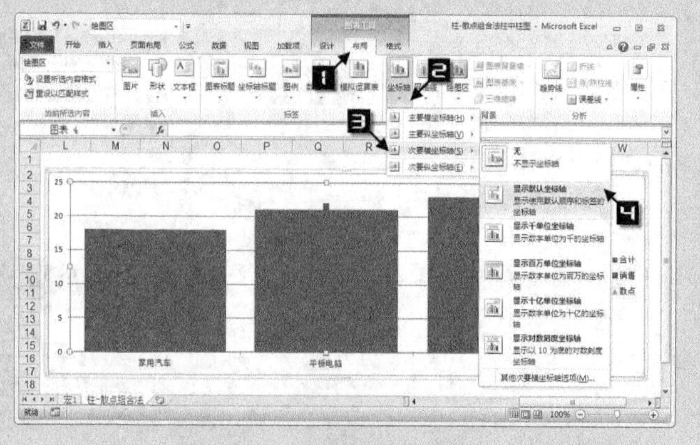

图 76-29　显示次要横坐标轴

Step 6 设置次坐标轴格式。在图表中选择【次要纵坐标轴】，按<Ctrl+1>组合键，打开【设置坐标轴格式】对话框，设定【最大值】为【固定】数值“25”，选择【主要刻度线类型】和【坐标轴标签】均为 “无”，单击【次坐标轴 水平（值）轴】，在【坐标轴选项】分组中的【最大值】和【最小值】均选择【固定】，分别设置其值为“1”和“16”，选择【主要刻度线类型】和【坐标轴标签】均为“无”，单击【关闭】按钮，如图 76-30 所示。

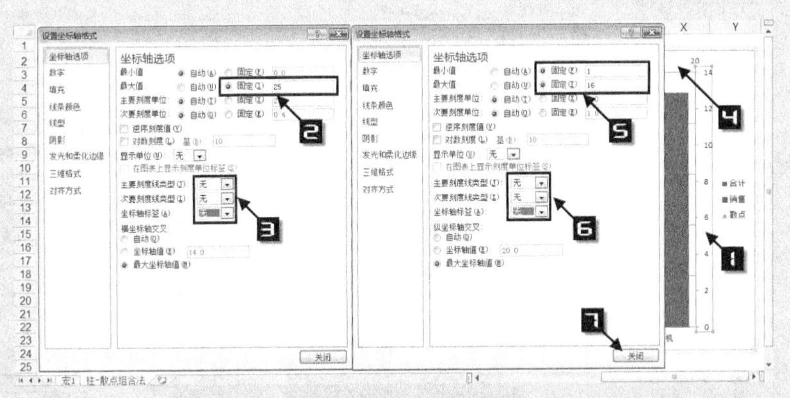

图 76-30　设置次坐标轴格式

Step 7 添加【销售】系列误差线。在图表中选择【销售】系列，在【布局】选项卡【分析】组上依次单击【误差线】→【其他误差线选项】，如图 76-31 所示，选中【系列“销售”X 误差线】，按<Delete>键删除。

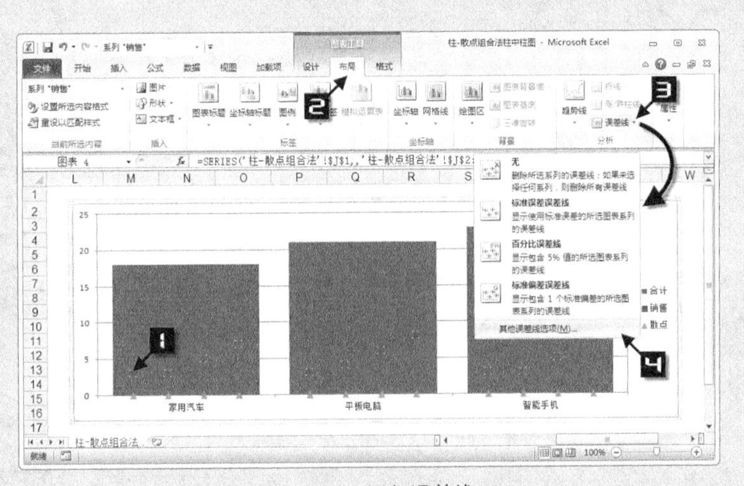

图 76-31　添加误差线

Step 8 设置误差线格式。选中【系列“销售”Y 误差线】，在打开的【设置误差线格式】对话框中，依次选择【负偏差】→【无端线】→【自定义】，单击【指定值】，在打开的【自定义错误栏】对话框中的【负错误值】文本框中输入“='柱-散点组合法'!$J$2:$J$17”，单击【确定】返回，切换到【线条颜色】选项卡，选择【实线】单选钮，单击【颜色】下拉按钮，选择“红色”，切换到【线型】选项卡，在【宽度】框中输入“15”，单击【关闭】按钮，如图 76-32 所示。

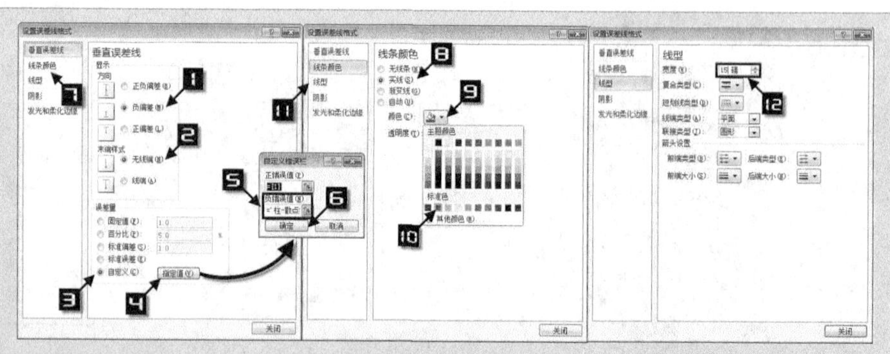

图 76-32　设置误差线格式

Step 9　设置【水平轴】格式。单击【水平（类别）轴】，在弹出的快捷菜单上选择【设置坐标轴格式】命令，在打开的【设置坐标轴格式】对话框中的【标签与坐标轴的距离】文本框中输入“800”，单击【关闭】按钮，如图 76-33 所示。

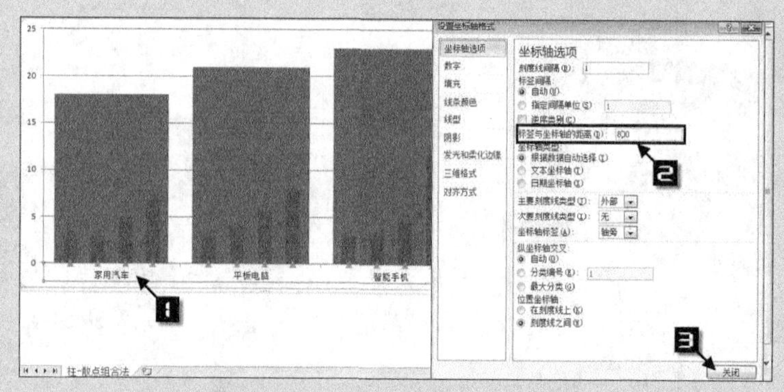

图 76-33　设置水平轴格式

Step 10　添加【散点】数据标签并修改。选择【系列“散点”】，在【布局】选项卡【标签】组中依次单击【数据标签】→【其他数据标签选项】，在打开的【设置数据标签格式】对话框中，取消勾选【Y 值】复选框，勾选【X 值】复选框，【标签位置】选择【靠下】，单击【关闭】按钮，如图 76-34 所示，设置【销售】及【散点】系列数据标记为“无”。

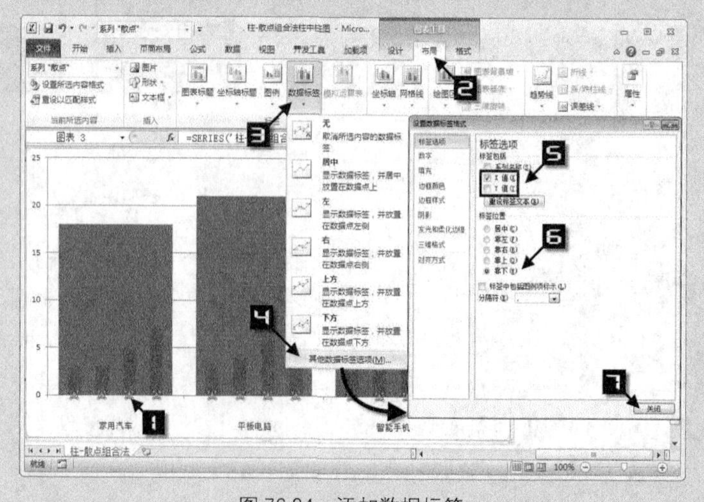

图 76-34　添加数据标签

Step 11 删除【系列“散点”图例项】，移动【图例】位置，调整【绘图区】大小，添加图表标题和其他系列数据标签，完成柱-散点组合法柱中柱图，如图 76-35 所示。

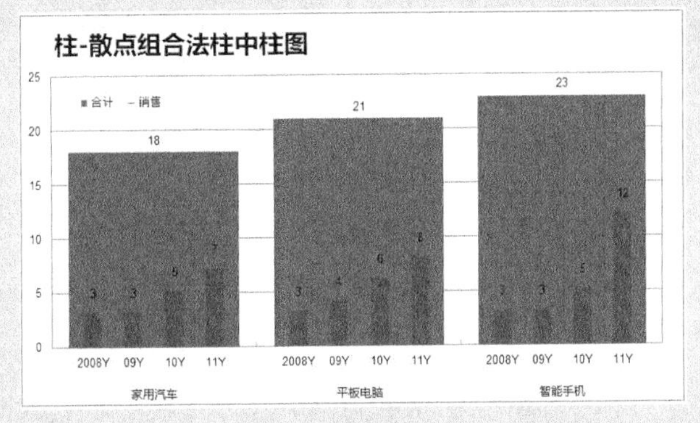

图 76-35　柱-散点组合法柱中柱图

4. 柱面组合法

Step 1 转换数据。将数据源【合计】列数据转换为 J2:J9，并在 I2:I9 区域输入如图 76-36 所示数据。

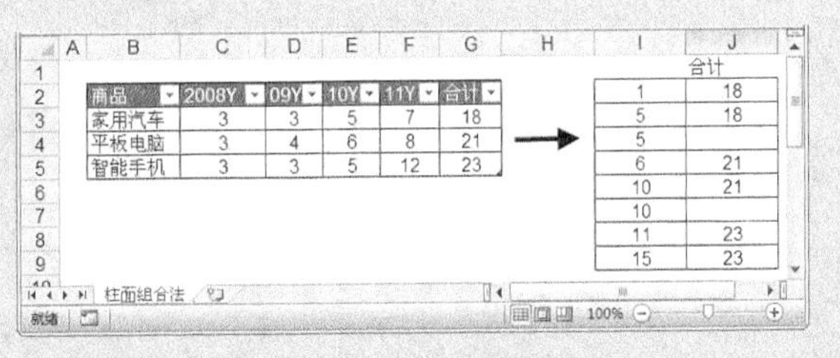

商品	2008Y	09Y	10Y	11Y	合计
家用汽车	3	3	5	7	18
平板电脑	3	4	6	8	21
智能手机	3	3	5	12	23

I	合计
1	18
5	18
5	
6	21
10	21
10	
11	23
15	23

图 76-36　转换数据

Step 2 创建图表。选取 B2:F5 单元格区域，在【插入】选项卡【图表】组中，依次单击【柱形图】→【簇状柱形图】，设置数据系列格式之【系列重叠】为“-20%”，设置【垂直轴】最大值为“25”，如图 76-37 所示。

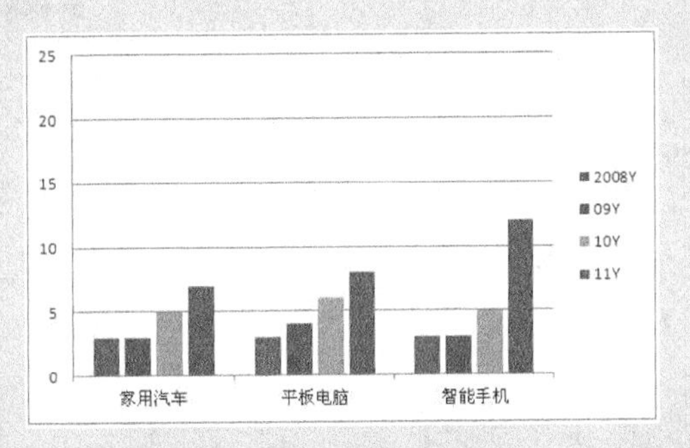

图 76-37　创建图表

Step 3 添加【合计】系列数据。单击图表，在编辑栏中输入“=SERIES（柱面组合法!$J$1，柱面组合法!$I$2:$I$9，柱面组合法!$J$2:$J$9,5）”，按 <Enter>键，完成数据添加，如图 76-38 所示。

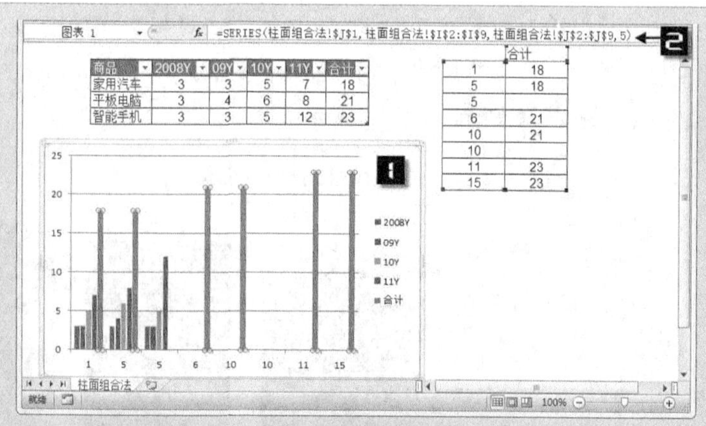

图 76-38　添加数据系列

Step 4

更改图表类型。右键单击【系列“合计”】，选择快捷菜单上的【更改系列图表类型（Y）】命令，在打开的【更改图表类型】对话框中依次单击【面积图】→【面积图】→【确定】命令，如图 76-39 所示。

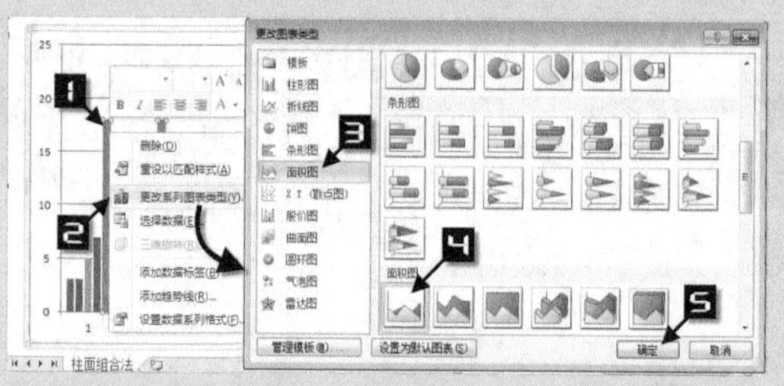

图 76-39　更改图表类型

Step 5

设置【合计】系列格式。右键单击【系列“合计”】，选择【设置数据系列格式】命令，在打开的【设置数据系列格式】对话框中单击【次坐标轴】，单击【关闭】按钮，如图 76-40 所示。

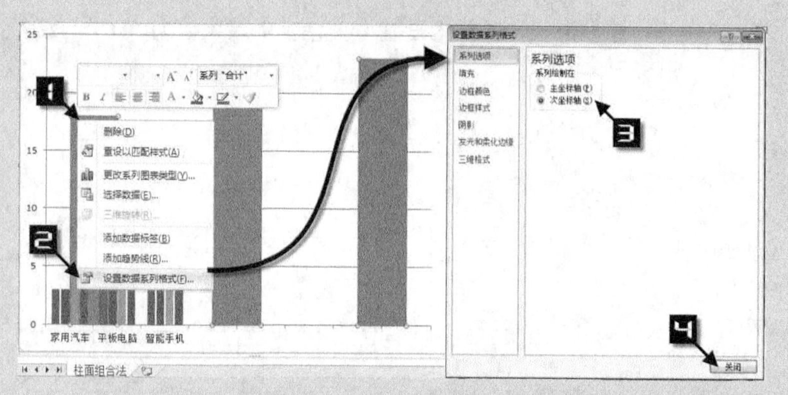

图 76-40　设置合计数据系列格式

Step 6

完善数据。右键单击图表，选择【选择数据（E）】命令，在打开的【选择数据源】对话框中选中【合计】，单击【水平（分类）轴标签】下的【编辑】，在打开的【轴标签】对话框中的【轴标签区域】框中输入“=

柱面组合法!$I$2:$I$9”，两次单击【确定】按钮，如图 76-41 所示。

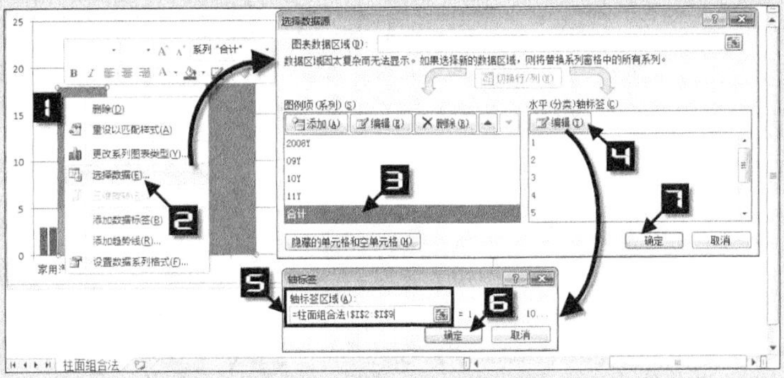

图 76-41　完善合计系列数据

Step 7

显示次要横坐标轴。选择图表，在【布局】选项卡【坐标轴】组中，依次单击【坐标轴】→【次要横坐标轴】→【显示从左向右坐标轴】，如图 76-42 所示。

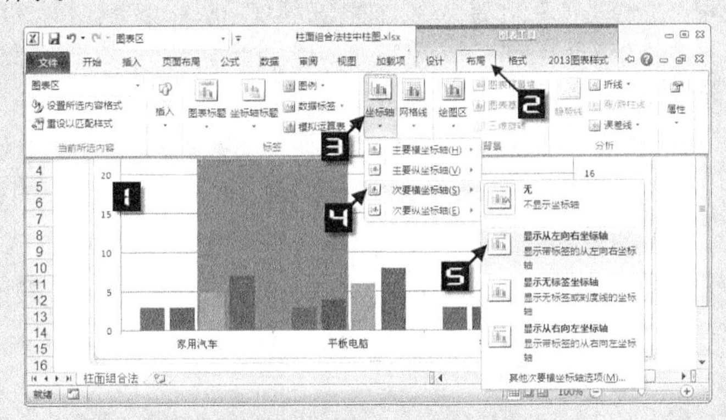

图 76-42　显示次要横坐标轴

Step 8

设置次坐标轴格式。选中【次要横坐标轴】，在【布局】选项卡中单击【设置所选内容格式】，在打开的【设置坐标轴格式】对话框中的【坐标轴类型】中选择【日期坐标轴】，设置【主要刻度线类型】和【坐标轴标签】均为“无”单击【线条颜色】选项卡，选择【无线条】，单击【次坐标轴垂直（值）轴】，设置【主要刻度线类型】和【坐标轴标签】均为“无”，【横坐标轴交叉】选择【自动】，单击【关闭】按钮，如图 76-43 所示。

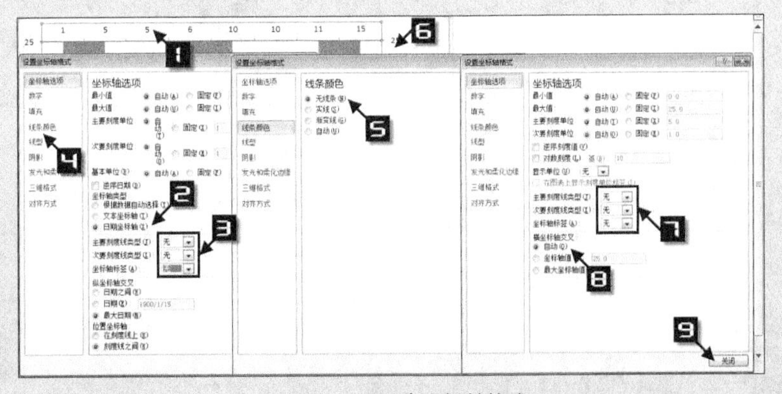

图 76-43　设置次坐标轴格式

Step 9　添加标签数据。单击图表，在编辑栏中输入“=SERIES（,{3,8,13},{18,21,23},6）”，按<Enter>键，完成数据添加，更改其类型为【散点图】，添加数据标签，并设置其【数据标记选项】为“无”如图 76-44 所示。

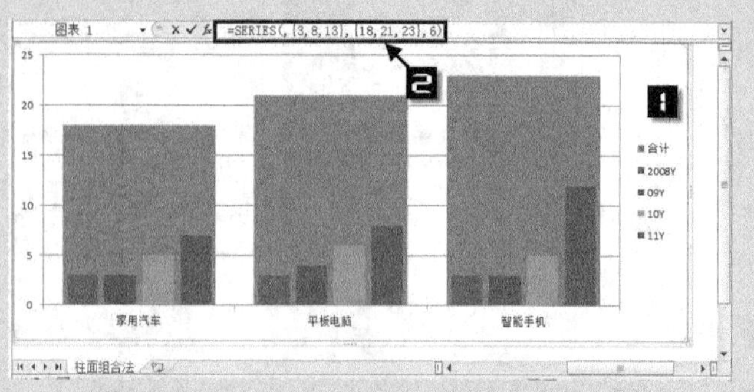

图 76-44　添加标签数据

Step 10　更改图表类型。右键单击【系列 6】，在弹出的快捷菜单上单击【更改系列图表类型】命令，在打开的【更改图表类型】对话框中，依次单击【XY（散点图）】→【仅带数据标记的散点图】→【确定】，如图 76-45 所示，完成系列图表类型更改。

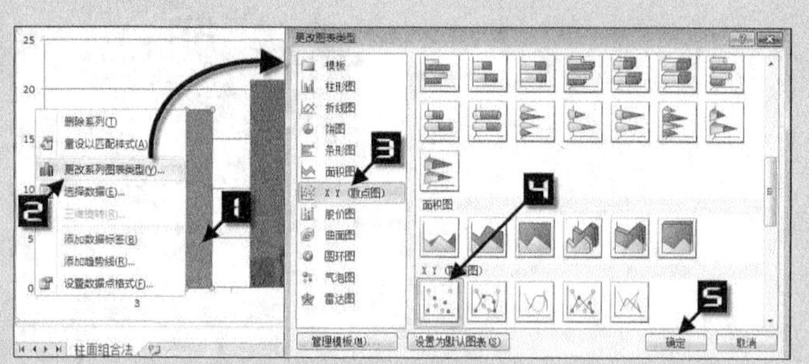

图 76-45　更改图表类型

Step 11　参照图 76-46 所示，添加数据标签并设置格式。

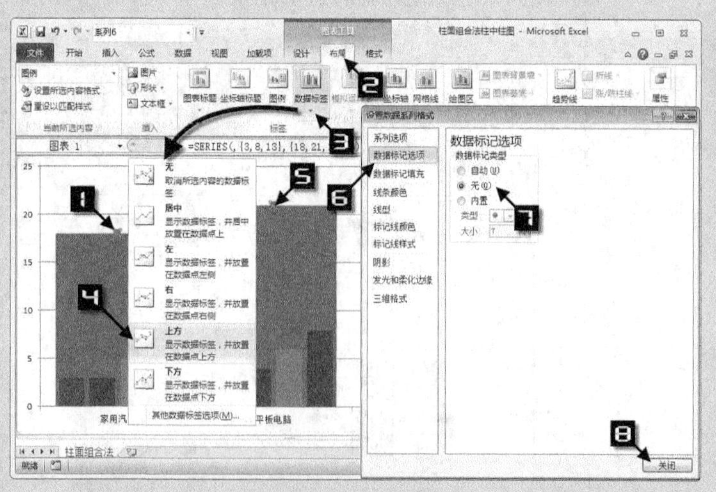

图 76-46　添加数据标签并设置格式

Step 12　删除【系列 6 图例项】，移动【图例】位置，调整【绘图区】大小，添加图表标题，完成柱面组合柱中柱图，如图 76-47 所示。

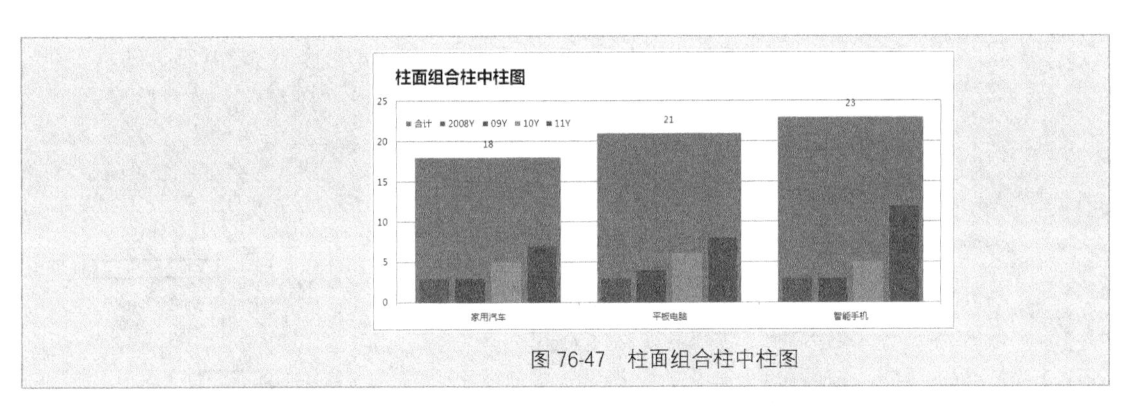

图 76-47　柱面组合柱中柱图

5. 直接法

创建图表。选取 B2:G5 单元格区域，按<Alt+F1>组合键，在工作表中插入一个【柱形图】，完成创建图表，如图 76-48 所示。

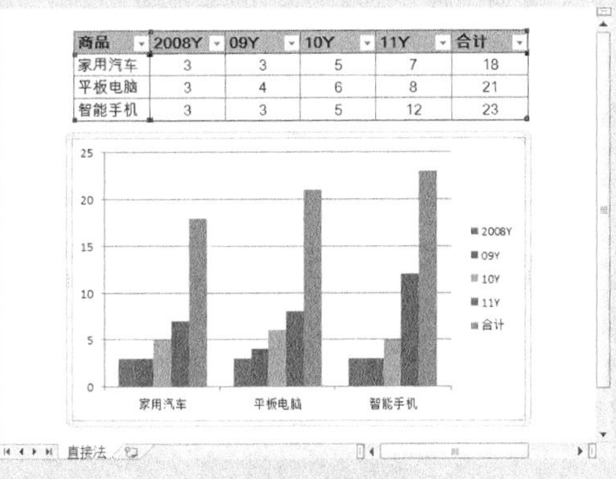

商品	2008Y	09Y	10Y	11Y	合计
家用汽车	3	3	5	7	18
平板电脑	3	4	6	8	21
智能手机	3	3	5	12	23

图 76-48　创建图表

Step 2

设置数据系列格式。在图表中选择【系列“2008Y”】，在【格式】选项卡中单击【设置所选内容格式】，在打开的【设置数据系列格式】对话框中的【系列绘制在】中选择【次坐标轴】，调整【系列重叠】值为“−20%”，同样地，设置【09Y】、【10Y】、【11Y】系列。最后单击【系列“合计”】，调整【分类间距】为“20%”，如图 76-49 所示。

图 76-49　设置系列格式

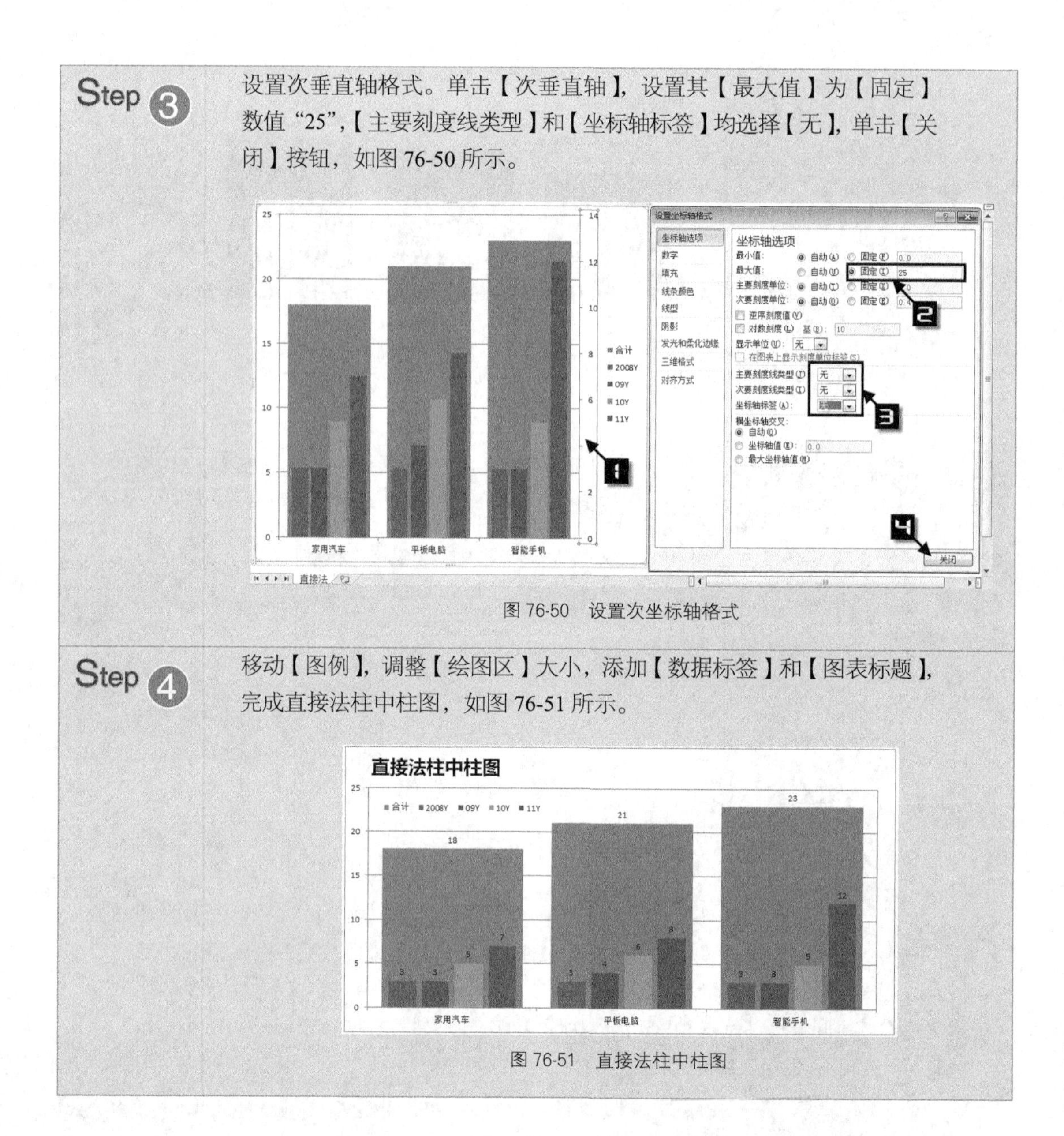

Step 3 设置次垂直轴格式。单击【次垂直轴】，设置其【最大值】为【固定】数值“25”，【主要刻度线类型】和【坐标轴标签】均选择【无】，单击【关闭】按钮，如图 76-50 所示。

图 76-50　设置次坐标轴格式

Step 4 移动【图例】，调整【绘图区】大小，添加【数据标签】和【图表标题】，完成直接法柱中柱图，如图 76-51 所示。

图 76-51　直接法柱中柱图

76.2　柱中堆积柱形图

柱中堆积柱形图是在标准柱形图中添加对应的堆积柱形图，使其能够进一步展现柱形图数据的构成明细。

Step 1 选取 B2:G5 单元格区域，按<Alt+F1>组合键，在工作表中插入一个堆积柱形图，右键单击图表，在弹出的快捷菜单上选择【更改图表类型】命令，然后依次单击【堆积柱形图】→【确定】，如图 76-52 所示。

图 76-52　创建图表

Step 2 选择图表中的【系列“2008”】，按<Ctrl+1>组合键打开【设置数据系列格式】对话框，选择【系列绘制在】→【次坐标轴】选项，设置【分类间距】为“60%”，再切换到【填充】页，选择【纯色填充】选项，选择“橙色”系列颜色，如图 76-53 所示，同样地，设置【09】、【10】、【11】系列，完成数据系列格式设置。

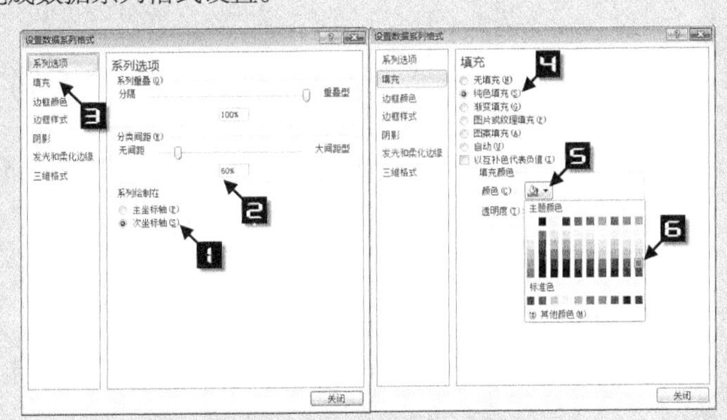

图 76-53　设置数据格式

Step 3 设置【合计】系列格式。更改【合计】系列图表类型为【柱形图】，选择【系列“合计”】，设置【分类间距】设置为“30%”；切换到【填充】选项卡，选择【无填充】，如图 76-54 所示。切换到【边框颜色】选项卡，选择【实线】，【颜色】选择“橙色 深色 50%”；切换到【边框样式】选项卡，【宽度】选择【3 磅】，如图 76-54 所示。

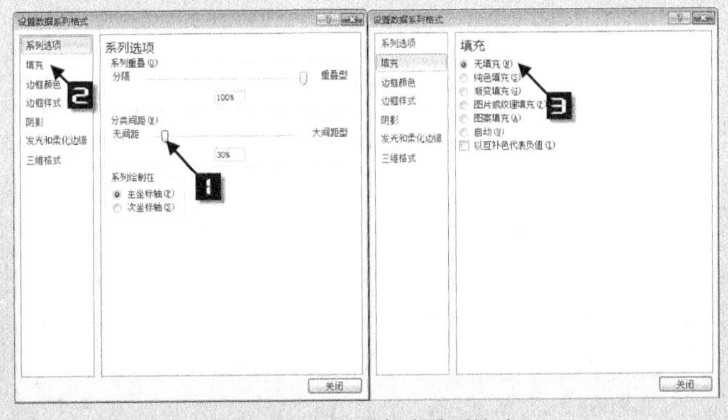

图 76-54　设置合计系列格式

Step 4　设置次垂直轴格式。在图表中单击【次坐标轴 垂直（值）轴】，按<Ctrl+1>组合键打开【设置坐标轴格式】对话框，调整【最小值】和【最大值】分别为“0”和“26”，【主要刻度线类型】和【坐标轴标签】均为“无”，如图 76-55 所示，单击【关闭】按钮关闭格式设置对话框。

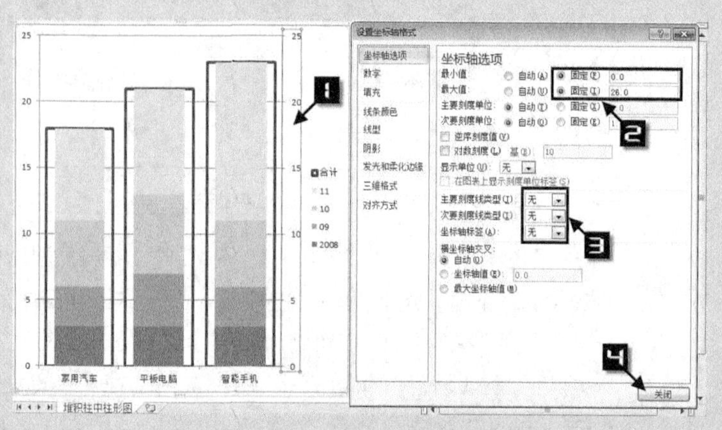

图 76-55　设置次坐标轴格式

Step 5　改变【图例】位置，调整【绘图区】大小，添加数据【标签】，添加【图表标题】，完成柱中堆积柱形图，如图 76-56 所示。

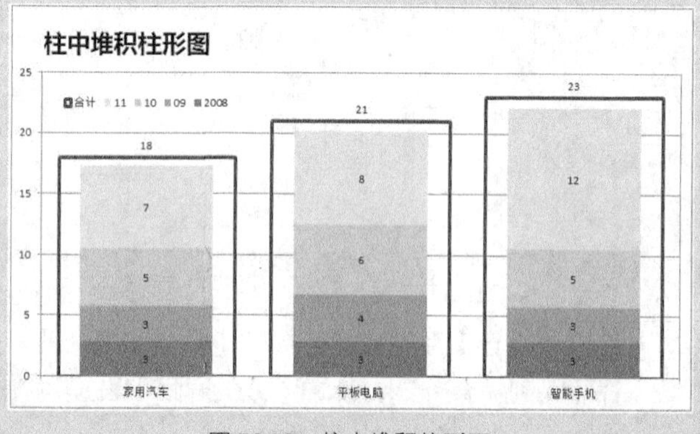

图 76-56　柱中堆积柱形图

76.3　柱中散点图

柱中散点图是在标准柱形图中添加对应的 XY 散点图，能够进一步展现明细数据随 X 数据变化而变化的方向。

Step 1　按住<Ctrl>键，选取 B2:B5 和 G2:G5 单元格区域，按<Alt+F1>组合键，在工作表中插入一个柱形图，然后选择 C7:C21 单元格，按<Ctrl+C>组合键复制，单击图表，依次单击【开始】选项卡中的【粘贴】→【选择性粘贴】命令，打开【选择性粘贴】对话框，单击【确定】按钮关闭对话框，添加【销售】系列数据，完成图表创建，如图 76-57 所示。

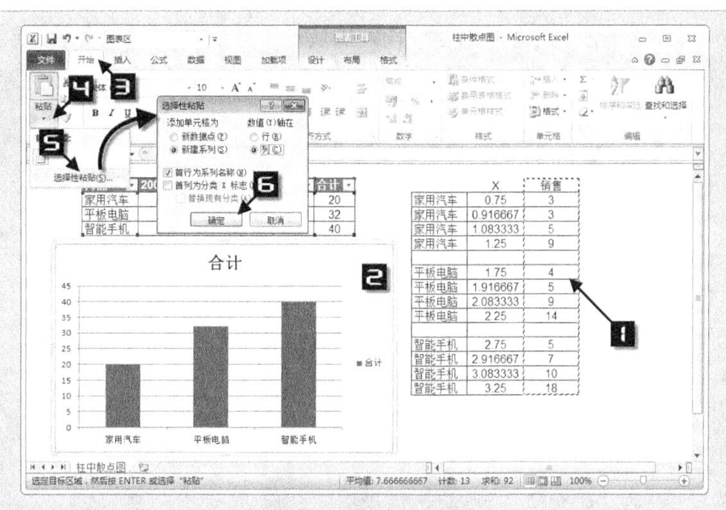

图 76-57　创建图表

Step 2　在图表中选择【系列“销售”】，在【图表工具】→【设计】选项卡中，单击【更改图表类型】命令，打开【更改图表类型】对话框，依次单击【XY（散点图）】→【带平滑线和数据标记的散点图】图表类型，如图 76-58 所示。单击【确定】按钮关闭对话框，完成更改图表类型为散点折线图。

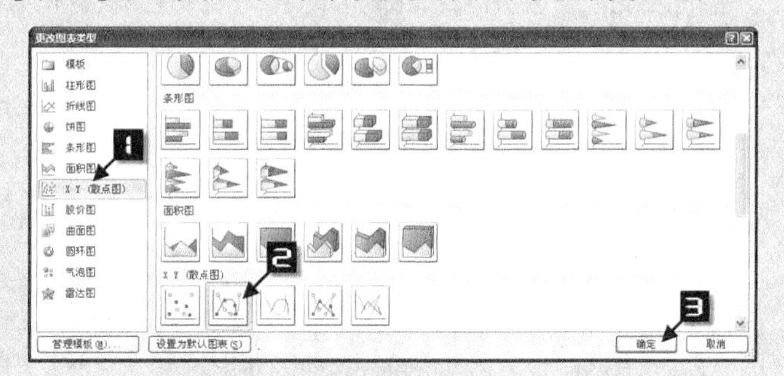

图 76-58　更改图表类型

Step 3　右键单击【系列“销售”】，在弹出的快捷菜单上选择【选择数据（E）】命令，打开【选择数据源】对话框，然后在【图例项（系列）】列表中选择【销售】选项，单击【编辑】按钮打开【编辑数据系列】对话框，单击【X 轴系列值】文本框右侧的折叠按钮，选取【$J$3:$J$16】单元格区域，两次单击【确定】按钮关闭对话框，完成数据系列编辑，如图 76-59 所示。

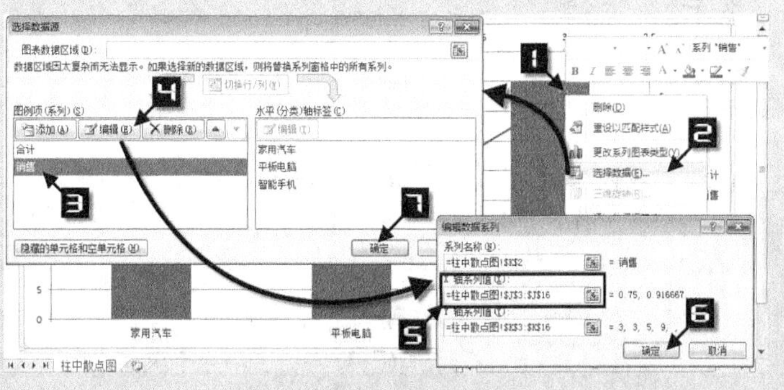

图 76-59　编辑销售系列数据

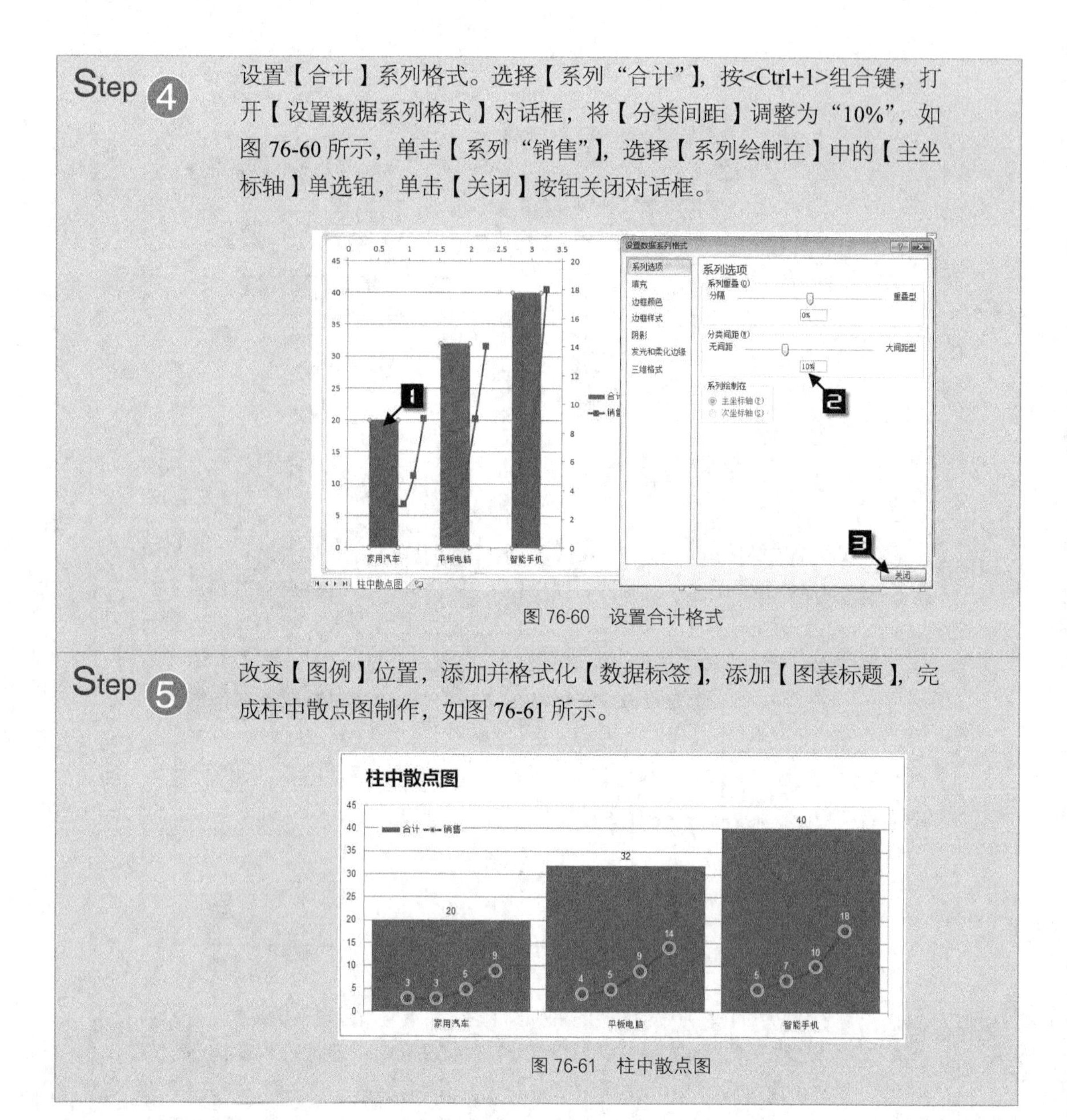

Step 4 设置【合计】系列格式。选择【系列“合计”】，按<Ctrl+1>组合键，打开【设置数据系列格式】对话框，将【分类间距】调整为“10%”，如图 76-60 所示，单击【系列“销售”】，选择【系列绘制在】中的【主坐标轴】单选钮，单击【关闭】按钮关闭对话框。

图 76-60　设置合计格式

Step 5 改变【图例】位置，添加并格式化【数据标签】，添加【图表标题】，完成柱中散点图制作，如图 76-61 所示。

图 76-61　柱中散点图

76.4　柱中折线图

柱中折线图是在标准柱形图中添加对应的折线图，利用折线图进一步展现明细数据的变化趋势。

Step 1 按住<Ctrl>键，选取 B2:B5 和 G2:G5 单元格区域，按<Alt+F1>组合键，在工作表中插入一个柱形图，然后选择 B7:B23 单元格，按<Ctrl+C>组合键复制，再选择图表，依次单击【开始】选项卡中的【粘贴】→【选择性粘贴】命令，打开【选择性粘贴】对话框，勾选【新建系列】单选钮和【首行为系列名称】复选框，单击【确定】按钮关闭对话框，添加【系列“折线”】数据，完成创建图表，如图 76-62 所示。

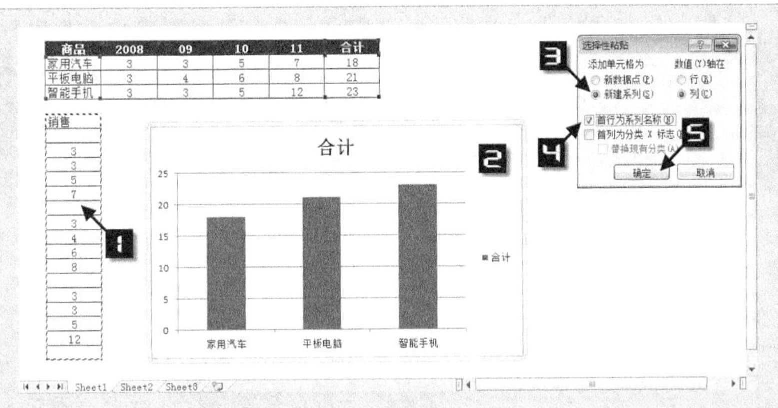

图 76-62　创建图表

Step 2　单击【系列“折线”】，按<Ctrl+1>组合键，打开【设置数据系列格式】对话框，选择【系列绘制在】的【次坐标轴】选项，如图 76-63 所示，单击【关闭】按钮关闭对话框，完成设置次坐标轴。

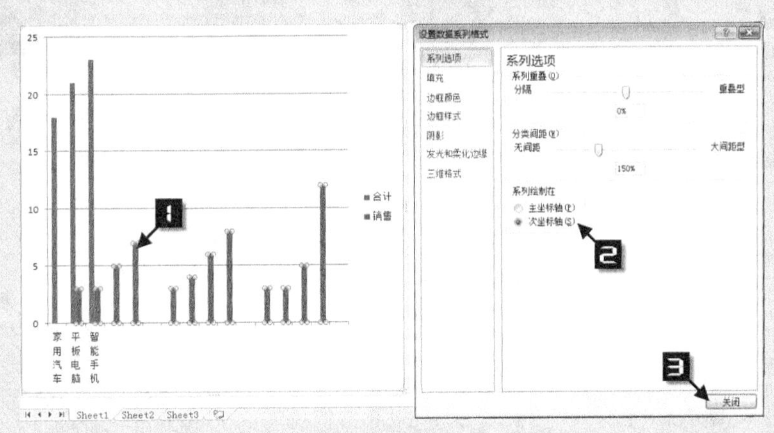

图 76-63　设置系列绘制位置

Step 3　选择图表中的【系列“折线”】，在【图表工具】→【设计】选项卡中，单击【更改图表类型】命令，打开【更改图表类型】对话框，依次单击【折线图】→【带数据标记的折线图】图表类型，如图 76-64 所示。单击【确定】按钮关闭对话框，完成更改图表类型为折线图。

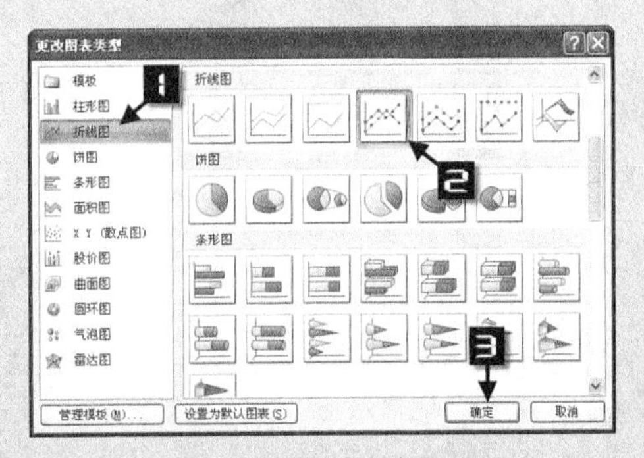

图 76-64　更改图表类型

Step 4 选择图表，依次单击【图表工具】→【布局】选项卡中的【坐标轴】→【次要横坐标轴】→【显示从左到右坐标轴】命令，使“折线”数据系列绘制在次要横坐标轴上，如图 76-65 所示。

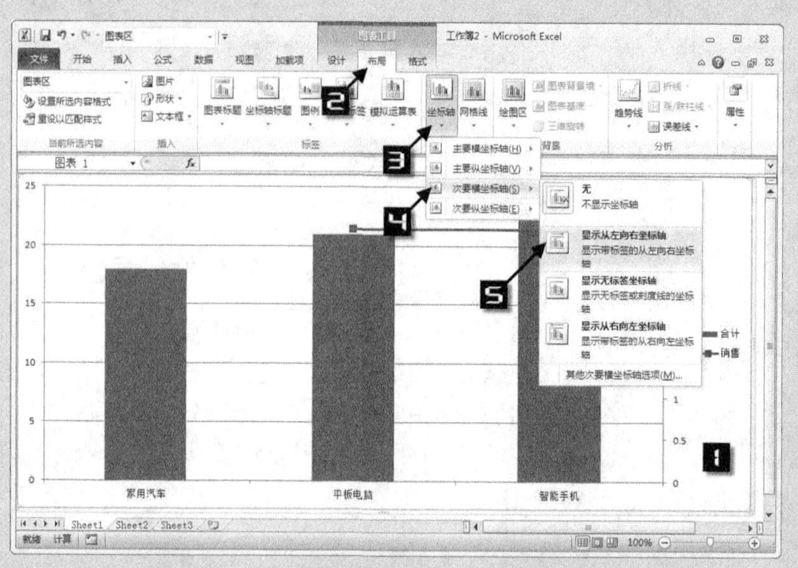

图 76-65 显示次要横坐标轴

Step 5 单击【系列“合计”】柱形图，在【格式】选项卡【当前所选内容】组中，单击【设置所选内容格式】，打开【设置数据系列格式】对话框，设置【分类间距】为“20%”，如图 76-66 所示。

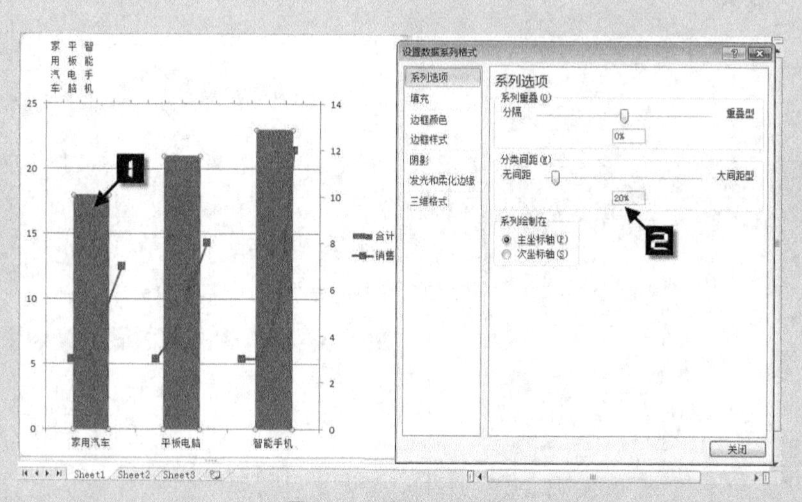

图 76-66 设置分类间距

Step 6 选择图表右侧的【垂直（值）轴】，在【设置坐标轴格式】对话框中，设置【最大值】为【固定】数值“25”，然后设置【坐标轴标签】为“无”，如图 76-67 所示。

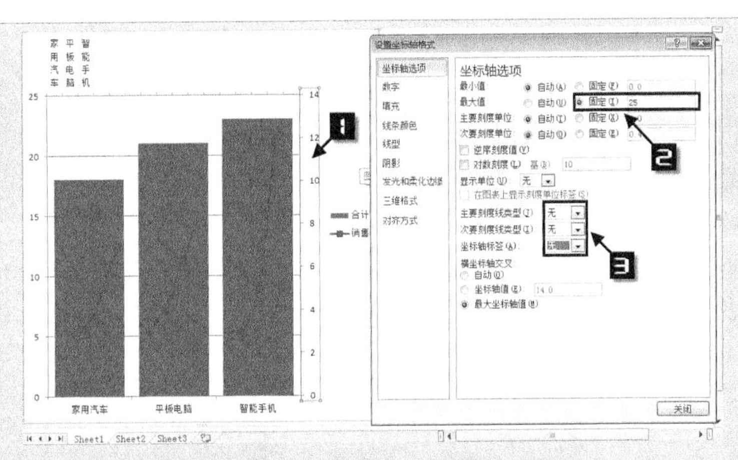

图 76-67　设置次垂直轴格式

Step 7　选择图表上方的【次坐标轴 水平类别轴】，在【设置坐标轴格式】对话框中，设置【坐标轴标签】为“无”，然后选择【位置坐标轴】→【在刻度线上】单选钮，如图 76-68 所示。单击【关闭】按钮关闭对话框，完成次要横坐标轴设置。

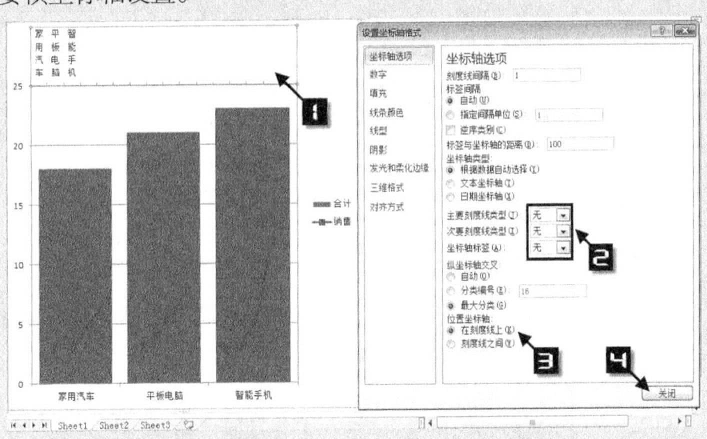

图 76-68　设置次水平轴格式

Step 8　添加图表标题，删除图例，格式化图表，完成柱中折线图制作，如图 76-69 所示。

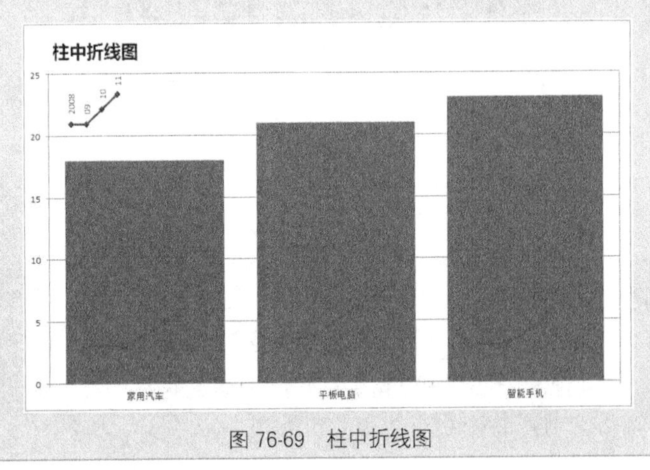

图 76-69　柱中折线图

技巧 77　大事记图

大事记图是利用 Excel 散点图配合误差线完成的一种图表，图表以时间为主轴，将事件直接显示在图表上。本技巧将以 Excel Home 成立至 2012 年 2 月大事为示例，说明如何制作大事记图。

序号	月份	大事记	系列2Y值
1	Nov-99	Excel Home网站成立	0
2	Jun-01	网站首次改版	0
3	Jan-02	Excel Home技术社区成立	0
4	Mar-03	成为微软全球技术支持中心的合作伙伴	0
5	Mar-03	成为微软中文社区的联盟成员	0
6	Sep-04	Excel Home繁体版上线	0
7	Jun-05	开展社区Office技术竞赛	0
8	Jun-05	优秀会员评选活动启动	0
9	Dec-06	技术社区注册用户达20万	0
10	Mar-07	《Excel实战技巧精粹》出版	0
11	Jan-08	技术社区注册用户达40万	0
12	Jan-08	《Excel应用大全》出版	0
13	Sep-09	《数据透视表应用大全》出版	0
14	Jun-09	EH免费在线培训中心成立	0
15	Jan-10	技术社区注册用户达100万	0
16	Mar-10	《Excel 2007实战技巧精粹》出版	0
17	Mar-11	Excel Home技术中心成立	0
18	Dec-11	《Excel 2010应用大全》出版	0
19	Feb-12	《菜鸟啃Excel》、《罗拉的奋斗》出版	0
20	Feb-12	技术社区注册用户达170万	0

图 77-1　Excel Home 成立至 2012 年 2 月大事记

Step 1　在如图 77-1 所示的数据表中添加辅助数据系列 2Y 值，在 D1 单元格输入【系列 2Y 值】，在 C2:C21 区域全部填充为 0。

Step 2　选中工作表任一空白单元格，如图 77-2 所示创建一个空白的 XY 散点图。

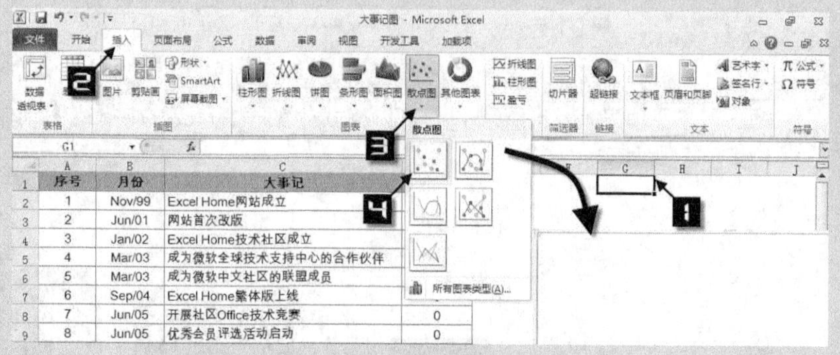

图 77-2　创建空白 XY 散点图

Step 3　选中图表，依次单击【设计】→【选择数据】，打开【选择数据源】对话框。在该对话框中单击【添加】按钮，打开【编辑数据系列】对话框，设置系列 1 的【X 轴系列值】为 B2:B21，【Y 轴系列值】为 A2:A21，完成后单击【确定】按钮关闭【编辑数据系列】对话框并返回至【选择数据源】对话框。如图 77-3 所示。

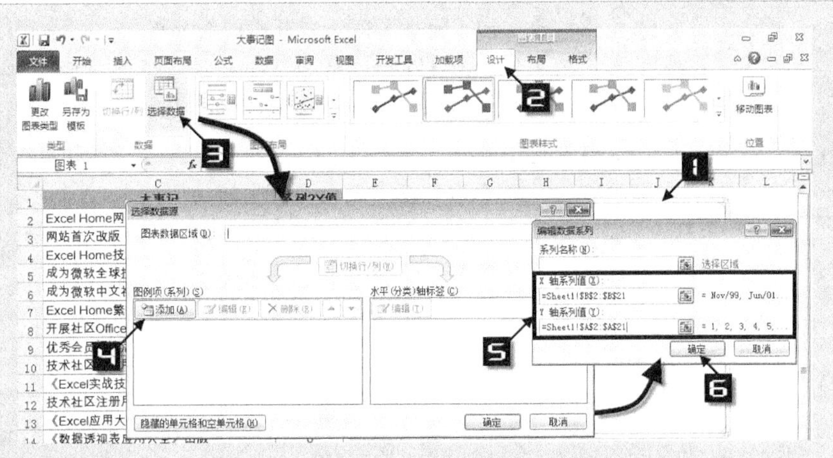

图 77-3　添加数据系列 1

Step 4　再次单击【编辑数据源】对话框中的【添加】按钮，打开【编辑数据系列】对话框，设置系列 2 的【X 轴系列值】为 B2:B21，【Y 轴系列值】为 D2:D21，完成后单击【确定】按钮关闭当前对话框并返回至【选择数据源】对话框。最后单击【选择数据源】对话框中的【确定】按钮完成数据系列的添加，如图 77-4 所示。

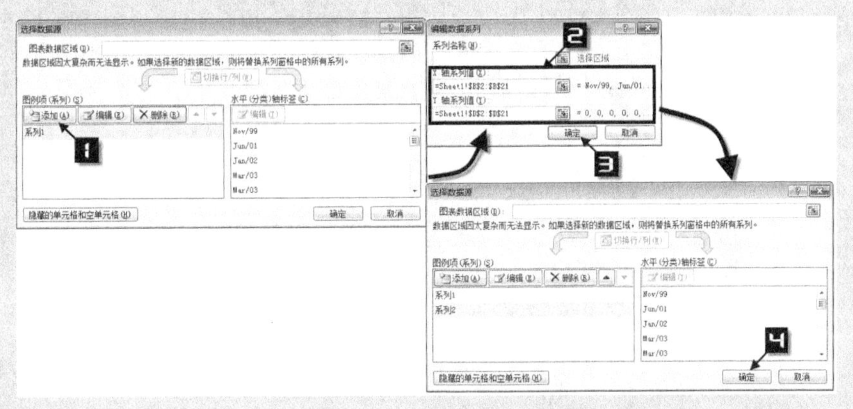

图 77-4　添加数据系列 2

Step 5　选中【图例】，按<Delete>删除，选中【垂直轴主要网格线】，按<Delete>删除。完成后如图 77-5 所示。

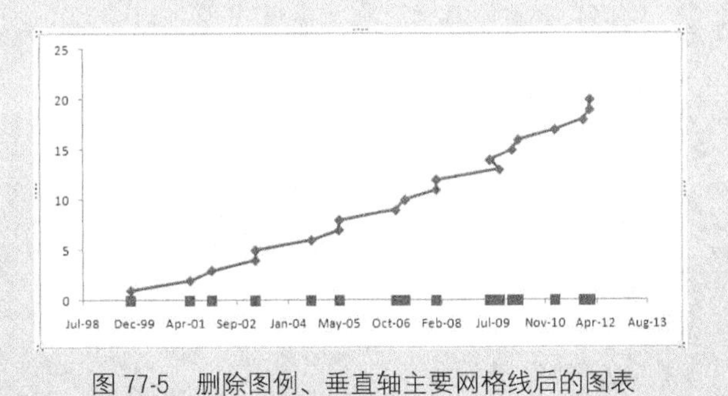

图 77-5　删除图例、垂直轴主要网格线后的图表

Step 6 选中【水平（值）轴】并双击打开【设置坐标轴格式】对话框，在打开的【设置坐标轴格式】对话框中设置【坐标轴选项】中【最小值】为固定值“36460”（即 1999 年 10 月 27 日），设置最大值为固定值“40945”（即 2012 年 2 月 6 日），接着单击【主要刻度线类型】右侧列表框的下拉按钮，选择【无】，单击【次要刻度线类型】右侧列表框的下拉按钮，选择【无】，单击【坐标轴标签】右侧列表框的下拉按钮，选择【无】。最后单击【关闭】按钮完成设置，如图 77-6 所示。

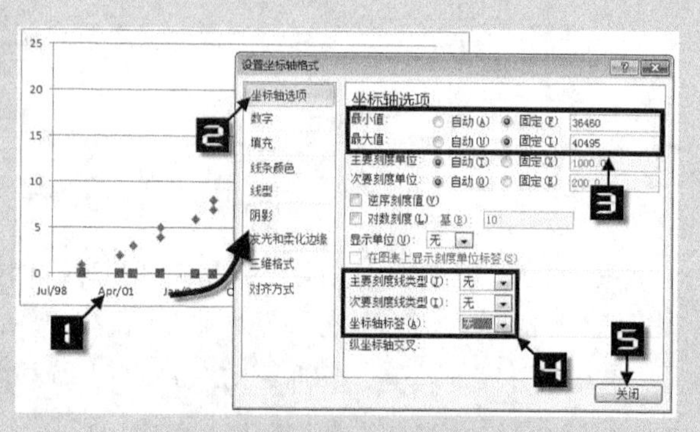

图 77-6 设置坐标轴格式

Step 7 选中【系列 2】，在【布局】选项卡的【标签】组中单击【数据标签】按钮，在打开的扩展菜单中选择【其他数据标签选项】，在打开的【设置数据标签格式】对话框中的【标签包括】区域中取消勾选默认的【Y 值】复选框，勾选【X 值】复选框，在【标签位置】中选择【靠下】单选钮；切换到【对齐方式】选项卡，在【文字方向】下拉列表框中选择【竖排】选项，最后单击【关闭】按钮完成设置，如图 77-7 所示。

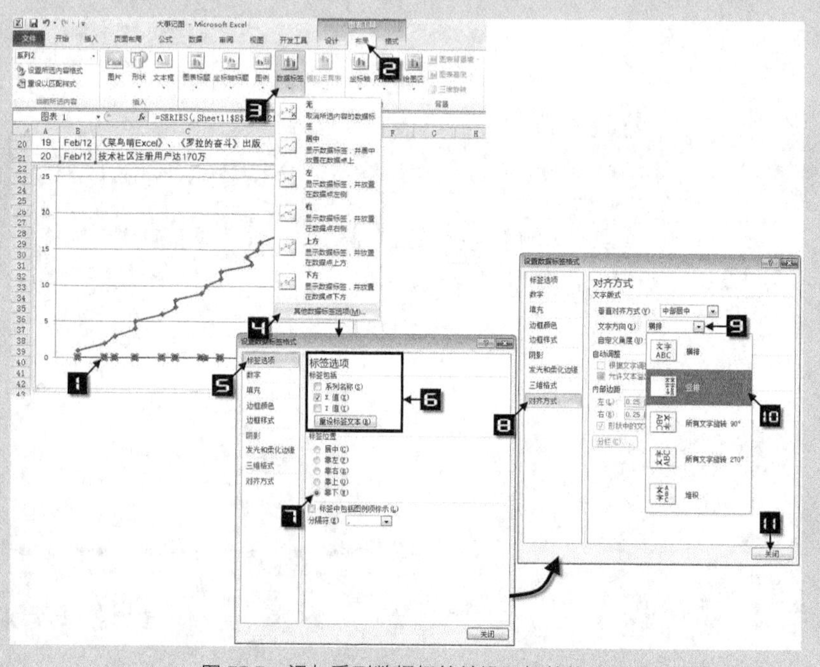

图 77-7 添加系列数据标签并设置标签格式

Step 8　选中图表中的数据系列“系列 2”并双击打开【设置数据系列格式】对话框，选择【数据标记选项】选项卡，选择【无】单选钮，单击【关闭】按钮，如图 77-8 所示。

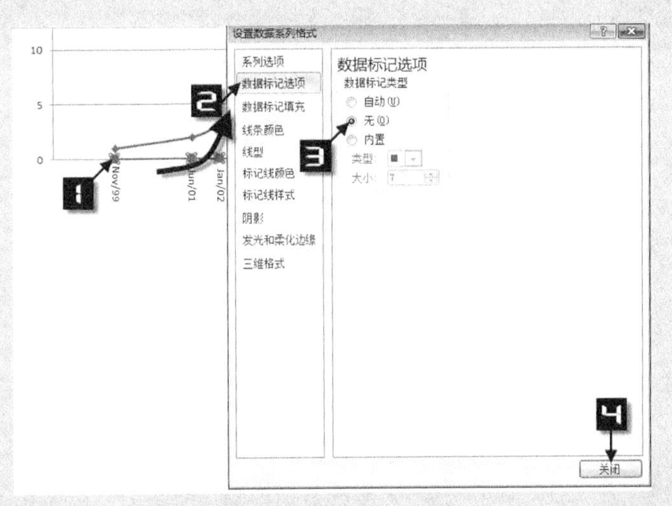

图 77-8　设置数据系列格式

Step 9　选中【垂直（值）轴】并双击打开【设置坐标轴格式】对话框，设置【主要刻度线类型】、【次要刻度线类型】、【坐标轴标签】全部为“无”，最后单击【关闭】按钮关闭对话框，如图 77-9 所示。

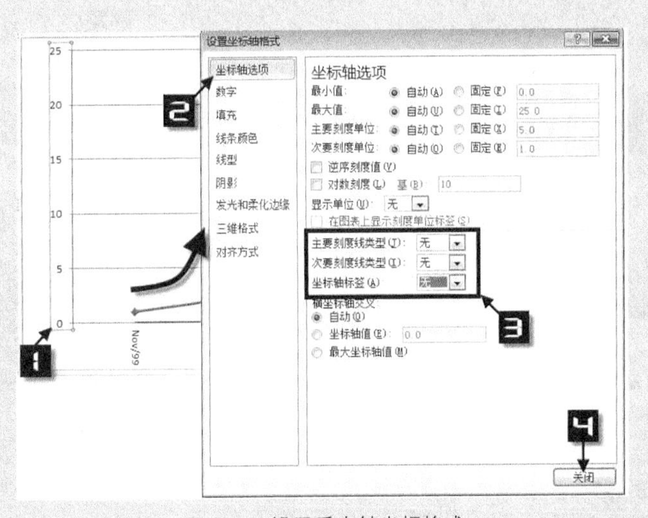

图 77-9　设置垂直轴坐标格式

Step 10　选中“系列 1”，在【布局】选项卡的【分析】组中单击【误差线】按钮，在扩展菜单中选择【其他误差线选项】，打开【设置误差线格式】对话框，设置【垂直误差线】为【负偏差】，【末端样式】为【无线端】，【误差量】区域中的【百分比】设置为“100%”，最后单击【关闭】按钮完成设置，如图 77-10 所示。

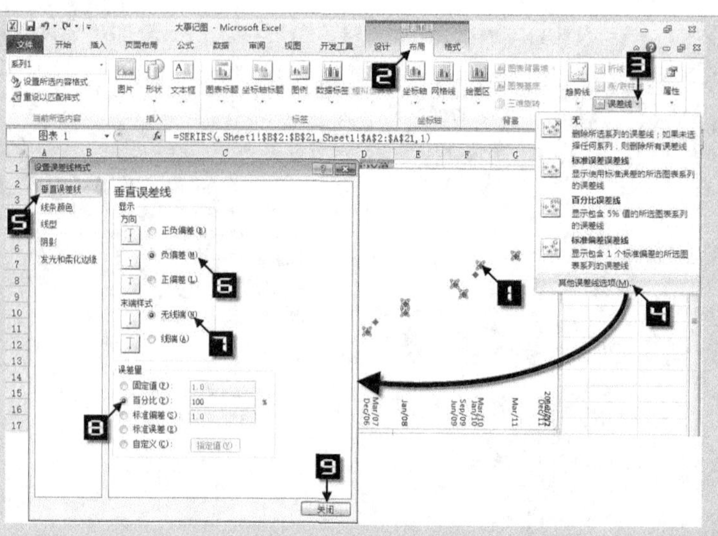

图 77-10 设置误差线格式

Step 11 调整图表大小，选中“系列 1”，依次单击【布局】→【数据标签】→【左】，为数据“系列 1”添加数据标签，如图 77-11 所示。

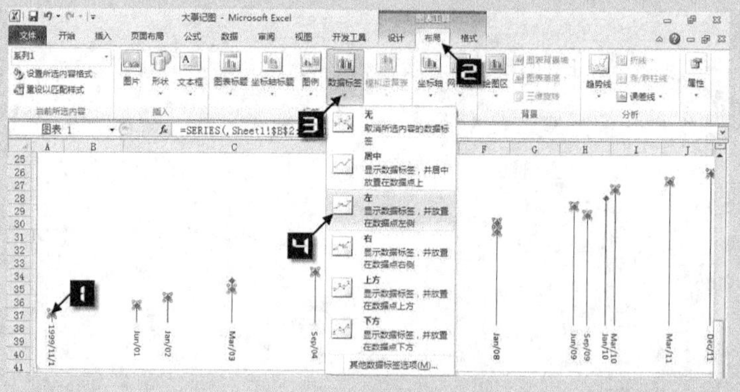

图 77-11 为数据系列添加数据标签

Step 12 两次单击“系列 1”的数据点“Nov-99”数据标签，然后在编辑栏中输入如下公式，完成后按<Enter>键结束，如图 77-12 所示。

```
=Sheet1!$C$2
```

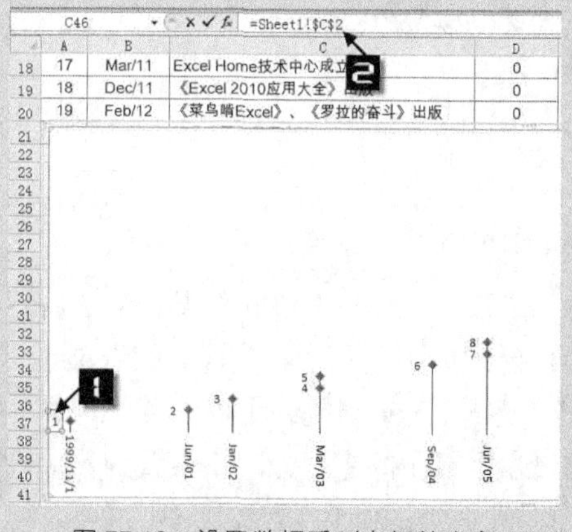

图 77-12 设置数据系列点标签内容

Step 13　采用上一步同样的方法为其他数据系列点添加数据标签，进一步美化图表，添加 Excel Home 图片，完成大事记图，如图 77-13 所示。

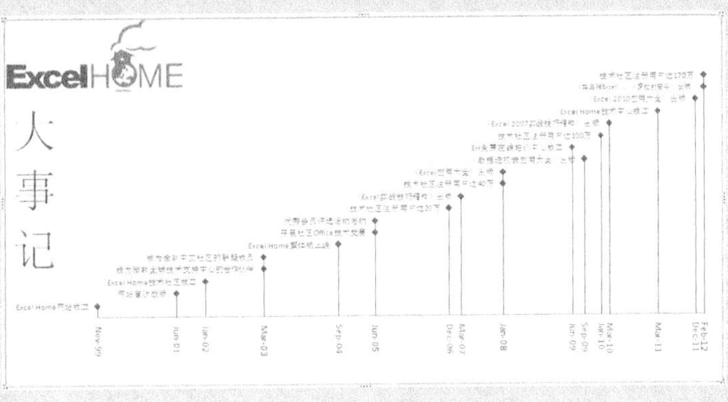

图 77-13　Excel Home 大事记图

技巧 78　总计分类统计图

总计分类统计图是指将项目合计以及项目各自的内容反映在一起的图表，其制作步骤如下。

	A	B	C	D	E
1		材料1	材料2	材料3	材料4
2	材料仓库	13	8	20	15
3	生产线	31	10	4	7
4	不良品库	15	8	11	21
5	合计	59	26	35	43

图 78-1　作图数据源

Step 1　在如图 78-1 所示的数据表中，选中 A1:E4，依次单击【插入】→【柱形图】按钮→【堆积柱形图】，创建一个堆积柱形图，如图 78-2 所示。

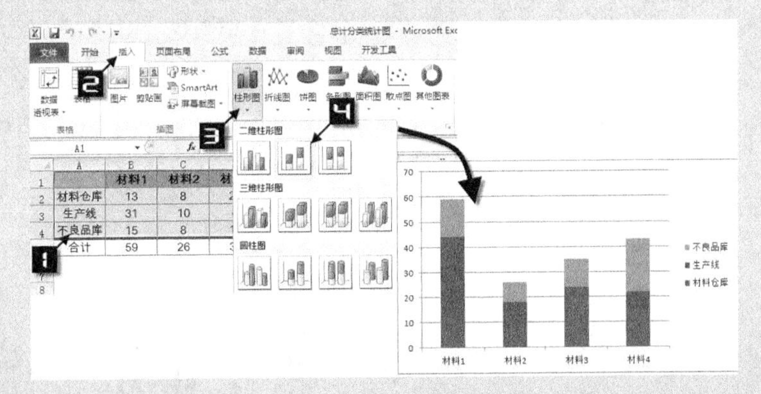

图 78-2　创建堆积柱形图

Step 2　选中图表，依次单击【设计】→【选择数据】按钮，在打开的【选择数据源】对话框中单击【添加】按钮，然后在打开的【编辑数据系列】对话框中设置【Y 系列值】为 B5:E5，如图 78-3 所示。

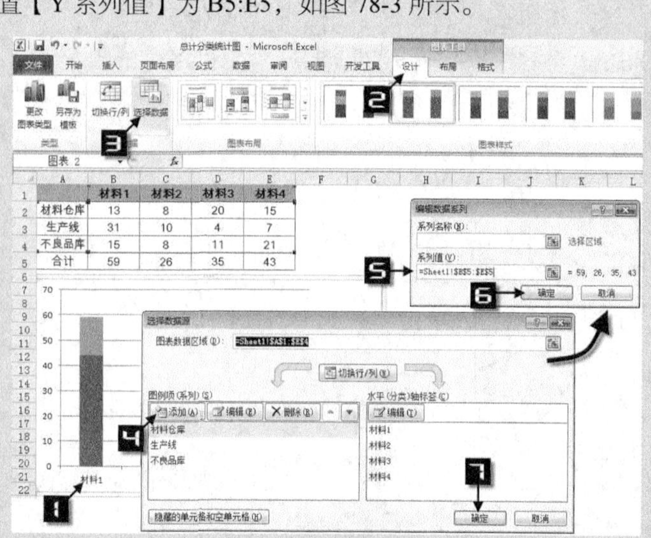

图 78-3　添加数据系列

Step 3

选择图表【系列 4】并双击，在打开的【设置数据系列格式】对话框中将【系列绘制在】由默认的【主坐标轴】更改为【次坐标轴】，然后单击【关闭】按钮完成设置，如图 78-4 所示。

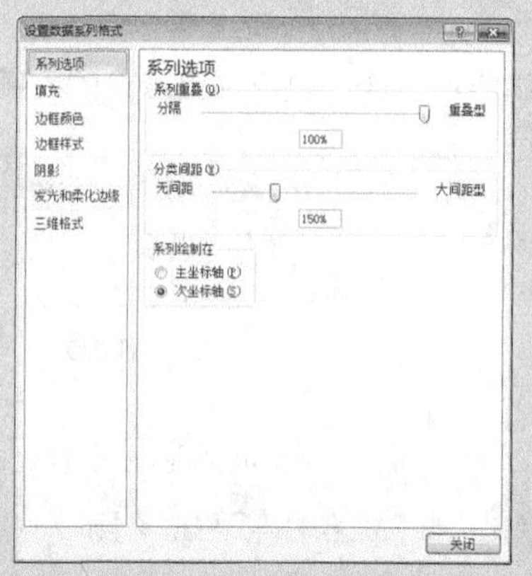

图 78-4　设置数据系列格式

Step 4

选中数据区域 B5:E5，按<Ctrl+C>组合键复制，选中图表，按<Ctrl+V>组合键进行粘贴，再一次将合计数据添加到图表中，如图 78-5 所示。

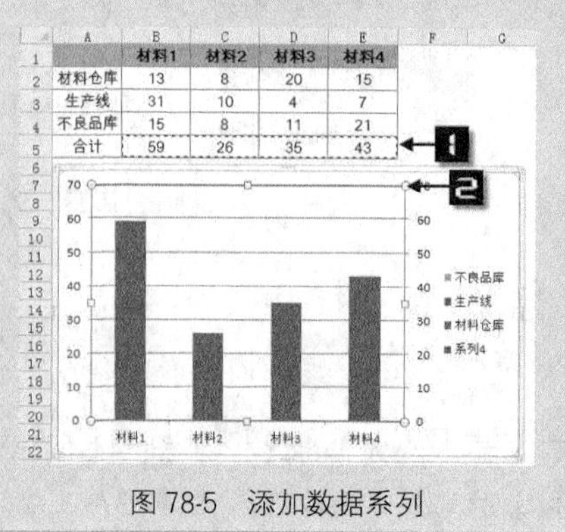

图 78-5　添加数据系列

Step 5 选中新添加的数据系列 5，在【设计】选项中单击【更改图表类型】按钮，在打开的【更改图表类型】对话框中选择【簇状柱形图】，然后单击【确定】按钮，如图 78-6 所示。

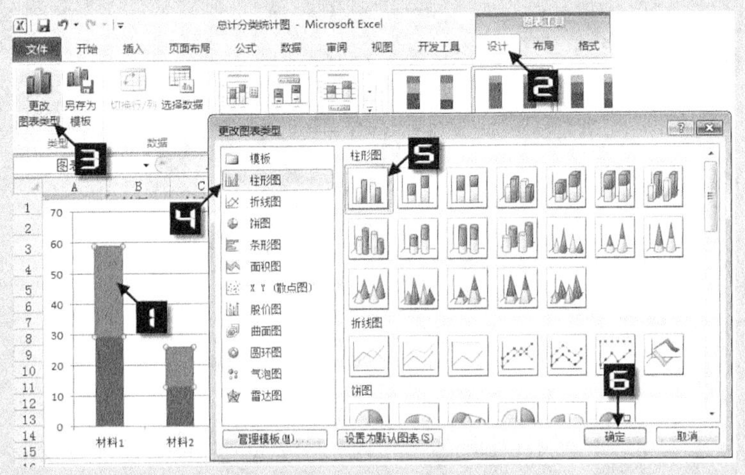

图 78-6　更改图表类型

Step 6 将图表中【系列 5】的【形状填充】和【形状轮廓】全部设置为“无”，删除图例、主要坐标轴网格线，进一步格式化图表元素并美化图表，最终图表效果如图 78-7 所示。

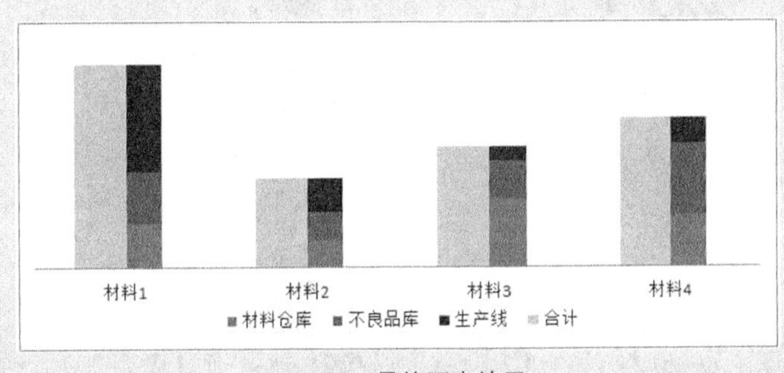

图 78-7　最终图表效果

技巧 79　孪生饼图

孪生饼图是指在一个图表中有两个一样的饼图，饼图各个扇区显示对应的数据，用于比较两个记录所占比例的大小。孪生饼图的制作方法如下。

Step 1 选中数据区域 A1:C7，在【插入】选项卡中单击【其他图表】按钮，在弹出的扩展菜单中选择【圆环图】，如图 79-1 所示。

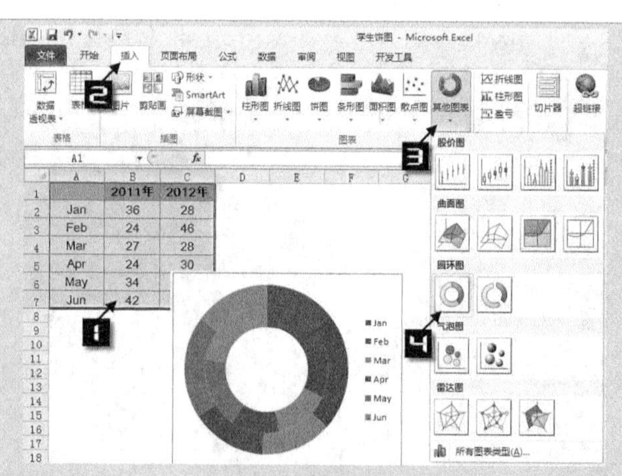

图 79-1　绘制圆环图

Step 2　选中数据系列“2011 年”，在【设计】选项卡中单击【更改图表类型】按钮，在打开的【更改图表类型】对话框的左侧列表框中选择【饼图】，在右侧对应的项目中选择【复合饼图】，如图 79-2 所示。

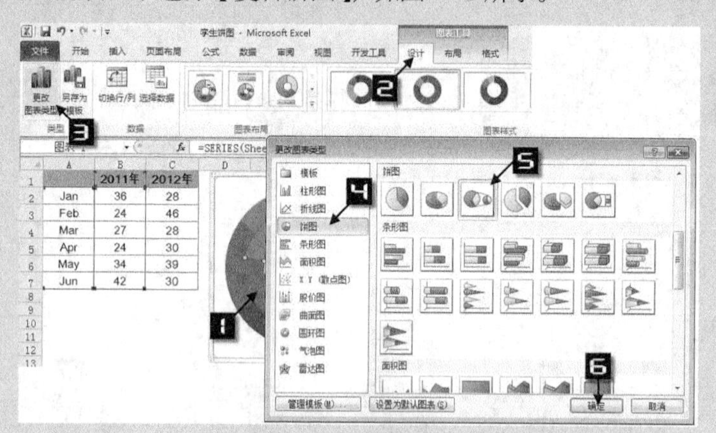

图 79-2　更改图表类型

Step 3　选中数据系列“2011 年”并双击，在打开的【设置数据系列格式】对话框中，调整【第二绘图区包含最后一个】微调选项，使其值为“6”，将【系列绘制在】的【主坐标轴】更改为【次坐标轴】，如图 79-3 所示。

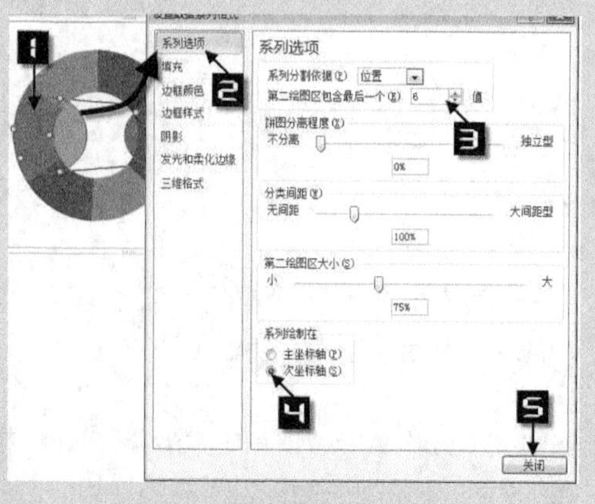

图 79-3　更改系列绘制坐标轴

Step 4　使用同样的操作将数据系列“2012”年由环图更改为复合饼图，并在【设置数据系列格式】对话框中调整【第二绘图区包含最后一个】微调选项，使其值为“0”，如图 79-4 所示。

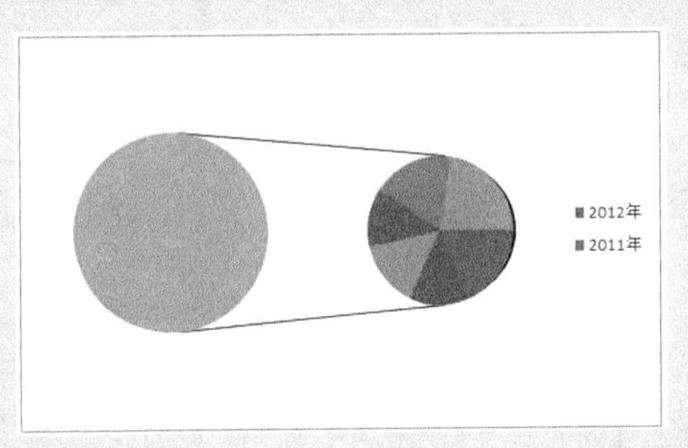

图 79-4　复合饼图

Step 5　将系列“2011 年”的数据点“7”的【形状填充】设置为【无填充颜色】,【形状轮廓】设置为【无轮廓】。

Step 6　删除系列线，为两个饼图分别添加数据标签，并将两个复合饼图的其他项链接为对应单元格作为图表标题，调整图表分类间距及大小，进一步格式化图表及美化图表，最终图表效果如图 79-5 所示。

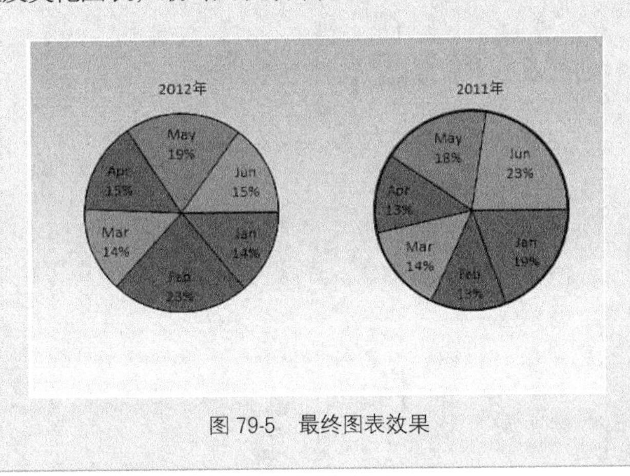

图 79-5　最终图表效果

技巧 80　存货 ABC 分类示意图

在生产制造型公司，为了确保存货管理的有效性，物料的分类管理显得犹为重要。这中间，有一种管理叫存货 ABC 分类管理。

ABC 分类管理来源于二〇八〇原理，类似于质量统计中影响关键的少数和影响次要的多数。在企业中，按存货的金额和品种数量所占的比重，将物料分为 A、B、C 三类，基本的分类标准如表 80 所示。

表 80　　　　存货 ABC 分类标准

分 类 别	品种数比例	金 额 比 例	备 注
A	5%～10%	85%	金额巨大，品种较少，需加强管理
B	15%～30%	15%	金额一般，品种相对较多
C	50%～75%	5%	金额很小，品种繁多

按照 ABC 分类管理制作的图表又被称为柏拉图。

Step 1

基于 ABC 分类标准，设置表格如图 80-1 所示。

	A	B	C	D	E
1	材料	金额	比重	累计比重	存货类别
2	A1	22500	32%	32%	A
3	A2	12500	18%	50%	A
4	A3	7500	11%	60%	A
5	A4	5000	7%	68%	A
6	A5	3750	5%	73%	A
7	A6	3600	5%	78%	A
8	A7	3500	5%	83%	B
9	A8	3200	5%	87%	B
10	A9	2800	4%	91%	B
11	A10	2500	4%	95%	C
12	A11	1600	2%	97%	C
13	A12	1200	2%	99%	C
14	A13	700	1%	100%	C

图 80-1　数据表

其中：B 列数据需要升序排序，C 列计算存货所占比重公式为：

```
=B2/SUM($B$2:$B$14)
```

D 列计算存货累计比重，公式为：

```
=N(D1)+C2
```

E 列计算存货的分类别，公式为：

```
=IF(D2<80%,"A",IF(D2<95%,"B","C"))
```

Step 2

按住<Ctrl>键的同时，分别选中 A1:B14、D1:D14，然后在【插入】选项卡中单击【柱形图】，在扩展菜单中选择【簇状柱形图】，如图 80-2 所示。

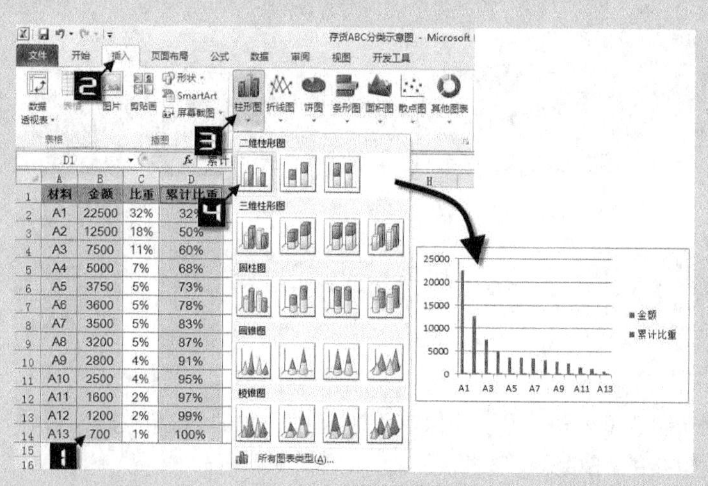

图 80-2　绘制图表

Step 3

选中数据系列“累计比重”，在【格式】选项卡中单击【设置所选内容格式】按钮，打开【设置数据系列格式】对话框，在【系列绘制在】区域中选择【次坐标轴】单选钮，将数据系列绘制在次坐标轴，如图 80-3 所示。

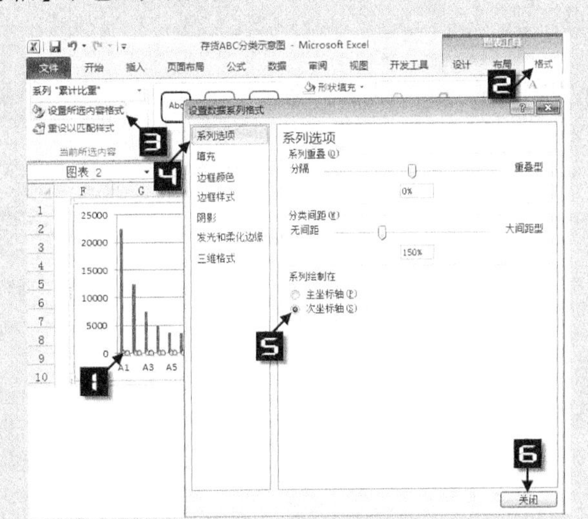

图 80-3　设置数据系列格式

Step 4　保持选中数据系列“累计比重”，在【设计】选项卡中单击【更改图表类型】按钮，在打开的【更改图表类型】对话框左侧的列表框中选择【折线图】选项卡，在右侧对应的项目中选择【带数据标记的折线图】，然后单击【确定】按钮，如图 80-4 所示。

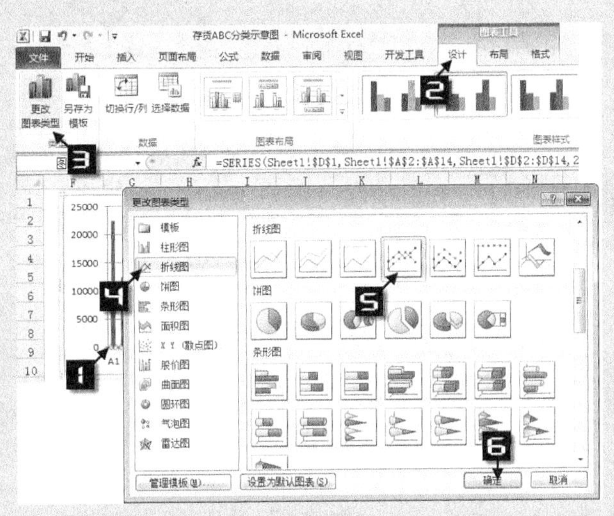

图 80-4　更改图表类型

Step 5　选中数据系列“金额”并双击，打开【设置数据系列格式】对话框，设置【分类间距】为“20%”，然后在左侧列表框中单击【填充】选项卡，选择【纯色填充】，单击【颜色】右侧的下拉按钮，在打开的下拉选项中选择【其他颜色】，在打开的【颜色】对话框中切换到【自定义】选项卡，在下方设置 RGB 的各项颜色值：红色为“189”，绿色为“107”，蓝色为“9”。单击【确定】按钮，关闭当前对话框并返回至【设置数据系列格式】对话框，最后单击【设置数据系列格式】对话框中的【关闭】按钮完成设置，如图 80-5 所示。

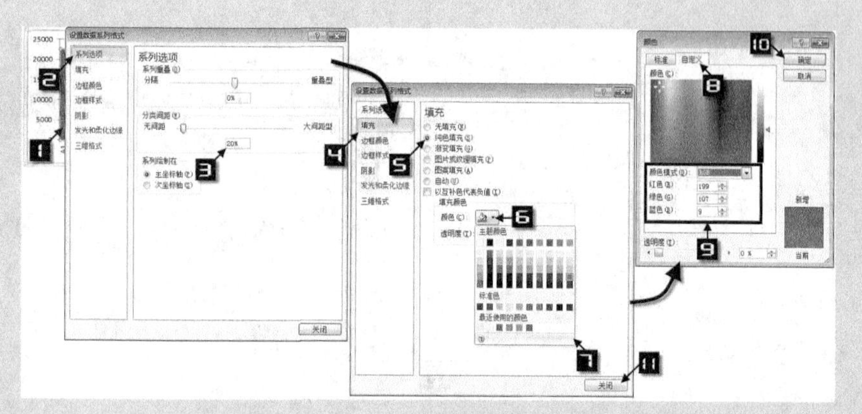

图 80-5　设置数据系列格式

Step 6　选中数据系列“累计比重”，分别设置线条颜色、数据标记填充和标记线颜色，进一步格式化图表元素，美化图表，最终完成存货 ABC 分类示意图，如图 80-6 所示。从图表中可以看出，A1、A2、A3、A4、A5 这 5 种材料需要加强管理。

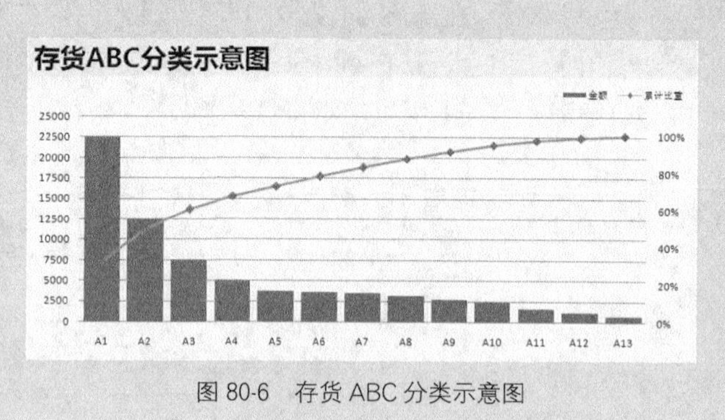

图 80-6　存货 ABC 分类示意图

技巧 81　招募进度计划图

在人力资源管理工作中，会经常碰到人员的招募，特别是在生产订单突然增加的情况下，需要招聘大量作业人员，而为了更好地体现招募工作的进度计划，通常可以采用甘特图的方法来表示。

甘特图的横轴表示项目的时间跨度，纵轴表示项目涉及的各项任务，长短不一的条状图形条则表示项目周期内单项或多项重叠项目的时间跨度及进度情况，制作甘特图的方法如下。

Step 1　在 B、C 两列插入一个新列并将字段命名为所需天数，然后在 C2 单元格输入公式：

```
=D2-B2
```

将公式向下复制填充至 C9。完成后如图 81-1 所示。

	A	B	C	D
1	任务项目	开始时间	所需天数	完成时间
2	确定招聘人数	2012/1/3	2	2012/1/5
3	发布招聘信息	2012/1/5	1	2012/1/6
4	简历筛选	2012/1/5	8	2012/1/13
5	通知面试	2012/1/6	2	2012/1/8
6	安排面试	2012/1/7	10	2012/1/17
7	分析面试结果	2012/1/17	3	2012/1/20
8	确定招聘结果	2012/1/20	3	2012/1/23
9	安排报到	2012/1/23	2	2012/1/25

图 81-1 整理完成的数据表

Step 2 选中 A1:B9，在【插入】选项卡中单击【条形图】下拉按钮，在扩展菜单中选择【二维条形图】→【堆积条形图】，如图 81-2 所示。

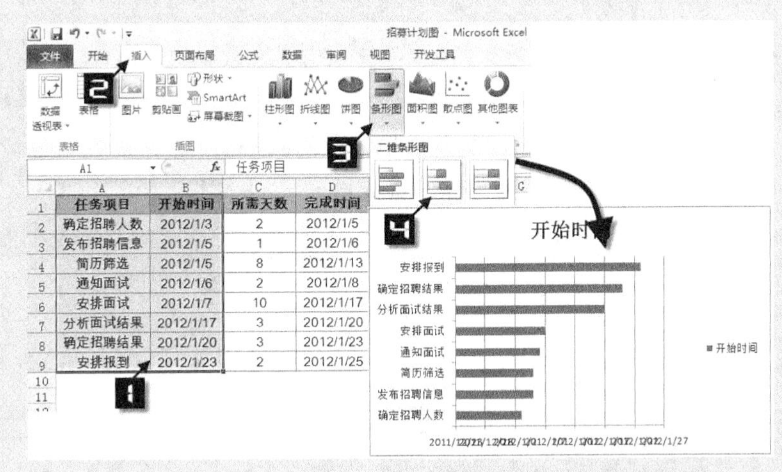

图 81-2　绘制图表

Step 3 选中 C1:C9，按<Ctrl+C>组合键复制，然后选中图表，按<Ctrl+V>组合键粘贴，添加“所需天数”数据系列，如图 81-3 所示。

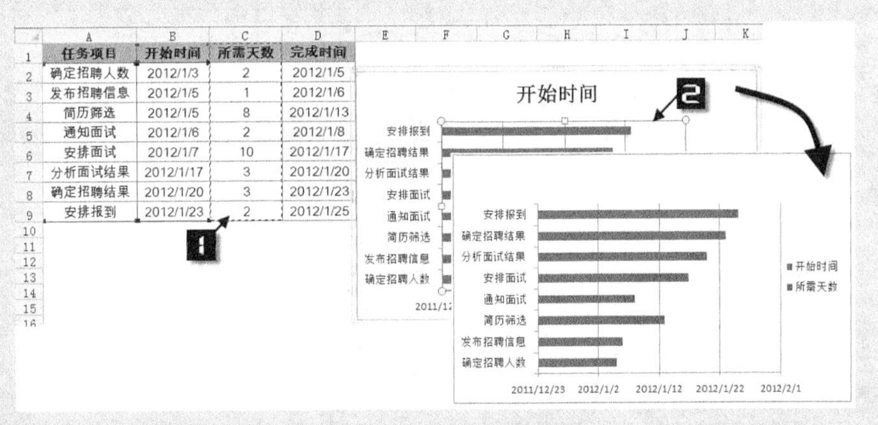

图 81-3　添加数据系列

Step 4 选中【水平（值）轴】并双击，在打开的【设置坐标轴格式】对话框中的【坐标轴选项】中设置【最小值】为固定值“40911”（即 2012 年 1 月 3 日），最大值为固定值“40933”（即 2012 年 1 月 25 日），【主要刻度单位】为“1”，然后单击【关闭】按钮完成设置，如图 81-4 所示。

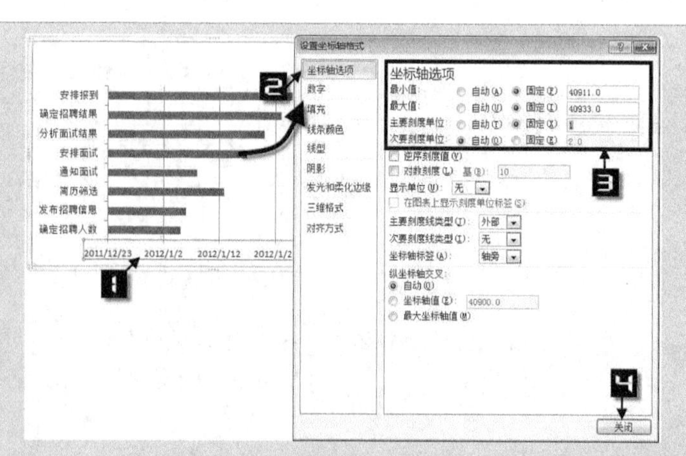

图 81-4　设置横坐标轴格式

Step 5　选中【垂直（类别）轴】并双击打开【设置坐标轴格式】对话框，勾选【逆序类别】复选框，在【横坐标轴交叉】中选择【最大分类】单选钮，然后单击【关闭】按钮完成设置，如图 81-5 所示。

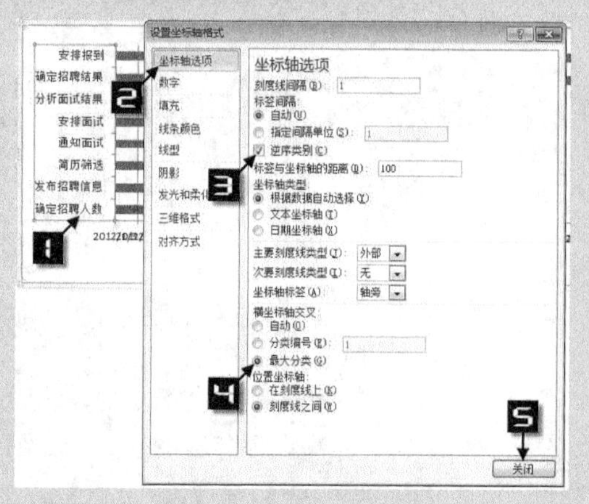

图 81-5　设置纵坐标轴格式

Step 6　选中数据系列“所需天数”并双击打开【设置数据系列格式】对话框，调节【分类间距】的滑块向左使其变为“%”，然后单击【关闭】按钮完成设置，如图 81-6 所示。

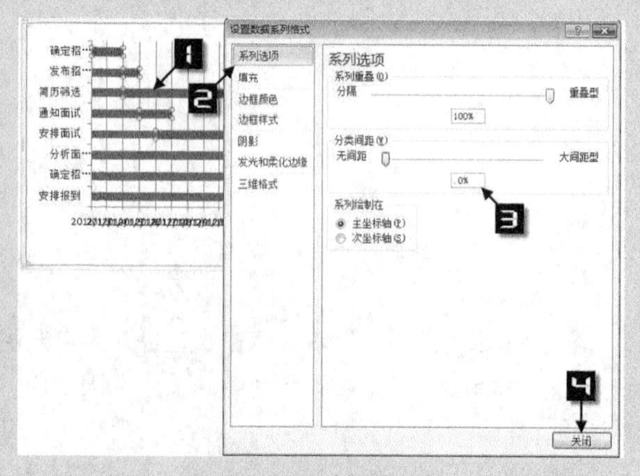

图 81-6　设置数据系列格式

Step 7 选中数据系列“开始时间”，在【格式】选项卡中单击【形状填充】右侧的下拉按钮，在打开的列表中选择【无填充颜色】，使用同样的方法将【形状轮廓】设置为【无轮廓】，如图 81-7 所示。

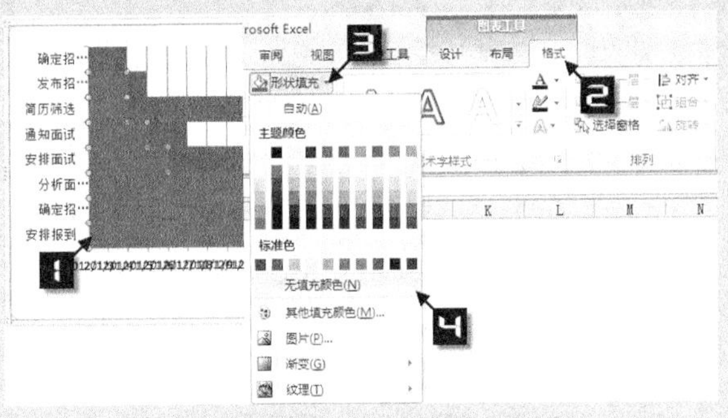

图 81-7 设置系列“开始时间”格式

Step 8 选中图表，在【布局】选项卡的【坐标轴】组中单击【网格线】→【主要横网格线】→【主要网格线】，以显示网格线，如图 81-8 所示。

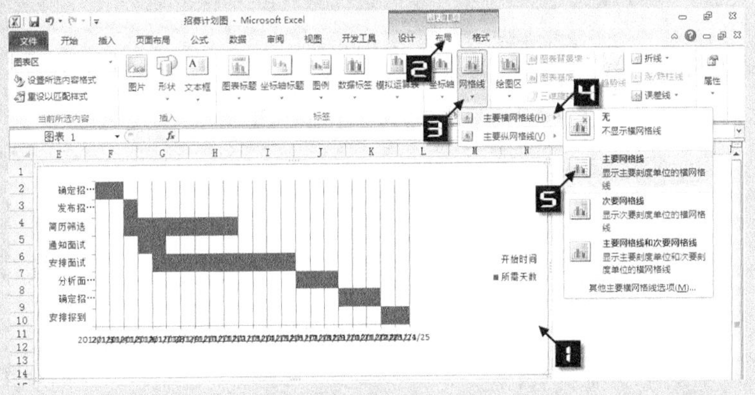

图 81-8 显示主要网格线

Step 9 进一步设置图表各元素的格式，美化图表系列、绘图区、图表区等，最终完成招募计划进度图，如图 81-9 所示。

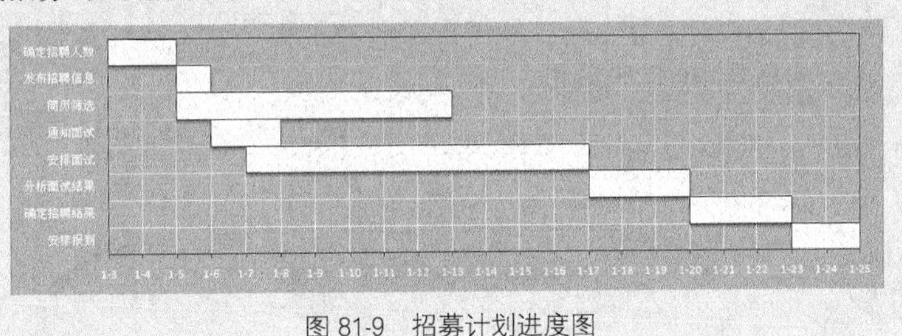

图 81-9 招募计划进度图

技巧 82 计划实际对比图

对比图一般是两组数据的柱形图，若要同时展示两组数据的大小及其差值，需要使用柱形图和堆积柱形图的组合。以生产计划与实绩的差额、超额情形为例，制作计划与实绩对比图的方法如下。

Step 1

构建辅助数据。在 D 列计算差额，在 E 列计算超额。在 D2 和 E2 单元格中分别输入如下公式：

```
D2=IF(C2<B2,B2-C2,NA())
E2=IF(B2<C2,C2-B2,NA())
```

选中 D2:E2 单元格区域，将公式填充至 D5:E5 单元格区域。

复制 A1:E1 单元格区域，粘贴到 G1:K1 单元格区域，然后在 G2:K2 单元格区域分别输入如下公式：

```
G2=IF(MOD(ROW()-1,4)=COLUMN(B1),OFFSET(A$1,INT((ROW()-1)/4)+1,),"")
H2=IF(MOD(ROW(H1)-1,4)=COLUMN(A1),OFFSET(B$1,INT((ROW(H1)-1)/4)+1,),NA())
I2=IF(MOD(ROW(I1)-1,4)=COLUMN(B1),OFFSET(C$1,INT((ROW(I1)-1)/4)+1,),NA())
J2=IF(MOD(ROW(J1)-1,4)=COLUMN(B1),OFFSET(D$1,INT((ROW(J1)-1)/4)+1,),)
K2=IF(MOD(ROW(H1)-1,4)=COLUMN(A1),OFFSET(E$1,INT((ROW(H1)-1)/4)+1,),)
```

选中 G2:K2 单元格区域，将公式填充至 G17:K17 单元格区域，完成后的数据表如图 82-1 所示。

	A	B	C	D	E
1	产品	计划	实绩	差额	超额
2	A	412	216	196	#N/A
3	B	395	497	#N/A	102
4	C	325	214	111	#N/A
5	D	285	375	#N/A	90

	G	H	I	J	K
1	产品	计划	实绩	差额	超额
2		#N/A	#N/A	0	0
3	A	412	#N/A	0	#N/A
4		#N/A	216	196	0
5		#N/A	#N/A	0	0
6		#N/A	#N/A	0	0
7	B	395	#N/A	0	102
8		#N/A	497	#N/A	0
9		#N/A	#N/A	0	0
10		#N/A	#N/A	0	0
11	C	325	#N/A	0	#N/A
12		#N/A	214	111	0
13		#N/A	#N/A	0	0
14		#N/A	#N/A	0	0
15	D	285	#N/A	0	90
16		#N/A	375	#N/A	0
17		#N/A	#N/A	0	0

图 82-1　构建完辅助列的数据表

Step 2

选中数据区域 G1:K17 单元格区域，在【插入】选项卡中单击【柱形图】下拉按钮，在扩展菜单中选择【堆积柱形图】，如图 82-2 所示。

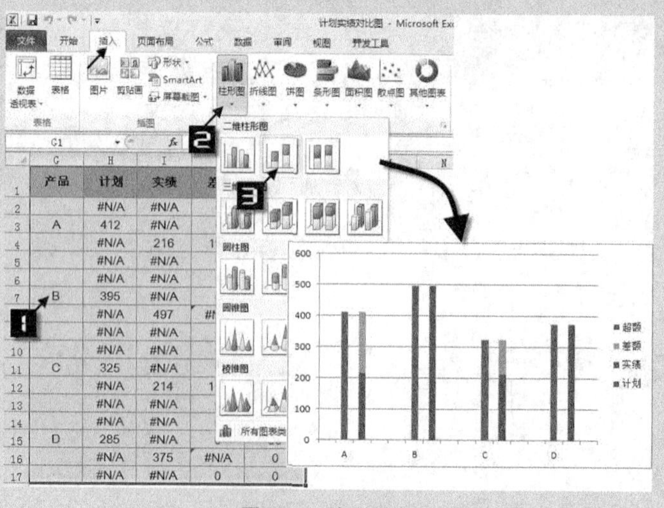

图 82-2　绘制图表

Step 3 选中数据系列“计划”，在【格式】选项卡中单击【设置所选内容格式】按钮，打开【设置数据点格式】对话框，将【分类间距】中的滑块向左侧移动直至为“0”，然后单击【关闭】按钮完成设置，如图 82-3 所示。

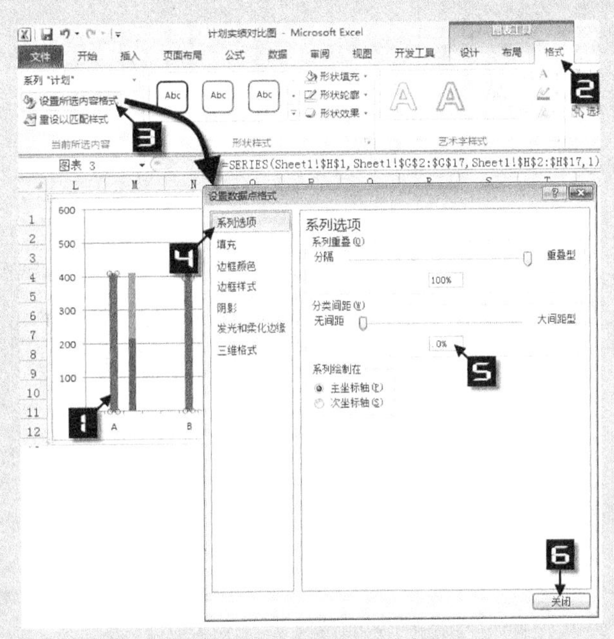

图 82-3　设置数据系列格式

Step 4 进一步对图表进行布局和美化，添加差额和超额的数据标签，并处理多余数据标签，然后设置数据标签格式，调整图表大小，从而完成计划与实绩对比图，如图 82-4 所示。

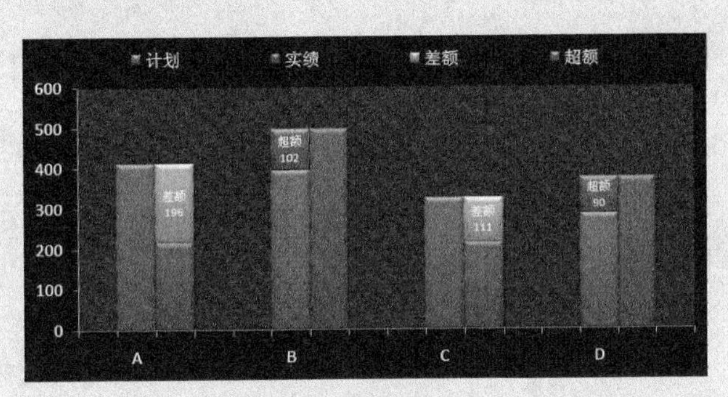

图 82-4　图表最终效果

技巧 83　双层柱形图

双层柱形图是指将两个数据系列同时显示在一个柱形图的上、下两层。双层柱形图的制作步骤如下。

Step 1 构建作图辅助数据。在 B、C 两列之间插入一个新的数据列作为辅助数据列，在新插入的 B 列使用一个大于区域数据较大的数值减去 1 月份的数据用于计算辅助数据，在 B2 单元格中输入如下公式：

```
=500-B2
```

完成后如图 83-1 所示。

	A	B	C	D
1	地区	1月	辅助数据	2月
2	北京	143	357	332
3	上海	223	277	83
4	深圳	190	310	118
5	重庆	243	257	239
6	西安	337	163	271

图 83-1　添加辅助数据

Step 2 选中 A1:D6，在【插入】选项卡中单击【柱形图】下拉按钮，在扩展菜单中选择【堆积柱形图】，绘制一个堆积柱形图，如图 83-2 所示。

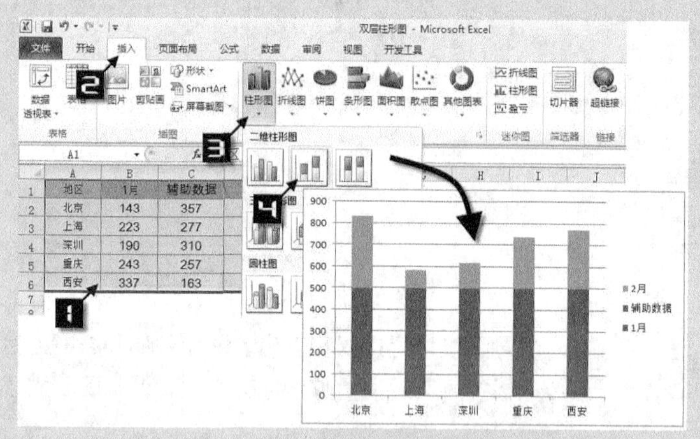

图 83-2　绘制图表

Step 3 选中数据系列“辅助数据”，在【格式】选项卡中单击【形状填充】下拉按钮，在扩展菜单中选择【无填充颜色】选项，然后单击【形状轮廓】下拉按钮，在扩展菜单中选择【无轮廓】选项。

Step 4 构建模拟【垂直（值）轴】数据。这里使用 XY 散点图模拟【垂直（值）轴】，在 A8:B15 区域中输入辅助数据，如图 83-3 所示设置辅助数据。

	A	B
8	X	Y
9	0.5	0
10	0.5	100
11	0.5	200
12	0.5	300
13	0.5	400
14	0.5	500
15	0.5	600
16	0.5	700
17	0.5	800
18	0.5	900

图 83-3　仿【垂直（值）轴】数据

Step 5 删除图例和垂直（值）轴主要网格线。移动鼠标指针至【垂直（值）轴】，单击鼠标右键，在弹出的快捷菜单中选择【删除】命令，删除【垂直（值）轴】。

Step 6 选中图表，在【设计】选项卡中单击【选择数据】按钮，在打开的【选择数据源】对话框中单击【添加】按钮，在打开的【编辑数据系列】对话框中设置【系列值】为 B9:B18 区域，如图 83-4 所示。

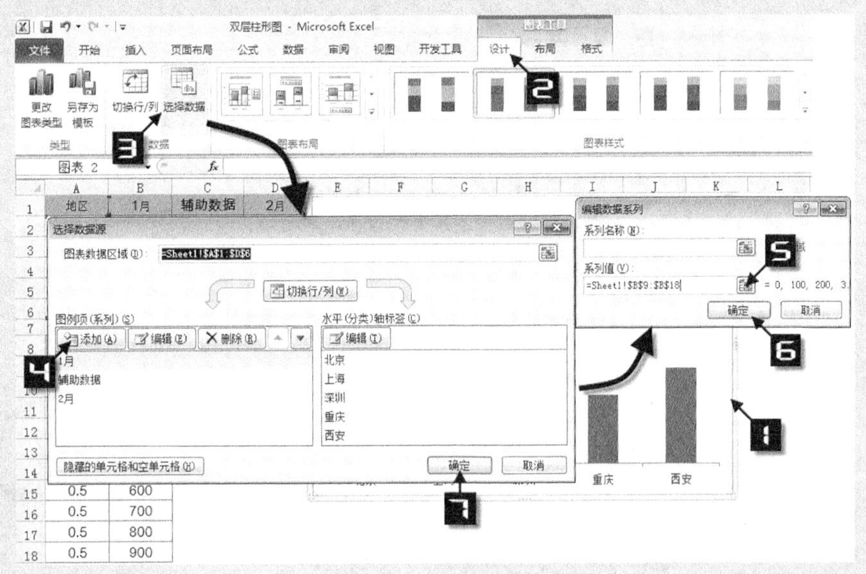

图 83-4　添加新数据系列

Step 7 选中新添加的数据系列“系列 4”，在【设计】选项卡中单击【更改图表类型】按钮，在打开的【更改图表类型】对话框的左侧列表框中选择【XY（散点图）】选项卡，在右侧对应的项目中选择【仅带数据标记的散点图】，单击【确定】按钮，如图 83-5 所示。

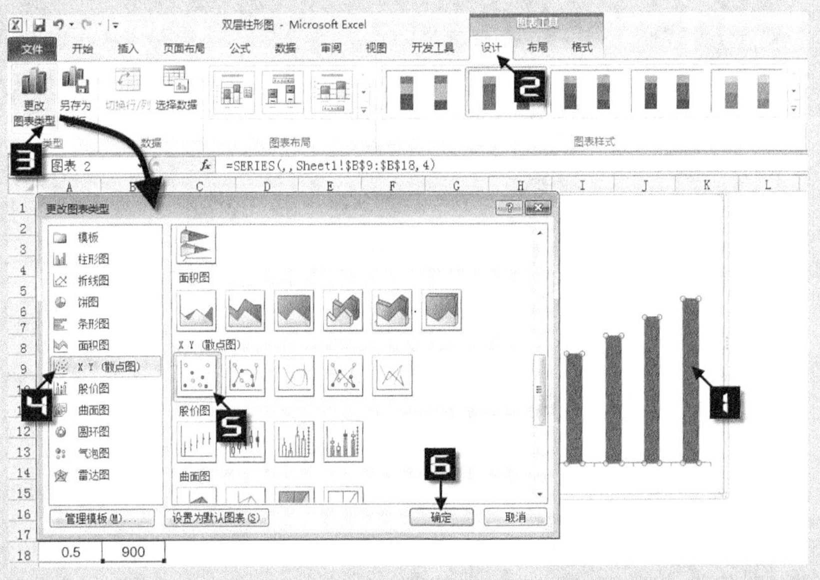

图 83-5　更改图表类型

Step 8 选中数据系列“系列 4”，在【设计】选项卡中单击【选择数据】按钮，在打开的【选择数据源】对话框中选中【系列 4】，然后单击【编辑】按钮，打开【编辑数据系列】对话框，在该对话框中将【系列 4】的【X 轴系列值】设置为 A9:A18，然后单击【确定】按钮关闭对话框，完成数据系列的编辑，如图 83-6 所示。

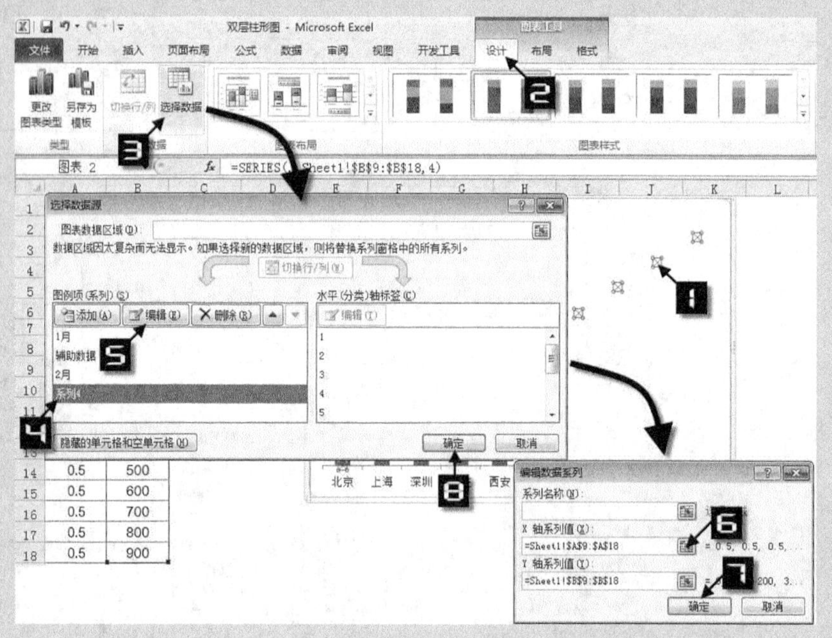

图 83-6 编辑数据系列

Step 9 选中数据系列“系列 4”，在【布局】选项卡中单击【数据标签】，在扩展菜单中选择【左】选项，为数据系列添加数据标签，如图 83-7 所示。

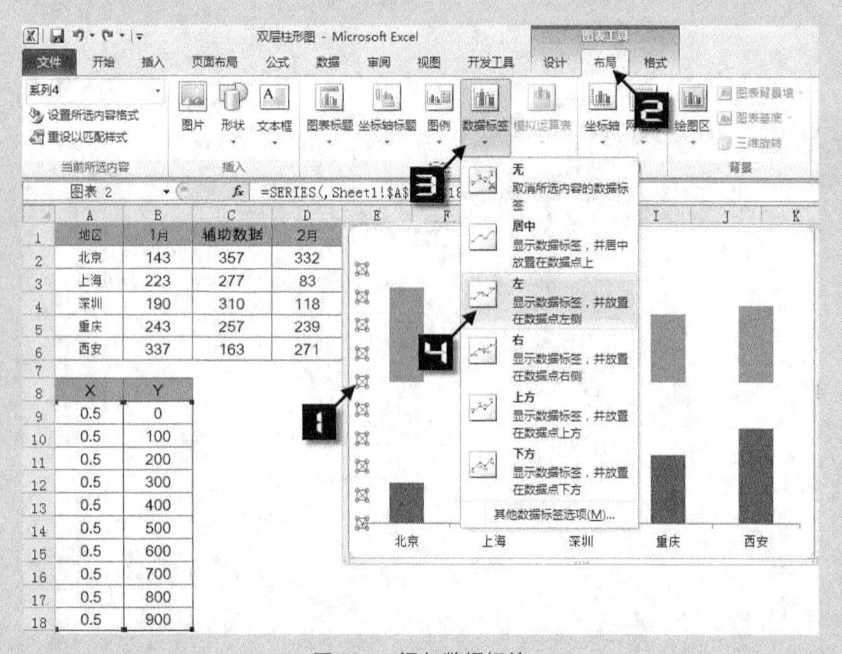

图 83-7 添加数据标签

Step 10 将数据系列“系列 4”的【形状填充】设置为【无填充颜色】,【形状轮廓】设置为【无轮廓】。将数据系列“系列 4”位于上层图表部分的数据标签修改为 0 ~ 400，进一步修饰图表元素并美化图表，完成后的效果如图 83-8 所示。

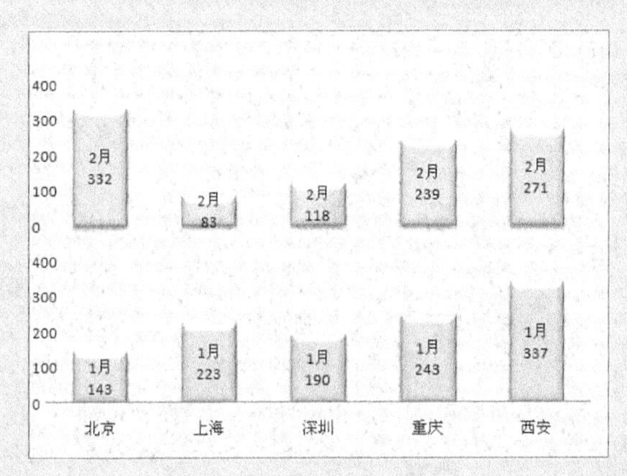

图 83-8　双层图

Step 11 为图表添加仿【水平（类别）轴】。在 C8:D13 区域中设置辅助数据，复制 A1:A6 的数据单元格内容至 C8:C13，选中 D9:D13，输入数据“500”，然后按<Ctrl+Enter>组合键批量填充，完成后的效果如图 83-9 所示。

	C	D
8	地区	数据
9	北京	500
10	上海	500
11	深圳	500
12	重庆	500
13	西安	500

图 83-9　仿【水平（类别）轴】辅助数据

Step 12 选中 C8:D13 区域，按<Ctrl+C>组合键复制，选中图表，按<Ctrl+V>组合键粘贴，为图表添加新数据系列，完成后的效果如图 83-10 所示。

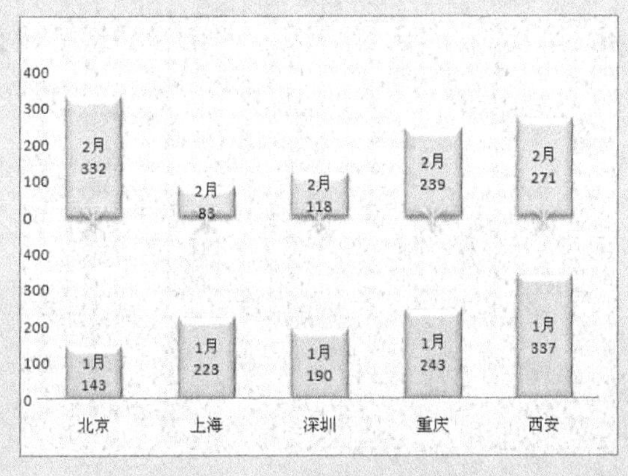

图 83-10　添加系列“数据”

Step 13 选中数据系列“数据”，在【设计】选项卡中单击【更改图表类型】按钮，在打开的【更改图表类型】对话框的左侧列表框中选择【折线图】选项卡，在右侧对应的项目中选择【折线图】，完成后单击【确定】按钮，如图 83-11 所示。

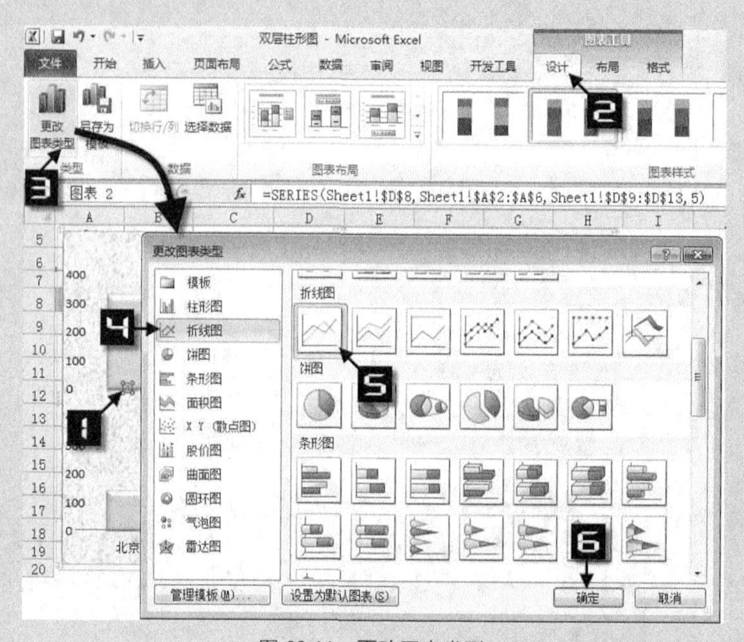

图 83-11　更改图表类型

Step 14 按图 83-12 所示格式化数据系列，将【系列“数据”】设置为“1 磅”粗细的黑色线条。

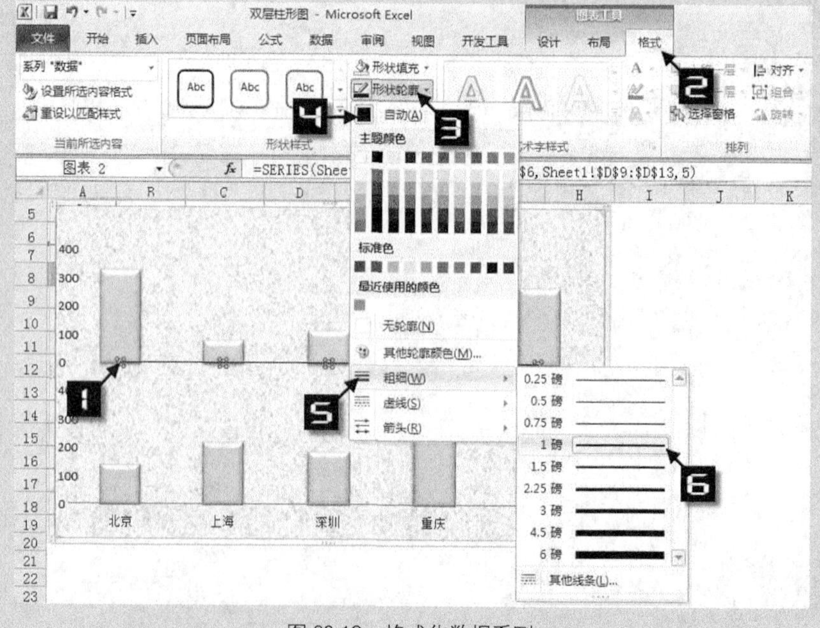

图 83-12　格式化数据系列

Step 15　选中数据系列“数据”，在【布局】选项卡中单击【趋势线】按钮，在扩展菜单中选择【其他趋势线选项】命令，如图 83-13 所示。

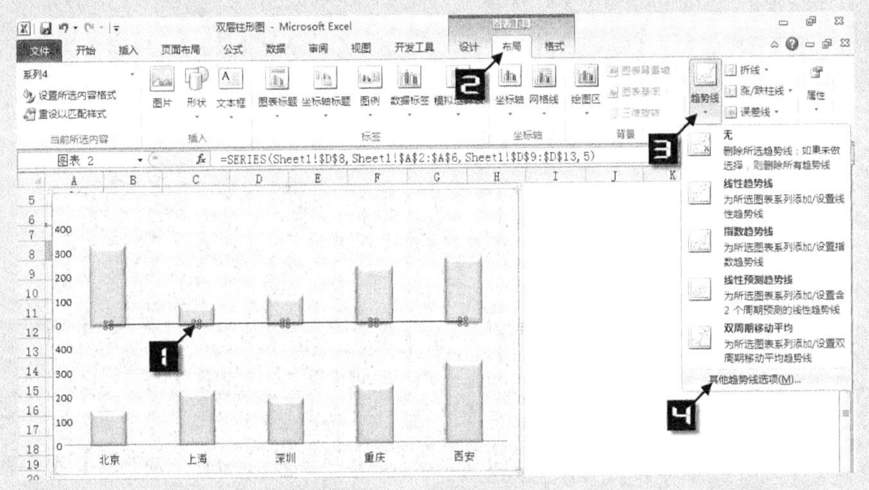

图 83-13　添加趋势线

Step 16　在打开的【设置趋势线格式】对话框中的【趋势预测/回归分析类型】选项区中选择【线性】单选钮，在【趋势预测】中设置【前推】和【倒推】周期都为“0.5”，如图 83-14 所示。

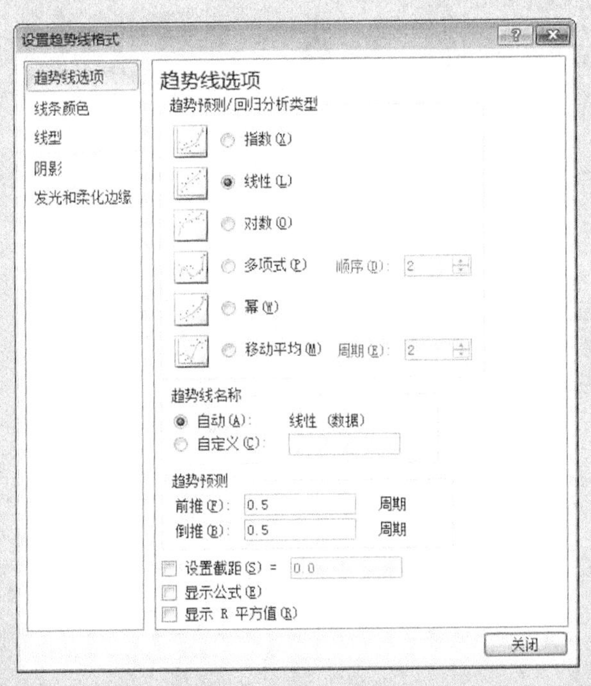

图 83-14　设置趋势线格式

Step 17　再次选中数据系列“数据”，在【布局】选项卡中单击【数据标签】按钮，在扩展菜单中选择【下方】选项，为数据系列添加数据标签，如图 83-15 所示。

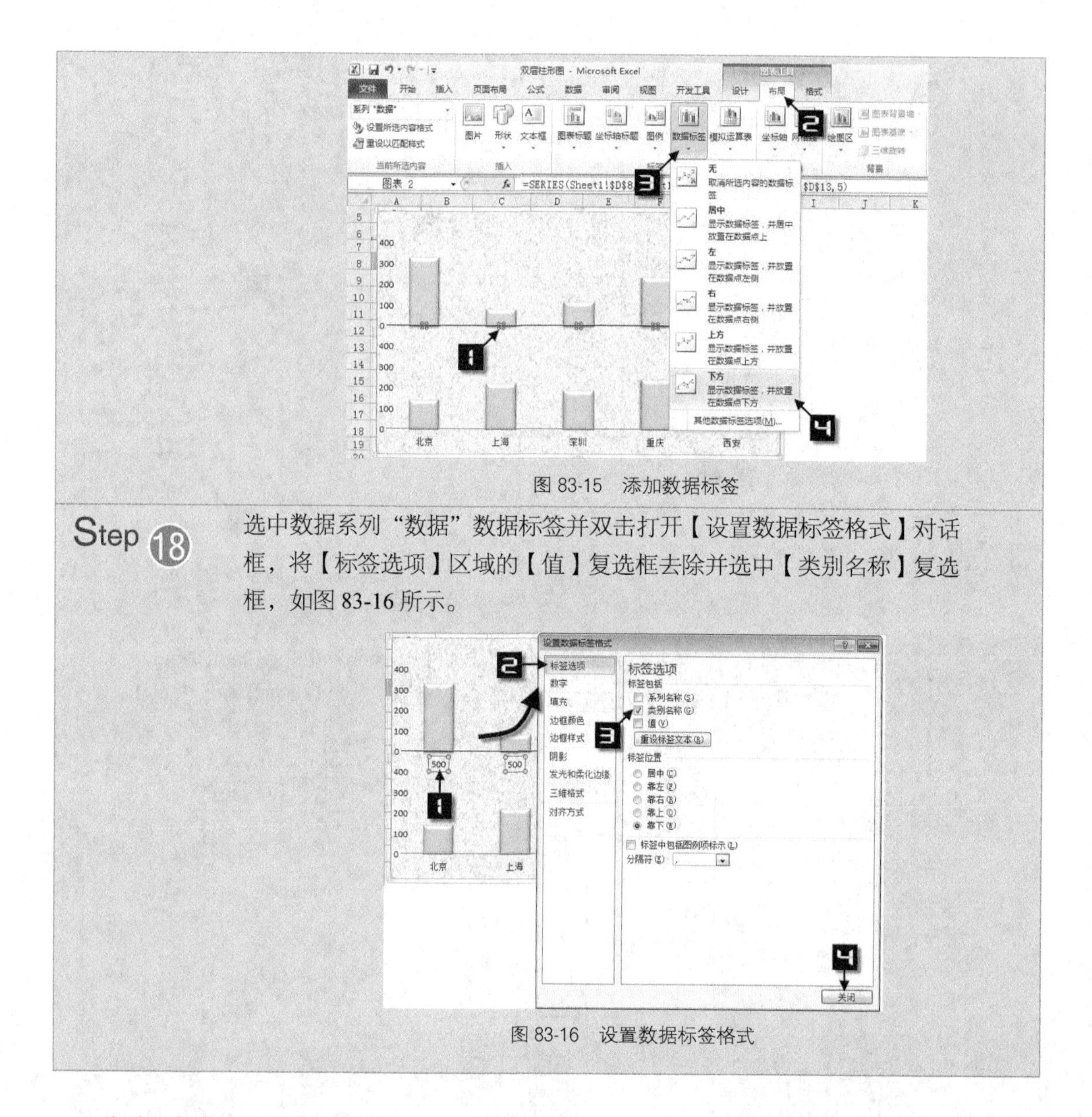

图 83-15　添加数据标签

Step 18　选中数据系列“数据”数据标签并双击打开【设置数据标签格式】对话框，将【标签选项】区域的【值】复选框去除并选中【类别名称】复选框，如图 83-16 所示。

图 83-16　设置数据标签格式

此时，完成双层柱形图的制作，如图 83-17 所示。

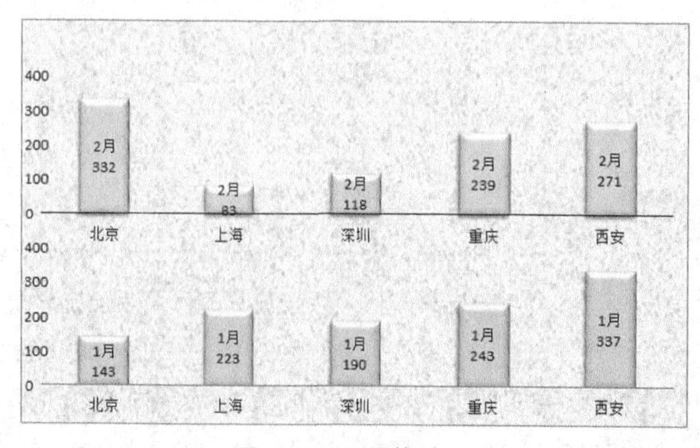

图 83-17　双层柱形图

技巧 84　分割背景饼图

在默认情况下，用户制作的饼图无法使饼图的每个数据点共享一幅完整图片，而使得每个系列都单独应用该背景图片，本技巧将介绍组合图形配合剪切板完成分割饼图的做法。以 2011 年各地旅游人数统计表为例，制作分割背景饼图的方法如下。

Step 1 选中 A2:B12 制作饼图，删除图表标题、图例并调整图表大小，完成后如图 84-1 所示。

	A	B
1	2011年各地旅游人数统计	
2	地区	人数
3	北京	286
4	上海	109
5	苏州	187
6	重庆	137
7	武汉	112
8	天津	260
9	广州	296
10	西安	134
11	沈阳	208
12	南京	184

图 84-1　饼图

Step 2 选中数据系列“人数”，在【格式】选项卡中单击【设置所选内容格式】按钮，打开【设置数据系列格式】对话框，选择【填充】选项卡，设置数据系列填充为【无填充】。切换至【边框颜色】选项卡，选择【实线】单选按钮，然后再单击【颜色】下拉按钮，在打开的填充颜色中选择“白色”。再切换至【边框样式】选项卡，调节【宽度】微调按钮，设置为“1.5 磅”，如图 84-2 所示。

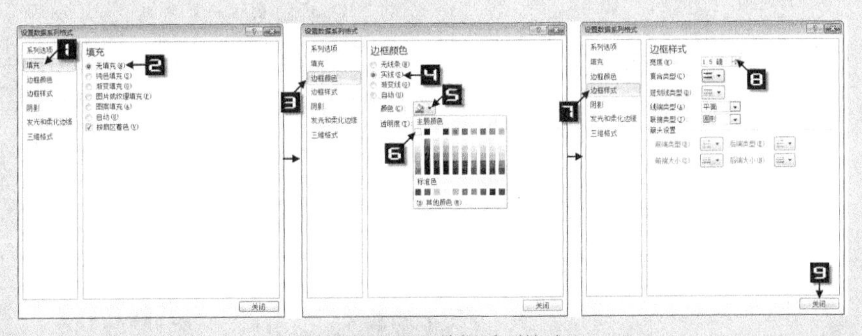

图 84-2　设置数据系列格式

Step 3 选中数据系列“人数”，在【布局】选项卡中单击【数据标签】下拉按钮，在扩展菜单中选择【其他数据标签选项】命令，在打开的【设置数据标签格式】对话框中勾选【类别名称】、【百分比】、【显示引导线】复选框，在【标签位置】区域中选择【数据标签外】单选钮，设置【分隔符】为【分行符】，最后单击【关闭】按钮完成设置，如图 84-3 所示。

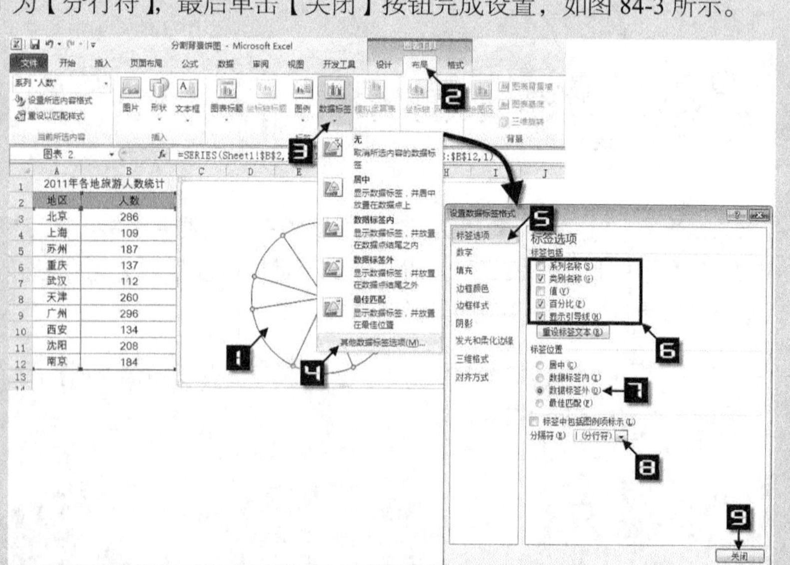

图 84-3　添加数据标签

Step 4　选中工作表任一单元格，在【插入】选项卡的【插图】组中单击【形状】按钮，在扩展菜单中选择【椭圆】，按键盘<Shift>键在工作表中绘制一个圆形，如图 84-4 所示。

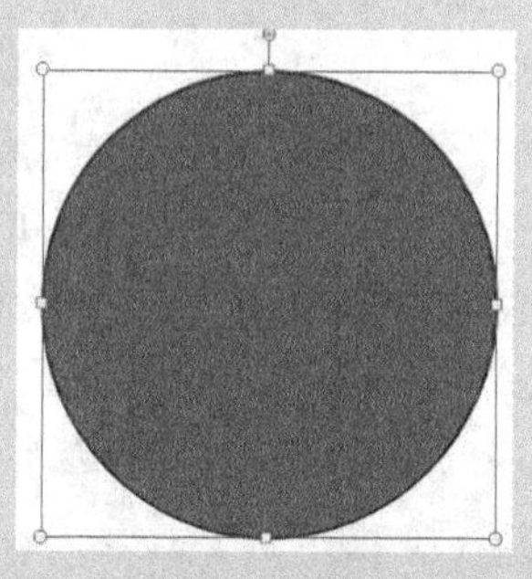

图 84-4　绘制完成的圆形

Step 5　选中绘制的圆形，在【格式】选项卡的【形状样式】组中单击【形状轮廓】按钮，在弹出的扩展菜单中选择【无轮廓】，如图 84-5 所示。

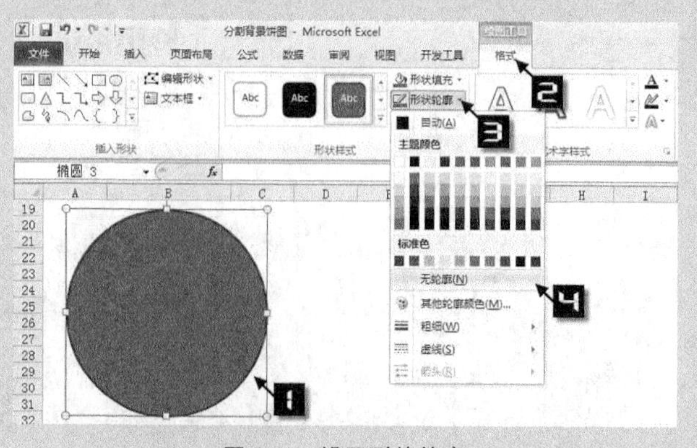

图 84-5　设置形状轮廓

Step 6　选中圆形，在【格式】选项卡的【形状样式】中单击【形状填充】按钮，在弹出的扩展菜单中选择【图片】按钮，如图 84-6 所示。

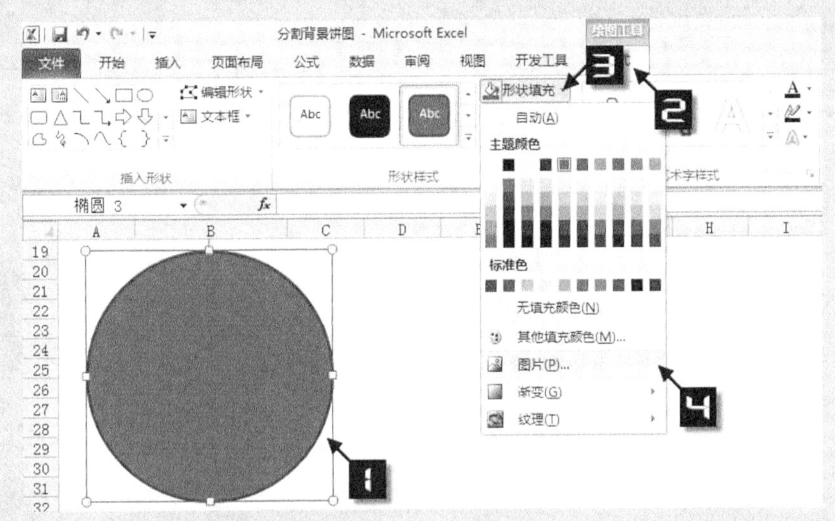

图 84-6　设置自选图形格式

Step 7　在打开的【插入图片】对话框中选择图片存放的路径，然后选中图片，单击【插入】按钮为圆形填充选定的图片，如图 84-7 所示。选中自选图形，按<Ctrl+X>或<Ctrl+C>组合键，将图片放置于剪切板中。

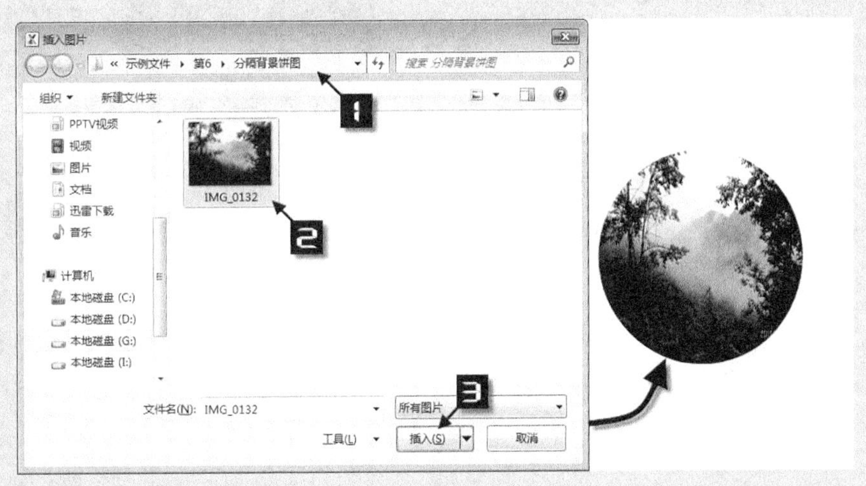

图 84-7　插入图片

Step 8　选中图表【绘图区】，在【格式】选项卡中单击【设置所选内容格式】按钮，打开【设置绘图区格式】对话框，在【填充】区域中选择【图片或纹理填充】单选钮，在展开的项目中单击【剪贴板】按钮，最后单击【关闭】按钮完成设置，如图 84-8 所示。

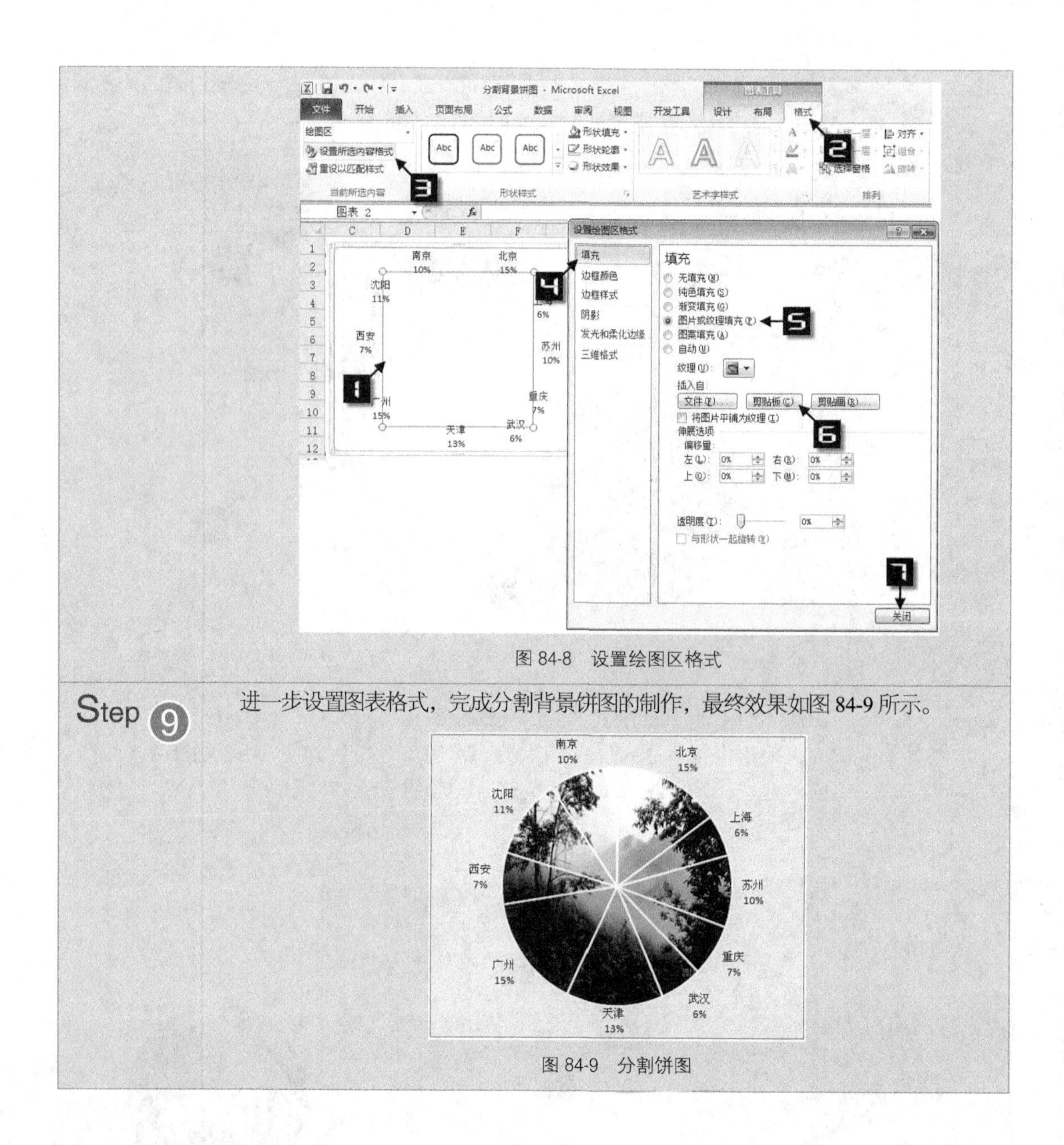

图 84-8　设置绘图区格式

Step 9　进一步设置图表格式，完成分割背景饼图的制作，最终效果如图 84-9 所示。

图 84-9　分割饼图

技巧 85　净利润变动图

净利润变动图是使用堆积柱形图创建的一种悬空柱形图，这种图表又被称为“瀑布图”。具体制作方法如下。

设置如图 85-1 所示的数据表。在 B3 单元格中输入如下公式，并填充至 B3:B13 单元格区域，以计算各分段数据。

```
=IF(E3,,SUM($C$1:C2)-SUM($D$2:D3))
```

	A	B	C	D	E
1		变动数	收入	支出	利润
2	销售收入		6000		
3	销售支出	4700		1300	
4	市场费用	4200		500	
5	管理费用	3500		700	
6	财务费用	3300		200	
7	投资收益	3300	300		
8	营业利润	0			3300
9	营业外收入	3600	950		
10	营业外支出	4050		500	
11	利润总额	0			3750
12	所得税	3180		870	
13	净利润	0			2880

图 85-1 数据源

Step 2 选中数据区域 A1:E13，在【插入】选项卡中单击【柱形图】下拉按钮，在扩展菜单中选择【二维柱形图】→【堆积柱形图】，在工作表中插入一个堆积柱形图，如图 85-2 所示。

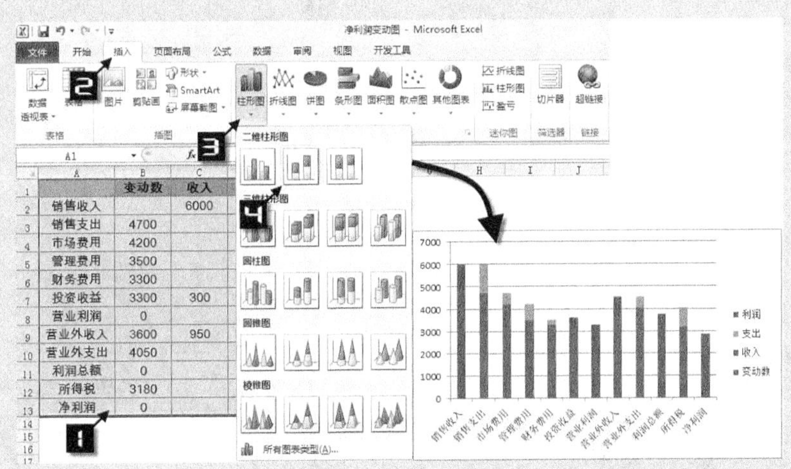

图 85-2 绘制图表

Step 3 选中数据系列“变动数”，在【格式】选项卡的【形状样式】组中单击【形状填充】右侧的下拉按钮，在扩展菜单中选择填充颜色为【无填充颜色】，如图 85-3 所示。

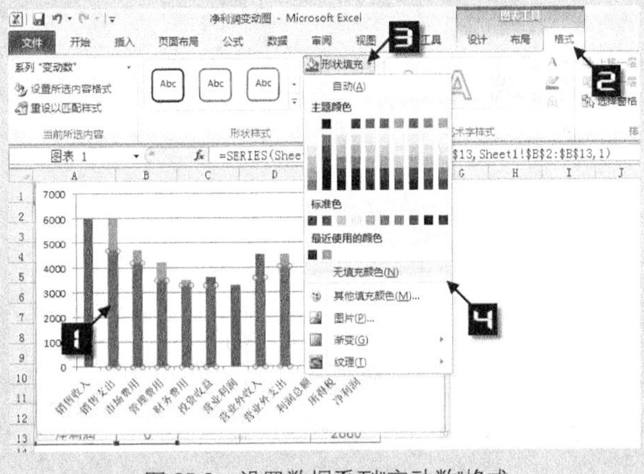

图 85-3 设置数据系列"变动数"格式

Step 4　选中任意数据系列，在【格式】选项卡中单击【设置所选内容格式】按钮，打开【设置数据系列格式】对话框，调整【分类间距】为“0%”，如图 85-4 所示。

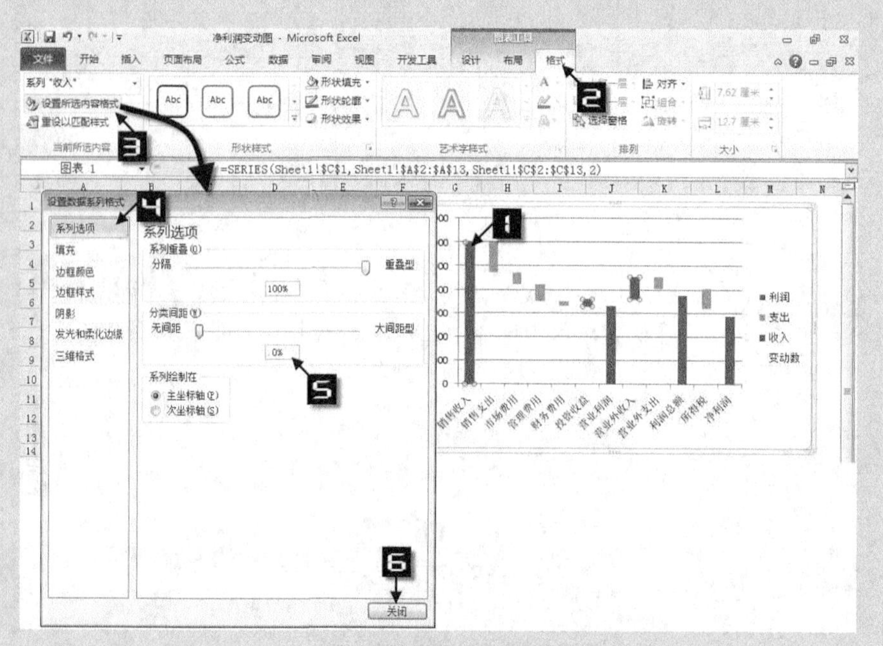

图 85-4　设置分类间距

Step 5　在图表上选中“垂直（值）轴 主要网格线”并双击打开【设置主要网格线格式】对话框，在【线条颜色】选项卡中设置线型为【实线】，颜色为“蓝色”，在【线型】选项卡中将线的样式设置为【短划线】，然后单击【关闭】按钮，如图 85-5 所示。

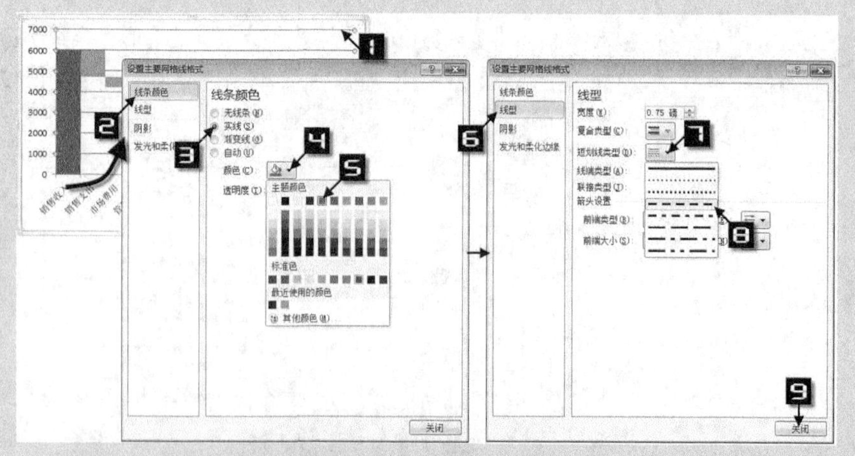

图 85-5　设置主要网格线格式

Step 6　进一步设置图表区、绘图区的填充样式，边框轮廓以及垂直轴格式，添加图表标题，调整图表大小，最终完成的图表如图 85-6 所示。

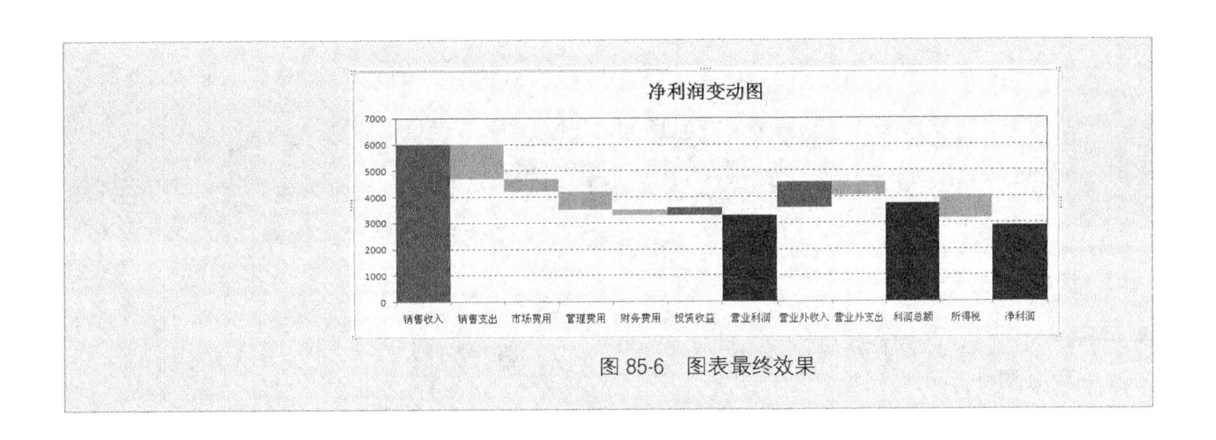

图 85-6　图表最终效果

技巧 86　y 轴折断图

86.1　y 轴折断柱形图

制作图表时，图表的刻度会自动适应最大数值的数据点，如果数据差值较大，一些较小的数据在图上不能直观体现。

在图 86-1 所示的季度销售图表中，正常销售在 60 万元以上，而一、二季度是销售淡季，销售量在 10 万元之内，使得图表显示比例失调，不易阅读，而使用添加 y 轴折断的断层图即可得以解决。

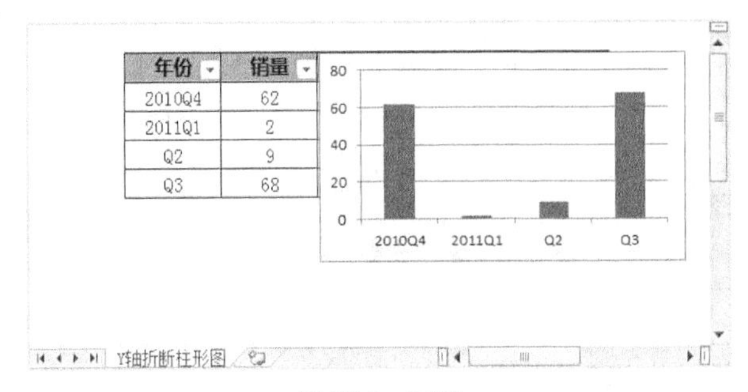

年份	销量
2010Q4	62
2011Q1	2
Q2	9
Q3	68

图 86-1　示图

Step 1　分别在 D3、E3、F3 单元格中输入下列公式，并填充公式至 D6、E6、F6 单元格，完成作图数据编辑。

```
=IF(C3<10,C3,10)
=IF(C3>10,2,NA())
=IF(C3>60,C3-60,NA())
```

按住<Ctrl>键，选取 B2:B6 和 D2:F6 单元格区域，依次单击【插入】→【柱形图】→【堆积柱形图】命令，完成堆积柱形图创建，如图 86-2 所示。

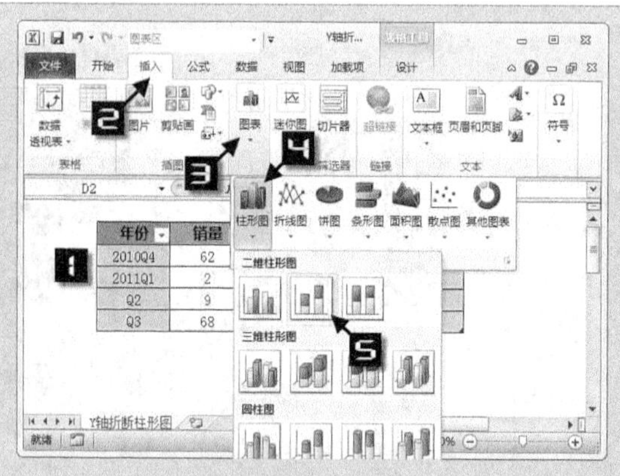

图 86-2　创建图表

Step 2

编辑空距标识数据。在 I2 单元格输入“=MAX($D$3:$D$6)+MOD(COLUMN(),2)*1.2+0.4”向右填充至 N2 单元格，在 I3:I4 单元格区域输入公式“=IF(ROW(A1)>COUNT($E$3:$E$6),NA(),INDEX(ROW($1:$4),SMALL(IF(ISNUMBER($E$3:$E$6),ROW($1:$4)),ROW()-2)))-0.25”按<Ctrl+Shift+Enter>组合键完成公式输入，在 J3 单元格输入“=I3+0.1”填充至 N4 单元格，完成数据编辑，如图 86-3 所示。

Y	11.6	10.4	11.6	10.4	11.6	10.4
X1	0.75	0.85	0.95	1.05	1.15	1.25
X2	3.75	3.85	3.95	4.05	4.15	4.25

图 86-3　空距标识数据

Step 3

添加空距标识数据。单击图表，在【设计】选项卡中单击【选择数据】，在打开的【选择数据源】对话框中单击【添加】，打开【编辑数据系列】对话框，在【系列名称】框中引用【=Y 轴折断柱形图!$H$3】，在【系列值】框中引用【=Y 轴折断柱形图!$I$2:$N$2】，两次单击【确定】，如图 86-4 所示，同样地，添加【X2】系列，完成数据添加。

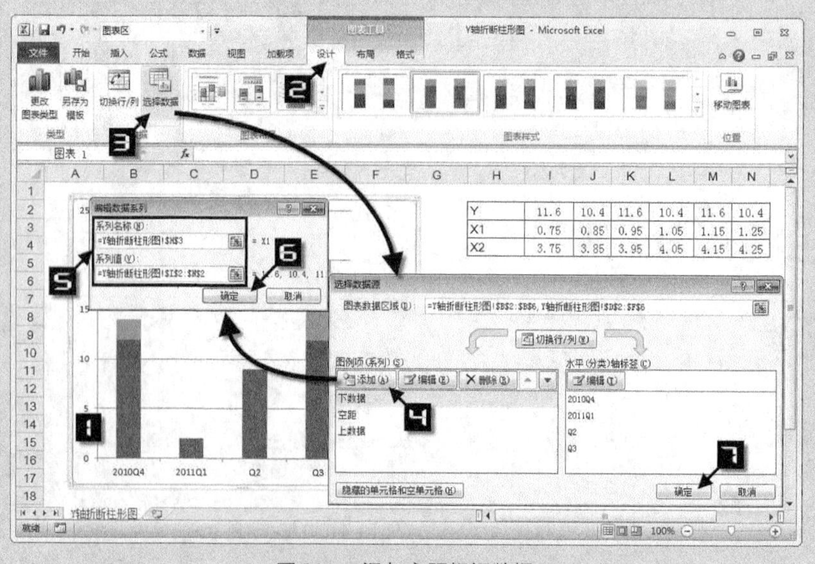

图 86-4　添加空距标识数据

Step 4　更改图表类型。在图表中选择【系列“X1”】，在【设计】选项卡中单击【更改图表类型】，然后依次单击【XY（散点图）】→【带平滑线的散点图】→【确定】，如图 86-5 所示，同理，更改【X2】系列图表类型。

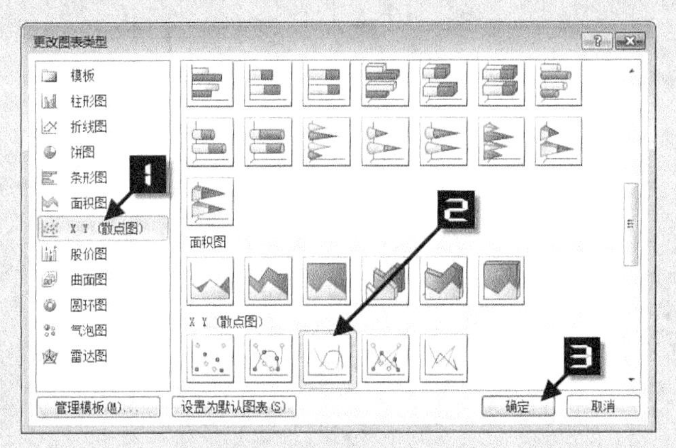

图 86-5　更改图表类型

Step 5　完善【X1】系列数据。在图表中选择【系列“X1”】，在【设计】选项卡中单击【选择数据】，在打开的【选择数据源】对话框中选择【X1】，单击【编辑】，打开【编辑数据系列】对话框，在【X 轴系列值】框中输入“=Y 轴折断柱形图!$I$2:$N$2”，单击【确定】按钮，如图 86-6 所示，同样地，完善【X2】系列数据。

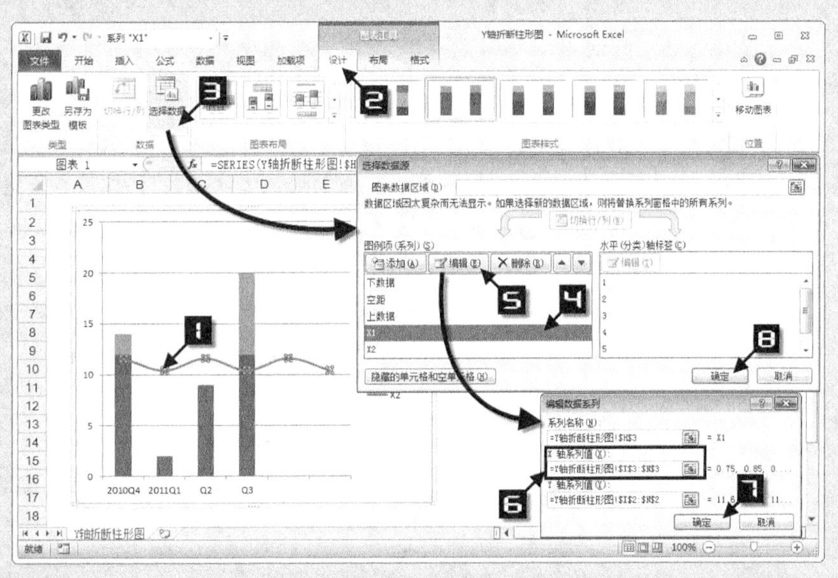

图 86-6　完善数据

Step 6　设置系列格式。在图表中选择【系列“上数据”】，按<Ctrl+1>组合键，在打开的【设置数据系列格式】对话框中调整【分类间距】为“40%”，切换到【填充】选项卡，设置格式。同理，设置【下数据】，选择【空数据】，切换到【填充】选项卡，选择【无填充】，如图 86-7 所示，将【X1】和【X2】的【线条颜色】设置为“浅蓝”。

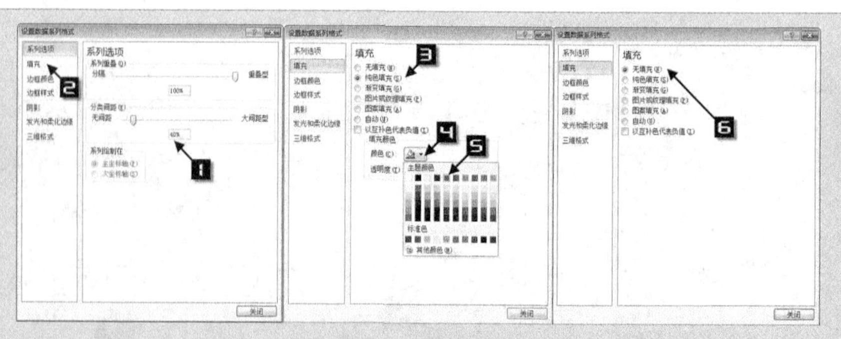

图 86-7　设置系列格式

Step 7

编辑折断数据。分别在 I10、J10、K10 单元格，输入下列公式，向下填充，完成折断数据编辑，如图 86-8 所示。

```
=IF(ROW()=16,0.5,IF(ROW()=17,0.7,0.6))
=IF(ROW()<16,(ROW()-10)*2,IF(ROW()>17,(ROW()-12)*2,J9+0.65))
=IF(MOD(J10,1),"",J10+(ROW()>17)*58)
```

	模拟Y轴	标签	X误差值
0.6	0	0	3.8
0.6	2	2	0.05
0.6	4	4	0.05
0.6	6	6	0.05
0.6	8	8	0.05
0.6	10	10	0.05
0.5	10.65		
0.7	11.3		
0.6	12	70	0.05
0.6	14	72	0.05
0.6	16	74	0.05
0.6	18	76	0.05
0.6	20	78	0.05
0.6	22	80	0.05

图 86-8　编辑 y 轴折断数据

Step 8

添加【模拟 Y 轴】数据。单击图表，在【设计】选项卡中单击【选择数据】，在打开的【选择数据源】对话框中单击【添加】按钮，打开【编辑数据系列】对话框，在【系列名称】框中输入“= Y 轴折断柱形图!$J$9”，在【X 轴系列值】框中输入“=Y 轴折断柱形图!$I$10:$I$23”，在【Y 轴系列值】框中输入“=Y 轴折断柱形图!$J$10:$J$23”，两次单击【确定】按钮，完成数据添加，如图 86-9 所示。

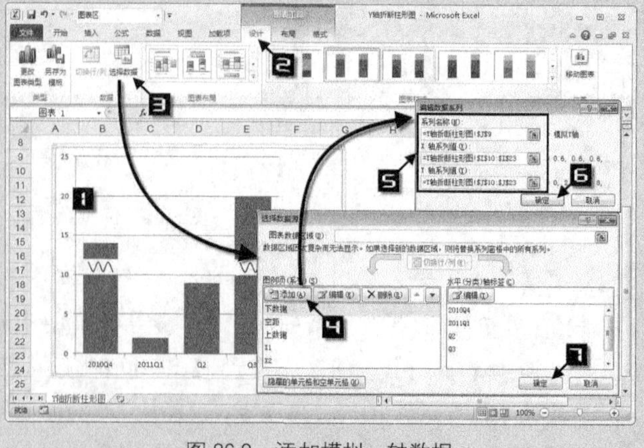

图 86-9　添加模拟 y 轴数据

Step 9 设置系列格式。在图表中选择【系列“模拟 Y 轴”】，按<Ctrl+1>组合键，在打开的【设置数据系列格式】对话框中，切换到【线条颜色】选项卡，选择【实线】单选钮，切换到【线型】选项卡，宽度选择“1.5 磅”，如图 86-10 所示。

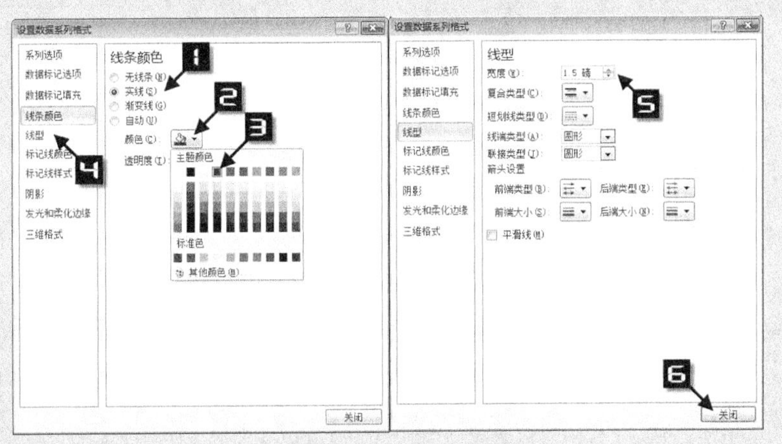

图 86-10 设置系列格式

Step 10 选择【系列“模拟 Y 轴”】，在【布局】选项卡中依次单击【误差线】→【标准误差误差线】，删除【模拟 Y 轴 Y 误差线】，选择【模拟 Y 轴 X 误差线】，在【设置误差线格式】对话框中，依次单击【正偏差】→【无线端】→【自定义】→【指定值】，打开【自定义错误栏】对话框，在【正错误值】文本框中输入“=$L$10:$L$23”，依次单击【确定】、【关闭】按钮，完成模拟 *y* 轴误差线添加，如图 86-11 所示。

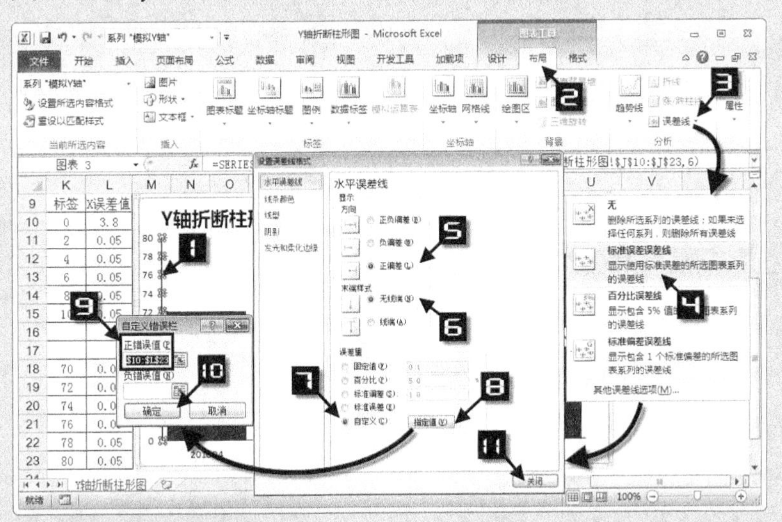

图 86-11 添加模拟 *y* 轴误差线图

Step 11 设置坐标轴格式。选择【垂直（值）轴】，按<Ctrl+1>组合键，在打开的【设置坐标轴格式】对话框中，设置刻度范围为“0~22”，【坐标轴标签】选择【无】，切换到【线条颜色】选项卡，选择【无线条】，如图 86-12 所示，单击【水平（类别）轴】，切换到【线条颜色】选项卡，选择【无线条】，单击【关闭】按钮，完成坐标轴格式设置。

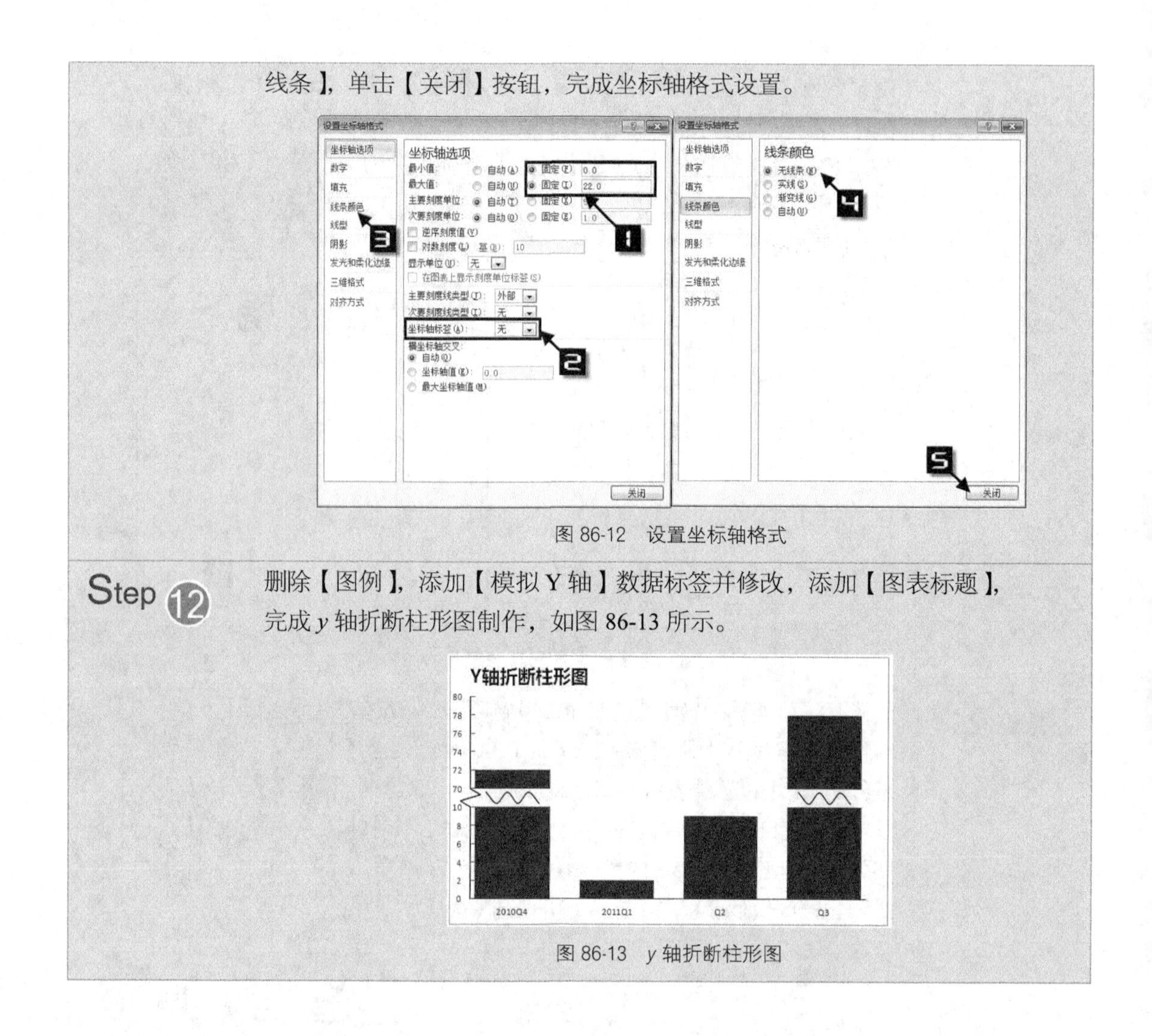

图 86-12　设置坐标轴格式

Step 12　删除【图例】，添加【模拟 Y 轴】数据标签并修改，添加【图表标题】，完成 y 轴折断柱形图制作，如图 86-13 所示。

图 86-13　y 轴折断柱形图

86.2　y轴折断面积图

Step 1　将工作表中 B 列的“源数据”分解成 C 列+D 列+E 列的数据。选择 C2:E12 单元格区域，在【插入】选项卡中，依次单击【面积图】→【堆积面积图】命令，插入一个堆积面积图，如图 86-14 所示。

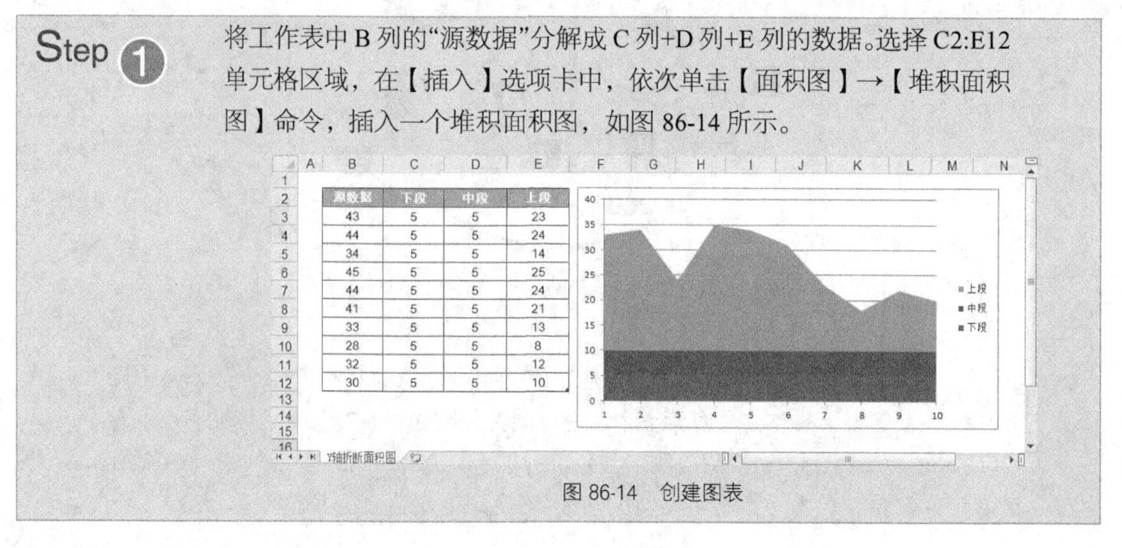

源数据	下段	中段	上段
43	5	5	23
44	5	5	24
34	5	5	14
45	5	5	25
44	5	5	24
41	5	5	21
33	5	5	13
28	5	5	8
32	5	5	12
30	5	5	10

图 86-14　创建图表

Step 2　构建【模拟 Y 轴】数据。分别在 G3、H3、I3、J3 单元格输入下列公式，向下填充，完成数据编辑，如图 86-15 所示。

```
=IF(ROW()=5,1.5,IF(ROW()=7,0.5,1))
=IF(G2="X",,IF(G3-G2=0,H2+5,H2+1.25))
=IF(MOD(H3,1),"",IF(H3<10,H3,H3+10))
=IF(I3="","",IF(I3,0.1,9))
```

X	模拟Y轴	标签	错误值
1	0	0	9
1	5	5	0.1
1.5	6.25		
1	7.5		
0.5	8.75		
1	10	20	0.1
1	15	25	0.1
1	20	30	0.1
1	25	35	0.1
1	30	40	0.1
1	35	45	0.1
1	40	50	0.1

图 86-15　编辑数据

Step 3　添加【模拟 Y 轴】数据。右键单击图表，在弹出的快捷菜单上选择【选择数据（E）】命令，打开【选择数据源】对话框，单击【添加】按钮，打开【编辑数据系列】对话框，在【系列名称】框中输入“=Y 轴折断面积图!$H$2”，【系列值】引用“=Y 轴折断面积图!$H$3:$H$14”单元格区域，两次单击【确定】按钮关闭对话框，完成添加一个数据系列，如图 86-16 所示。

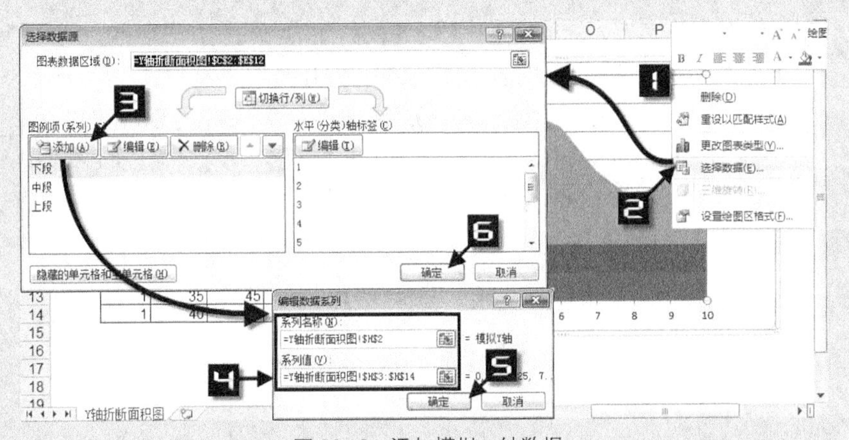

图 86-16　添加模拟 y 轴数据

Step 4　更改图表类型。在图表中，右键单击【系列“模拟 Y 轴”】，在弹出的快捷菜单上选择【更改系列图表类型（Y）】命令，打开【更改图表类型】对话框，依次单击【XY（散点图）】→【带直线的散点图】→【确定】，如图 86-17 所示，完成图表类型更改。

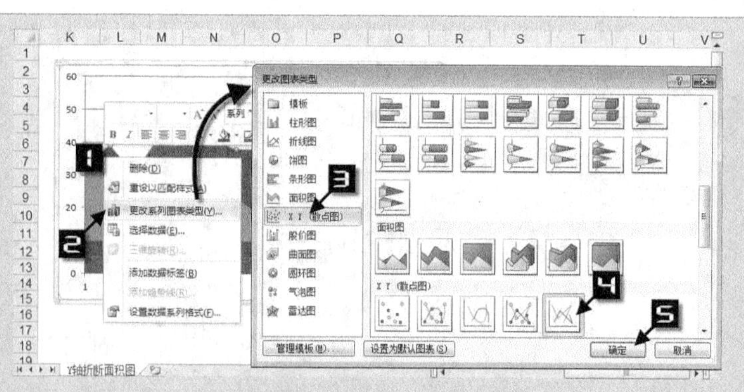

图 86-17　更改图表类型

Step 5

完善数据。选中图表，在【图表工具】选项卡中，依次单击【设计】→【选择数据】，打开【选择数据源】对话框，选中【模拟 Y 轴】，然后单击【编辑】，打开【编辑数据系列】对话框，在【X 轴系列值】框中输入“=Y 轴折断面积图!$G$3:$G$14”，两次单击【确定】按钮，完成数据编辑，如图 86-18 所示。

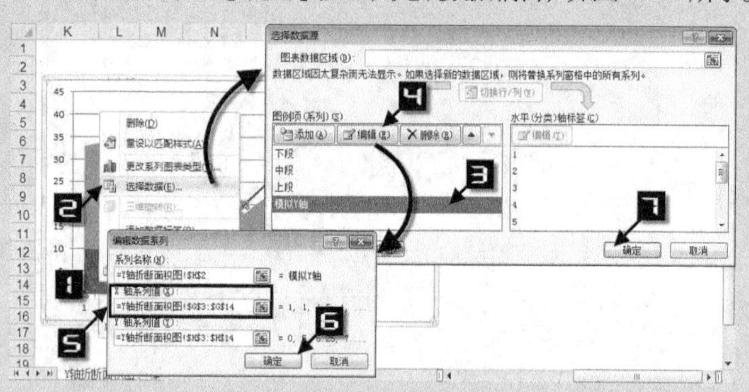

图 86-18　编辑数据

Step 6

设置坐标轴格式。删除【网格线】，单击【垂直（值）轴】，按<Ctrl+1>组合键，打开【设置坐标轴格式】对话框，设置【最大值】为固定值“40”，【坐标轴标签】选择【无】，切换到【线条颜色】选项卡，选择【无线条】，如图 86-19 所示，单击【水平（类别）轴】，切换到【线条颜色】选项卡，选择【无线条】，单击【关闭】按钮，完成坐标轴格式设置。

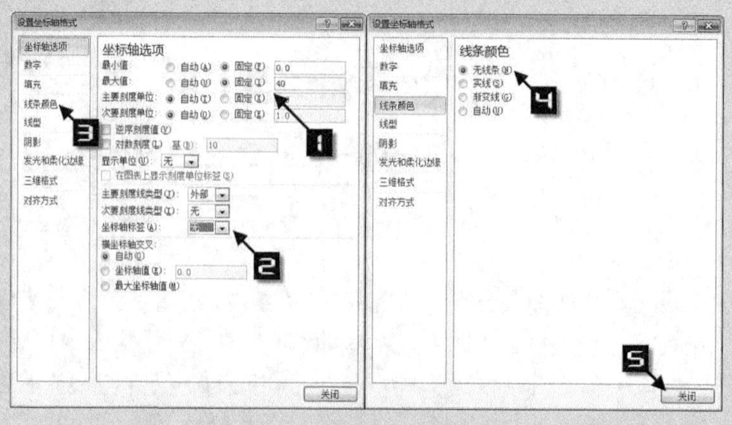

图 86-19　设置坐标轴格式

Step 7

设置数据格式。在图表中，选择【系列“模拟 Y 轴”】，按<Ctrl+1>组合键，打开【设置数据系列格式】对话框，切换至【线条颜色】选项卡，选择【实线】，【颜色】选择“黑色”，切换到【线型】选项卡，【宽度】选择“1.25 磅”，如图 86-20 所示，单击【系列“中段”】，切换到【填充】选项卡，选择【无填充】，单击【关闭】按钮，完成格式设置。

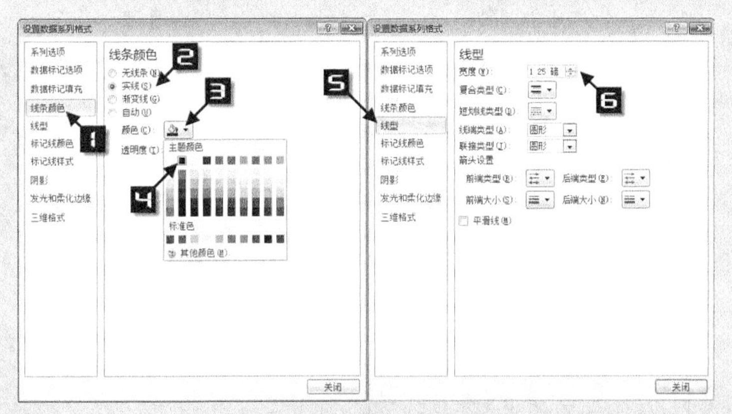

图 86-20　设置数据格式

Step 8

选择【系列“模拟 Y 轴”】，在【布局】选项卡中依次单击【布局】→【误差线】→【其他误差线选项】，选择【系列“模拟 Y 轴”Y 误差线】，按<Delete>键删除，选择【系列“模拟 X 轴”X 误差线】，在【设置误差线格式】对话框中，依次选择【正偏差】、【无线端】、【自定义】，单击【指定值】按钮，打开【自定义错误栏】对话框，在【正错误值】框中输入“= Y 轴折断面积图!$J$3:$J$14”，单击【确定】，如图 86-21 所示，切换到【线条颜色】选项卡，选择“黑色”，切换到【线型】选项卡，选择“1.25 磅”，单击【关闭】按钮，完成误差线添加。

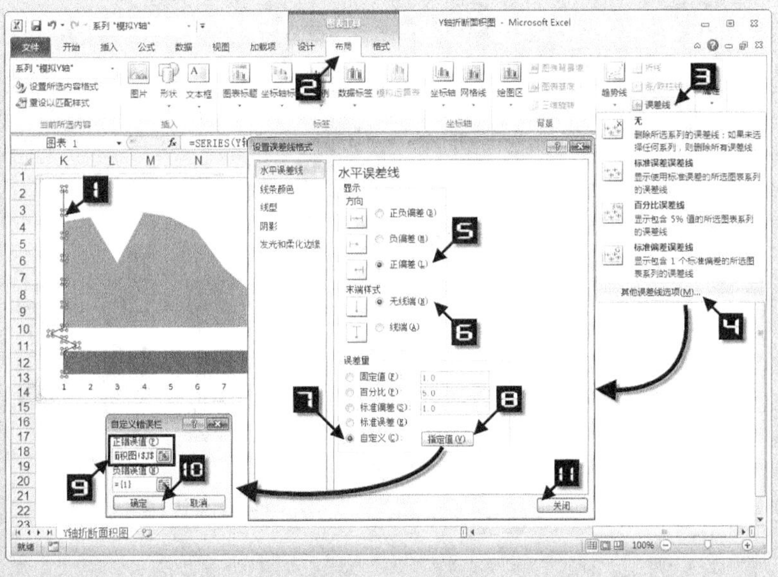

图 86-21　添加误差线

Step 9 添加【模拟 Y 轴】数据标签并修改，删除【图例】，添加【图表标题】，完成 *y* 轴折断面积图制作，如图 86-22 所示。

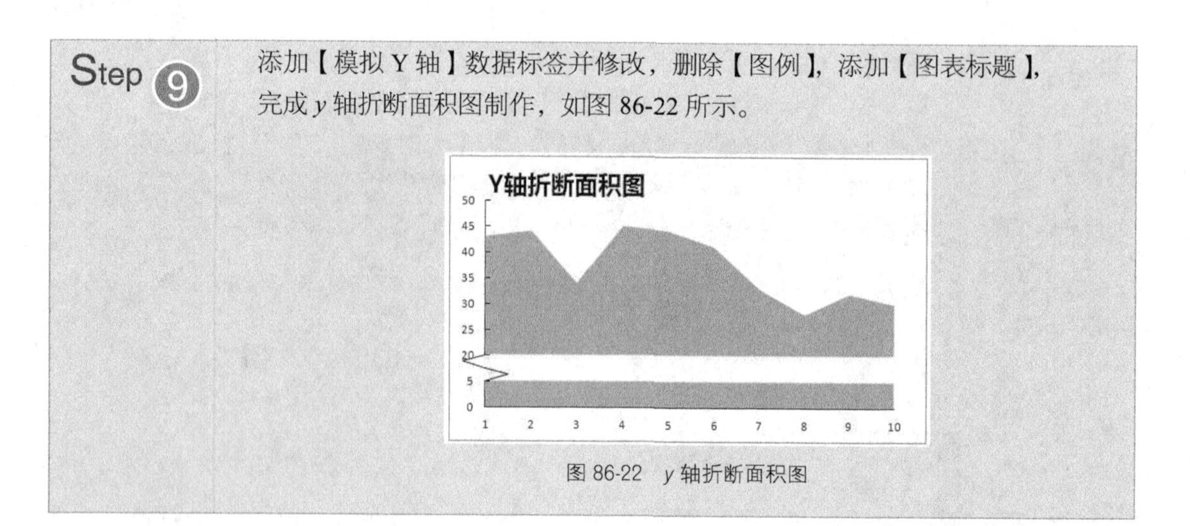

图 86-22　*y* 轴折断面积图

技巧 87　目标达成图

目标达成图是反映计划和目标达成情况的柱形图。以某公司 2 月份各周生产计划与实绩为例，目标达成图的制作方法如下。

Step 1 选中 A1:E3，在【插入】选项卡中单击【柱形图】下拉按钮，在扩展菜单中选择【簇状柱形图】，创建一个簇状柱形图，如图 87-1 所示。

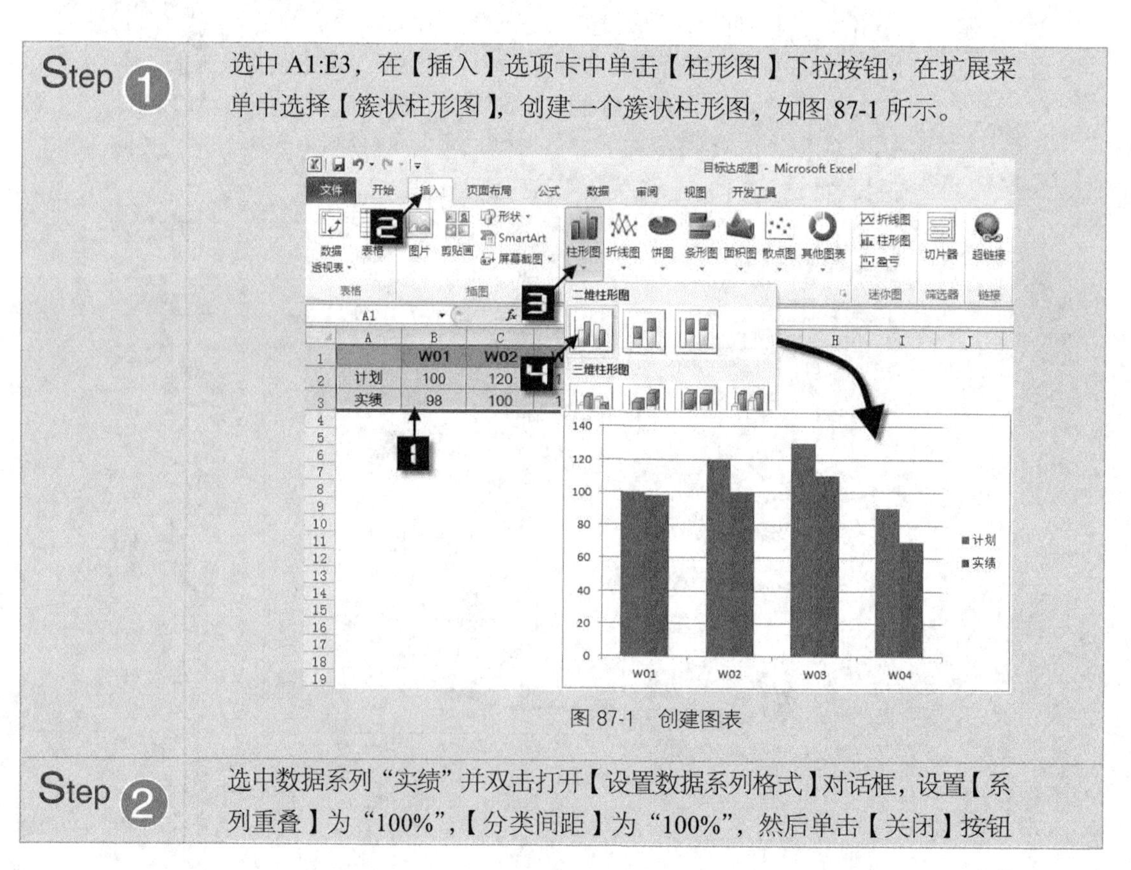

图 87-1　创建图表

Step 2 选中数据系列“实绩”并双击打开【设置数据系列格式】对话框，设置【系列重叠】为“100%”，【分类间距】为“100%”，然后单击【关闭】按钮完成设置，如图 87-2 所示。

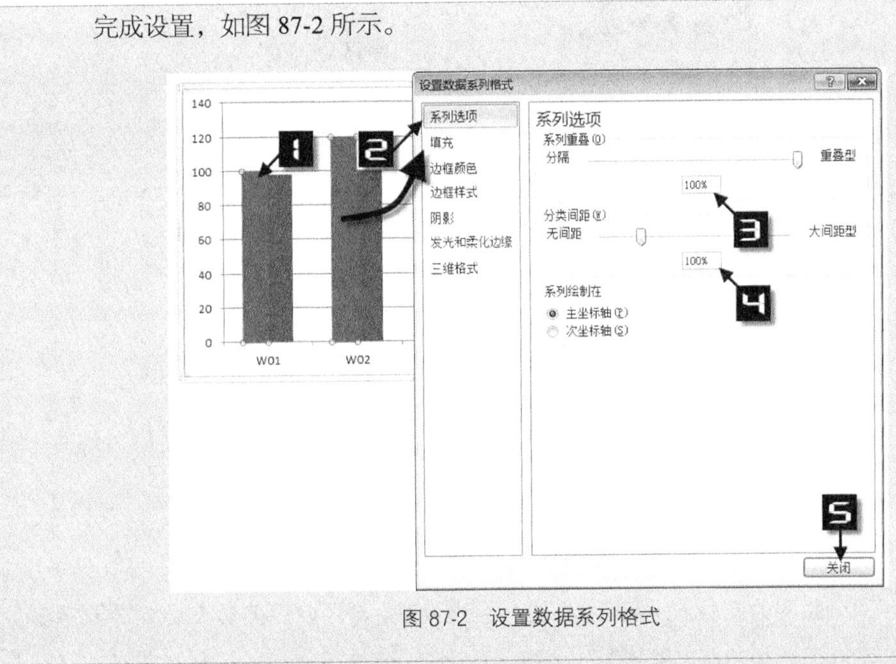

图 87-2　设置数据系列格式

Step 3　将数据系列“计划”的【形状填充】设置为【无填充颜色】,【形状轮廓】设置为“红色”。将数据系列“实绩”的【形状轮廓】设置为【无轮廓】，进一步美化图表，完成目标达成图，如图 87-3 所示。

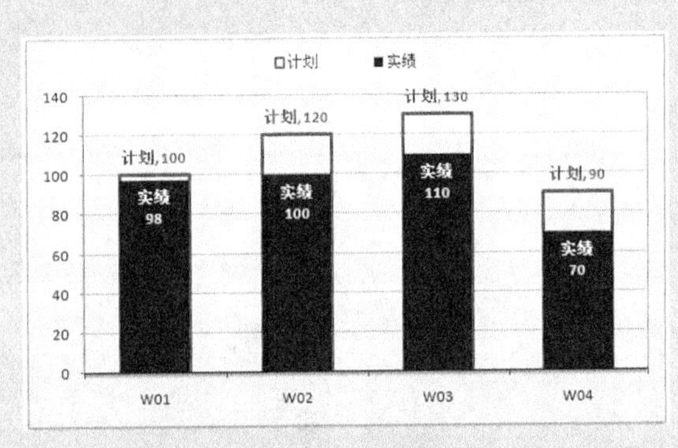

图 87-3　目标达成图

技巧 88　断层图

在正常情况下，如果柱形图中的个别数据点与其他数据点相比较出现过大差异，那么在制作图表时，图表刻度就会自动适应较大数据点，从而造成图表中较小的数据点不能很好地显示。

在图 88-1 所示的数据表中，某公司物料正常情况下每月的库存金额应该在 15 万以内，但五月份和九月份因某些原因导致库存大量积压，分别达到 90 万和 125 万的高库存，由这样的数据制作的图表很难清晰地显示各个月库存金额的情况。

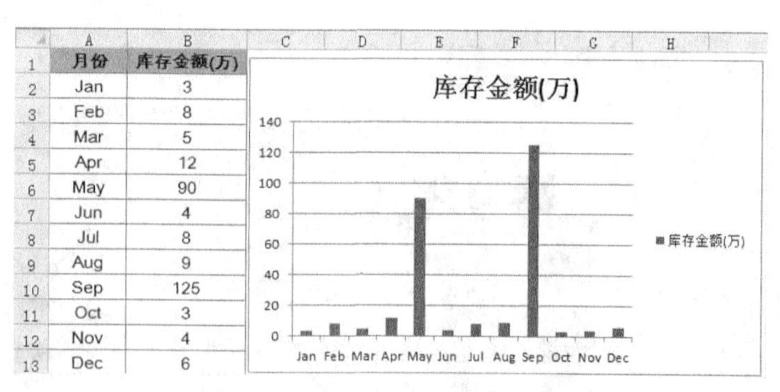

图 88-1 存在较大数据差异时的图表

本技巧将通过 3 种方法分别介绍如何处理此类数据图表。

88.1 图表组合图

利用两个相同的图表加以组合，并进行合理设置，即可以完美解决此类图表的缺陷。作图方法如下。

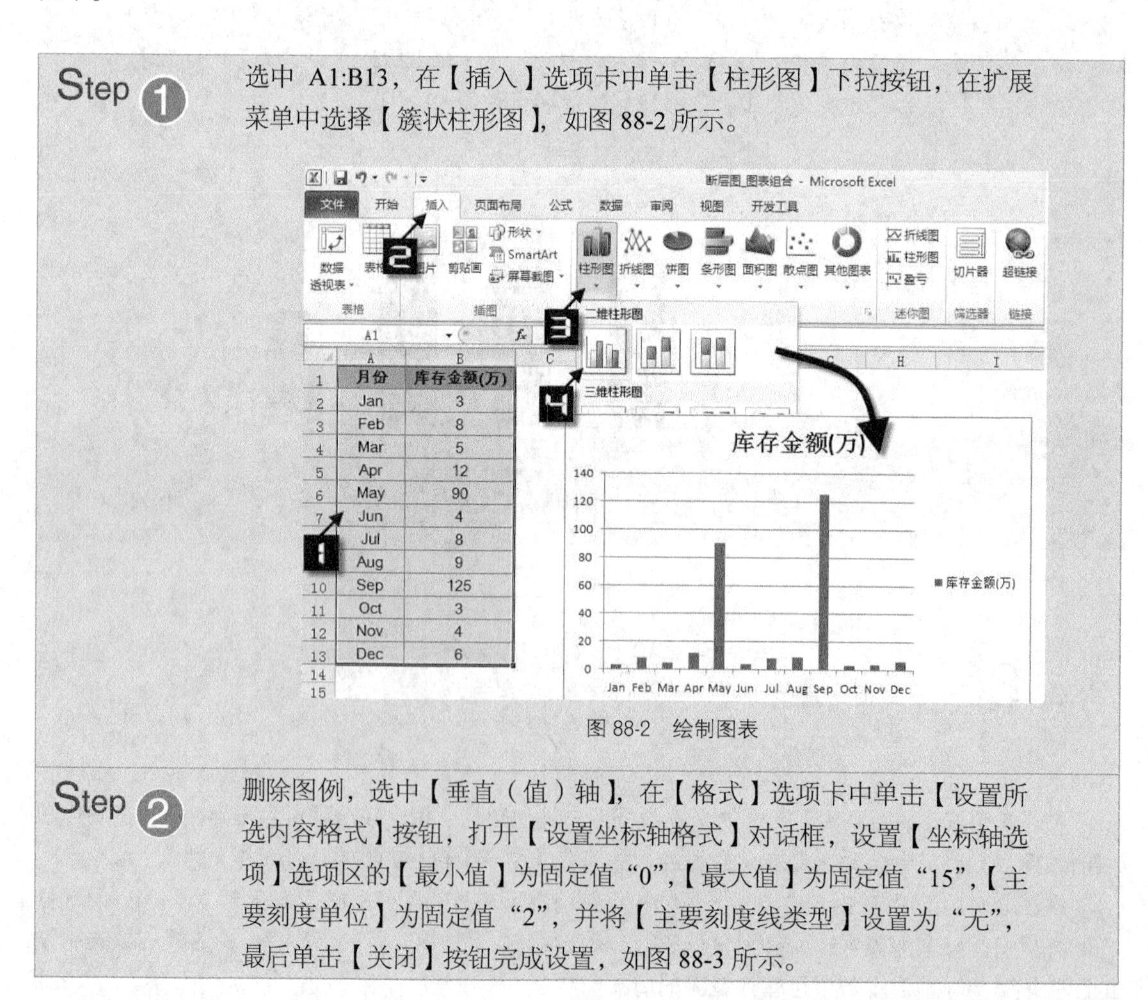

Step 1 选中 A1:B13，在【插入】选项卡中单击【柱形图】下拉按钮，在扩展菜单中选择【簇状柱形图】，如图 88-2 所示。

图 88-2 绘制图表

Step 2 删除图例，选中【垂直（值）轴】，在【格式】选项卡中单击【设置所选内容格式】按钮，打开【设置坐标轴格式】对话框，设置【坐标轴选项】选项区的【最小值】为固定值“0”，【最大值】为固定值“15”，【主要刻度单位】为固定值“2”，并将【主要刻度线类型】设置为“无”，最后单击【关闭】按钮完成设置，如图 88-3 所示。

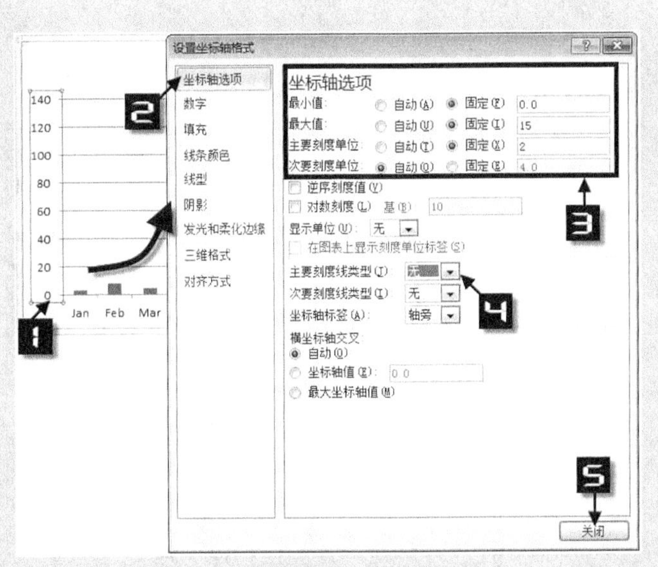

图 88-3　设置坐标轴格式

Step ③　在图表区单击鼠标右键，在弹出的快捷菜单中选择【复制】命令，然后移动鼠标指针至图表下方单元格，再次单击鼠标右键，在弹出的快捷菜单中选择【粘贴】命令，复制一个新的图表，如图 88-4 所示。

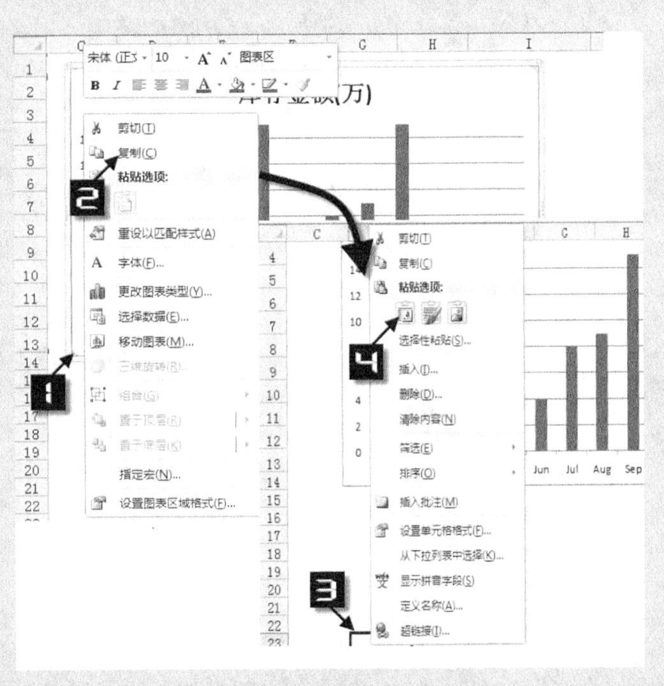

图 88-4　复制粘贴图表

Step ④　选中上方位置图表的【水平（类别）轴】，并在其位置上单击鼠标右键，在弹出的快捷菜单中选择【删除】命令，删除【水平（类别）轴】，如图 88-5 所示。

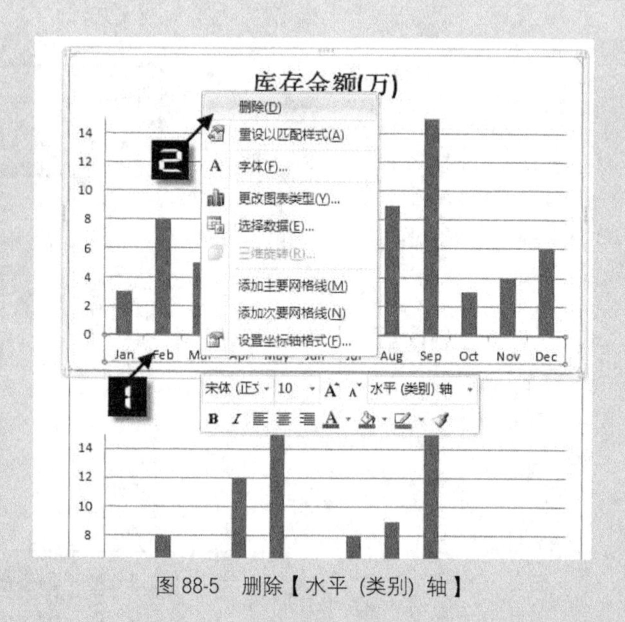

图 88-5　删除【水平（类别）轴】

Step 5　选中上方位置图表中的【垂直（值）轴】并双击打开【设置坐标轴格式】对话框，设置【坐标轴选项】选项区中的【最小值】为固定值“80”，【最大值】为固定值“130”，【主要刻度单位】设置为固定值“10”，然后单击【关闭】按钮完成设置，如图 88-6 所示。

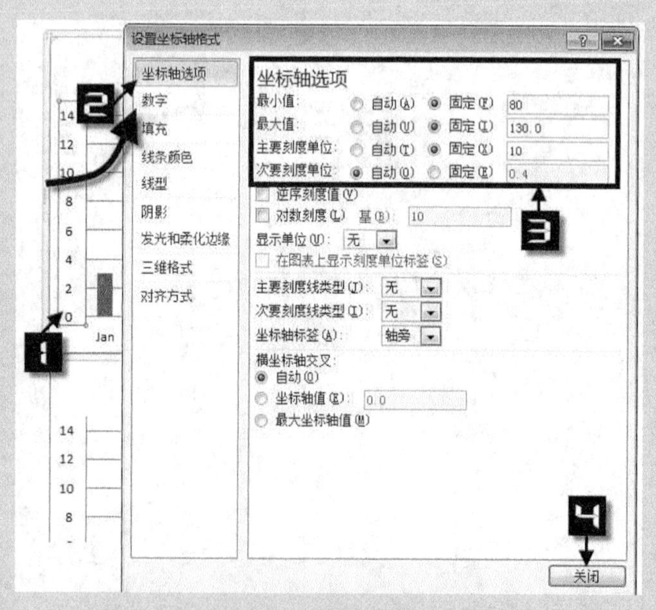

图 88-6　设置坐标轴格式

Step 6　删除两个图表的图表标题，接着选中上方位置的图表，单击鼠标右键，在弹出的快捷菜单中选择【置于顶层】→【置于顶层】命令，如图 88-7 所示。

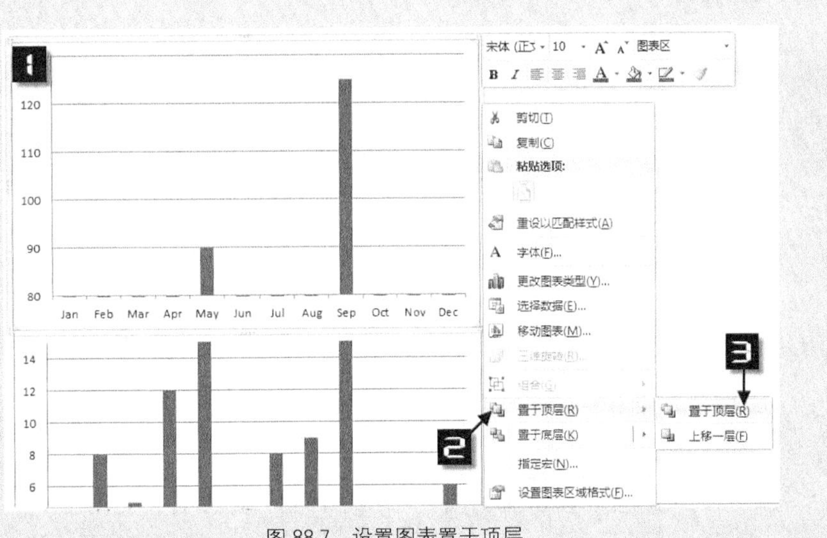

图 88-7　设置图表置于顶层

Step 7　选中下方位置的图表，将光标定位到图表上端中间的控制点，然后按下鼠标左键向上拖动鼠标指针，当超过上方图表顶端时松开鼠标，将下方图表的高度调整为两个图表的高度。接着选择下方位置图表的【绘图区】，将光标定位到绘图区上端中间的控制点，按下鼠标左键向下拖动鼠标指针，当超过上方图表底端时松开鼠标，将下方图表的绘图区高度调整到上方图表的下侧，如图 88-8 所示。

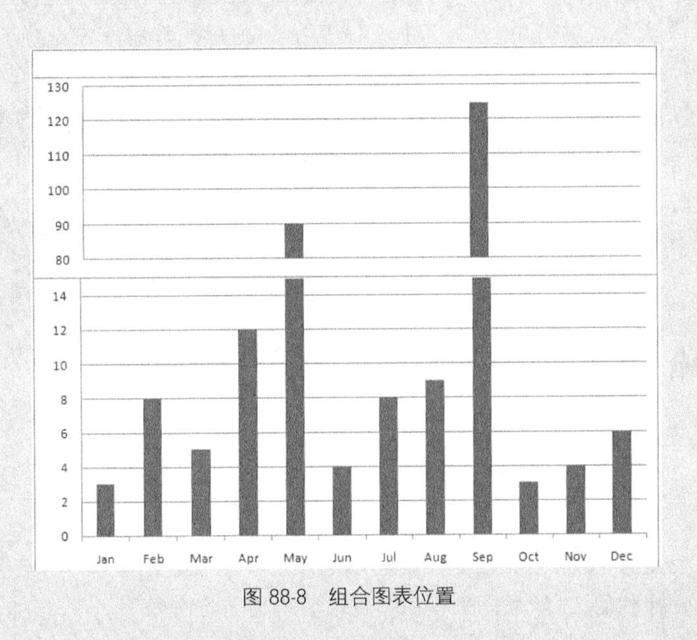

图 88-8　组合图表位置

Step 8　分别将上、下两个图表的【绘图区】边框、【垂直（值）轴】边框、【垂直（值）轴主要网格线】，下方图表的【水平（类别）轴】设置为黑色实线，如图 88-9 所示。

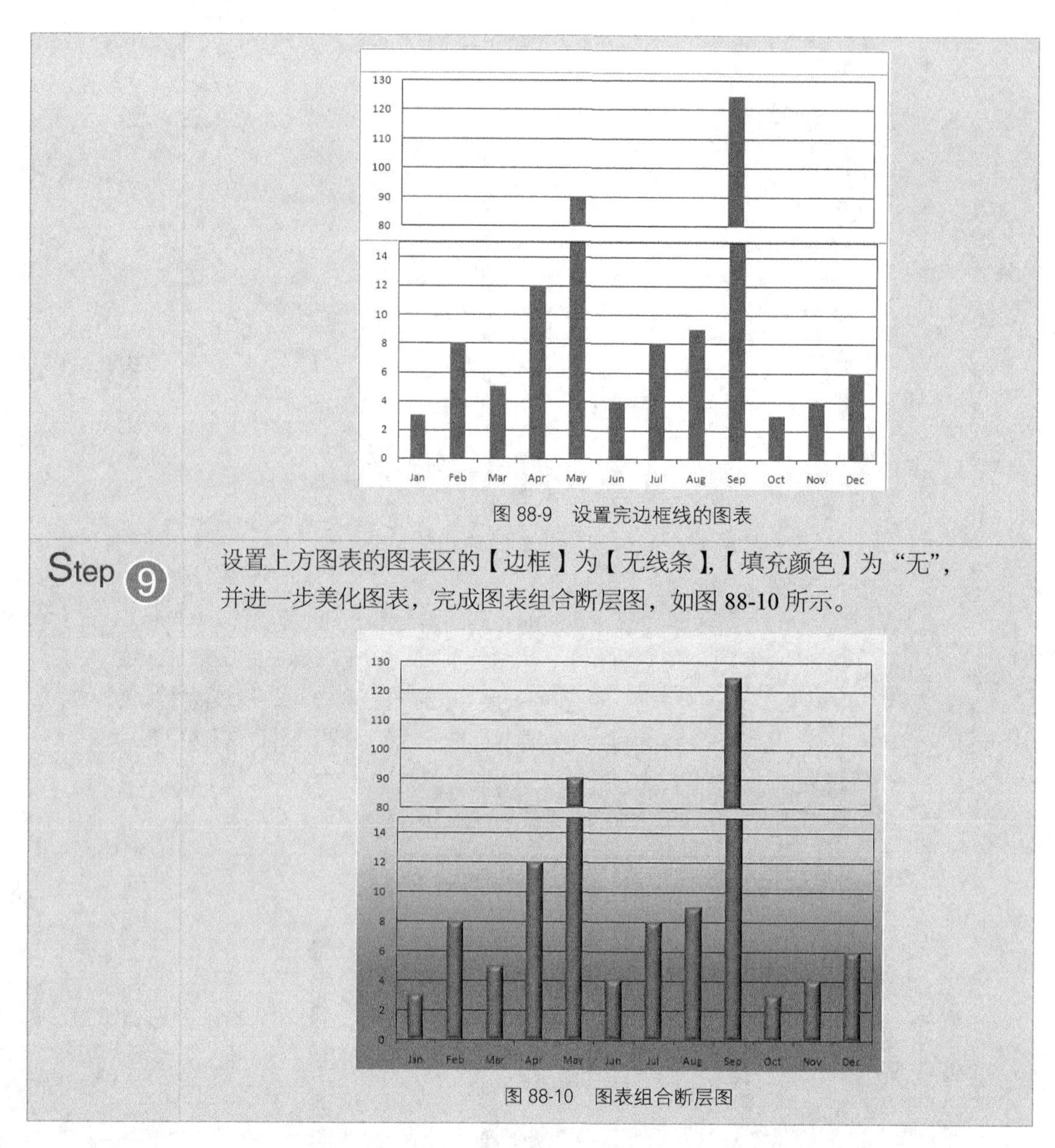

图 88-9　设置完边框线的图表

Step 9 设置上方图表的图表区的【边框】为【无线条】,【填充颜色】为“无”，并进一步美化图表，完成图表组合断层图，如图 88-10 所示。

图 88-10　图表组合断层图

使用此方法的好处是制作图表简单，但需要在调整图表位置时多加注意。

88.2　堆积柱形图

除了使用两个图表组合之外，还可以通过重新构建数据源，利用堆积柱形图和波纹线图形来制作断层图，并利用 XY 散点图来模拟垂直轴。其制作方法如下。

Step 1 构建作图辅助数据表。分别在 D1、E1 和 F1 单元格中输入断层下数值、断层标志和断层上数值作为字段列表。在 D2、E2 和 F2 单元格中分别输入以下公式用于计算作图所用数据。

```
=MIN(B2,MIN(10,B2))
=(B2>10)*1
=(B2-90)*(B2>90)
```

选中 D2:F2，将公式向下复制填充至 D10:F10，完成后如图 88-11 所示。

	A	B	C	D	E	F
1	月份	销售收入		断层下数值	断层标志	断层上数值
2	Jan	3		3	0	0
3	Feb	6		6	0	0
4	Mar	93		10	1	3
5	Apr	4		4	0	0
6	May	6		6	0	0
7	Jun	3		3	0	0
8	Jul	8		8	0	0
9	Aug	96		10	1	6
10	Sep	4		4	0	0

图 88-11　添加完辅助数据后的作图数据表

Step 2

按住<Ctrl>键后使用鼠标指针分别选中 A1:A10、D1:F10，在【插入】选项卡中单击【柱形图】按钮，在扩展菜单中选择【堆积柱形图】，绘制一个堆积柱形图，如图 88-12 所示。

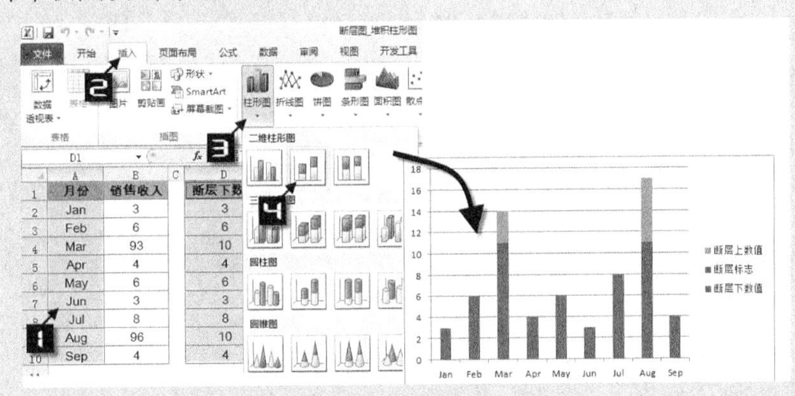

图 88-12　创建图表

Step 3

选中【垂直（值）轴】并双击打开【设置坐标轴格式】对话框，设置【坐标轴选项】的【最小值】为固定值“0”，【最大值】为固定值“21”，并将【主要刻度线类型】、【次要刻度线类型】和【坐标轴标签】全部设置为“无”，最后单击【关闭】按钮完成设置，如图 88-13 所示。

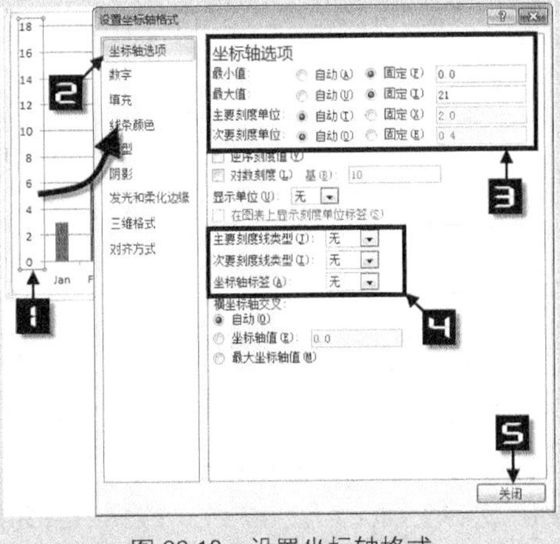

图 88-13　设置坐标轴格式

Step 4 在 H1:J14 设置仿垂直轴所需的辅助数据，如图 88-14 所示。

	H	I	J
1	仿垂直轴X值	仿垂直轴Y值	数据标签
2	0.5	0	0
3	0.5	2	2
4	0.5	4	4
5	0.5	6	6
6	0.5	8	8
7	0.5	10	10
8	0.9	10.5	
9	0.5	11	90
10	0.5	13	92
11	0.5	15	94
12	0.5	17	96
13	0.5	19	98
14	0.5	21	100

图 88-14　仿垂直轴辅助数据

Step 5 选中图表【绘图区】，设置为【无填充颜色】，无轮廓样式，并删除【垂直（值）轴主要网格线】、【图例】，然后在【设计】选项卡中单击【选择数据】按钮，打开【选择数据源】对话框，在该对话框中单击【添加】按钮，在打开的【编辑数据系列】对话框中设置【系列值】为 I2:I14 单元格，然后单击【确定】按钮关闭对话框，完成数据系列的添加，如图 88-15 所示。

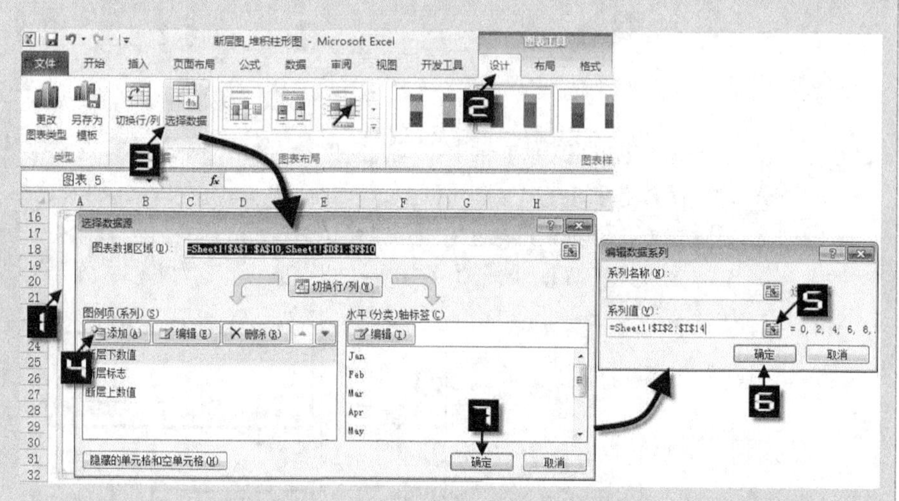

图 88-15　添加数据系列

Step 6 选中图表中的数据系列“系列 4”，在【设计】选项卡中单击【更改图表类型】按钮，在打开的【更改图表类型】对话框中的左侧列表框中选择【X Y（散点图）】，在右侧选择【仅带数据标记的散点图】，然后单击【确定】按钮，完成图表类型的更改，如图 88-16 所示。

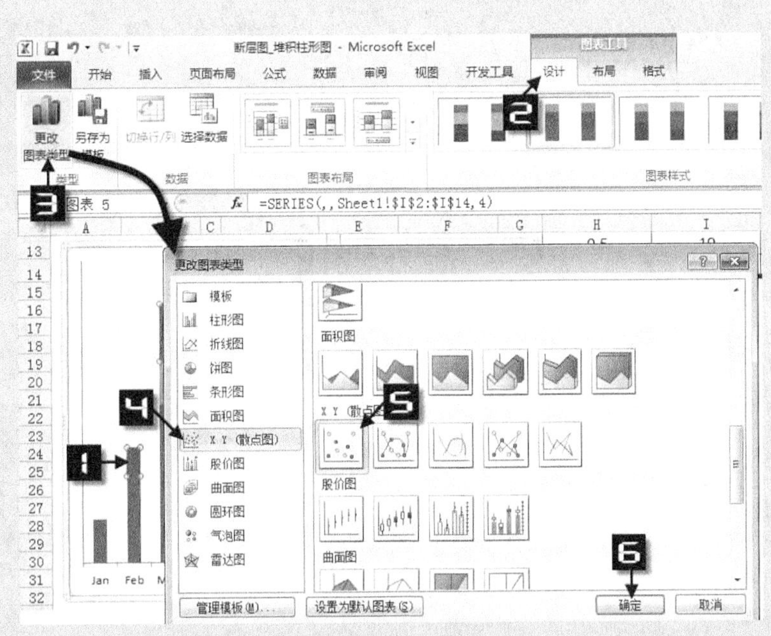

图 88-16　更改图表类型

Step 7　选中图表中的数据系列“系列 4”，在【设计】选项卡中单击【选择数据】按钮，在打开的【选择数据源】对话框的【图例项（系列）】区域中选择【系列 4】，然后单击【编辑】按钮，打开【编辑数据系列】对话框，在该对话框中更改【X 轴系列值】为 H2:H14 单元格区域，单击【确定】按钮关闭对话框，完成数据系列的编辑，如图 88-17 所示。

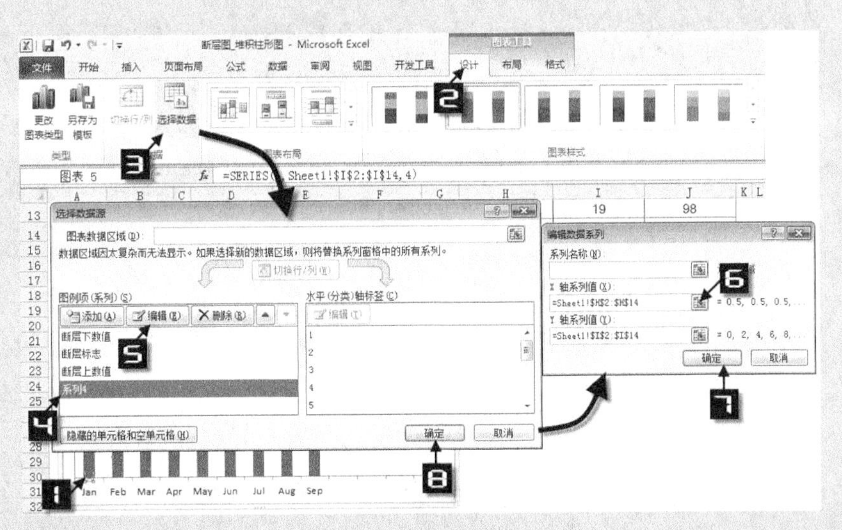

图 88-17　编辑数据系列

Step 8　选中图表中的数据系列“系列 4”，在【布局】选项卡中单击【数据标签】下拉按钮，在扩展菜单中选择【左】选项，为数据系列添加数据标签，如图 88-18 所示。

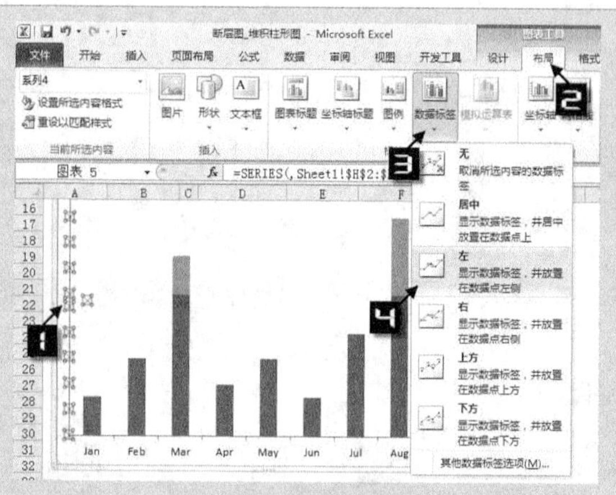

图 88-18　添加数据标签

Step 9　将【系列 4】和【垂直（值）轴】的【形状填充】设置为【无填充】,【形状轮廓】设置为【无轮廓】, 将【系列 4 数据标签】与 J2:J14 一一对应链接。完成后如图 88-19 所示。

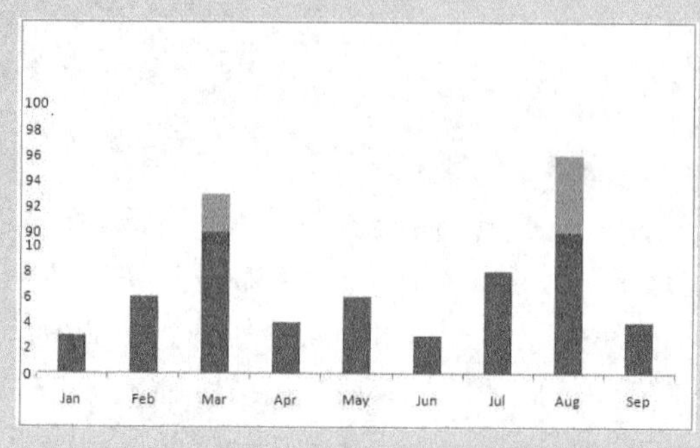

图 88-19　将数据标签与单元格链接

Step 10　选中图表中的数据系列“系列 4”并双击打开【设置数据系列格式】对话框，切换到【线条颜色】选项卡，在右侧区域中选择【实线】单选钮，然后单击【颜色】下拉按钮，在【主题颜色】中选择“黑色”，单击【关闭】按钮完成设置，如图 88-20 所示。

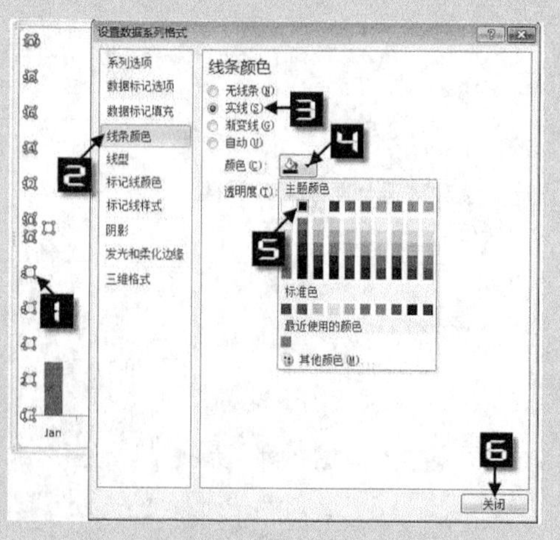

图 88-20　设置数据系列格式

Step 11 选中数据系列“断层下数值”，双击打开【设置数据系列格式】对话框，将【分类间距】调整为“50%”，然后单击【关闭】按钮完成设置，如图 88-21 所示。

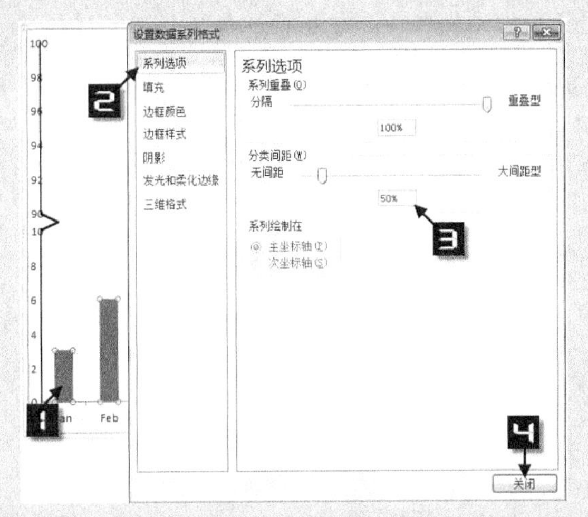

图 88-21　设置分类间距

Step 12 在工作表中利用自选图形曲线绘制一条波纹线，并设置线条颜色为“蓝色”，复制该自选图形，选中数据系列“断层标志”，按<Ctrl+V>组合键粘贴，完成后将数据系列“断层上数值”的数据系列格式设置得与数据系列“断层下数值”相同。

Step 13 设置用于制作数据标签的坐标和标签值辅助数据。分别在 N2、O2 和 P2 单元格输入如下公式，选中 N2:P2，将公式向下复制填充至 N10:P10 单元格区域。完成后如图 88-22 所示。

```
=ROW()*2-3
=SUM(D2:F2)
=B2
```

	N	O	P
1	数值X轴	数值Y轴	数值
2	1	3	3
3	3	6	6
4	5	14	93
5	7	4	4
6	9	6	6
7	11	3	3
8	13	8	8
9	15	17	96
10	17	4	4

图 88-22　标签数据表

Step 14 向图表中添加新数据系列，设置【X 轴系列值】为 N2:N10，【Y 轴系列值】为 O2:O10，如图 88-23 所示。

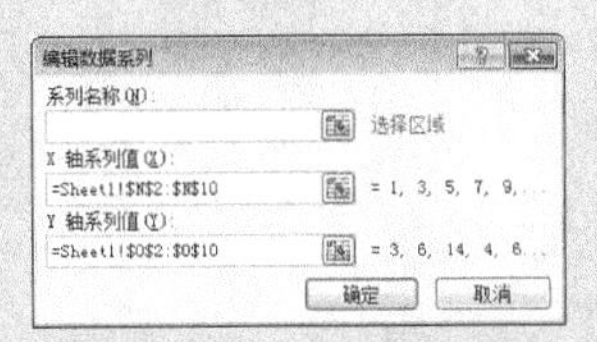

图 88-23　添加数据系列

Step 15

选中新添加的【系列 5】，在【设计】选项卡中单击【更改图表类型】按钮，在打开的【更改图表类型】对话框的左侧列表框中选择【折线图】选项卡，在右侧折线图区域选择【折线图】，然后单击【确定】按钮，如图 88-24 所示。

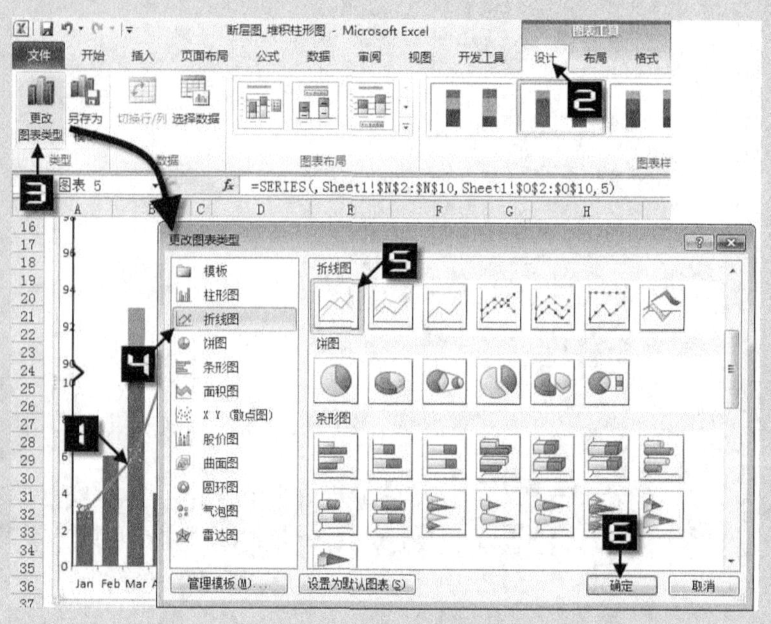

图 88-24　更改图表类型

Step 16

选中【系列 5】，在【布局】选项卡中单击【数据标签】按钮，在扩展菜单中选择【上方】为数据系列添加数据标签，如图 88-25 所示。

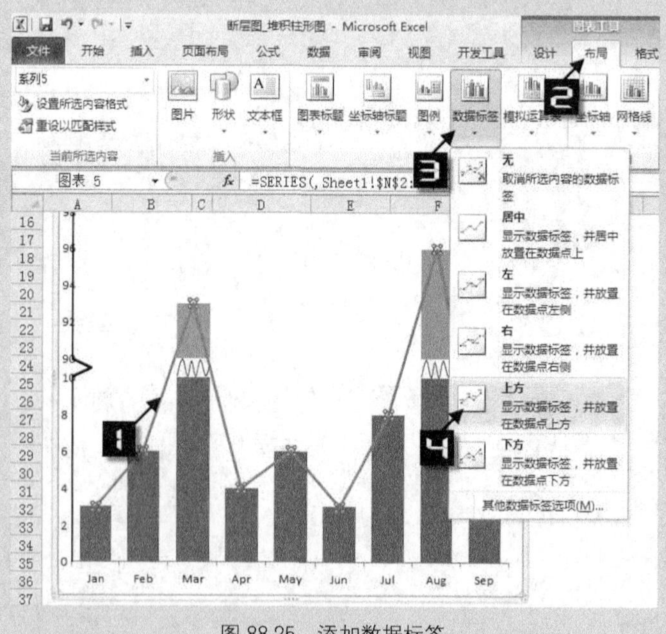

图 88-25　添加数据标签

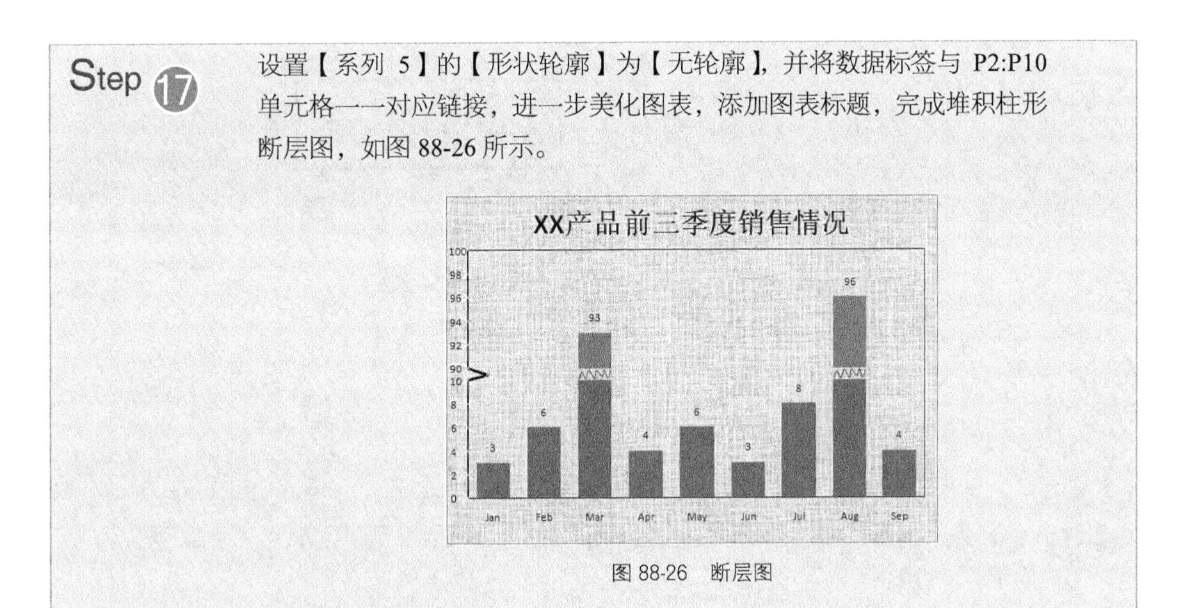

Step 17　设置【系列 5】的【形状轮廓】为【无轮廓】，并将数据标签与 P2:P10 单元格一一对应链接，进一步美化图表，添加图表标题，完成堆积柱形断层图，如图 88-26 所示。

图 88-26　断层图

88.3　簇状柱形断层图

簇状柱形断层图是利用簇状柱形图和 XY 散点图的组合来实现的，并利用 XY 散点图来模拟垂直（值）轴。

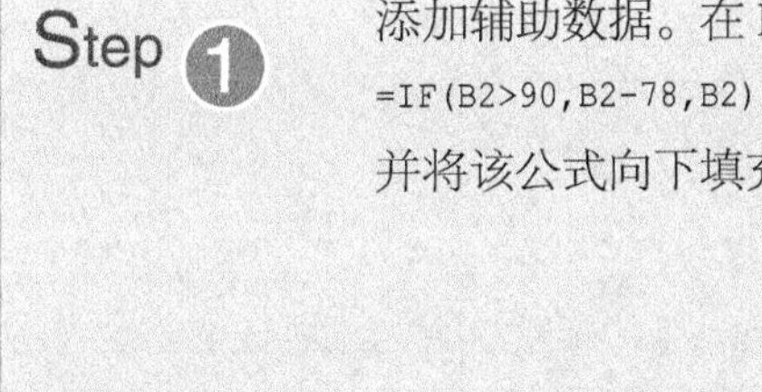

Step 1　添加辅助数据。在 D2 单元格输入公式：

```
=IF(B2>90,B2-78,B2)
```

并将该公式向下填充至 D10 单元格。完成后如图 88-27 所示。

	A	B	C	D
1	月份	销售收入		辅助数据
2	Jan	3		3
3	Feb	6		6
4	Mar	93		15
5	Apr	4		4
6	May	6		6
7	Jun	3		3
8	Jul	8		8
9	Aug	96		18
10	Sep	4		4

图 88-27　添加辅助数据

Step 2　按<Ctrl>键后选中 A1:A10、D1:D10 区域，依次单击【插入】→【柱形图】→【簇状柱形图】，创建簇状柱形图。

Step 3　删除图例、图表标题。选中【垂直（值）轴】，在【格式】选项卡的【当前所选内容】组中单击【设置所选内容格式】按钮，在弹出的【设置坐标轴格式】对话框中设置坐标轴【最小值】为固定值“0”，【最大值】为固定值“22”，【主要刻度单位】为固定值“2”，【主要刻度线类型】为“无”，最后单击【关闭】按钮完成设置，如图 88-28 所示。

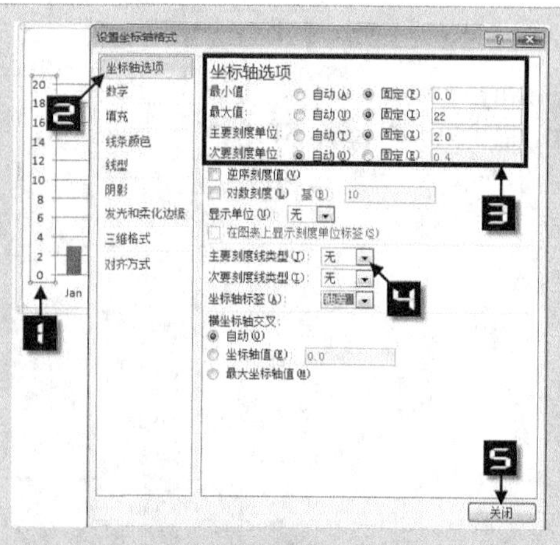

图 88-28　设置坐标轴格式

Step 4

添加仿【垂直（值）轴】辅助数据。在 F2:F13 区域中批量输入 0.5，在 G2 单元格中输入以下公式：

```
=ROW()*2-4
```

将该公式向下复制填充至 G3:G13，在 H2:H13 单元格区域中输入 0～10、90～100，以 2 作为步长，完成后如图 88-29 所示。

	F	G	H
1	仿垂直轴-X值	仿垂直轴-Y值	仿垂直轴标签
2	0.5	0	0
3	0.5	2	2
4	0.5	4	4
5	0.5	6	6
6	0.5	8	8
7	0.5	10	10
8	0.5	12	90
9	0.5	14	92
10	0.5	16	94
11	0.5	18	96
12	0.5	20	98
13	0.5	22	100

图 88-29　仿垂直轴辅助数据

Step 5

选中图表，在【设计】选项卡中单击【选择数据】按钮，在打开的【选择数据源】对话框中单击【添加】按钮，打开【编辑数据系列】对话框，在该对话框中设置【系列值】为 G2:G13，然后单击【确定】按钮关闭对话框，完成数据系列的添加，如图 88-30 所示。

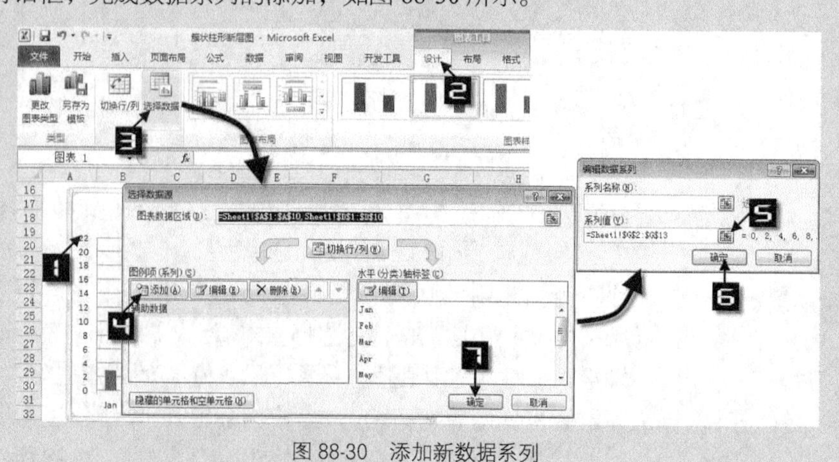

图 88-30　添加新数据系列

Step 6 选中图表中的数据系列“系列 2”，在【设计】选项卡中单击【更改图表类型】按钮，在打开的【更改图表类型】对话框的左侧列表框中选择【XY（散点图）】，在右侧对应的项目中选择【仅带数据标记的散点图】，然后单击【确定】按钮，如图 88-31 所示。

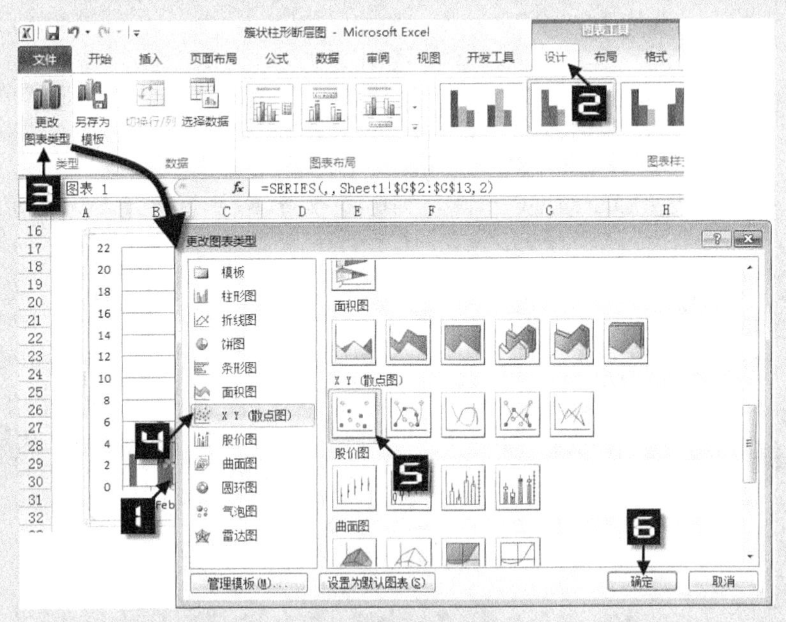

图 88-31　更改图表类型

Step 7 选中图表中的数据系列“系列 2”，在【设计】选项卡中单击【选择数据】按钮，在打开的【选择数据源】对话框中选择【系列 2】，然后单击【编辑】按钮，打开【编辑数据系列】对话框，设置【X 轴系列值】为 F2:F13，然后单击【确定】按钮关闭对话框，完成数据系列的设置，如图 88-32 所示。

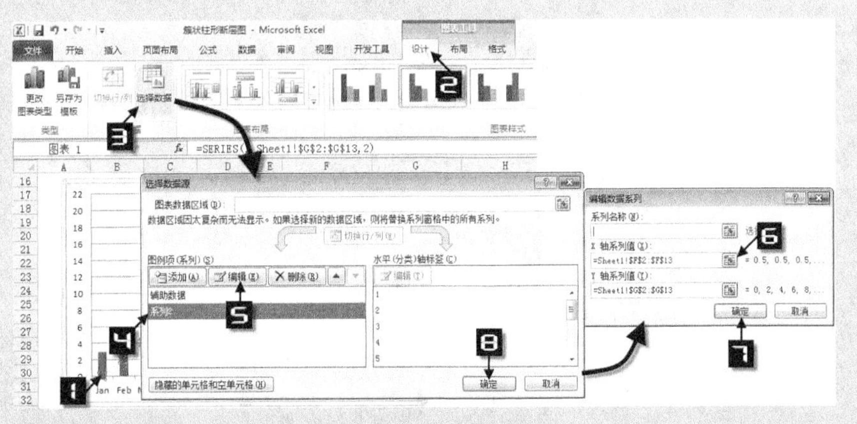

图 88-32　编辑数据系列

Step 8 删除【垂直（值）轴】。选中图表中的数据系列“系列 2”，在【布局】选项卡中单击【数据标签】下拉按钮，在扩展菜单中选择【左】选项，为数据系列添加数据标签，如图 88-33 所示。

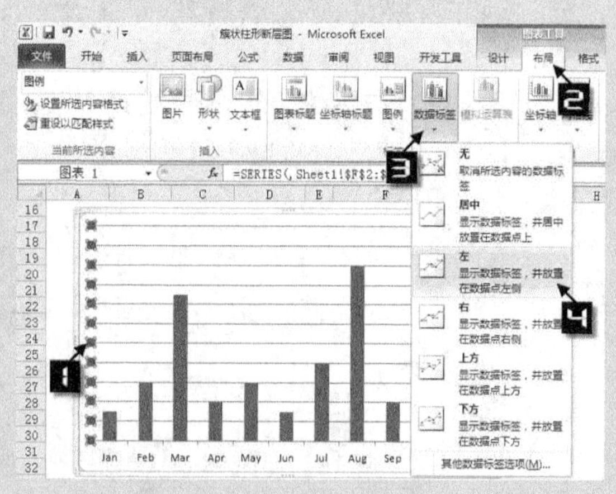

图 88-33　添加数据标签

Step 9　将数据系列“系列 2”的数据标签与 H2:H13 区域一一对应链接，然后设置“系列 2”的【形状填充】为【无填充颜色】,【形状轮廓】为【无轮廓】。

Step 10　添加断层图的断点辅助数据。在 J2 单元格中输入 0，在 K2:K11 单元格中批量输入 11，然后在 J3 单元格中输入如下公式:

```
=IF(B2>90,ROW()*2-5,NA())
```

将公式向下填充至 J4:J11 单元格，完成后如图 88-34 所示。

	J	K
1	X	Y
2	0	11
3	#N/A	11
4	#N/A	11
5	5	11
6	#N/A	11
7	#N/A	11
8	#N/A	11
9	#N/A	11
10	15	11
11	#N/A	11

图 88-34　断点辅助数据

Step 11　为图表添加新数据系列。分别设置【X 轴系列值】引用 J2:J11 单元格，【Y 轴系列值】引用 K2:K11 单元格，如图 88-35 所示。

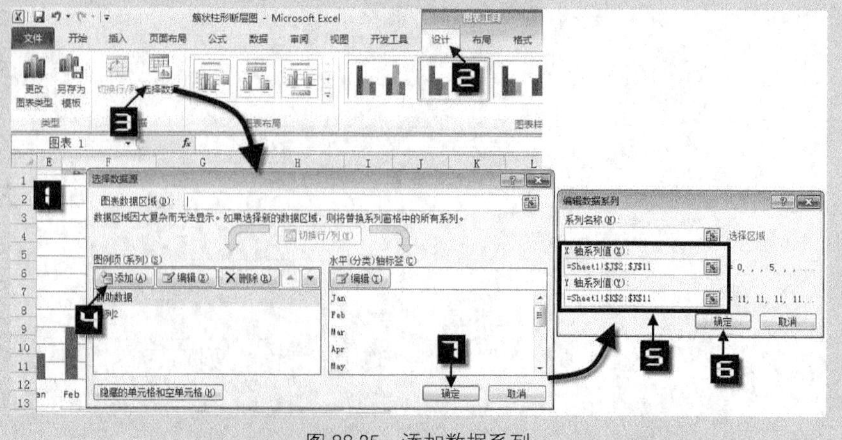

图 88-35　添加数据系列

Step 12 选中新添加的【系列 3】并双击，打开【设置数据系列格式】对话框，将【系列绘制在】更改为【次坐标轴】，如图 88-36 所示。

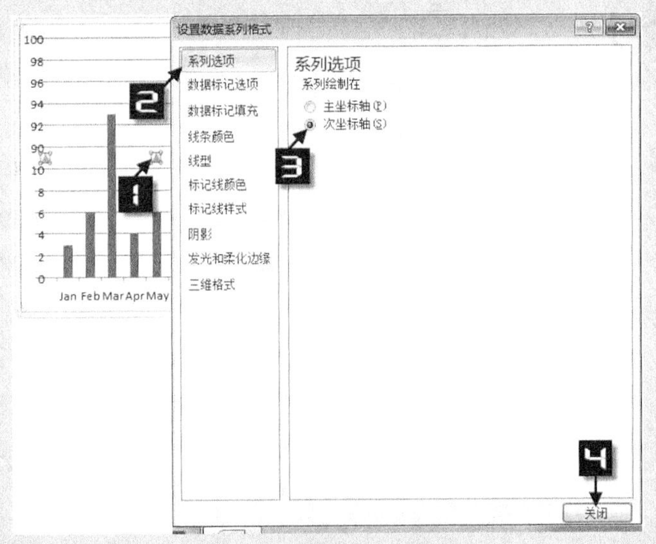

图 88-36　设置数据系列格式

Step 13 设置图表显示次横坐标。

Step 14 将【次坐标轴 垂直（值）轴】的【最小值】和【最大值】分别设置为固定值“0”和“22”,【次坐标轴 水平（值）轴】的【最小值】和【最大值】分别设置为固定值“0”和“18”，完成后删除这两个次坐标轴。

Step 15 在工作表中绘制两条斜线，并设置其粗细为“3 磅”，颜色为“白色”。

Step 16 复制这两条斜线，选中【系列 3】，然后按<Ctrl+V>粘贴。

Step 17 为【系列“辅助数据”】添加数据标签，然后将其与单元格区域 B2:B10 一一对应。进一步设置图表区格式，添加图表标题，最终图表效果如图 88-37 所示。

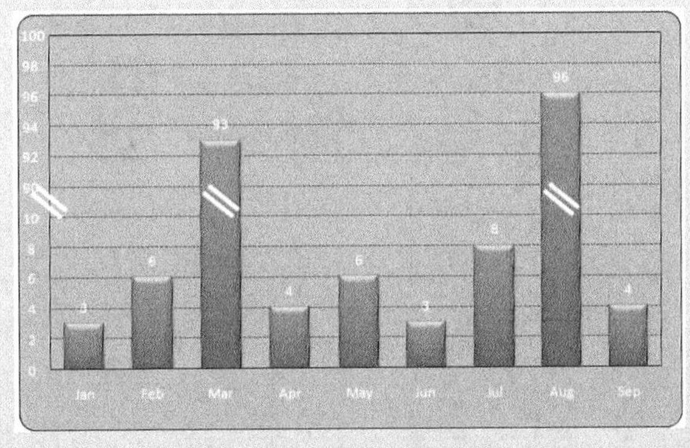

图 88-37　簇状柱形断层图

技巧89 步进图

步进图形状犹如阶梯，故又被称为阶梯图。步进图通过相邻数据落差的程度，反映数据变化的情况。本技巧将介绍两种制作步进图的方法。

89.1 误差线法

Step 1 设置辅助数据。在 D1:D13 单元格区域批量输入数据 1，在 E2 单元格输入公式，然后下拉填充公式至 E12 单元格。完成后如图 89-1 所示。

```
=B3-B2
```

	A	B	C	D	E
1	月份	销售数量		误差线X	误差线Y
2	1	43		1	-1
3	2	42		1	7
4	3	49		1	21
5	4	70		1	-28
6	5	42		1	16
7	6	58		1	-15
8	7	43		1	-2
9	8	41		1	28
10	9	69		1	-19
11	10	50		1	-3
12	11	47		1	11
13	12	58		1	

图 89-1 设置误差线数据

Step 2 选中 A1:B13 单元格区域，依次单击【插入】→【散点图】→【仅带数据标记的散点图】创建 X Y 散点图，如图 89-2 所示。

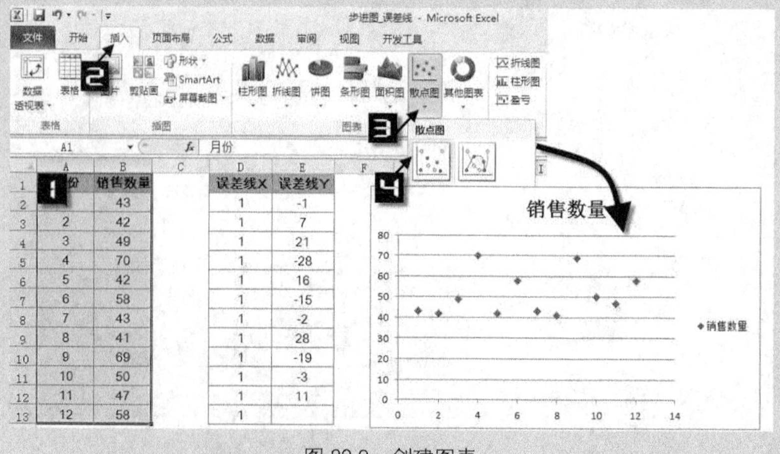

图 89-2 创建图表

Step ③ 选中【水平（值）轴】，依次单击【格式】→【设置所选内容格式】，打开【设置坐标轴格式】对话框，在【坐标轴选项】选项卡中设置坐标轴的【最小值】为固定值“0”，【最大值】为固定值“12”，【主要刻度单位】为固定值“1”。切换至【数字】选项卡，在【格式代码】中输入“0"月";;;”，然后单击【添加】按钮，将格式代码添加至【类型】列表框，最后单击【关闭】按钮完成设置，如图 89-3 所示。

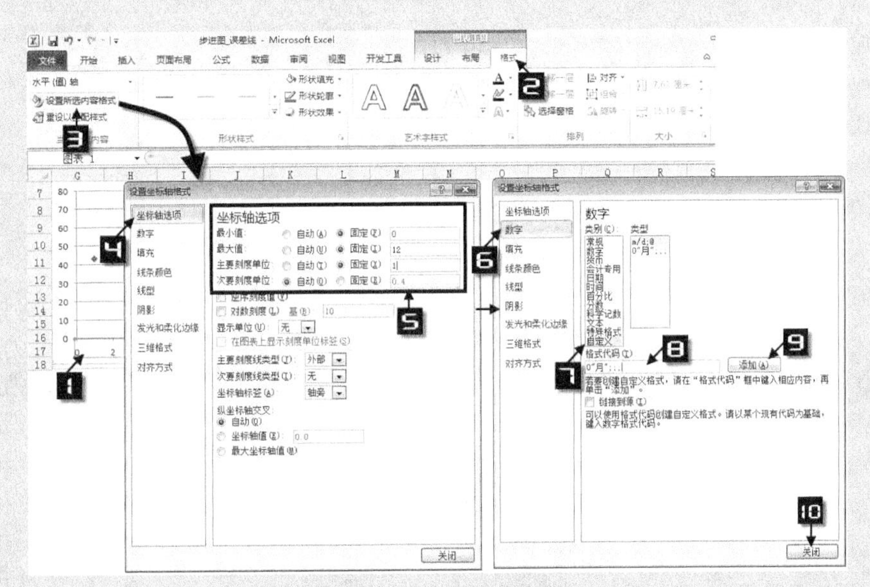

图 89-3　设置坐标轴格式

Step ④ 选中数据系列“销售数量”，依次单击【布局】选项卡中的【误差线】→【标准误差误差线】命令，为 XY 散点图添加误差线，如图 89-4 所示。

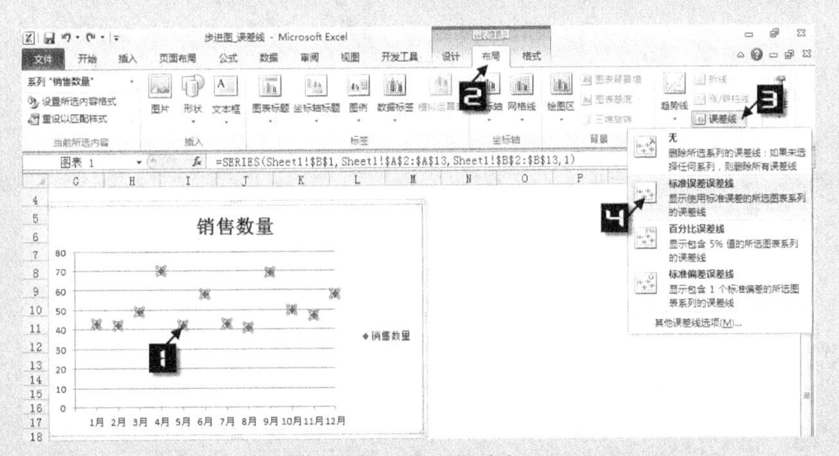

图 89-4　启用误差线

Step ⑤ 选中【系列“销售数量”X 误差线】并双击打开【设置误差线格式】对话框，如图 89-5 所示设置系列“销售数量”X 误差线格式，其中，【负错误值】为 D2:D13 单元格区域。

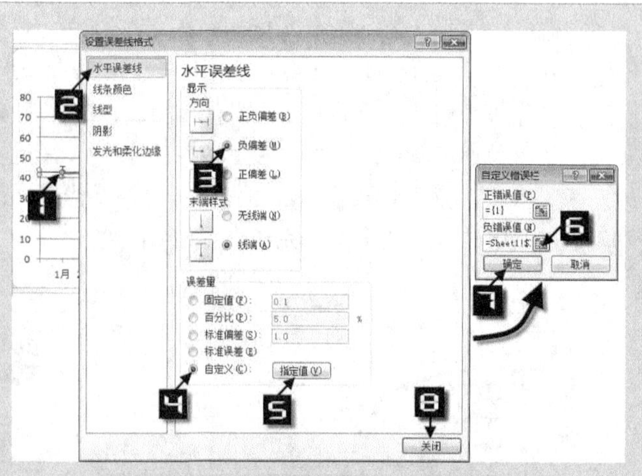

图 89-5　设置系列“销售数量”X 误差线格式

Step 6　选中【系列“销售数量”Y 误差线】并双击打开【设置误差线格式】对话框，如图 89-6 所示设置系列“销售数量”Y 误差线格式，其中，【正错误值】选择为 E2:E13，【负错误值】选择为 D2:D13。

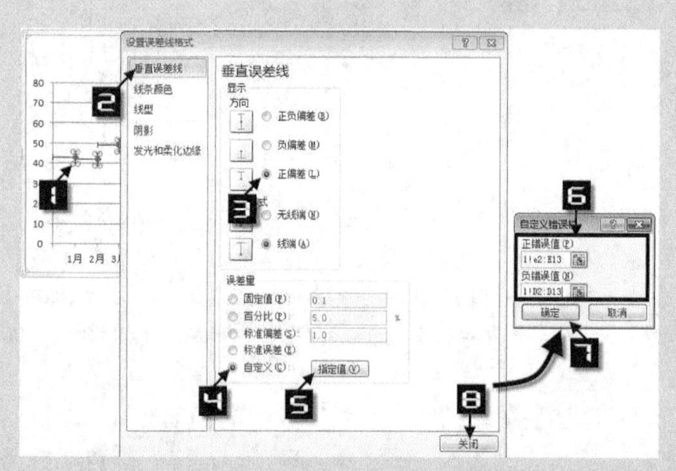

图 89-6　设置系列“销售数量”Y 误差线格式

Step 7　进一步美化误差线格式，设置图表其他格式，完成图表的制作，如图 89-7 所示。

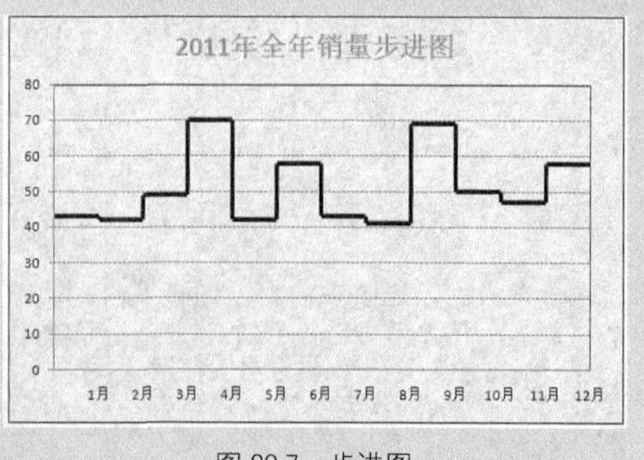

图 89-7　步进图

89.2　X Y 散点图

使用 X Y 散点图同样可以制作步进图，作图方法如下。

Step 

构建作图辅助数据。在 D、E 两列设置作图辅助数据，在 D2 和 E2 分别输入以下公式：

```
=ROUND(ROW()/2-1,)
=INDIRECT("B"&INT(ROW()/2)+1)
```

选中 D2:E2 单元格区域，将公式向下复制填充至 D25:E25。完成后如图 89-8 所示。

	A	B	C	D	E
1	月份	销售数量		辅助列1	辅助列2
2	1	43		0	43
3	2	42		1	43
4	3	49		1	42
5	4	70		2	42
6	5	42		2	49
7	6	58		3	49
8	7	43		3	70
9	8	41		4	70
10	9	69		4	42
11	10	50		5	42
12	11	47		5	58
13	12	58		6	58
14				6	43
15				7	43
16				7	41
17				8	41
18				8	69
19				9	69
20				9	50
21				10	50
22				10	47
23				11	47
24				11	58
25				12	58

图 89-8　折线图辅助数据

Step 2

选中 D1:E25 单元格区域，在【插入】选项卡中单击【散点图】，在扩展菜单中选择【带直线的散点图】，如图 89-9 所示。

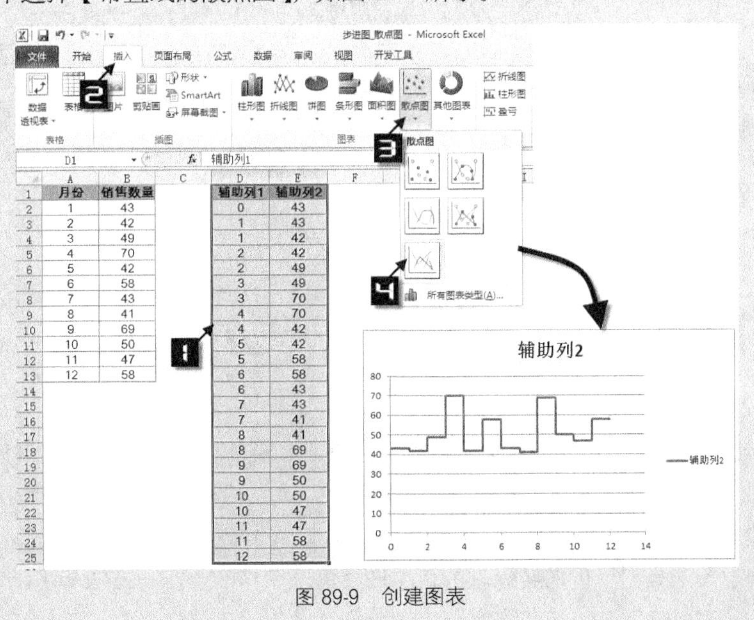

图 89-9　创建图表

Step 3 选中【水平（值）轴】并双击打开【设置坐标轴格式】对话框，设置【坐标轴选项】的【最小值】为固定值“0”,【最大值】为固定值“12”,【主要刻度单位】为固定值“1”，然后在左侧列表框中单击【数字】选项卡，在【类别】中选择【自定义】选项，接着在【格式代码】中输入“0“月”;;;”，然后单击【添加】按钮，最后单击【关闭】按钮，完成坐标轴格式的设置，如图 89-10 所示。

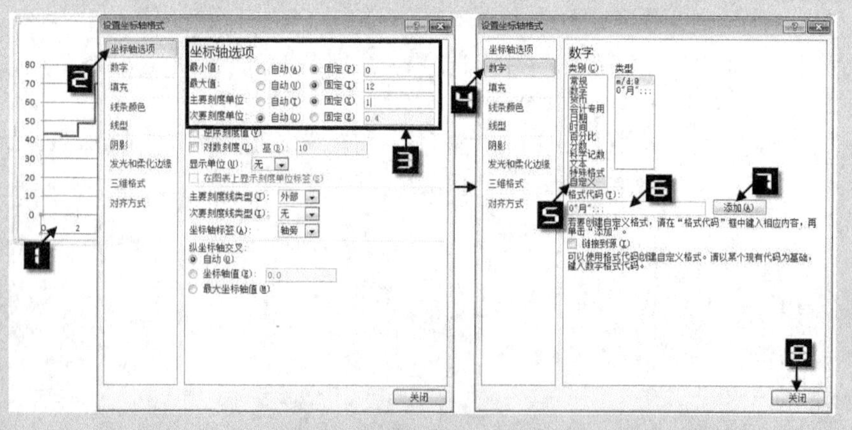

图 89-10　设置坐标轴格式

Step 4 删除【图例】，修改【图表标题】，删除【垂直（值）轴 主要网格线】，进一步美化图表，完成 XY 散点图创建的步进图，如图 89-11 所示。

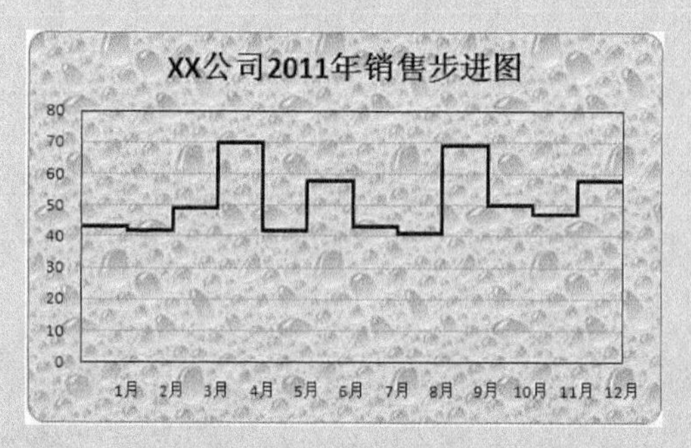

图 89-11　XY 散点图创建的步进图

技巧 90　任意宽度的柱形图

Excel 图表中，柱形图柱体的高度可以直观地反映数据点的大小，但宽度并没有任何意义，并且默认情况下，柱形图柱体的宽度都是相同的，本技巧将介绍如何使用面积图方法来制作代表实际意义的任意宽度柱形图。

面积图法是利用日期坐标轴的连续性特点来制作的，作图方法如下。

Step 1 构建作图辅助数据。选中 A2:A7，按<Ctrl+C>组合键进行复制，并转置粘贴到 F1:K1。

在 E2 单元格中输入如下公式：

```
=SUM(INDIRECT("B1:B"&INT((ROW()+1)/2)))*100
```

并将该公式下拉填充至 E13 单元格完成坐标轴数据设置。

选中 F2 单元格，输入以下公式：

```
=(MATCH(F$1,$A$2:$A$7,)=INT(ROW()/2))*INDEX($C$2:$C$7,MATCH(F$1,$A$2:$A$7,))
```

并将该公式复制填充至 F2:K13，完成作图辅助数据构建，如图 90-1 所示。

	A	B	C	D	E	F	G	H	I	J	K
1		所占比例	库存数量			材料1	材料2	材料3	材料4	材料5	材料6
2	材料1	22%	16		0	16	0	0	0	0	0
3	材料2	19%	14		22	16	0	0	0	0	0
4	材料3	24%	18		22	0	14	0	0	0	0
5	材料4	18%	13		41	0	14	0	0	0	0
6	材料5	9%	7		41	0	0	18	0	0	0
7	材料6	8%	6		65	0	0	18	0	0	0
8					65	0	0	0	13	0	0
9					83	0	0	0	13	0	0
10					83	0	0	0	0	7	0
11					92	0	0	0	0	7	0
12					92	0	0	0	0	0	6
13					100	0	0	0	0	0	6

图 90-1 作图辅助数据

Step 2 选中数据区域 E1:K13，在【插入】选项卡的【图表】组中单击【面积图】按钮，在扩展菜单中选择【堆积面积图法】，如图 90-2 所示。

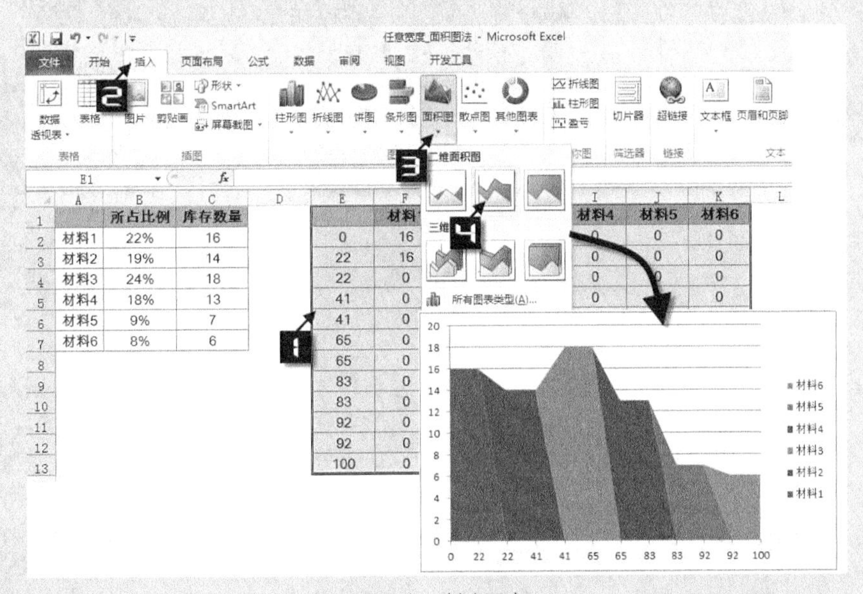

图 90-2 创建图表

Step 3 选中【水平（类别）轴】并双击打开【设置坐标轴格式】对话框，在该对话框中设置【坐标轴类型】为【日期坐标轴】，设置【主要坐标轴类型】、【次要刻度线类型】、【坐标轴标签】都为“无”，最后单击【关闭】

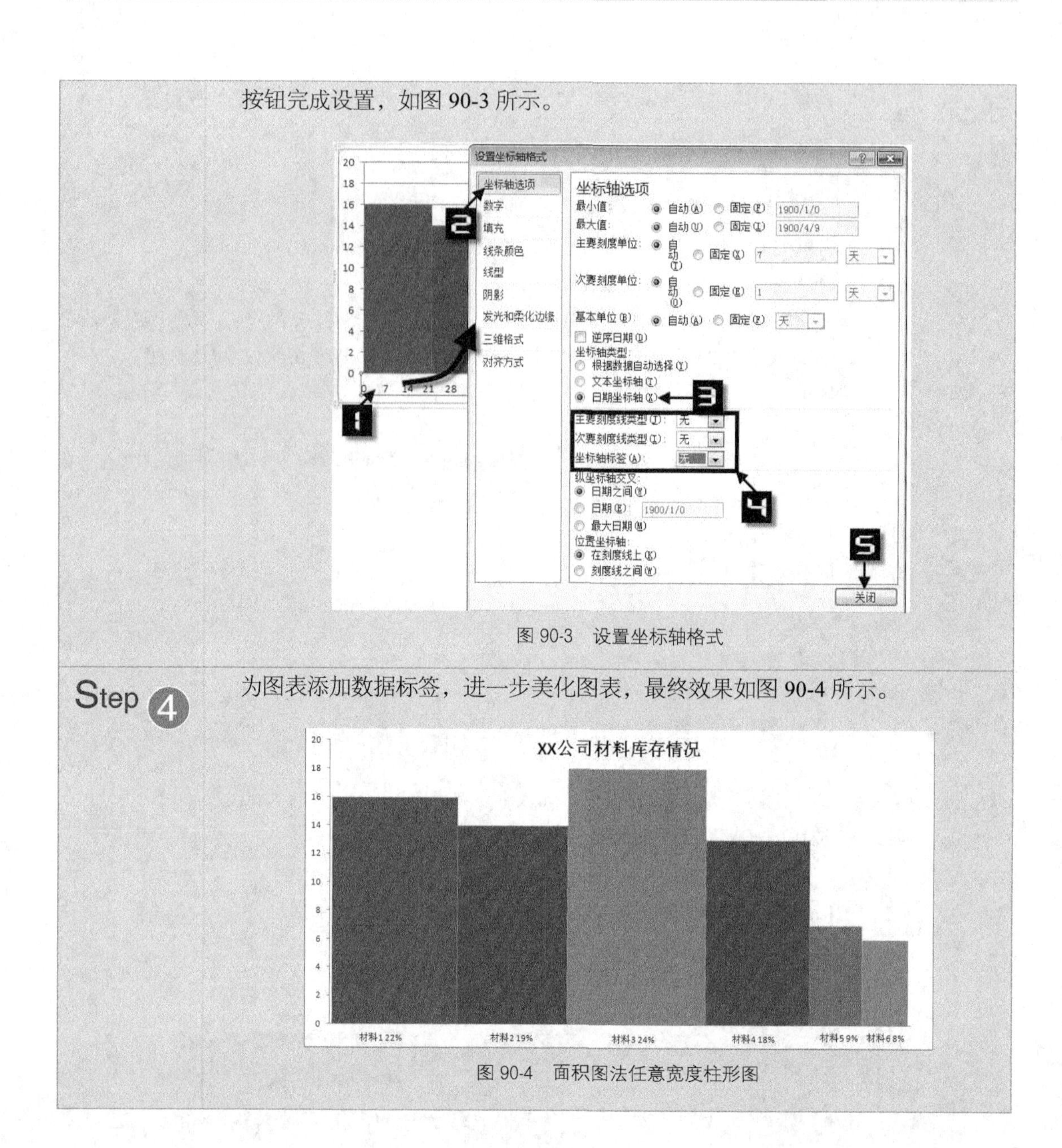

按钮完成设置，如图 90-3 所示。

图 90-3 设置坐标轴格式

Step 4 为图表添加数据标签，进一步美化图表，最终效果如图 90-4 所示。

图 90-4 面积图法任意宽度柱形图

技巧 91 半圆型饼图

半圆型饼图是指使用正常饼图一半的扇区来制作的饼图。半圆型饼图的制作方法如下。

Step 1 设置数据表合计数据，输入 B5 单元格公式：

```
=SUM(B2:B6)
```

Step 2 选中 A1:B7 单元格区域，单击【插入】选项卡中的【饼图】→【饼图】命令，创建一个饼图，如图 91-1 所示。

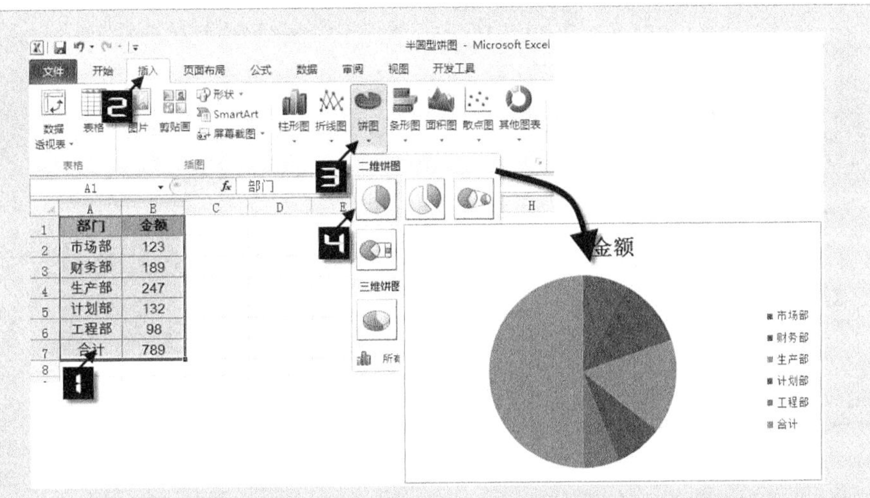

图 91-1　创建饼图

Step 3　两次单击【系列“金额”点“合计”】以选中，然后双击打开【设置数据点格式】对话框，在该对话框的【系列选项】中设置【第一扇区起始角度】为“270”，切换至【填充】选项卡，选择【无填充】选项，最后单击【关闭】按钮完成设置，如图 91-2 所示。

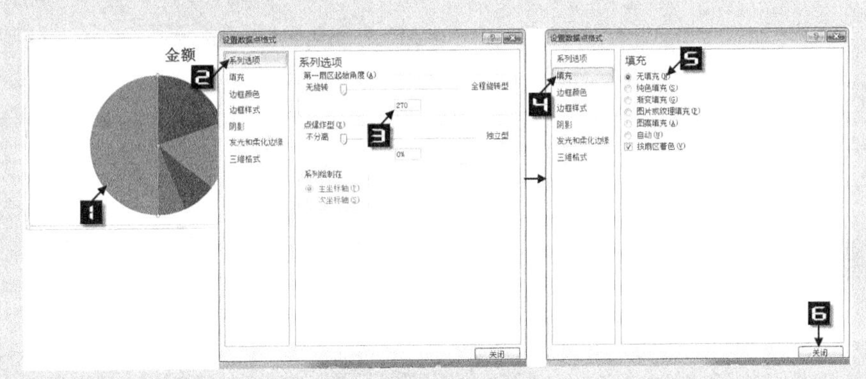

图 91-2　设置数据点格式

Step 4　进一步美化图表各元素，完成半圆型图表的制作，如图 91-3 所示。

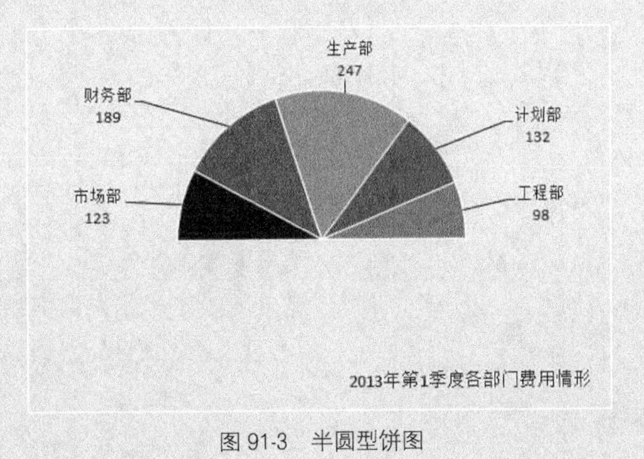

图 91-3　半圆型饼图

技巧 92 瀑布图

瀑布图是利用图表的隐藏技术而形成的看似悬空的图表，本技巧利用堆积柱形图、折线图、散点图 3 种方法绘制瀑布图。

92.1 堆积柱形图法

Step 1 将 B2:C18 单元格区域的示例财务数据，转换成 E2:I15 单元格区域的作图数据，其中 E 列为去除 B6、B11、B16 3 个单元格后的 B 列，F 列将 C 列的减项修改为负值，分别设置 G3、H3、I4 单元格的计算公式为：

```
=IF(F3>0,,-F3)
=IF(F3>0,F3,)
=I3-G4+H3
```

然后向下填充公式，完成作图数据表，如图 92-1 所示。

项　目	金额
一、主营业务收入	43.3
减：主营业务成本	12.2
主营税金及附加	6.1
二、主营业务利润	25.0
加：其他业务利润	2.7
减：营业费用	1.2
管理费用	2.8
财务费用	1.8
三、营业利润	22.0
加：投资收益	6.3
补贴收入	2.7
营业外收入	1.3
减：营业外支出	2.5
四、利润总额	29.7
减：所得税	9.5
五、净利润	20.2

项　目	金额	减少	增加	变动数
主营业务收入	43.3	0.0	43.3	
主营业务成本	(12.2)	12.2	0.0	31.1
主营税金及附加	(6.1)	6.1	0.0	25.0
其他业务利润	2.7	0.0	2.7	25.0
营业费用	(1.2)	1.2	0.0	26.5
管理费用	(2.8)	2.8	0.0	23.7
财务费用	(1.8)	1.8	0.0	22.0
投资收益	6.3	0.0	6.3	22.0
补贴收入	2.7	0.0	2.7	28.2
营业外收入	1.3	0.0	1.3	30.9
营业外支出	(2.5)	2.5	0.0	29.7
所得税	(9.5)	9.5	0.0	20.2
本期末利润	20.2	0.0	20.2	

图 92-1　作图数据

Step 2 按住<Ctrl>键同时选取 E2:E15 和 G2:I15 单元格区域，在【插入】选项卡中，依次单击【柱形图】→【堆积柱形图】命令，在工作表插入一个堆积柱形图，如图 92-2 所示。

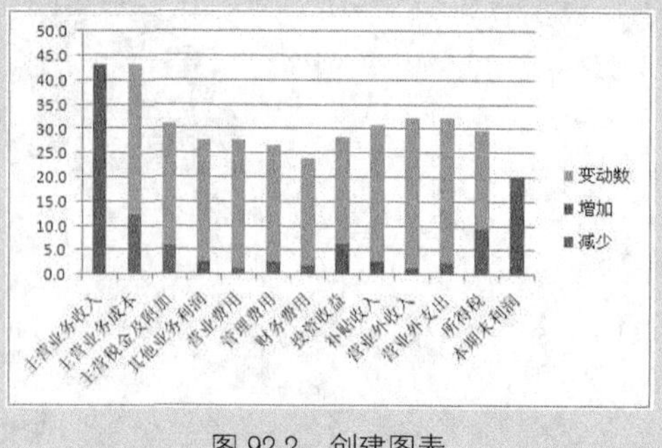

图 92-2　创建图表

Step 3　右键单击图表，在弹出的快捷菜单上选择【选择数据】命令，打开【选择数据源】对话框，在【图例项（系列）】下，选择【变动数】，单击【上移】按钮，将【变动数】系列移动到列表第一行，单击【确定】按钮关闭对话框，完成调整数据系列次序，如图 92-3 所示。

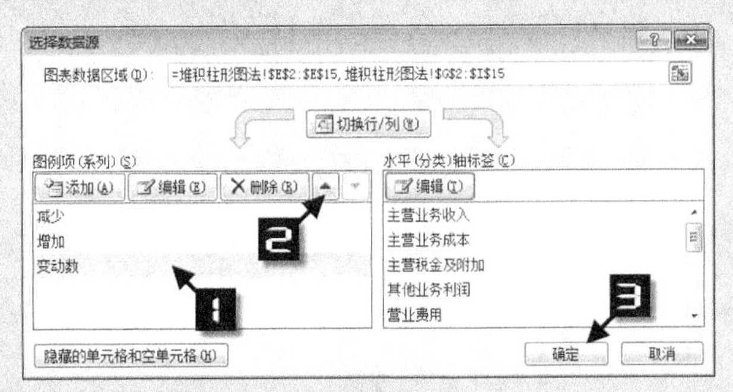

图 92-3　调整数据系列次序

Step 4　选择图表中的【系列“变动数”】，在【图表工具】→【格式】选项卡中，单击【形状填充】→【无填充颜色】命令，实现隐藏【变动数】柱形图，如图 92-4 所示。

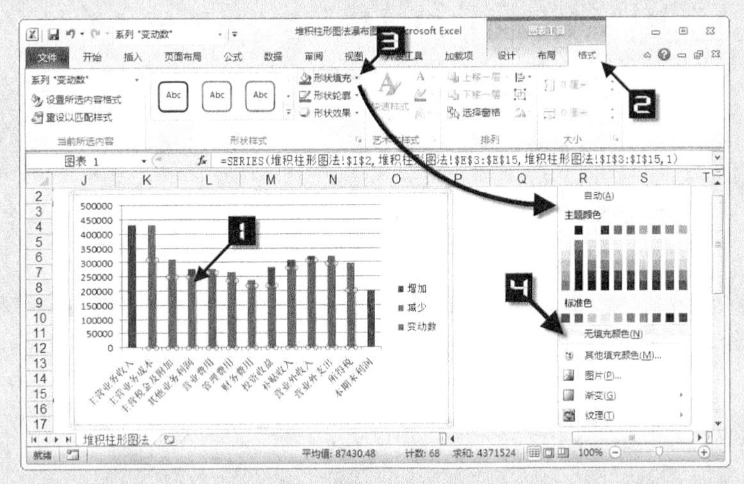

图 92-4　隐藏变动数柱形图

Step 5　删除【图例】，添加【图表标题】，调整【绘图区】大小，完成堆积柱形图模拟瀑布图，如图 92-5 所示。

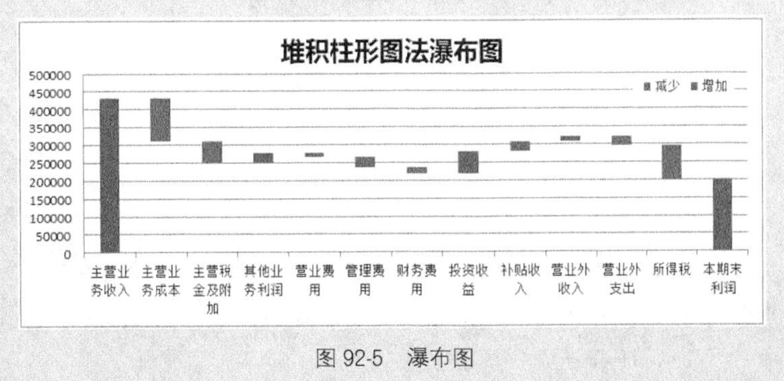

图 92-5　瀑布图

92.2 折线涨跌柱线法

Step 1 整理制图数据。在 G3 和 G15 单元格输入 0，在 H3 单元格输入公式“=F3+G3”，在 G4 单元格输入公式“=H3”，然后向下填充公式，完成作图数据表，如图 92-6 所示。

项 目	金额
一、主营业	43.3
减：主营	12.2
主营税	6.1
二、主营业	25.0
加：其他	2.7
减：营业	1.2
管理费	2.8
财务费	1.8
三、营业利	22.0
加：投资	6.3
补贴收	2.7
营业外	1.3
减：营业	2.5
四、利润总	29.7
减：所得	9.5
五、净利润	20.2

项 目	金额	起点	终点
主营业务收入	43.3	0.0	43.3
主营业务成本	(12.2)	43.3	31.1
主营税金及附加	(6.1)	31.1	25.0
其他业务利润	2.7	25.0	27.8
营业费用	(1.2)	27.8	26.5
管理费用	(2.8)	26.5	23.7
财务费用	(1.8)	23.7	22.0
投资收益	6.3	22.0	28.2
补贴收入	2.7	28.2	30.9
营业外收入	1.3	30.9	32.2
营业外支出	(2.5)	32.2	29.7
所得税	(9.5)	29.7	20.2
本期末利润	20.2	0.0	20.2

图 92-6 作图数据

Step 2 按住<Ctrl>键同时选取 E2:E15 和 G2:H15 单元格区域，在【插入】选项卡中，依次单击【折线图】→【折线图】命令，在工作表插入一个折线图，如图 92-7 所示。

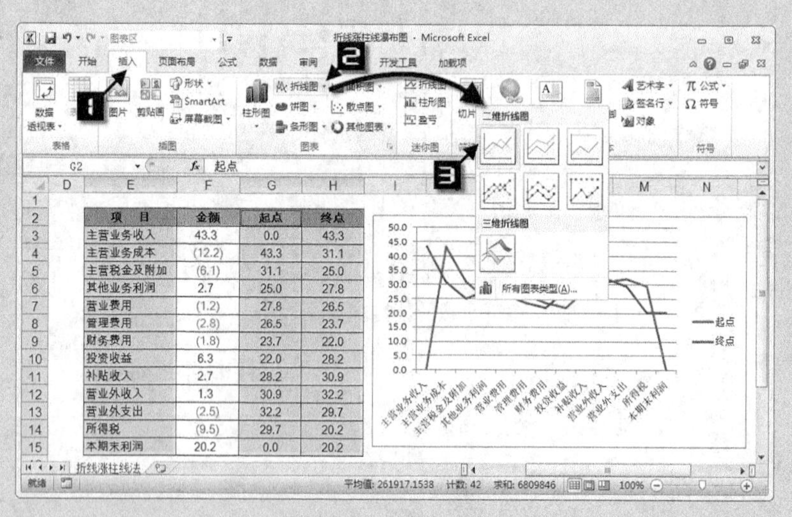

图 92-7 创建图表

Step 3 选择图表中的【系列“终点”】，在【布局】选项卡中，依次单击【涨/跌柱线】→【涨/跌柱线】命令，为折线图添加涨跌柱线，如图 92-8 所示。

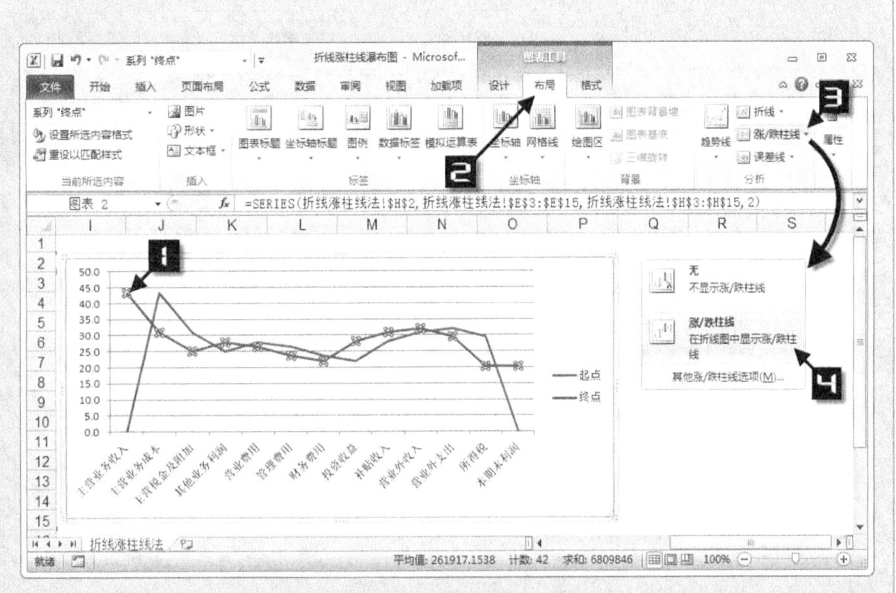

图 92-8　添加涨跌柱线

Step 4　选择【系列“终点”】，单击【图表工具】→【格式】，再单击【形状轮廓】下拉按钮，在其下拉列表中单击【无轮廓】命令，实现隐藏【终点】数据系列折线图。然后使用相同的方法，隐藏【起点】数据系列折线图，如图 92-9 所示。

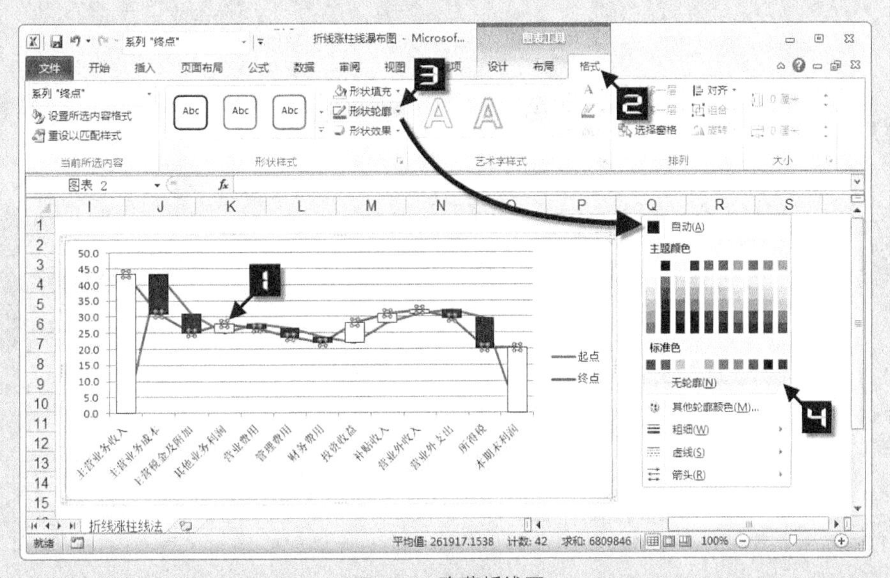

图 92-9　隐藏折线图

Step 5　选中【涨柱线 1】，在【图表工具】→【格式】选项卡中，单击【形状填充】选择“绿色”，单击【形状轮廓】选择【无轮廓】，如图 92-10 所示，同样地，设置【跌柱线 1】格式为“红色”。

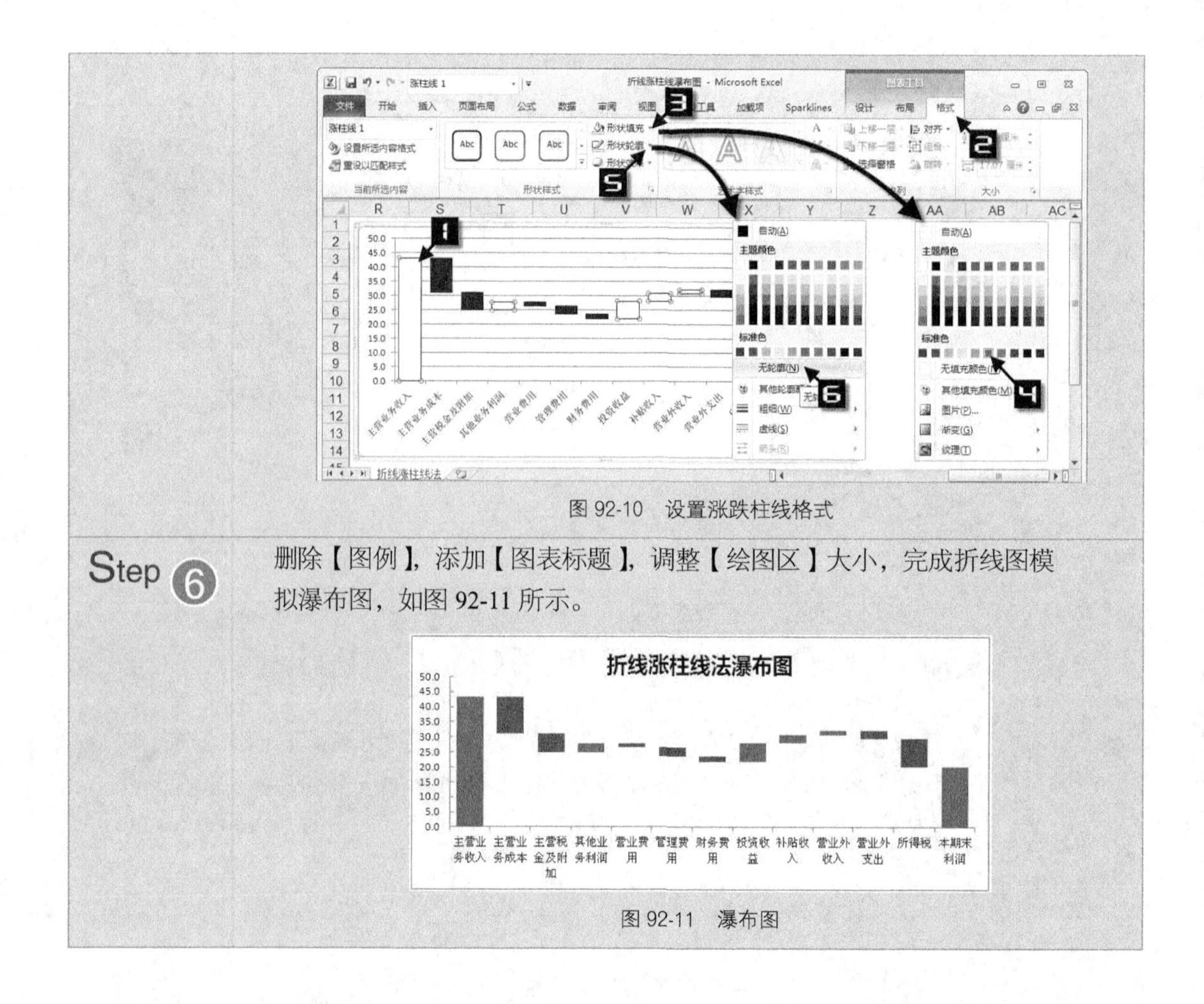

图 92-10　设置涨跌柱线格式

Step 6 删除【图例】，添加【图表标题】，调整【绘图区】大小，完成折线图模拟瀑布图，如图 92-11 所示。

图 92-11　瀑布图

92.3　散点误差线法

Step 1 编制作图数据如图 92-12 所示。其中，E:H 列与折线图相同，在 I3 单元格设置公式“=IF(H3>G3,H3-G3,)”，在 J3 单元格设置公式“=IF(H3>G3,,G3-H3)”，并向下填充公式，最后在 K3:K14 单元格输入数字 1。

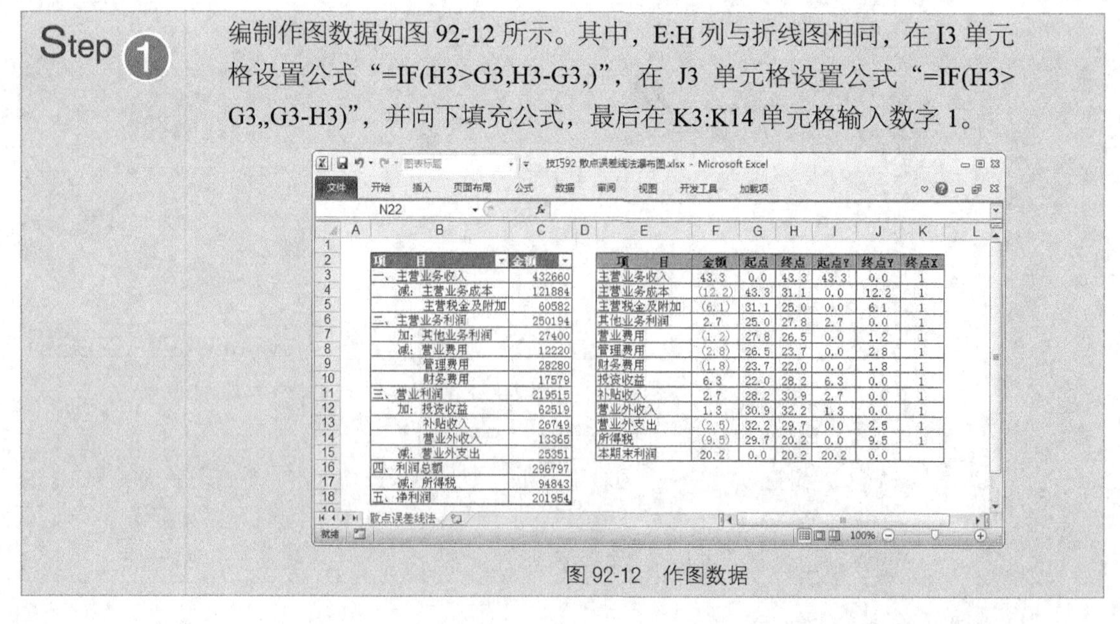

项　目	金额
一、主营业务收入	432660
减：主营业务成本	121884
主营税金及附加	60582
二、主营业务利润	250194
加：其他业务利润	27400
减：营业费用	12220
管理费用	28280
财务费用	17579
三、营业利润	219515
加：投资收益	62519
补贴收入	26749
营业外收入	13365
减：营业外支出	25351
四、利润总额	296797
减：所得税	94843
五、净利润	201954

项　目	金额	起点	终点	起点Y	终点Y	终点X
主营业务收入	43.3	0.0	43.3	43.3	0.0	1
主营业务成本	(12.2)	43.3	31.1	0.0	12.2	1
主营税金及附加	(6.1)	31.1	25.0	0.0	6.1	1
其他业务利润	2.7	25.0	27.8	2.7	0.0	1
营业费用	(1.2)	27.8	26.5	0.0	1.2	1
管理费用	(2.8)	26.5	23.7	0.0	2.8	1
财务费用	(1.8)	23.7	22.0	0.0	1.8	1
投资收益	6.3	22.0	28.2	6.3	0.0	1
补贴收入	2.7	28.2	30.9	2.7	0.0	1
营业外收入	1.3	30.9	32.2	1.3	0.0	1
营业外支出	(2.5)	32.2	29.7	0.0	2.5	1
所得税	(9.5)	29.7	20.2	0.0	9.5	1
本期末利润	20.2	0.0	20.2	20.2	0.0	

图 92-12　作图数据

Step 2 按住<Ctrl>键同时选取 E2:E15 和 G2:H15 单元格区域，在【插入】选项卡中，依次单击【散点图】→【仅带数据标记的散点图】命令，在工作表插入一个带直线的散点图。再单击【图表工具】→【布局】选项卡中的【误差线】→【标准误差误差线】命令，为散点图添加误差线，如图 92-13 所示。

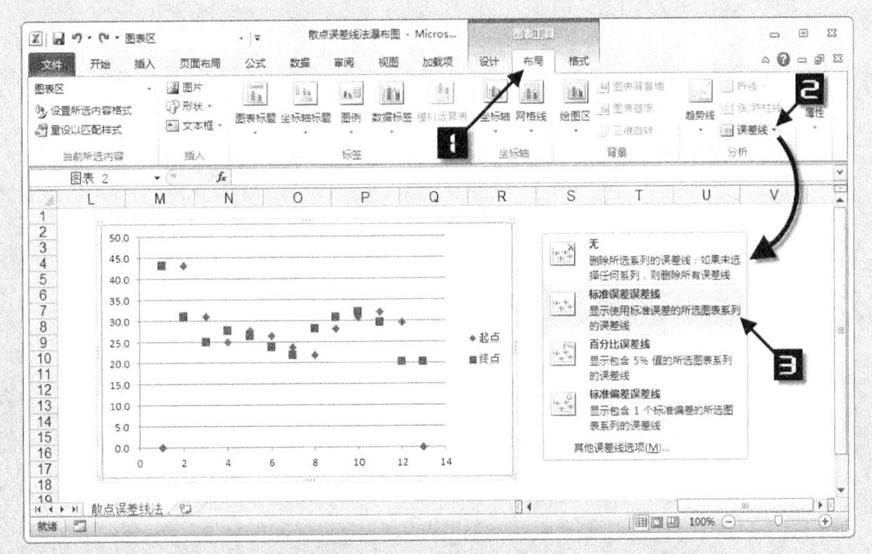

图 92-13　添加误差线

Step 3 在图表中选择【起点 Y 误差线】，按<Ctrl+1>组合键，打开【设置误差线格式】对话框，选择【正偏差】、【无线端】和【自定义】单选钮，单击【指定值】按钮，打开【自定义错误栏】对话框，设置【正错误值】引用“=Sheet3!$I$3:$I$15”单元格区域，如图 92-14 所示。单击【确定】按钮，关闭【自定义错误栏】对话框。

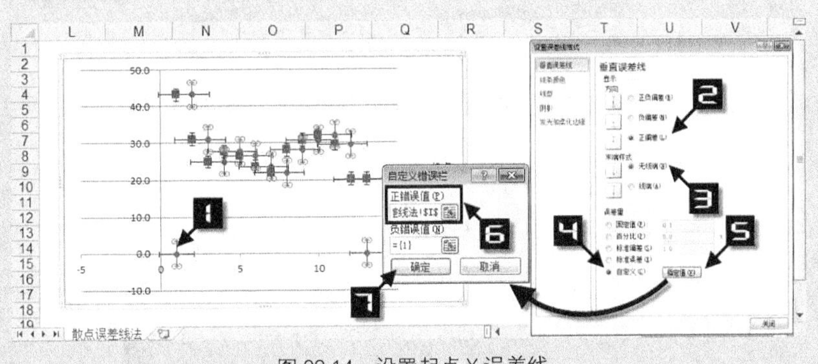

图 92-14　设置起点 Y 误差线

Step 4 切换到【线条颜色】选项卡，选择【实线】选项，设置【颜色】为“绿色”，再切换到【线型】选项卡，设置【宽度】为“15 磅”，如图 92-15 所示，完成设置【系列“起点”Y 误差线】格式。使用相同的方法，设置【系列“终点”Y 误差线】格式，设置【正错误值】引用“=Sheet3!$I$3:$I$15”单元格区域，线条为“15 磅”红色。

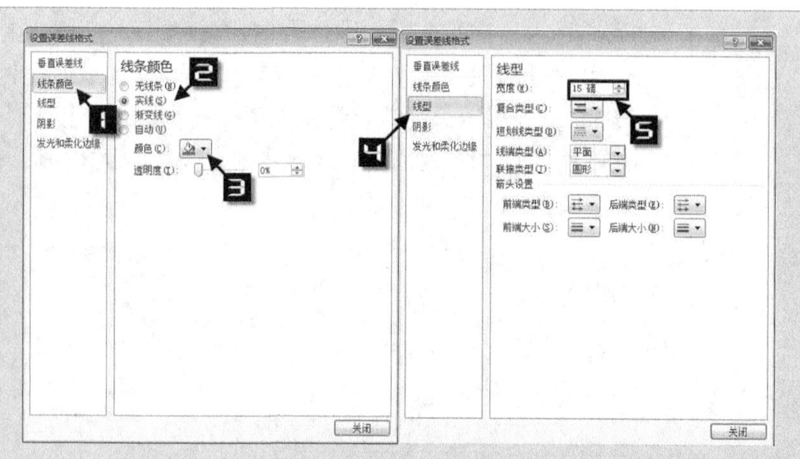

图 92-15　设置 Y 误差线格式

Step 5

在图表中选择【“终点” X 误差线】选项，选择【正偏差】、【无线端】和【自定义】单选钮，单击【指定值】按钮，打开【自定义错误栏】对话框，设置【正错误值】引用“=Sheet3!$K$3:$K$15”单元格区域，如图 92-16 所示。依次单击【确定】、【关闭】按钮，关闭【设置误差线格式】对话框，再选择【系列“起点”X 误差线】选项，按<Delete>键删除，完成设置 X 误差线。

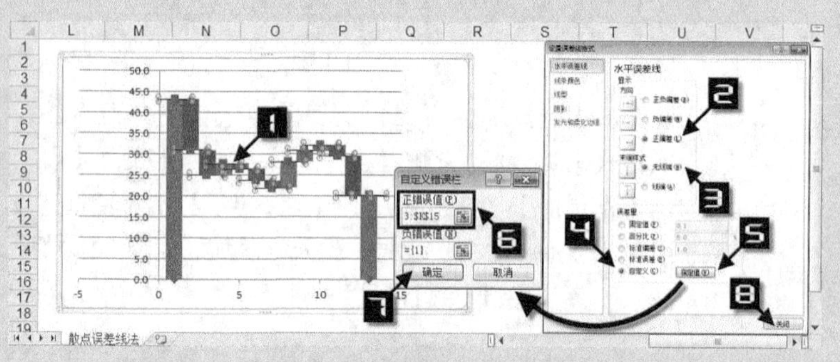

图 92-16　设置 X 误差线格式

Step 6

设置数据格式。选择【系列“起点”】，按<Ctrl+1>组合键，打开【设置数据系列格式】对话框，切换到【数据标记选项】选项卡，将【数据标记类型】选择为“无”，如图 92-17 所示，用同样方法设置【系列“终点”】格式，单击【关闭】按钮，完成数据格式设置。

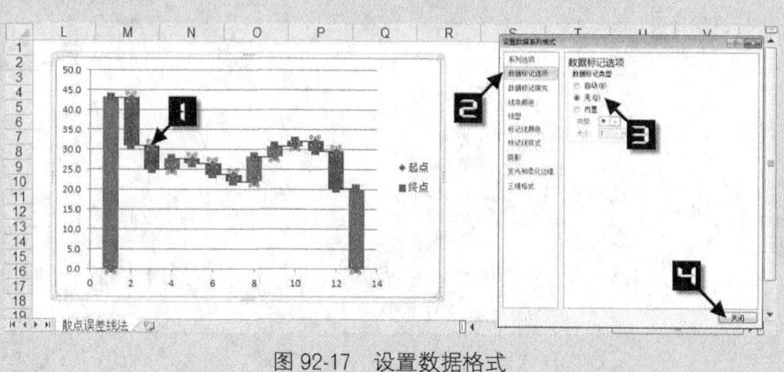

图 92-17　设置数据格式

Step 7　添加仿 *x* 轴数据。删除【水平(值)轴】，单击图表区，在编辑栏输入“=SERIES(“仿 *x* 轴”，散点误差线法!$E$3:$E$15,散点误差线法!$E$3:$E$15,3)”，按 <Enter>键，完成数据添加，为【仿 *x* 轴】系列添加包含【(X 值)】的数据标签，如图 92-18 所示。

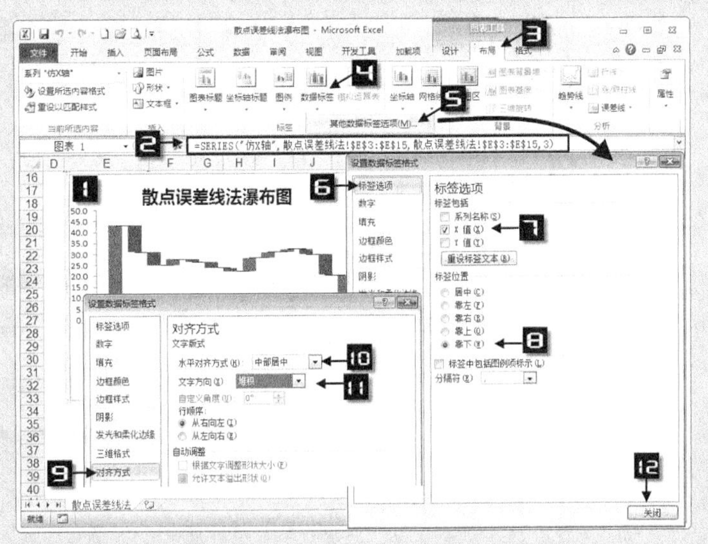

图 92-18　添加仿 *x* 轴数据

Step 8　删除【图例】和【网格线】，添加【图表标题】，调整【绘图区】大小，设置【系列“起点”】和【系列“终点”】散点图的【形状轮廓】为【无轮廓】，隐藏散点图的折线，完成散点图模拟瀑布图，如图 92-19 所示。

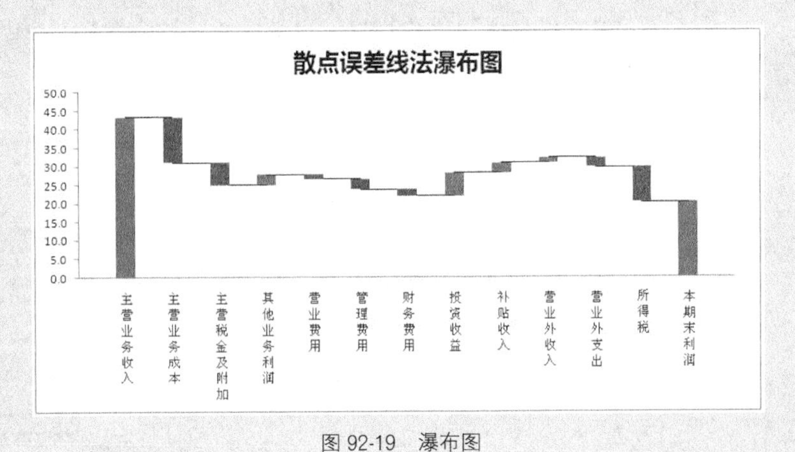

图 92-19　瀑布图

技巧 93　背离式条形图

背离式条形图一般用于两组数据的比对，以呈现份额变化关系。

93.1 调整坐标轴法

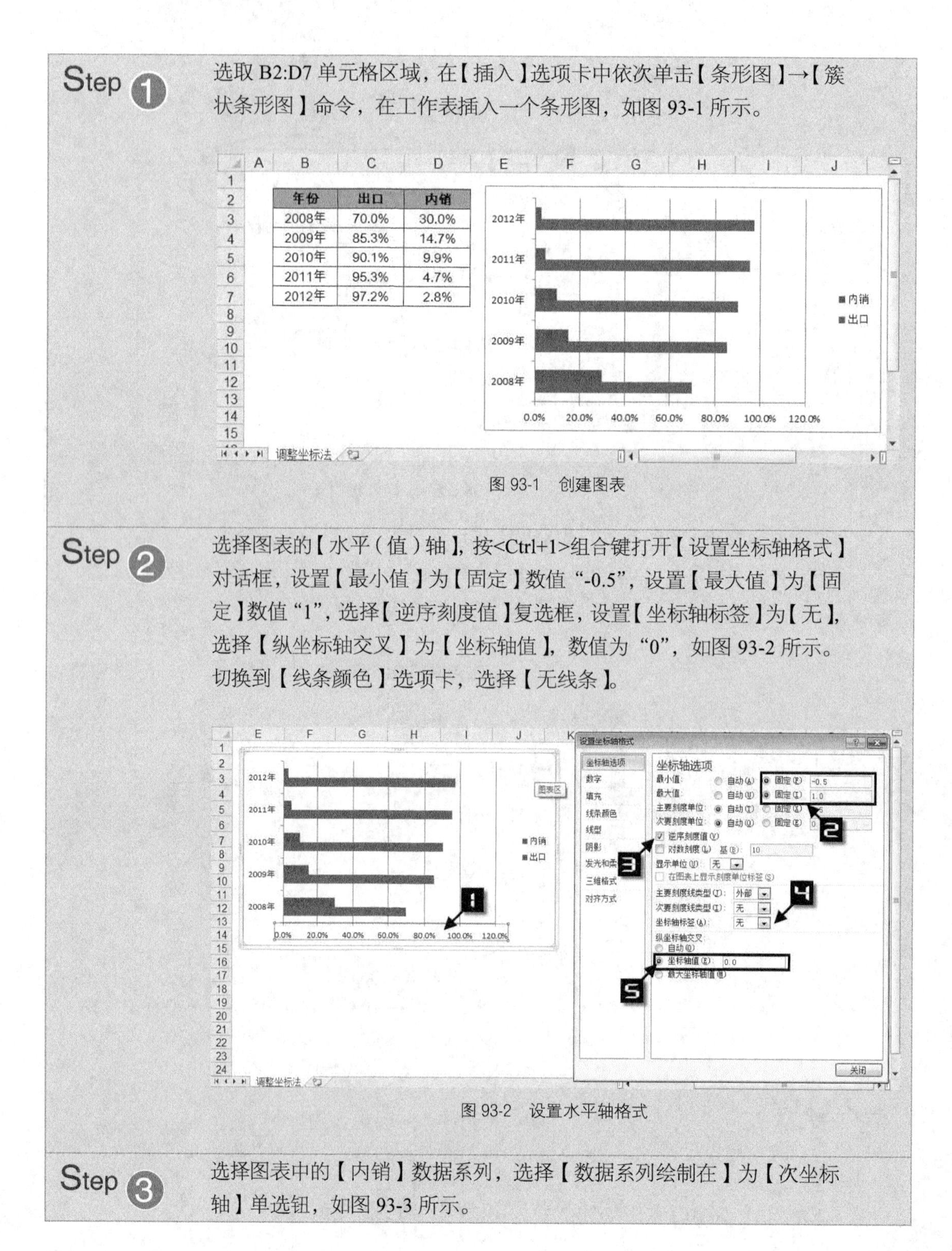

Step 1 选取 B2:D7 单元格区域，在【插入】选项卡中依次单击【条形图】→【簇状条形图】命令，在工作表插入一个条形图，如图 93-1 所示。

图 93-1 创建图表

Step 2 选择图表的【水平（值）轴】，按<Ctrl+1>组合键打开【设置坐标轴格式】对话框，设置【最小值】为【固定】数值“-0.5”，设置【最大值】为【固定】数值“1”，选择【逆序刻度值】复选框，设置【坐标轴标签】为【无】，选择【纵坐标轴交叉】为【坐标轴值】，数值为“0”，如图 93-2 所示。切换到【线条颜色】选项卡，选择【无线条】。

图 93-2 设置水平轴格式

Step 3 选择图表中的【内销】数据系列，选择【数据系列绘制在】为【次坐标轴】单选钮，如图 93-3 所示。

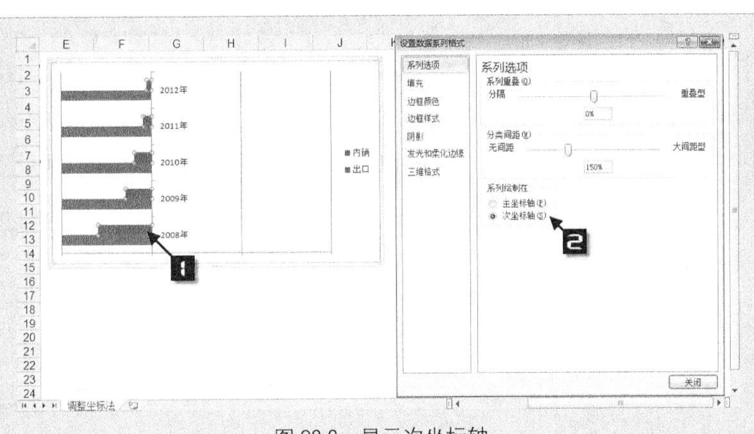

图 93-3　显示次坐标轴

Step 4　单击图表的【次坐标轴水平（值）轴】，切换到【设置坐标轴格式】对话框，设置【最小值】为【固定】数值“-1”，设置【最大值】为【固定】数值“0.5”，设置【坐标轴标签】为【无】，如图 93-4 所示。切换到【线条颜色】选项卡，选择【无线条】。

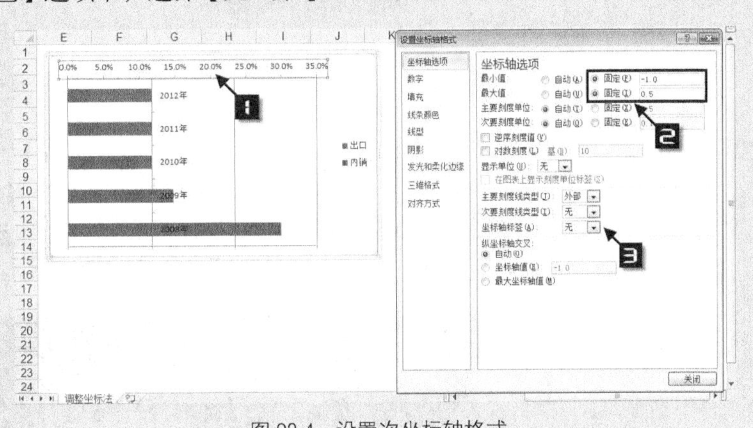

图 93-4　设置次坐标轴格式

Step 5　单击图表的【垂直（类别）轴】，切换到【设置坐标轴格式】对话框，设置【坐标轴标签】→【高】，如图 93-5 所示，切换到【线条颜色】选项卡，选择【无线条】，单击【关闭】按钮关闭对话框，完成垂直轴格式设置。

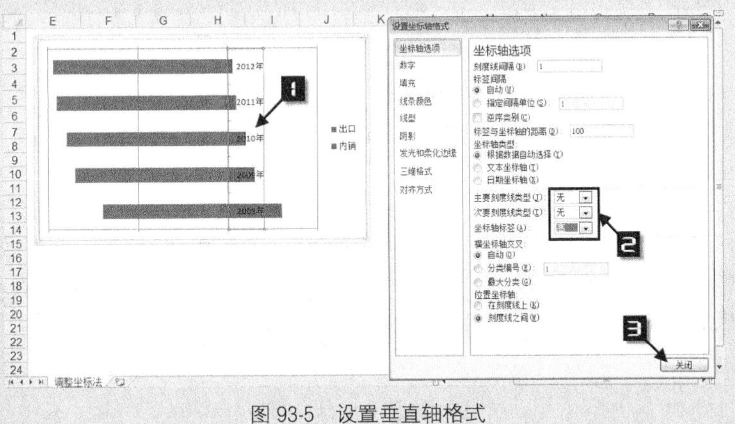

图 93-5　设置垂直轴格式

Step 6 选择图表，单击【图表工具】→【布局】选项卡中的【数据标签】→【数据标签内】命令，为图表添加数据标签，再选择【系列“内销”】，单击【数据标签】→【数据标签外】命令，将该数据系列标签移动到条形图右侧，如图 93-6 所示。

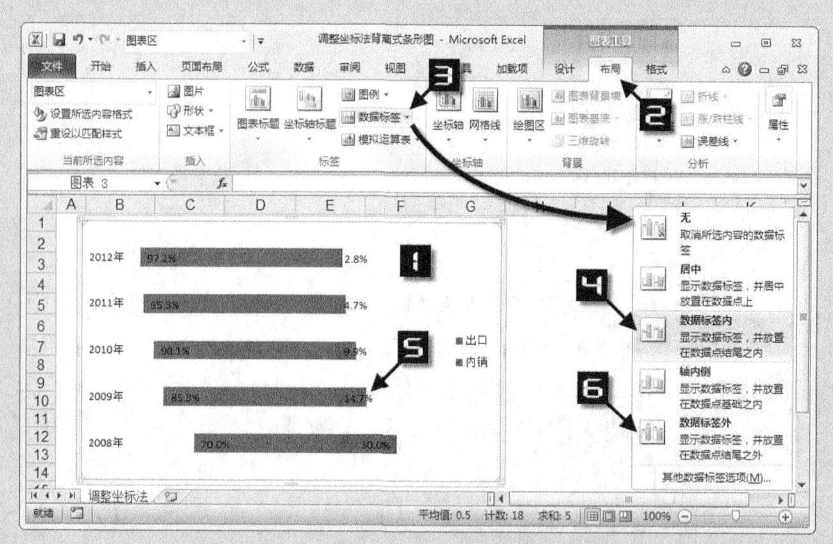

图 93-6　添加数据标签

Step 7 选择图表，在【图表工具】→【设计】选项卡中，单击【图表样式】库中的【样式 48】命令美化图表。最后添加【图表标题】，移动【图例】到右上角，调整【绘图区】大小，完成背离式条形图，如图 93-7 所示。

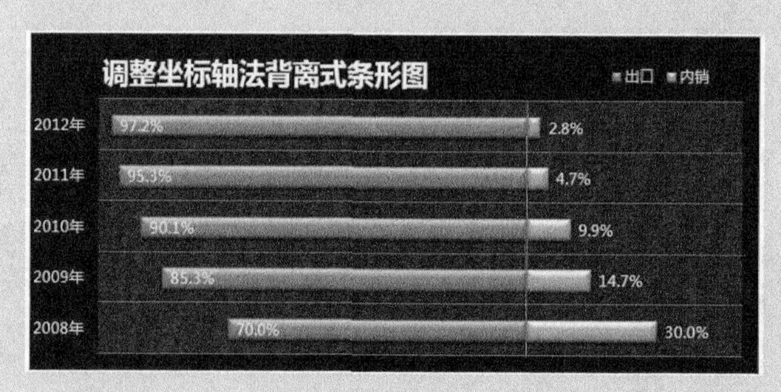

图 93-7　背离式条形图

93.2　重构数据法

Step 1 修改 D3 单元格内的计算公式为“=C3-1”，并填充公式到 D7 单元格，将“内销”数据修改为负数。选取 B2:D7 单元格区域，在【插入】选项卡中，依次单击【条形图】→【簇状条形图】命令，在工作表插入一个条形图，并修改【系列重叠】为完全重叠，如图 93-8 所示。

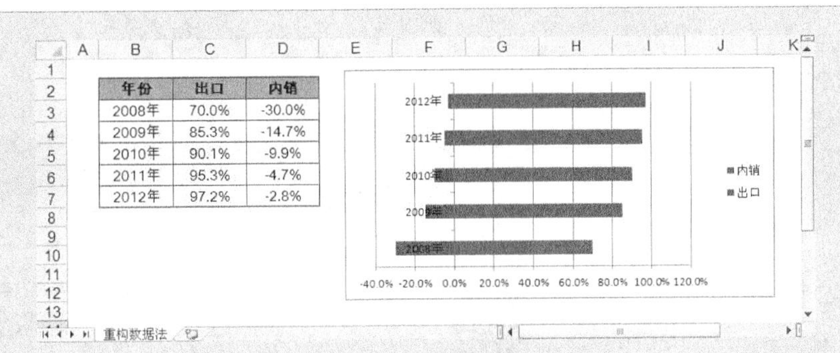

年份	出口	内销
2008年	70.0%	-30.0%
2009年	85.3%	-14.7%
2010年	90.1%	-9.9%
2011年	95.3%	-4.7%
2012年	97.2%	-2.8%

图 93-8　创建图表

Step 2

单击图表的【垂直（类别）轴】，按<Ctrl+1>组合键打开【设置坐标轴格式】对话框，设置【坐标轴标签】为【低】，将坐标轴标签移动到图表左侧，如图 93-9 所示，切换到【线条颜色】选项卡，选择【无线条】，单击【水平（值）轴】，设置【最小值】为【固定】数值“-0.6”，【最大值】为【固定】数值“1”，设置【坐标轴标签】为【无】，切换到【线条颜色】选项卡，选择【无线条】，完成坐标轴格式设置。

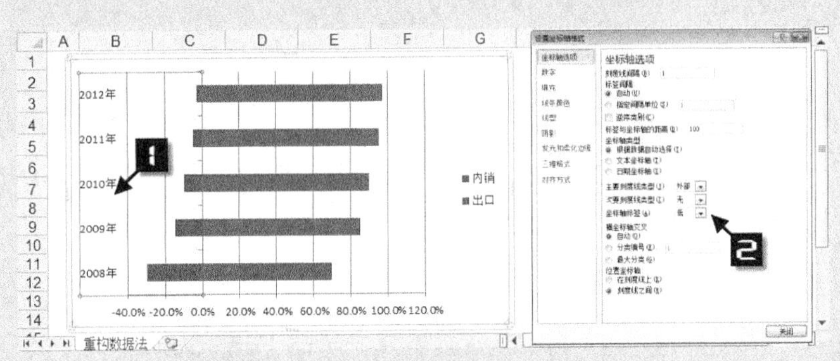

图 93-9　设置垂直轴标签位置

Step 3

删除【主要垂直（值）网格线】，单击【图表工具】→【布局】选项卡中的【数据标签】→【数据标签外】命令，为图表添加数据标签，如图 93-10 所示。

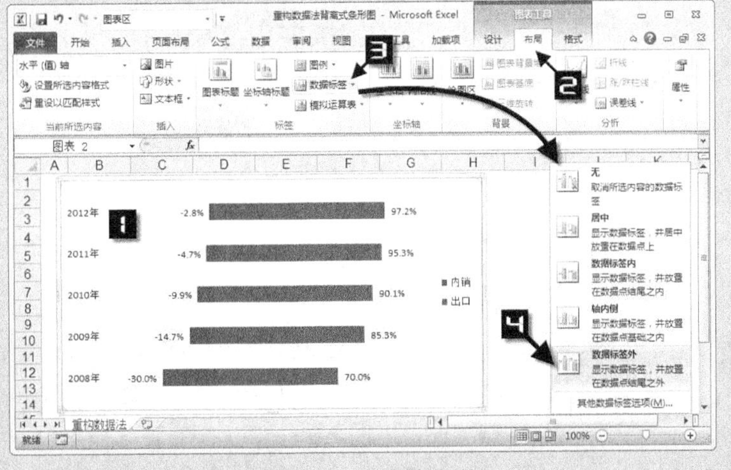

图 93-10　添加数据标签

Step 4 添加“图表标题”，移动【图例】到右上角，调整【绘图区】大小，设置图表格式，完成背离式条形图，如图 93-11 所示。

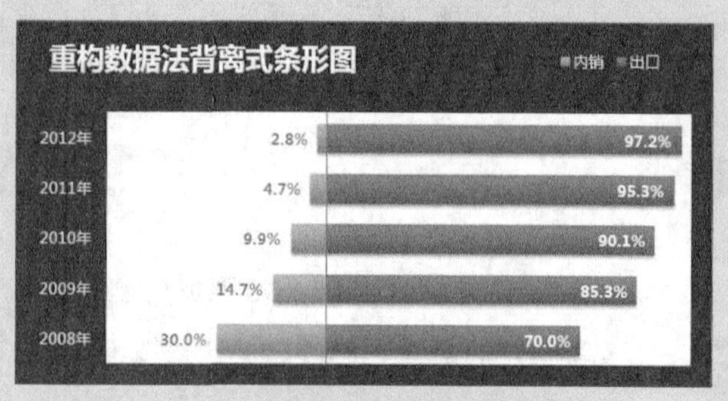

图 93-11　背离式条形图

技巧 94　多 *y* 轴图

在创建图表时，由于数据差异的原因，数据较小的图形会缩在水平轴附近，不能够清楚地表现图表数据，如图 94-1 所示。采用多 *y* 轴技术，就能够很好地解决这个问题。

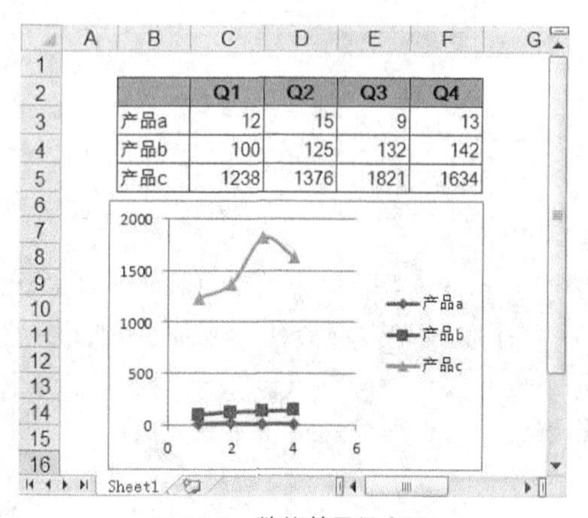

	Q1	Q2	Q3	Q4
产品a	12	15	9	13
产品b	100	125	132	142
产品c	1238	1376	1821	1634

图 94-1　数值差异散点图

94.1　多 *y* 轴散点图

Step 1 根据数据的大小，按适当的比例放大或缩小。将“产品 a”的数据扩大 100 倍，将“产品 b”的数据扩大 10 倍，得到新的数据表。然后选择 B8:F11 单元格区域，单击【插入】→【散点图】→【带平滑线和数据标记的散点图】命令，在工作表中插入一个散点图，如图 94-2 所示。

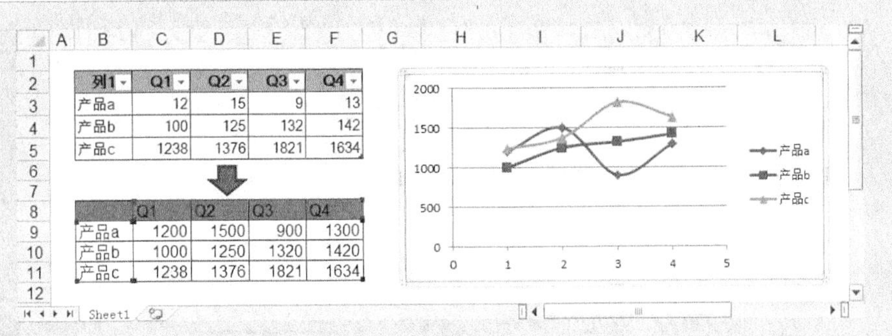

列1	Q1	Q2	Q3	Q4
产品a	12	15	9	13
产品b	100	125	132	142
产品c	1238	1376	1821	1634

	Q1	Q2	Q3	Q4
产品a	1200	1500	900	1300
产品b	1000	1250	1320	1420
产品c	1238	1376	1821	1634

图 94-2　创建散点图

Step 2　在 B14:G16 和 B18:G20 单元格区域分别设置 2 个模拟 y 轴的作图数据，然后选择 B15:G15 单元格区域，按<Ctrl+C>组合键复制，选中图表，按<Ctrl+V>组合键进行粘贴，添加"Ya"数据系列，如图 94-3 所示。再复制粘贴 B19:G19 单元格区域，添加"Yb"数据系列。

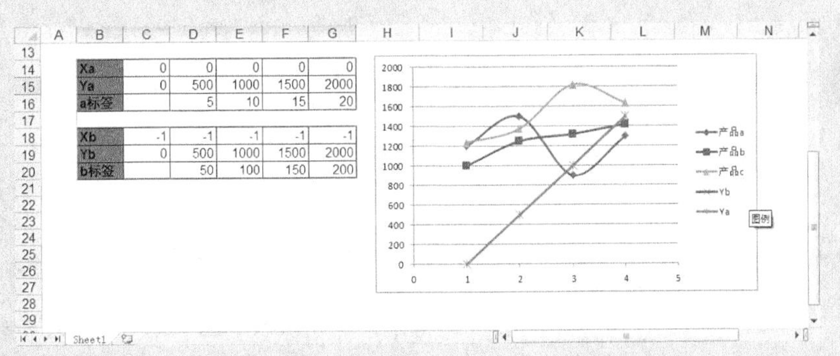

Xa	0	0	0	0	0
Ya	0	500	1000	1500	2000
a标签		5	10	15	20

Xb	-1	-1	-1	-1	-1
Yb	0	500	1000	1500	2000
b标签		50	100	150	200

图 94-3　添加数据

Step 3　右键单击图表，在弹出的快捷菜单上选择【选择数据】命令，打开【选择数据源】对话框，在【图例项（系列）】列表中选择"Ya"选项，单击【编辑】按钮打开【编辑数据系列】对话框，设置【x 轴系列值】为【=Sheet1!$C$14:$G$14】，单击【确定】按钮关闭对话框，完成编辑【系列"Ya"】数据，如图 94-4 所示。使用同样的方法，设置【系列"Yb"】数据的【x 轴系列值】为【=Sheet1!$C$18:$G$18】。

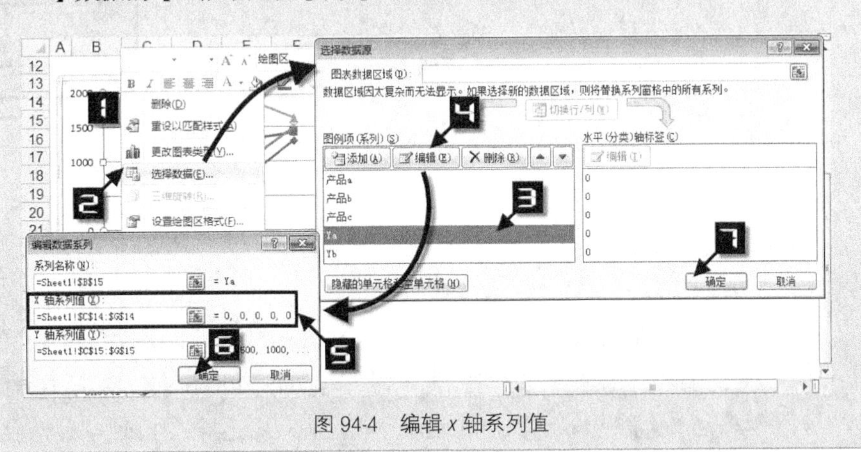

图 94-4　编辑 x 轴系列值

Step 4　设置垂直轴格式。在图表中单击【垂直（值）轴】，按<Ctrl+1>组合键，打开【设置坐标轴格式】对话框，设置【最大值】为【固定】数值“2000”，设置【主要刻度单位】为【固定】数值“500”，设置【坐标轴标签】为【低】，切换到【线条颜色】选项卡，选择【实线】，设置【颜色】为“橄榄色”，如图 94-5 所示。

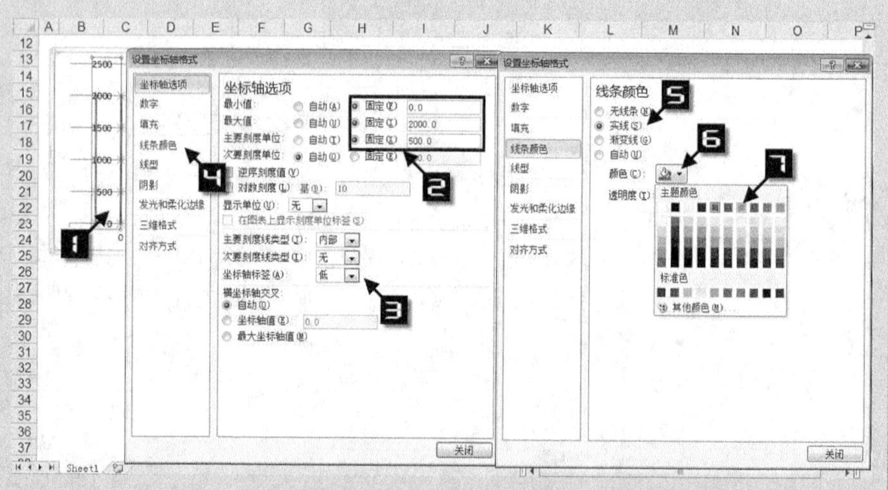

图 94-5　设置垂直轴格式

Step 5　设置水平轴格式。单击【水平（值）轴】，设置【最小值】为【固定】数值为“-2”，设置【最大值】为【固定】数值“5”，设置【次要刻度线类型】→【无】，设置【坐标轴标签】→【无】，【纵坐标轴交叉】选择【坐标轴值】，其值输入“-2”，如图 94-6 所示。

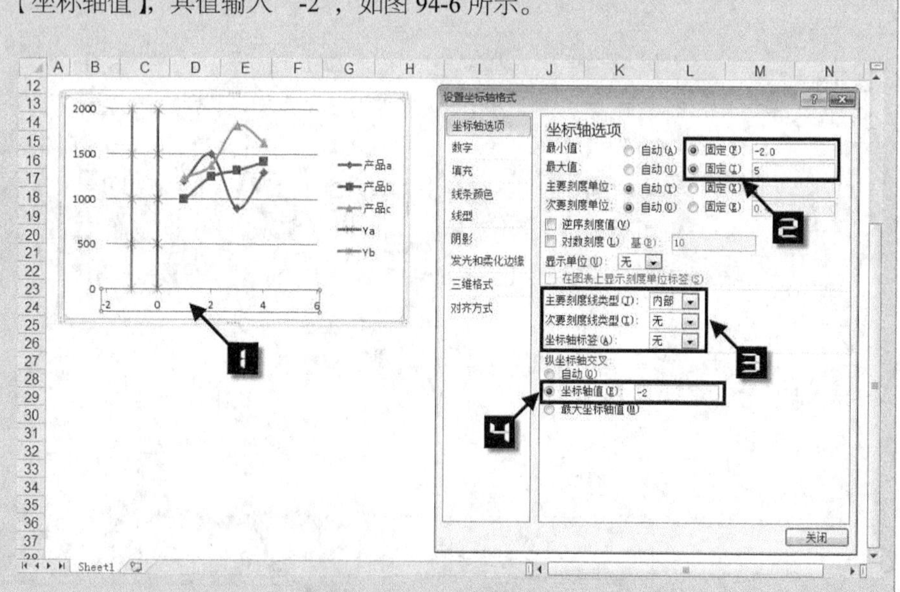

图 94-6　设置水平轴格式

Step 6　设置数据格式。单击【系列“Ya”】，切换到【数据标记选项】选项卡，选择【内置】，在【类型】下拉列表中选择“短划线”，切换到【线条颜色】选项卡，选择【实线】,【颜色】选择“蓝色”如图 94-7 所示，切换到【数据标记填充】选项卡，选择【无填充】，切换到【标记线颜色】选项卡，选择【实线】,【颜色】选择“蓝色”，然后同样地设置【Yb】系列的颜色为“深红”。

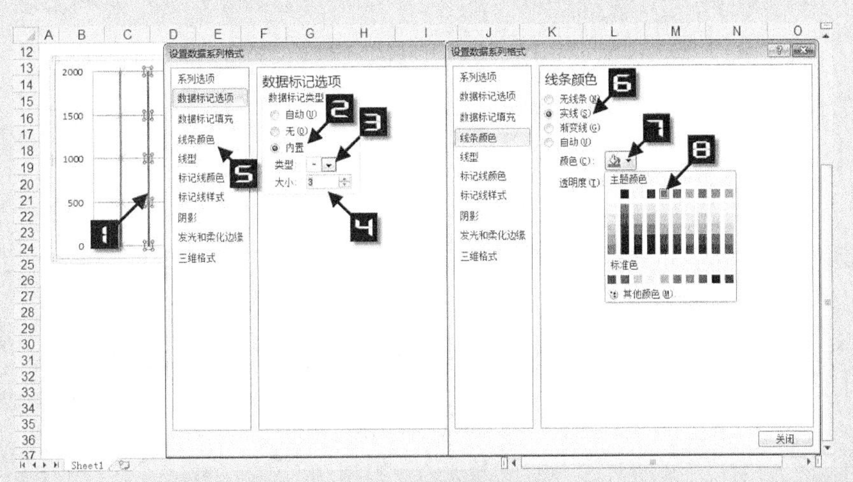

图 94-7　设置数据格式

Step 7　添加仿 x 轴数据。单击图表，在编辑栏输入“=SERIES("仿 x 轴",{1,2,3,4},{0,0,0,0},6)”，按<Enter>键完成编辑，如图 94-8 所示。

=SERIES("仿X轴",{1,2,3,4},{0,0,0,0},6)

图 94-8　编辑数据

Step 8　设置仿 x 轴格式。单击【仿 x 轴】系列，切换至【数据标记选项】选项卡，设置【数据标记类型】为【无】，切换到【线条颜色】选项卡，选择【无线条】，单击【关闭】按钮，完成格式设置，如图 94-9 所示。

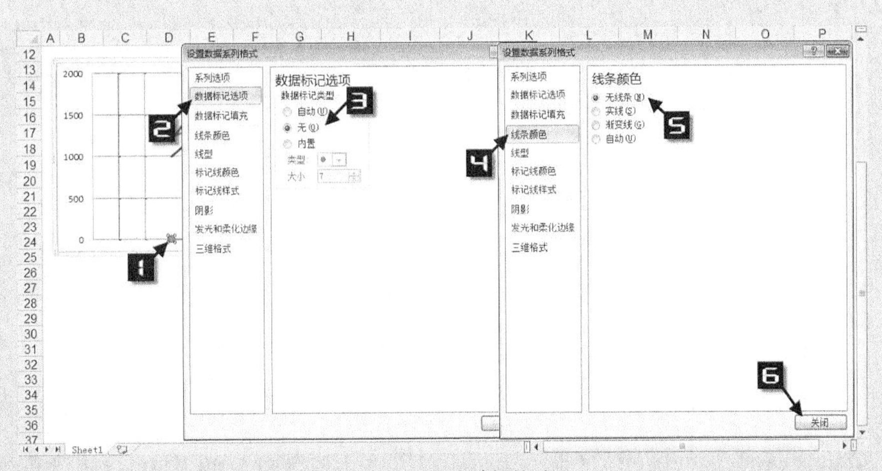

图 94-9　设置数据格式

Step 9　添加数据标签并修改，删除多余图例，添加图表标题，完成多 y 轴散点图制作，如图 94-10 所示。

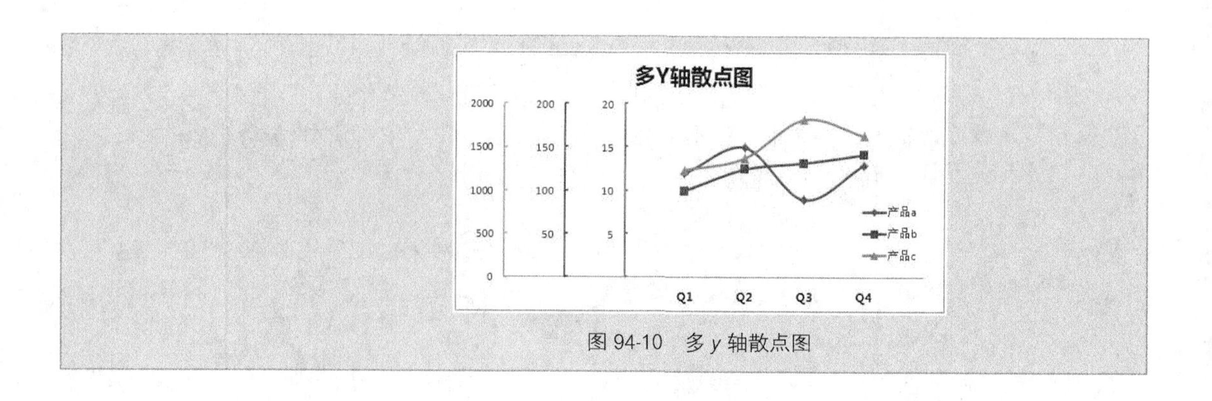

图 94-10　多 y 轴散点图

94.2　分段散点图

Step 1　编辑作图数据。将 B2:F5 单元格区域的数据表转换为 B8:F11 数据表，其中产品 a 的数据扩大 100 倍，产品 b 的数据扩大 10 倍，最后，再将 B8:F11 数据表转换为 B13:P15 的样式，如图 94-11 所示。

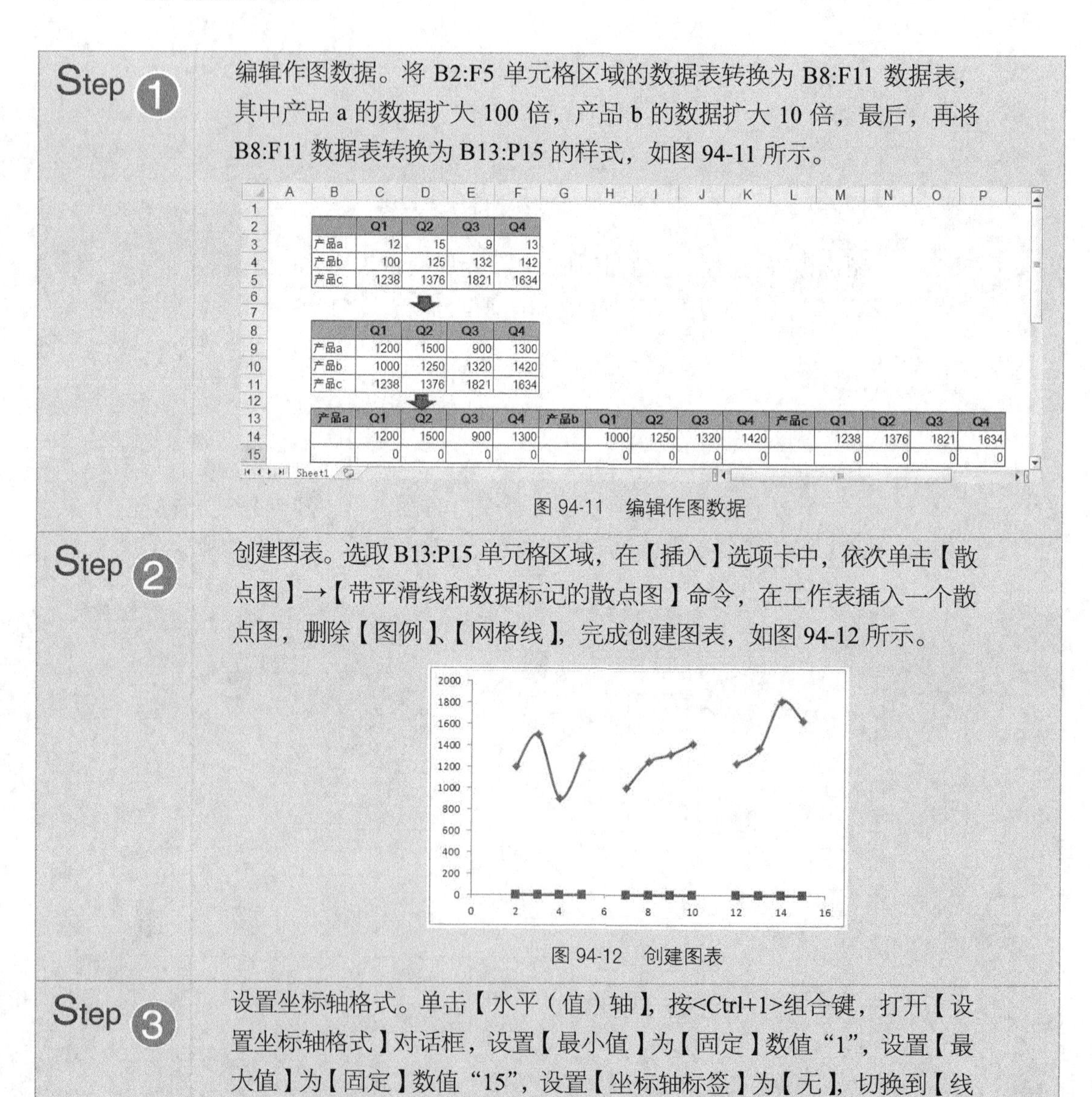

	Q1	Q2	Q3	Q4
产品a	12	15	9	13
产品b	100	125	132	142
产品c	1238	1376	1821	1634

	Q1	Q2	Q3	Q4
产品a	1200	1500	900	1300
产品b	1000	1250	1320	1420
产品c	1238	1376	1821	1634

产品a	Q1	Q2	Q3	Q4	产品b	Q1	Q2	Q3	Q4	产品c	Q1	Q2	Q3	Q4
	1200	1500	900	1300		1000	1250	1320	1420		1238	1376	1821	1634
	0	0	0	0		0	0	0	0		0	0	0	0

图 94-11　编辑作图数据

Step 2　创建图表。选取 B13:P15 单元格区域，在【插入】选项卡中，依次单击【散点图】→【带平滑线和数据标记的散点图】命令，在工作表插入一个散点图，删除【图例】、【网格线】，完成创建图表，如图 94-12 所示。

图 94-12　创建图表

Step 3　设置坐标轴格式。单击【水平（值）轴】，按<Ctrl+1>组合键，打开【设置坐标轴格式】对话框，设置【最小值】为【固定】数值“1”，设置【最大值】为【固定】数值“15”，设置【坐标轴标签】为【无】，切换到【线条颜色】选项卡，选择【无线条】，如图 94-13 所示，单击【垂直（值）

轴】，设置【最大值】为【固定】数值“2000”，设置【坐标轴标签】为【无】，切换到【线条颜色】选项卡，选择【无线条】，单击【关闭】按钮。

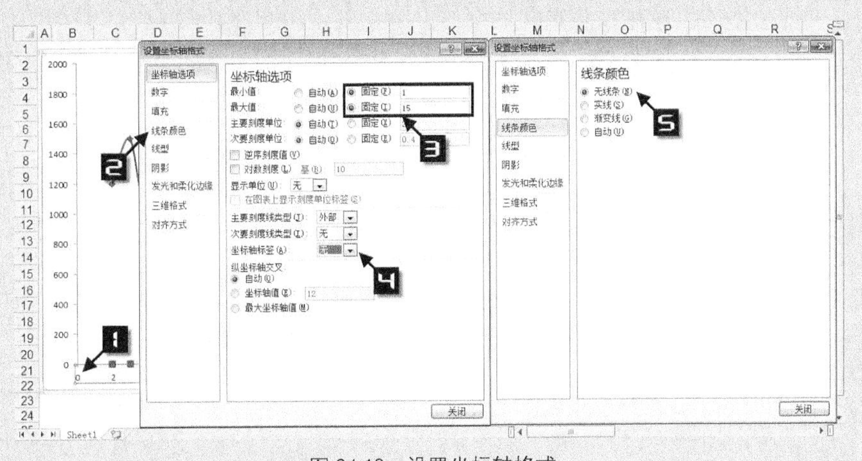

图 94-13　设置坐标轴格式

Step 4

编辑仿 *y* 轴数据。编辑多 *y* 轴仿制数据如图 94-14 所示。

多Y轴分段散点图

Y	0	200	400	600	800	1000	1200	1400	1600	1800	2000
Xa	2	2	2	2	2	2	2	2	2	2	2
Xb	7	7	7	7	7	7	7	7	7	7	7
Xc	12	12	12	12	12	12	12	12	12	12	12

图 94-14　编辑仿 *y* 轴数据

Step 5

添加数据。右键单击图表，在弹出的快捷菜单上选择【选择数据（E）】命令，打开【选择数据源】对话框，单击【添加】，打开【编辑数据系列】对话框，在【系列名称】中输入“=Sheet1!$B$19”，在【*x* 轴系列值】框输入“=Sheet1!$C$19:$M$19”，在【Y 轴系列值】框输入“=Sheet1!$C$18:$M$18”，单击【确定】按钮，如图 94-15 所示，同样地，添加【Xb】和【Xc】系列。

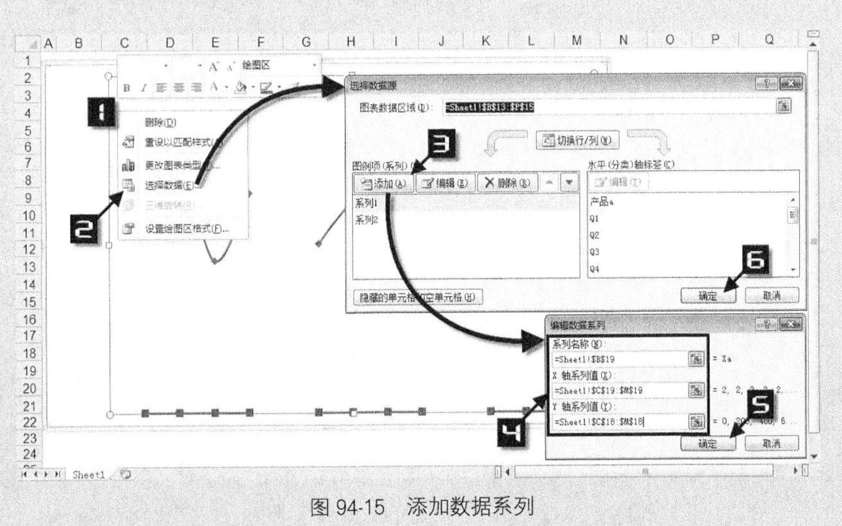

图 94-15　添加数据系列

Step 6 添加垂直误差线。单击图表，在【图表工具】→【布局】选项卡中，依次单击【误差线】→【其他误差线选项】，打开【添加误差线】对话框，选择【系列 2】，单击【确定】，在打开的【设置误差线格式】对话框中，依次单击【正偏差】、【无线端】、【固定值】，并输入“2000”，选择【系列 2 X 误差线】，按<Delete>键删除，如图 94-16 所示。

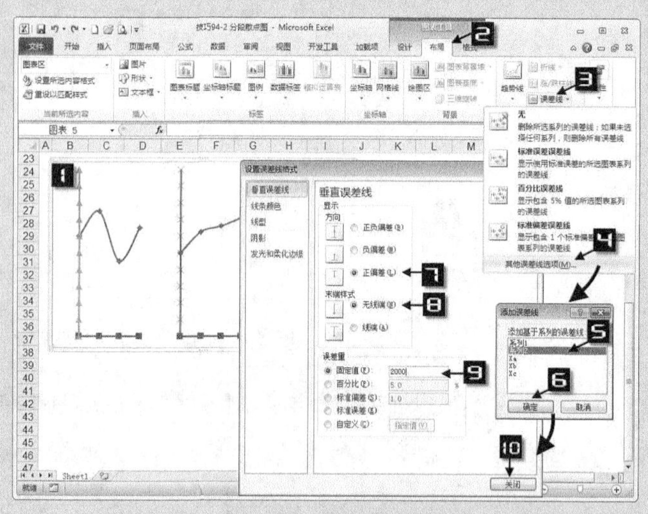

图 94-16　添加垂直误差线

Step 7 添加水平误差线。在图表中选择【Xa】系列，单击【误差线】下拉箭头，单击【其他误差线选项】，打开【设置误差线格式】对话框，选择【Xa Y 误差线】删除，选择【Xa X 误差线】，依次单击【正偏差】、【无线端】、【固定值】，并输入“3”，如图 94-17 所示，同样地，添加【Xb】、【Xc】水平误差线，单击【关闭】，完成添加误差线。

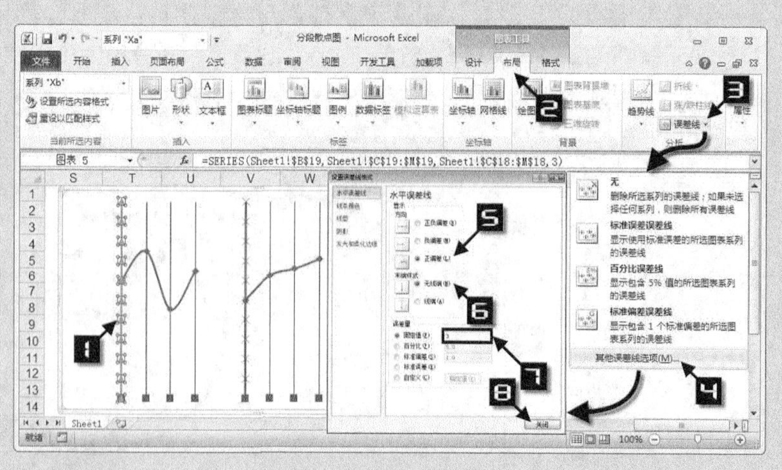

图 94-17　添加水平误差线

Step 8 设置数据格式。选择【系列 2】，按<Ctrl+1>组合键，打开【设置数据系列格式】对话框，切换至【数据标记选项】选项卡，【数据标记类型】选择【无】，切换到【线条颜色】选项卡，选择【无线条】，如图 94-18

所示，同样地，设置【Xa】、【Xb】、【Xc】系列，单击【关闭】，完成数据系列格式设置。

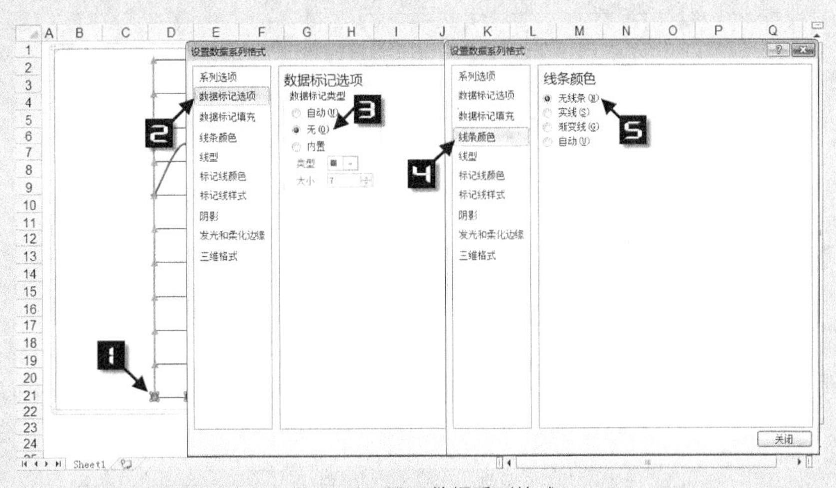

图 94-18　设置数据系列格式

Step 9　添加产品类别标签数据。单击图表，在【编辑栏】中输入“=SERIES("",{1,6,11},{0,0,0},6)”，按<Enter>键完成，然后设置【数据标记类型】为【无】,【线条颜色】为【无线条】，如图 94-19 所示。

```
=SERIES("",{1,6,11},{0,0,0},6)
```

图 94-19　添加数据

Step 10　为数据添加【数据标签】并修改，添加【图表标题】，调整【绘图区】大小，完成分段散点图制作，如图 94-20 所示。

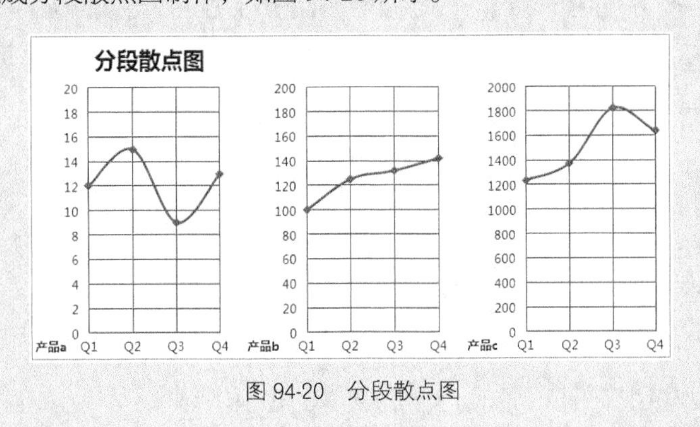

图 94-20　分段散点图

技巧 95　系列无空白柱形图

在制作柱形图时，如果某系列中存在空格，则会在图表上形成空白，使得图表的美观程度打折扣，如图 95-1 所示。本技巧中将介绍消除图表系列空白的技术。

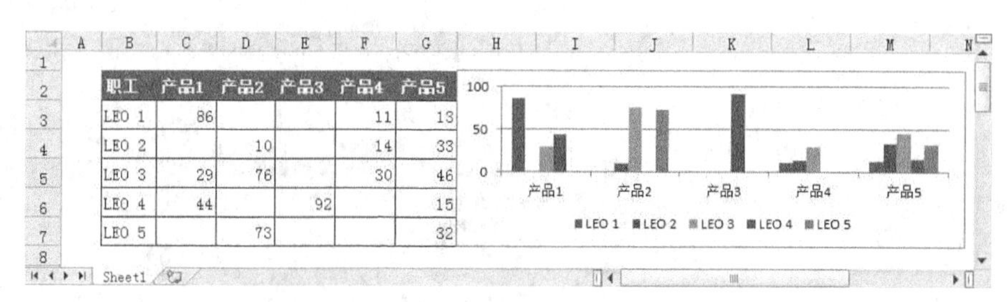

职工	产品1	产品2	产品3	产品4	产品5
LEO 1	86			11	13
LEO 2		10		14	33
LEO 3	29	76		30	46
LEO 4	44		92		15
LEO 5		73			32

图 95-1　示图

Step 1 转换作图数据。将图 95-1 中的数据转换为如图 95-2 所示形式。

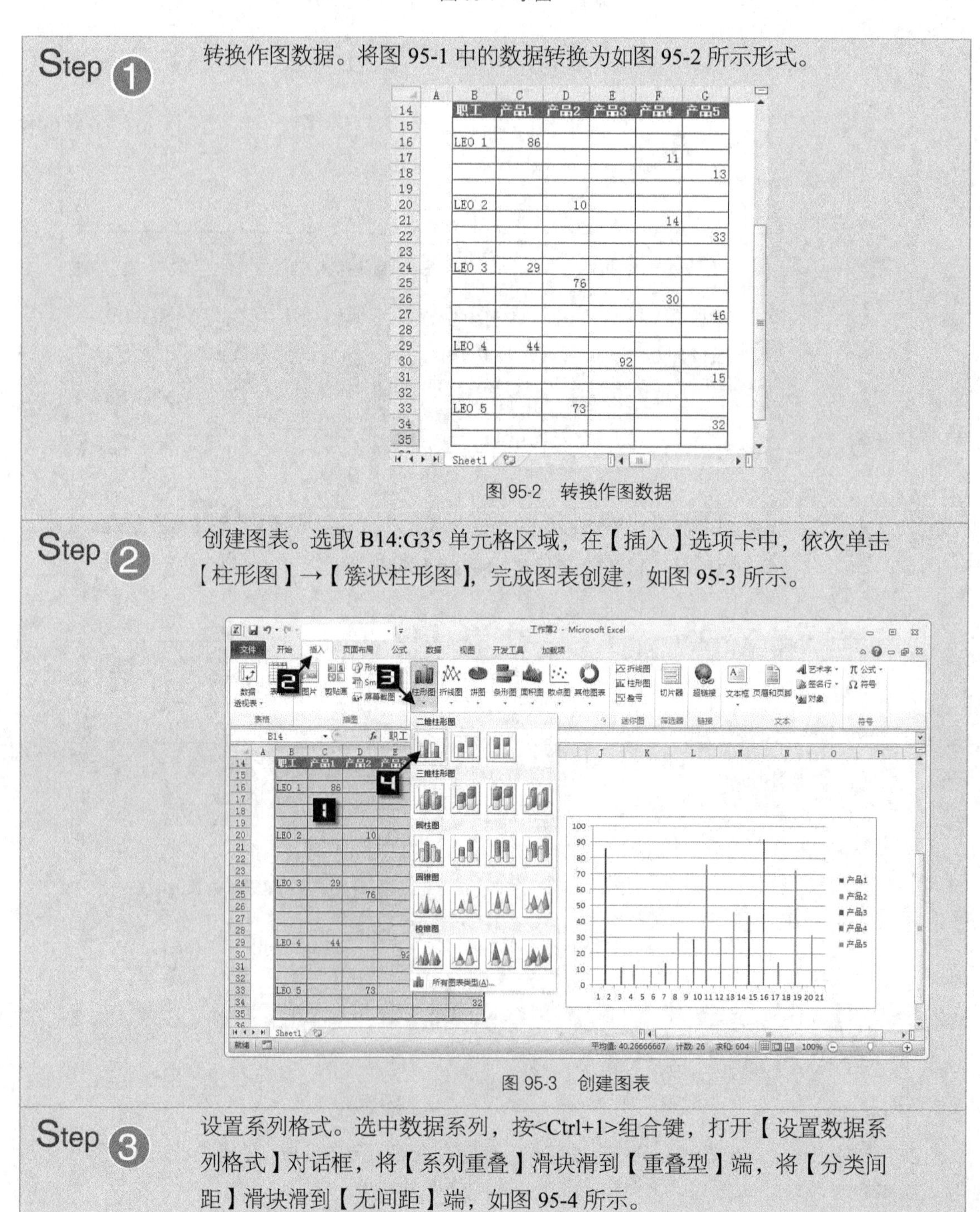

职工	产品1	产品2	产品3	产品4	产品5
LEO 1	86				
				11	
					13
LEO 2		10			
				14	
					33
LEO 3	29				
		76			
				30	
					46
LEO 4	44				
			92		
					15
LEO 5		73			
					32

图 95-2　转换作图数据

Step 2 创建图表。选取 B14:G35 单元格区域，在【插入】选项卡中，依次单击【柱形图】→【簇状柱形图】，完成图表创建，如图 95-3 所示。

图 95-3　创建图表

Step 3 设置系列格式。选中数据系列，按<Ctrl+1>组合键，打开【设置数据系列格式】对话框，将【系列重叠】滑块滑到【重叠型】端，将【分类间距】滑块滑到【无间距】端，如图 95-4 所示。

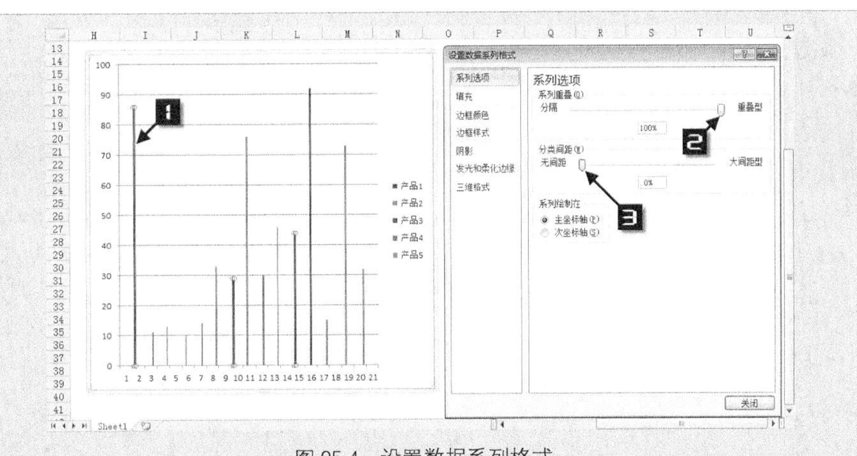

图 95-4　设置数据系列格式

Step 4　设置【水平（类别）轴】格式。在图表中，单击【水平（类别）轴】，在【设置坐标轴格式】对话框中，将【主要刻度线类型】和【坐标轴标签】均设置为“无”，如图 95-5 所示。

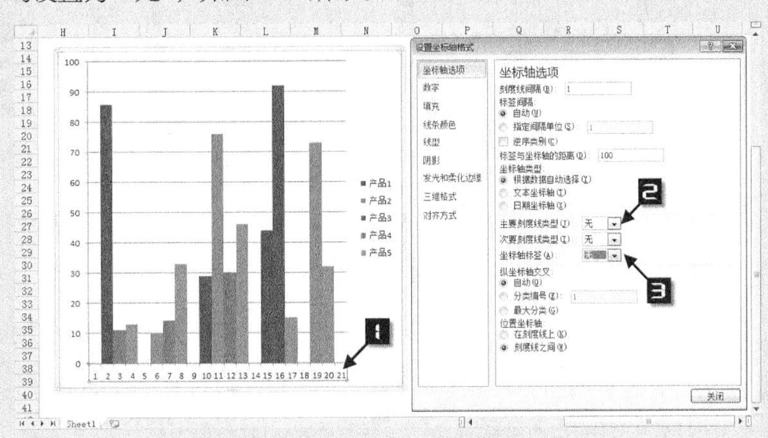

图 95-5　设置水平轴格式

Step 5　设置【垂直（值）轴】格式。单击【垂直（值）轴】，将【坐标轴标签】设置为【无】，切换到【线条颜色】选项卡，选择【无线条】，单击【关闭】按钮，如图 95-6 所示。

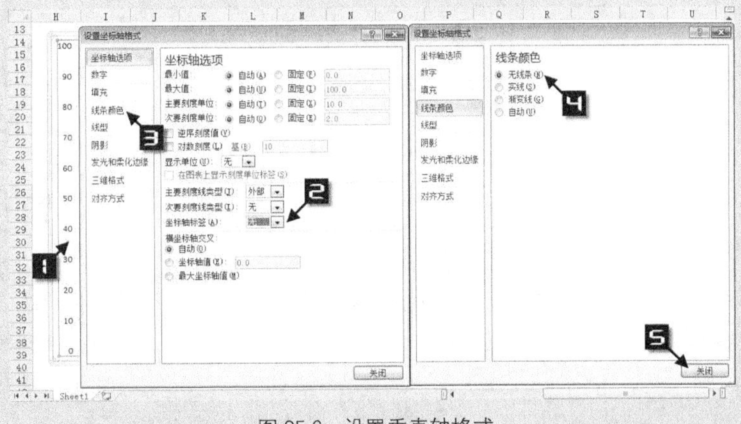

图 95-6　设置垂直轴格式

Step 6 编辑【水平轴标签】数据。在工作表中输入如图 95-7 所示数据。

X	轴标签
3	0
7	0
11.5	0
16	0
19.5	0

图 95-7　编辑轴标签数据

Step 7 添加轴标签数据。单击图表区，在编辑栏中输入如下公式，按<Enter>键，完成数据添加，如图 95-8 所示。

```
=SERIES("轴标签",{3,7,11.5,16,19.5},{0,0,0,0,0},6)
```

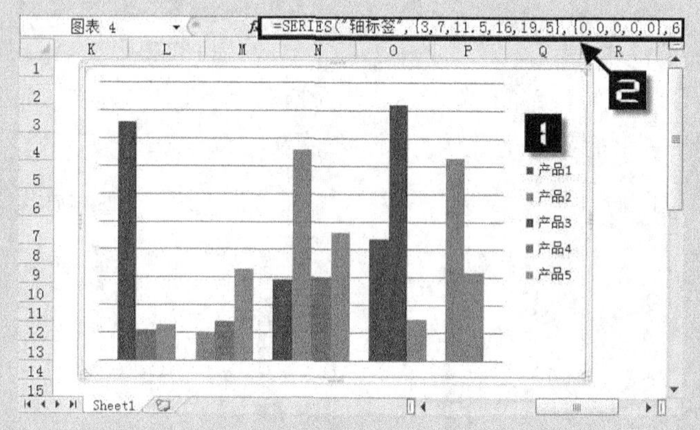

图 95-8　添加轴标签数据

Step 8 更改【系列“轴标签”】图表类型。在快捷访问工具栏的【图表元素】下拉列表中，选择【系列“轴标签”】，然后依次单击【设计】→【更改图表类型】，在【更改图表类型】对话框中，依次单击【XY（散点图）】→【仅带数据标记的散点图】→【确定】，如图 95-9 所示，完成图表类型更改。

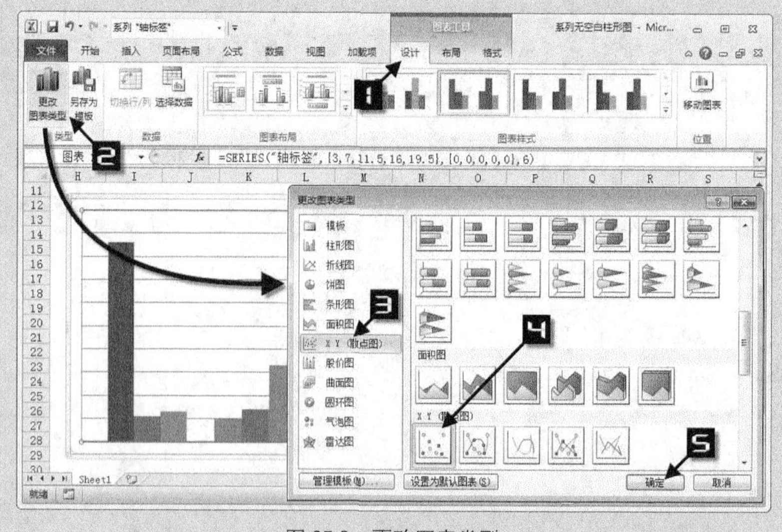

图 95-9　更改图表类型

Step 9

添加【系列“轴标签”】数据标签。选中【系列“轴标签”】，依次单击【布局】→【数据标签】→【下方】，完成数据标签添加，如图 95-10 所示，然后用标签修改工具修改为职工名。

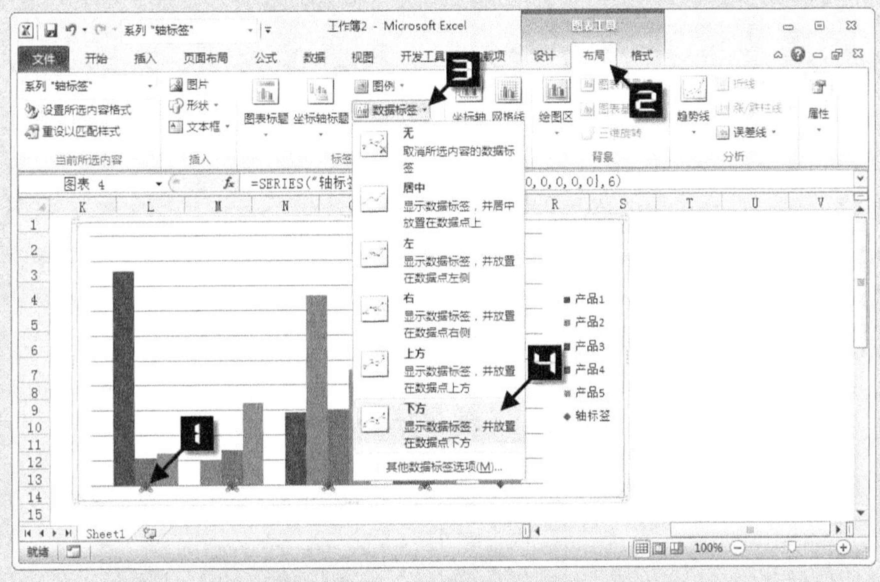

图 95-10　添加轴标签数据标签

Step 10

设置【系列“轴标签”】数据标记为“无”，删除网格线，为各系列添加数据标签，添加图表标题，删除【轴标签】系列图例，完成系列无空白柱形图，如图 95-11 所示。

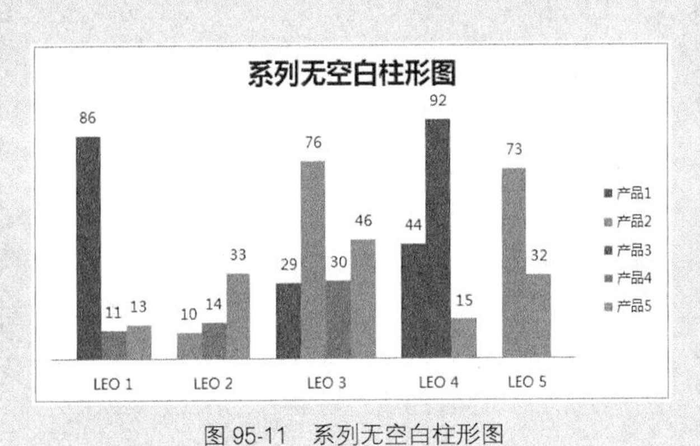

图 95-11　系列无空白柱形图

技巧 96　分值区间图

在单位，每年都会对职工进行考评，如何用图表清晰表达职工的得分是一个比较复杂的工作，本技巧与读者共同探讨这类型图表的制作。考评综合数据如图 96-1 所示。

	自评	其他	下级	同事	上级	他评均分
均分	3	4.3	4.5	4.2	4.4	4.4
最低	3	3.8	4.5	3.3	4.3	3.3
最高	3	4.5	4.5	4.5	4.5	4.5

图 96-1　原始数据

Step 1 整理作图数据。整理原始数据为如图 96-2 所示，在 J5、D11、E11、F11 单元格输入下列公式，填充至适当区域。

```
=C5
=OFFSET($C$6,,ROW()-10,)
=OFFSET($C$7,,ROW()-10,)-D11
=5-D11-E11
```

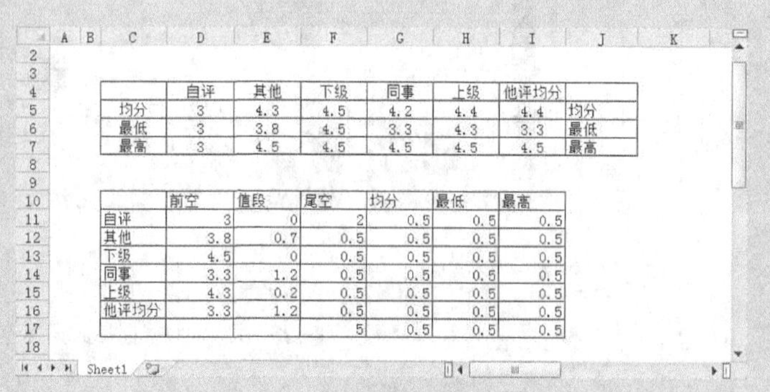

	自评	其他	下级	同事	上级	他评均分	
均分	3	4.3	4.5	4.2	4.4	4.4	均分
最低	3	3.8	4.5	3.3	4.3	3.3	最低
最高	3	4.5	4.5	4.5	4.5	4.5	最高

	前空	值段	尾空	均分	最低	最高
自评	3	0	2	0.5	0.5	0.5
其他	3.8	0.7	0.5	0.5	0.5	0.5
下级	4.5	0	0.5	0.5	0.5	0.5
同事	3.3	1.2	0.5	0.5	0.5	0.5
上级	4.3	0.2	0.5	0.5	0.5	0.5
他评均分	3.3	1.2	0.5	0.5	0.5	0.5
			5	0.5	0.5	0.5

图 96-2　编辑作图数据

Step 2 创建图表。选取 C10:I17 单元格区域，在【插入】选项卡中依次单击【条形图】→【堆积条形图】，如图 96-3 所示，完成图表创建。

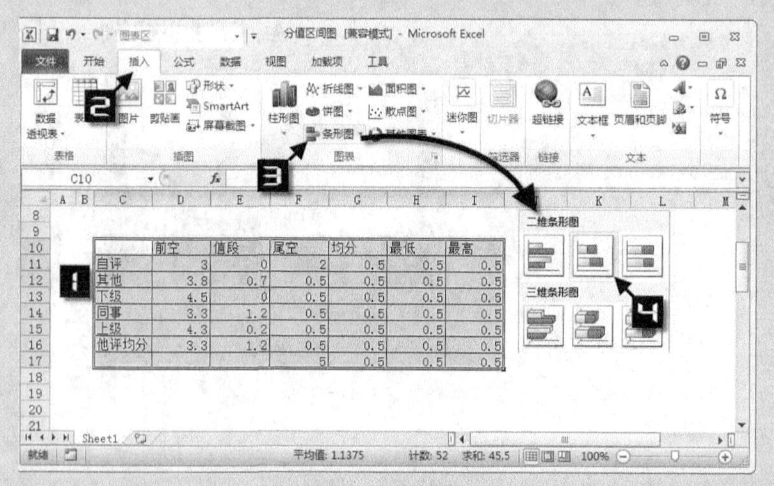

图 96-3　创建图表

Step 3 设置【前空】系列格式。选择【系列 “前空”】，按<Ctrl+1>组合键，打开【设置数据系列格式】对话框，将【分类间距】调整为“50%”，切换到【填充】选项卡，选择【纯色填充】，在【颜色】下拉表中选择“白色，深色 25%”，如图 96-4 所示。

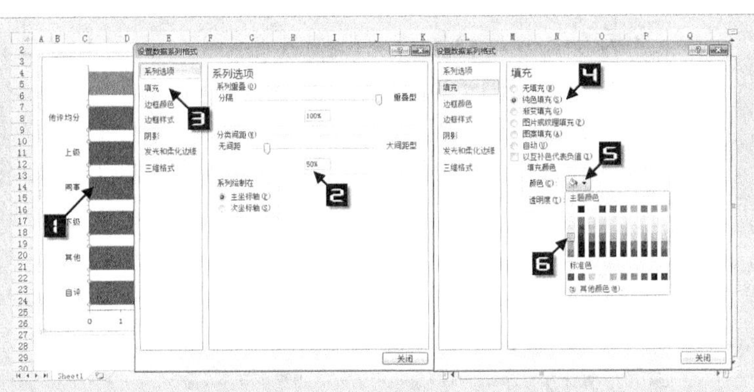

图 96-4　设置前空系列格式

Step 4

设置【值段】系列格式。选择【系列“值段”点“他的评分”】，切换到【填充】选项卡，选择【纯色填充】，在【颜色】下拉列表中选择“深红”，如图 96-5 所示，同样地，设置【系列“值段”点“上级”】填充色为“深绿”，【系列“值段”点“同事”】的填充色为“绿色”，【系列“值段”点“其他”】的填充色为“水绿色”，然后设置【尾空】系列填充色为“白色，深色 25%”。

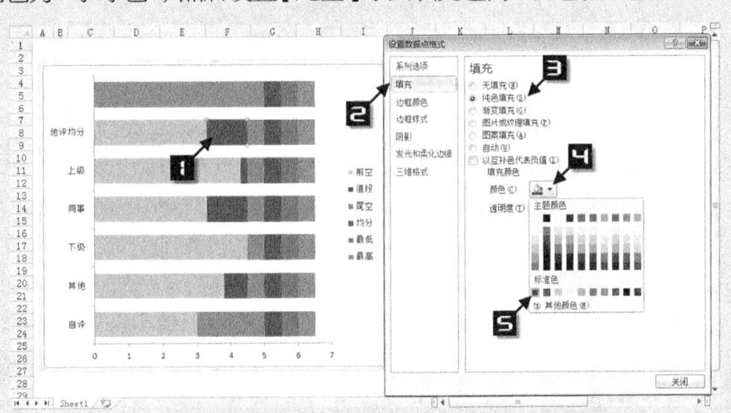

图 96-5　设置值段系列格式

Step 5

设置坐标轴格式。设置【均分】、【最高】、【最低】系列填充色为【无填充】。单击【垂直（类别）轴】，设置【主要刻度线（类型）】为“无”，单击【水平（值）轴】，设置【坐标轴标签】为“无”，如图 96-6 所示，然后切换到【线条颜色】选项卡，选择【无线条】，单击【关闭】按钮，完成坐标轴格式设置。

图 96-6　设置坐标轴格式

Step 6 添加均分点数据系列。删除【图例】，在【设计】选项卡中单击【选择数据】，在打开的【选择数据源】中单击【添加】，打开【编辑数据系列】对话框，在【系列名称】框中输入“=均分点”，在【系列值】框中输入“={1,2,3,4,5,6}”，两次单击【确定】按钮，完成数据添加，如图 96-7 所示。

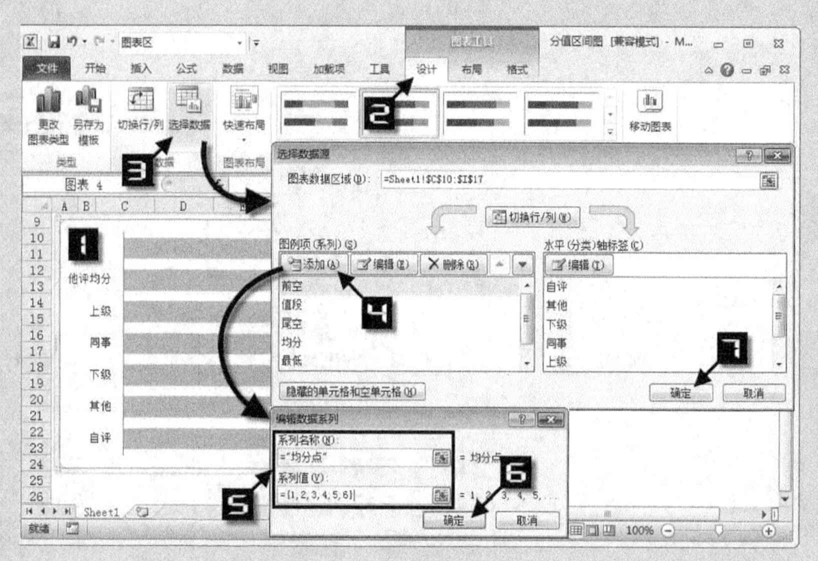

图 96-7　添加均分点数据

Step 7 更改图表类型。选择【系列“均分点”】，在【设计】选项卡中单击【更改图表类型】，在打开的【更改图表类型】窗口中，依次单击【XY（散点图）】→【仅带数据标记的散点图】→【确定】，如图 96-8 所示，完成图表类型更改。

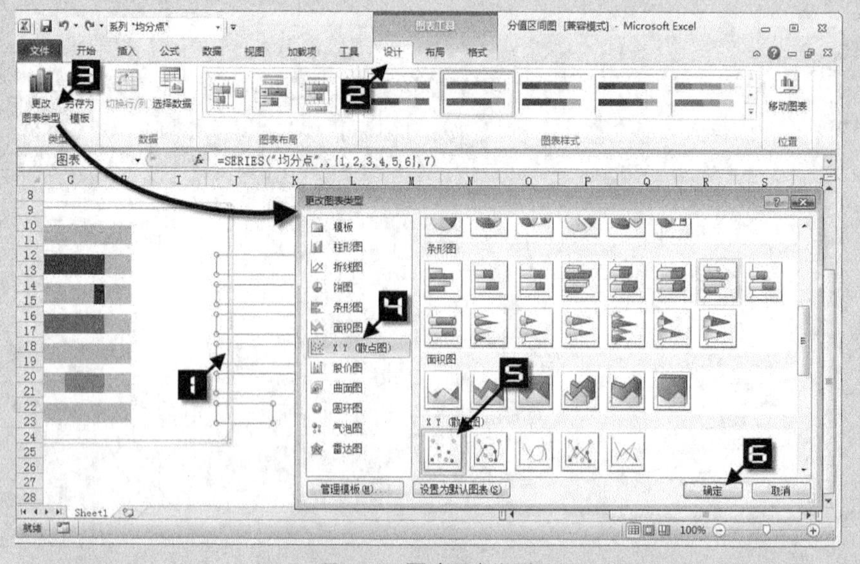

图 96-8　更改图表类型

Step 8 完善【均分点】系列数据。激活图表，在【设计】选项卡中单击【选择数据】，在打开的【选择数据源】对话框中，选中“均分点”系列，单击【编辑】按钮，打开【编辑数据系列】对话框，在【x 轴系列值】框中选择“=Sheet1!$D$5:$I$5”，再次单击【确定】按钮，完成数据系列完善，如图 96-9 所示。

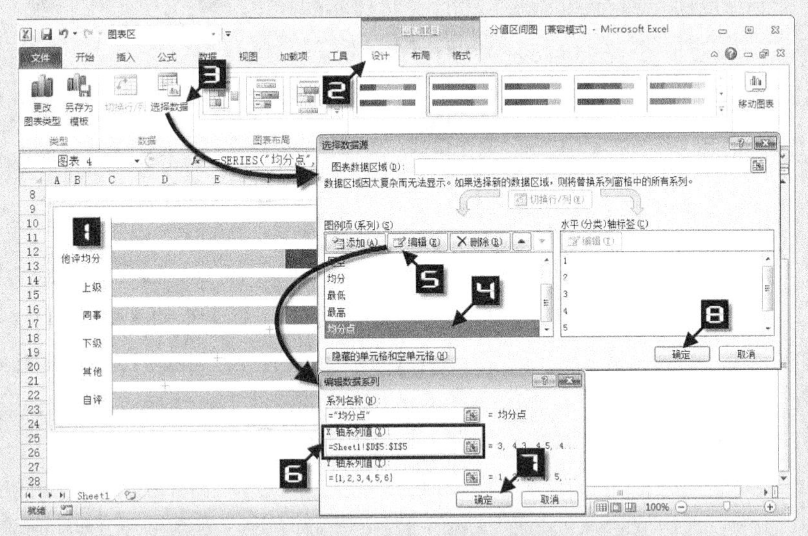

图 96-9　完善均分点数据

Step 9 设置【次坐标轴 垂直（值）轴】格式。选择【次坐标轴 垂直（值）轴】，按<Ctrl+1>组合键，打开【设置坐标轴格式】对话框，设置坐标轴最大、最小值分别为“0.5”“7.5”，设置【坐标轴标签】为“无”，切换到【线条颜色】选项卡，选择【无线条】，如图 96-10 所示。

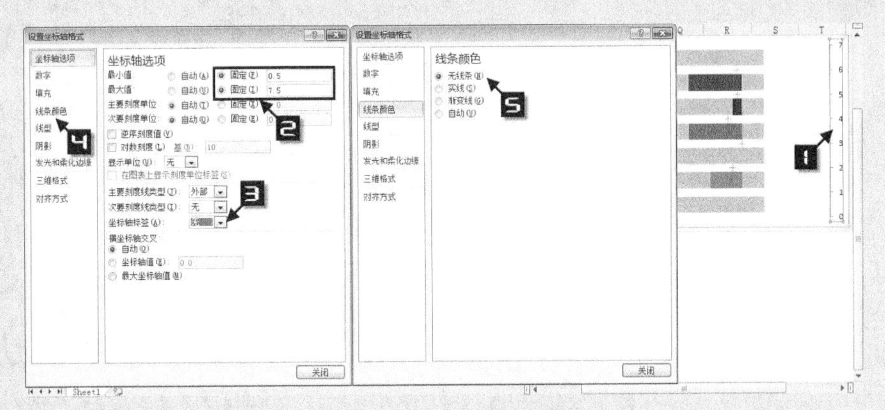

图 96-10　设置次垂直轴格式

Step 10 设置【均分点】数据标记格式。在【插入】选项卡中，单击【形状】选择“矩形”，在工作表中画出一个高 0.45cm × 宽 0.24cm 的矩形，单击【格式】选项卡中的【形状填充】选择【无填充颜色】，单击【形状轮廓】选择“白色”，【粗细】选择“1.5 磅”，复制矩形框，选中图表中【系列“均分点”】，按<Ctrl+V>组合键，完成格式设置，如图 96-11 所示。

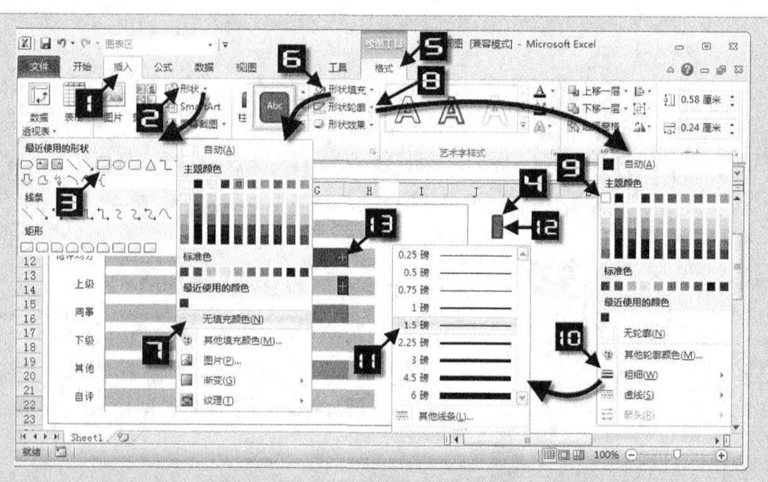

图 96-11　设置均分点数据标记格式

Step 11　添加【标记点】系列。激活图表，设置【系列“尾空”点 7】填充为【无填充】。在编辑栏中输入=SERIES(“标点”,Sheet1!$I$5,{6.7},8)，按<Enter>键完成系列添加，按步骤 10 的方法，在工作表中插入一个倒五边形，复制五边形粘贴到【标记点】系列。

Step 12　添加数据标签。分别右键单击【系列“均分”】，在弹出的快捷菜单中，选择【添加数据标签】命令，为【均分】系列添加数据标签，然后用标签修改工具修改，如图 96-12 所示，同样地，为【系列“最低”】、【系列“最高”】、【系列“标记点”】添加数据标签。

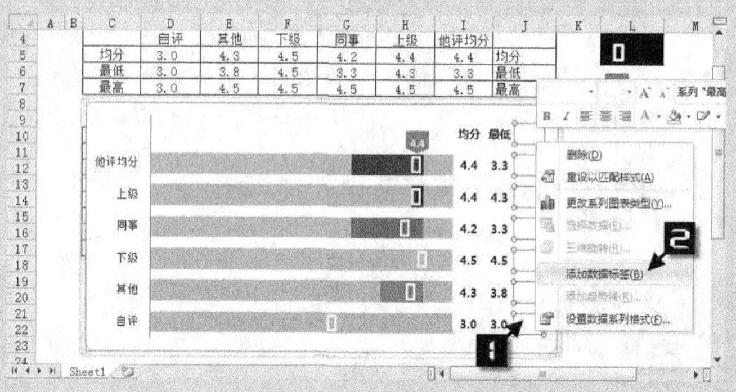

图 96-12　添加数据标签

Step 13　将绘图区向右压缩，加入适当信息，添加图表标题，格式化图表，完成图表制作，如图 96-13 所示。

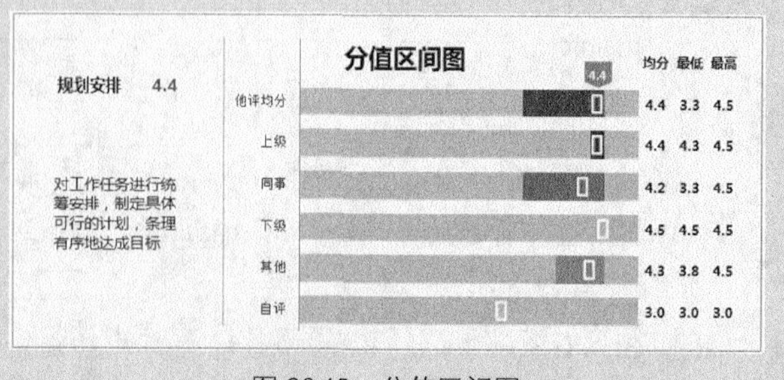

图 96-13　分值区间图

技巧 97　数据比对柱形图

在现实工作中，经常要制作分系列数据比对图，而使用辅助数据，将使得工作簿体积迅速增大，本技巧将介绍直接制作比对柱形图的方法。

Step 1 创建图表。选取数据区域，在【插入】选项卡中依次单击【柱形图】→【堆积柱形图】，创建一个堆积柱形图，如图 97-1 所示。

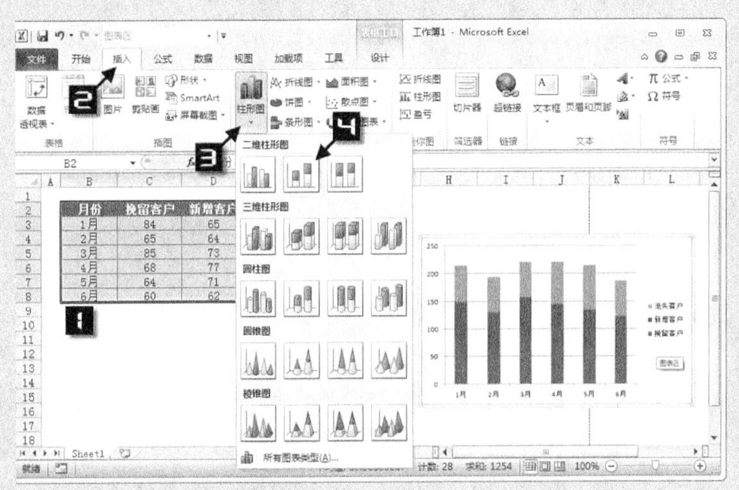

图 97-1　创建图表

Step 2 更改系列绘制位置。在图表中选择【系列"流失客户"】，按<Ctrl+1>组合键，打开【设置数据系列格式】对话框，选择【系列绘制在】→【次坐标轴】，如图 97-2 所示，单击图表右侧的【次坐标轴 垂直（值）轴】，最大值、最小值均选择【固定】，值分别设置为"0"、"180"，【坐标轴标签】选择【无】，切换到【线条颜色】选项卡，选择【无线条】，单击【关闭】按钮。

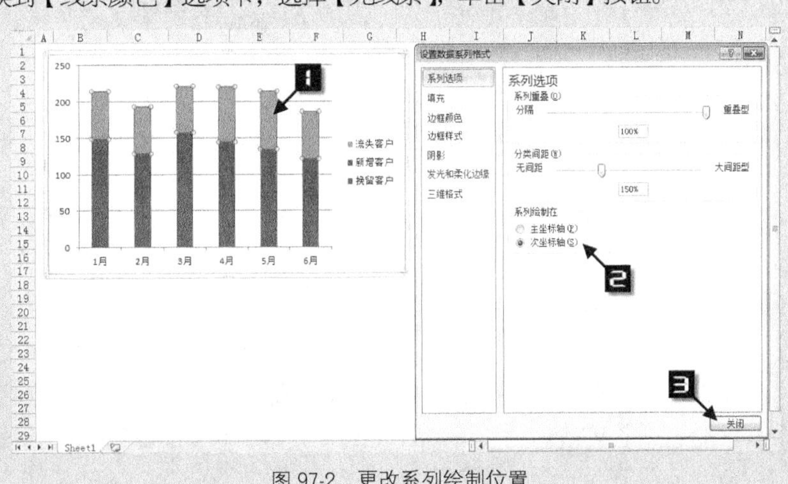

图 97-2　更改系列绘制位置

Step ③ 更改图表类型。选择【系列“流失客户”】，在【设计】选项卡中单击【更改图表类型】，打开【更改图表类型】对话框，依次单击【柱形图】→【柱形图】→【确定】按钮，如图 97-3 所示，完成图表类型更改。

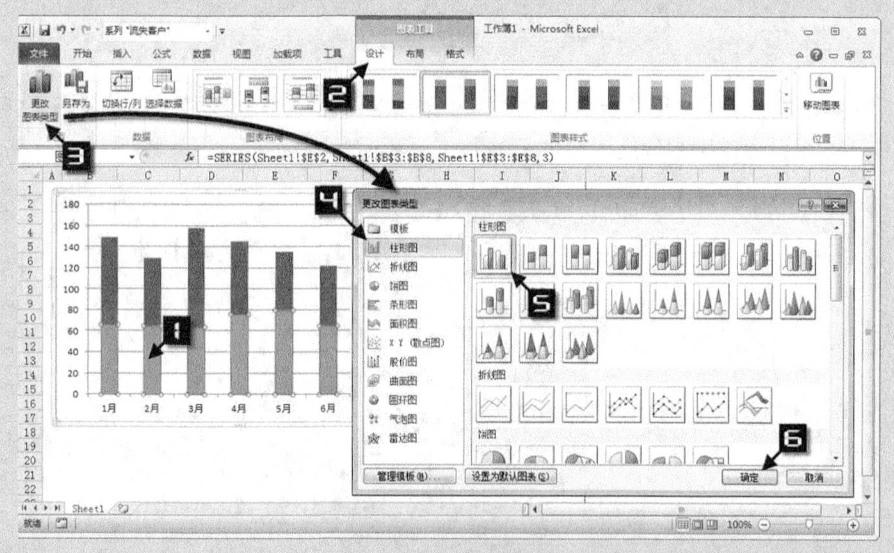

图 97-3　更改图表类型

Step ④ 添加空白系列。右键单击图表，在弹出的快捷菜单上选择【选择数据】命令，在打开的【选择数据源】对话框中单击【添加】，打开【编辑数据系列】对话框，在【系列名称】文本框中输入“空 1”，在【系列值】框中输入“0”，单击【确定】按钮，如图 97-4 所示。然后如法添加“空 2”系列，点中“流失客户”项，单击【下移】箭头，将“流失客户”移到最下，最后单击【确定】按钮，完成系列添加。

图 97-4　添加空白系列

Step ⑤ 设置新增客户系列格式。选择【系列“新增客户”】，按<Ctrl+1>组合键，打开【设置数据系列格式】对话框，调整【分类间距】为“200%”，如图 97-5 所示，单击【系列“流失客户”】，调整【分类间距】为“20%”，单击【关闭】按钮，完成格式设置。

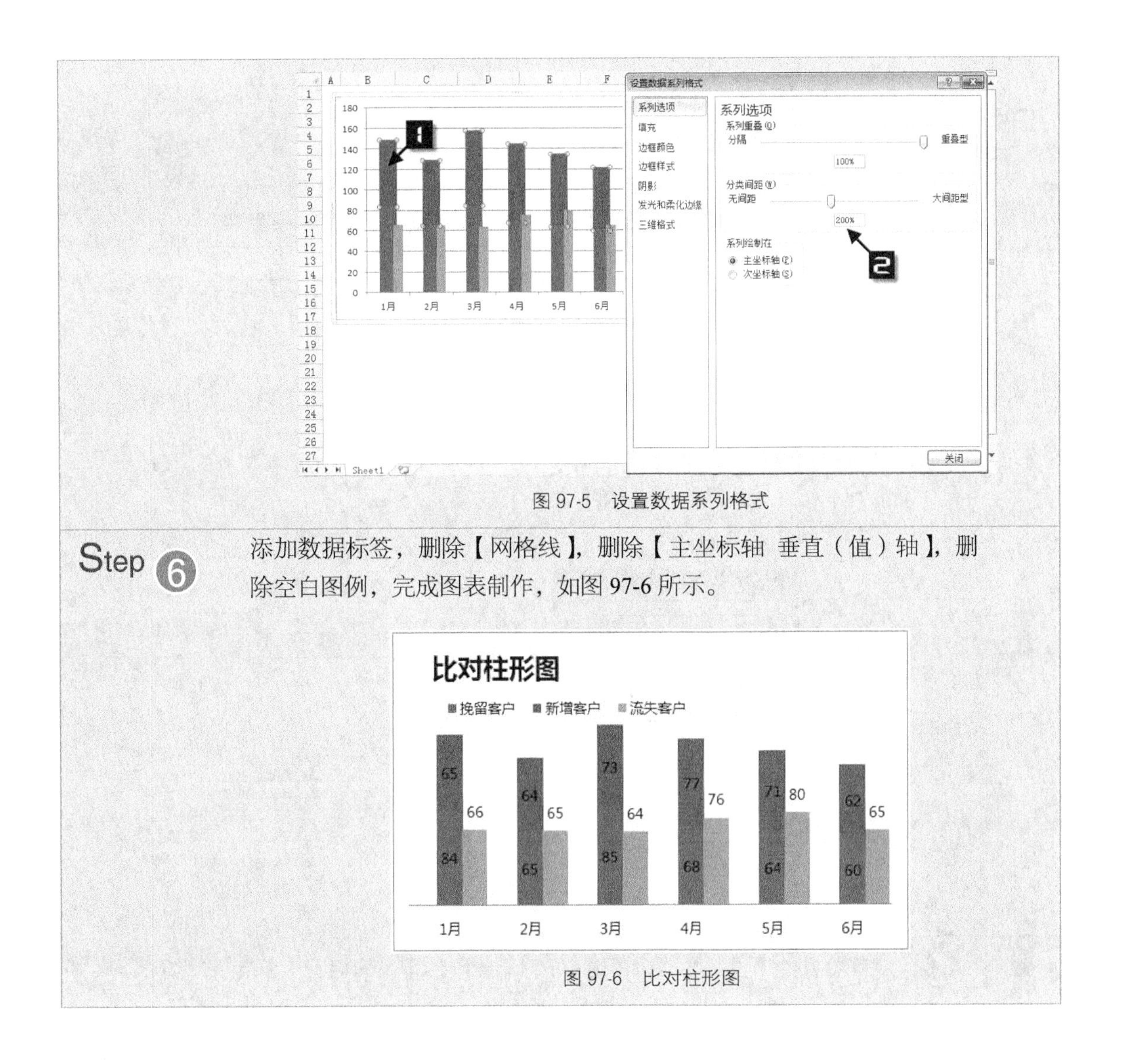

图 97-5　设置数据系列格式

Step 6　添加数据标签，删除【网格线】，删除【主坐标轴 垂直（值）轴】，删除空白图例，完成图表制作，如图 97-6 所示。

图 97-6　比对柱形图

技巧 98　分区显示数值差异柱形图

在制作图表时，如果数值存在很大差异，那么所作的图表就不能很好地表示那些数值较小的数据点，就会造成用户读图困难，如图 98-1 所示，本技巧着重介绍这类问题的解决方法。

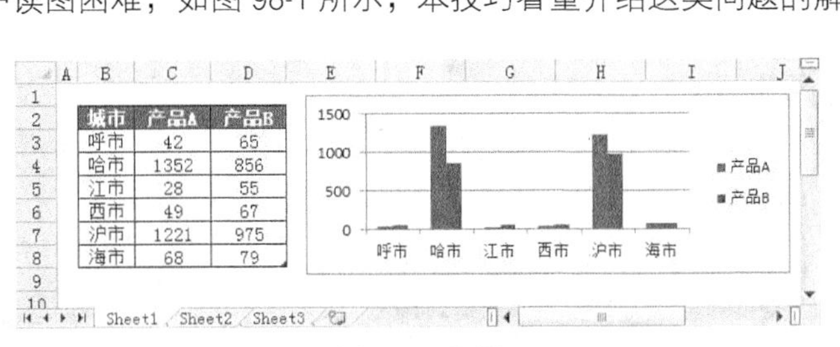

城市	产品A	产品B
呼市	42	65
哈市	1352	856
江市	28	55
西市	49	67
沪市	1221	975
海市	68	79

图 98-1　示图

Step 1 编辑作图数据。将 B2:D8 单元格区域数据转换为 F2:J9 单元格区域数据，如图 98-2 所示。

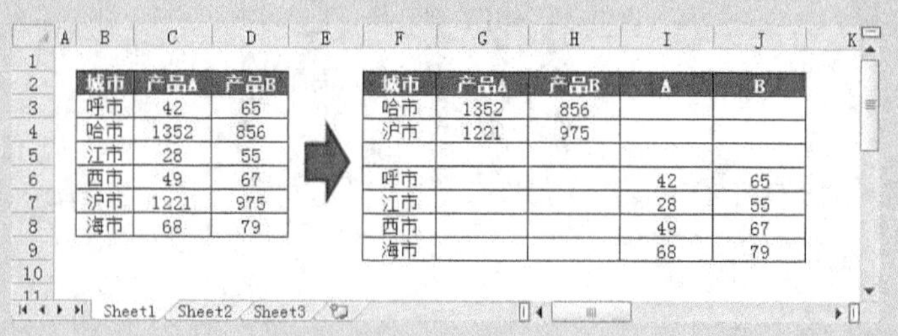

图 98-2 转换数据

Step 2 创建图表。选择 F2:J9 单元格区域，按<Alt+F1>组合键，在工作表中创建一簇状柱形图，如图 98-3 所示。

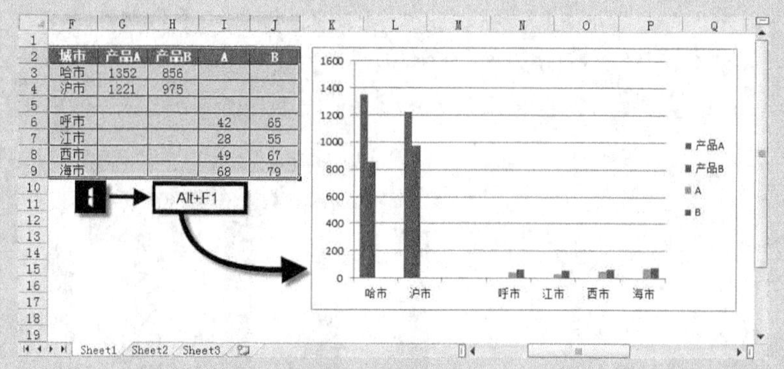

图 98-3 创建图表

Step 3 更改系列绘制位置。在图表中选择【系列“A”】，按<Ctrl+1>组合键，在打开的【设置数据系列格式】对话框中的【系列绘制在】组中，选择【次坐标轴】，如图 98-4 所示，同样地，设置【系列“B”】也绘制在次坐标轴。

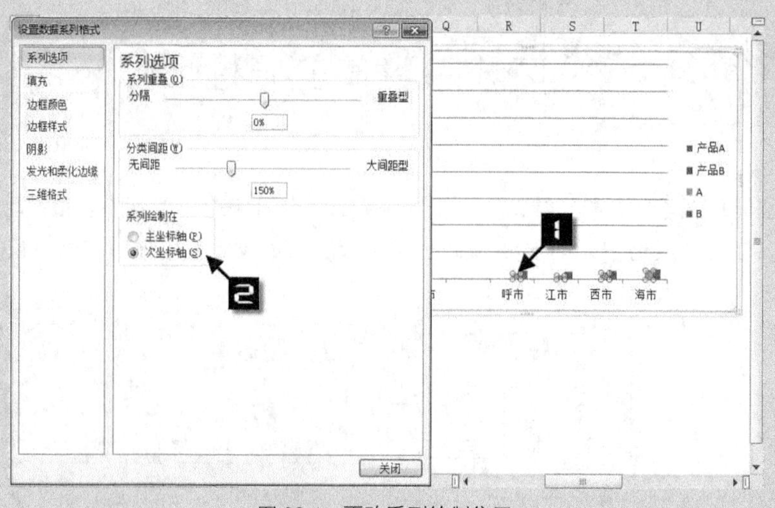

图 98-4 更改系列绘制位置

Step 4 设置数据系列格式。选择【系列“A”】，在【设置数据系列格式】对话框中，切换到【填充】选项卡，选择【纯色填充】，设置【系列“A”】填充色与【系列“产品 A”】一致，如图 98-5 所示，同样地，设置【系列“B”】填充色与【系列“产品”】一致。

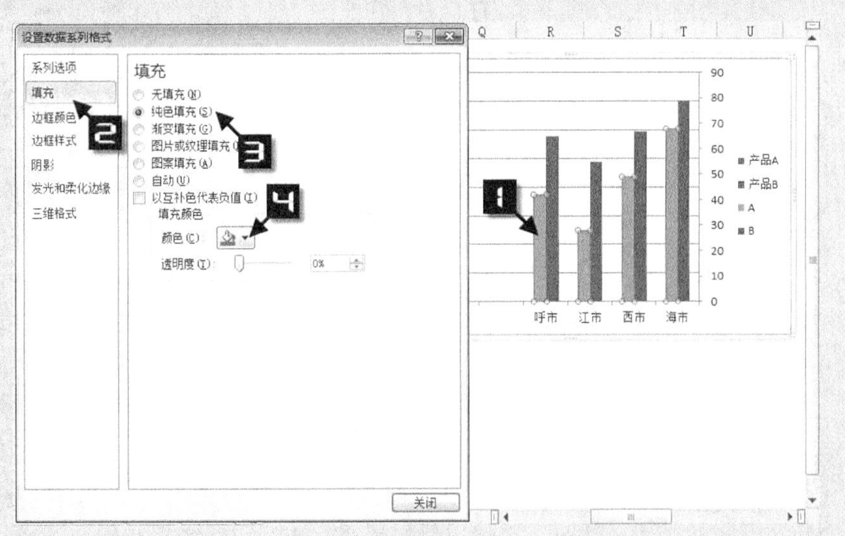

图 98-5　设置数据系列格式

Step 5 显示次要横坐标轴。在【布局】选项卡中，依次单击【坐标轴】→【次要横坐标轴】→【显示从左向右坐标轴】，如图 98-6 所示，完成次要横坐标轴显示。

图 98-6　显示次要横坐标轴

Step 6 设置次要横坐标轴格式。选择【次坐标轴 水平（类别）轴】，在【设置坐标轴格式】对话框中，选择【坐标轴标签】为【无】，【纵坐标轴交叉】选择【分类编号】，在其文本框中输入“4”，如图 98-7 所示，切换到【线条颜色】选项卡，选择【无线条】。

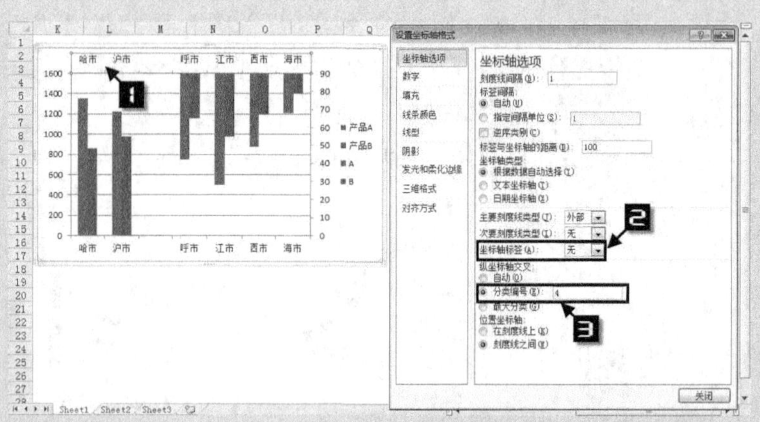

图 98-7　设置次要横坐标轴格式

Step 7 设置次要纵坐标轴格式。选择【次坐标轴 垂直（值）轴】，在【设置坐标轴格式】对话框中，【横坐标轴交叉】选择【自动】，单击【关闭】按钮，如图 98-8 所示，完成格式设置。

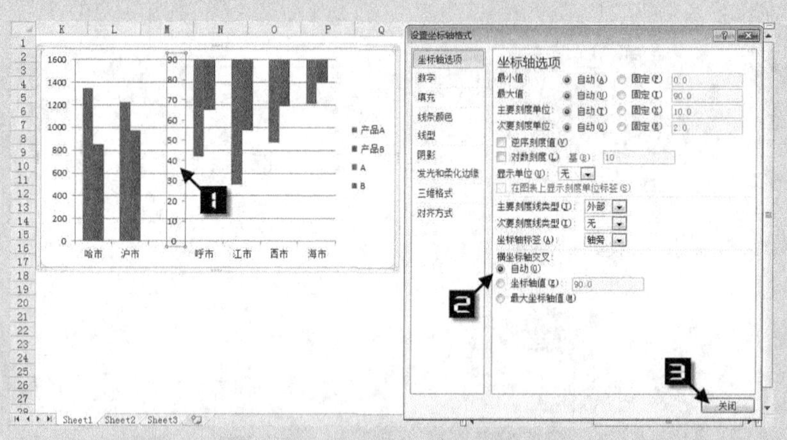

图 98-8　设置次要纵坐标轴格式

Step 8 删除【主要横网格线】，删除【系列“A”】、【系列“B”】图例，调整图例位置和绘图区大小，添加图表标题，完成分区数值差异柱形图制作，如图 98-9 所示。

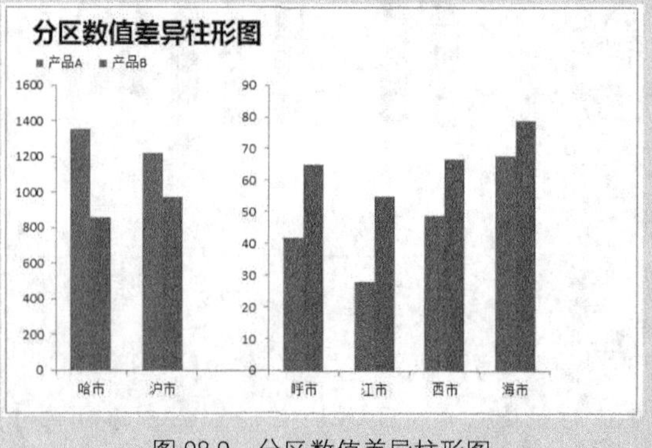

图 98-9　分区数值差异柱形图

第 7 章　交互式图表

在日常工作中，用户制作的普通图表是静态的，除非手动更改数据源才能改变图表演示的数据状态，或者通过制作多个图表来说明数据。而实际上，充分利用 Excel 的表格、函数、控件等功能结合图表元素，通过构建不同的数据表格或定义名称，甚至使用简单的数据筛选即可制作非常不错的交互式图表。

交互式图表由于能够交互展示图表所表达的信息，故又被称为动态图表。用户可以通过设置图表的交互功能，快速地改变图表所展示的内容，从而达到减少多次制作图表的工作量和方便演示的目的。本章将通过多个实例技巧讲解说明如何制作交互式图表。

技巧 99　随自动筛选变动的图表

在 Excel 的筛选操作中，筛选结果中的数据行是被隐藏的，在默认情况下，隐藏的数据行是不会绘制在 Excel 图表中的，根据 Excel 数据筛选的这个特点，可以利用自动筛选来绘制简单的交互式图表。

在图 99-1 所示的数据表中，记录了某公司 2011 年 1 月～12 月 10 家客户的订单数量。若需要设置自动筛选，如筛选某个客户的数据，使得图表能够动态显示，其操作步骤如下。

	A	B	C	D	E	F	G	H	I	J	K	L	M
1		Jan/11	Feb/11	Mar/11	Apr/11	May/11	Jun/11	Jul/11	Aug/11	Sep/11	Oct/11	Nov/11	Dec/11
2	客户1	19	14	17	13	18	12	18	13	18	11	17	15
3	客户2	12	17	12	12	11	18	10	12	18	18	17	13
4	客户3	12	10	16	11	10	12	13	19	15	16	11	10
5	客户4	18	12	10	13	18	14	19	12	14	15	15	13
6	客户5	15	17	15	11	19	11	14	14	10	19	17	11
7	客户6	18	17	15	19	12	14	11	14	12	13	11	18
8	客户7	11	12	19	15	19	10	18	18	19	19	15	17
9	客户8	19	14	13	19	14	10	10	16	17	17	15	15
10	客户9	12	17	14	19	18	11	14	16	19	19	19	15
11	客户10	18	12	18	10	10	19	10	18	15	18	14	10

图 99-1　数据源

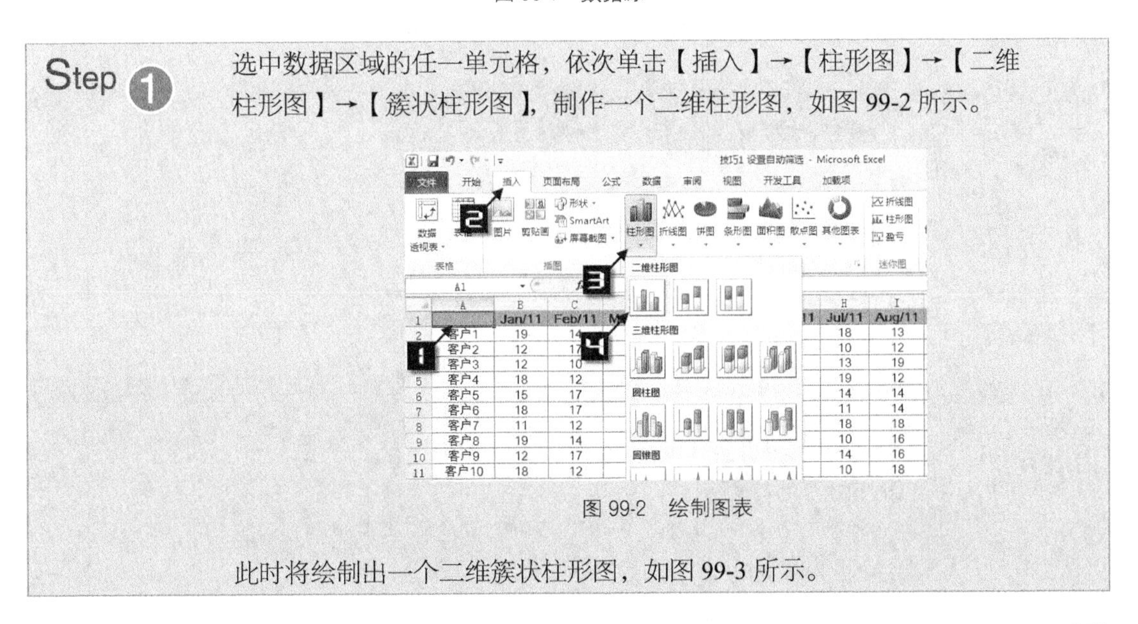

Step ①　选中数据区域的任一单元格，依次单击【插入】→【柱形图】→【二维柱形图】→【簇状柱形图】，制作一个二维柱形图，如图 99-2 所示。

图 99-2　绘制图表

此时将绘制出一个二维簇状柱形图，如图 99-3 所示。

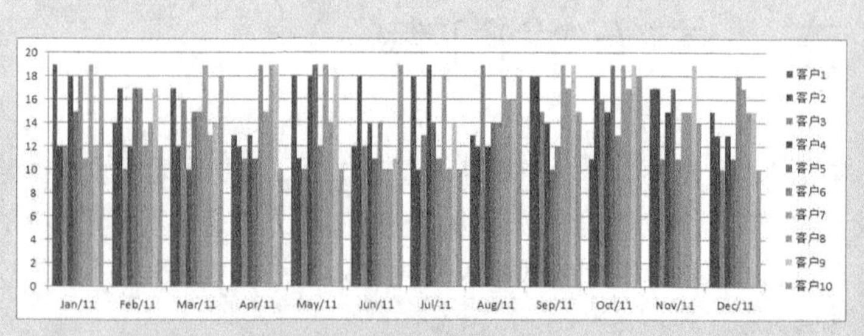

图 99-3　绘制完成的图表

Step 2

选中图表，在【设计】选项卡的【数据】组中，单击【选择数据】按钮，如图 99-4 所示。

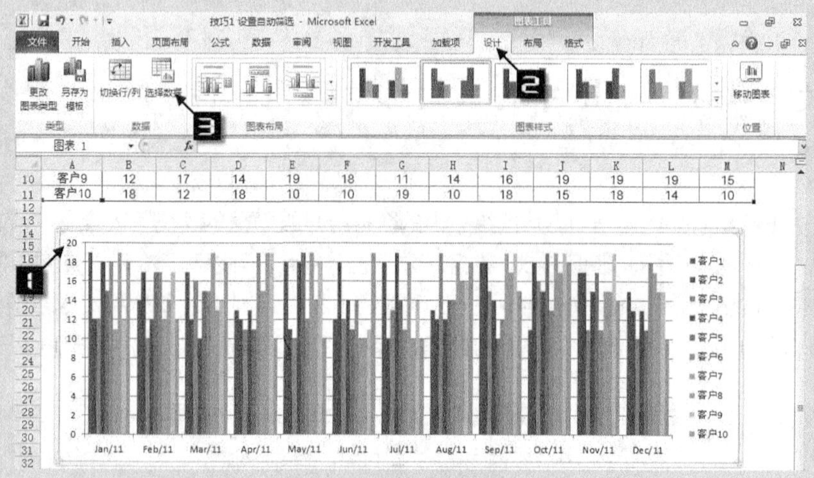

图 99-4　隐藏和空单元格设置

Step 3

在弹出的【选择数据源】对话框中，单击【隐藏的单元格和空单元格】按钮，如图 99-5 所示，打开【隐藏和空单元格设置】对话框，取消勾选【显示隐藏行列中的数据】复选框，如图 99-6 所示，单击【确定】按钮关闭对话框。

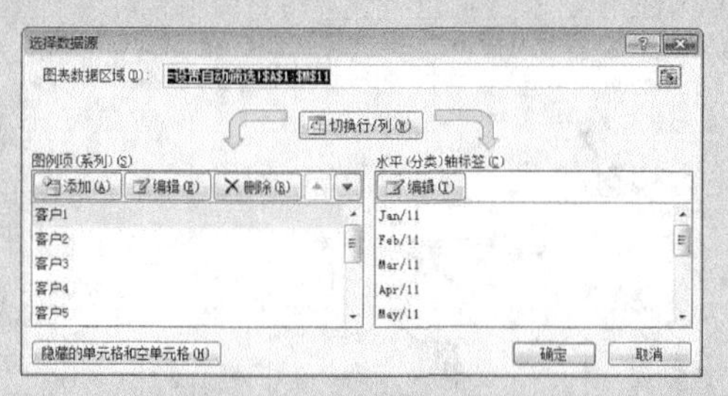

图 99-5　选择数据源对话框

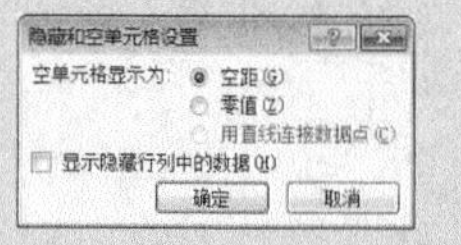

图 99-6　隐藏和空单元格设置对话框

Step 4

选中工作表中的 A1:A11 单元格区域，依次单击【数据】→【筛选】按钮，如图 99-7 所示。

此时，可以发现数据表中 A1 单元格的右侧，将出现一个“筛选”下拉按钮，如图 99-8 所示。

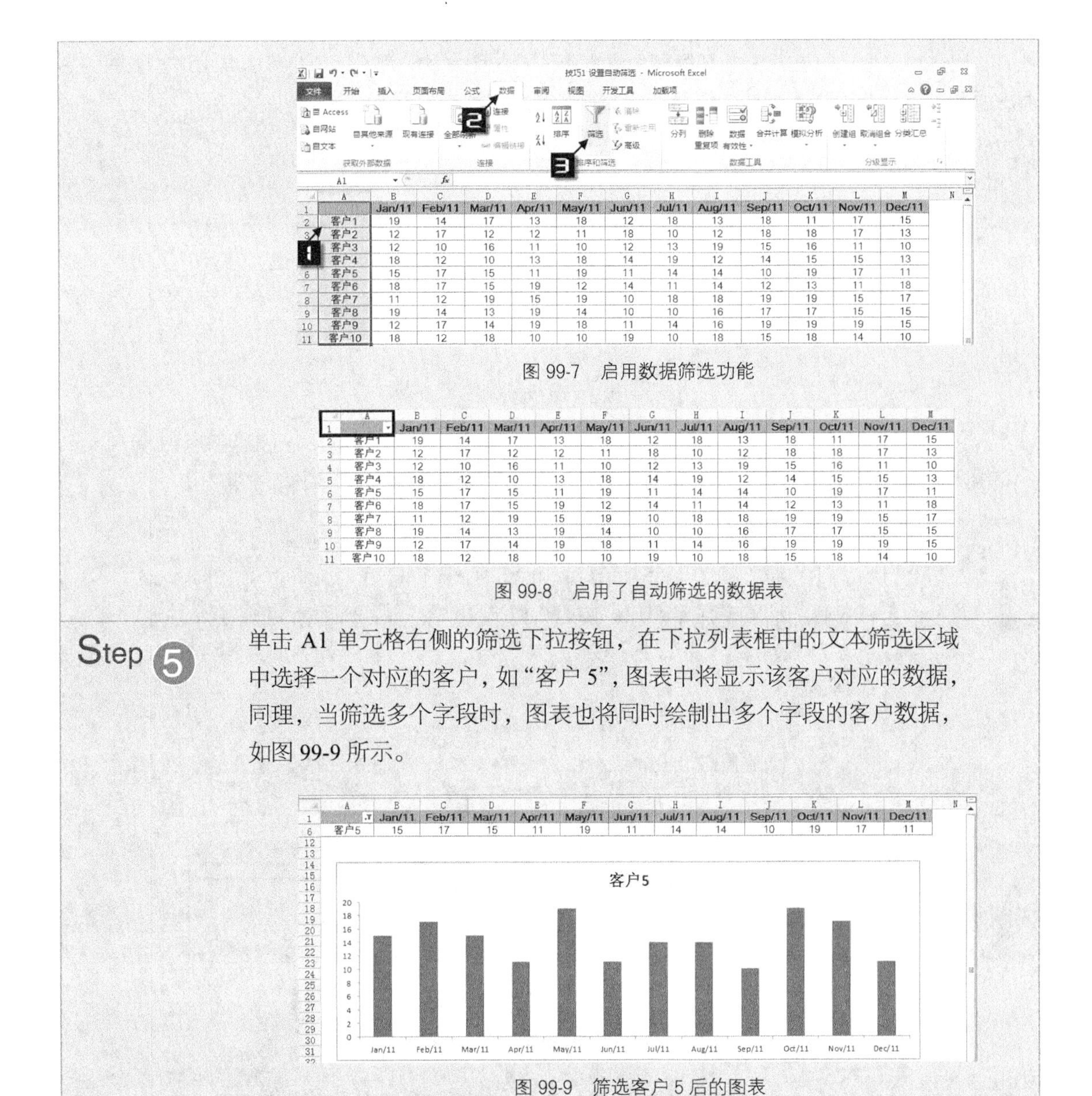

	Jan/11	Feb/11	Mar/11	Apr/11	May/11	Jun/11	Jul/11	Aug/11	Sep/11	Oct/11	Nov/11	Dec/11
客户1	19	14	17	13	18	12	18	13	18	11	17	15
客户2	12	17	12	12	11	18	10	12	18	18	17	13
客户3	12	10	16	11	10	12	13	19	15	16	11	10
客户4	18	12	10	13	18	14	19	12	14	15	15	13
客户5	15	17	15	11	19	11	14	14	10	19	17	11
客户6	18	17	15	19	12	14	11	14	12	13	11	18
客户7	11	12	19	15	19	10	18	18	19	19	15	17
客户8	19	14	13	19	14	10	10	16	17	17	15	15
客户9	12	17	14	19	18	11	14	16	19	19	19	15
客户10	18	12	18	10	10	19	10	18	15	18	14	10

图 99-7　启用数据筛选功能

	Jan/11	Feb/11	Mar/11	Apr/11	May/11	Jun/11	Jul/11	Aug/11	Sep/11	Oct/11	Nov/11	Dec/11
客户1	19	14	17	13	18	12	18	13	18	11	17	15
客户2	12	17	12	12	11	18	10	12	18	18	17	13
客户3	12	10	16	11	10	12	13	19	15	16	11	10
客户4	18	12	10	13	18	14	19	12	14	15	15	13
客户5	15	17	15	11	19	11	14	14	10	19	17	11
客户6	18	17	15	19	12	14	11	14	12	13	11	18
客户7	11	12	19	15	19	10	18	18	19	19	15	17
客户8	19	14	13	19	14	10	10	16	17	17	15	15
客户9	12	17	14	19	18	11	14	16	19	19	19	15
客户10	18	12	18	10	10	19	10	18	15	18	14	10

图 99-8　启用了自动筛选的数据表

Step 5　单击 A1 单元格右侧的筛选下拉按钮，在下拉列表框中的文本筛选区域中选择一个对应的客户，如“客户 5”，图表中将显示该客户对应的数据，同理，当筛选多个字段时，图表也将同时绘制出多个字段的客户数据，如图 99-9 所示。

	Jan/11	Feb/11	Mar/11	Apr/11	May/11	Jun/11	Jul/11	Aug/11	Sep/11	Oct/11	Nov/11	Dec/11
客户5	15	17	15	11	19	11	14	14	10	19	17	11

图 99-9　筛选客户 5 后的图表

注意！ 当筛选的字段只有一个时，Excel 图表将会把该系列的系列名称设置为图表标题。而筛选多个字段时将没有这种效果，如果需要显示图表标题，需要手动添加。

技巧 100　借助视图管理器

在 Excel 工作表中对各种不同的视图进行设置后，就可以借助视图管理器来管理这些设置好的视图。比如对某些行列在隐藏前和隐藏后设置不同的视图名称，那么，用户可以调用这些视图的名称来显示出来，也可以用这些视图所在的数据区域绘制动态交互式图表。

	A	B
1		客户1
2	2001	14
3	2002	17
4	2003	17
5	2004	12
6	2005	16
7	2006	12
8	2007	18
9	2008	10
10	2009	13
11	2010	13
12	2011	11
13	2012	15

图 100-1　数据源

Step 1　设置图表为只绘制可见单元格。参见技巧 99 步骤 3 操作。

Step 2　在显示全部数据的状态下，在【视图】选项卡的【工作簿视图】组中单击【自定义视图】按钮，在弹出的【视图管理器】对话框中单击【添加】按钮，接着在弹出的【添加视图】对话框中的【名称】输入框中输入“全部”，最后单击【确定】按钮，完成对“全部”视图的添加，如图 100-2 所示。

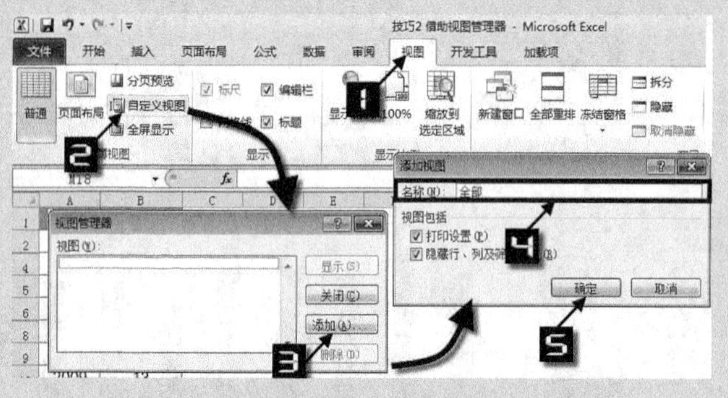

图 100-2　添加“全部”视图

Step 3　隐藏数据区域中的部分数据，如 2002 年和 2006 年数据所在的第 3 行和第 7 行，重复上一步骤，添加“除 2002 年、2006 年外”视图，完成后的结果如图 100-3 所示。

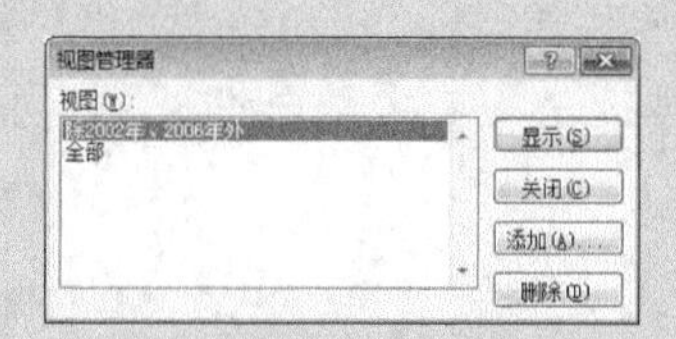

图 100-3　完成视图的添加

Step 4　选中数据区域的任一单元格，在【插入】选项卡的【图表】组中单击【柱形图】按钮，在扩展菜单中选择【簇状柱形图】子图表类型，绘制柱形图，如图 100-4 所示。

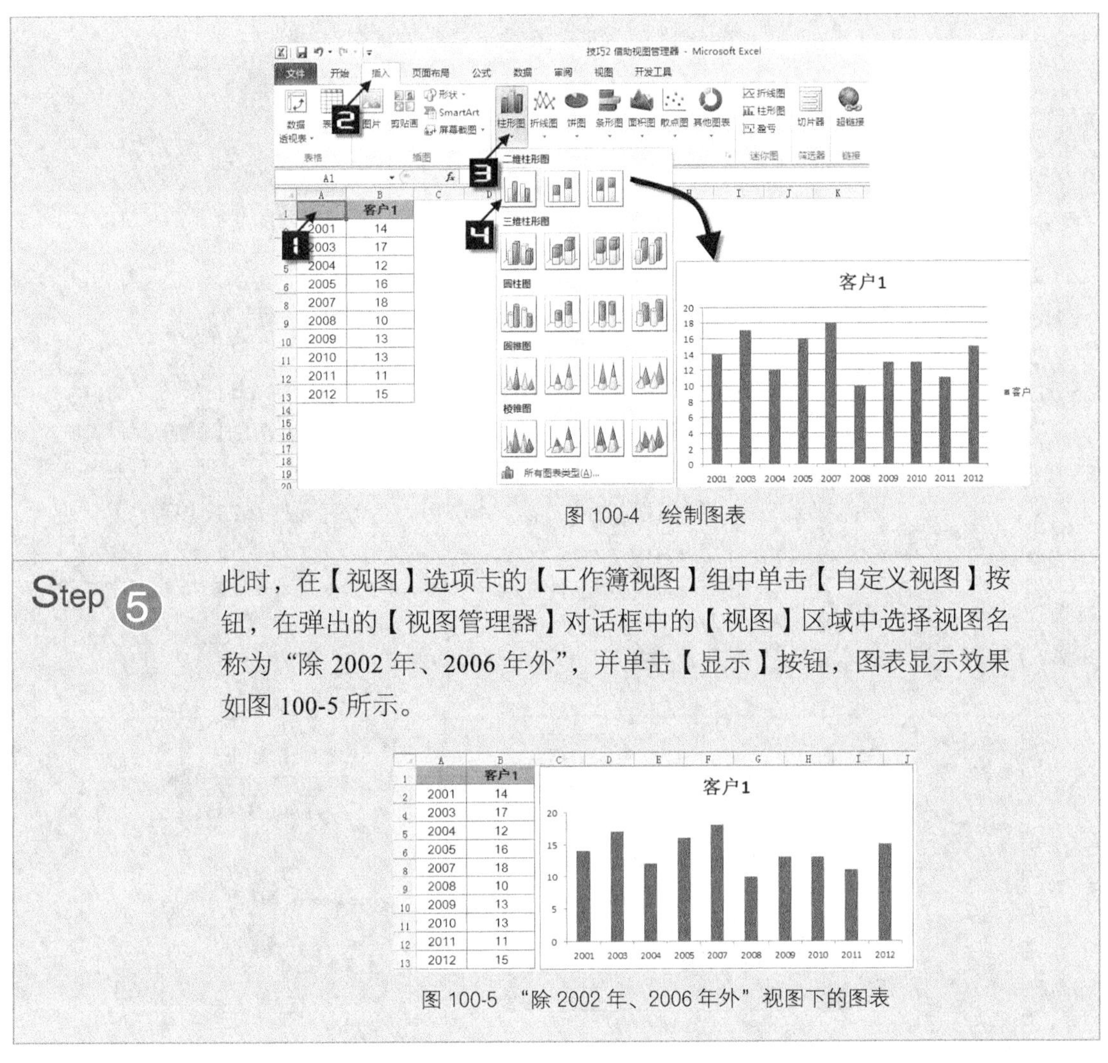

图 100-4 绘制图表

Step 5 此时，在【视图】选项卡的【工作簿视图】组中单击【自定义视图】按钮，在弹出的【视图管理器】对话框中的【视图】区域中选择视图名称为“除 2002 年、2006 年外”，并单击【显示】按钮，图表显示效果如图 100-5 所示。

图 100-5 “除 2002 年、2006 年外”视图下的图表

从图 100-5 所示可以看出，该视图下的数据表和图表中均没有显示与 2002 年、2006 年有关的数据。同样道理，当为工作簿设置多个视图时，选择不同的视图选项，由于数据表发生变化，所以图表也同样发生动态改变。

技巧 101 借助辅助单元格区域

在 Excel 图表的制作中，借助辅助单元格设置的方法，也可以方便快速地制作动态交互式图表。下面将展示一个使用数据有效性来设置辅助单元格，从而展现动态交互式图表的制作方法。

在图 101-1 所示的离职记录统计表中，记录着某公司 2011 年 1 月～8 月份各个部门的离职人员数据。

下面，将使用数据有效性的序列功能，来动态选择数据以达到图表动态的效果，具体作图方法如下。

	离职记录统计表							
	Jan/11	Feb/11	Mar/11	Apr/11	May/11	Jun/11	Jul/11	Aug/11
生产部	2	2	2	2	4	5	5	6
工程部	5	2	6	2	6	3	4	6
设备部	6	6	5	3	3	5	6	3
供应链管理部	6	4	5	3	2	3	5	4
行政管理部	5	6	6	3	4	6	2	6
财务部	3	6	2	5	2	5	4	4
客户服务部	4	6	2	4	2	4	4	3

图 101-1　离职记录统计表

Step 1

复制 A2:I2，粘贴到 A11: I11 单元格区域。

Step 2

在【数据】选项卡的【数据有效性】组中单击【数据有效性】按钮，在打开的【数据有效性】对话框中单击【有效性条件】区域的【允许】组合框的下拉按钮，在打开的下拉列表中选择【序列】选项，然后在【来源】区域使用折叠按钮选取工作表区域中的 A3:A9，最后单击【确定】按钮，如图 101-2 所示。

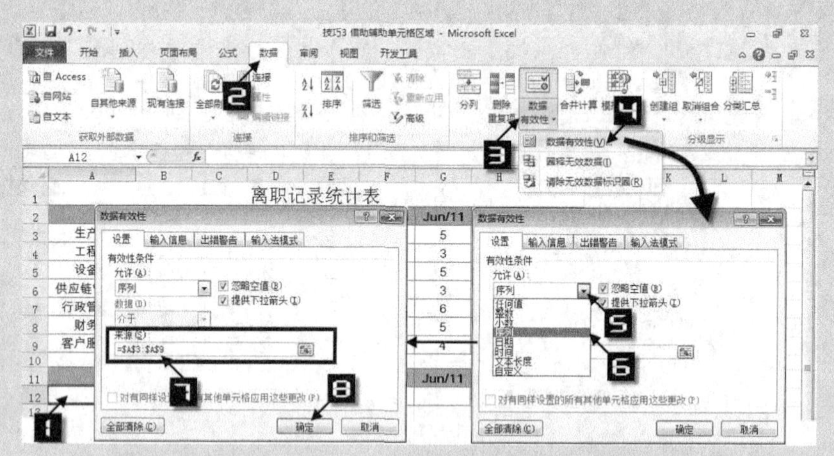

图 101-2　数据有效性设置

Step 3

选中 B12 单元格，输入如下公式，并将公式复制填充至 I12 单元格。

```
=VLOOKUP($A12,$A$3:$I$9,COLUMN(),)
```

Step 4

选中数据区域 A11:I12 单元格区域，在【插入】选项卡的【图表】组中单击【折线图】→【折线图】命令，制作一个折线图表，如图 101-3 所示。

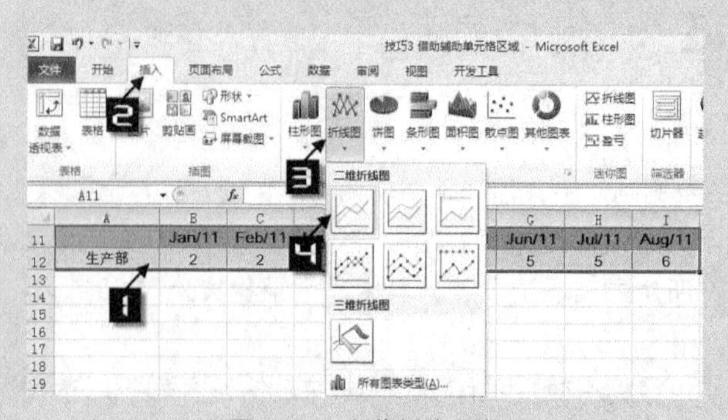

图 101-3　制作折线图表

制作完成的图表如图 101-4 所示。

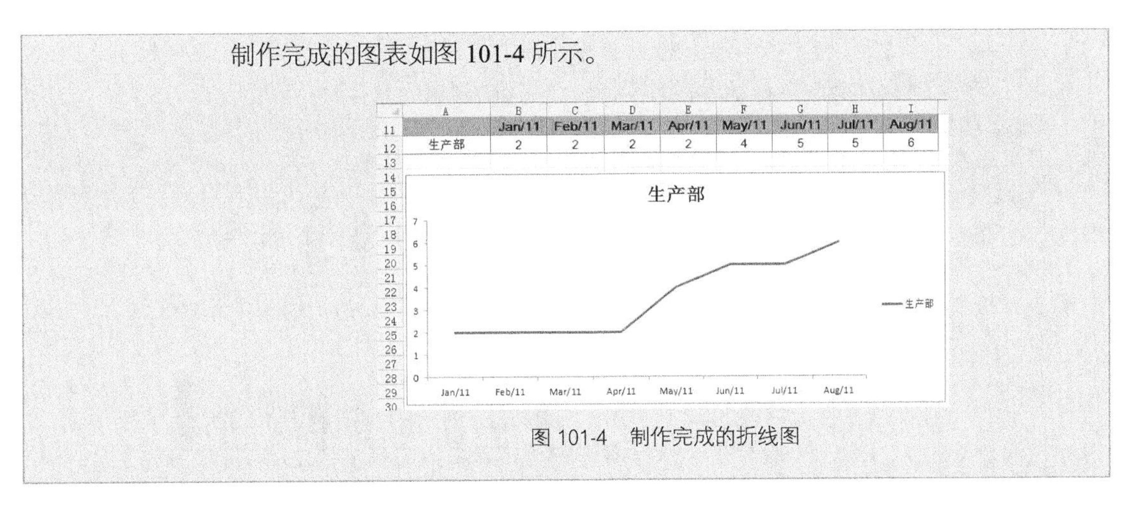

图 101-4　制作完成的折线图

此时，单击 A12 单元格右侧的数据有效性下拉按钮，选择不同的部门，图表除了会动态展示各个月份的数据变化趋势状况外，还可以根据选择部门的不同，显示不同的图例说明和图表标题。

技巧 102　使用表功能

Excel 2010 中的“表”功能具有数据自动扩展功能，所以借助表功能将可以最简便的方法制作出动态图表。

在图 102-1 所示的基础数据表中，假如用户使用此区域的数据制作图表，当随着生产的不断进行，当该记录表被添加后续数据记录后，图表并不会跟随数据记录的增加而发生变化，而在使用表功能创建数据表后再制作图表，则可以解决这个问题。作图步骤如下。

生产日期	生产数量
11月1日	140
11月2日	160
11月3日	150
11月4日	150
11月5日	140
11月6日	150
11月7日	160
11月8日	120

图 102-1　基础数据

Step 1　单击数据区域的任一单元格，依次单击【插入】→【表格】组中的【表格】按钮，弹出【创建表】对话框，Excel 将自动选中当前工作表中的数据区域，单击该对话框中的【确定】按钮后，Excel 工作表中的数据表将被转换为有“表”功能的数据表，如图 102-2 所示。

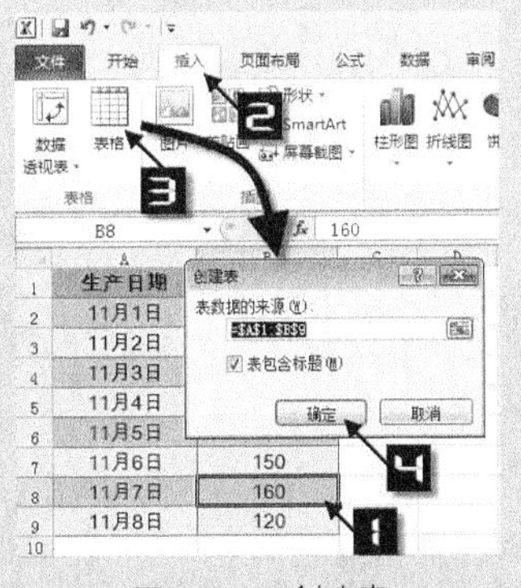

图 102-2　创建表

Step 2 此时，选中数据表中的任一单元格，绘制普通图表。当用户向数据表中添加新数据记录后，图表将自动更新，如图 102-3 所示。

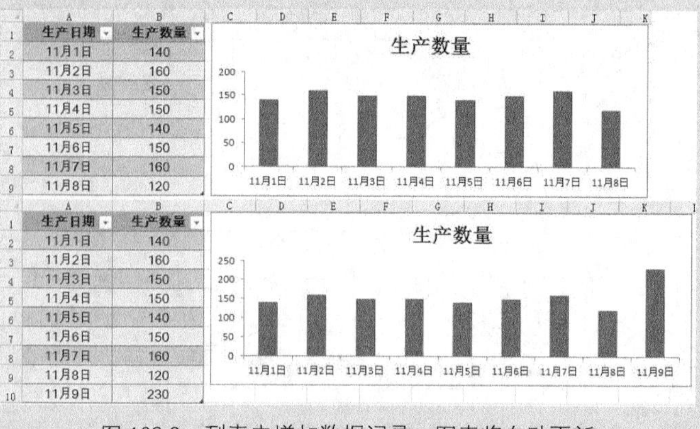

图 102-3　列表中增加数据记录，图表将自动更新

技巧 103　动态选择源数据

在 Excel 动态交互式图表的制作中，动态选择源数据区域从而实现制作的图表，具有动态交互功能的方法，该方法是制作动态图表时较为常见的。通常情况下，借助函数公式设置辅助单元格区域，并且可以配合 Excel 的窗体控件以达到更为灵活的图表动态显示效果。

本例将使用图 103-1 所示的数据源，使用 CHOOSE 函数和组合框控件绘制一个动态饼图，以灵活方便地展现客户订单的数量和金额状况，具体制作步骤如下。

	A	B	C
1		订单数量	订单金额
2	客户1	10	347.32
3	客户2	17	314.54
4	客户3	12	349.54
5	客户4	18	332.01

图 103-1　作图数据

Step 1 选中 B1:C1 单元格区域，按<Ctrl+C>组合键复制，然后选中 G1 单元格，依次单击【开始】→【粘贴】按钮的下拉箭头，在打开的下拉列表中单击【转置】，如图 103-2 所示。

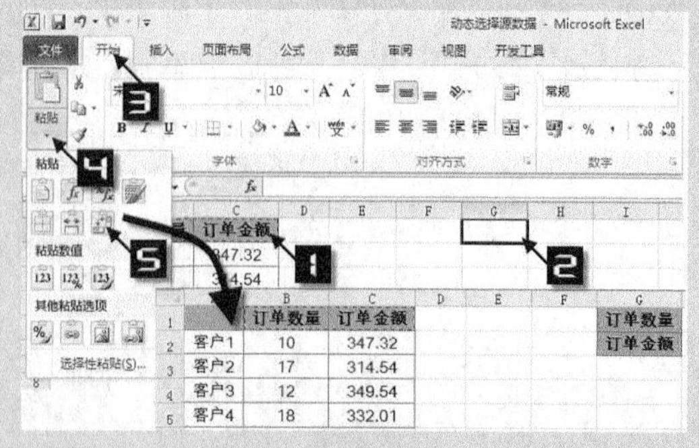

图 103-2　复制 B1:C1 并转置粘贴到 G1 单元格

Step 2 在功能区【开发工具】选项卡的【控件】组中，单击【插入】按钮，在打开的【表单控件】中选择“组合框”控件，此时鼠标指针由空心十字变为一个黑色的实心十字，然后在工作表区域拖画一个组合框控件，调

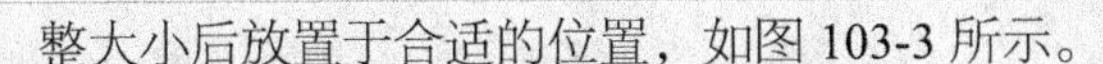

整大小后放置于合适的位置，如图 103-3 所示。

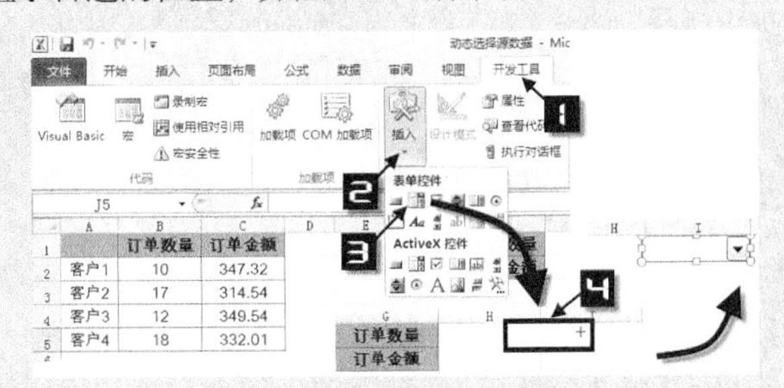

图 103-3　插入组合框控件

Step 3　选中刚才拖画的组合框控件，依次单击【开发工具】→【属性】按钮，打开【设置控件格式】对话框，如图 103-4 所示。

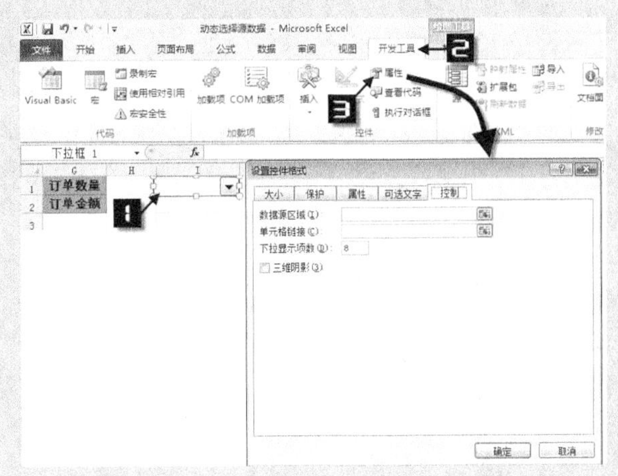

图 103-4　设置控件格式对话框

Step 4　在【设置控件格式】对话框中，切换至【控制】选项卡，单击【数据源区域】的数据选择折叠按钮，此时，【设置控件格式】对话框会折叠起来，如图 103-5 所示。然后按下鼠标左键选取工作表 G1:G2 单元格区域，当数据单元格选择完成，松开鼠标，【设置控件格式】对话框还原，接着单击【单元格链接】后的数据选择折叠按钮，利用选择【数据源区域】同样的方法选择链接单元格为 H1 单元格。设置为数据源区域和控件链接单元格之后，将【下拉显示项数】文本框中的默认值 8 修改为 2，最后单击【确定】按钮，完成控件的设置，如图 103-6 所示。

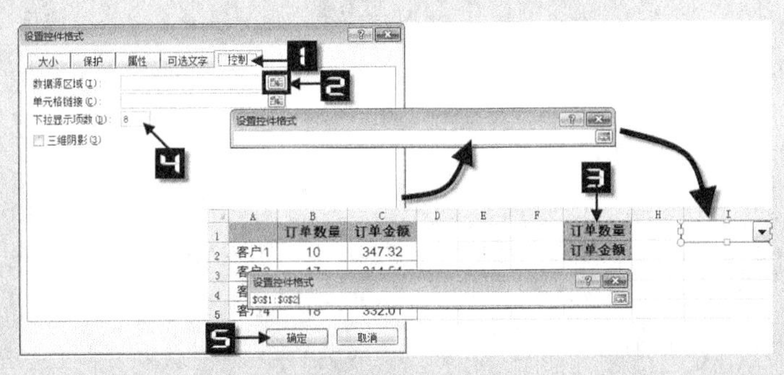

图 103-5　设置控件格式

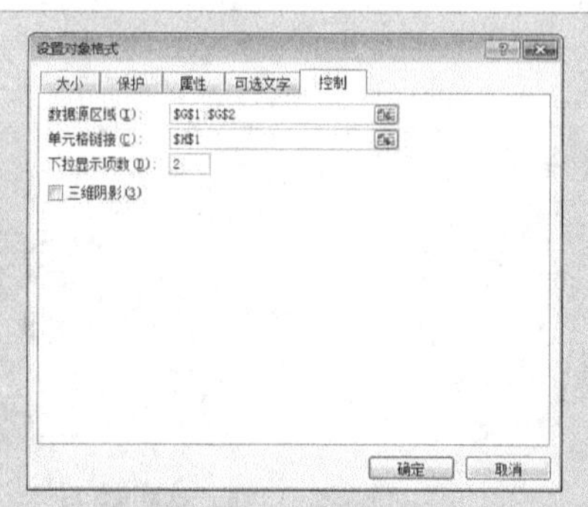

图 103-6　完成控件格式设置

Step 5　在 F1 单元格输入公式，将公式下拉填充到 F5 单元格。

```
=CHOOSE($H$1,B1,C1)
```

Step 6　按<Ctrl>键分别选中 A1:A5 和 E1:F5 区域，在功能区【插入】选项卡的【图表】组中单击【柱形图】按钮，在打开的下拉列表框中选择【簇状柱形图】制作一个簇状柱形图表，如图 103-7 所示。

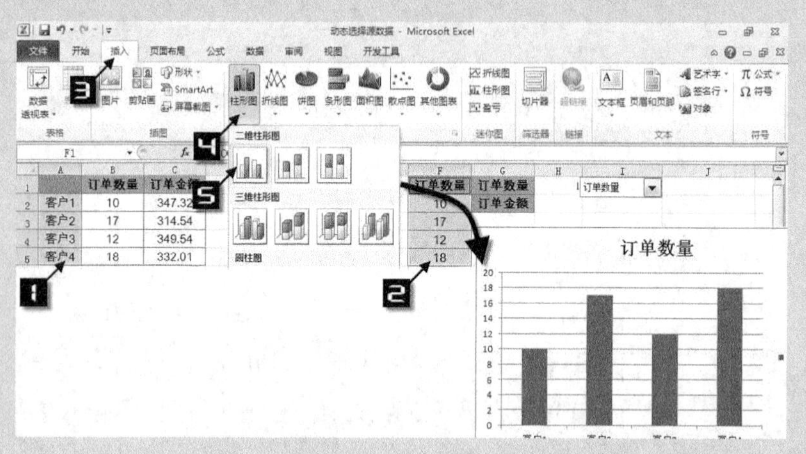

图 103-7　制作柱形图

Step 7　鼠标右键单击工作表中的组合框控件，在弹出的快键菜单中选择【叠放次序】→【置于顶层】，如图 103-8 所示。

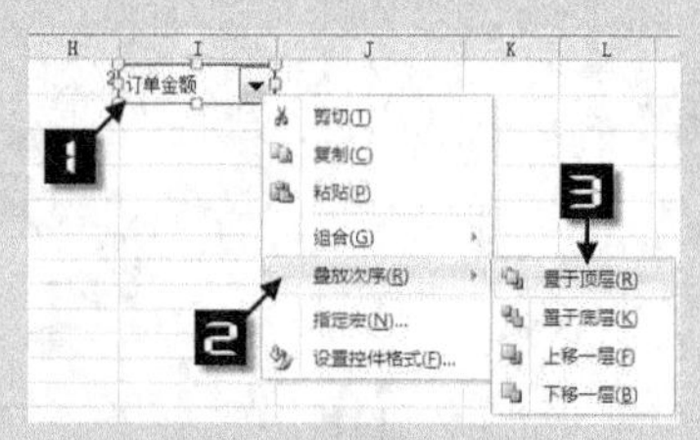

图 103-8　设置控件叠放次序

Step 8　将组合框控件拖放至图表右上角，单击组合框控件的下拉按钮，可以选择“订单数量”和“订单金额”两个选项，从而可以在图表中看到各个客户的情况，并且图表会根据选择项目的不同而展现不同的数据效果，如图 103-9 所示。

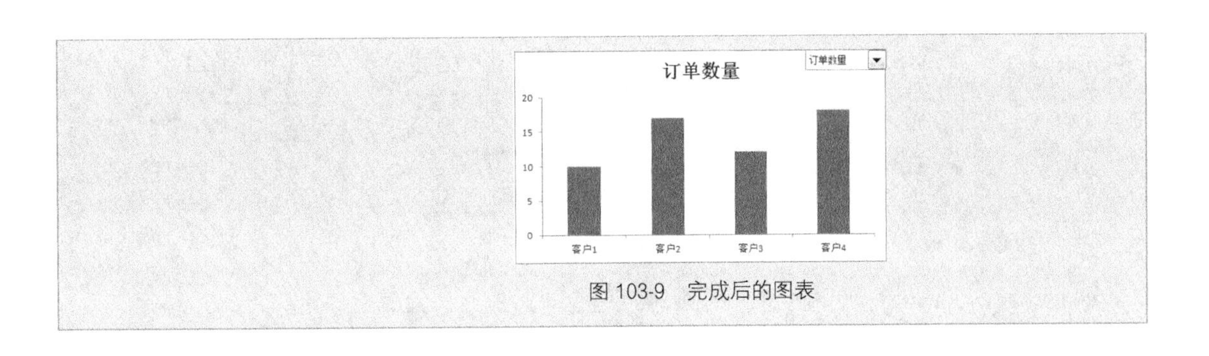

图 103-9　完成后的图表

技巧 104　永远显示最大值与最小值的图表

在制作折线图时，有时需要将数据中最大值与最小值永远突出显示出来，如图 104-1 所示的某产品测试数据中，如希望在筛选几个不同日期后，图表中能体现出最大的测试数据和最小的测试数据，那么作图方法如下。

	A	B
1	测试日期	测试数据
2	2011/11/1	98
3	2011/11/2	103
4	2011/11/3	95
5	2011/11/4	100
6	2011/11/5	116
7	2011/11/6	160
8	2011/11/7	151
9	2011/11/8	188
10	2011/11/9	155
11	2011/11/10	146
12	2011/11/11	142
13	2011/11/12	140
14	2011/11/13	172
15	2011/11/14	195

图 104-1　产品测试数据

Step 1　在 C1 单元格中输入“最大值”，然后在 C2 单元格中输入如下公式：

```
=IF(B2=SUBTOTAL(104,B:B),B2,NA())
```

将该公式复制填充至 C22 单元格。

Step 2　在 D1 单元格中输入“最小值”，然后在 D2 单元格中输入如下公式：

```
=IF(B2=SUBTOTAL(105,B:B),B2,NA())
```

将该公式复制填充至 D22 单元格。完成后的数据如图 104-2 所示。

	A	B	C	D
1	测试日期	测试数据	最大值	最小值
2	2011/11/1	98	#N/A	#N/A
3	2011/11/2	103	#N/A	#N/A
4	2011/11/3	95	#N/A	95
5	2011/11/4	100	#N/A	#N/A
6	2011/11/5	116	#N/A	#N/A
7	2011/11/6	160	#N/A	#N/A
8	2011/11/7	151	#N/A	#N/A
9	2011/11/8	188	#N/A	#N/A
10	2011/11/9	155	#N/A	#N/A
11	2011/11/10	146	#N/A	#N/A
12	2011/11/11	142	#N/A	#N/A
13	2011/11/12	140	#N/A	#N/A
14	2011/11/13	172	#N/A	#N/A
15	2011/11/14	195	195	#N/A

图 104-2　构建作图数据

Step 3 选中数据列表中任一单元格，依次单击【插入】选项卡的【折线图】→【折线图】命令，绘制一个折线图，如图 104-3 所示。

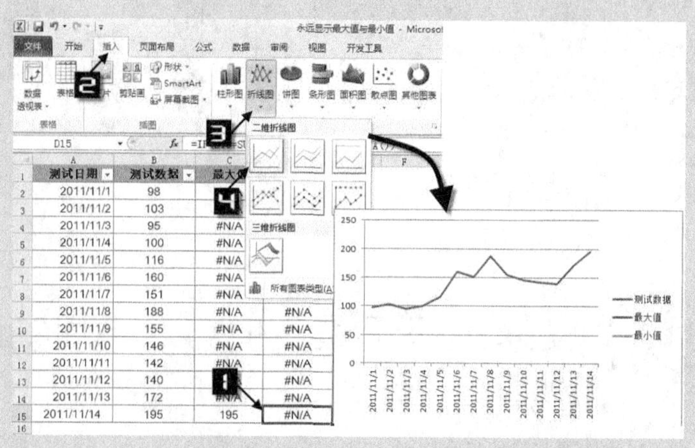

图 104-3　绘制折线图

Step 4 依次单击【插入】选项卡的【形状】→【基本形状】中的“笑脸”图标，当鼠标指针在工作表区域由“空心十字”变为“黑色实心十字”时，在工作表拖画一个笑脸并设置其大小、形状、颜色等，完成后用同样的方法拖画一个“心形”图形，如图 104-4 所示。

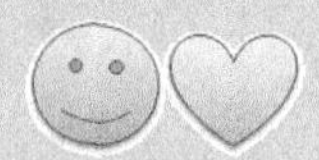

图 104-4　绘制笑脸图形与心形图形

Step 5 选中工作表中的“笑脸”自选图形，按<Ctrl+C>组合键复制。然后选中图表以激活图表，在【格式】选项卡的【当前所选内容】组中单击【图表元素】列表框右侧的下拉箭头，在打开的下拉列表框中选择【系列“最大值”】，此时，图表中的“最大值”数据系列将被选中，接着按<Ctrl+V>组合键粘贴，如图 104-5 所示。接着用同样的操作方法将工作表中的“心形”自选图形粘贴至“最小值”数据系列中，完成后的效果如图 104-6 所示。

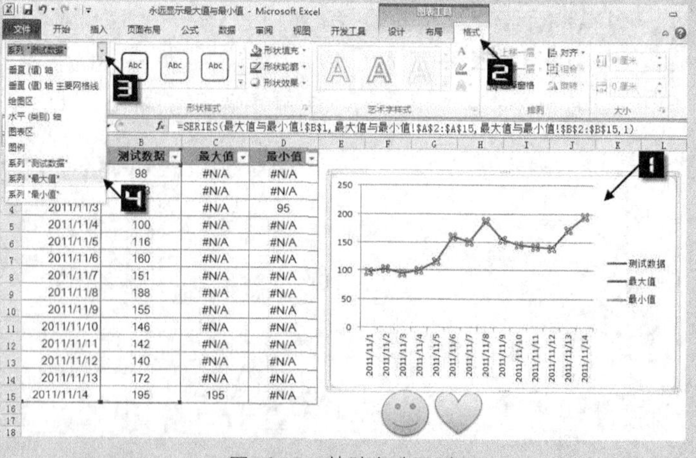

图 104-5　粘贴自选图形

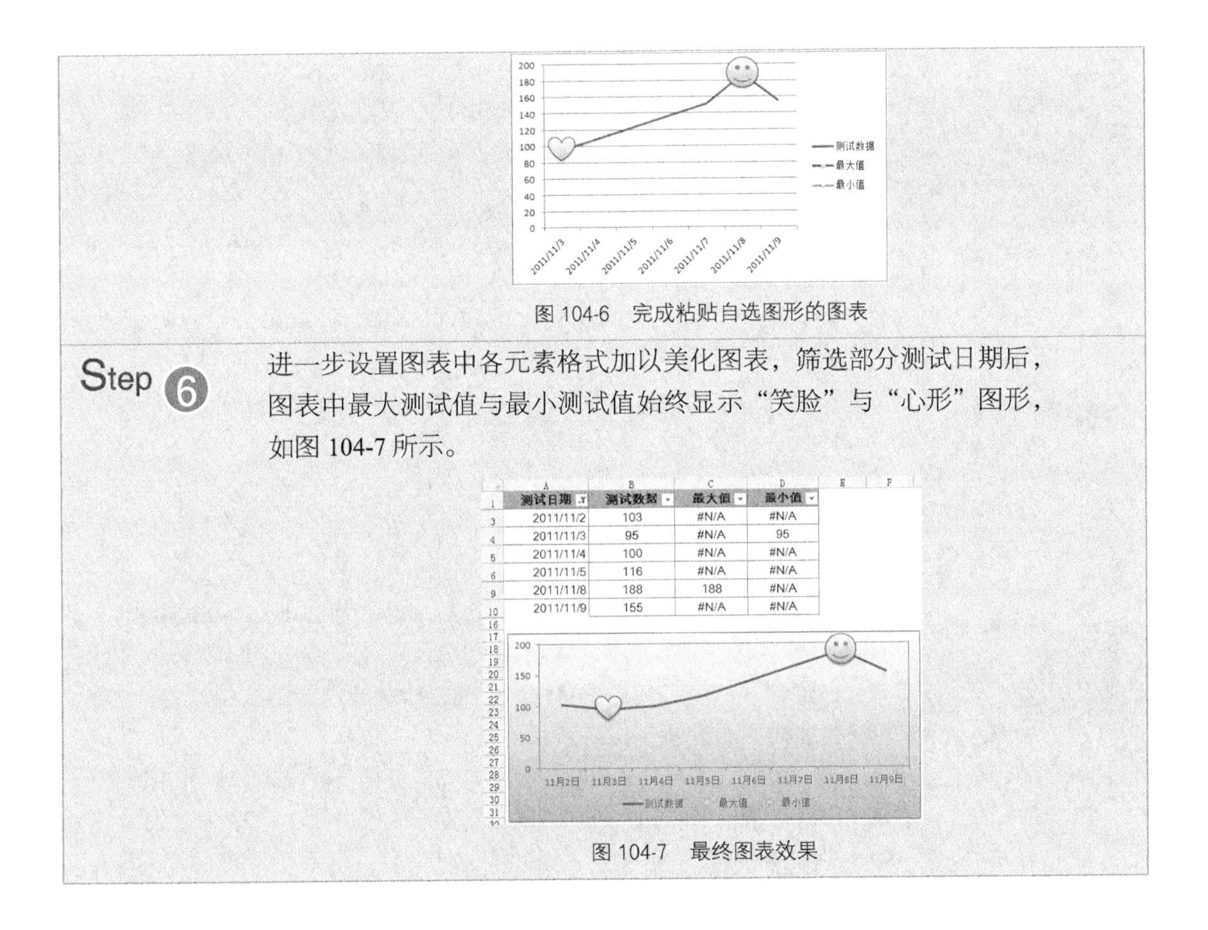

图 104-6　完成粘贴自选图形的图表

Step 6　进一步设置图表中各元素格式加以美化图表，筛选部分测试日期后，图表中最大测试值与最小测试值始终显示“笑脸”与“心形”图形，如图 104-7 所示。

测试日期	测试数据	最大值	最小值
2011/11/2	103	#N/A	#N/A
2011/11/3	95	#N/A	95
2011/11/4	100	#N/A	#N/A
2011/11/5	116	#N/A	#N/A
2011/11/8	188	188	#N/A
2011/11/9	155	#N/A	#N/A

图 104-7　最终图表效果

技巧 105　手机套餐费用分析图

用户在使用移动通信提供的手机套餐时，移动公司通常会推出多个套餐，供用户依个人月通话时长做出相应选择，从而保证用户合理消费。本技巧将通过 3 个不同的套餐情形与通话时长的变动制作动态图表，分析各个通话时长内话费的消费情况。作图方法如下。

Step 1　设置控件格式。假定用户每月通话时长在 300 分钟以内，在工作表中绘制一个滚动条控件，并如图 105-1 所示设置控件格式。

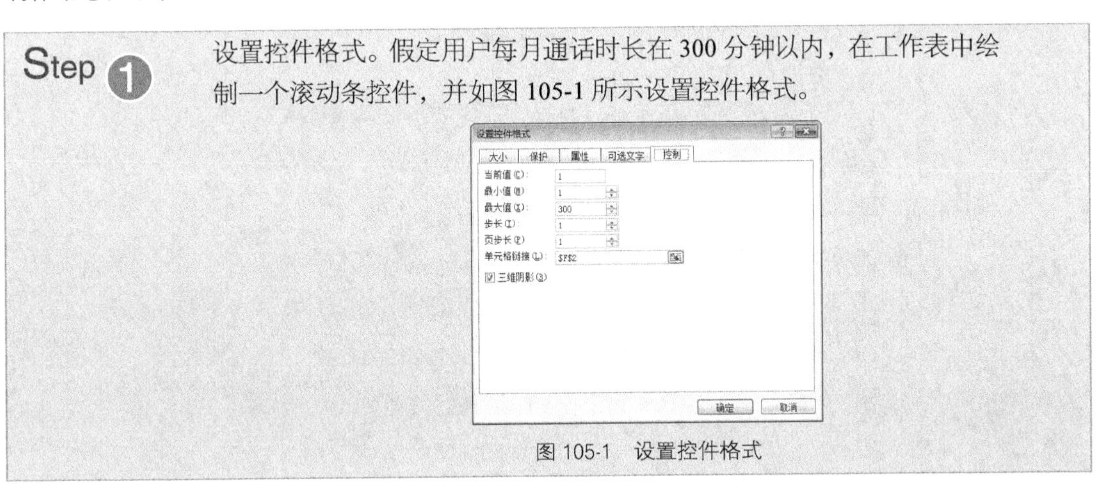

图 105-1　设置控件格式

Step 2 在 A1、B1、C1、D1 单元格中分别输入“通话分钟”、“A 套餐”、“B 套餐”、“C 套餐”作为字段名。假定 3 种套餐的计费方式如下。

A 套餐：每月月租费 6 元，来电显示费 5 元，拨打电话每分钟 0.2 元，接听免费；

B 套餐：无月租费，无来电显示费，拨打电话每分钟 0.4 元，但每月最低消费 10 元，用户使用话费不足 10 元按 10 元收取，接听免费；

C 套餐：无月租费，来电显示费 5 元，拨打电话每分钟 0.36 元，接听免费。

Step 3 设置计算公式。为了动态控制数据，工作表中的公式设置如下。

```
A2=IF(ROW()-1<=$F$2,ROW()-1,NA())
B2=6+5+0.2*A2
C2=IF(A2*0.4<10,10,A2*0.4)
D2=5+A2*0.36
```

A2 单元格的公式是用来匹配通话分钟数与滚动条调节值，B2 的公式根据 A 套餐计算当前通话时长内的 A 套餐费用，C2 的公式根据 B 套餐规则计算当前通话时长内的 B 套餐费用，D2 的公式根据 C 套餐规则计算当前通话时长内的 C 套餐费用。

选中 A2:D2，将公式填充至 D300 单元格，完成数据表的设定。此时，通过调节滚动条的调节按钮，用户可以看到工作表区域中各套餐费用的数据变化，如图 105-2 所示。

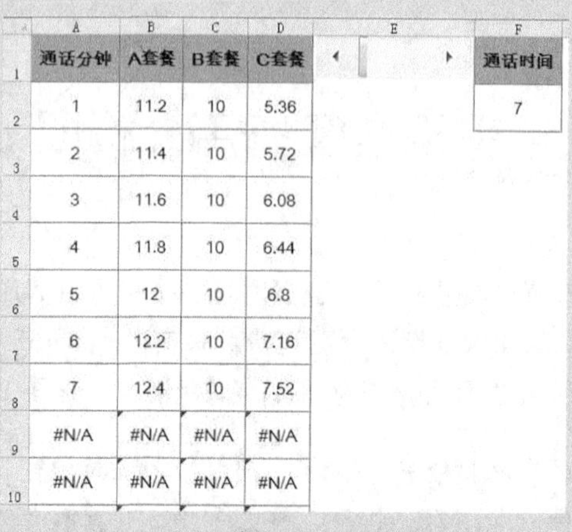

	A	B	C	D	E	F
1	通话分钟	A套餐	B套餐	C套餐		通话时间
2	1	11.2	10	5.36		7
3	2	11.4	10	5.72		
4	3	11.6	10	6.08		
5	4	11.8	10	6.44		
6	5	12	10	6.8		
7	6	12.2	10	7.16		
8	7	12.4	10	7.52		
9	#N/A	#N/A	#N/A	#N/A		
10	#N/A	#N/A	#N/A	#N/A		

图 105-2 调节滚动条计算套餐费用

Step 4 定义 4 个工作簿名称：

```
通话分钟=OFFSET(Sheet1!$A$2,,,Sheet1!$F$2,)
A套餐=OFFSET(通话分钟,,1,,)
B套餐=OFFSET(通话分钟,,2,,)
C套餐=OFFSET(通话分钟,,3,,)
```

Step 5 选中 A1:D8，按图 105-3 所示操作绘制折线图。

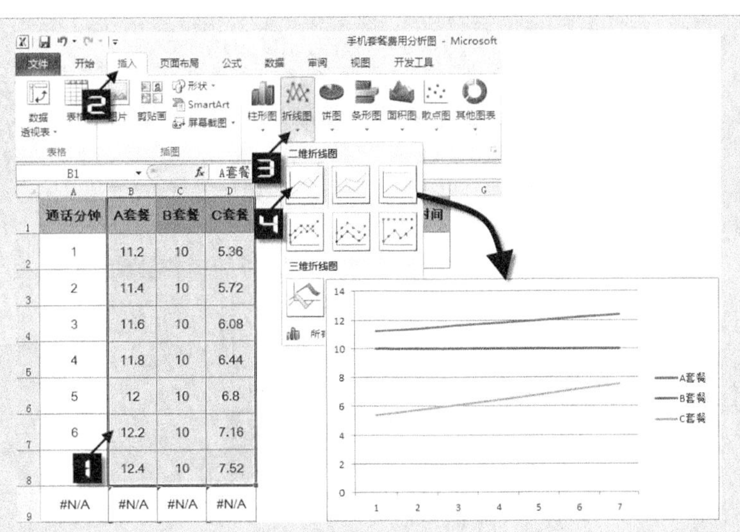

图 105-3　绘制折线图

Step 6　选中图表区，依次单击【设计】→【选择数据】，打开【选择数据源】对话框，在该对话框的左侧【图例项（系列）】区域中选择“A 套餐”，然后单击【编辑】按钮，打开【编辑数据系列】对话框，在【系列值（V）】文本输入框中输入引用定义的名称，如图 105-4 所示。

=Sheet1!A 套餐

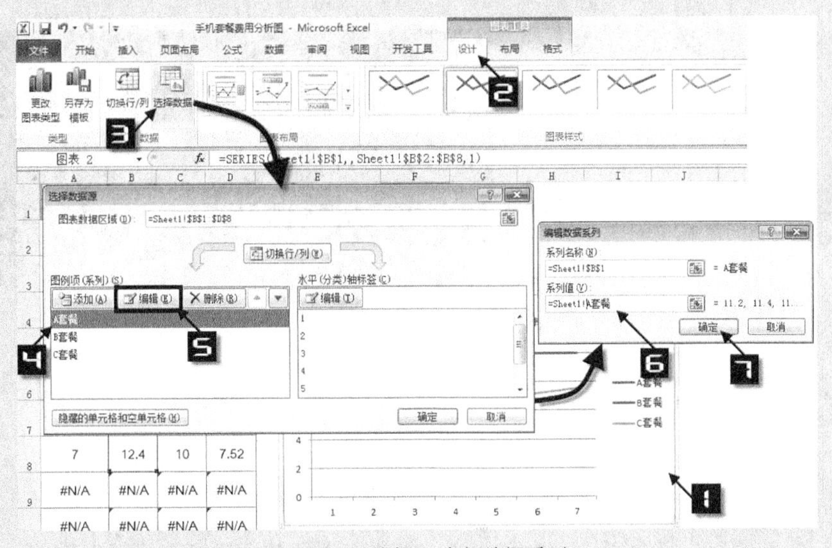

图 105-4　编辑 A 套餐数据系列

接着以同样的操作编辑套餐 B 和套餐 C 的数据系列，使套餐 B 数据系列值为：

=Sheet1!B 套餐

套餐 C 数据系列值为：

=Sheet1!C 套餐

Step 7　添加完数据系列后，返回至【选择数据源】对话框，在该对话框右侧的【水平（分类）轴标签】区域中单击【编辑】按钮，在弹出的【轴标签】

对话框中的【轴标签区域】输入框中输入：

```
=sheet1!通话分钟
```

然后单击【确定】按钮关闭【轴标签】对话框，并返回到【选择数据源】对话框，最后单击【选择数据源】对话框中的【确定】按钮完成数据系列的编辑，如图 105-5 所示。

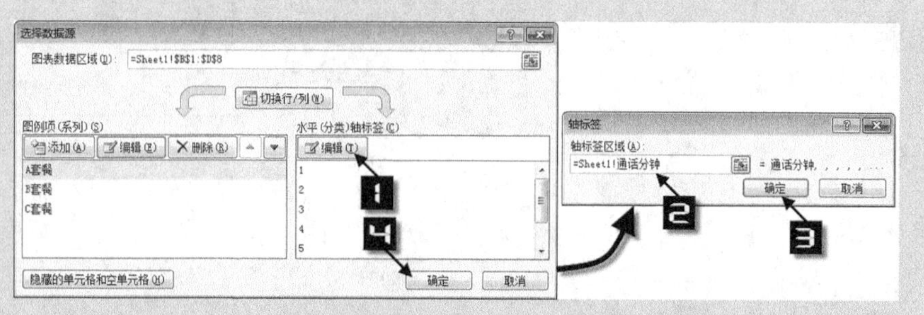

图 105-5　编辑水平（分类）轴标签

Step 8　进一步美化和修饰图表各元素，调节通话时长滚动条，可以变动查看 3 种手机套餐的费用情况，图 105-6 所示的是通话时长在 249 分钟内 3 种套餐的费用情形。

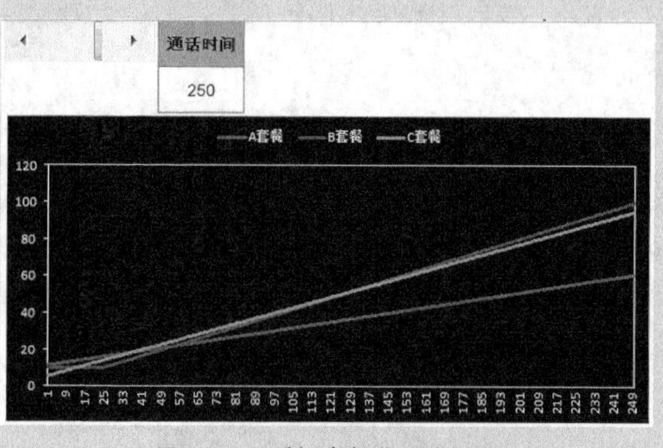

图 105-6　手机套餐费用分析图

技巧 106　动态子母饼图

动态子母饼图是将两幅饼图合并成一幅，该图的特点是在下拉组合框中选择不同的部门，饼图中会相应地显示该部门下的各个单位中所发生的金额，从而便于更为直观、动态地演示和说明详细的数据。作图方法如下。

Step 1　准备作图数据。由于动态子、母饼图需要子、母饼图各自的数据，所以设置如图 106-1 所示的数据结构。小计为各部门的对应单位的金额之和，合计为小计之和。

部门	单位	金额
生产部	焊接课	321
	涂装课	240
	总装课	345
	小计	906
工程部	设备课	245
	制具课	234
	小计	479
管理部	总务课	456
	人资课	321
	安保课	457
	小计	1234
	合计	2619

图 106-1　作图基础数据

Step 2

在工作表中绘制一个组合框控件，设置【数据源区域】为“$F$2:$F$4”单元格，【单元格链接】为“$G$2”单元格，【下拉显示选项】为“3”，如图 106-2 所示。

图 106-2　设置控件格式

Step 3

设置子、母饼图的辅助数据。在 F2、F3、F4 单元格中分别输入“生产部”、“工程部”、“管理部”。

在 G3 单元格中输入如下公式：

```
=IF(G2+1>3,1,G2+1)
```

将该公式复制填充至 G4 单元格。

在 H2 单元格和 I2 单元格中分别输入如下公式：

```
H2=CHOOSE(G2,$D$6,$D$9,$D$13)
I2=CHOOSE(G2,$F$2,$F$3,$F$4)
```

将 H2、I2 单元格中的公式填充至 H4、I4 单元格。

选中 H6:H8 单元格区域，输入如下公式：

```
=CHOOSE(G2,D3:D5,D7:D8,D10:D12)
```

并按<Ctrl+Shift+Enter>组合键结束输入。

接着选中 I6:I8 单元格区域，输入如下公式：

```
=CHOOSE(G2,C3:C5,C7:C8,C10:C12)
```

同样按<Ctrl+Shift+Enter>组合键完成输入。

最后在 H9 单元格中输入如下公式：

```
=SUM(H3:H4)
```

在 I9 单元格中输入任意文本字符，如字母“A”。

到此，辅助数据构建完成，如图 106-3 所示。

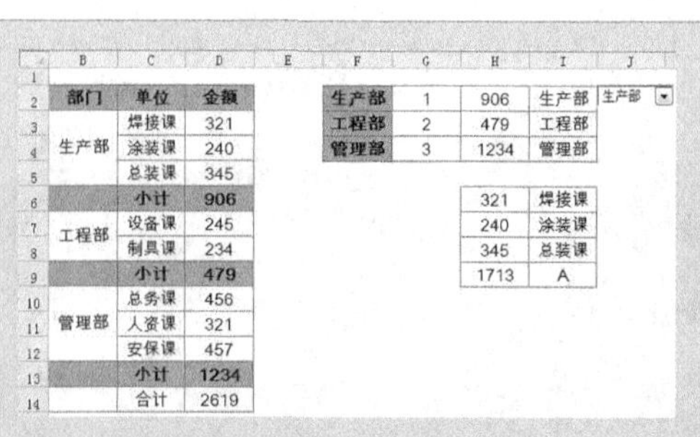

部门	单位	金额
生产部	焊接课	321
	涂装课	240
	总装课	345
	小计	906
工程部	设备课	245
	制具课	234
	小计	479
管理部	总务课	456
	人资课	321
	安保课	457
	小计	1234
	合计	2619

F	G	H	I	J
生产部	1	906	生产部	生产部
工程部	2	479	工程部	
管理部	3	1234	管理部	
		321	焊接课	
		240	涂装课	
		345	总装课	
		1713	A	

图 106-3　添加作图辅助数据

Step 4　选取工作表的任一空白单元格，单击【插入】→【饼图】→【饼图】命令，绘制一个空白的饼图，如图 106-4 所示。

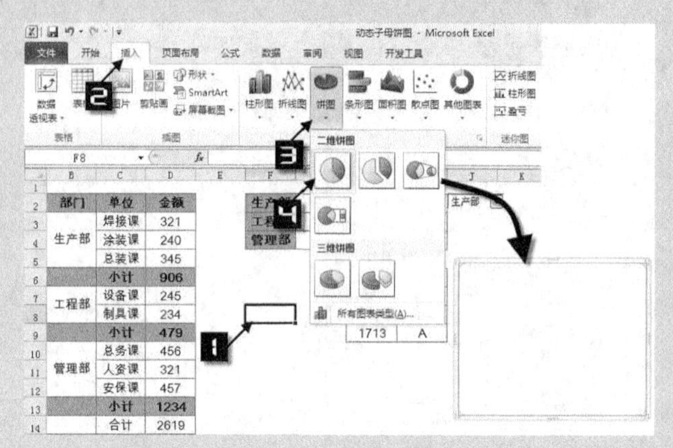

图 106-4　绘制空白饼图

Step 5　添加子饼图数据系列。选中图表以激活图表，依次单击【设计】→【选择数据】按钮，在弹出的【选择数据源】对话框中单击【添加】按钮，此时，将弹出【编辑数据系列】对话框，设置【系列值】为$H$6:$H$9，最后单击【确定】按钮完成设置，如图 106-5 所示。

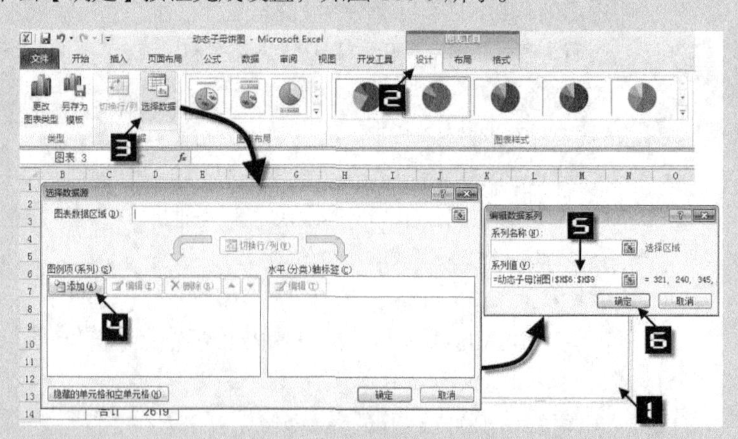

图 106-5　添加子饼图数据系列

Step 6　添加母饼图数据系列。完成上一步骤的操作后，再次单击【选择数据源】对话框中的【添加】按钮，设置【编辑数据源系列】中的【系列值】为$H$2:$H$4，最后单击【确定】按钮完成设置，如图 106-6 所示。

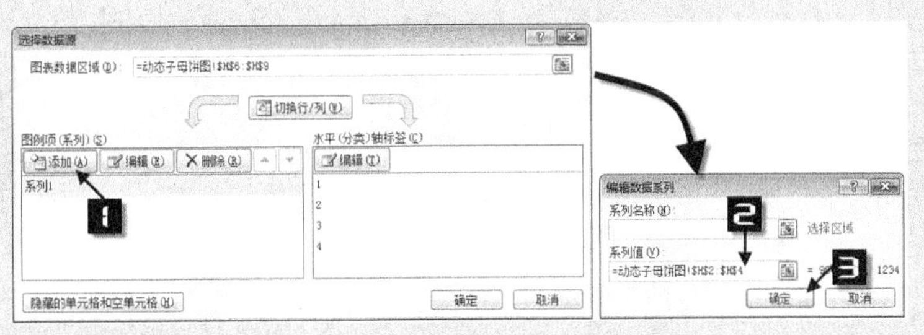

图 106-6　添加母饼图数据系列

Step 7　完成数据系列的编辑后，在【选择数据源】对话框中的【图例项（系列）】区域中选择【系列 1】，在右侧的【水平（分类）轴标签】中单击【编辑】按钮，将【轴标签】对话框中的【轴标签区域】设置为$I$6:$I$9，最后单击【确定】按钮，如图 106-7 所示。

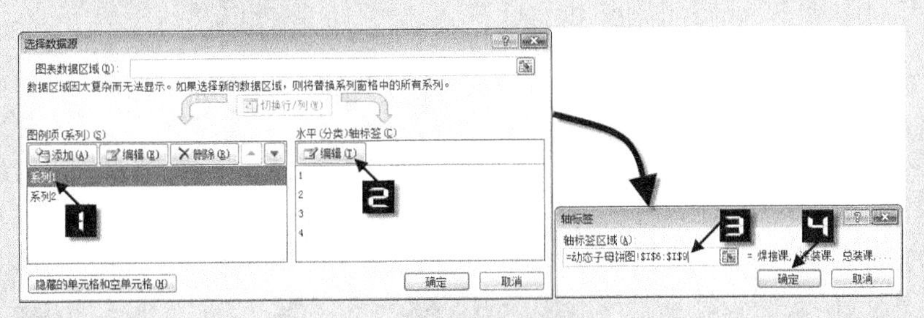

图 106-7　设置轴标签

Step 8　双击【系列 1】，打开【设置数据系列格式】对话框，在该对话框左侧选择【系列选项】选项，在右侧的【系列绘制在】区域中选择【次坐标轴】选项，然后单击【关闭】按钮完成设置，如图 106-8 所示。

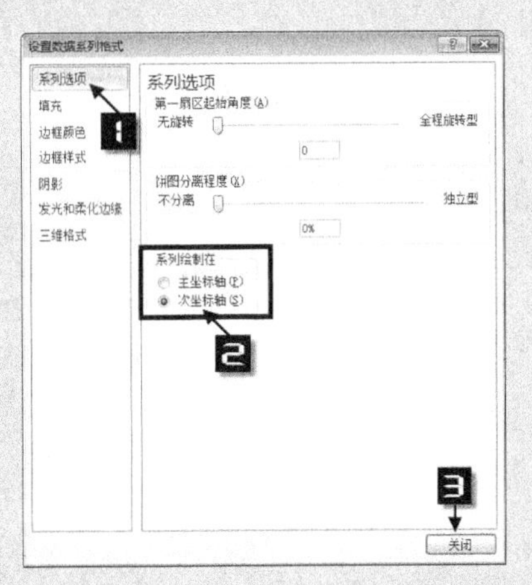

图 106-8　设置数据系列格式对话框

Step 9　再次进入【选择数据源】对话框，在【选择数据源】对话框中的【图例项（系列）】区域中选择【系列 2】，在右侧的【水平（分类）轴标签】中单击【编辑】按钮，将【轴标签】对话框中的【轴标签区域】设置为$I$2:$I$4，最后单击【确定】按钮，如图 106-9 所示。

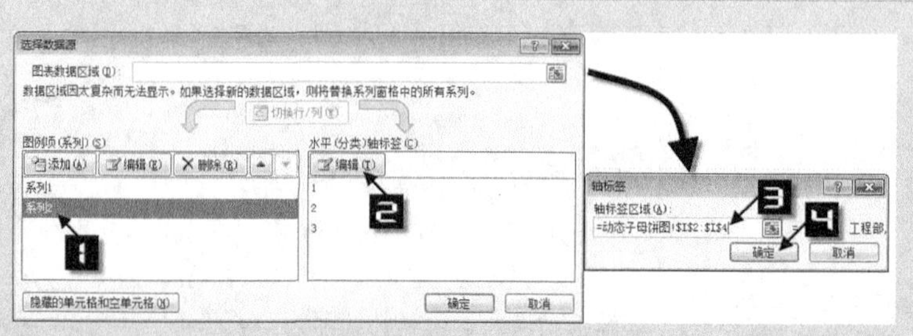

图 106-9　设置【系列 2】轴标签

Step 10 将子饼图的 3 个小扇区分别设置 3 种不同的形状填充颜色，并删除【图例】，完成后如图 106-10 所示。

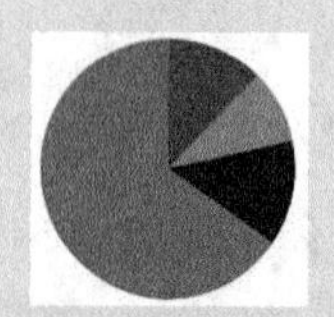

图 106-10　设置子饼图形状填充颜色

Step 11 选中子饼图任一扇区，按下鼠标左键向外拖动，使得子饼图各扇区分离且大小小于母饼图，如图 106-11 所示。

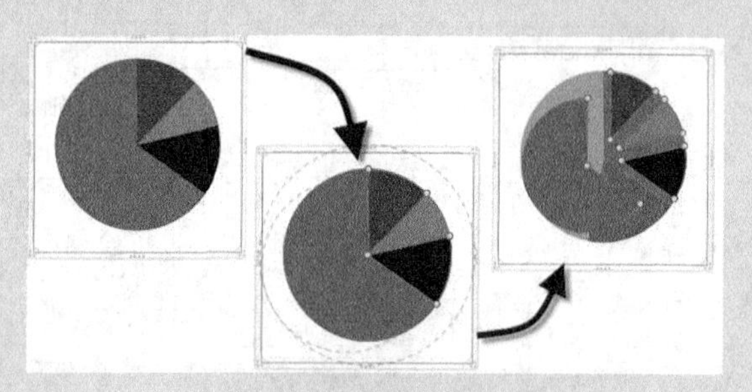

图 106-11　拖动子饼图

Step 12 选中【系列“系列 1”点“A”】扇区，依次单击【形状填充】→【无填充颜色】，【形状轮廓】→【无轮廓】，然后将其他 3 个扇区依次拖动至饼图中心点，完成后如图 106-12 所示。

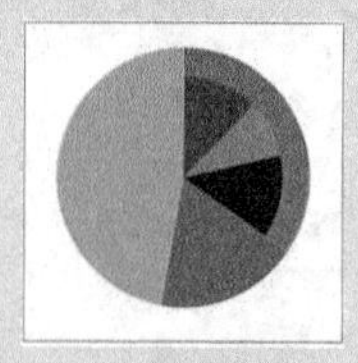

图 106-12　设置系列 1 各扇区的填充颜色并将其他 3 个扇区拖至圆心

Step 13 激活图表，选中系列 1，依次单击【布局】→【数据标签】→【其他数据标签选项】命令，在弹出的【设置数据标签格式】对话框中选择【标签选项】，在右侧的【标签包括】区域中勾选【类别名称】、【值】、【百分比】复选框，在【标签位置】区域中选择【最佳匹配】单选钮，单击【分隔符】下拉按钮，选择【分行符】，如图 106-13 所示。

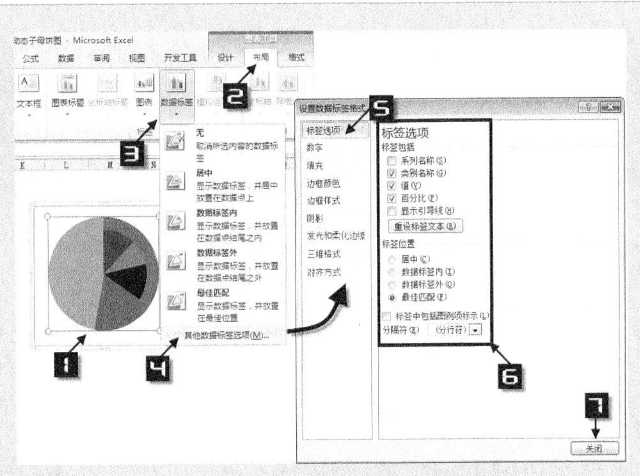

图 106-13　设置数据标签格式对话框

Step 14　两次单击【系列“系列 1”点“A”数据标签】以选中该数据标签，然后按<Delete>键删除。

Step 15　按步骤 13 同样的操作为系列 2 设置数据标签，然后美化图表，将组合框控件拖放至图表右上角，并设置其【叠放次序】为【置于顶层】，最终图表效果如图 106-14 所示。

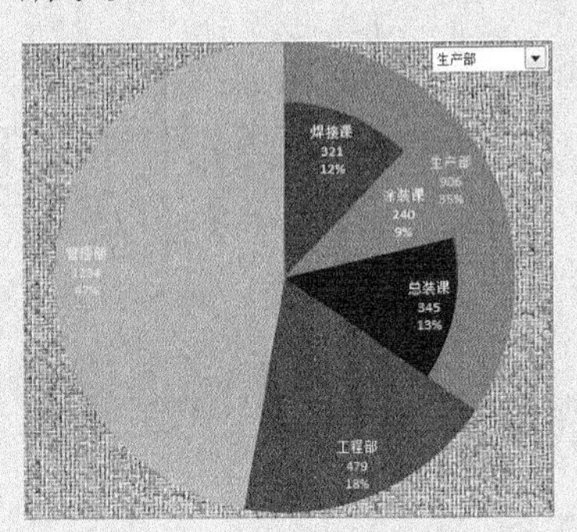

图 106-14　动态子母饼图

此时，图表演示者单击图表右上角的组合框的下拉箭头，选择不同的部门，图表将动态展示不同部门及其单位的明细数据情况。

技巧 107　动态复合条饼图

动态复合条饼图是将饼图的某一扇区对应的子项目以条形图的方式展示出来，当更改了饼图数据时，饼图及条形图将同时发生变化的一种图表，其制作方法如下。

在图 107-1 所示的源数据中，是一个二维结构的数据记录表。利用该数据制作动态条饼图时，需先进行数据结构的重新构建。

	A	B	C	D	E
1		第一季度	第二季度	第三季度	第四季度
2	东部	20.4	27.4	90	30.4
3	西部	30.6	38.6	34.6	41.6
4	北部	45.9	46.9	45	53.9
5	南部	32.3	37.6	56.5	41.9

图 107-1　作图源数据

Step 1 设置动态可选控件。在工作表中分别绘制两个单选按钮，将第一个单选钮更名为“按地区”，第二个单选钮更名为“按季度”，并将其对应的单元格链接设置为“B8”单元格，如图 107-2 所示。在 A8 单元格中输入“单选按钮”作为识别。

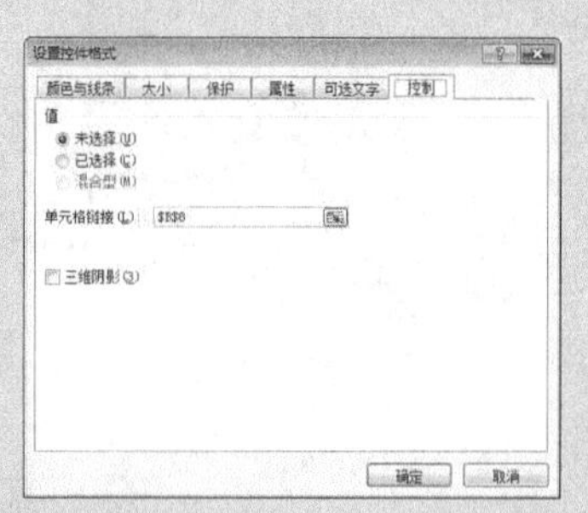

图 107-2　设置单选按钮的控件格式

Step 2 在 D8 单元格中输入“组合框”，表明 D9:D12 用于存放组合框列表数据。选中 D9:D12，输入公式：

```
=CHOOSE(B8,A2:A5,TRANSPOSE(B1:E1))
```

并按<Ctrl+Shift+Enter>组合键结束输入，该公式为动态引用单选钮选择的结果。

Step 3 在 A9 单元格中输入“组合框”作为标识。在工作表中绘制一个组合框控件，设置【数据源区域】为“$D$9:$D$12”,【单元格链接】为“$B$9”，下拉显示选项为“4”，如图 107-3 所示。

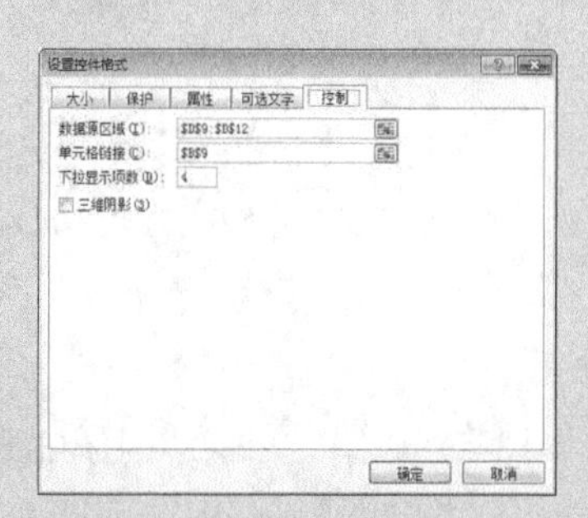

图 107-3　设置组合框控件格式

Step 4 构建作图辅助数据区域。构建饼图数据，在 H1 单元格中输入“饼图数据”作标识，并选择 H1:I1 单元格，设置单元格水平对齐格式为“跨越合并”，在 H2 单元格中输入如下公式：

```
=IF($B$8=1,OFFSET($A$2,MOD($B$9+ROW()+2,4),),OFFSET($B$1,,MOD($B$9+ROW()
+2,4),))
```

在 I2 单元格中输入如下公式：

```
=IF($B$8=1,SUM(OFFSET($A$1,MATCH(H2,$A$2:$A$5,),1,,4)),SUM(OFFSET($A$1,1,
MATCH(H2,$B$1:$E$1,),4,)))
```

选中 H2:I2，将公式填充至 H5:I5。H 列的公式用于计算组合框中选择的项目，I 列的公式用于计算其对应项目的和。

Step 5

在 K1 单元格中输入“条形图数据”，并选择 K1:M1，设置单元格水平对齐方式为“跨越合并”。选中 K2:K5 单元格区域，输入如下公式：

```
=IF(B8=1,TRANSPOSE(B1:E1),A2:A5)
```

然后按<Ctrl+Shift+Enter>组合键完成输入。

选中 L2 单元格，输入如下公式：

```
=MAX($M$2:$M$5)*2
```

并将其填充到 L5 单元格。

选中 M2:M5 单元格区域，输入如下公式：

```
=IF(B8=1,TRANSPOSE(OFFSET(A1,B9,1,,4)),OFFSET(A2:A5,,B9))
```

然后按<Ctrl+Shift+Enter>组合键结束输入。

以上公式中，K 列的公式用于计算单选按钮和组合框同时选择产生的项目结果，L 列的公式作为条形图的辅助数据，M 列的公式用于计算 K 列对应项目的结果。

在 A10 单元格中输入“其他项”用作标识，在 B10 单元格中输入公式：

```
=H5&","&I5
```

用于动态计算饼图中组合框选择项目的标志。

至此，作图辅助数据构建完成，如图 107-4 所示。

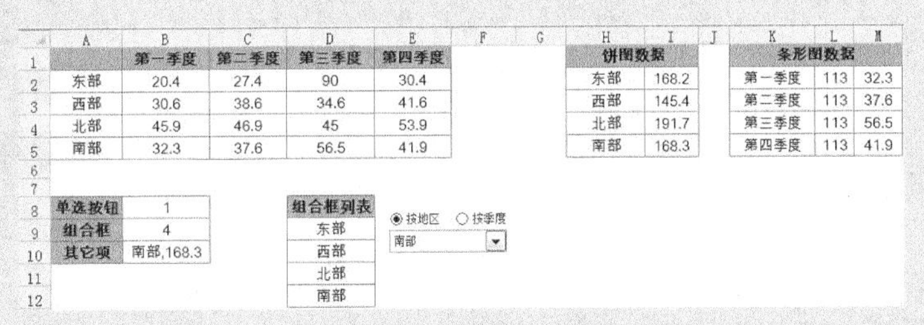

	A	B	C	D	E
1		第一季度	第二季度	第三季度	第四季度
2	东部	20.4	27.4	90	30.4
3	西部	30.6	38.6	34.6	41.6
4	北部	45.9	46.9	45	53.9
5	南部	32.3	37.6	56.5	41.9
8	单选按钮	1			
9	组合框	4			
10	其它项	南部,168.3			

饼图数据	
东部	168.2
西部	145.4
北部	191.7
南部	168.3

条形图数据		
第一季度	113	32.3
第二季度	113	37.6
第三季度	113	56.5
第四季度	113	41.9

组合框列表
东部
西部
北部
南部

图 107-4　构建作图辅助数据

Step 6

制作图表。选中 K2:M5 单元格区域，依次单击【插入】→【图表】→【条形图】下拉按钮，在扩展菜单中选择【百分比堆积条形图】，如图 107-5 所示。

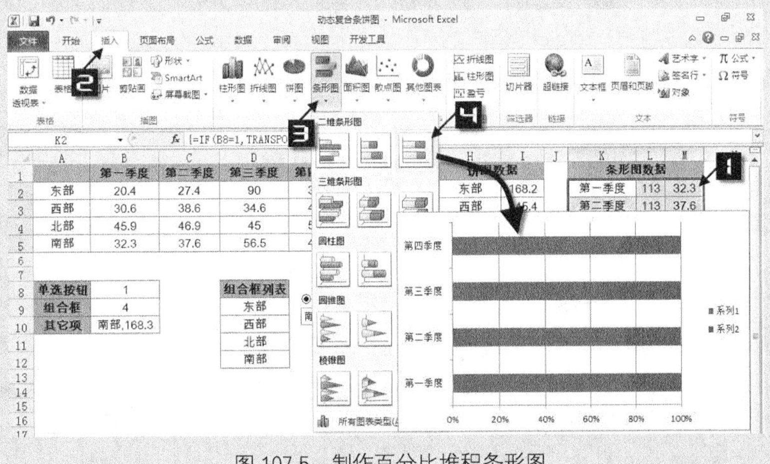

图 107-5　制作百分比堆积条形图

Step 7

双击【系列 1】，打开【设置数据系列格式】对话框，选择【系列选项】选项卡，设置系列重叠为“100%”，分类间距为“50%”，接着选择【填充】选项卡，设置系列填充为【无填充】。最后选择【边框颜色】选项卡，设置边框颜色为【无线条】，单击【关闭】按钮完成系列 1 的格式设置，如图 107-6 所示。

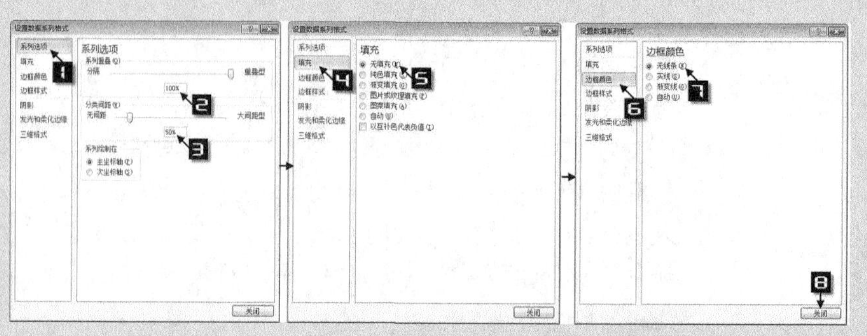

图 107-6 设置数据系列格式

Step 8

删除图例、水平（值）轴主要网格线、垂直（类别）轴，水平（值）轴，此时图表如图 107-7 所示。

图 107-7 格式化后的条形图

Step 9

添加新数据系列。激活图表，依次单击【设计】→【选择数据】，在打开的【选择数据源】对话框中单击【添加】按钮，设置【编辑数据系列】对话框中的【系列值】为 I2:I5，单击【确定】按钮返回至【选择数据源】对话框，最后单击【选择数据源】对话框中的【确定】按钮关闭【选择数据源】对话框，如图 107-8 所示。

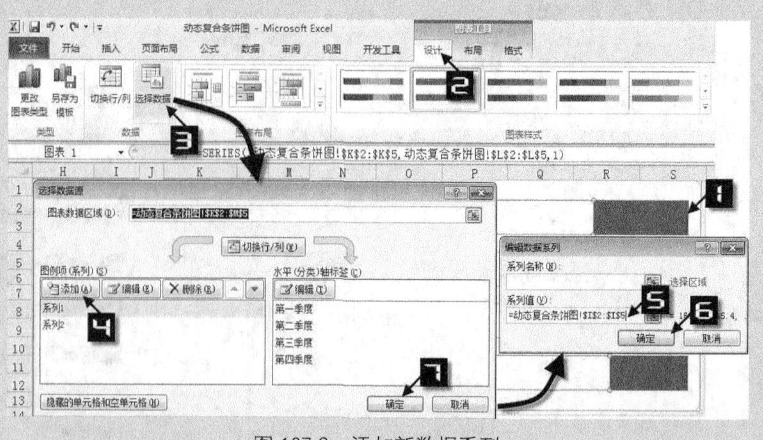

图 107-8 添加新数据系列

图 107-9　添加了新数据系列后的图表

Step 10　选中新添加的数据系列【系列 3】，依次单击【设计】→【更改图表类型】按钮，在打开的【更改图表类型】对话框中选择【饼图】，在子图表类型中选择【复合条饼图】，然后单击【确定】按钮完成图表类型的更改，如图 107-10 所示。

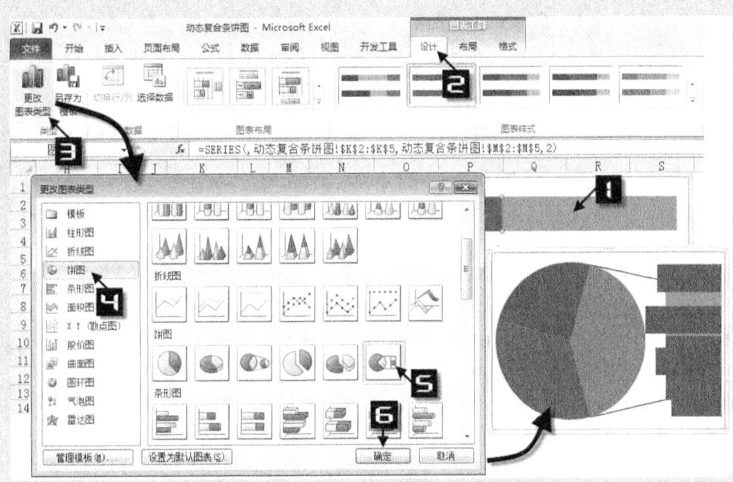

图 107-10　更改图表类型

Step 11　双击图表数据系列【系列 3】，在打开的【设置数据系列格式】对话框中的左侧选择【系列选项】，在其右侧的【系列选项】区域选择【位置】选项，单击【第二绘图区包含最后一个】右侧的微调按钮，将默认数据调整为 1，设置【分类间距】为“115%”，【第二绘图区大小】为“100%”，单击【关闭】按钮，如图 107-11 所示。完成后的图表如图 107-12 所示。

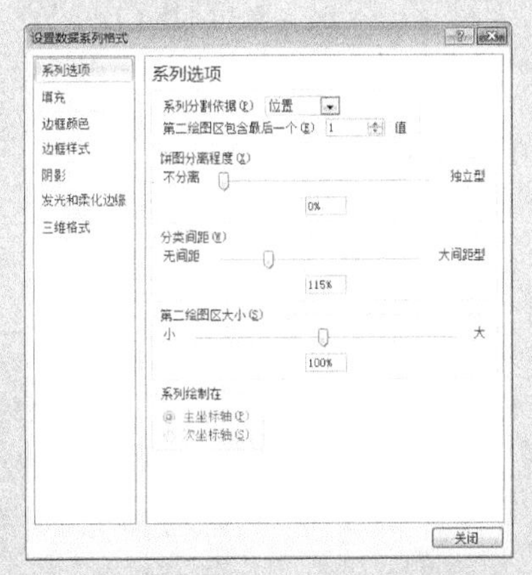

图 107-11　设置系列 3 数据系列格式

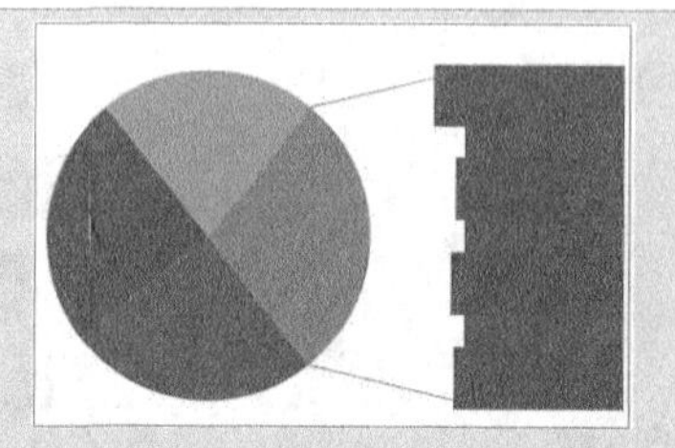

图 107-12　格式化系列 3 后的图表

Step 12 两次单击饼图第二绘图区的【系列 3 点“第四季度”】以选中该数据点，设置其【形状填充】为【无填充颜色】,【形状轮廓】为【无轮廓】。

Step 13 添加数据标签。选中【系列 2】，依次单击【布局】→【数据标签】→【其他数据标签选项】，在弹出的【设置数据标签格式】对话框中的【标签包括】区域中勾选【类别名称】和【值】复选框，在【标签位置】区域选择【轴内侧】选项,【分隔符】选择【分行符】，最后单击【关闭】按钮，如图 107-13 所示。

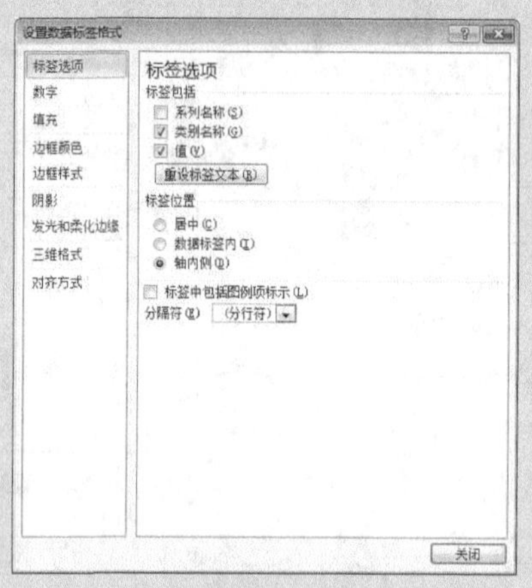

图 107-13　设置数据标签格式对话框

Step 14 激活图表，依次单击【设计】→【选择数据】按钮，打开【选择数据源】对话框，在该对话框的左侧列表框中选择【系列 3】, 在右侧的【水平（分类）轴标签】区域中单击【编辑】按钮，在弹出的【轴标签】对话框中设置【轴标签区域】为 H2:H5，如图 107-14 所示。

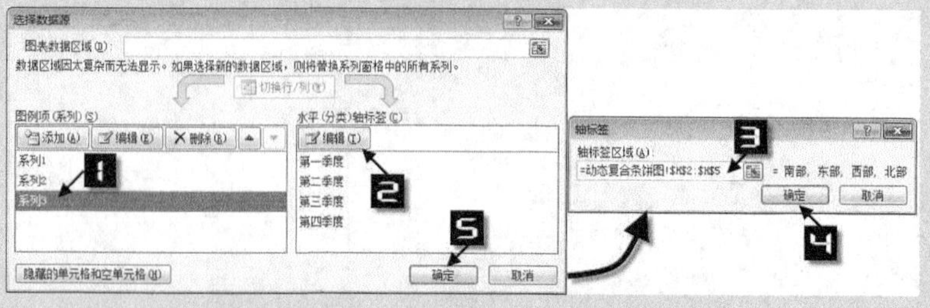

图 107-14　设置水平（分类）轴标签

Step 15 选中【系列 3】，依次单击【布局】→【数据标签】→【其他数据标签选项】，打开【设置数据标签格式】对话框，在该对话框左侧选择【标签选项】，在右侧的【标签包括】区域中勾选【类别名称】、【值】、【百分比】、【显示引导线】复选框，在【标签位置】区域中选择【最佳匹配】选项，设置【分隔符】为【分行符】，如图 107-15 所示。

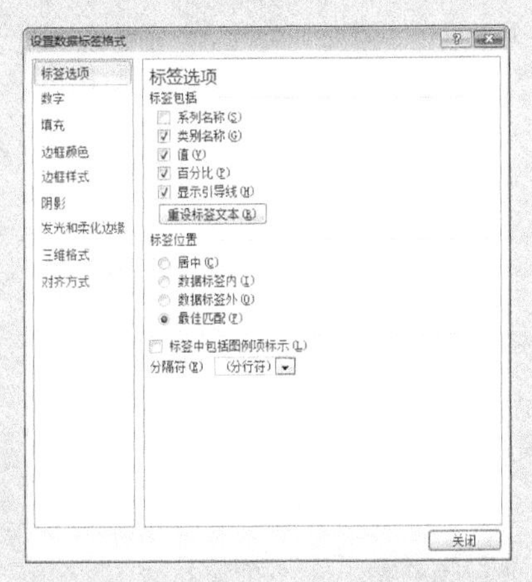

图 107-15　设置系列 3 数据标签格式

Step 16 选中【系列 3 数据标签】，移动鼠标指针至第二绘图区【系列 3 点“北部”数据标签】并单击以选中数据标签，然后按键盘<Delete>键删除。

Step 17 两次单击【系列 3 点“5”数据标签】，即“其他”数据标签，在保持选中状态下，移动鼠标指针至编辑栏，输入“=”后使用鼠标指针单击 B10 单元格，设置该数据点数据标签与 B10 单元格动态链接。

Step 18 将两个单选按钮与列表框进行组合后将其拖放至图表中，并设置控件置于顶层，进一步美化图表及其他元素。完成后的图表效果如图 107-16 所示。

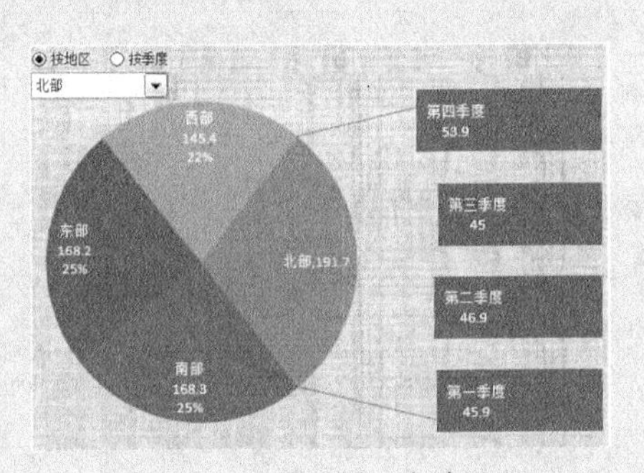

图 107-16　最终图表效果

技巧 108　动态对比分析图

动态对比分析图是指在图表中选择多个项目作为对比条件，从而查看图表数据变化的展示。本技巧使用图 108-1 所示的数据，制作动态对比分析图的步骤如下。

	A	B	C	D	E	F
1	日期	华北	东北	华东	华南	比较百分比
2	2010年1月	116	151	170	184	-30.00%
3	2010年2月	156	134	104	158	14.00%
4	2010年3月	113	106	160	164	6.00%
5	2010年4月	102	105	155	112	-3.00%
6	2010年5月	188	138	120	148	27.00%
7	2010年6月	138	175	141	198	-27.00%
8	2010年7月	106	132	159	181	-25.00%
9	2010年8月	172	173	182	147	-1.00%
10	2010年9月	146	137	105	144	6.00%
11	2010年10月	194	117	158	192	40.00%
12	2010年11月	123	199	195	166	-62.00%
13	2010年12月	184	160	109	170	13.00%
14	2011年1月	190	136	117	181	28.00%
15	2011年2月	132	192	147	105	-45.00%
16	2011年3月	142	116	121	175	18.00%
17	2011年4月	175	103	146	149	41.00%
18	2011年5月	128	174	167	154	-36.00%
19	2011年6月	104	108	154	170	-4.00%

图 108-1　源数据

Step 1

设置辅助数据。在 K1 单元格输入“地区列表”作为字段名，选中 K2:K5 单元格区域，输入如下公式：

```
=TRANSPOSE(B1:E1)
```

然后按<Ctrl+Shift+Enter>组合键结束输入。

在 M1 单元格中输入公式：

```
=INDEX($K$2:$K$5,I1)
```

将公式填充至 M2 单元格。

Step 2

定义名称。

```
Date=OFFSET(Sheet1!$A$1,1,,COUNTA(Sheet1!$A:$A)-1,)
```

Step 3

在工作表中绘制 4 个组合框控件，其中前两个用于控制图表比较的地区，后两个用于控制图表比较的时间。4 个控件格式的设置参数如表 108 所示。

表 108　　控件设置参数

序　　号	数据源区域控件	单元格链接	下拉显示项数
1	$K$2:$K$5	$I$1	4
2	$K$2:$K$5	$I$2	4
3	Date	$I$3	40
4	Date	$I$4	40

接着在 F1 单元格中输入“比较百分比”作为字段名，在 F2 单元格中输入公式：

```
=ROUND((CHOOSE($I$2,B2,C2,D2,E2)-CHOOSE($I$1,B2,C2,D2,E2))/CHOOSE($I$2,
B2,C2,D2,E2),2)
```

然后将该公式填充至 F19 单元格，完成后的数据如图 108-2 所示。

	A	B	C	D	E	F	G	H	I	J	K	L	M
1	日期	华北	东北	华东	华南	比较百分比		东北	2		地区列表		东北
2	2011年1月	116	151	170	184	18.00%		华南	4		华北		华南
3	2011年2月	156	134	104	158	15.00%		2011年7月	7		东北		
4	2011年3月	113	106	160	164	35.00%		2012年3月	15		华东		
5	2011年4月	102	105	155	112	6.00%					华南		
6	2011年5月	188	138	120	148	7.00%							
7	2011年6月	138	175	141	198	12.00%							
8	2011年7月	106	132	159	181	27.00%							
9	2011年8月	172	173	182	147	-18.00%							
10	2011年9月	146	137	105	144	5.00%							
11	2011年10月	194	117	158	192	39.00%							
12	2011年11月	123	199	195	166	-20.00%							
13	2011年12月	184	160	109	170	6.00%							
14	2012年1月	190	136	117	181	25.00%							
15	2012年2月	132	192	147	105	-83.00%							
16	2012年3月	142	116	121	175	34.00%							
17	2012年4月	175	103	146	149	31.00%							
18	2012年5月	128	174	167	154	-13.00%							
19	2012年6月	104	108	154	170	36.00%							

图 108-2　设置完辅助列及控件的数据表

Step 4 分别定义以下名称：

```
比较时间段  =OFFSET(Sheet1!$A$1,Sheet1!$I$3,,Sheet1!$I$4-Sheet1!$I$3+1)
对比数据  =OFFSET(比较时间段,,Sheet1!$I$2)
基准数据  =OFFSET(比较时间段,,Sheet1!$I$1)
比较百分比  =OFFSET(比较时间段,,5)
```

Step 5 选中工作表中任一空白单元格，依次单击【插入】→【柱形图】→【簇状柱形图】，在工作表中绘制一个空白的簇状柱形图。

Step 6 选中图表以激活图表。依次单击【设计】→【选择数据】，打开【编辑数据系列】对话框，在该对话框中单击【添加】按钮，打开【编辑数据系列】对话框，设置【系列名称】为 M1 单元格，【系列值】为定义的名称“基准数据”，如图 108-3 所示。

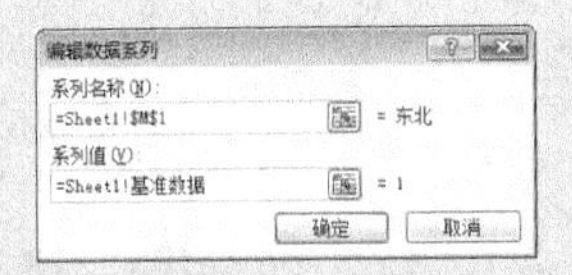

图 108-3　添加“基准数据”数据系列

Step 7 完成上述步骤后单击【编辑数据系列】对话框中的【确定】按钮关闭该对话框，并返回至【选择数据源】对话框，单击【选择数据源】对话框的【添加】按钮，添加第 2 个数据系列，并设置【系列名称】为 M2 单元格，【系列值】为定义的名称“对比数据”，如图 108-4 所示。

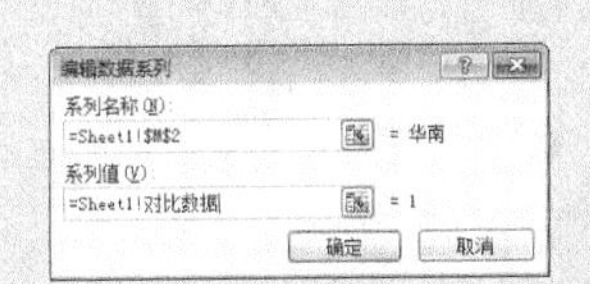

图 108-4　添加“对比数据”数据系列

Step 8 再次单击【选择数据源】对话框中的【添加】按钮，添加“比较百分比数据”系列，设置【系列名称】为 F1 单元格，【系列值】为定义的名称“对比数据”，如图 108-5 所示。

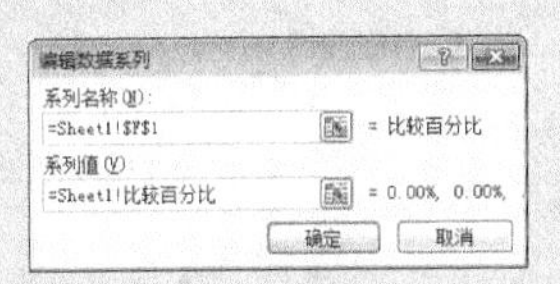

图 108-5　添加“比较百分比”数据系列

Step 9 完成数据系列添加后，单击【编辑数据系列】对话框中的【确定】按钮关闭该对话框，并返回至【选择数据源】对话框，在该对话框右侧的【水平（分类）轴标签】区域中单击【编辑】按钮，弹出【轴标签】对话框，在该对话框中的【轴标签区域】的选择框中输入：

```
=sheet1!比较时间段
```

如图 108-6 所示。

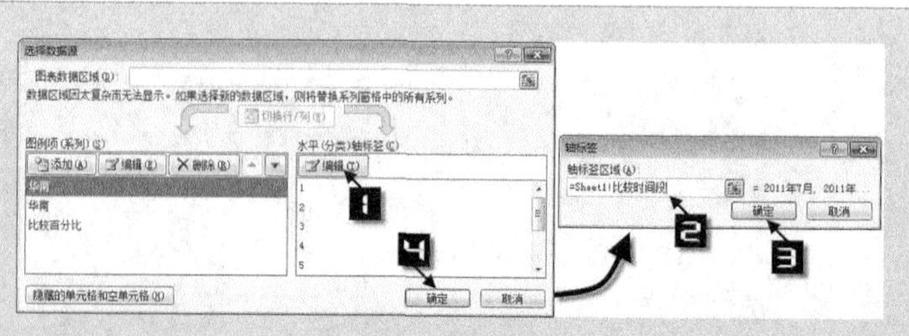

图 108-6 编辑轴标签

Step 10 选中【系列“比较百分比”】，依次单击【布局】→【设置所选内容格式】按钮，打开【数据系列格式】对话框，在该对话框左侧选择【系列选项】，在右侧的【系列绘制在】区域选择【次坐标轴】选项，最后单击【关闭】按钮完成设置，如图 108-7 所示。

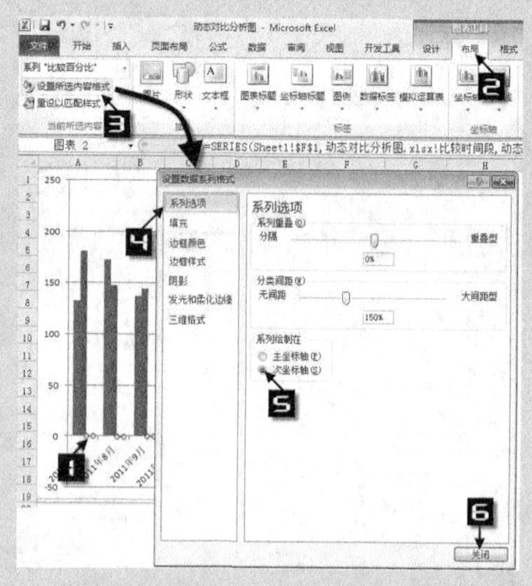

图 108-7 更改图表系列

Step 11 选中【系列“比较百分比”】，单击【设计】→【更改图表类型】按钮，在弹出的【更改图表类型】对话框中单击【折线图】→【带数据标记的折线图】，单击【确定】按钮将【系列“比较百分比”】由柱形图更改为折线图，如图 108-8 所示。

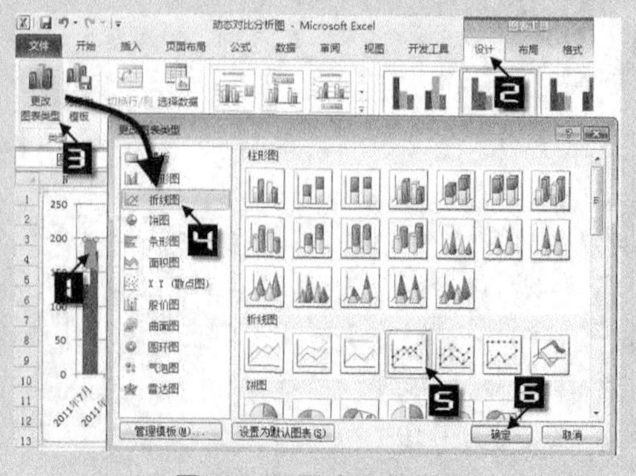

图 108-8 更改图表类型

Step 12 对图表进一步美化，调整图表元素位置，并将控件拖放至图表之上，最终效果如图 108-9 所示。

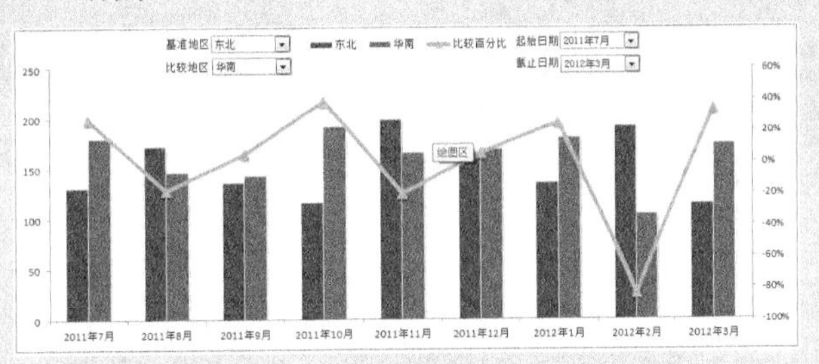

图 108-9　动态对比分析图

此时，单击基准地区和对比地区，并且设置起始与截止的日期，图表将显示对应地区时间段内的比较效果。

技巧 109　按月份查看的动态股票图

股票交易记录随着时间的推移数据记录会越来越多，与之相同的是，图表的显示范围有限，所以，制作能够按月份选择查看的动态股票图是非常有意义的。该图表的制作步骤如下。

Step 1 A1:F16 单元格区域记录着 2012 年某股票的交易记录，如图 109-1 所示的为部分记录数据。

	A	B	C	D	E	F
1	交易日期	成交量	开盘价	最高价	最低价	收盘价
2	2012/1/1	23504352	17.05	17.62	16.23	16.85
3	2012/1/2	26170088	16.79	17.62	16.77	16.92
4	2012/1/3	22125894	16.55	17.05	16.15	16.22
5	2012/1/4	20837233	15.97	16.81	15.97	16.78
6	2012/1/5	17400793	16.84	17.5	16.58	17.13
7	2012/1/6	25551184	17.25	17.35	16.64	16.83
8	2012/1/7	15818192	17.12	17.35	16.35	16.71
9	2012/1/8	22487599	16.85	17.53	16.65	17.5
10	2012/1/9	23940857	17.65	18.05	17.53	17.87
11	2012/1/10	18424502	17.87	18.15	17.33	17.64
12	2012/1/11	16769286	17.35	17.65	17.1	17.45
13	2012/1/12	22173995	17.45	17.65	16.97	17.05
14	2012/1/13	21280295	16.93	17.44	16.81	17.24
15	2012/1/14	32943083	17.45	18.52	17.4	18.21
16	2012/1/15	22223575	18.15	18.55	17.75	17.99

图 109-1　XX 股票交易记录表

Step 2 在工作表中绘制一个滚动条控件，设置【当前值】为“1”，【最小值】为“1”，【最大值】为“12”，【步长】及【页步长】均为“1”，【单元格链接】为“$I$1”，如图 109-2 所示。

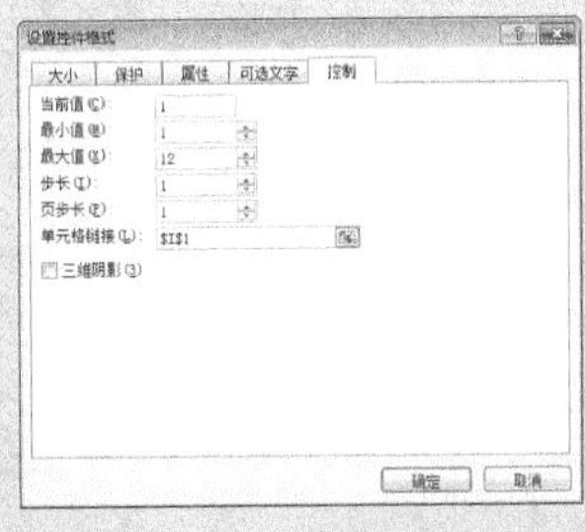

图 109-2　设置滚动条控件格式

Step 3

定义如下工作簿名称：

```
交易日期 =OFFSET(Sheet1!$A$1,DATE(2010,Sheet1!$I$1,1)-"2010-1-1"+1,,DAY
(DATE(2010, Sheet1!$I$1+1,0)))
成交量=OFFSET(交易日期,,1)
开盘价=OFFSET(交易日期,,2)
收盘价=OFFSET(交易日期,,5)
最低价=OFFSET(交易日期,,4)
最高价=OFFSET(交易日期,,3)
```

Step 4

选中数据区域的任一单元格，在【插入】选项卡的【图表】组中单击【其他图表】按钮，在打开的扩展菜单中单击【股价图】→【成交量-开盘-盘高-盘低-收盘图】按钮，绘制一个股价图，如图 109-3 所示。

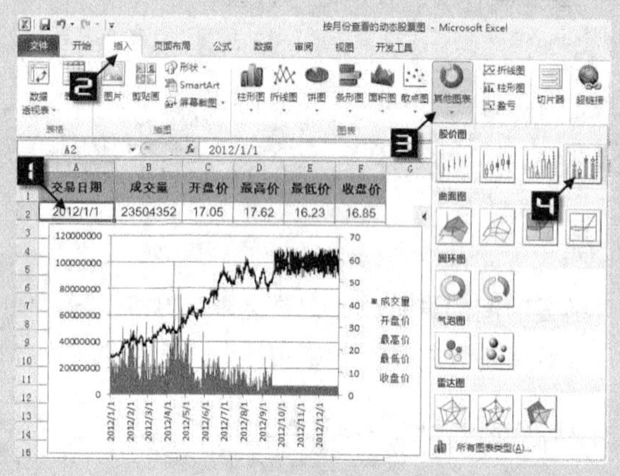

图 109-3　绘制股价图

Step 5

选中图表，依次单击【设计】→【选择数据】，打开【选择数据源】对话框。在该对话框中，依次将“成交量”、“开盘价”、“最高价”、“最低价”和“收盘价”的【系列名称】分别设置为 “=Sheet1!$B$1”、“ =Sheet1!$C$1 ”、“ =Sheet1!$D$1 ”、“ =Sheet1!$E$1 ” 和 “ =Sheet1!$F$1”；将其对应的【系列值】分别设置为对应的定义名称“=Sheet1!成交量”、“ =Sheet1!开盘价”、“ =Sheet1!最高价”、“ =Sheet1!最低价” 和 “ =Sheet1!收盘价”；将轴标签的【轴标签区域（A)】设置为“=Sheet1!交易日期”，如图 109-4 所示。

图 109-4　编辑数据系列及轴标签

Step 6

右键单击 I1 单元格，在弹出的快捷菜单中选择【设置单元格格式】命令，打开【设置单元格格式】对话框，切换至【数字】选项卡，在【分类】列表框中选择【自定义】选项，然后在右侧的【类型】输入框中输入如下自定义代码：

```
#月份交易情况
```

最后单击【确定】按钮完成设置，如图 109-5 所示。

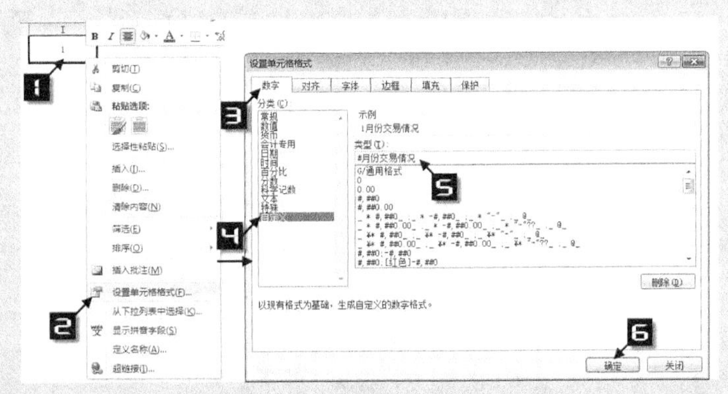

图 109-5　设置单元格格式

Step 7

美化图表各数据系列。清除【图例】，添加【图表标题】，选中【图表标题】后在编辑栏中输入公式：

```
=Sheet1!$I$1
```

Step 8

选中【水平（类别）轴】，按<Ctrl+1>组合键，在弹出的【设置坐标轴格式】对话框中切换至【数字】选项卡，在【类别】区域选择【自定义】选项，然后在【格式代码】中输入代码：

```
m-d
```

然后单击【添加】按钮添加自定义格式代码，最后单击【关闭】按钮完成设置，如图 109-6 所示。

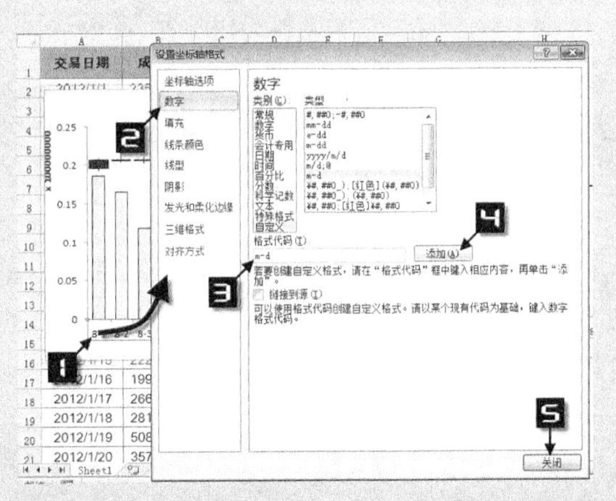

图 109-6　设置【水平（类别）轴】格式

Step 9

选中【垂直（值）轴】，按<Ctrl+1>组合键，在弹出的【设置坐标轴格式】对话框的【坐标轴选项】区域，将【显示单位】设置为“10000000”，并勾选【在图表上显示刻度单位标签】复选框，完成后单击【确定】按钮关闭该对话框，如图 109-7 所示。

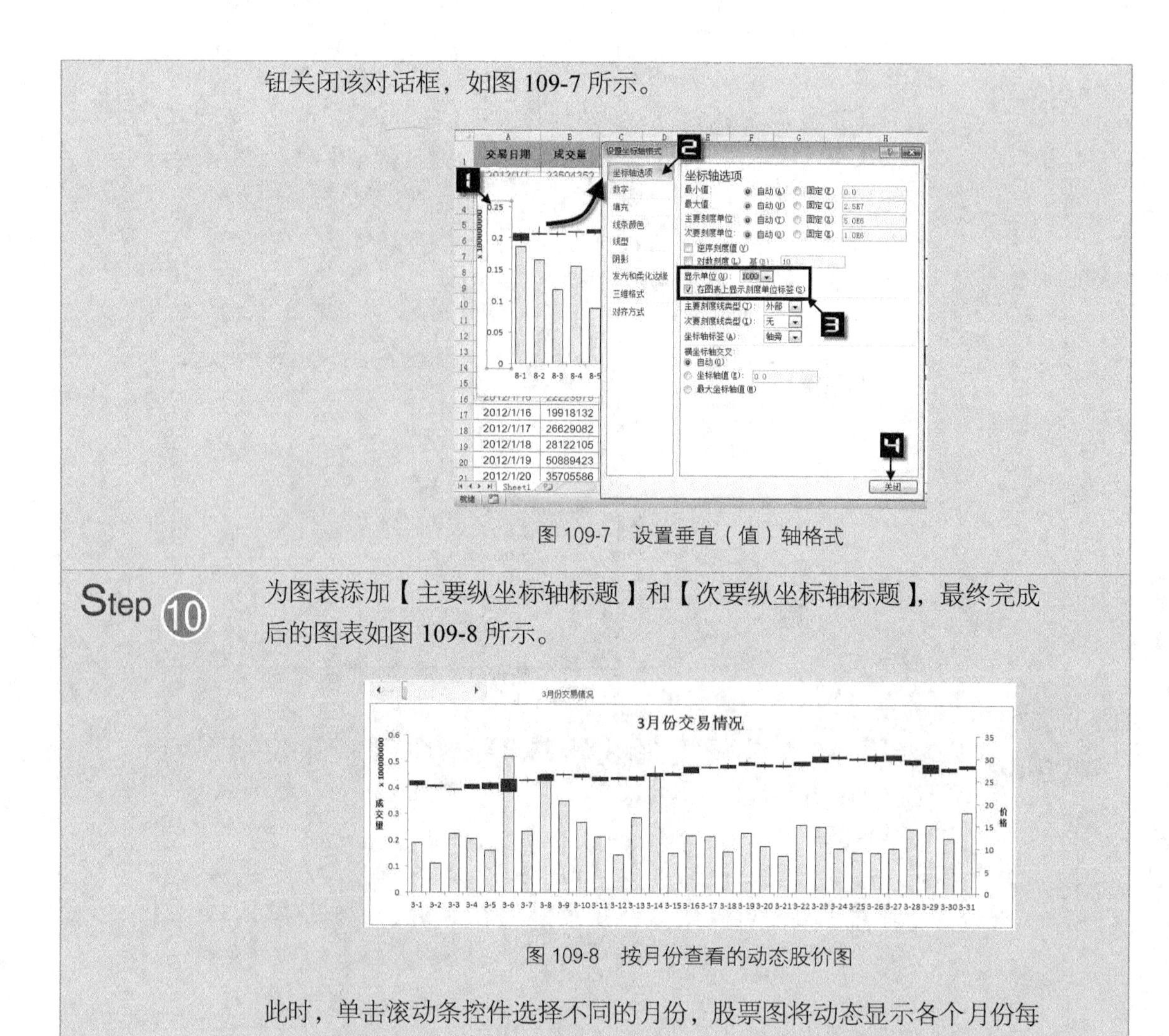

图 109-7　设置垂直（值）轴格式

Step 10 为图表添加【主要纵坐标轴标题】和【次要纵坐标轴标题】，最终完成后的图表如图 109-8 所示。

图 109-8　按月份查看的动态股价图

此时，单击滚动条控件选择不同的月份，股票图将动态显示各个月份每天的交易情况。

技巧 110　动态考试倒计时图

在进行一个项目或工程进度时，用户希望可以动态显示工程项目的倒计时情况。动态工程倒计时图就是可以动态显示工程倒计时的一种图表，假如某一考试的时间为 2013 年 6 月 1 日，则制作考试倒计时图的步骤如下。

Step 1 新建一个工作簿，将其中的一个工作表命名为“倒计时图表”。

Step 2 在该工作表的 A1 单元格中输入以下公式：

```
=NOW()
```

并设置单元格格式为自定义代码：

```
"现在是"yyyy"年"m"月"d"日"h"时"m"分"s"秒"
```

如图 110-1 所示。

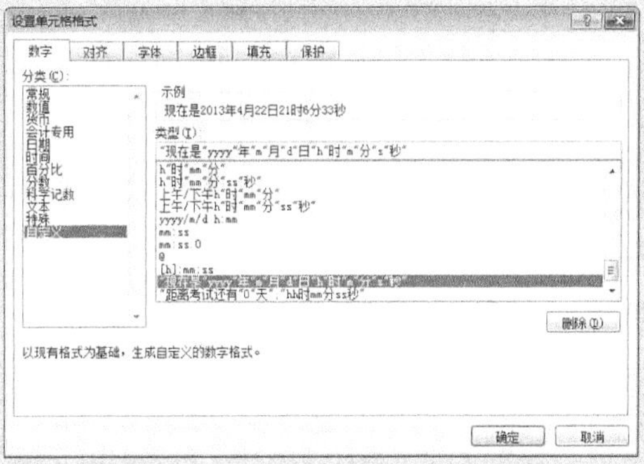

图 110-1　设置 A1 单元格格式

在 B1 单元格中输入如下公式：

```
=IF(D1<TODAY(),0,INT(D1-A1))
```

并设置单元格格式为自定义代码：

```
"距离考试还有"0"天";"hh时mm分ss秒"
```

如图 110-2 所示。

图 110-2　设置 B1 单元格格式

在 C1 单元格中输入如下公式：

```
=IF(D1<TODAY(),0,D1-A1)
```

并设置单元格格式为自定义代码：

```
h"时"mm"分"ss"秒"
```

如图 110-3 所示。

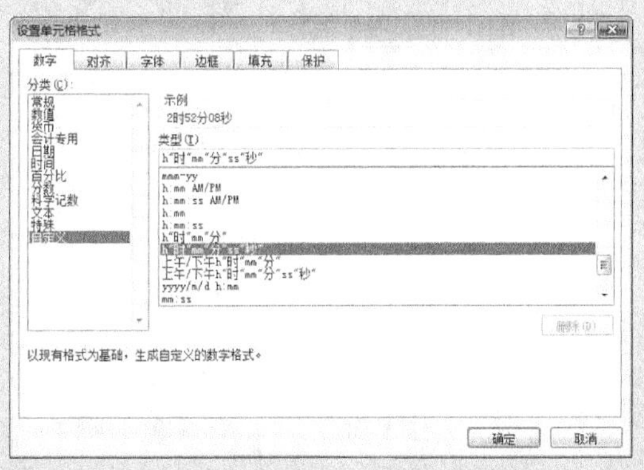

图 110-3　设置 C1 单元格格式

在 D1 单元格中输入考试日期，如 2013-6-1。

Step 3 选中工作表任一空白单元格，如A4，依次单击【插入】→【条形图】→【堆积条形图】，绘制一个空白堆积条形图，如图110-4所示。

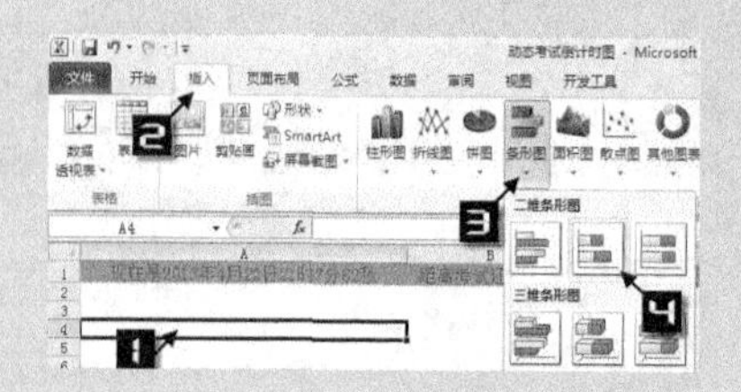

图110-4 绘制图表

Step 4 为图表添加两个数据系列，系列值分别为A1、B1单元格。完成后的效果如图110-5所示。

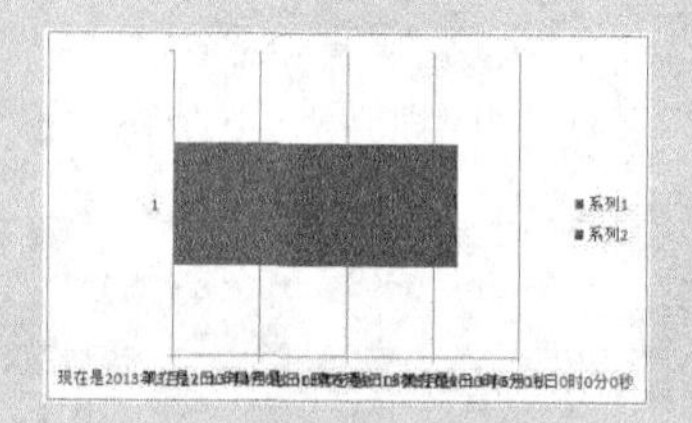

图110-5 添加图表数据系列

Step 5 选中【水平（值）轴】并双击打开【设置坐标轴格式】对话框，在该对话框中切换到【数字】选项卡，在中间的列表框中选择【日期】选项，然后在右侧的【类型】列表框中选择长日期格式，如图110-6所示。

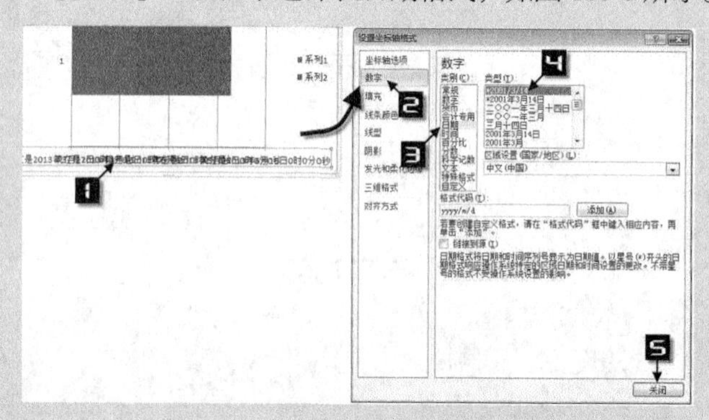

图110-6 设置坐标轴格式对话框

Step 6 选中图表【系列1】，依次单击【布局】→【数据标签】→【居中】，为【系列1】添加数据标签，如图110-7所示。

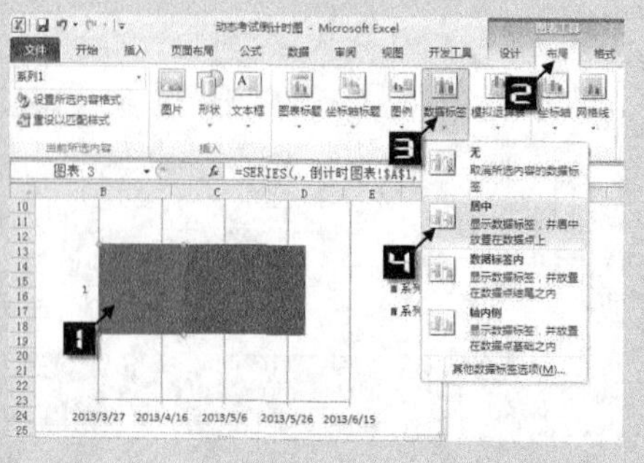

图110-7 为【系列1】添加数据标签

Step 7　使用上一步骤同样的操作方法为图表【系列 2】添加数据标签。

Step 8　两次单击选中【系列 2 点“1”数据标签】，将光标定位于【编辑栏】，然后输入公式，如图 110-8 所示。

```
=倒计时图表!$B$1:$C$1
```

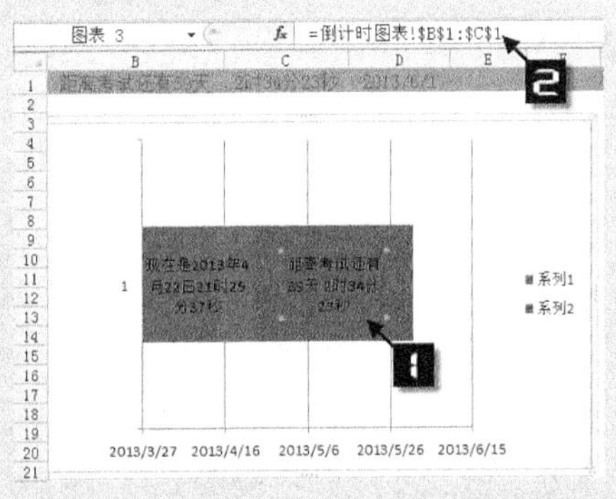

图 110-8　编辑系列 2 点“1”数据标签

Step 9　清除图表【垂直（类别）轴】、清除【图例】、清除【水平(值)轴主要网格线】，进一步美化图表，假定今天为“2012-4-22”，完成后的图表效果如图 110-9 所示。

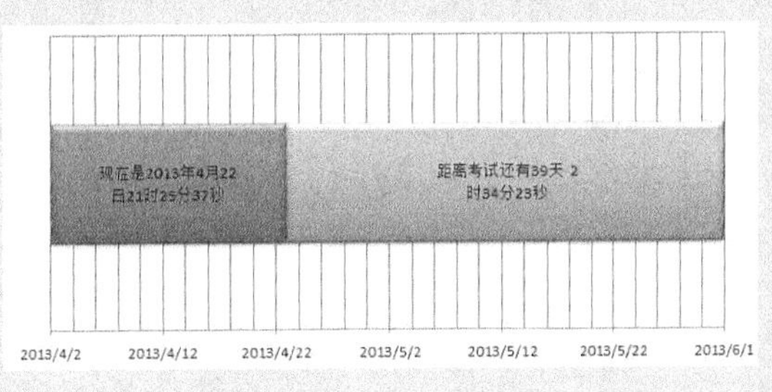

图 110-9　美化后图表

Step 10　按<Alt+F11>组合键打开 VBE 编辑器，单击菜单【插入】→【模块】，插入一个新的模块【模块 1】，然后在其右侧的代码输入窗口输入以下 VBA 代码：

```
Option Explicit
Sub Auto_Open()
Application.OnTime Now + TimeValue("00:00:01"), "my_Procedure"
End Sub
Sub my_Procedure()
Application.SendKeys ("{f9}")
Call Auto_Open
End Sub
```

完成以上设置后，每当打开该图表，图表中的数据将自动更新，同样，图表也会随着时间的消逝而动态显示距离考试的时间。

技巧 111 盈亏平衡分析图

盈亏平衡分析图是根据企业中产品的生产成本、销售收入、销售数量以及销售单价等之间的关系进行综合分析，从而找出其盈亏变化的规律以指导企业进行合理的生产。

本例将以销售数量和销售单价作为变动条件来制作盈亏平衡分析图，作图步骤如下。

Step 1 在工作表中绘制两个滚动条控件。假定成本单价从 25～40 元，销售单价从 35～60 元，那么，设置第 1 个控件的【最小值】为“25”,【最大值】为“40”,【步长】及【页步长】均为“1”,【单元格链接】为“$G$4”，第 2 个控件【最小值】为“35”,【最大值】为“60”,【步长】及【页步长】均为“1”,【单元格链接】为“$G$6”，如图 111-1 所示。

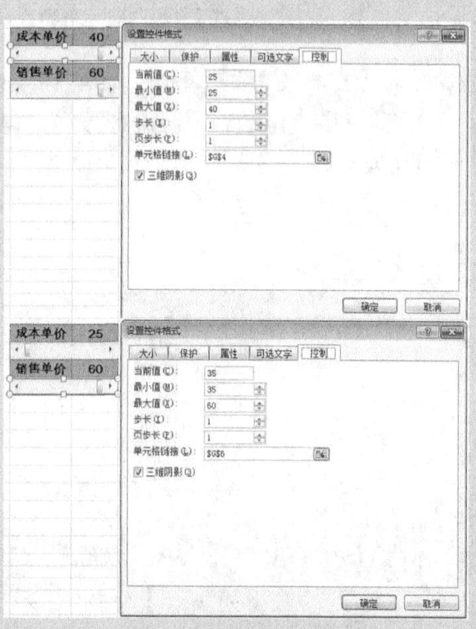

图 111-1 设置控件格式

Step 2 设置基础数据表。假定最小销售数量为 0，最大销售数量为 700，则：

成本费用=销售数量 × 成本单价

总收入=销售数量 × 销售单价

利润=总收入−成本费用

所以：

```
B3=A3*$G$4+$B$2
C2=A2*$G$6
D2=C2-B2
```

将 B2、C2、D2 公式复制填充至 B16、C16、D16 单元格，结果如图 111-2 所示。

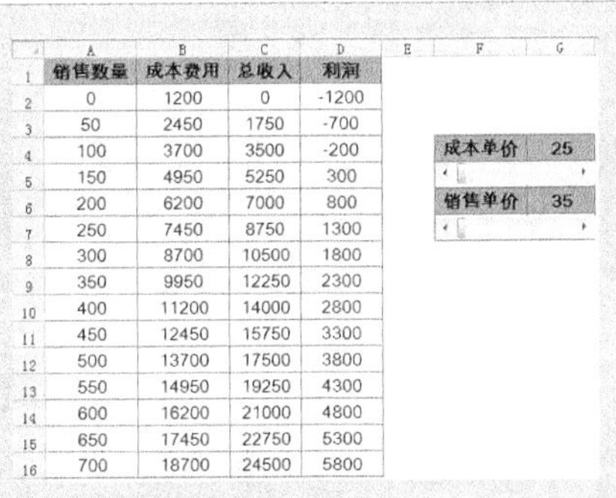

销售数量	成本费用	总收入	利润
0	1200	0	-1200
50	2450	1750	-700
100	3700	3500	-200
150	4950	5250	300
200	6200	7000	800
250	7450	8750	1300
300	8700	10500	1800
350	9950	12250	2300
400	11200	14000	2800
450	12450	15750	3300
500	13700	17500	3800
550	14950	19250	4300
600	16200	21000	4800
650	17450	22750	5300
700	18700	24500	5800

成本单价	25
销售单价	35

图 111-2　基础数据表

Step 3

作图。选中数据区域 A1:D16，单击【插入】→【散点图】→【带平滑线的散点图】即可完成图表制作，如图 111-3 所示。

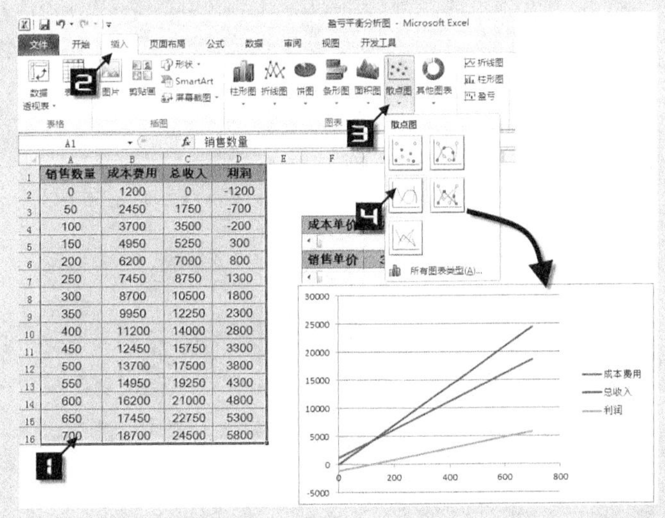

图 111-3　制作图表

Step 4

进一步对图表进行美化，单击并变动相应的成本单价和销售单价，图表中均可发生对应的数据系列变化，用户可直观地看到成本费用、总收入及利润之间的关系，从而可以找到产品生产的盈亏平衡点。图 111-4 所示的是当成本单价在 25 元，销售单价在 60 元时成本费用、总收入及利润之间的平衡关系。

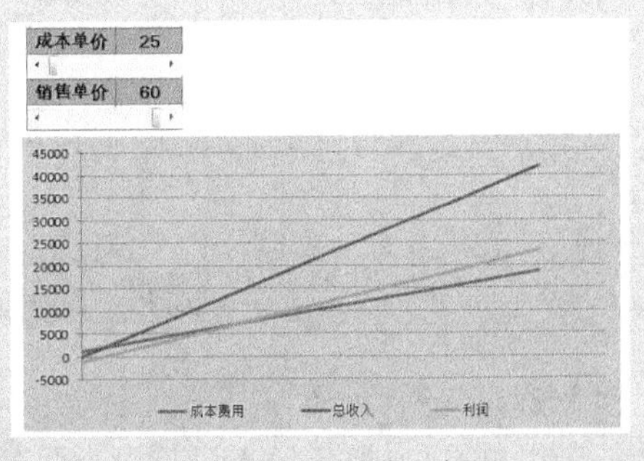

图 111-4　盈亏平衡分析图

技巧 112 数据透视图

Excel 数据透视表具有强大的数据交互处理和展示功能，而通过设置数据透视表制作的图表被称为数据透视图，数据透视图也一样具有很好的交互功能。本技巧将以图 112-1 所示的数据源为例，介绍如何制作数据透视图。

	A	B	C
1	销售地区	销售城市	销售数量
2	东北	沈阳	29
3	东北	长春	35
4	东北	吉林	33
5	西北	西安	23
6	西北	兰州	33
7	西南	成都	31
8	西南	重庆	27
9	华中	武汉	39
10	华中	长沙	32
11	华中	南昌	26
12	华东	上海	31
13	华东	苏州	23

图 112-1 数据源

Step 1 选中数据区域任一单元格，然后单击【插入】→【数据透视表】→【数据透视图】按钮，在弹出的【创建数据透视表及数据透视图】对话框中保持默认选项，然后单击【确定】按钮，如图 112-2 所示。

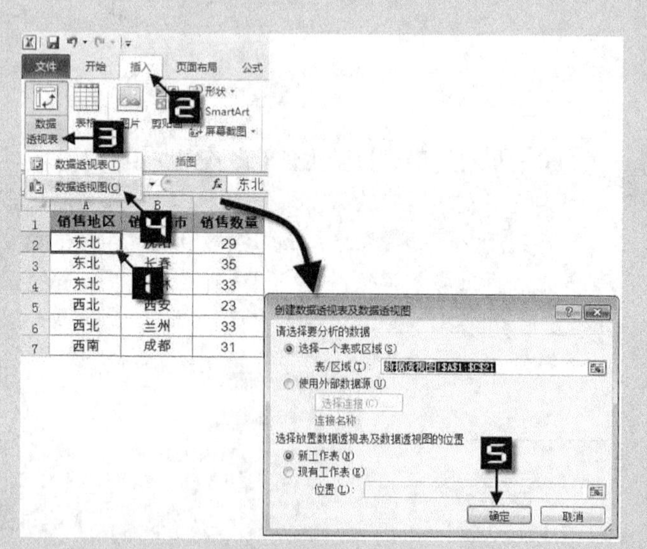

图 112-2 插入数据透视图

此时，Excel 将自动新增加一张工作表，并且在该新增的工作表中创建了一个空白的数据透视表和透视图，而对应的【数据透视表字段列表】和【数据透视图筛选窗格】工具也将激活，如图 112-3 所示。

图 112-3　新增加工作表中创建的空白数据透视表和数据透视图

Step 2　将【数据透视表字段列表】中的【选择要添加到报表的字段】中的“销售地区”字段，拖动至【报表筛选】字段列表框中，如图 112-4 所示。

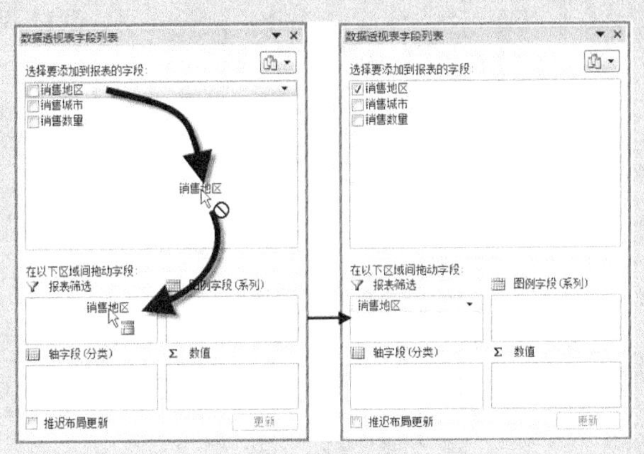

图 112-4　布局数据透视表

Step 3　接着用同样的方法将“销售城市”和“销售数量”两个字段依次拖放到【轴字段（分类）】和【数值】字段列表框中，完成后如图 112-5 所示。

图 112-5　完成数据透视表的布局

Step 4 此时将完成对数据透视表和数据透视图的制作。接下来不论是在数据透视表中进行筛选不同的字段或是使用【数据透视图筛选窗格】中的选项筛选不同的字段，甚至进行字段的重新整理布局，图表将同时随着筛选数据的不同而展现不同的数据。图 112-6 所示即为筛选“华东”和“西北”地区字段后的图表。

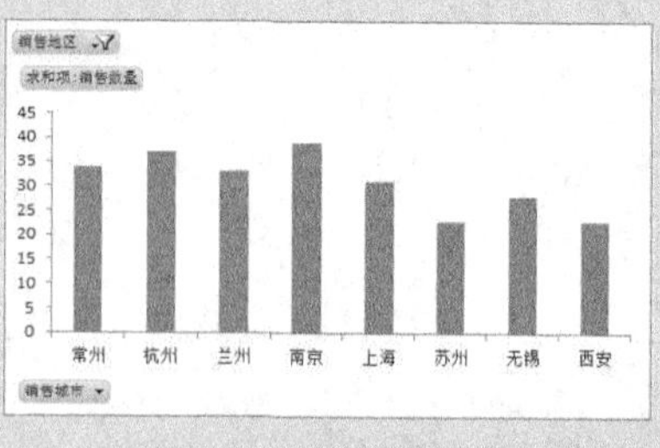

图 112-6　数据透视图

注意! 在常规状态下，不能直接在数据透视图中使用散点图、股价图和气泡图。

技巧 113　动态选择不同的图表类型

在默认情况下，使用 Excel 制作的图表如果需要更改图表类型，需要重新在【设计】选项卡的【类别】组中单击【更改图表类型】按钮来改变图表的类型。本技巧将使用另外一种方法来快速更改图表类型。具体操作步骤如下。

Step 1 根据数据表 A1:B11 分别创建柱形图、折线图与饼图 3 个图表。

Step 2 对图表做必要的修饰和美化后调整图表的大小。

Step 3 将 3 个图表分别拖放至 C13、D13、E13 单元格，然后在【页面布局】选项卡的【排列】组中单击【对齐】按钮，在弹出的扩展菜单中选择【对齐网格】和【对齐形状】。完成后的效果如图 113-1 所示。

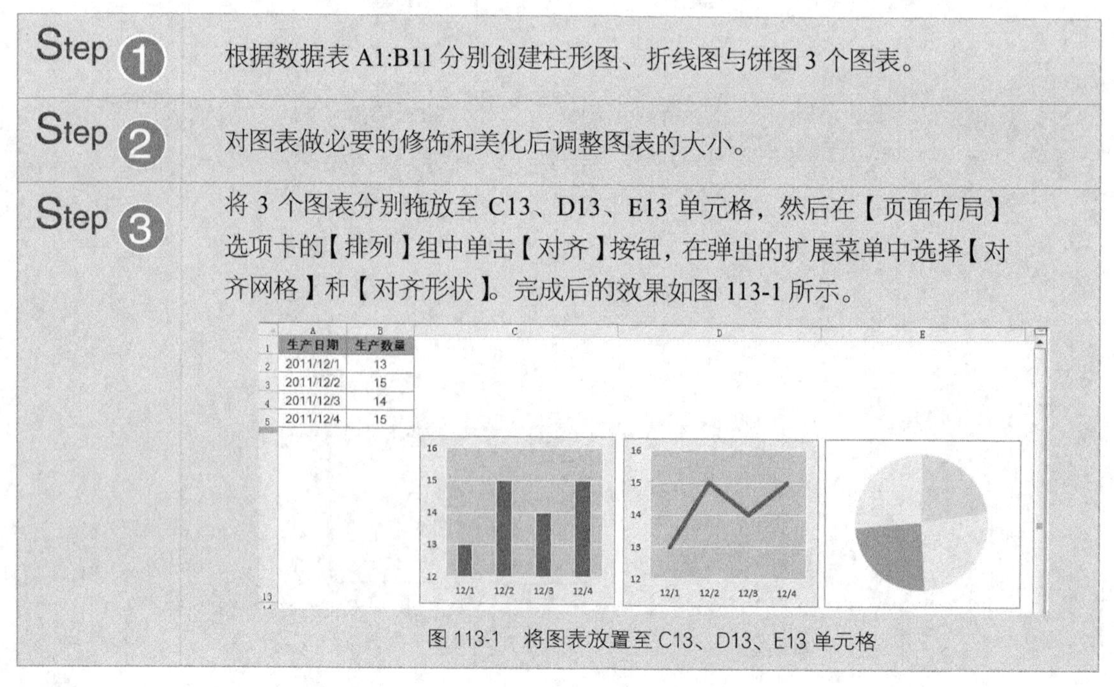

生产日期	生产数量
2011/12/1	13
2011/12/2	15
2011/12/3	14
2011/12/4	15

图 113-1　将图表放置至 C13、D13、E13 单元格

Step 4 在工作表中绘制 3 个单选钮，分别命名为“柱形图”、“折线图”和“饼图”，设置控件链接单元格为 C1 单元格。

Step 5 定义名称：

```
Chart=OFFSET(Sheet1!$C$13,,Sheet1!$C$1-1)
```

Step 6 选中 C13 单元格，按键盘<Ctrl+C>组合键复制，然后选中 D1 单元格，在【开始】选项卡的【剪切板】组中单击【粘贴】下拉按钮，在打开的下拉菜单中选择【粘贴为图片】，如图 113-2 所示。

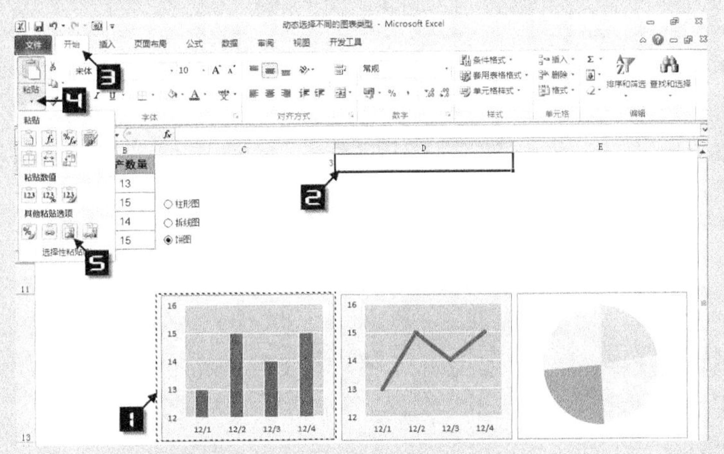

图 113-2　复制粘贴图表

Step 7 选中 D1 单元格新复制粘贴得到的图表，在编辑栏输入公式：

```
=Chart
```

然后按下<Enter>键完成输入。

此时，选择不同的单选钮，D2 单元格的图表将会根据选择的内容发生改变。最终效果如图 113-3 所示。

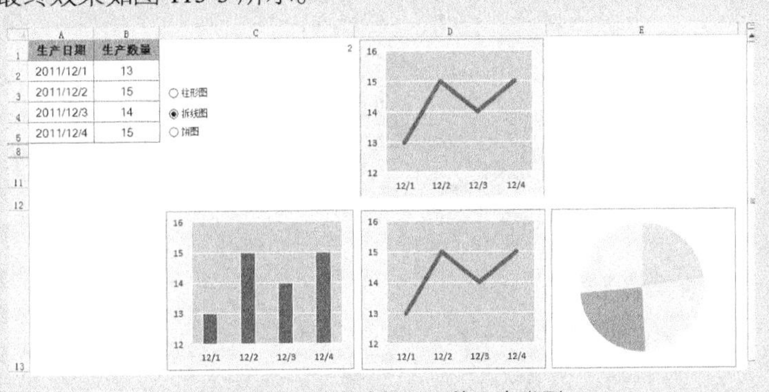

图 113-3　动态选择不同的图表类型

技巧 114　随当前选择高亮呈现系列的图表

通常情况下，用户在制作的动态图表中只能呈现一个动态的数据系列，本技巧将介绍如何在一个图表中显示出所有的数据系列，且用户当前选择的数据系列会高亮显示出来。

Step 1 使用数据表 A1:G5 单元格制作折线图并加以适当美化。

Step 2 为图表每个数据系列的最左端数据点添加数据标签，位置置于左侧，标签包括“类别名称”，如图 114-1 所示。

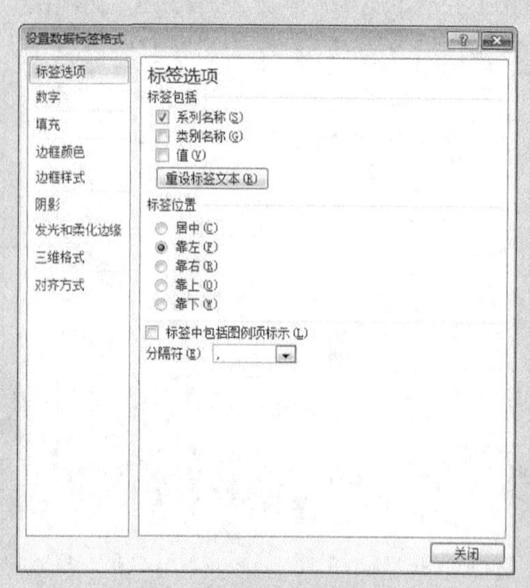

图 114-1　设置数据标签格式

Step 3 将图表中的所有数据系列的【形状轮廓】依次设置为同一种浅色，如“白色，背景 1，深色 15%”。

Step 4 在工作表中绘制一个组合框控件，设置【数据源区域】为 A2:A5 单元格，【单元格链接】为 H1 单元格，如图 114-2 所示。

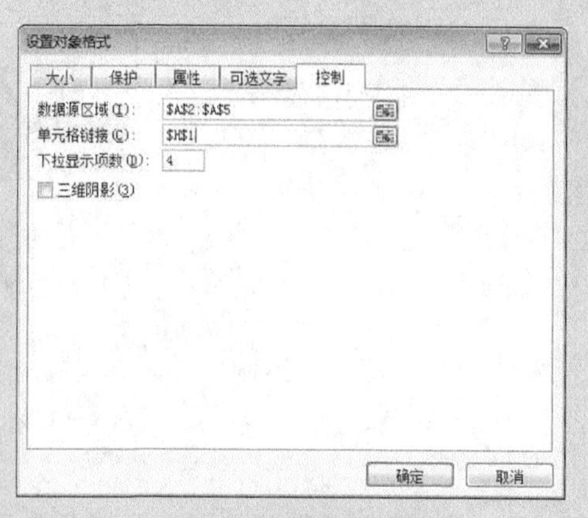

图 114-2　设置控件格式

Step 5 定义名称：

```
Data=OFFSET(Sheet1!$B$2:$G$2,Sheet1!$H$1-1,)
```

Step 6 向图表中添加一个新的数据系列，系列值设置为：

```
= Sheet1Data
```

Step 7 将图表中新添加的数据系列的【形状轮廓】设置为一种高亮颜色，如“蓝色”，完成图表的制作，最终图表效果如图 114-3 所示。

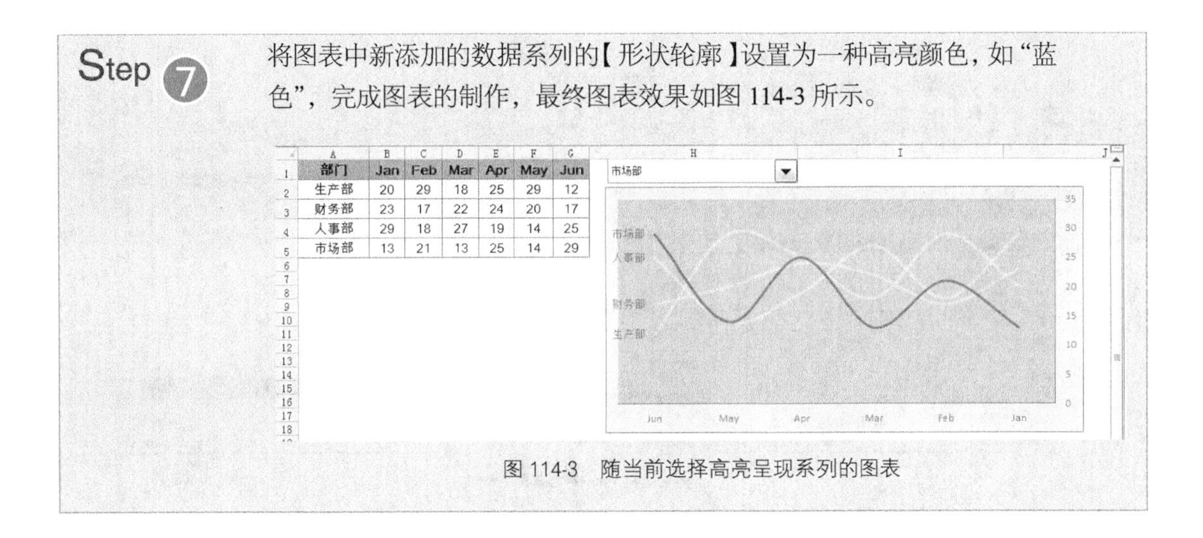

部门	Jan	Feb	Mar	Apr	May	Jun
生产部	20	29	18	25	29	12
财务部	23	17	22	24	20	17
人事部	29	18	27	19	14	25
市场部	13	21	13	25	14	29

图 114-3　随当前选择高亮呈现系列的图表

技巧 115　客户满意度调查图

利用 Excel 的 CELL 函数配合简单的 VBA 代码，可以创建随鼠标单击而变动的图表。

调查项目	很满意	满意	不满意	完全不满意
交货期	12%	14%	3%	1%
价格	15%	18%	2%	2%
售后服务	22%	11%	9%	3%
服务响应时间	21%	5%	9%	1%
产品质量	18%	32%	1%	4%
产品包装	12%	6%	9%	5%
物流运输	31%	4%	6%	2%
其它	19%	9%	5%	3%

图 115-1　客户满意度调查表

图 115-1 所示为某公司客户满意度调查表，用户希望通过鼠标单击各个调查项目，图表能动态反映数据效果，其制作步骤如下。

Step 1 选中 A12:E112 单元格区域，输入如下公式，然后按<Ctrl+Enter>组合键结束输入。

```
=OFFSET(A3:E3,CELL("row")-3,)
```

Step 2 选中 A3:E10 单元格区域，在【开始】选项卡的【样式】组中单击【条件格式】按钮，在扩展菜单中选择【新建规则】，打开【新建格式规则】对话框，在【选择规则类型】列表框中选择【使用公式确定要设置格式的单元格】选项，然后在【为符合此公式的值设置格式】区域输入如下公式：

```
=ROW()=CELL("row")
```

然后单击【格式】按钮，打开【设置单元格格式】对话框，切换至【填充】选项卡，设置一种填充颜色，如图 115-2 所示。

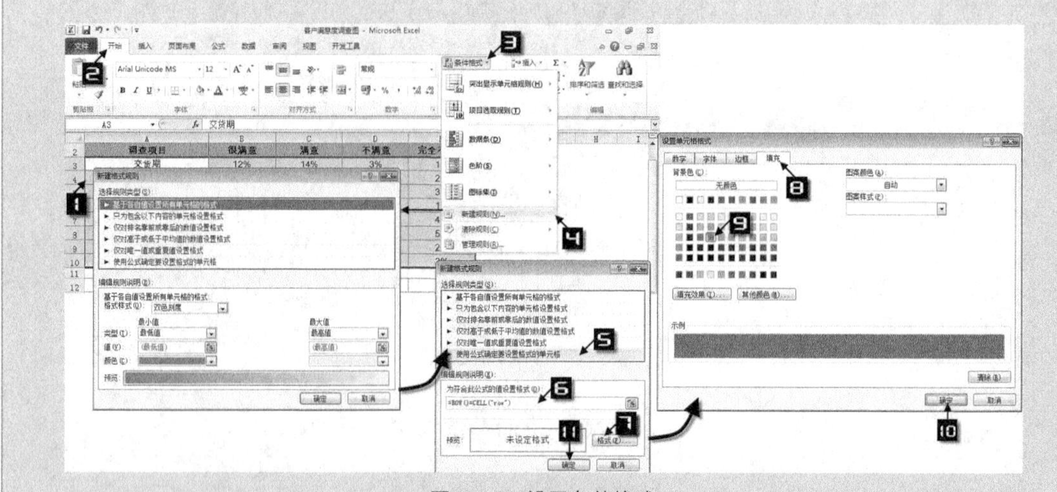

图 115-2　设置条件格式

Step 3　根据 A12:E12 单元格区域创建三维柱形图，并美化图表元素。最终图表效果如图 115-3 所示。

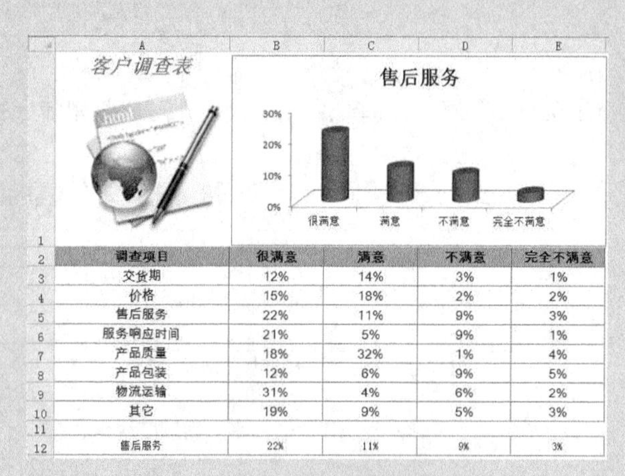

调查项目	很满意	满意	不满意	完全不满意
交货期	12%	14%	3%	1%
价格	15%	18%	2%	2%
售后服务	22%	11%	9%	3%
服务响应时间	21%	5%	9%	1%
产品质量	18%	32%	1%	4%
产品包装	12%	6%	9%	5%
物流运输	31%	4%	6%	2%
其它	19%	9%	5%	3%
售后服务	22%	11%	9%	3%

图 115-3　客户满意度调查图

Step 4　因为 CELL 函数不能够随鼠标单击重新计算工作表，所以需要加入以下 VBA 代码，按<Alt+F11>组合键进入 Excel VBE 编辑器，输入如下代码：

```
Private Sub Worksheet_SelectionChange(ByVal Target As Range)
Calculate
End Sub
```

至此，当单击鼠标选择工作表中的调查项目时，图表将会自动更新。

注意！ 为了 VBA 代码能够运行，用户需要将工作簿保存为“Excel 启用宏的工作簿”。

第 8 章　图表 VBA

VBA 控制图表的最大优点是批量处理，其语法与控制工作表的 VBA 完全一样，有所不同的是控制对象为图表对象及其元素。如果对图表相关的对象、属性、方法还不太了解，可以先录制宏来查看相关的 VBA 代码。本章主要介绍如何利用 VBA 批量操作图表和动态设置图表元素。

技巧 116　创建和删除图表

Excel 2010 的 VBA 运用方法与 Excel 2003 有了较大的变化。首先需要调出【开发工具】选项卡，再利用录制宏的方法记录操作过程的 VBA 代码，最后通过运行宏来重复执行操作过程。本技巧将介绍如何使用宏创建和删除图表。

Step 1　依次单击【文件】→【选项】命令，打开【Excel 选项】对话框，切换到【自定义功能区】选项卡，勾选【开发工具】单选钮。单击【确定】按钮关闭对话框，在功能区显示【开发工具】选项卡，如图 116-1 所示。

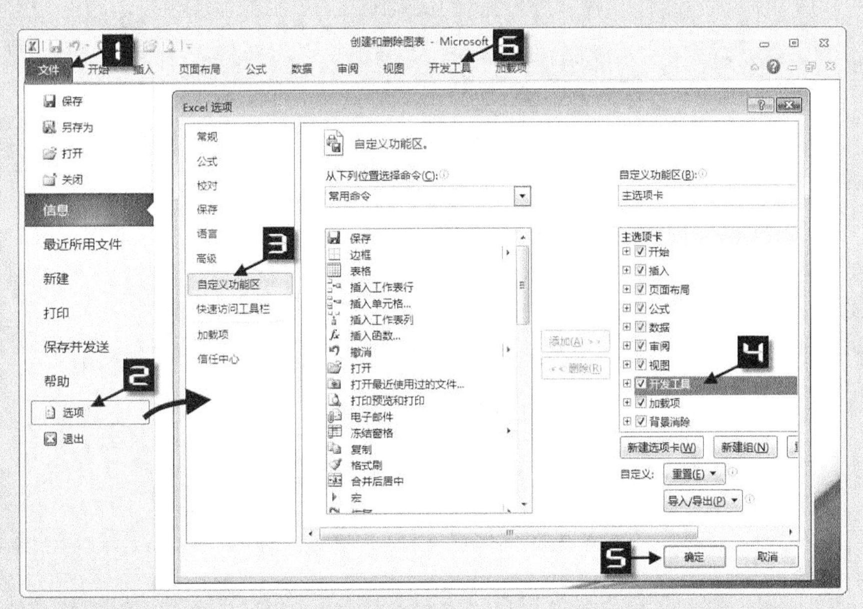

图 116-1　显示【开发工具】选项卡

Step 2　依次单击【开发工具】选项卡中的【录制宏】命令，打开【录制新宏】对话框，在【宏名】文本框中输入宏的名称“创建图表”，单击【确定】按钮关闭对话框，如图 116-2 所示。

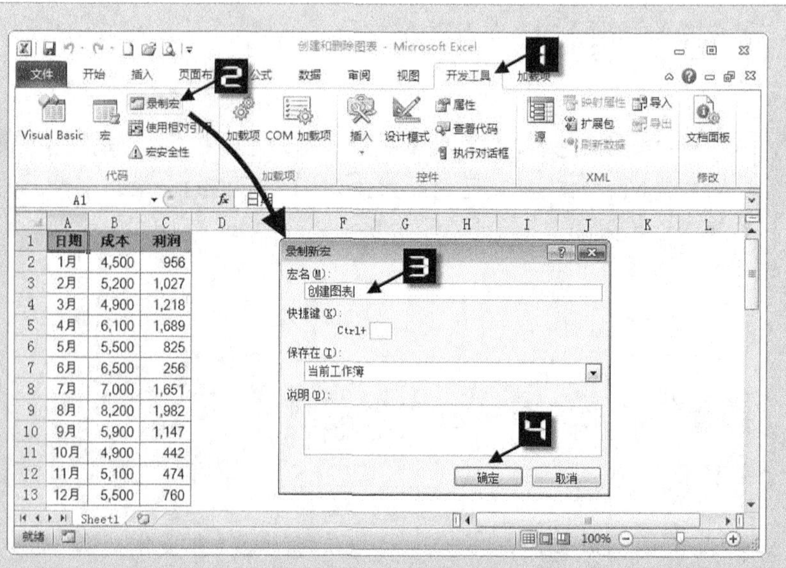

图 116-2 录制“创建图表”宏

Step 3 在 Excel 工作表中，接下来的操作过程将会被记录为 VBA 代码。选择 A1:C13 单元格区域，依次单击【插入】→【柱形图】→【簇状柱形图】命令，在工作表“Sheet1”中插入一个名为“图表 1”的柱形图。再单击【开发工具】选项卡中的【停止录制】命令完成录制宏，如图 116-3 所示。

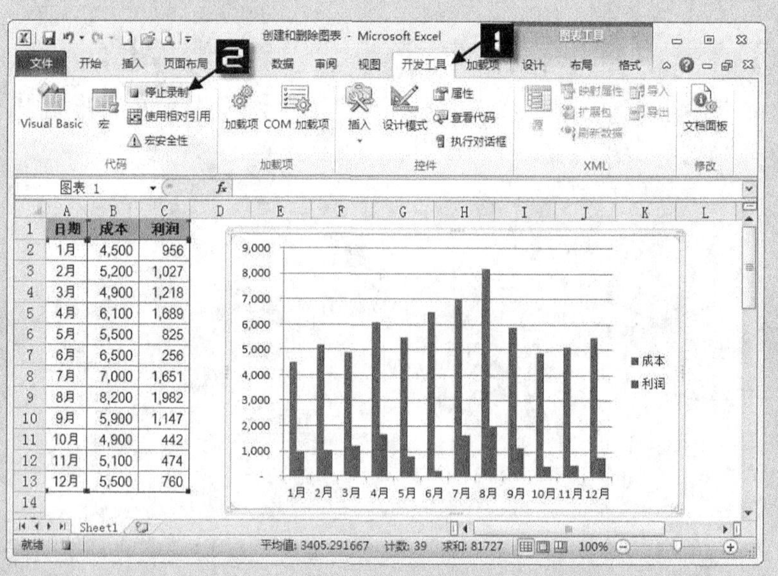

图 116-3 停止录制

Step 4 单击 Excel 状态栏左侧的【录制宏】按钮，该按钮自动切换为【停止录制】按钮，并打开【录制新宏】对话框，在【宏名】文本框中输入宏的名称“删除图表”，单击【确定】按钮关闭对话框，如图 116-4 所示。在工作表中，选择图表，按<Delete>键删除图表，单击 Excel 状态栏左侧的【停止录制】按钮，该按钮自动切换为【录制宏】按钮，完成录制宏。

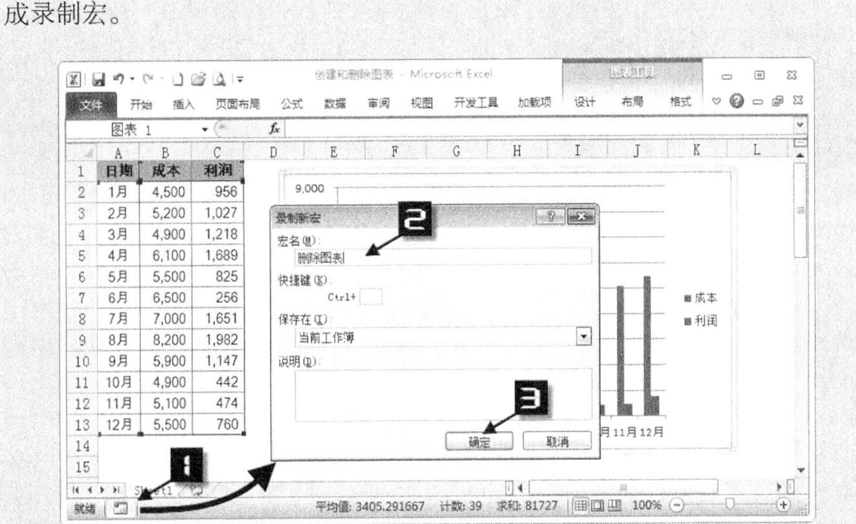

图 116-4　录制“删除图表”宏

Step 5　单击【开发工具】选项卡中的【Visual Basic】命令，打开【Microsoft Visual Basic】编辑器，在左侧【工程-VBAProject】窗口中双击【模块 1】对象，在右侧代码窗口可以查看刚才录制的 VBA 代码，如图 116-5 所示。单击 VBA 编辑器右上角的【关闭】按钮，关闭 VBA 编辑器并返回 Excel 界面。

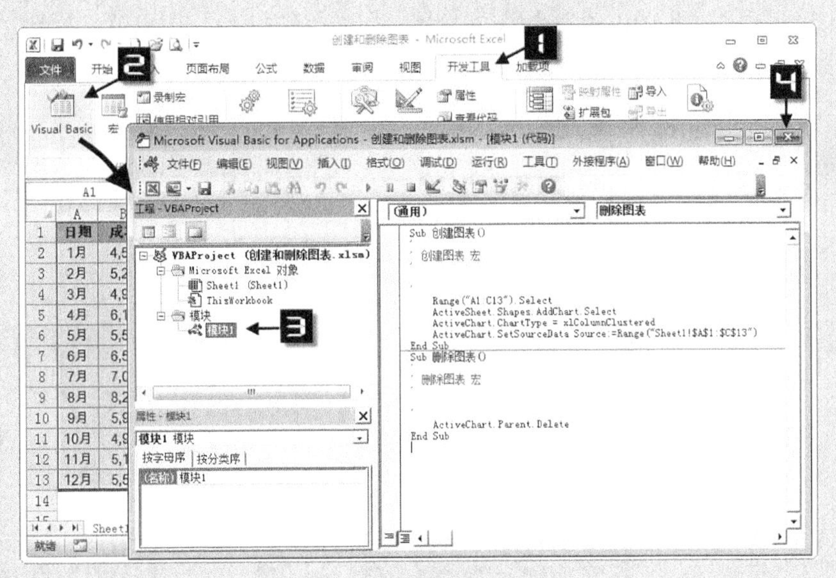

图 116-5　模块 1 代码

Step 6　单击快速访问工具栏上的【保存】命令，打开【另存为】对话框，单击【保存】按钮，弹出“无法在未启用宏的工作簿中保存 VB 项目”的提示框，单击【否】按钮关闭提示框，返回【另存为】对话框，输入文件名“创建和删除图表”，在【保存类型】下拉列表中选择【Excel 启用宏的工作簿】文件类型，如图 116-6 所示。单击【保存】按钮，将宏工作簿保存到指定的文件夹中，宏工作簿的文件名后缀为“.xlsm”。

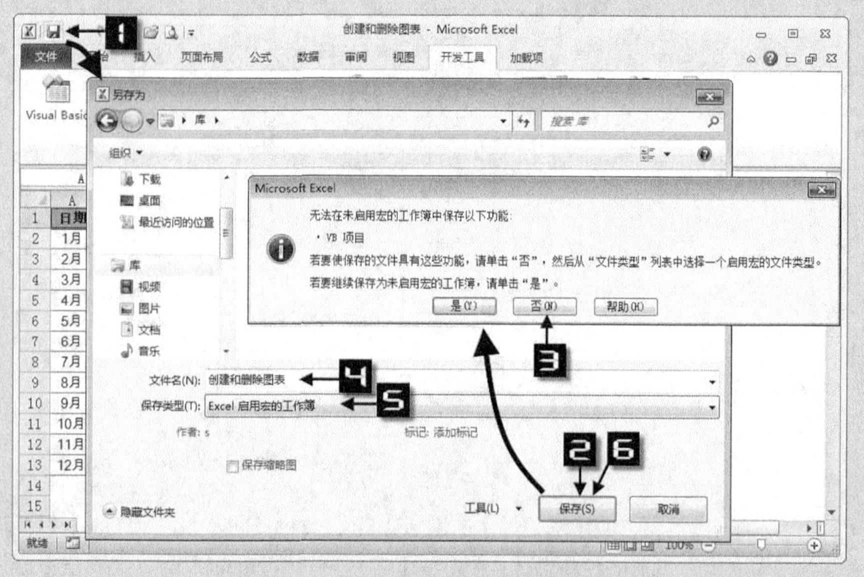

图 116-6　另存为启用宏的工作簿

Step 7

双击刚才保存的宏工作簿，打开宏工作簿，在 Excel 功能区与编辑栏之间显示【安全警告 宏已被禁用】警示栏，单击【启用内容】按钮，如图 116-7 所示。关闭警示栏，并在工作簿中启用宏功能。

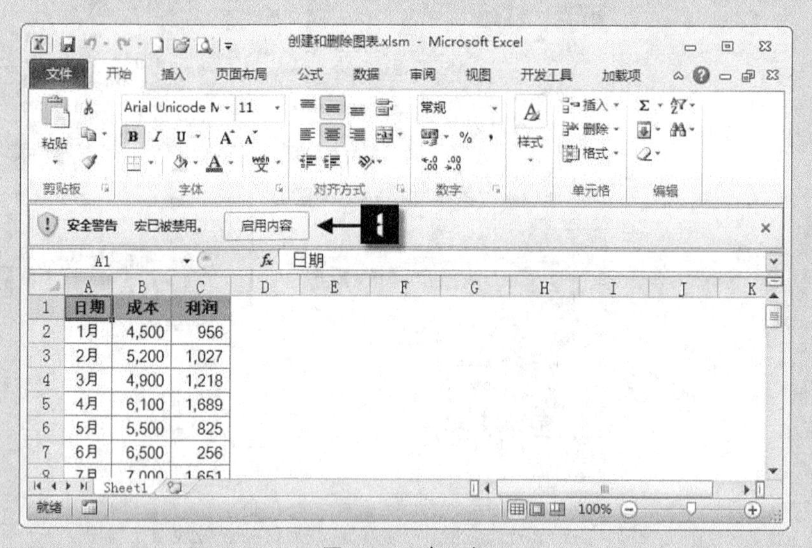

图 116-7　启用宏

Step 8

单击【开发工具】选项卡中的【宏】命令，打开【宏】对话框，选择【创建图表】宏名，单击【执行】按钮，在“Sheet1”工作表中创建柱形图，如图 116-8 所示。选择【删除图表】宏名，单击【执行】按钮，删除“Sheet1”工作表中的“图表 1”，单击【取消】按钮关闭对话框。

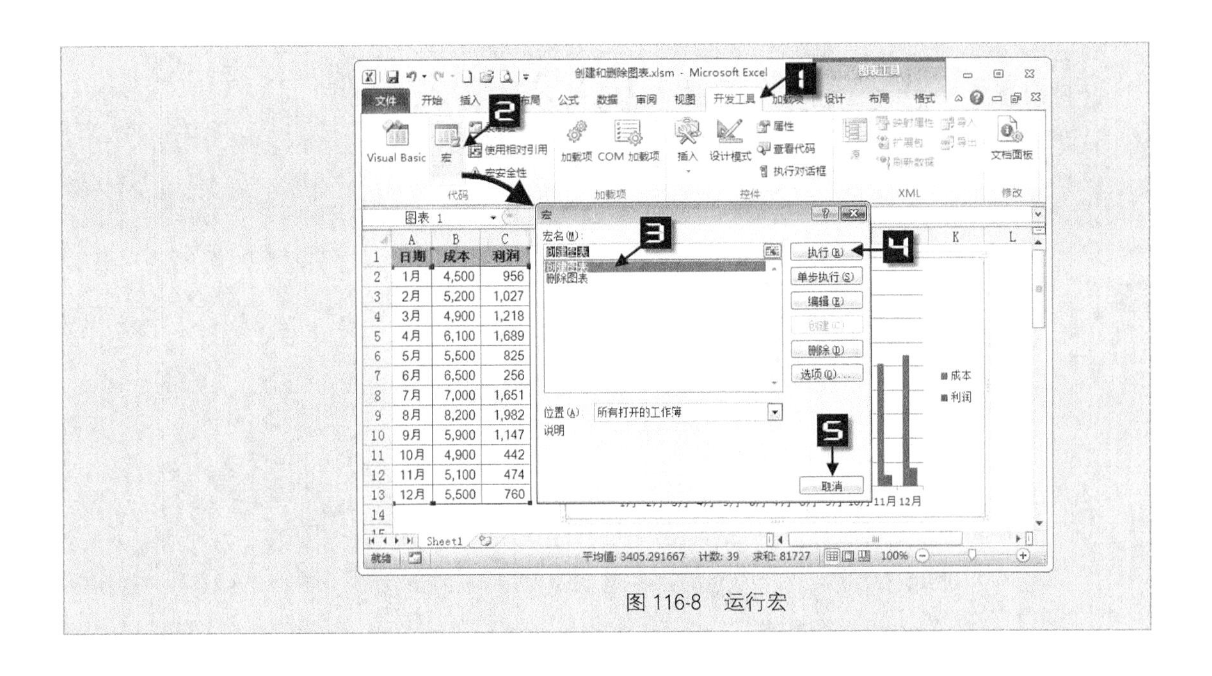

图 116-8　运行宏

技巧 117　批量绘制图表

批量绘制图表就是利用 VBA 程序完成重复绘制图表的过程。数据表有行数据和列数据之分，制作图表也有按行作图和按列作图之分。下面以示例数据为例，分别介绍按行批量绘图、按列批量绘图和批量删除图表的 VBA 代码。

Step 1　准备数据表，然后依次单击【开发工具】→【Visual Basic】命令，或者按<Alt+F11>组合键，打开 VBA 编辑器。在 VBA 编辑器中，单击【插入】→【模块】命令，插入一个 VBA 程序模块“模块 1”，如图 117-1 所示。

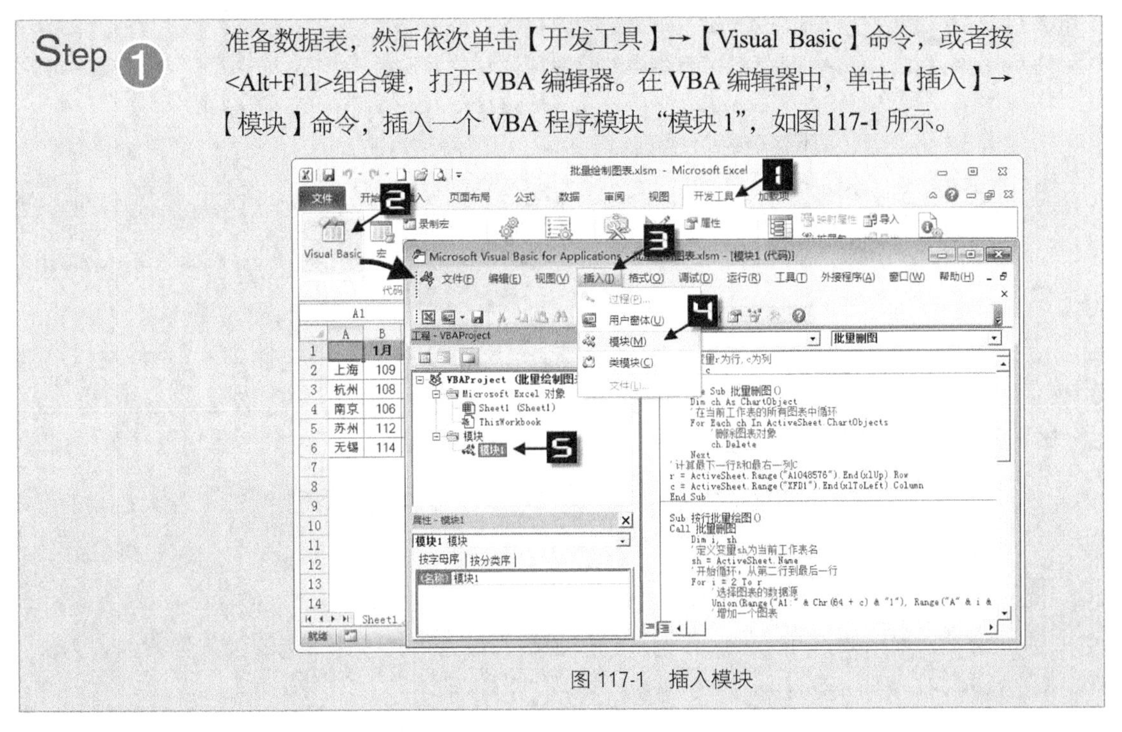

图 117-1　插入模块

Step 2 添加 VBA 代码。在“模块 1”代码窗口中输入“批量删图”、“按行批量绘图”、“按列批量绘图”3 个子程序，程序代码如下：

```
'定义变量 r 为行,c 为列
Dim r, c
Private Sub 批量删图()
    Dim ch As ChartObject
    '在当前工作表的所有图表中循环
    For Each ch In ActiveSheet.ChartObjects
        '删除图表对象
        ch.Delete
    Next
'计算最下一行 R 和最右一列 C
r = ActiveSheet.Range("A1048576").End(xlUp).Row
c = ActiveSheet.Range("XFD1").End(xlToLeft).ColumnEnd Sub
Sub 按行批量绘图()
Call 批量删图
    Dim i, sh
    '定义变量 sh 为当前工作表名
    sh = ActiveSheet.Name
    '开始循环，从第二行到最后一行
    For i = 2 To r
        '选择图表的数据源
        Union(Range("A1:" & Chr(64 + c) & "1"), Range("A" & i & ":" & Chr(64 + c) & i)).Select
        '增加一个图表
        Charts.Add
        '设置图表的位置为当前工作表中
        ActiveChart.Location Where:=xlLocationAsObject, Name:=sh
        '设置图表类型为柱形图
        ActiveChart.ChartType = xlColumnClustered
        '设置图表的上下间隔为 210 磅,左侧与 A 列对齐,高度为 200 磅
        ActiveChart.Parent.Top = Sheets(sh).Range("A" & r + 2).Top + 210 * (i - 2)
        ActiveChart.Parent.Left = 10
        ActiveChart.Parent.Height = 200
    '继续循环
    Next i
    '选择 A1 单元格
    ActiveSheet.Range("A1").Select
End Sub
Sub 按列批量绘图()
Call 批量删图
    Dim i, sh
    '定义变量 sh 为当前工作表名
```

```
        sh = ActiveSheet.Name
        '开始循环，从第二行到最后一行
        For i = 2 To c
            '选择图表的数据源
            Union(Range("A1:A" & r), Range(Chr(64 + i) & "1:" & Chr(64 + i) & r)).Select
            '增加一个图表
            Charts.Add
            '设置图表的位置为当前工作表中
            ActiveChart.Location Where:=xlLocationAsObject, Name:=sh
            '设置图表类型为柱形图
            ActiveChart.ChartType = xlColumnClustered
            '设置图表的上下间隔为 210 磅,左侧与 A 列对齐,高度为 200 磅
            ActiveChart.Parent.Top = Sheets(sh).Range("A" & r + 2).Top + 210 * (i - 2)
            ActiveChart.Parent.Left = 10
            ActiveChart.Parent.Height = 200
        '继续循环
        Next i
        '选择 A1 单元格
        ActiveSheet.Range("A1").Select
    End Sub
```

Step 3 按列批量绘图。单击【开发工具】选项卡中的【宏】命令，或者按<Alt+F8>组合键，打开【宏】对话框，在【宏名】列表中可以看到“按列批量绘图”和“按行批量绘图”两个宏，选择【按列批量绘图】宏名，单击【执行】按钮，在当前工作表中按列数据创建 10 个图表，如图 117-2 所示。

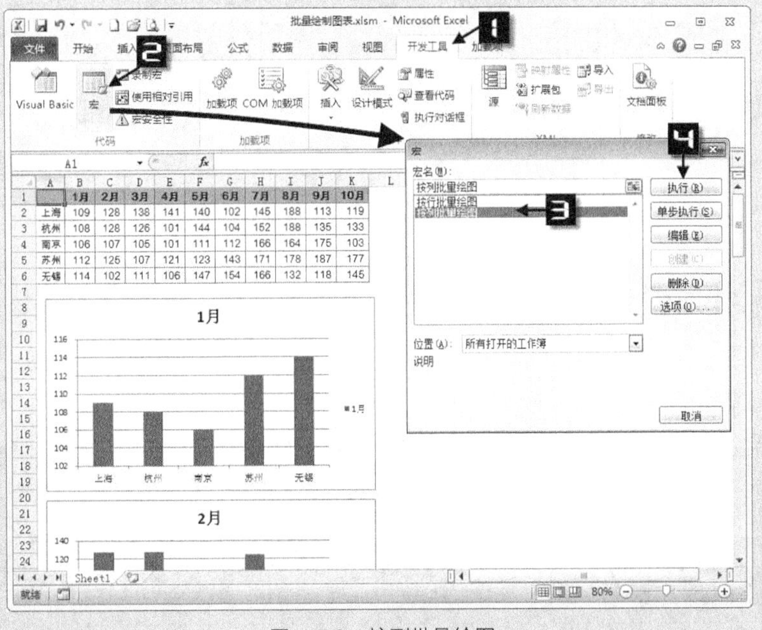

图 117-2　按列批量绘图

注意！ 因为在模块代码中子程序“Sub 批量删图()”前面加上了“Private”一词，所以在【宏】对话框的列表中没有“批量删图”的宏名。

Step 4 按行批量绘图。选择图表，单击【开发工具】选项卡中的【宏】命令，或者按<Alt+F8>组合键，打开【宏】对话框，选择【按行批量绘图】宏名，单击【执行】按钮，在当前工作表中按行数据创建 5 个图表，如图 117-3 所示。

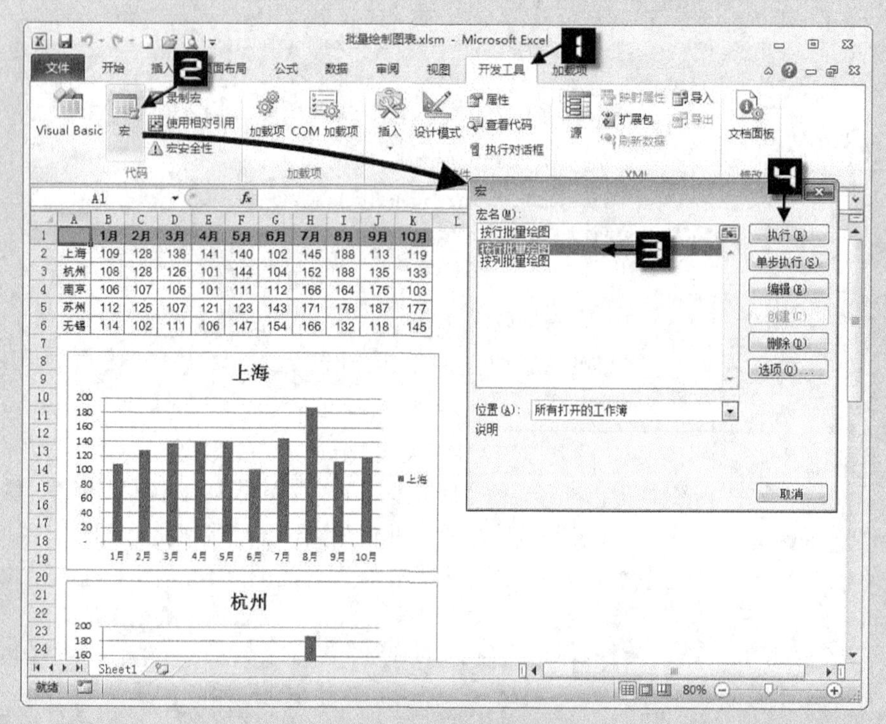

图 117-3　按行批量绘图

技巧 118　设置图表格式

手工设置图表格式，一次只能改变一个或一组图表元素的格式，而使用 VBA 程序可以同时设置图表中所有元素的格式，也可以将每一次绘制的图表设置成相同的格式。

准备数据表，并绘制 Excel 默认图表格式的柱形图，如图 118-1 所示。

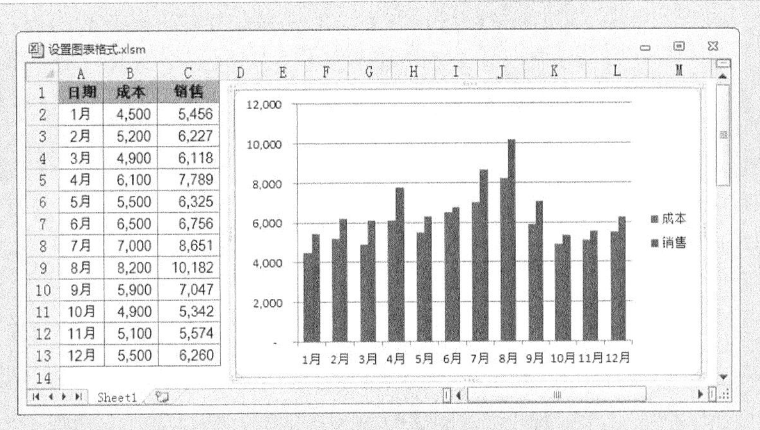

日期	成本	销售
1月	4,500	5,456
2月	5,200	6,227
3月	4,900	6,118
4月	6,100	7,789
5月	5,500	6,325
6月	6,500	6,756
7月	7,000	8,651
8月	8,200	10,182
9月	5,900	7,047
10月	4,900	5,342
11月	5,100	5,574
12月	5,500	6,260

图 118-1　默认图表格式

Step 2 依次单击【开发工具】→【Visual Basic】命令，或者按<Alt+F11>组合键，打开 VBA 编辑器。在 VBA 编辑器中，单击【插入】→【模块】命令，插入一个 VBA 程序模块“模块 1”，分别添加“设置图表标题格式”、“设置图表区格式”、“设置绘图区格式”、“设置图例格式”、“设置数据系列格式”、“设置数据点格式”、“设置网格线格式” 7 个子程序。

```
Private Sub 设置图表标题格式()
    ActiveChart.SetElement (msoElementChartTitleAboveChart)
    With ActiveChart.ChartTitle
        .Text = "设置图表格式"
        .Font.Name = "黑体"
        .Font.Size = 16
        .Font.Color = vbBlue
    End With
End Sub
Private Sub 设置图表区格式()
    ActiveChart.Parent.RoundedCorners = True
    With ActiveChart.ChartArea
        .Border.Weight = 3
        .Border.ColorIndex = 16
    End With
End Sub
Private Sub 设置绘图区格式()
    With ActiveChart.PlotArea
        .Border.Weight = xlThin
        .Border.LineStyle = xlContinuous
        .Border.ColorIndex = 16
        .Interior.ColorIndex = 36
    End With
```

```
End Sub
Private Sub 设置图例格式()
    With ActiveChart.Legend
        .Position = xlCorner
        .Top = 5
        .Border.LineStyle = xlNone
        .Interior.ColorIndex = xlNone
    End With
End Sub
Private Sub 设置数据系列格式()
    ActiveChart.SeriesCollection(2).ChartType = xlLineMarkers
    With ActiveChart.SeriesCollection(2).Border
        .ColorIndex = 7
        .Weight = xlMedium
        .LineStyle = xlDot
    End With
    With ActiveChart.SeriesCollection(2)
        .MarkerBackgroundColorIndex = 2
        .MarkerForegroundColorIndex = 7
        .MarkerStyle = xlCircle
        .MarkerSize = 6
    End With
End Sub
Private Sub 设置数据点格式()
    With ActiveChart.SeriesCollection(1).Points(8)
        .Interior.Color = vbWhite
        .Border.Color = vbRed
    End With
End Sub
Private Sub 设置网格线格式()
    '设置分类轴(X)的主要网格线线型和颜色
    With ActiveChart.Axes(xlCategory)
        .HasMajorGridlines = True
        .HasMinorGridlines = False
        .MajorGridlines.Border.ColorIndex = 16
        .MajorGridlines.Border.LineStyle = xlDot
    End With
    '设置数值轴(Y)的主要网格线线型和颜色
    With ActiveChart.Axes(xlValue)
        .HasMajorGridlines = True
```

```
            .HasMinorGridlines = False
            .MajorGridlines.Border.ColorIndex = 16
            .MajorGridlines.Border.LineStyle = xlDot
        End With
    End Sub
```

图表格式的设置可以通过录制宏来得到 VBA 代码，为了能正确地操作所选的图表对象，一般需要将录制的宏代码中的 ActiveSheet.ChartObjects（“图表 xx”）改成 ActiveChart。

Step 3 再添加一个名为“设置图表格式”的子程序，并引用上述 7 个子程序，将不同图表元素的格式设置串联为一个程序。

```
Sub 设置图表格式()
On Error Resume Next
    Call 设置图表标题格式
    Call 设置图表区格式
    Call 设置绘图区格式
    Call 设置图例格式
    Call 设置数据系列格式
    Call 设置数据点格式
    Call 设置网格线格式
End Sub
```

Step 4 依次单击【开发工具】选项卡中的【宏】命令，或者按<Alt+F8>组合键，打开【宏】对话框，选择【设置图表格式】宏名，单击【执行】按钮，运行 VBA 程序，将活动工作表中的图表设置成指定的格式，如图 118-2 所示。

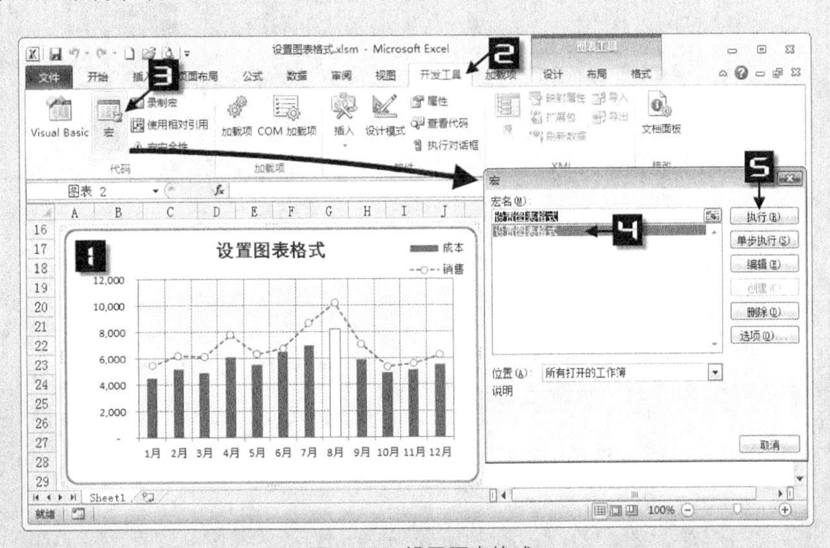

图 118-2　设置图表格式

技巧 119 图案填充

在黑白印刷的图表中，图案填充可以清楚地显示不同的数据。用户窗体和 VBA 程序，可以模拟实现 Excel 图案填充功能。

Step 1 依次单击【开发工具】→【Visual Basic】命令，或者按<Alt+F11>组合键，打开 VBA 编辑器。在 VBA 编辑器中，单击【插入】→【用户窗体】命令，插入一个 VBA 程序窗体“UserForm1”；然后在窗体中，添加 2 个 Frame 控件，设置 Picture 属性为填充图案的图片和颜色图片；添加 3 个 Label 标签控件，设置 Caption 属性分别为【图案种类】、【背景颜色】、【前景颜色】；添加 3 个 ComboBox 组合框控件，设置 Text 属性分别为“16”、“2”、“1”；添加 1 个 CommandButton 按钮控件，设置 Caption 属性为【图案填充】，如图 119-1 所示。

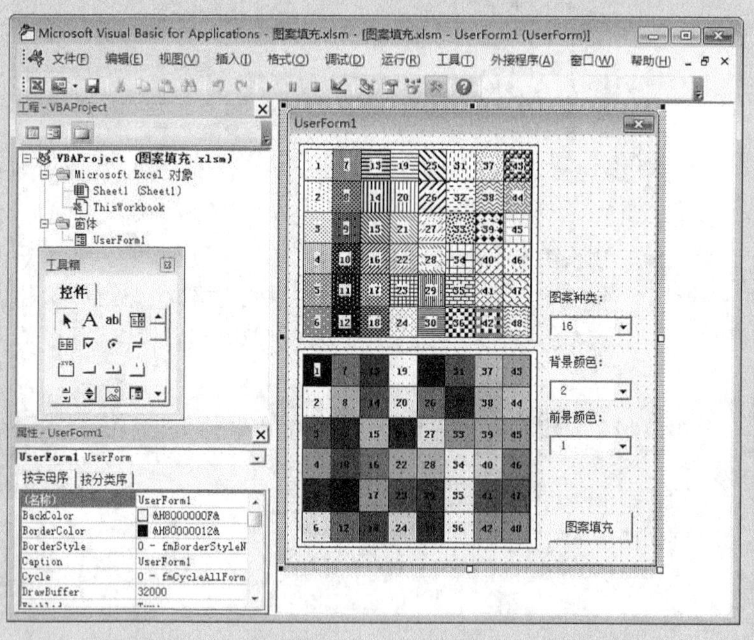

图 119-1 设置程序窗体

Step 2 在 VBA 编辑器中，依次单击【视图】→【代码窗口】命令，或者按<F7>功能键，打开代码窗口，分别添加 UserForm_Activate、ComboBox1_Change、ComboBox2_Change、ComboBox3_Change、CommandButton1_Click、图案填充 6 个子程序。

```
Private Sub UserForm_Activate()
    Dim i
```

```
    For i = 1 To 48
        ComboBox1.AddItem i
        ComboBox2.AddItem i
        ComboBox3.AddItem i
    Next i
End Sub
Private Sub ComboBox1_Change()
    Call 图案填充
End Sub
Private Sub ComboBox2_Change()
    Call 图案填充
End Sub
Private Sub ComboBox3_Change()
    Call 图案填充
End Sub
Private Sub CommandButton1_Click()
    Call 图案填充
    Unload UserForm1
End Sub
Private Sub 图案填充()
    On Error Resume Next
    With Selection
        .Fill.Visible = True
        .Fill.Patterned Pattern:=ComboBox1.Value
        .Fill.BackColor.SchemeColor = ComboBox2.Value
        .Fill.ForeColor.SchemeColor = ComboBox3.Value
    End With
End Sub
```

Step 3 在 VBA 编辑器中，单击【插入】→【模块】命令，插入一个 VBA 程序模块“模块 1”，添加 ShowForm 子程序。

```
Sub ShowForm()
UserForm1.Show 0
End Sub
```

Step 4 按<Alt+F11>组合键，返回 Excel 窗口。单击【开发工具】选项卡中的【宏】命令，或者按<Alt+F8>组合键，打开【宏】对话框，选择【ShowForm】宏名，单击【选项】按钮，打开【宏选项】对话框，输入快捷键“m”，如图 119-2 所示。单击【确定】按钮关闭对话框，完成设置宏的快捷键。

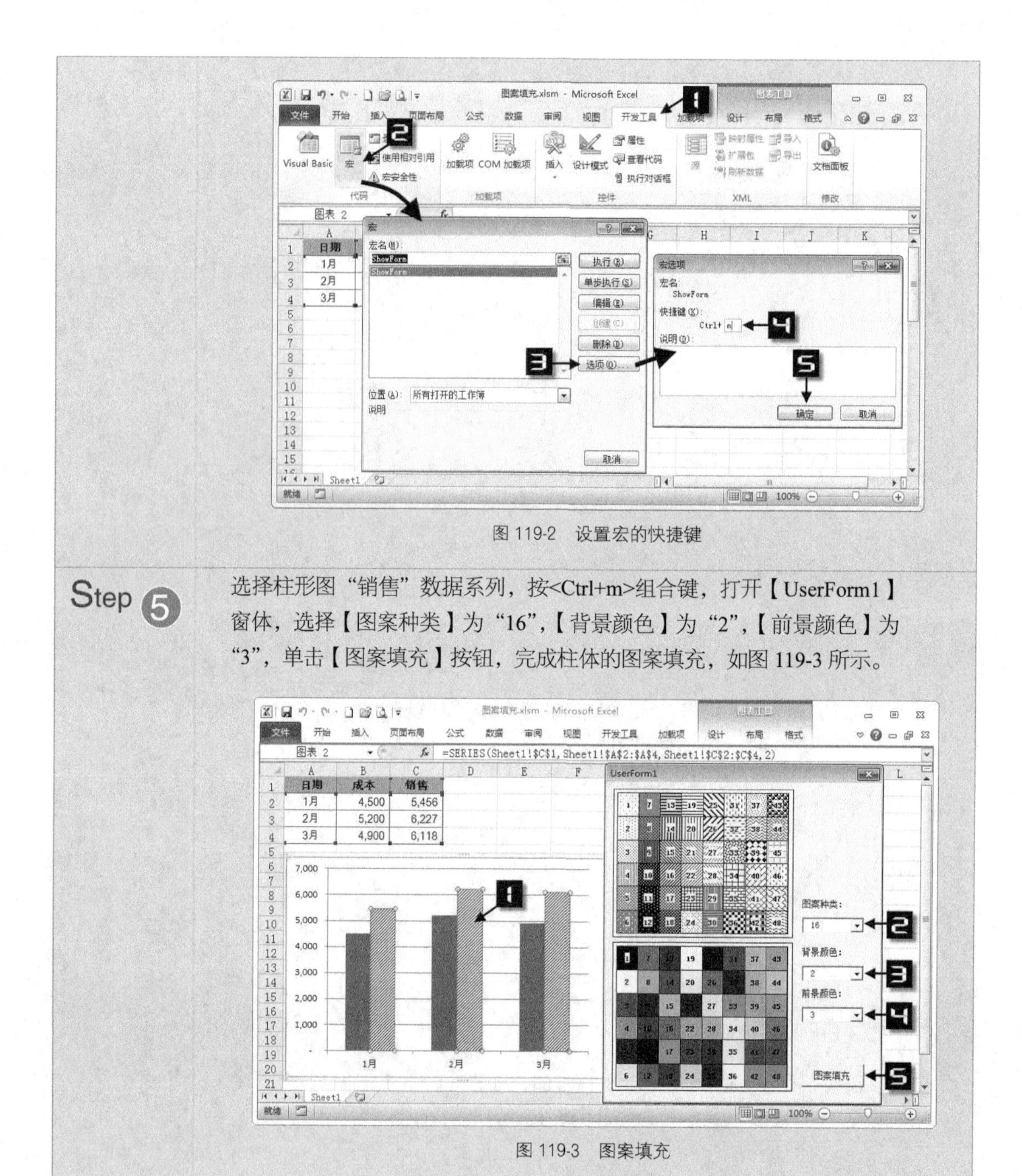

图 119-2 设置宏的快捷键

Step 5 选择柱形图“销售”数据系列，按<Ctrl+m>组合键，打开【UserForm1】窗体，选择【图案种类】为“16”,【背景颜色】为“2”,【前景颜色】为“3”，单击【图案填充】按钮，完成柱体的图案填充，如图 119-3 所示。

图 119-3 图案填充

技巧 120 自定义坐标轴刻度

为了使图表的表现更加清晰，有时需要不断地调整坐标轴刻度的大小。通过设置指定单元格内的数据，利用 VBA 程序，用户可以分别自定义 *x* 轴和 *y* 轴的最大刻度值和最小刻度值。

Step 1

选择 A1:B11，绘制 XY 散点折线图，如图 120-1 所示。

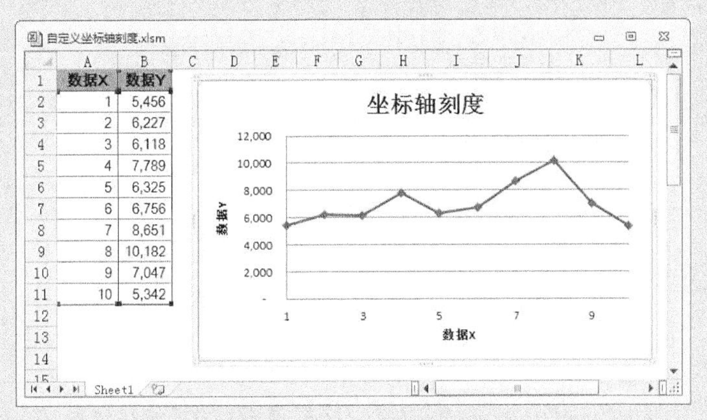

图 120-1　自动刻度

Step 2

依次单击【开发工具】→【Visual Basic】命令，或者按<Alt+F11>组合键，打开 VBA 编辑器。在 VBA 编辑器的【工程】窗口中，双击【Sheet1】对象，打开 Sheet1 的代码窗口，添加以下代码：

```
Private Sub Worksheet_SelectionChange(ByVal Target As Range)
 '如果选择 M5 单元格，则执行"自动刻度"子程序
 If Target = ActiveSheet.[M5] Then Call 自动刻度: End
 '如果选择单元格在 N 列，第 1 行到第 4 行之间，则设置第一个图表的刻度为单元格内的数值
 If Target.Column = 14 And Target.Row <= 4 Then
  With ActiveSheet.ChartObjects(1).Chart
    .Axes(xlValue).MaximumScale = ActiveSheet.[N1]
    .Axes(xlValue).MinimumScale = ActiveSheet.[N2]
    .Axes(xlCategory).MaximumScale = ActiveSheet.[N3]
    .Axes(xlCategory).MinimumScale = ActiveSheet.[N4]
  End With
 End If
End Sub
```

Step 3

在 VBA 编辑器中，单击【插入】→【模块】命令，插入一个 VBA 程序模块“模块 1”，添加“自动刻度”子程序，代码如下：

```
Sub 自动刻度()
  '设置第一个图表的刻度为自动刻度
  With ActiveSheet.ChartObjects(1).Chart
    .Axes(xlValue).MaximumScaleIsAuto = True
    .Axes(xlValue).MinimumScaleIsAuto = True
    .Axes(xlCategory).MaximumScaleIsAuto = True
    .Axes(xlCategory).MinimumScaleIsAuto = True
  End With
End Sub
```

Step 4 返回 Excel 窗口，在 N1 单元格中输入 y 轴最大值为“11000”，在 N2 单元格中输入 y 轴最小值为“5000”，在 N3 单元格中输入 x 轴最大值为“10”，在 N4 单元格中输入 x 轴最小值为“1”，则触发 Excel 自动运行【Worksheet_SelectionChange】子程序，将图表的坐标轴刻度设置为单元格数值，如图 120-2 所示。在 M5 单元格中输入“自动刻度”，则图表的坐标轴刻度为自动设置样式。

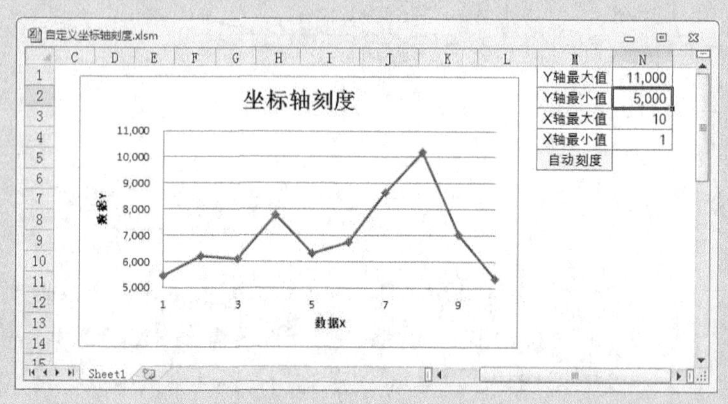

图 120-2　自定义坐标轴刻度

技巧 121　自定义数据标签

在 XY 散点图中可以增加的数据标签有系列名称、X 值、Y 值及其组合，如果要增加数据点的名称则不太方便。手工增加数据标签有数据标签链接单元格和设置每个数据点为一个数据系列两种方法，都较为繁琐。本技巧介绍如何利用 VBA 代码将指定单元格的内容设置为数据标签。

Step 1 选择 B1:C7，绘制仅带数据标记的 XY 散点图，并添加数据标签，如图 121-1 所示。

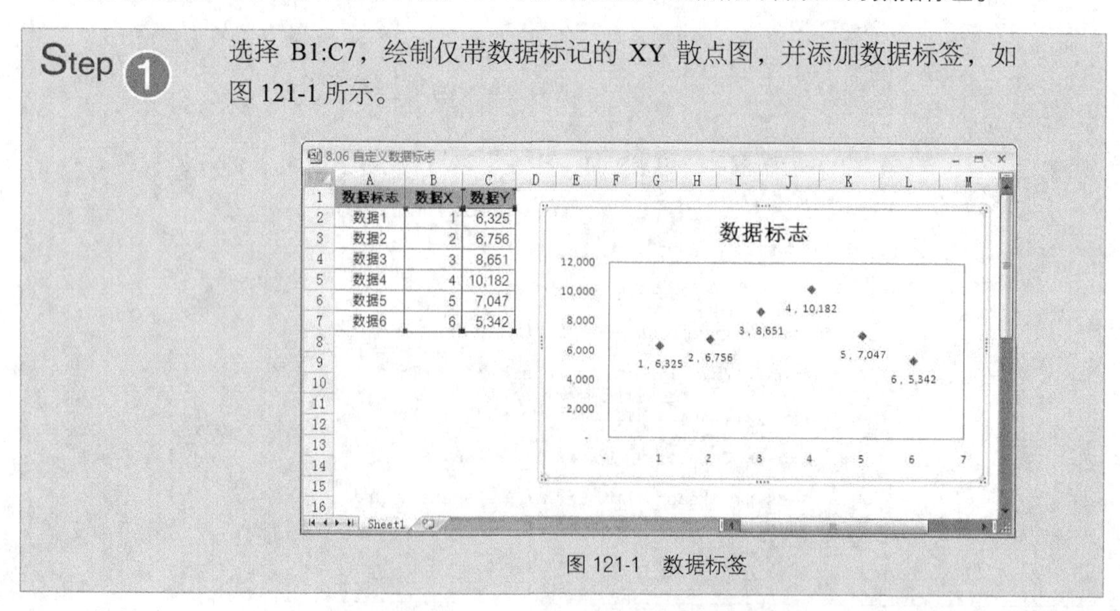

数据标志	数据X	数据Y
数据1	1	6,325
数据2	2	6,756
数据3	3	8,651
数据4	4	10,182
数据5	5	7,047
数据6	6	5,342

图 121-1　数据标签

Step 2　依次单击【开发工具】→【Visual Basic】命令，或者按<Alt+F11>组合键，打开 VBA 编辑器。在 VBA 编辑器中，单击【插入】→【模块】命令，插入一个 VBA 程序模块“模块 1”，添加“自定义数据标签”子程序，代码如下：

```
Sub 自定义数据标签()
    Dim r As Range
    Dim i As Integer
    If TypeName(Selection) = "Series" Then
    '若选择了数据系列，则继续运行程序
    Set r = Application.InputBox("请选择单元格", "Excelhome", , , , , , 8)
    '变量 r 设为选取的单元格区域
    For i = 1 To r.Count
        '循环开始，变量 i 从 1 循环到选取区域单元格的数目
        Selection.Points(i).HasDataLabel = True
        '设置选定数据系列中数据点 i 显示数据标签
        Selection.Points(i).DataLabel.Text = r(i)
        '设置选定数据系列中数据点 i 的数据标签为选中区域的第 i 个单元格
    Next i
    End If
End Sub
```

Step 3　返回 Excel 窗口，选择图表中的一个数据系列，然后单击【开发工具】选项卡中的【宏】命令，或者按<Alt+F8>组合键，打开【宏】对话框，选择【自定义数据标签】宏名，单击【执行】按钮，弹出【请选择单元格】的 InputBox 对话框，用鼠标指针选取 A2:A7，单击【确定】按钮即可为所选的数据系列批量添加数据标签，如图 121-2 所示。

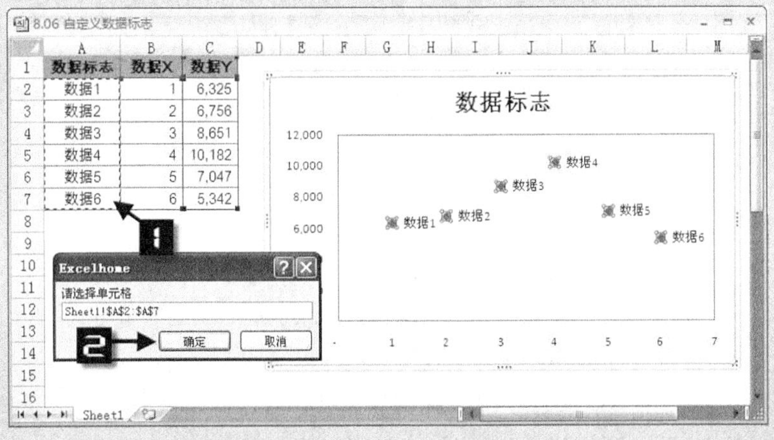

图 121-2　自定义数据标签

技巧 122 批量添加数据系列

在 XY 散点图中，一个数据系列有 3 个参数：系列名称、*x* 轴系列值、*y* 轴系列值，这些参数可以分别引用 3 个单元格的数据。利用这个特点，用户可以设置一个数据系列只有一个数据点，而不是一行或一列数据，并可以在图表中方便地显示数据系列的 3 个参数。

Step 1 准备 3 列数据，对应数据系列的 3 个参数：A 列对应系列名称，B 列对应 *x* 轴系列值，C 列对应 *y* 轴系列值，如图 122-1 所示。

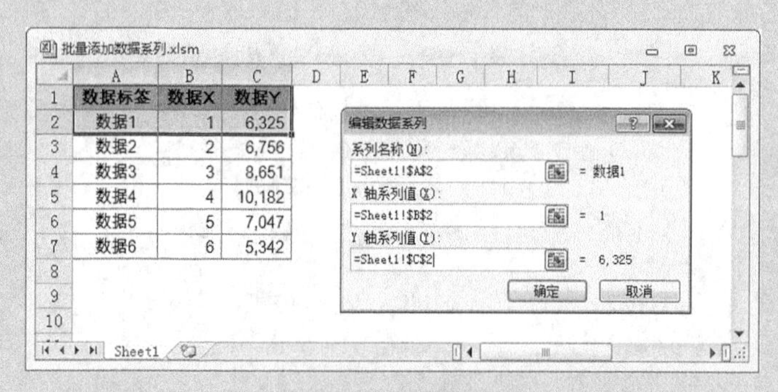

图 122-1 散点图数据

Step 2 依次单击【开发工具】→【Visual Basic】命令，或者按<Alt+F11>组合键，打开 VBA 编辑器。在 VBA 编辑器中，单击【插入】→【模块】命令，插入一个 VBA 程序模块“模块 1”，添加“批量添加数据系列”子程序，代码如下：

```
Sub 批量添加数据系列()
'定义变量
Dim N As Integer
    '在 Sheet1 工作表中添加 XY 散点图
    Charts.Add
    ActiveChart.Location Where:=xlLocationAsObject, Name:="Sheet1"
    ActiveChart.ChartType = xlXYScatter
    '删除图例和网格线
    ActiveChart.Legend.Delete
    ActiveChart.Axes(xlValue).MajorGridlines.Delete
'计算 A 列的行数
N = Range("A1000").End(xlUp).Row
'循环从第二行开始
For i = 2 To N
'添加数据系列
```

```
ActiveChart.SeriesCollection.NewSeries
    With ActiveChart.SeriesCollection(i - 1)
        '设置数据系列引用单元格
        .Name = "=Sheet1!$A$" & i
        .XValues = "=Sheet1!$b$" & i
        .Values = "=Sheet1!$c$" & i
        '设置数据标记格式
        .MarkerStyle = 8
        .MarkerSize = 8
        .MarkerBackgroundColor = vbRed
        .MarkerForegroundColor = vbWhite
        '设置数据标签格式
        .ApplyDataLabels
        .DataLabels.ShowCategoryName = True
        .DataLabels.ShowSeriesName = True
        .DataLabels.Font.Size = 8
    End With
Next
    '设置图表标题
    ActiveChart.SetElement (msoElementChartTitleAboveChart)
    ActiveChart.ChartTitle.Text = "散点图"
End Sub
```

Step 3 返回 Excel 窗口，选择图表中的一个数据系列，然后依次单击【开发工具】选项卡中的【宏】命令，或者按<Alt+F8>组合键，打开【宏】对话框，选择【批量添加数据系列】宏名，单击【执行】按钮，即可绘制一个数据点为一个数据系列的散点图，并同时显示数据点名称和 x 值、y 值的数据标签，如图 122-2 所示。

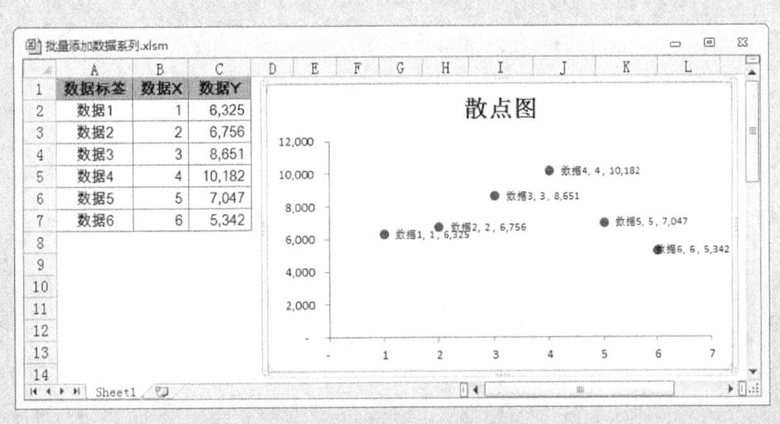

图 122-2　批量添加数据系列

技巧123 对齐的饼图数据标签

在饼图中显示数据标签时，经常会遇到数据标签重叠在一起的问题，尤其是在比较小的扇区中。利用 VBA 程序，可以对齐饼图的数据标签，并将数据标签显示在饼图扇区的中间。

Step 1 绘制饼图，并设置显示饼图的数据标签，如图 123-1 所示。

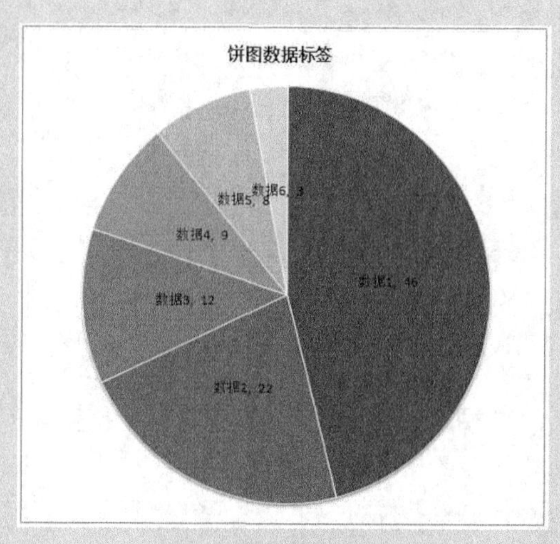

图 123-1 饼图数据标签

Step 2 依次单击【开发工具】→【Visual Basic】命令，或者按<Alt+F11>组合键，打开 VBA 编辑器。在 VBA 编辑器中，单击【插入】→【模块】命令，插入一个 VBA 程序模块“模块 1”，添加“数据标签居中”子程序，代码如下：

```
Sub 数据标签居中()
'Lb 为数据标签对象
Dim Lb As Object
'定义变量 Pv 为数组，Sv, Nv, i 为数值
Dim Pv, Sv, Nv, i
'赋于 i 初始值为 1,Nv 为 0
i = 1: Nv = 0
 '如果图表类型为饼图
 If ActiveChart.ChartType = xlPie Then
    '设置 Pv 为数据点的值
    Pv = ActiveChart.SeriesCollection(1).Values
    '计算 Sv 为数据点的合计值
    Sv = Application.Sum(Pv)
    '循环开始，饼图的每一个数据标签
```

```
        For Each Lb In ActiveChart.SeriesCollection(1).DataLabels
            '数据标签的位置为数据标记内
            Lb.Position = xlLabelPositionInsideEnd
            '计算 Nv 为数据点扇区中心的角度
            Nv = Nv + Pv(i) / Sv * 180
            '数据标签的方向为 90 度到-90 度之间
            If Nv < 180 Then Lb.Orientation = 90 - Nv Else Lb.Orientation = 270 - Nv
            '计算 Nv 为数据点扇区结束的角度
            Nv = Nv + Pv(i) / Sv * 180
        '下一个数据标签
        i = i + 1
        Next
    End If
End Sub
```

Step 3 返回 Excel 窗口，选择图表中的一个数据系列。然后依次单击【开发工具】选项卡中的【宏】命令，或者按<Alt+F8>组合键，打开【宏】对话框，选择【数据标签居中】宏名，单击【执行】按钮，即可设置饼图的数据标签按扇区对齐，如图 123-2 所示。如果数据标签的文字有未对齐的情况，适当缩小数据标签的字体即可。

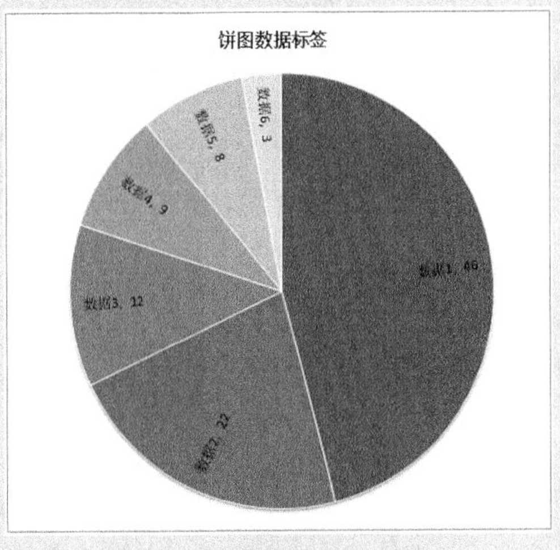

图 123-2　对齐的饼图数据标签

Step 4 如果需要查看数据标签原来居中的效果，则插入并运行以下“数据标签复原”子程序代码。

```
Sub 数据标签复原()
'Lb 为数据标签对象
Dim Lb As Object
 '如果图表类型为饼图
 If ActiveChart.ChartType = xlPie Then
```

```
        '循环开始，饼图的每一个数据标签
        For Each Lb In ActiveChart.SeriesCollection(1).DataLabels
            '数据标签的位置为居中
            Lb.Position = xlLabelPositionCenter
            '数据标签的方向为 0 度
            Lb.Orientation = xlHorizontal
        '下一个数据标签
        Next
    End If
End Sub
```

技巧 124　动态显示数据系列

若在同一个图表中显示多个数据系列，可能因显示大小的限制，使图表不能直观地表现数据特点。利用 VBA 程序，可以实现“所点即所得”的动态显示数据系列效果。

选择 A1:D3，绘制柱形图，并设置图表格式，如图 124-1 所示。

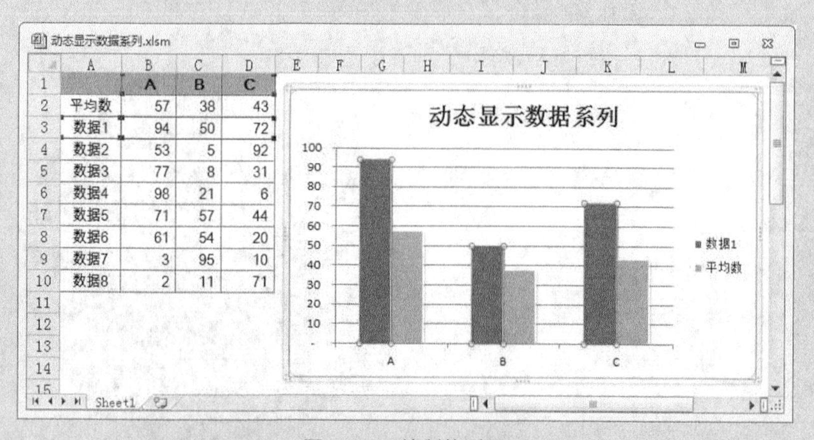

	A	B	C
平均数	57	38	43
数据1	94	50	72
数据2	53	5	92
数据3	77	8	31
数据4	98	21	6
数据5	71	57	44
数据6	61	54	20
数据7	3	95	10
数据8	2	11	71

图 124-1　绘制柱形图

Step 2

依次单击【开发工具】→【Visual Basic】命令，或者按<Alt+F11>组合键，打开 VBA 编辑器。在 VBA 编辑器的【工程】窗口中，双击【Sheet1】对象，打开 Sheet1 的代码窗口，添加以下代码：

```
Private Sub Worksheet_SelectionChange(ByVal Target As Range)
    Dim r, c As Integer
    r = Target.Row
    '变量 r 等于选中单元格的行号
    c = Target.Column
```

```
        '变量 c 等于选中单元格的列号
        If r <= 10 And r > 2 And c <= 4 Then
        '如果所选单元格在第 3 行到第 10 行，并在 A 列和 D 列之间，则执行程序
            With ChartObjects(1).Chart
            '选中第一个图表
            .SeriesCollection(1).Values = "=Sheet1!B" & r & ":D" & r
            '设置图表系列 1 的数值为引用当前行的数据
            .SeriesCollection(1).Name = "=Sheet1!A" & r
            '设置图表系列 1 的名称为引用当前行的第一个单元格
            End With
        End If
    End Sub
```

Step 3　返回 Excel 窗口，选择 Sheet1 工作表中 B7 单元格，触发 Excel 自动运行【Worksheet_SelectionChange】子程序，设置柱形图的数据系列 1 引用所选单元格所在行的数据，实现动态显示数据系列，如图 124-2 所示。

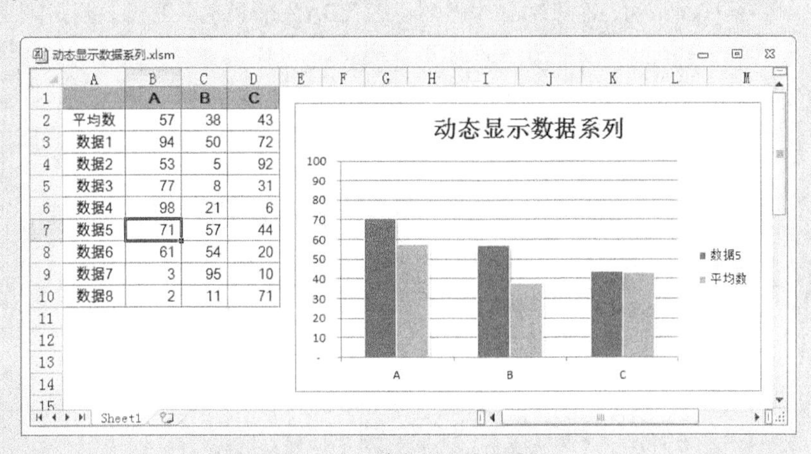

图 124-2　动态显示数据系列

技巧 125　动态显示图表类型

Excel 提供了 11 大类 73 种基本图表类型，所有的图表种类均有固定的中英文名称和图表类型值。本例通过 VBA 程序，可实现选择 C 列单元格的图表名称，即可动态地显示所选单元格中的图表类型。

Step 1　选择 B2:B8，绘制柱形图，并选择 F2 单元格，并将其设置冻结窗格，如图 125-1 所示。

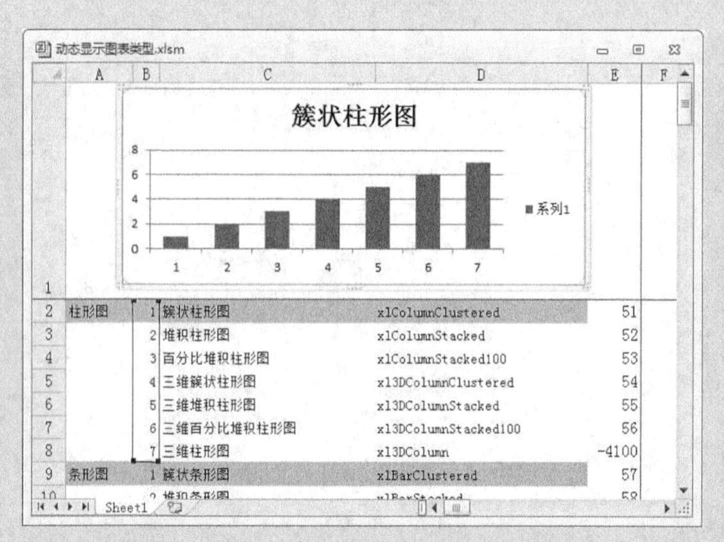

图 125-1　绘制图表

Step 2

依次单击【开发工具】→【Visual Basic】命令，或者按<Alt+F11>组合键，打开 VBA 编辑器。在 VBA 编辑器的【工程】窗口中，双击【Sheet1】对象，打开 Sheet1 的代码窗口，添加以下代码：

```
Private Sub Worksheet_SelectionChange(ByVal Target As Range)
 '定义变量
 Dim cht As XlChartType
 '设置图表类型为所选单元格右侧第二个单元格的类型值
 cht = ActiveCell.Offset(0, 2).Value
    '设置图表的属性
    With ChartObjects(1).Chart
        '如果图表类型不匹配，则继续运行下面的代码
         On Error Resume Next
        '设置图表类型
        .ChartType = cht
        '设置有标题
        .HasTitle = True
        '标题为所选单元格的文本
        .ChartTitle.Characters.Text = ActiveCell.Text
     End With
End Sub
```

Step 3

返回 Excel 窗口，选择 Sheet1 工作表中 C23 单元格，触发 Excel 自动运行【Worksheet_SelectionChange】子程序，设置图表类型值为单元格 E23 的数值，实现动态显示图表类型，如图 125-2 所示。

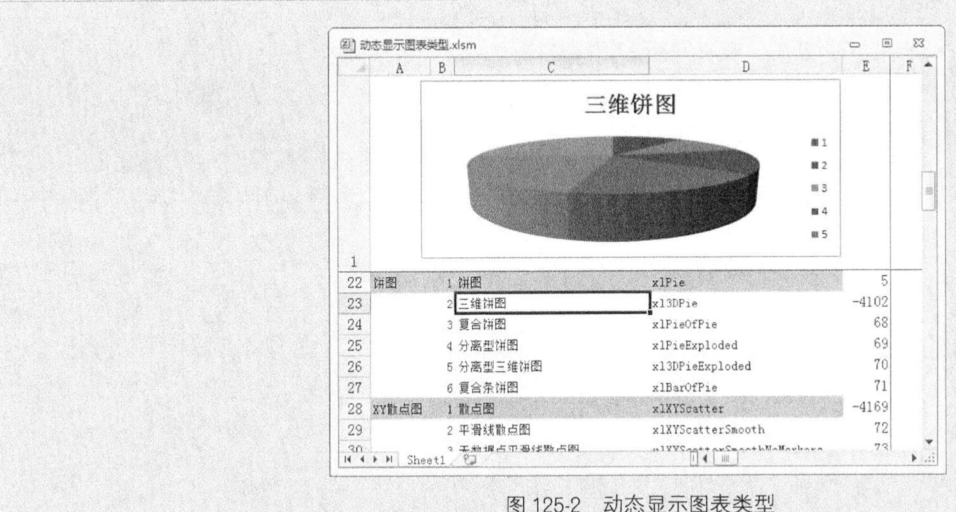

图 125-2　动态显示图表类型

技巧 126　三维图表旋转展示

Step 1　选择 A1:D9，绘制三维柱形图，如图 126-1 所示。

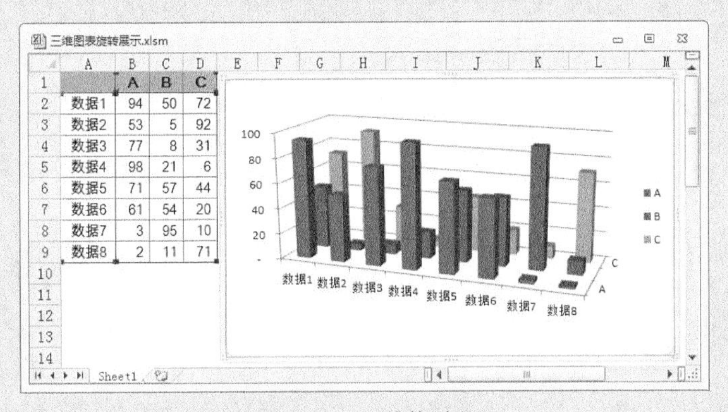

图 126-1　三维柱形图

Step 2　依次单击【开发工具】→【Visual Basic】命令，或者按<Alt+F11>组合键，打开 VBA 编辑器。在 VBA 编辑器中，单击【插入】→【模块】命令，插入一个 VBA 程序模块“模块 1”，添加“三维旋转”子程序，代码如下：

```
Sub 三维旋转()
'定义变量 Ch 为图表
Dim Ch As Chart
'定义数据变量 s 和 i
Dim s, i
'设置 Ch 为当前工作表的第一个图表对象
```

```
Set Ch = ActiveSheet.ChartObjects(1).Chart
'设置 s 为 80 度
s = 80
'图表三维视图左转和下转,从 0 度到 80 度
For i = 0 To s
   Ch.Rotation = i
   Ch.Elevation = i
   DoEvents
Next i
'图表三维视图右转和上转,从 80 度到 0 度
For i = s To 0 Step -1
   Ch.Rotation = i
   Ch.Elevation = i
   DoEvents
Next i
End Sub
```

Step 3 返回 Excel 窗口，选择图表中的一个数据系列，然后依次单击【开发工具】选项卡中的【宏】命令，或者按<Alt+F8>组合键，打开【宏】对话框，选择【三维旋转】宏名，单击【执行】按钮，即可实现三维图表旋转展示效果，如图 126-2 所示。

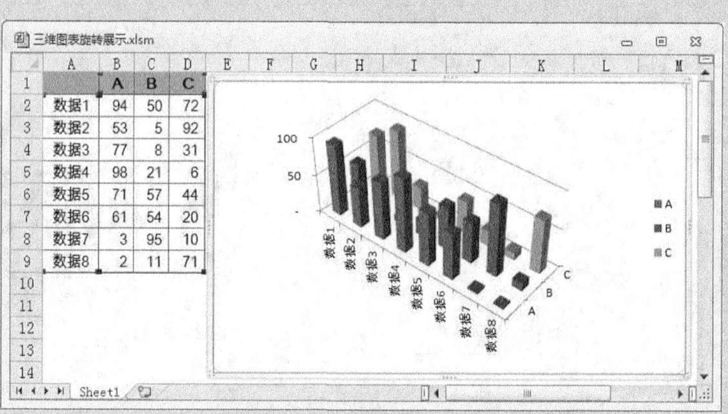

图 126-2 三维图表旋转展示

技巧 127 雷达图时钟

根据雷达图圆形的特点，可以方便地绘制指针式时钟的图表，结合 VBA 对数据的控制，可以实现正确走时的时钟图。

Step 1

准备 5 列数据：A 列为钟面 60 分钟的刻度，数值固定为从 0 到 59。B 列为钟面 12 小时的刻度，数值固定为 10，每 5 行（分钟）一个数值。C 例为时针数值，相邻 2 个单元格分别为 6 和 0。D 例为分针数值，相邻 2 个单元格分别为 8 和 0。E 例为秒针数值，相邻 2 个单元格分别为 9 和 0。选择 B1:E61 单元格区域，单击【插入】选项卡中的【其他图表】→【带数据标记的雷达图】命令，在工作表中插入一个雷达图，如图 127-1 所示。

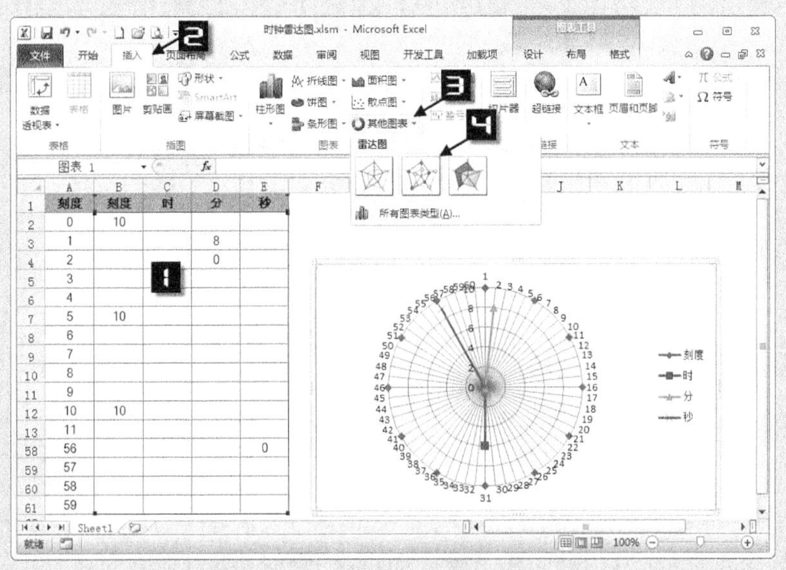

图 127-1　雷达图

Step 2

删除雷达图中多余的图表元素：分类标签、雷达轴（值）轴、主要网格线、时/分/秒直线上的数据标记、图例等，再添加小时刻度的数据标签，手动改写为 1 到 12，如图 127-2 所示。

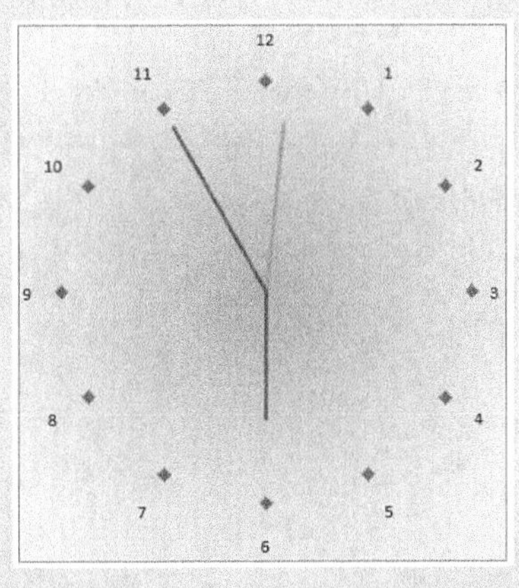

图 127-2　雷达图时钟

Step 3

按<Alt+F11>组合键，打开 VBA 编辑器，单击【插入】选项卡中的【模块】命令，插入一个“模块 1”模块，在右侧的代码窗口中输入 VBA 程序代码，如图 127-3 所示。

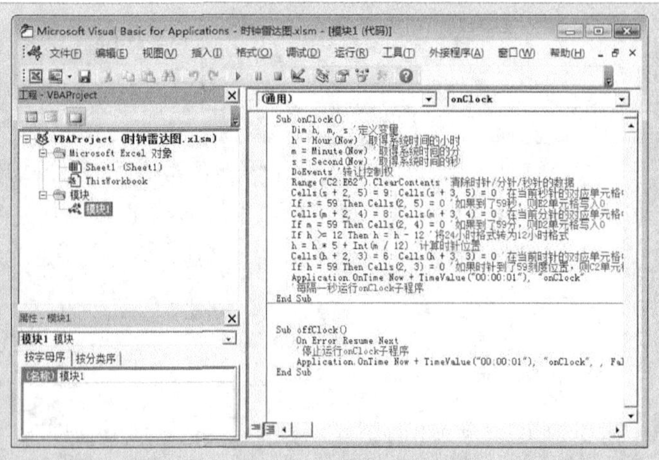

图 127-3　编辑宏

```
Sub onClock()
    Dim h, m, s '定义变量
    h = Hour(Now) '取得系统时间的小时
    m = Minute(Now) '取得系统时间的分
    s = Second(Now) '取得系统时间的秒
    DoEvents '转让控制权
    Range("C2:E62").ClearContents '清除时针/分针/秒针的数据
    Cells(s + 2, 5) = 9: Cells(s + 3, 5) = 0 '在当前秒针的对应单元格中写入数值 9 和 0
    If s = 59 Then Cells(2, 5) = 0 '如果到了 59 秒，则 E2 单元格写入 0
    Cells(m + 2, 4) = 8: Cells(m + 3, 4) = 0 '在当前分针的对应单元格中写入数值 8 和 0
    If m = 59 Then Cells(2, 4) = 0 '如果到了 59 分，则 D2 单元格写入 0
    If h >= 12 Then h = h - 12 '将 24 小时格式转为 12 小时格式
    h = h * 5 + Int(m / 12) '计算时针位置
    Cells(h + 2, 3) = 6: Cells(h + 3, 3) = 0 '在当前时针的对应单元格中写入数值 6 和 0
    If h = 59 Then Cells(2, 3) = 0 '如果时针到了 59 刻度位置，则 C2 单元格写入 0
    Application.OnTime Now + TimeValue("00:00:01"), "onClock"
    '每隔一秒运行 onClock 子程序
End Sub
Sub offClock()
     On Error Resume Next
     '停止运行 onClock 子程序
     Application.OnTime Now + TimeValue("00:00:01"), "onClock", , False
End Sub
```

Step 4

按<Alt+F11>组合键，返回 Execl 窗口。单击【开发工具】选项卡中的【插入】→【按钮（窗体控件）】命令，在工作表中绘制一个按钮，同时弹出【指定宏】对话框，选择“onClock”宏名，如图 127-4 所示。单击【确定】按钮关闭对话框，修改按钮文字为“开始”。按照相同的操作方法，添加“停止”按钮，并指定“offClock”宏名。

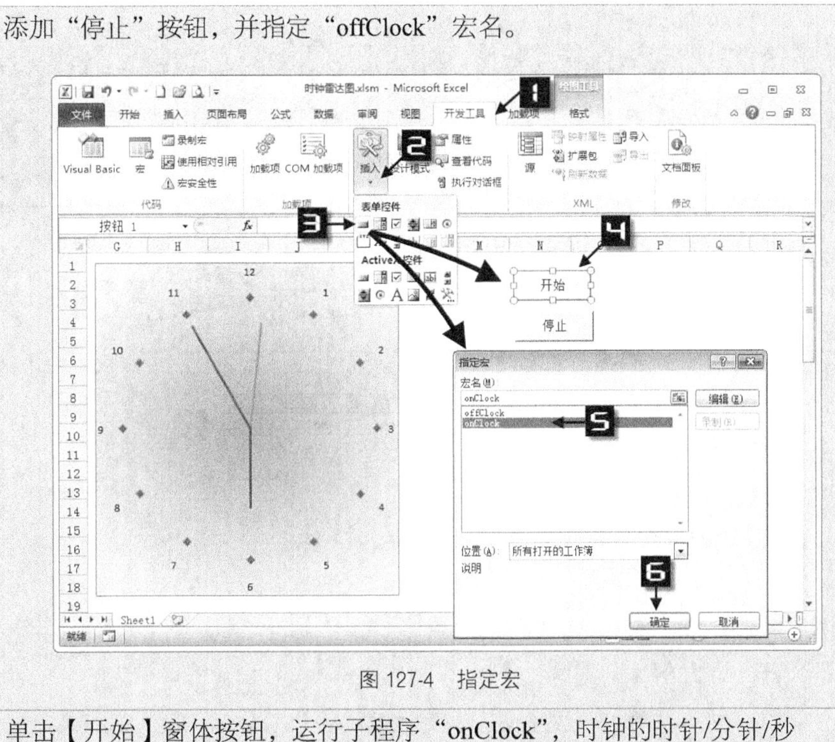

图 127-4　指定宏

Step 5　单击【开始】窗体按钮，运行子程序“onClock”，时钟的时针/分针/秒针指向当前时间，秒针以每秒一个刻度的速度开始走时，如图 127-5 所示。单击【停止】窗体按钮，运行子程序“offClock”，时钟停止运行。

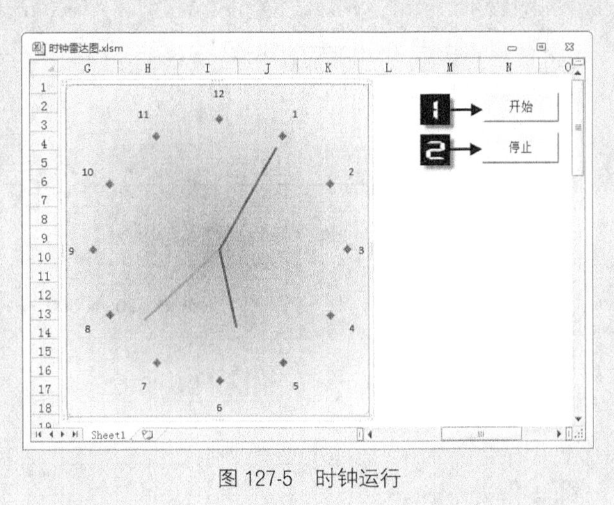

图 127-5　时钟运行

技巧 128　任意函数曲线图

函数曲线是数学中经常需要使用的图表。使用 VBA 程序，可以实现函数表达式在一定取值范围内的自动计算，并根据计算结果创建函数曲线图。

Step 1

在 C1 单元格输入文本“函数表达式”，在 B2 单元格输入“Y=”，在 C2 单元格输入函数表达式“x^4+x^2-300*x-500”，然后选择 C2 单元格，依次单击【插入】→【散点图】→【带平滑线和数据标记的散点图】命令，在工作表中插入一个散点折线图，如图 128-1 所示。

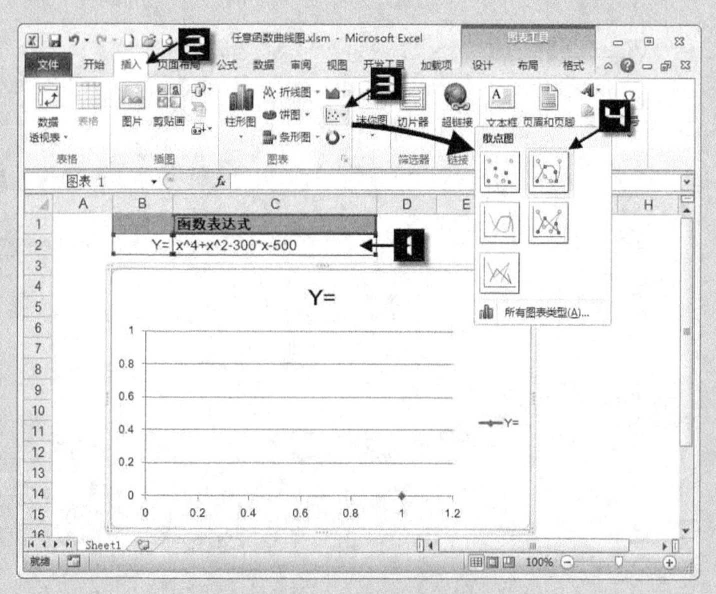

图 128-1　散点折线图

Step 2

选中图表标题，在公式栏输入“=”，再用鼠标选取 B2:C2 单元格区域，按<Enter>键，使图表标题与 B2:C2 单元格区域建立链接，显示完整的函数表达式，如图 128-2 所示。

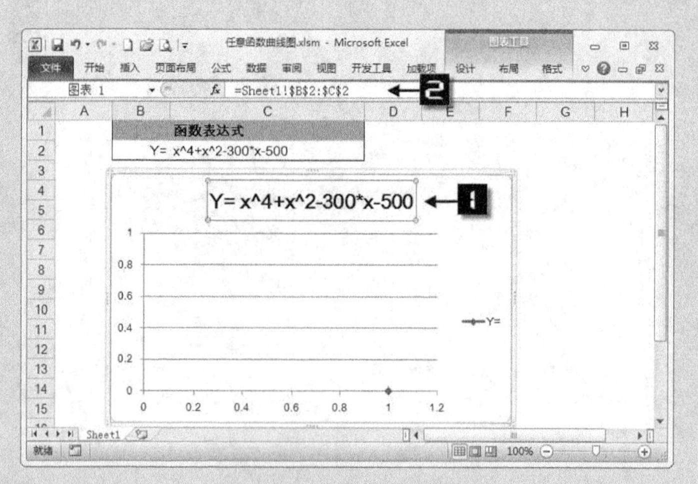

图 128-2　图表标题链接单元格

Step 3

依次单击【开发工具】→【Visual Basic】命令，或者按<Alt+F11>组合键，打开 VBA 编辑器。在 VBA 编辑器的【工程】窗口中，双击【Sheet1】对象，打开 Sheet1 的代码窗口，添加以下代码：

```
Private Sub Worksheet_SelectionChange(ByVal Target As Range)
Dim x, y
```

```
Dim Tx, Ty
On Error Resume Next
If Target.Row = 2 And Target.Column < 5 Then
'计算各 x 值对应的 y 值，并用逗号连接成文本格式
For x = 100 To -100 Step -5
    y = Evaluate(Replace(Range("C2"), "x", x))
    Tx = Tx & x & ","
    Ty = Ty & y & ","
Next x
    '去除文本的最后一个逗号
    Tx = Left(Tx, Len(Tx) - 1)
    Ty = Left(Ty, Len(Ty) - 1)
    '修改图表数据系列公式
    ActiveSheet.ChartObjects(1).Activate
    ActiveChart.SeriesCollection(1).Select
    ActiveChart.SeriesCollection(1).Formula = "=SERIES(""Y"",{" & Tx & "},{" &
Ty & "},1)"
End If
End Sub
```

Step 4　返回 Excel 窗口，选择 Sheet1 工作表中 C2 单元格，触发 Excel 自动运行【Worksheet_SelectionChange】子程序，自动绘制函数曲线图，同时更新图表标题，如图 128-3 所示。

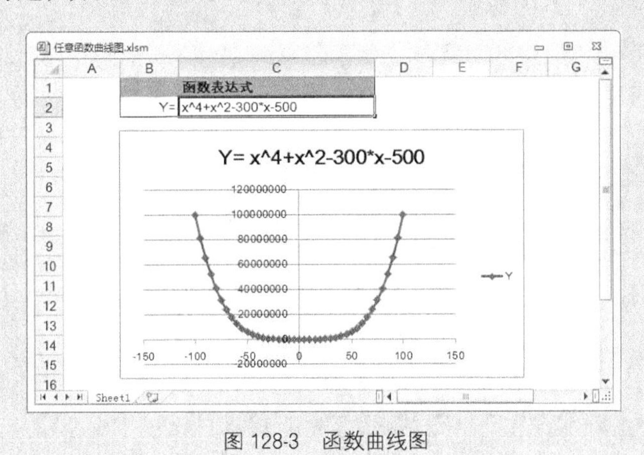

图 128-3　函数曲线图

技巧 129　数据点变色

通过 VBA 类模块程序，获得当前光标所在位置的图表元素，从而可以触发鼠标指针移动、单

击等动作的程序，比如通过鼠标单击数据点，改变数据点图形的颜色。

Step 1

根据 A 列和 B 列数据，绘制柱形图，如图 129-1 所示。

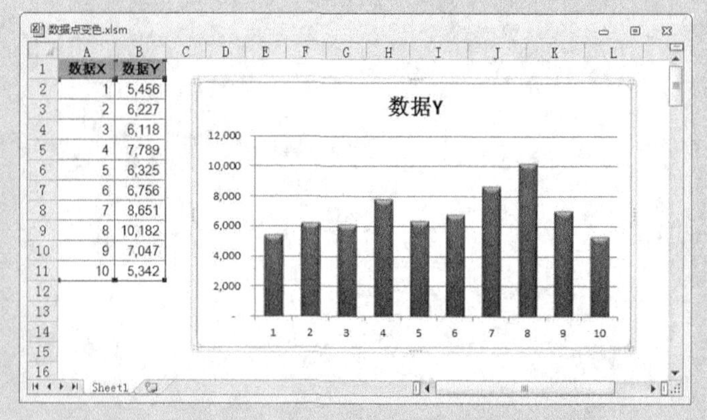

图 129-1　绘制柱形图

Step 2

依次单击【开发工具】→【Visual Basic】命令，或者按<Alt+F11>组合键，打开 VBA 编辑器。在 VBA 编辑器中，单击【插入】→【类模块】命令，插入一个 VBA 程序类模块“类 1”，添加“MyChart_MouseDown”子程序，代码如下：

```
Public WithEvents MyChart As Chart
'在图表上按下鼠标左键时运行程序
Private Sub MyChart_MouseDown(ByVal Button As Long, _
        ByVal Shift As Long, ByVal X As Long, ByVal Y As Long)
    Dim IDNum As Long
    Dim a As Long
    Dim b As Long
    Dim p As Point
    '遇到错误继续运行
    On Error Resume Next
    '取得当前光标所在的坐标和图表元素 ID
    ActiveChart.GetChartElement X, Y, IDNum, a, b
    '找到第 a 个数据系列第 b 个数据点
    Set p = ActiveChart.SeriesCollection(a).Points(b)
    '设置该数据点的颜色为红色和蓝色的切换
    If p.Interior.Color <> vbRed Then p.Interior.Color = vbRed Else p.Interior.Color =
vbBlue
End Sub
```

Step 3

依次单击【开发工具】→【Visual Basic】命令，或者按<Alt+F11>组合键，打开 VBA 编辑器。在 VBA 编辑器中，单击【插入】→【模块】命令，插入一个 VBA 程序模块“模块 1”，添加“OnChart”和“OffChart”两个子程序，代码如下：

```
'定义新的类 1
Dim MyClass As New 类1
Sub OnChart()
'以活动图表为对象运行类模块程序
Set MyClass.MyChart = ActiveChart
End Sub
Sub OffChart()
'类模块停止运行
Set MyClass = Nothing
End Sub
```

Step 4 返回 Excel 窗口，然后依次单击【开发工具】选项卡中的【宏】命令，或者按<Alt+F8>组合键，打开【宏】对话框，选择【OnChart】宏名，单击【执行】按钮，再单击图表中的“数据点 4”的柱形，柱形变更为“红色”，单击两次“数据点 8”的柱形，柱形变更为“蓝色”，如图 129-2 所示。

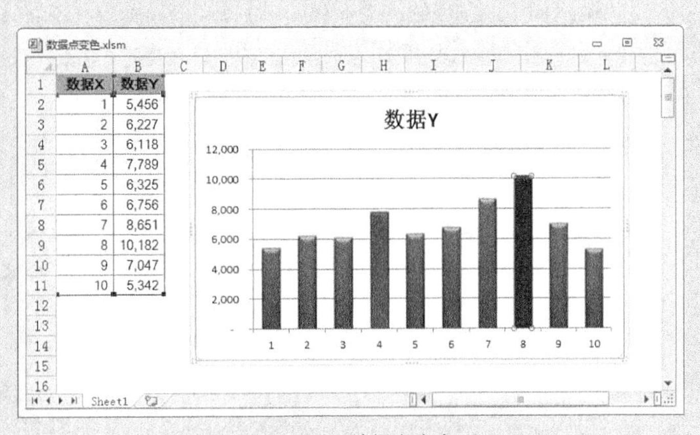

	A	B
1	数据X	数据Y
2	1	5,456
3	2	6,227
4	3	6,118
5	4	7,789
6	5	6,325
7	6	6,756
8	7	8,651
9	8	10,182
10	9	7,047
11	10	5,342

图 129-2　数据点变色

技巧 130　方格百分比图

使用柱形图或饼图等表示百分比数据时，显得比较单一，而方格百分比图利用 VBA 程序一键绘制堆积柱形图，在 10×10 个方格中填充颜色来表示百分比。

Step 1 依次单击【开发工具】→【Visual Basic】命令，或者按<Alt+F11>组合键，打开 VBA 编辑器。在 VBA 编辑器中，单击【插入】→【模块】命令，插入一个 VBA 程序模块“模块 1”，添加“方格百分比”子程序，代码如下：

```
Sub 方格百分比()
'如果程序运行遇到错误则继续运行
On Error Resume Next
```

```
'定义变量
Dim i, j, sh, ch
Dim t, x, y
'判断所选单元格是否为百分比
t = ActiveCell.Text
x = ActiveCell.Value
If x <= 0 Or x > 1 Then MsgBox "请选择一个含有百分比数的单元格!": Exit Sub
x = Round(x * 100, 0)
'关闭 Excel 显示更新
Application.ScreenUpdating = False
'绘制堆积柱形图
sh = ActiveSheet.Name
Charts.Add
ActiveChart.ChartType = xlColumnStacked
ActiveChart.Location Where:=xlLocationAsObject, Name:=sh
'添加 10 个数据系列，每个系列由 10 个数值为 1 的数据点组成
For j = 1 To 10
   ActiveChart.SeriesCollection.NewSeries
   ActiveChart.SeriesCollection(j).Formula =
"=SERIES(,{1,1,1,1,1,1,1,1,1,1},{1,1,1,1,1,1,1,1,1,1}," & j & ")"
   ActiveChart.SeriesCollection(j).Border.Color = RGB(192, 192, 192)
   ActiveChart.SeriesCollection(j).Interior.Color = vbWhite
Next j
'遍历数据系列和数据点，按百分比数值显示为红色
For i = 1 To 10
For j = 1 To 10
   y = 10 * (i - 1) + j
   If y > x Then Exit For
   ActiveChart.SeriesCollection(i).Points(j).Interior.Color = vbRed
Next j
Next i
'删除图例设置边框格式
ActiveChart.Legend.Delete
ActiveChart.ChartGroups(1).GapWidth = 0
ActiveChart.PlotArea.Border.Color = RGB(192, 192, 192)
ActiveChart.PlotArea.Border.Weight = xlMedium
'设置坐标轴格式
ActiveChart.Axes(xlValue).Select
With ActiveChart.Axes(xlValue)
   .MinimumScale = 0
```

```
        .MaximumScale = 10
        .MajorUnit = 1
    End With
    ActiveChart.Axes(xlValue).Delete
    ActiveChart.Axes(xlCategory).Delete
    '取得图表名
    ch = ActiveChart.Name
    ch = Right(ch, Len(ch) - Len(sh) - 1)
    '设置图表大小
    ActiveSheet.Shapes(ch).ScaleWidth 0.3, msoFalse, msoScaleFromTopLeft
    ActiveSheet.Shapes(ch).ScaleHeight 0.6, msoFalse, msoScaleFromTopLeft
    '显示 Excel 更新
    Application.ScreenUpdating = True
    '设置图表标题
    ActiveChart.HasTitle = True
    ActiveChart.ChartTitle.Characters.Text = t
    ActiveChart.ChartTitle.Select
    With ActiveChart.ChartTitle
        .Font.Size = 14
        .Font.Bold = True
        .Font.Name = "Arial Narrow"
    End With
    ActiveChart.ChartArea.Select
    End Sub
```

Step 2　切换到 Excel 工作表窗口，选择百分比所在的单元格，然后依次单击【开发工具】选项卡中的【宏】命令，或者按<Alt+F8>组合键，打开【宏】对话框，选择【方格百分比】宏名，单击【执行】按钮，在工作表中绘制方格百分比图，如图 130 所示。

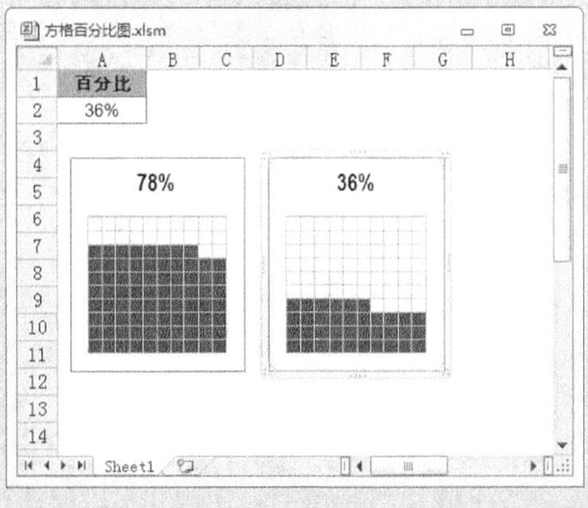

图 130　方格百分比图

第 9 章　图形与图片

使用图形与图片，能够增强 Excel 工作表和图表的视觉效果，制作出更为引人注目的报表，使得原本枯燥乏味的报告更加生动。本章将介绍如何在 Excel 中使用形状、图片、SmartArt 图形、艺术字的技巧，以帮助读者轻松地制作出令人赏心悦目的图形，从而为自己的报表增添几分亮丽的姿彩。

技巧 131　形状的使用

Excel 2010 提供了多种形状，用户可以在工作表的绘图层或者直接在图表中添加一个形状。如果在工作表的绘图层添加图形，依次单击【插入】选项卡→【插图】组→【形状】下拉按钮。如果在已生成的图表中添加图形，则需先选中图表，然后选择【图表工具】选项卡→【布局】组→【插入】组中→【形状】下拉按钮。本技巧将介绍形状使用的基本技巧。

131.1　形状种类

如图 131-1 所示，显示了 Excel 2010 所有的内置的图形。

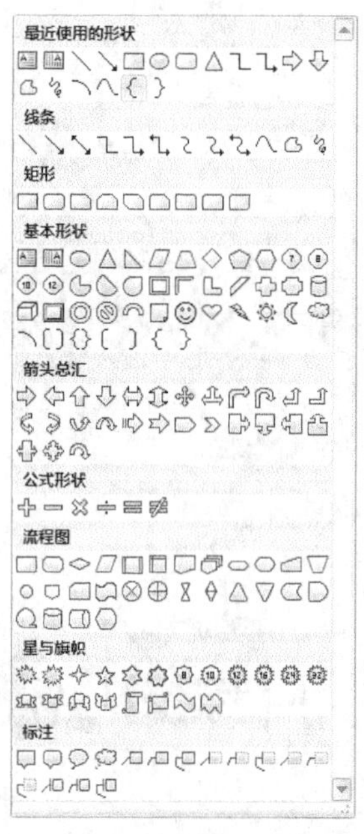

图 131-1　形状种类

形状种类如表 131 所示。

表 131　图形种类

图 形 种 类	图 形 数 量	描　述
最近使用的形状	18	包含最近使用过的形状，方便使用者迅速找到
线条	12	包含直线、带箭头以及任意曲线等
矩形	9	闭合的矩形
基本形状	42	包含文本框、长方形和圆形等标准形状，以及笑脸、云形等非标准形状，另外包含各种括号
箭头总汇	27	各种形状的箭头
公式形状	6	包含加、减、乘、除以及等号、不等号
流程图	28	包含适合于流程图中的形状
星与旗帜	20	星形与旗帜形状
标注	16	包含各种为工作表或图表提供说明文字的标注

131.2　插入形状

在工作表中单击任意一个单元格，在【插入】选项卡→【插图】组→【形状】下拉菜单中选择一个形状，此时鼠标指针呈十字形，然后在工作表上拖动鼠标指针，当松开鼠标左键后，即可创建一个大小合适的形状，如图 131-2 所示。

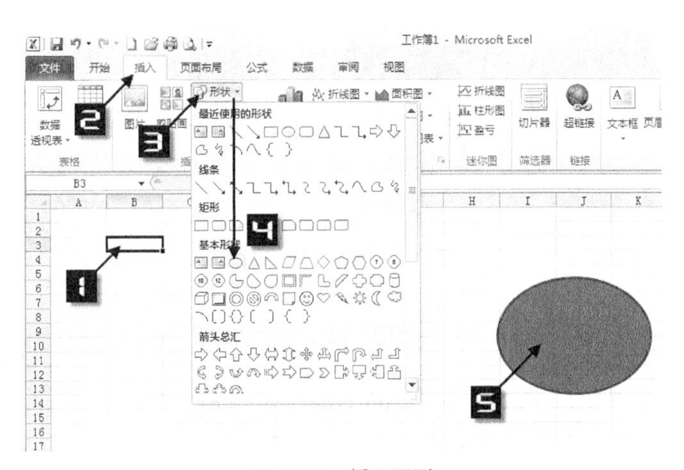

图 131-2　插入图形

131.3　设置形状格式

如果需要设置形状格式，必须首先选中形状。如果形状填充了颜色或图案，单击形状的任意位置都可以选中它。而如果将形状填充设置为“无填充”的形状，则需要单击该形状的边框才能选中。当选中一个形状后，可以通过两种方法设置形状格式。

第一种方式是通过 Excel 2010 的【绘图工具】选项卡→【格式】组进行设置的，大致包括如下命令组，如图 131-3 所示。

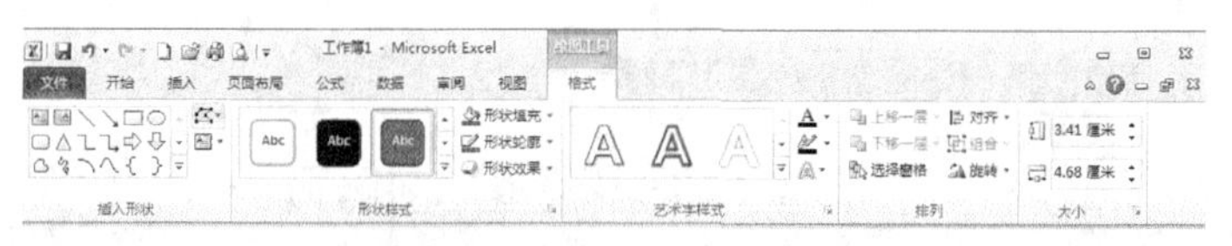

图 131-3　绘图工具格式选项卡

- 插入形状：插入一个新的形状，或改变一个形状等。
- 形状样式：通过样式库改变一个形状的整体样式，或者修改形状的填充、轮廓和效果等。
- 艺术字样式：通过艺术字库修改一个形状中文字的样式，或者修改形状中文字的填充、轮廓和效果等。
- 排列：调整多个形状的堆积顺序，打开形状效果的可见性窗口，设置多个形状之间的对齐方式、组合形状以及形状的旋转等。
- 大小：通过输入的方式改变形状的高度和宽度。

第二种方式是在形状对象上单击鼠标右键，在弹出的快捷菜单中单击【设置形状格式】命令，打开【设置形状格式】对话框，如图 131-4 所示。该对话框所包含的功能与【绘图工具】选项卡类似，除此之外，还可以通过选中形状，然后按<Ctrl+1>组合键打开【设置形状格式】对话框。

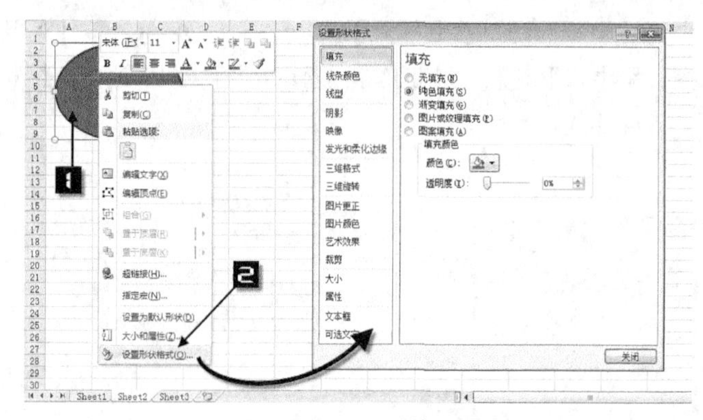

图 131-4　设置形状格式

提示！ 关于设置形状的格式，包含的内容较多，但普遍比较直观且简单，最好的掌握方法就是去逐个试验，创建各种形状并执行各个不同的功能，然后看看形状会发生什么变化。

131.4　添加及修改文字

很多形状中都可以添加文字。要在形状中添加文字，只需要选中形状，然后直接输入文字即可。另外，也可以在形状上单击右键，在弹出的快捷菜单中单击【编辑文字】命令，如果某种形状不支持添加文字，则不会显示【编辑文字】命令。

改变形状中文本的格式，需要先选中该形状，然后选择【开始】选项卡→【字体】组中的各项命令即可，或者在形状上单击鼠标右键，使用悬浮工具栏中的各项命令来完成修改。如果需要改变文本中特定字符的格式，只需要选定这些字符，然后通过各种文本格式命令修改即可。同时，还可以选中该形状，然后通过【绘图工具】选项卡→【格式】组→【艺术字样式】组中的各项命令改变文本外观，如图 131-5 所示。

另外，可以通过在形状上单击鼠标右键，在弹出的快捷菜单中单击【设置形状格式】命令，打开【设置形状格式】对话框，在左侧选择【文本框】选项卡，在右侧调整文本的“文字版式”、“内部边距”等，并且可以通过单击【分栏】按钮，将文本设置为多栏格式，如图 131-6 所示。

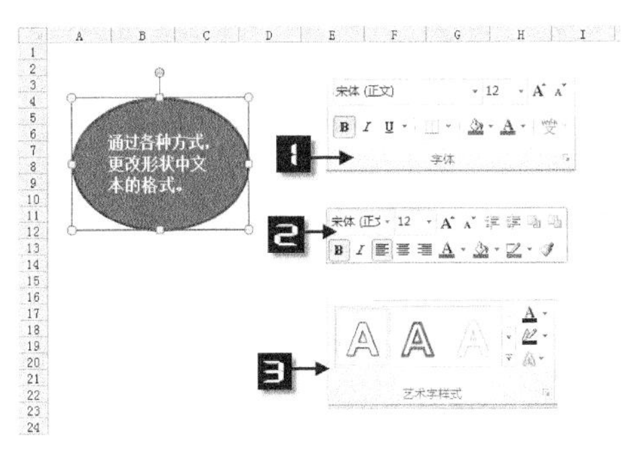

图 131-5　修改文本格式

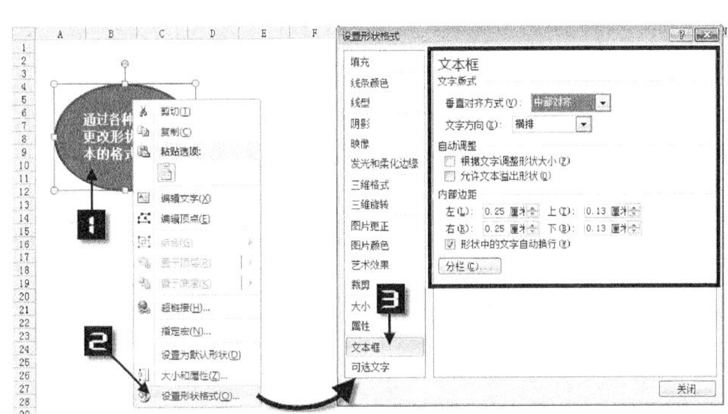

图 131-6　设置文本框

131.5　旋转和翻转

Excel 2010 的形状可以通过两种方式进行旋转和翻转。

一是通过鼠标指针旋转。先单击选中形状，在形状的四周会显示圆形控点，然后拖动形状上的绿色旋转控点向所需的方向旋转任意一个角度即可。如果在拖动旋转控点时按住<Shift>键，形状的旋转角度则为 15°的倍数，如图 131-7 所示。

二是通过【大小和属性】对话框设置旋转的角度以实现精确旋转。先单击选中形状，然后在【绘图工具】选项卡→【格式】组的【旋转】下拉菜单中单击【其他旋转选项】命令，打开【大小和属性】对话框，在【旋转】文本框中输入一个精确的角度即可，如图 131-8 所示。

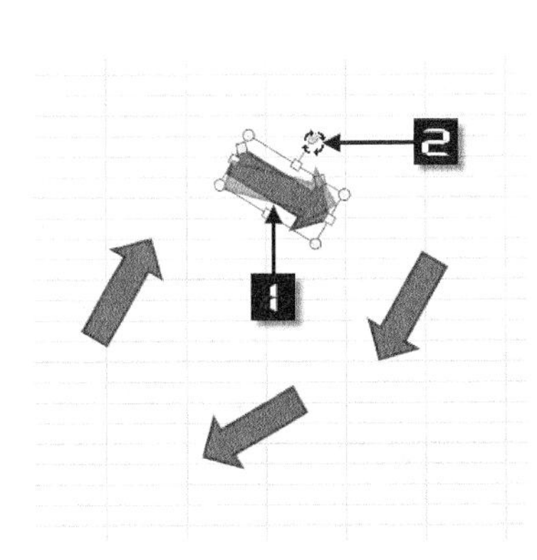

图 131-7　拖动鼠标旋转形状

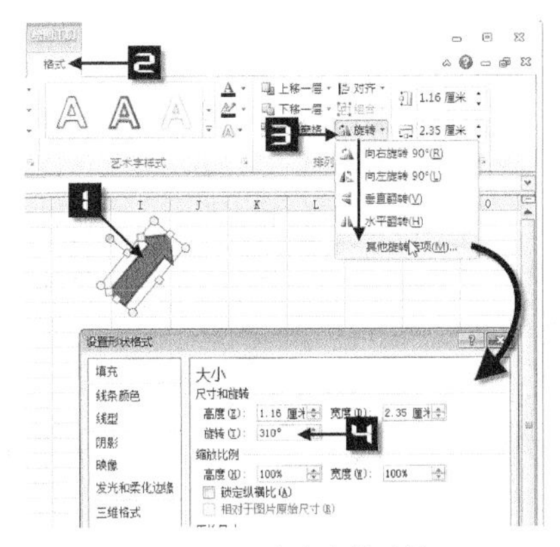

图 131-8　精确旋转形状

另外,【绘图工具】选项卡→【格式】组的【旋转】下拉菜单中提供了“向右旋转 90°”、“向左旋转 90°”、“垂直翻转”、“水平翻转”4 个快捷选项。

131.6 叠放次序

关于形状的叠放次序，需要先了解所谓的“绘图层”，在 Excel 2010 中，这个无形的界面控制着所有的形状、图片、图表以及其他对象等。这些对象按顺序一张张地叠放在绘图层上，组合起来即可形成图形的最终效果。

在某些情况下，一个形状可能会被堆积在它上面的形状部分或全部遮挡。用户可以通过改变堆积顺序来调整叠放次序，其方法是选中形状，在右键菜单中选择如下命令进行调整。

- 【置于顶层】→【置于顶层】：把该形状放置在绘图层的顶部。
- 【置于顶层】→【上移一层】：把该形状往顶部方向上移一层。
- 【置于底层】→【置于底层】：把该形状放置在绘图层的底部。
- 【置于底层】→【下移一层】：把该形状往底部方向下移一层。

选取形状时，如果某个形状已被上一层形状遮挡，则可以先选中任意形状，然后再按<Tab>键或者<Shift+Tab>组合键，直到选中所需形状。

或者选中形状，然后在【绘图工具】选项卡→【格式】组→选择【选择窗格】，打开【选择和可见性】工具栏选择所需形状即可，如图 131-9 所示。

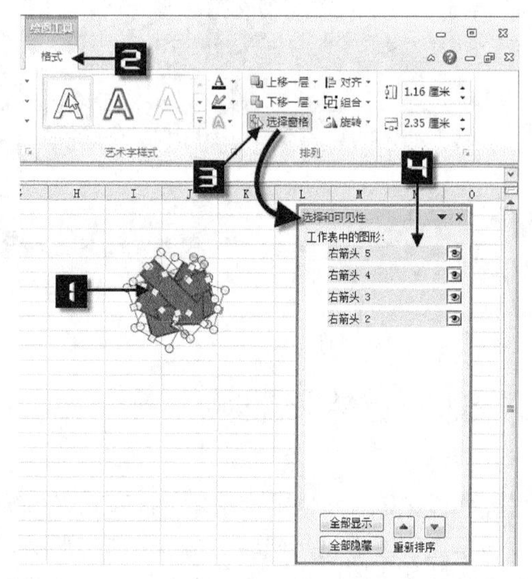

图 131-9　打开选择和可见性对话框

131.7 形状的组合与取消组合

在编辑的工作表中含有多个形状时，往往会因为删除或插入单元格而改变其相对的位置。要保持不同的形状之间的相对位置，需要将多个形状进行组合。

组合：先选取需要组合中的任一形状，再按住<Ctrl>键选择多个形状对象，然后单击鼠标右键，在弹出的快捷菜单中单击【组合】→【组合】命令，即可完成形状的组合，如图 131-10 所示。

取消组合：先选取已组合的形状，然后单击鼠标右键，在弹出的快键菜单中单击【组合】→【取消组合】命令，即可以取消组合，如图 131-11 所示。如果需要再次组合，选择【重新组合】即可。

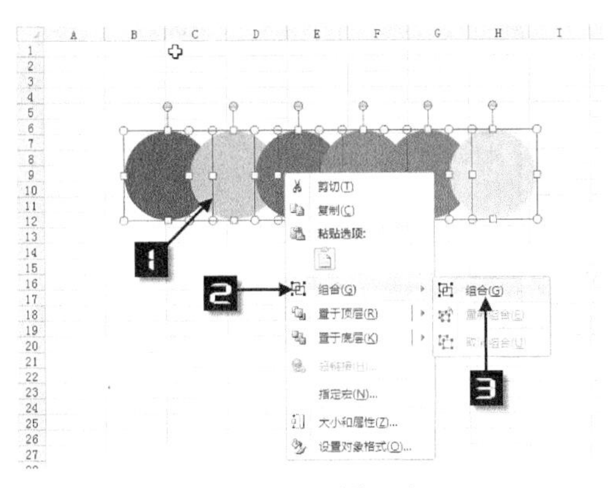

图 131-10　形状组合

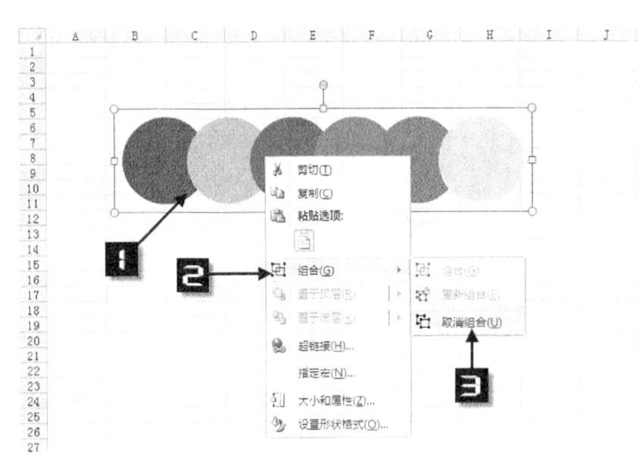

图 131-11　取消形状组合

131.8　设置形状效果

Excel 2010 提供了丰富的内置形状效果，设置形状效果的方法是先选中形状，然后在【绘图工具】选项卡→【格式】组→单击【形状效果】下拉按钮，可选择如下命令。

- 预设：选择 Excel 2010 内置的效果，共有 12 种内置效果。
- 阴影：对形状的外部、内部和透视设置阴影，共有 23 种内置效果。
- 映像：对形状设置“镜像”，共有 9 种内置效果。
- 发光：为形状的四周设置“光圈”，共有 24 种内置效果。
- 柔化边缘：把形状的四周设置成虚化效果，共有 6 种内置效果。
- 棱台：对形状的边缘或中部设置凹凸效果，共有 12 种内置效果。
- 三维旋转：对形状设置平行、透视和倾斜的三维效果，共有 25 种内置效果。

另外，通过【绘图工具】选项卡→【格式】组→单击【形状样式库】下拉菜单，选择其中的一种，也可以快速设置形状效果，如图 131-12 所示。

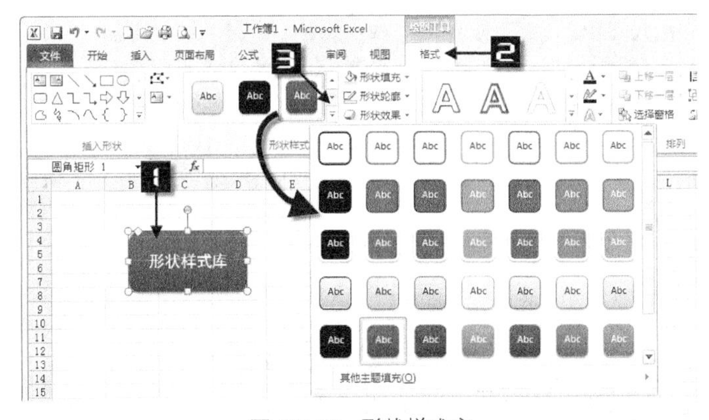

图 131-12　形状样式库

如果需要精确地设置形状效果，还可以在形状上单击鼠标右键，在弹出的快捷菜单中单击【设置形状格式】命令，打开【设置形状格式】对话框，在左侧的组中分别为形状设置各种精确的效果，如图 131-13 所示。

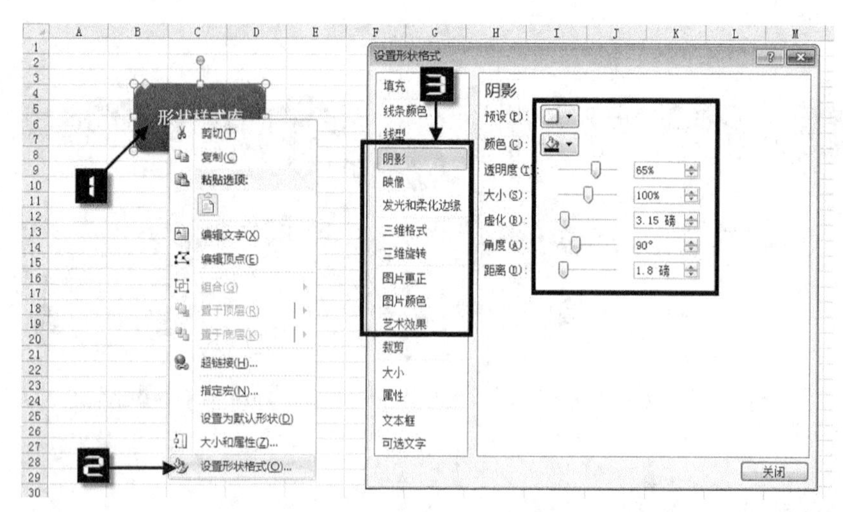

图 131-13　精准设置形状效果

技巧 132　图片的使用

图形文件主要分为位图与矢量图。

位图是由不同亮度和颜色的像素组成的，适合表现大量的图像细节，它的特点是能表现逼真的图像效果，但是文件比较大，并且缩放时清晰度会降低并出现锯齿，常见的文件格式有 JPEG、PCX、BMP、PSD、PIC、GIF 和 TIFF 等。

矢量图则使用直线和曲线来描述图形，这些图形的元素是一些点、线、矩形、多边形、圆和弧线等，它们都是通过数学公式计算获得的，所以矢量图形文件一般较小。矢量图形的优点是无论放大、缩小或旋转等都不会失真，缺点是难以表现色彩层次丰富的逼真图像效果，而且显示矢量图也需要花费一些时间，常见的文件格式有 CGM、WMF、EMF 和 EPS 等。

Excel 可以在工作表中插入这两种类型的图片，本技巧将介绍如何在 Excel 2010 中使用图片。

132.1　使用剪贴画

剪辑管理器是 Microsoft Office 应用程序的共享程序，包含有图形、照片、声音、视频和其他媒体文件，统称为剪辑。剪贴画是指剪辑中的图形部分，使用剪贴画的方法是，在【插入】选项卡的【插图】组中单击【剪贴画】命令，打开【剪贴画】对话框，然后在【搜索文字】文本框中输入图片的关键字（如“房子”），也可以不输入任何文字。如果不知道准确的文件名，可以使用通配符代替一个或多个字符，使用星号(*)可替代多个字符，使用问号(?)可替代单个字符，最后单击【搜索】按钮，在剪贴画列表框中选择需要的图形，即可将其插入到当前工作表，如图 132-1 所示。

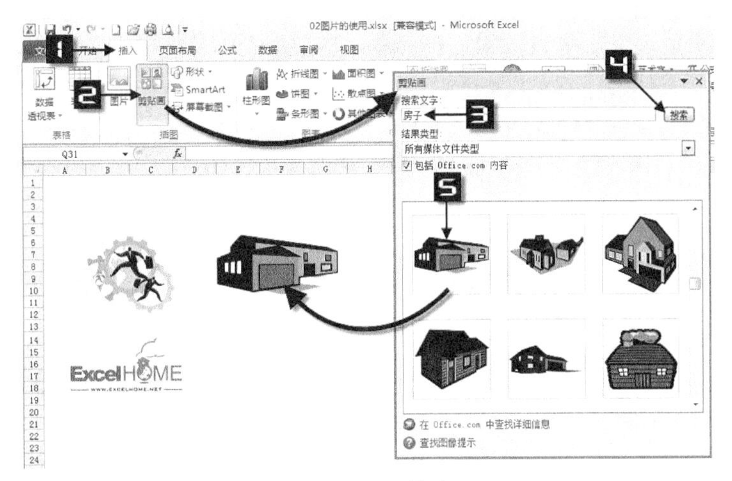

图 132-1　插入剪贴画

132.2　插入图片文件

如果希望插入的图片在本地文件夹中，可以单击【插入】选项卡下的【插图】组中的【图片】命令，打开【插入图片】对话框，选中需要插入的图片文件后单击【插入】按钮，即可将图片文件插入 Excel 2010 的当前工作表，如图 132-2 所示。

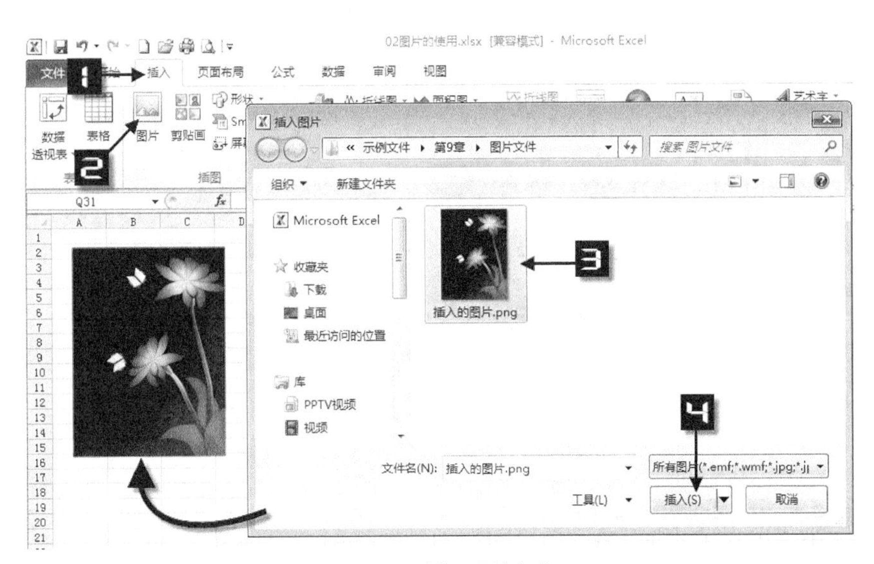

图 132-2　插入图片文件

132.3　使用剪贴板复制图片

在某些情况下，需要在工作表插入一张没有存储在计算机存储设备上的图片文件，如在网页上看到一张图片文件，需要插入到工作表，这时，可以使用剪贴板功能来直接复制、粘贴图片。

Step 1 打开 IE 浏览器，输入网址，在该网页内图片上单击鼠标右键，然后在弹出的快捷菜单中单击【复制】命令，将图片复制到剪贴板，如图 132-3 所示。

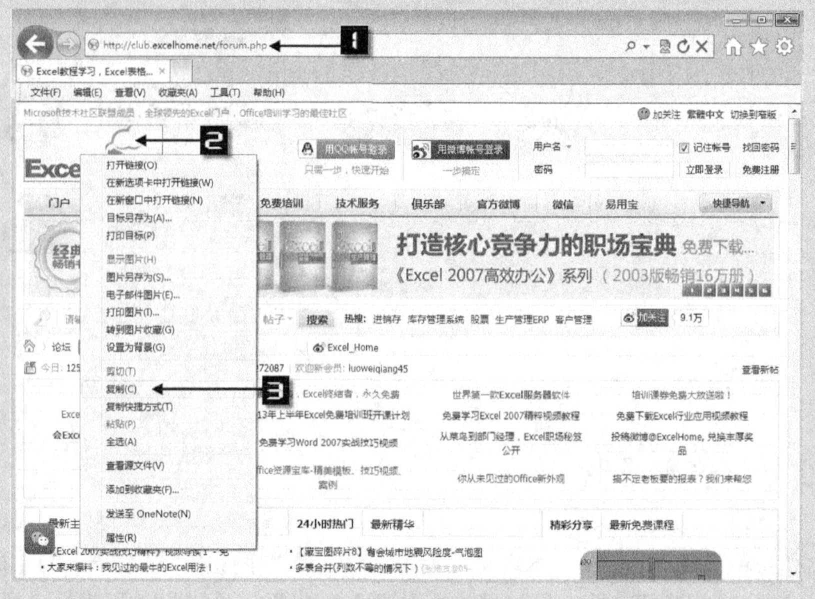

图 132-3　复制网页图片

Step 2 打开 Excel 2010 工作簿，在【开始】选项卡下的【剪贴板】组中单击【粘贴】命令，选择【保留源格式】按钮，即可将网页图片插入到当前工作表，如图 132-4 所示。

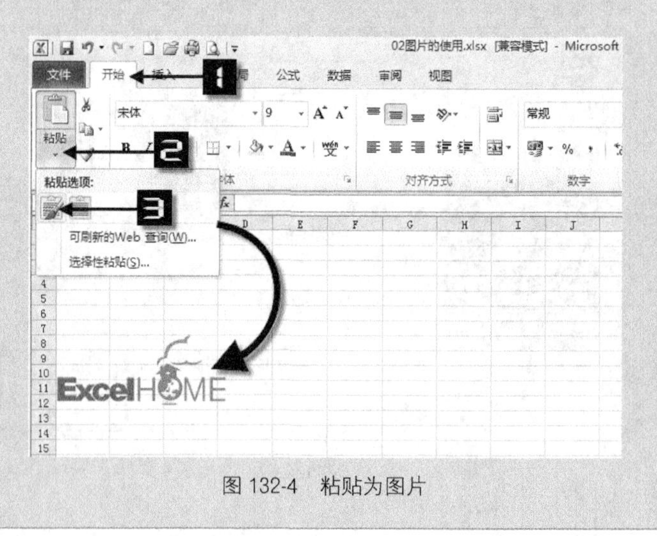

图 132-4　粘贴为图片

132.4　裁剪图片

在 Excel 工作表中使用图片，有时候仅需要图片的一部分，使用绘图工具中的“裁剪”功能，可以裁剪除了动态 GIF 图片以外的大多数图片。裁剪图片的步骤是首先选中需要裁剪的图片，单击【图片工具】选项卡→【格式】组→【裁剪】按钮，然后将鼠标指针置于裁剪控点上，执行如下操作之一：

- 若要裁剪一边，向内拖动该边上的中间控点。
- 若要裁剪相邻两边，向内拖动相邻两边的角控点，如图 132-5 所示。
- 若要同比例地裁剪两边，在向内拖动任意一边上、下、中间控点的同时按住<Ctrl>键。
- 若要同比例地裁剪四边，在向内拖动任意角控点的同时按住<Ctrl>键。

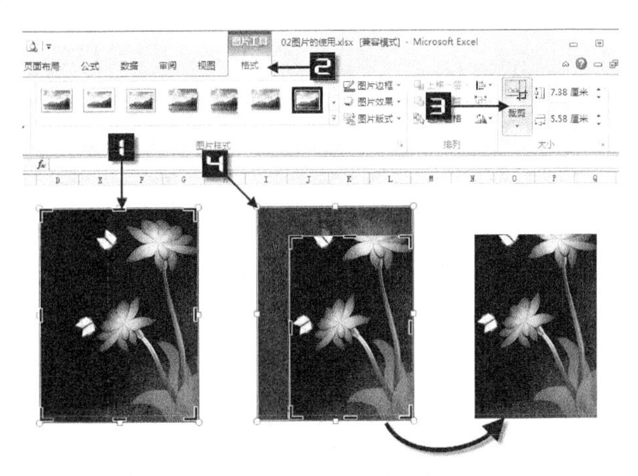

图 132-5　向内裁剪图片

再次单击【图片工具】选项卡→【格式】组→【裁剪】按钮，或者单击任意空白区域。在裁剪过程中如需取消裁剪，可按<Ctrl+Z>组合键。

Excel 中的裁剪在没有执行“压缩图片”功能之前不会真正地缩减图片文件的尺寸，完整尺寸的图片仍然存储在工作簿中，对已裁剪的图片，再次单击【裁剪】按钮，在相应裁剪控点向外拖动鼠标，可将图片还原到原始尺寸。或者单击【绘图工具】选项卡→【格式】组→【调整】组→【重设图片】按钮，也可以将图片还原为原始大小。

132.5　裁剪为形状

有些情况下，需要将图片设置为某种形状，如等腰三角形、心形、椭圆、新月形等，在 Excel 2010 中，通过“裁剪为形状”功能，用户可以很容易地将图片设置成各种形状。

选中需要设置的图片，然后在【图片工具】选项卡→【格式】组→【裁剪】下拉菜单中，单击【裁剪为形状】命令，在弹出的形状面板中选择任意一种即可，如图 132-6 所示。

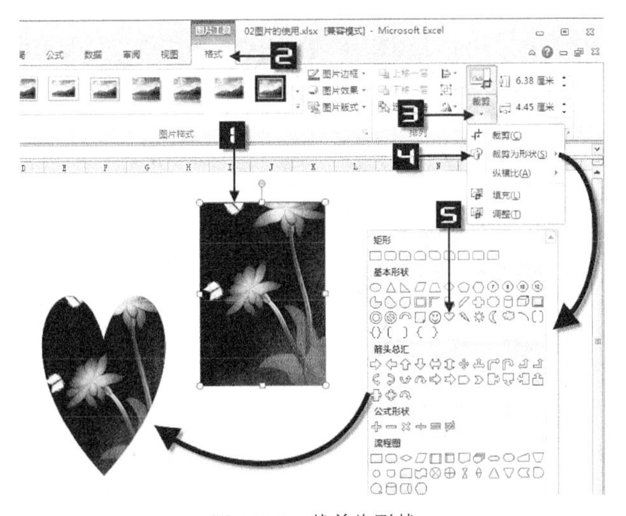

图 132-6　裁剪为形状

132.6　调整图片

调整图片亮度和对比度：可提高或降低图片的亮度和对比度比例，其操作方法是先选中需调整的图片，然后在【图片工具】选项卡→【格式】组→【调整】组→【更正】下拉菜单中选择内置缩略图，将鼠标指针移动到缩略图上可预览效果，单击缩略图即可调整图片的亮度和对比度。也可以在图片上单击鼠标右键，在弹出的快捷菜单中单击【设置图片格式】命令，打开【设置图片格式】对话框，在左侧选择【图片更正】选项卡，在右侧【亮度和对比度】文本框中输入精确的比例，如图 132-7 所示。

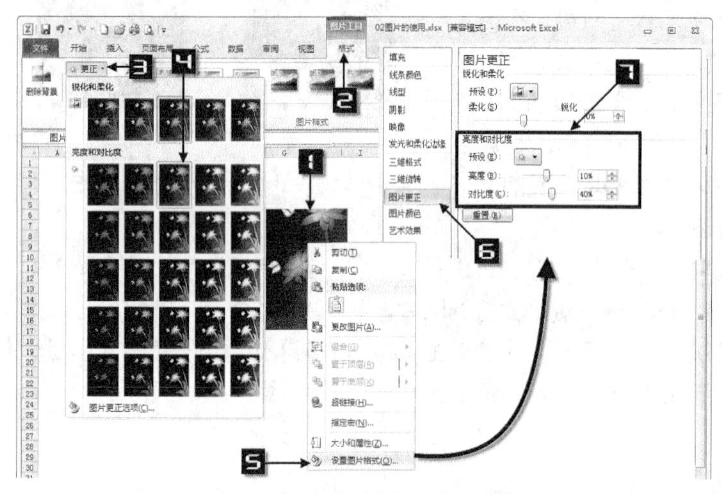

图 132-7　调整图片亮度和对比度

调整图片颜色：可以调整图片的颜色，如饱和度、色调、重新着色。操作方法是先选中需调整的图片，然后在【图片工具】选项卡→【格式】组→【调整】组→【颜色】下拉菜单中选择饱和度、色调、重新着色的内置缩略图，将鼠标指针移动到缩略图上可预览效果，单击缩略图即可调整图片颜色。也可以在图片上单击鼠标右键，在弹出的快捷菜单中单击【设置图片格式】命令，打开【设置图片格式】对话框，在左侧选择【图片颜色】选项卡，在右侧【图片颜色】的各项文本框中输入精确的比例，如图 132-8 所示。

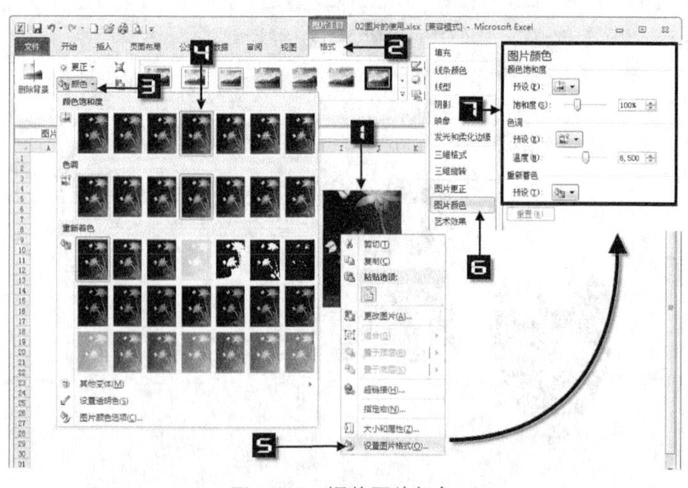

图 132-8　调整图片颜色

132.7 压缩图片

随着数码相机技术的发展和普及，成像的像素越来越高，拍摄的图片越来越清晰，但占用的存储空间也越来越多。使用“压缩图片”功能，可明显缩小 Excel 文件的大小。

操作方法是，选择【图片工具】选项卡→【格式】组→【调整】组→【压缩图片】按钮，打开【压缩图片】对话框，如图 132-9 所示，设置相关选项后单击【确定】按钮即可。

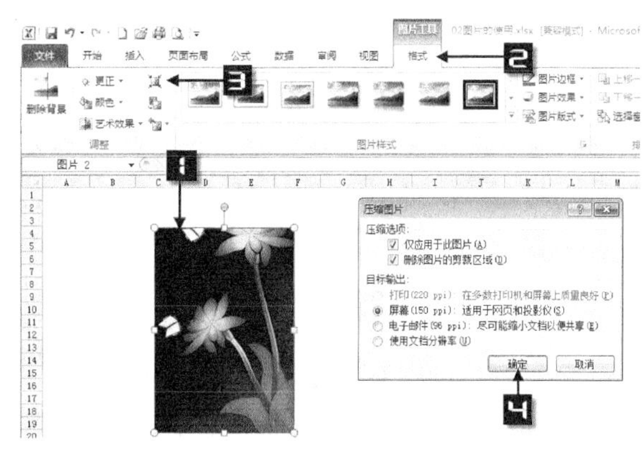

图 132-9　压缩图片

- 仅应用于此图片：如果没有勾选“仅用于此图片”复选项，那么该设置将对以后的图片都执行压缩功能，反之，则仅对当前选中的图片有效。
- 删除图片的剪裁区域：如果图片大小已经过裁剪或调整，那么图片上的隐藏部分将被删除。
- 目标输出：根据文件的用途，选择适当的分辨率。

提示！ 有时在 Excel 工作簿中插入的图片并不多，但文件却很大。此情况一般是之前该文件曾经插入过大量图片，虽然已删除旧图片，但受此影响，文件体积会很大。处理方法是将有用的数据复制到一个新文件，然后“另存为”一个 Excel 文件即可缩小文件大小。

技巧 133　SmartArt 的使用

Excel 2010 中 SmartArt 是一组形状相似，被排列成用于说明列表、流程、循环或组织结构等的形状组合。在以前的 Excel 版本中，SmartArt 图形被称为“图示”。在 Excel 2010 中，可以轻松地添加、变化新形状、反转形状次序、设置形状效果。同时，通过 SmartArt 文本编辑器，用户可以很方便地编辑 SmartArt 形状中的第 1 级和第 2 级文本，部分图形还可以支持添加图片或徽标。

SmartArt 图库将图形布局分成了 8 大类，共 185 种图形（部分分类中有重复）。

- 列表：共 36 种，主要用于显示没有次序的列表信息，包括水平、垂直、蛇形等，部分布局中还支持插入图片或徽标。
- 流程：共 44 种，主要用于显示有次序的步骤列表，包括水平、垂直、公式、漏斗、齿轮以及几种箭头，大部分布局包含箭头或用于表示次序关系的连接符号。
- 循环：共 16 种，主要用于显示一系列的重复步骤，包括循环图、饼图、射线图、维恩图、矩阵和齿轮。

- 层次结构：共 13 种，主要用于显示组织结构图、决策树和其他层次结构关系。
- 关系：共 37 种，主要用于显示项目之间的关系，其中很多布局与其他类别重复，包括漏斗、齿轮、箭头、棱锥、层次、目标、列表流程、公式、射线、循环、目标、维恩图等类型。
- 矩阵：共 4 种，主要用于显示列表的 4 个象限。
- 棱锥图：共 4 种，主要用于显示比例、包含、互连或层级等关系。
- 图片：共 31 种，主要用于显示带图片的各种图形关系。

SmartArt 图形分类示例如图 133-1 所示。

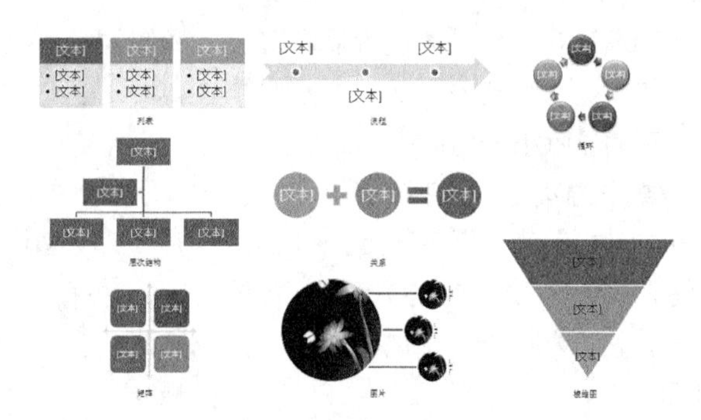

图 133-1　SmartArt 分类

在实际使用中，有些时候使用 SmartArt 图形可能比图表更能有效表达观点，传递信息，如用组织结构图反映某公司的组织架构，用向上箭头表示某部门销售业绩的提升。本技巧将介绍如何插入、修改、设置 SmartArt 图形，以及如何正确选择图示类型。

133.1　插入 SmartArt

要在一个工作表中插入 SmartArt，首先在工作表的空白处选择任意一个单元格，然后在【插入】选项卡的【插图】组中单击【SmartArt】按钮，打开【选择 SmartArt 图形】对话框，图形的分类都排列在左边。在对话框的中部显示了图形的缩略图，单击缩略图，可以在右侧的面板中看到更大的视图，并且还提供了一些用法提示。单击【确定】按钮，即可将该图形插入工作表，如图 133-2 所示。

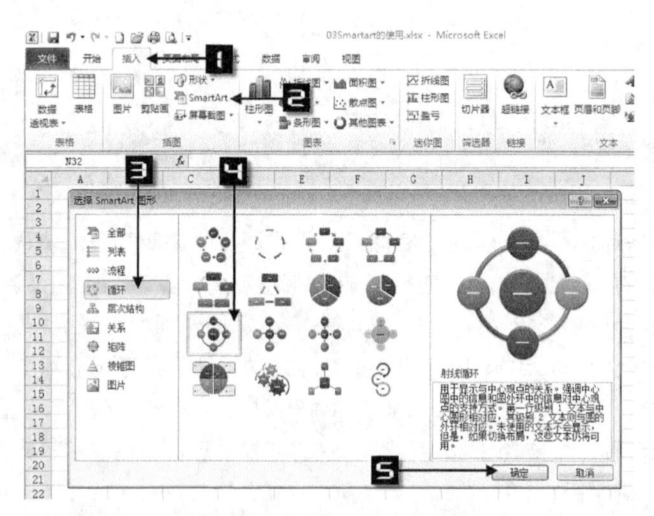

图 133-2　插入 SmartArt

插入 SmartArt 图形时，无需考虑图形中的元素个数，可以通过自定义 SmartArt 来显示需要的元素个数。

133.2　SmartArt 的文本窗格

SmartArt 的文本窗格是一个极其方便的工具，不仅可以输入显示在 SmartArt 图形中的文本，而且可以添加、删除、合并形状以及升级、降级列表项。如图 133-3 所示，插入 SmartArt 图形后默认显示文本窗格，如文本窗格未出现，可选中图形，然后在【SmartArt 工具】选项卡的【设计】组中单击【文本窗格】按钮。

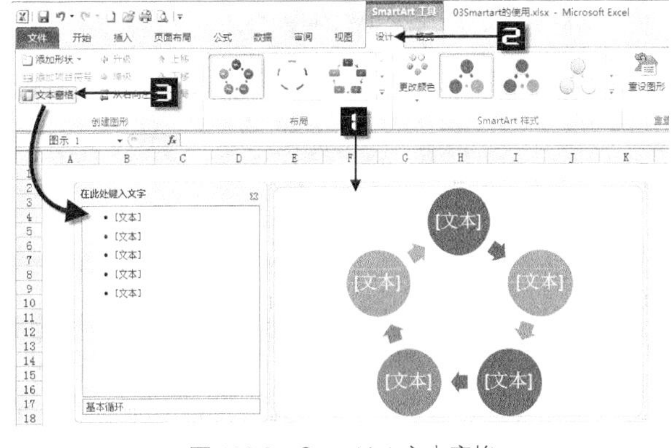

图 133-3　SmartArt 文本窗格

在 SmartArt 文本窗格中可执行如下操作。

- 在某行直接输入文本，SmartArt 图形中相应元素立即显示该文本。
- 按向上箭头或向下箭头将在各行之间移动。
- 在某行按<Enter>键将在当前行之后插入一个新行，新元素的等级与当前等级相同，如为第一级文本将新增一个图形元素。
- 在某行按<Tab>键将第 1 级文本降级为第 2 级文本。
- 在某行按<Shift+Tab>组合键将第 2 级文本升级为第 1 级文本。
- 在空白行按<BackSpace>键，如为第 1 级文本将相应删除该图形元素，如为第 2 级将生成一个空的新图形元素。
- 在某行的结尾处按<Delete>键将把下一行与当前行合并。

在上述文本窗格操作规则的基础上，修改后的图形如图 133-4 所示。通过左侧的 SmartArt 文本窗格与右侧 SmartArt 图形对比，用户可以很清楚地了解文本与图形之间的对应关系。

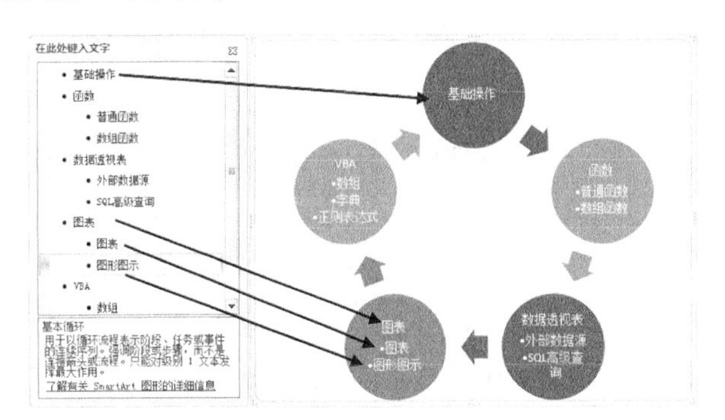

图 133-4　修改 SmartArt 的文本窗格

133.3　在 SmartArt 中添加图片

在 SmartArt 的“列表”分类中，共有 31 种 SmartArt 图形中可以插入图片，有些图形中强调图片，如“图片题注列表”，而有些图形中重点在于文本，图片起到辅助强调或美化作用。在 SmartArt 图形中插入图片时，单击 SmartArt 图形中的【图片图标】，打开【插入图片】对话框，在文件目录中单击需要插入的图片文件，单击【插入】即可，重复这种操作为每一个图形元素添加相应的图片，此时，图片将自动调整大小以适合于分配的区域，如图 133-5 所示。

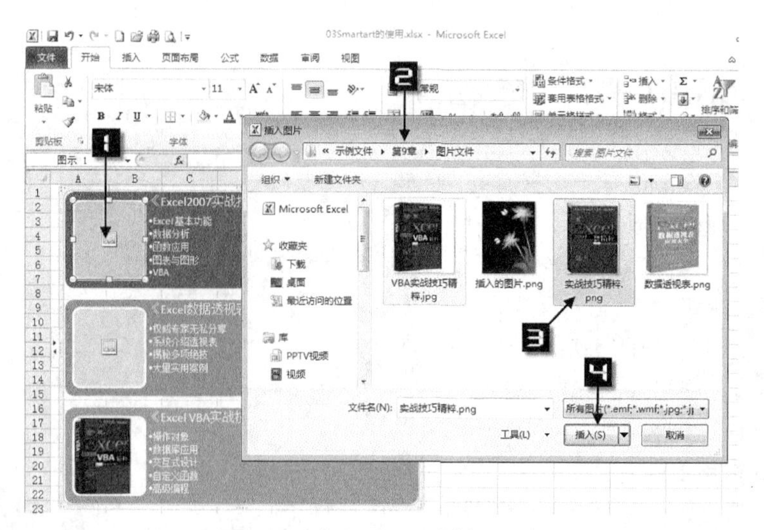

图 133-5　在 SmartArt 中插入图片

如果需要修改插入的图片，首先单击图片，在【SmartArt】选项卡→【格式】组中单击【形状填充】下拉按钮，在弹出的扩展菜单中单击【图片】按钮，打开【插入图片】对话框，在文件目录中单击需要插入的图片文件，单击【插入】按钮替换图片文件，如图 133-6 所示。

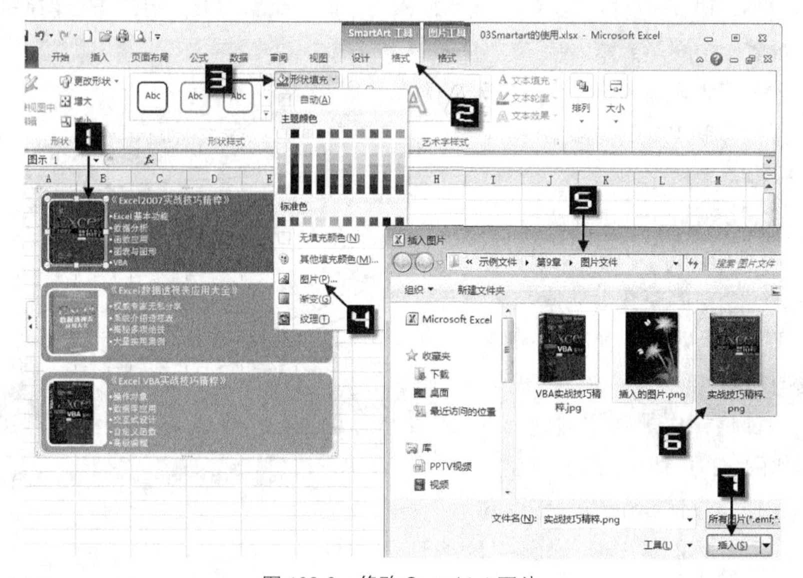

图 133-6　修改 SmartArt 图片

133.4　修改 SmartArt 布局

SmartArt 提供的布局之间可以自由的切换，已输入的文本都会保持完整。改变的方法是选中 SmartArt 图形，然后在【SmartArt 工具】选项卡→【设计】组的【布局】下拉菜单的缩略图中选择需要修改的布局，鼠标指针移动到缩略图上时，SmartArt 图形将立即发生变化，如图 133-7 所示。

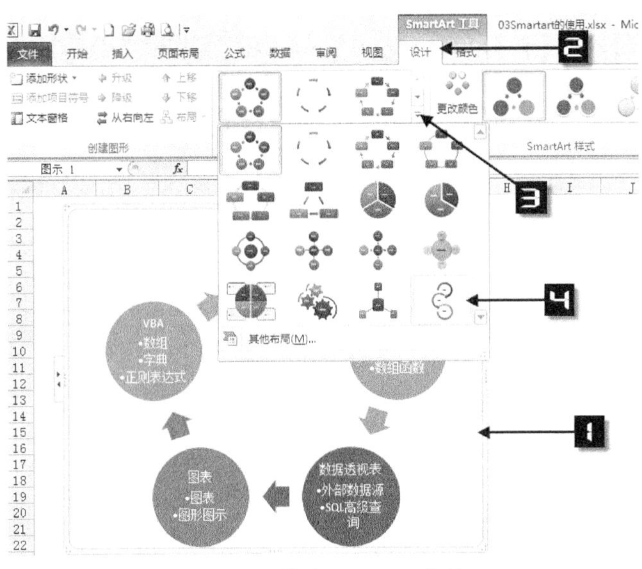

图 133-7　修改 SmartArt 布局

133.5　修改 SmartArt 样式

在确定了布局之后，可在【SmartArt 工具】选项卡→【设计】组的【SmartArt 样式】组中修改 SmartArt 样式或颜色，如图 133-8 所示。SmartArt 图形可用的样式和颜色，取决于工作簿所用的文档主题。改变文档主题，可选择【页面布局】选项卡→【主题】组→【主题】下拉菜单。

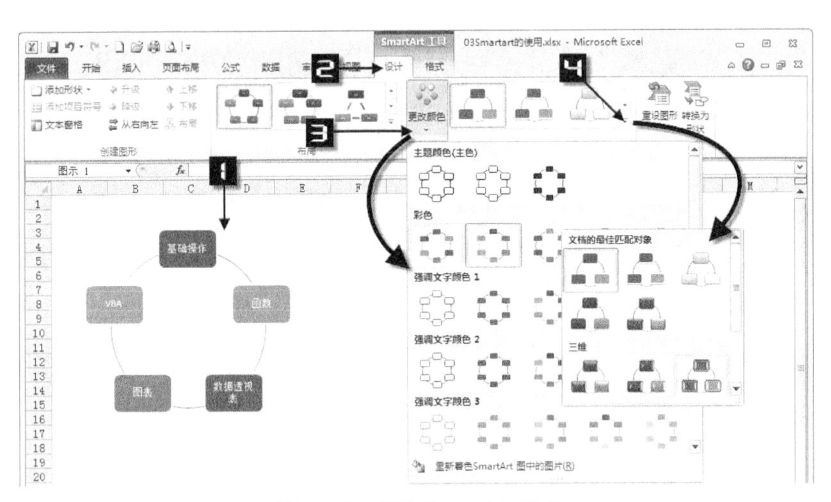

图 133-8　修改 SmartArt 样式

133.6　更改 SmartArt 中单个元素的格式

【SmartArt 工具】选项卡提供了【设计】和【格式】两个组。【设计】组用于改变 SmartArt 图形的整体，每次改变将自动设置所有元素的格式，通过“设计”组可以确保 SmartArt 的格式看起来统一且整洁。而使用【格式】选项卡时，Excel 将关闭其他元素的自动格式设置。因此，对 SmartArt 的某个元素使用特殊格式设置之前，应首先使用【设计】选项卡，确保整体设计已基本完成。

在 SmartArt 图形中选择需要设置的元素，然后选择【SmartArt 工具】选项卡→【格式】组中的相关项目进行单独设置，如图 133-9 所示。【格式】组中包含的内容较多，但普遍比较直观且简单，最好的掌握方法就是去逐个试验，然后看看形状会发生什么变化。

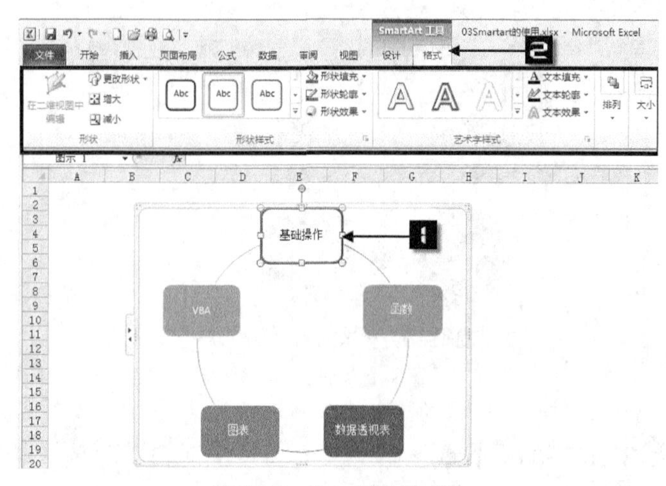

图 133-9　SmartArt 格式组

如需将 SmartArt 图形的格式恢复为原始状态，可选中 SmartArt 图形，然后选择【SmartArt 工具】选项卡→【设计】组中的【重设图形】按钮。

技巧 134　为 SmartArt 选择恰当的布局

Excel 2010 中，SmartArt 图形提供了 8 大类，共 185 种内置的布局，因此，如何根据需要选择恰当的布局是一项关键工作。本技巧将介绍如何根据需求选择正确的布局，以及几种常见的 SmartArt 图形布局。

134.1　根据需求选择 SmartArt 布局

很多情况下，一种需求可以用几种 SmartArt 布局进行表达，下列总结的一些常见的需求，可以为读者在选择 SmartArt 图形布局时缩小范围。

- 在图形中强调图片，可选择的布局有：图片题注列表、图片重点列表、水平图片列表、连续图片列表、垂直图片列表、垂直图片重点列表、蛇形图片重点列表。

- 如果在图形中需要输入特别多字符的 2 级文本，可选择的布局有：垂直项目符号列表、垂直框列表、表格列表。
- 在图形中显示连续的流程，可选择的布局有：基本循环、文本循环、连续循环、块循环、不定向循环、分段循环。
- 需要在图形中表达水平方向的流程，可选择的布局有：基本流程、重点流程、交替流、连续块状流程、连续箭头流程、流程箭头、详细流程、基本 V 型流程、闭合 V 型流程。
- 需要在图形中表达垂直方向的流程，可选择的布局有：垂直流程、垂直 V 型列表、交错流程、分段流程。
- 需要在图形中表达很多流程项目，可选择的布局有：基本蛇形流程、垂直蛇形流程、环状蛇形流程。
- 需要在图形中表达沿两个方向进行的循环流程，可选择的布局有：多向循环。
- 需要显示组织结构图，可选择的布局有：组织结构图、层次结构、标记的层次结构、表层次结构、层次结构列表。
- 需要表达在两个方案之间进行决策，可选择的布局有：平衡、平衡箭头。
- 需要表达两个相反的作用，可选择的布局有：分叉箭头、反向箭头、汇聚箭头、带形箭头。
- 需要表达多个选项相组合产生的结果，可选择的布局有：公式、垂直公式、聚合射线、漏斗。

134.2　使用组织结构图来显示部门的组织架构

组织架构的最好显示方式是“层次结构”分类中的“组织结构图”，该图形能显示两个以上等级的文本，并且能自动地用不同颜色对等级加以区分，同时能自动调整每个元素之间的大小和位置，使其协调美观。如图 134-1 所示，显示某公司销售部的组织架构图。

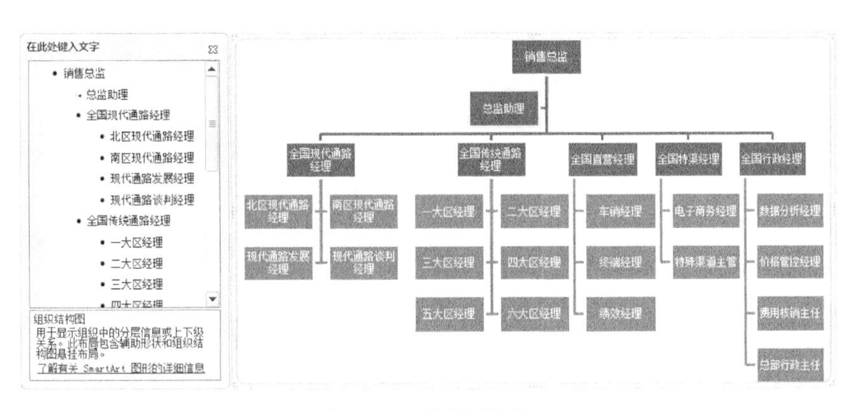

图 134-1　组织结构图

在组织结构图中，在【SmartArt 工具】选项卡→【设计】组中提供了一个“布局”功能，用于设置组织结构图中某个节点及其下属的排列方式，设置方法是选中组织结构图中的某个节点元素，如上图中选中“全国现代通路经理”，然后在【SmartArt 工具】选项卡→【设计】组→【创建图形】→【布局】下拉菜单中选择一种排列方式，如图 134-2 所示。

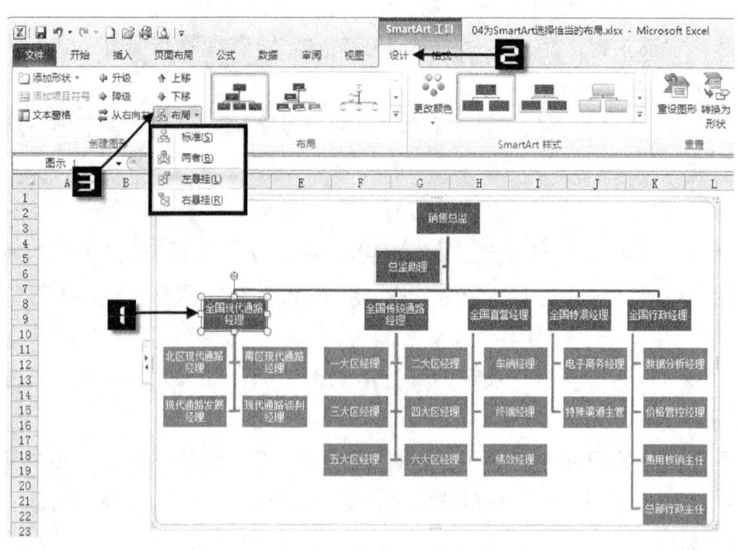

图 134-2　修改组织结构图布局

- 标准：将下属并排的排列为 1 行。
- 两者：将下属在上一级的垂直线两边排列成两列。
- 左悬挂：将下属在上一级的左侧排列为一列。
- 右悬挂：将下属在上一级的右侧排列为一列。

134.3　使用向上箭头表示增长

在 SmartArt 图形的“流程”分类中有一个“向上箭头”的布局，该布局最多可显示 5 个 1 级文本，每个文本都与箭头上的某一个点相对应，适合显示较少量的文本，体现某些向上趋势的信息。如图 134-3 所示，显示了某公司五年以来销售收入的向上增长趋势。

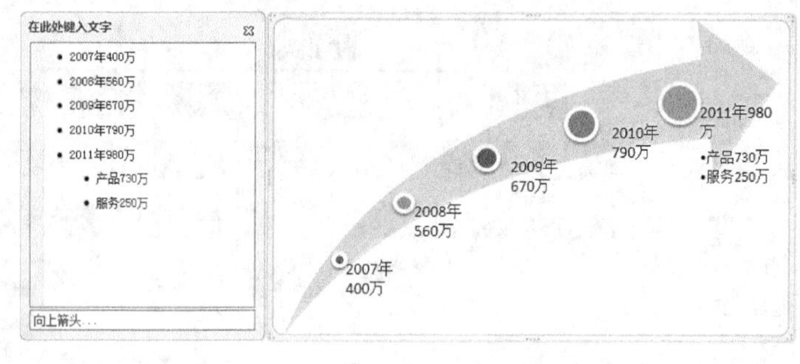

图 134-3　向上箭头

134.4　使用基本循环表示重复的过程

在 SmartArt 图形的“循环”分类中，提供了很多循环过程的图形，其中用于表示重复的过程可以选择“基本循环”图形。在此图形中，文本和箭头之间有比较好的平衡，图形显得清晰并且直观，如图 134-4 所示，显示了网站数据分析的基本流程。

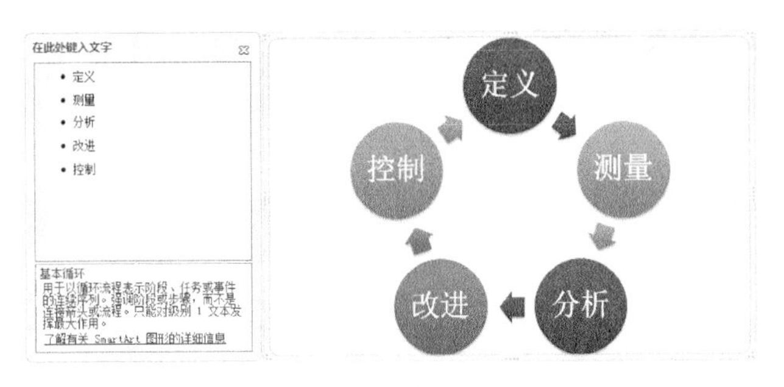

图 134-4　基本循环

134.5　使用分离射线表示中心与外部的关系

射线布局显示中心实体与周围多个实体之间的关系，分离射线布局只提供一个 1 级文本，且与中心的圆形对应，通过添加 2 级文本项创建周围的图形元素，如图 134-5 所示，显示了信息管理中心支持的部门。

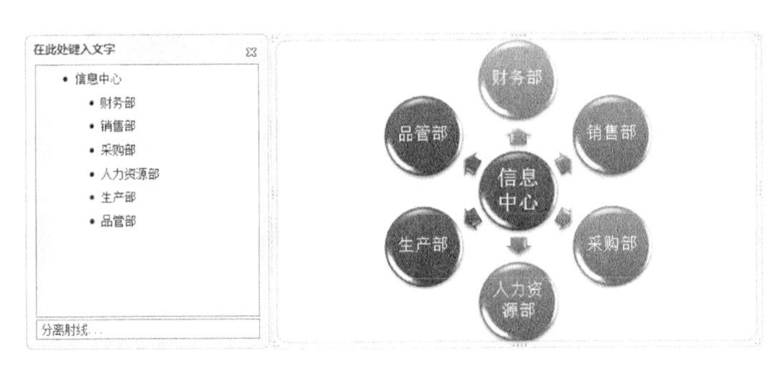

图 134-5　分离射线

134.6　使用棱锥图表示层次关系

棱锥图是由一系列形状相互排列构成一个整体，多用来表示比例、互连和层次关系，如图 134-6 所示，用基本棱锥图表示的马斯洛的需求层次。

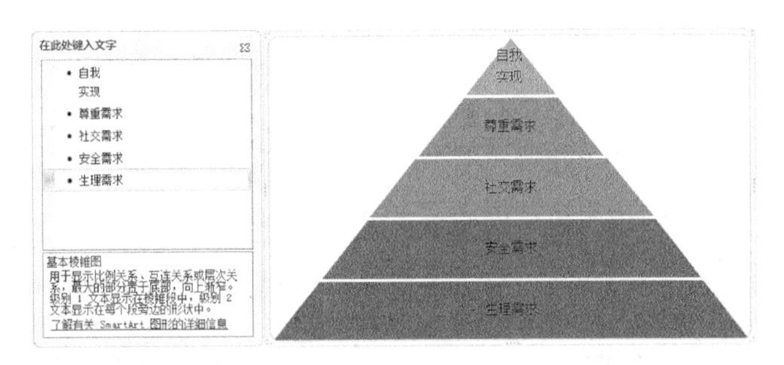

图 134-6　基本棱锥图

技巧135 艺术字的使用

Excel 2010 对艺术字功能进行了重新的设计，与以前版本相比，最大的不同是将艺术字创建在一个矩形的形状对象上，这样的艺术字将能设置出更多的绚丽效果。

135.1 插入艺术字

要在一个工作表中插入艺术字，首先在工作表的空白处选择任意一个单元格，然后在【插入】选项卡→【文本】组中单击【艺术字】下拉菜单，下拉菜单中提供了 30 种内置的艺术字效果，选择其中之一，Excel 2010 将根据选定的艺术字效果生成附在矩形形状上的文本“请在此放置您的文字”，选择这个文本，然后用自己的文本替换该文本，如图 135-1 所示。

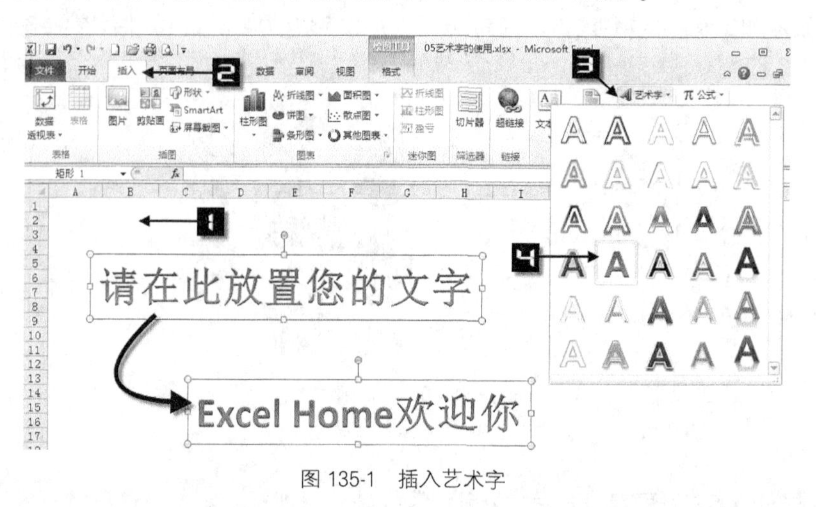

图 135-1 插入艺术字

135.2 设置艺术字效果

Excel 2010 艺术字最大的不同在于不仅可以设置艺术字效果，而且可以设置包含艺术字的矩形形状的效果。选中艺术字后，在【绘图工具】选项卡→【格式】组中，【形状样式】组中的设置是对包含艺术字的矩形形状进行操作，而不是艺术字，如图 135-2 所示。

图 135-2 设置艺术字的矩形形状效果

如果需要设置文本效果和格式，可以在选中艺术字后，使用如下几种途径。

- 在【绘图工具】选项卡→【格式】组→【艺术字样式】组中设置，可选择“艺术字库”、“文本填充”、“文本轮廓”、“文本效果”。
- 在【开始】选项卡→【字体】组中选择格式设置。
- 选中文字后，单击鼠标右键，在悬浮的文本工具栏中设置。
- 在艺术字上单击鼠标右键，在弹出的快捷菜单中选择【设置文字效果格式】命令，在打开的【设置文本效果格式】中设置更多的格式。

如图 135-3 所示。

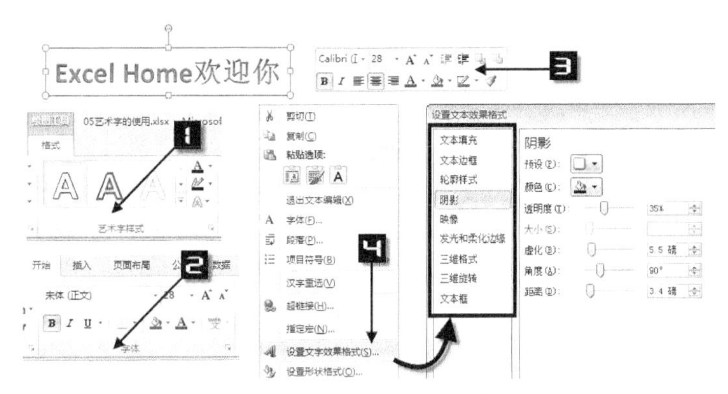

图 135-3　设置艺术字文本效果

135.3　实现老式艺术字效果

在老版本的 Excel 中，艺术字中会提供很多文字的变形效果，Excel 2010 不仅将其保留下来并且新增了部分内置效果。设置方式是选中艺术字，然后在【绘图工具】选项卡→【格式】组→【艺术字样式】组中，单击【文本效果】下拉菜单中的【转换】命令，在弹出的缩略图效果中选择一种文本形状，如图 135-4 所示，选择“波形 2”效果后的艺术字。

在转换艺术字效果后，拖动艺术字对象上的粉红色控件，可以手动调整内置的艺术字效果，如增大弧度、减少波动等。

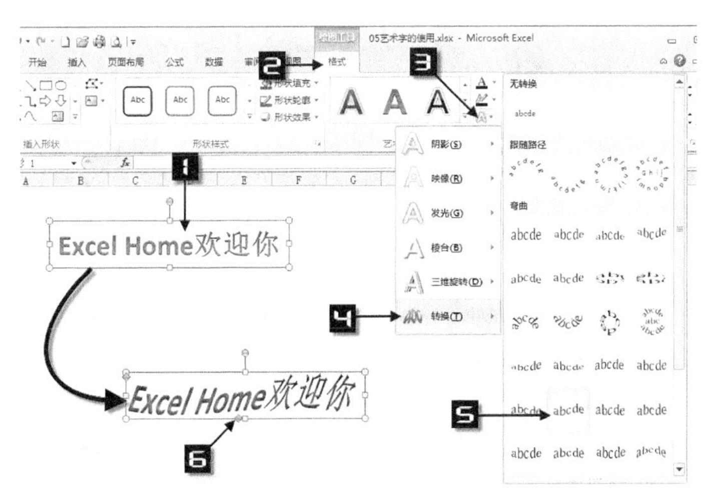

图 135-4　实现老式艺术字效果

技巧 136　改变单元格批注的外观

Excel 2010 中，单元格批注的默认外观为“矩形”的批注框，有些情况下，需要将单元格批注的外观设置得更生动形象，本技巧将介绍两种改变单元格批注外观的方法：改变批注的形状和为批注添加图片。

136.1　改变单元格批注的形状

如果在一个单元格中插入了批注，可以用任意一种形状来替代默认的“矩形”批注框，设置方法如下。

首先需要将【更改形状】功能添加到【快速访问工具栏】，单击【文件】选项卡，在下拉菜单中选择【选项】功能，打开【Excel 选项】对话框，在左侧单击【快速访问工具栏】子选项，在【从下列位置选择命令】下拉菜单中单击【绘图工具|格式选项卡】命令，在下面的列表框中找到【更改形状】命令，单击【添加】按钮，最后单击【确定】按钮，关闭【Excel 选项】对话框，如图 136-1 所示。

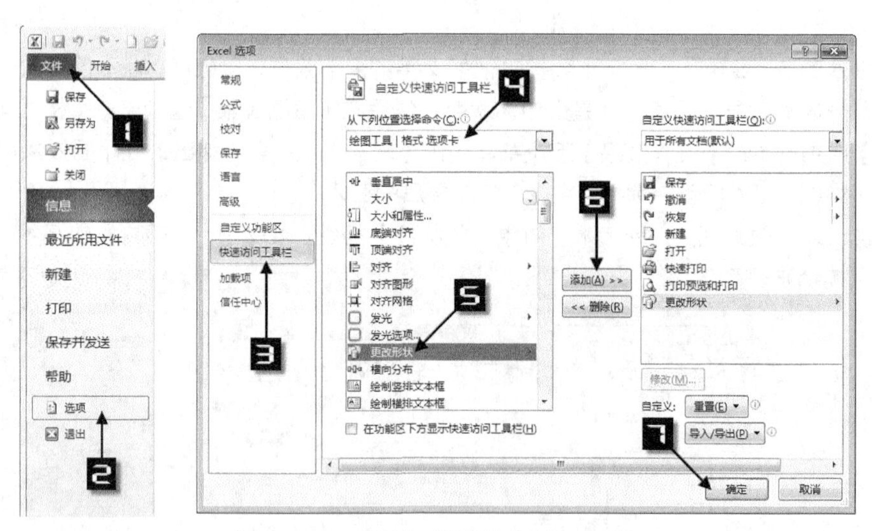

图 136-1　添加更改形状到快速访问工具栏

要改变一个批注的形状，首先确保该批注是可见的，右键单击含批注的单元格，在弹出的快捷菜单中单击【显示/隐藏批注】命令，使该批注不被自动隐藏。然后单击该批注的边框将其作为一个形状选中（或按住<Ctrl>键单击批注将其作为一个形状选中）。单击【快速访问工具栏】中的【更改形状】按钮，在弹出的形状面板中选择一个合适的形状即可，如图 136-2 所示。

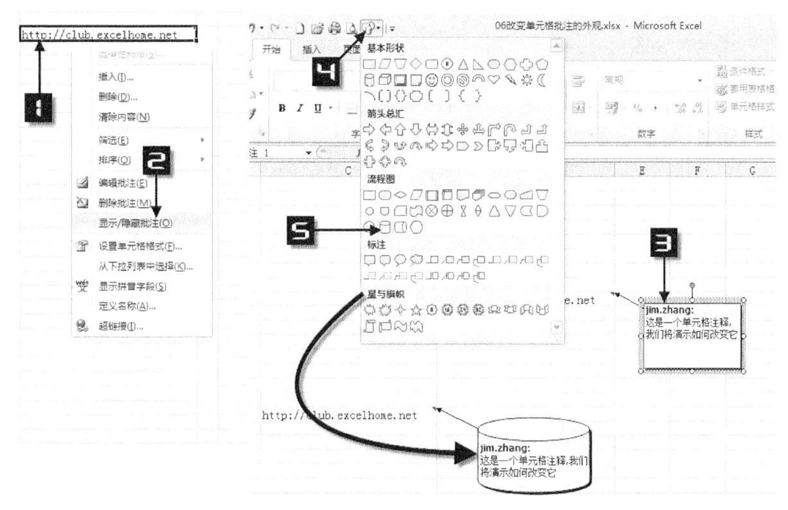

图 136-2　改变批注形状

136.2　在批注中插入图片

批注中不仅可以改变填充颜色，也可以插入图片。但该图片的来源必须为一个图片文件，即不能使用剪贴画或者剪贴板复制的图片。

Step 1　首先确保该批注是可见的，右键单击含批注的单元格，在弹出的快捷菜单中单击【显示/隐藏批注】命令，使该批注不被自动隐藏，如图 136-3 所示。

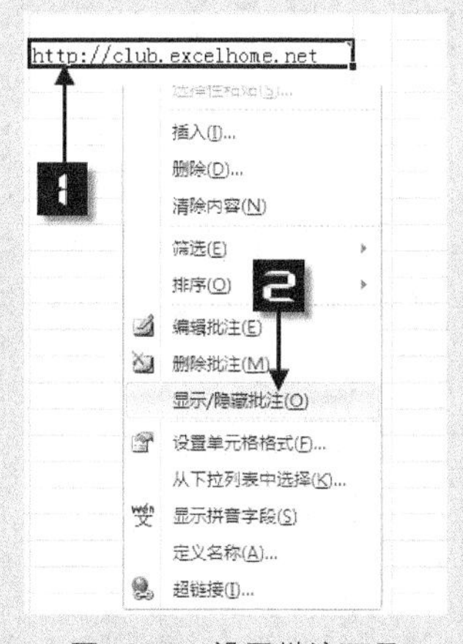

图 136-3　设置批注可见

Step 2　单击该批注的边框将其作为一个形状选中（或按住<Ctrl>键单击批注将其作为一个形状选中），然后将鼠标指针移动到该批注的边框，此时鼠标指针呈“十字箭头”形状，单击鼠标右键，在弹出的快捷菜单中单击【设置批注格式】命令，打开【设置批注格式】对话框，如图 136-4 所示。

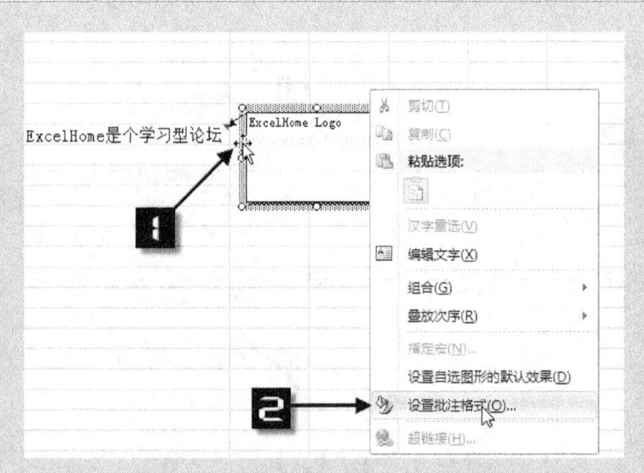

图 136-4　打开设置批注格式

Step 3　切换到【颜色与线条】选项卡，在【颜色】下拉菜单中选择【填充效果】，打开【填充效果】对话框，切换到【图片】选项卡，单击【选择图片】按钮，打开【选择图片】对话框，如图 136-5 所示。

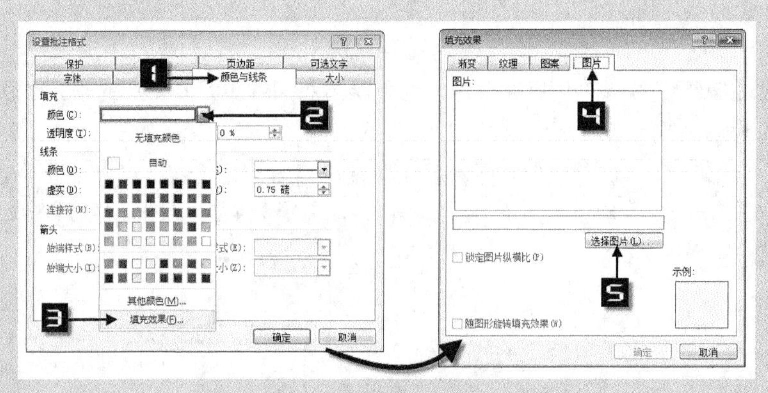

图 136-5　打开选择图片对话框

Step 4　选中需要插入的图片文件后单击【插入】按钮，即可将图片文件插入到当前批注中，然后单击【确定】按钮，退出对话框，如图 136-6 所示。

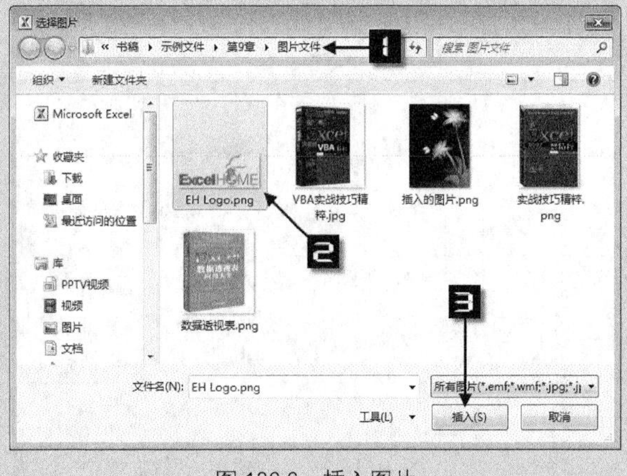

图 136-6　插入图片

技巧 137　在图表中使用图形对象

在图表中结合使用一些图形对象，不仅能更清楚地表达图表所阐述的观点，同时，也会使图表更形象生动。例如，在图表中插入形状来注释图表中的关键数据点，或者用艺术字作为图表的标题等。本技巧将演示一些图表与图形对象结合的常见案例。当然，如何将图表与图形对象完美的结合还在于使用者的设计和巧妙构思。但同时，需要说明的是用少量的图形对象修饰图表可以起到画龙点睛的效果，但是太多的图形对象置于图表之上就显得“喧宾夺主”了。

137.1　用艺术字作为图表的标题

图表中默认的标题文本视觉效果比较平庸，在有些场合可能希望图表标题的视觉效果更生动醒目，可以用艺术字作为图表的标题。

首先删除图表中的标题，然后选择图表，在【插入】选项卡→【文本】组中，单击【艺术字】下拉列表，选择其中一种艺术字类型，Excel 将根据选定的艺术字效果生成附在矩形形状上的文本“请在此放置您的文字”，选择这个文本，然后用图表标题文本替换该文本，然后根据技巧 135 中的相关介绍设置艺术字的字号以及其他效果，最后将艺术字移动到图表中合适的位置即可，如图 137-1 所示。

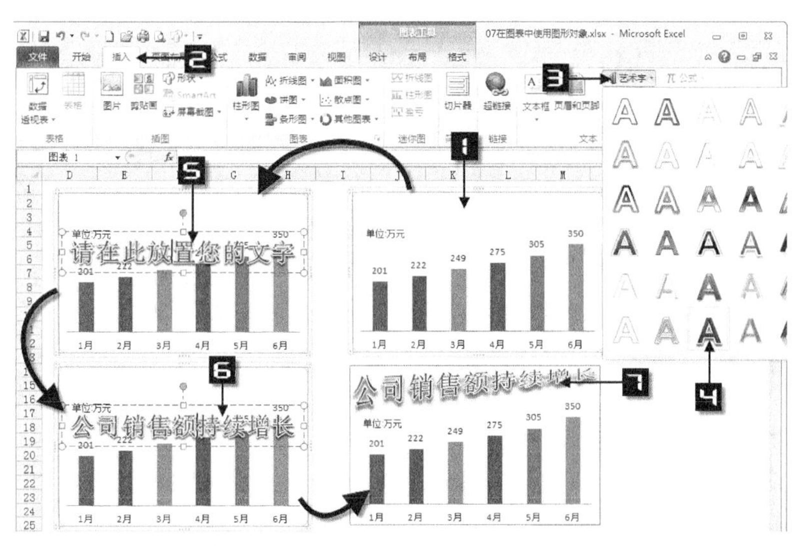

图 137-1　艺术字作为图表标题

选中图表后再插入艺术字，可保证艺术字与图表结合成一个“整体”。这样，移动图表位置或改变图表大小时，艺术字的位置也会相对移动。

137.2 用形状注释图表

形状与图表结合的一个常见用法是注释图表内容，如使用标注类的形状对特定的数据点添加描述性的文本以引起关注，或者在当图表以黑白形式打印时，在数据系列旁添加形状进行标注以避免图表产生误读。

用形状注释图表的方法比较简单，选中图表后，在【图表工具】选项卡→【布局】组→【插入】组中，单击【形状】下拉菜单，选择一种形状后在图表中拖动鼠标指针即可插入图表，然后输入注释文本，并将形状拖动到图表中合适的位置，如图 137-2 所示。

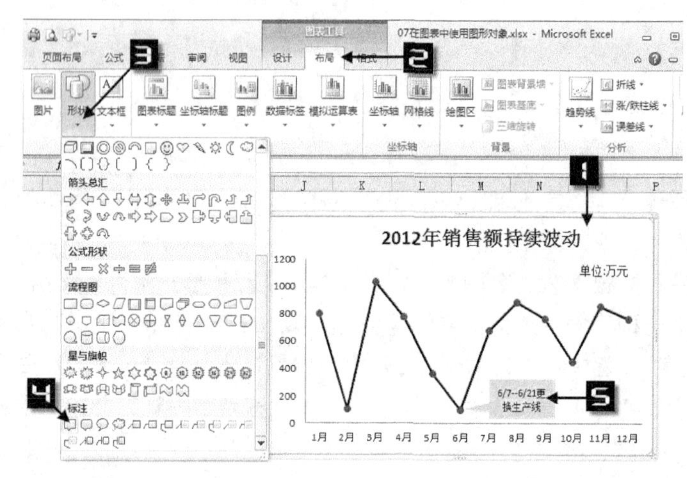

图 137-2 用形状注释数据点

如图 137-3 所示使用形状标注数据系列，以免黑白打印后无法分清数据系列而造成误读。

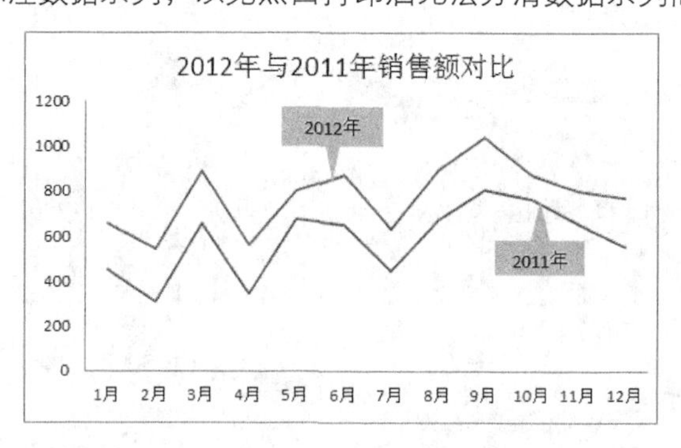

图 137-3 用形状标注数据系列

137.3 使用形状作为图表背景

将图表设计在形状上，然后将图表与形状组合在一起，这样会实现较好的视觉效果。下面将介绍如何将一幅柱形图设计在“卷轴”上。

Step 1

单击当前工作表中的任意单元格，然后在【插入】选项卡→【插图】组中单击【形状】下拉菜单，在弹出的形状面板中选择“横卷形”，然后在工作表中拖动鼠标指针插入形状，将形状调整到合适的大小。单击选中形状，在【绘图工具】选项卡→【格式】组→【形状样式】组中，单击【形状样式库】下拉菜单，选择样式“彩色轮廓-强调颜色 4”，如图 137-4 所示。

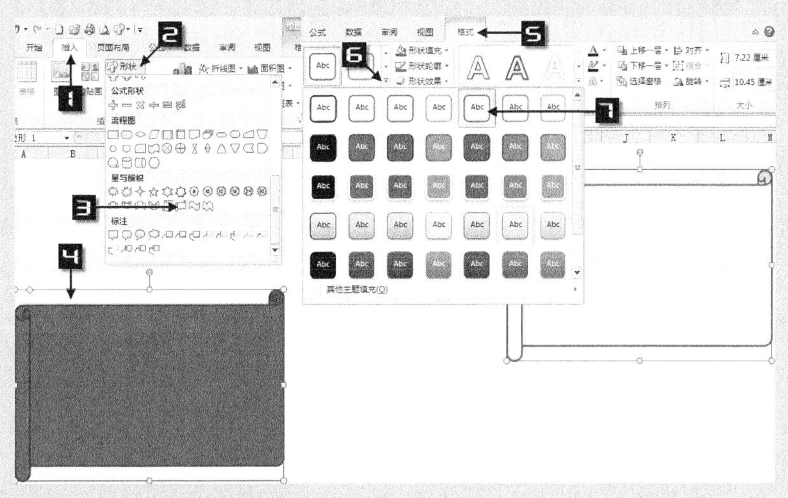

图 137-4　插入形状

Step 2

选择 A1:B7 单元格区域，选择【插入】选项卡→【柱形图】下拉按钮→选择【二维折线图】组中的【簇状柱形图】新建柱形图，修改图表标题，删除图例、网格线、垂直（值）轴等非必要图表元素，将图表区和绘图区填充颜色均设置为透明的无填充，将图表区边框颜色设置为无填充，如图 137-5 所示。

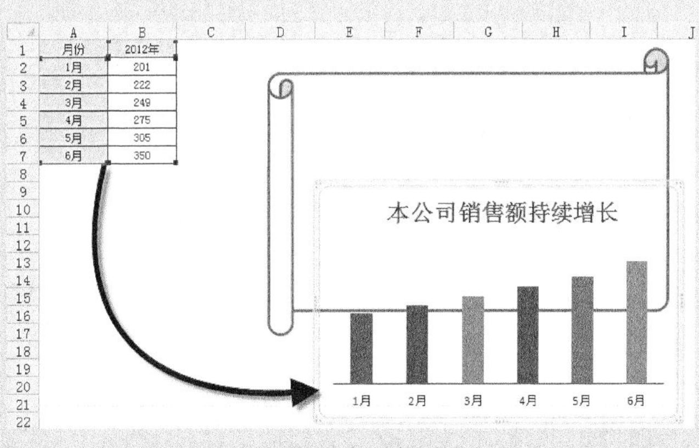

图 137-5　插入柱形图

Step 3

将柱形图拖动到步骤 1 建立的形状上，并调整柱形图到合适的大小，单击选中柱形图，按<Ctrl>键单击形状，使柱形图与形状同时选中，然后在【绘图工具】选项卡→【格式】组→【排列】组中，单击【组合】下拉菜单中的【组合】命令，即将图表与形状组合在一起，如图 137-6 所示。

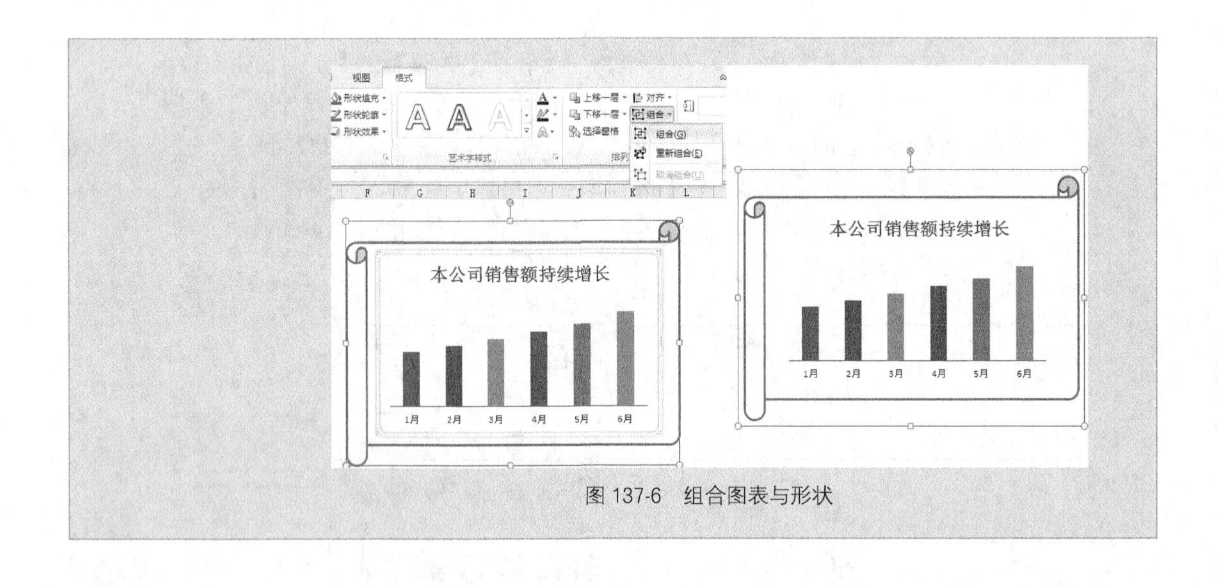

图 137-6　组合图表与形状

137.4　在图表系列中使用形状与图片

在图表系列中使用形状与图片，就是用图形对象来替换图表系列的元素，如柱形、条形、面积、系列标记等。利用形状，可以为图表系列增添一些特殊的效果，是增强图表视觉的一种比较简单的方法。

要将一种形状或图片在图表系列中使用，可以先选中图形对象，按<Ctrl+C>组合键，将图形对象复制到剪贴板中，然后选中该图表系列或单个数据点，然后按<Ctrl+V>组合键，即可将图形对象复制到图表系列。或者在图表系列上按<Ctrl+1>组合键，打开【设置数据系列格式】对话框，在左侧切换到【填充】选项卡，选择【图片或纹理填充】选项，然后单击【文件】按钮（选择一个图片文件），或单击【剪贴板】按钮（粘贴当前在剪贴板上的图形对象），或单击【剪贴画】按钮（搜索一个剪贴画图片），如图 137-7 所示。

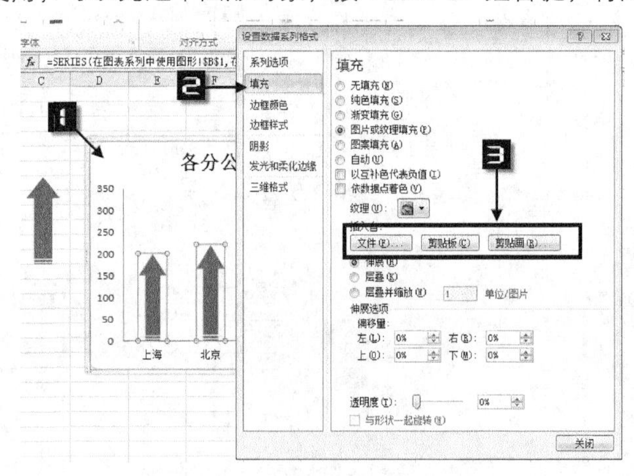

图 137-7　使用图片或纹理填充

137.5　在图表的图表区或绘图区使用图片

图表中有图表区与绘图区两个背景元素，默认情况下，这些区域都只显示一种填充颜色，若要获得更好的视觉效果，可以选择在该区域插入一张背景图片。

要将一张图片添加到图表区或绘图区，首先在图片上单击鼠标右键，在弹出的快捷菜单中单击【复制】按钮，然后选中图表区或绘图区，单击鼠标右键，在弹出的快捷菜单中单击【设置绘图区格式】

按钮，打开该元素的格式设置对话框，在左侧选择【填充】组，单击【图片或纹理填充】选项，然后单击【剪贴板】按钮（粘贴当前在剪贴板上的图形对象），或单击【文件】按钮（选择一个图片文件），或单击【剪贴画】按钮（搜索一个剪贴画图片），如图 137-8 所示（选择剪贴板中的图片）。

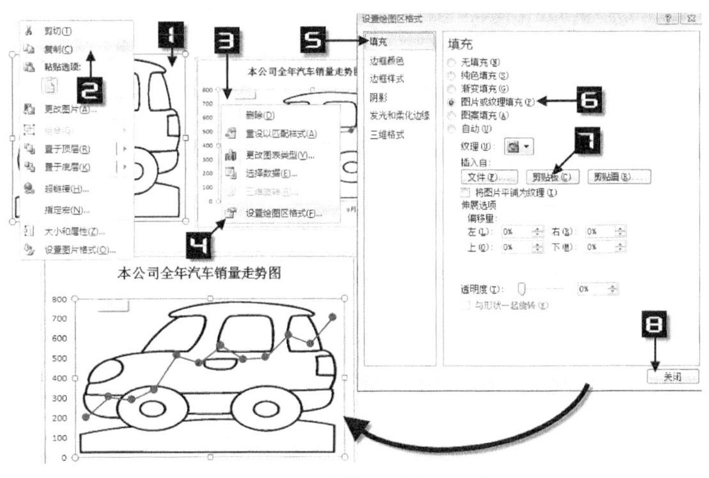

图 137-8　在绘图区插入图片

技巧 138　输出图形对象

如果在 Excel 2010 中使用了形状、剪贴画、图片、SmartArt、艺术字，甚至是图表，用户可能会想把这些图形对象保存为一个单独的文件用于其他文件或程序中。但是，Excel 2010 并没有提供直接输出图形对象的功能。本技巧将介绍一种变通的方法将图形对象输出为独立的文件。

Step 1　在 Excel 工作表中设置好需要的图形对象，并调整到合适的长宽比例，并将文件保存为常用的 Excel 格式文件，如图 138-1 所示。

图 138-1　设置图形对象

Step 2 单击【文件】选项卡，在弹出面板中单击【另存为】命令，打开【另存为】对话框，在【保存位置】下拉菜单中选择保存文件的路径，在【文件名】文本框中输入保存的文件名，在【保存类型】下拉菜单中选择“网页（*.htm;*.html）”，单击【保存】按钮，弹出提示框“***可能含有与网页不兼容的功能。是否保持工作簿的这种格式？”，单击【是】按钮，并关闭该工作簿，如图 138-2 所示。

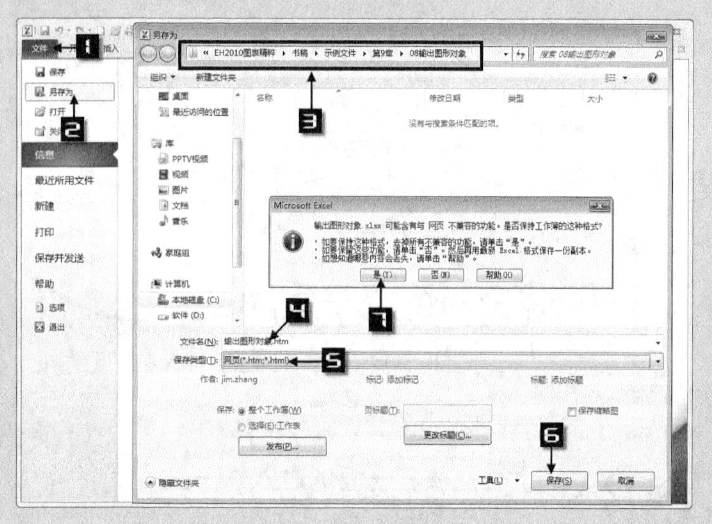

图 138-2　另存为网页文件

Step 3 使用 Windows 浏览器找到步骤 2 保存的网页文件时，用户会发现在同一文件路径会为该网页文件创建一个单独的相关文件夹。例如把该文件保存为“输出图形对象.htm”，会自动生成一个文件夹“输出图形对象.files”。打开该目录会发现 Excel 中的每个图形对象都自动生成了两种格式（image***.png 和 image***.gif）的图片文件，选择需要的文件即可，如图 138-3 所示。

图 138-3　查看网页文件夹

第 10 章　图表美化技巧

一幅图表不仅要清晰、准确地传达信息和观点，而且要以专业、美观的方式呈现给大家。本章将介绍图表美化的各种技巧，如图表中各项元素的使用原则、图表颜色的搭配、合理的图表布局、利用图表模板和主题快速美化图表，以及 Excel 2010 新的条件格式功能等。在本章最后将通过 4 个综合案例，运用各种图表美化技巧完成图表的制作。通过本章的介绍，将帮助读者制作协调美观、彰显专业气质的图表。

技巧 139　图表旋转

Excel 2010 的图表不可以直接旋转放置，但经常因排版的要求，需要将图表旋转一定角度放置，本技巧将介绍两种变通的方法，实现对图表的旋转。

139.1　使用照相机功能

照相机是 Excel 2010 功能区的一个隐藏功能，首次使用前先要进行设置。单击【快速访问工具栏】的下拉按钮选择【其他命令】，打开【自定义快速访问工具栏】对话框，在左侧【从下列位置选择命令】下拉框中选择“不在功能区中的命令”，在左侧列表框中查找【照相机】功能，查找到后将其选中，单击【添加】按钮将【照相机】功能添加到【快速访问工具栏】中，单击【确定】按钮，关闭【自定义快速访问工具栏】对话框，如图 139-1 所示。

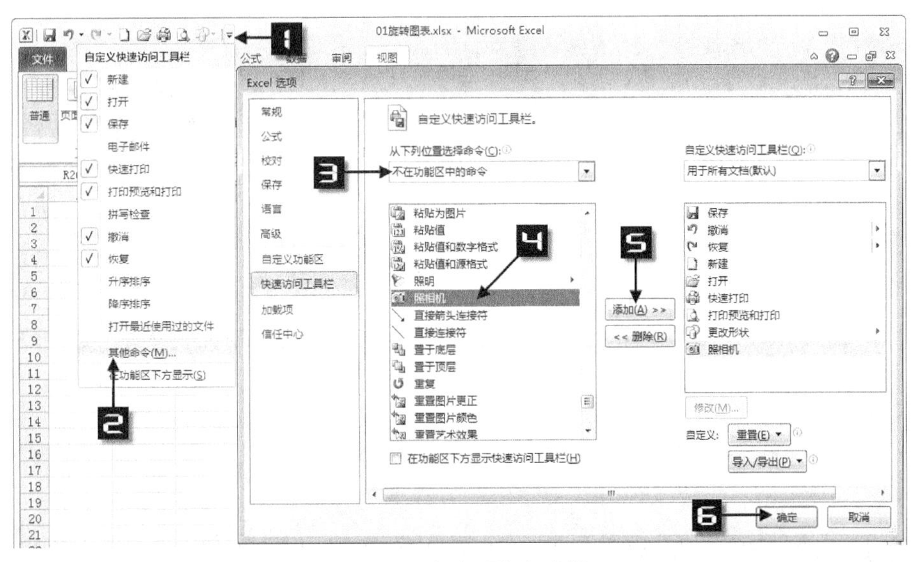

图 139-1　添加照相机功能

Step 1 将图表绘制于一定的单元格区域内，本例为 A7:G19 单元格区域。选取该区域，单击【快速访问工具栏】中的【照相机】功能，此时鼠标指针变为“十”字形，在工作表的任意单元格上单击鼠标，将在工作表上自动生成一张图片，图片显示与选取的单元格区域相同的内容，如图 139-2 所示，右侧图片为【照相机】拍摄获取的图表影像。

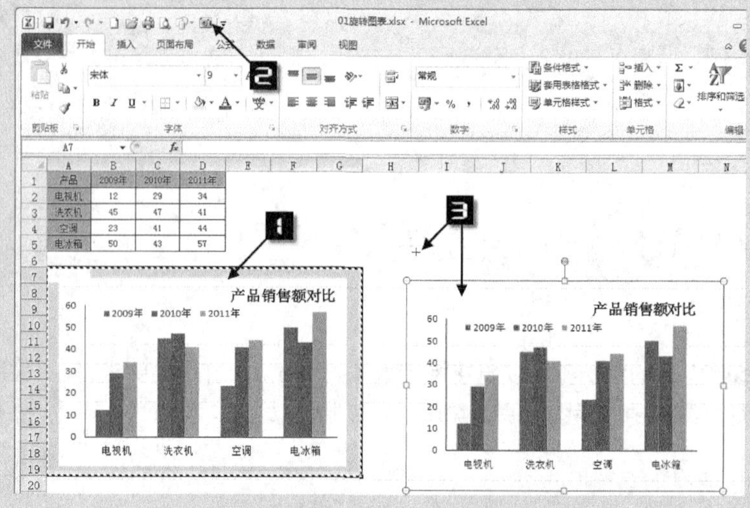

图 139-2 利用照相机功能拍摄图表

Step 2 鼠标指针移动到上一步生成图片上方的绿色旋转按钮，当鼠标指针变为旋转箭头时按下鼠标左键，然后拖动鼠标指针将图片向右旋转约 30°，该图片内摄入的图表影像也会随之旋转，结果如图 139-3 所示。

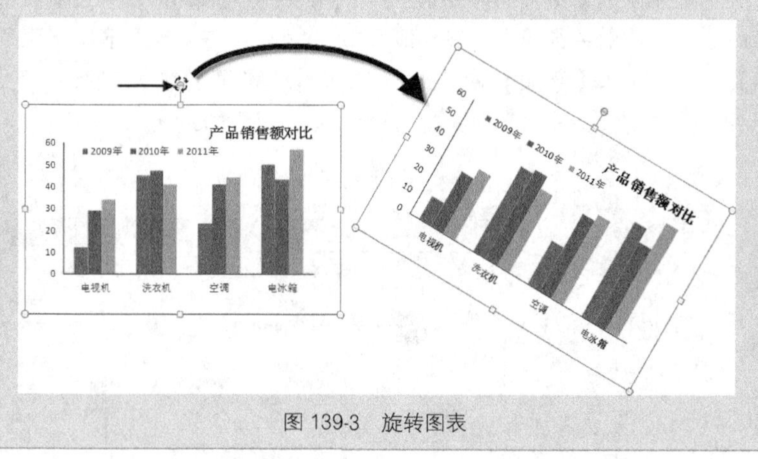

图 139-3 旋转图表

如果单元格区域内的图表发生了变化，利用【照相机】功能拍摄的图表影像也会发生相应的变化。

139.2 使用静态图片

Step 1 选中图表，然后在【开始】选项卡的【剪贴板】组中单击【复制】按钮，如图 139-4 所示。

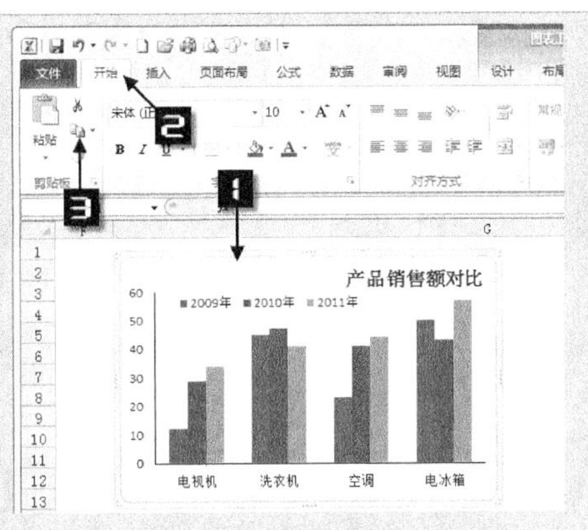

图 139-4　复制图表

Step 2　单击工作表中的其他单元格，然后依次选择【开始】选项卡→【粘贴】下拉按钮→【粘贴选项】中的【图片（U）】命令，如图 139-5 所示。

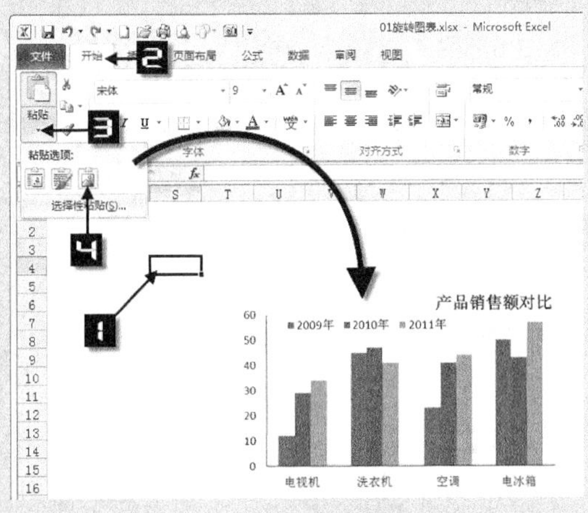

图 139-5　粘贴图表

Step 3　选中上一步粘贴的图片，然后在【图片工具】选项卡的【格式】组中单击【旋转】下拉按钮，可对图片进行向右或向左旋转 90°、垂直翻转、水平翻转，另外，可以选择【其他旋转选项】对图片进行任意角度的旋转，本例选择【向左旋转 90°】，如图 139-6 所示。

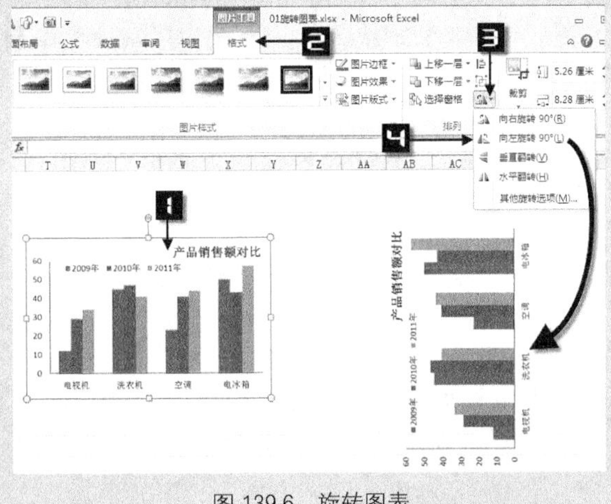

图 139-6　旋转图表

如果单元格区域内的图表发生了变化，已复制粘贴为静态图片中的图表影像不会变化。

技巧 140　绘图区的横向分割

利用添加辅助数据，结合图表技术，可以将绘图区的背景按照指定的数据区间进行横向分割，从而使图表能更清楚、美观地表达观点或传递信息。

在图 140-1 所示的图表中，将 0～40、41～80 和 81～100 销售额区间的数据点用不同的颜色进行标识，可以将绘图区的背景横向分割为 3 个区间。本技巧将使用 3 种不同的方法来达到此目的。

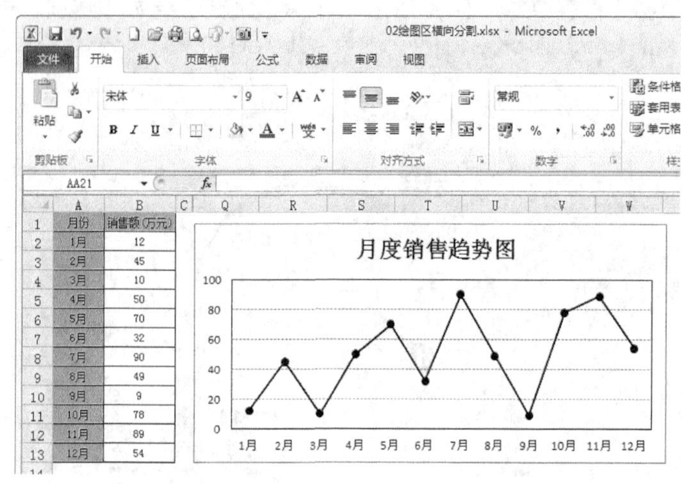

月份	销售额(万元)
1月	12
2月	45
3月	10
4月	50
5月	70
6月	32
7月	90
8月	49
9月	9
10月	78
11月	89
12月	54

图 140-1　横向分割原始表

140.1　簇状条形图

Step 1　在 D1:D6 单元格区域中添加辅助数据，用于绘制辅助的簇状条形图系列，如图 140-2 所示。

辅助列
100
100
100
100
100

图 140-2　条形图辅助区域

Step 2　选择 D1:D6 单元格区域，按<Ctrl+C>组合键复制单元格区域，然后选中图表，按<Ctrl+V>组合键，粘贴新增“辅助列”数据系列，如图 140-3 所示。

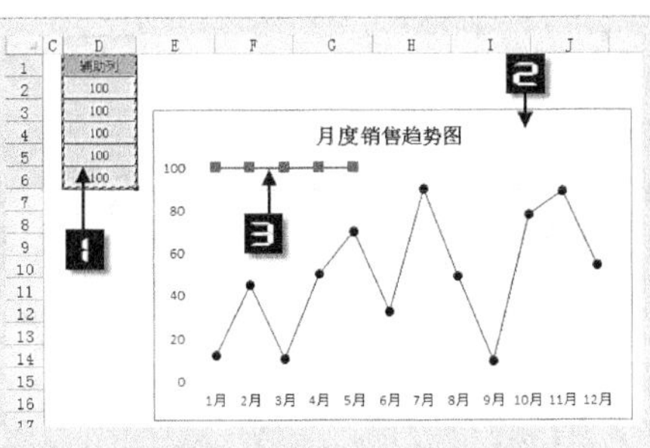

图 140-3 添加辅助数据系列

Step 3 选择“辅助列”数据系列，然后在【图表工具】选项卡的【设计】组中，单击【更改图表类型】按钮，打开【更改图表类型】对话框，切换到【条形图】类型，选择【簇状条形图】子类型，然后单击【确定】按钮，关闭【更改图表类型】对话框，如图 140-4 所示。

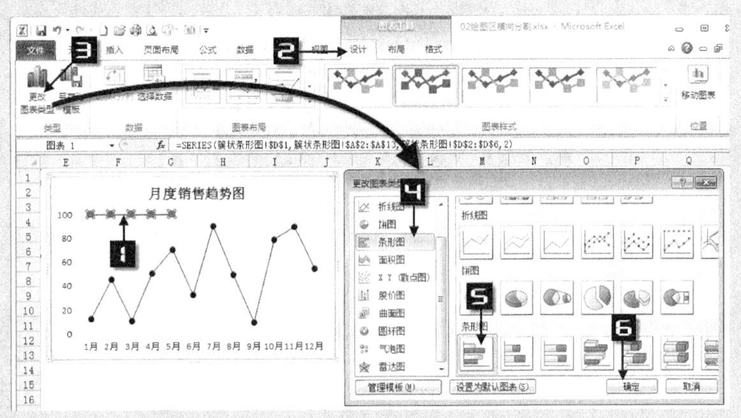

图 140-4 更改图表类型

Step 4 选中“次坐标轴 水平（值）轴”，然后在【图表工具】选项卡的【布局】组中，单击【设置所选内容格式】按钮，打开【设置坐标轴格式】对话框，切换到【坐标轴选项】选项卡，设置【最大值】为【固定】数值“100”，然后单击【关闭】按钮，关闭【设置坐标轴格式】对话框，如图 140-5 所示。

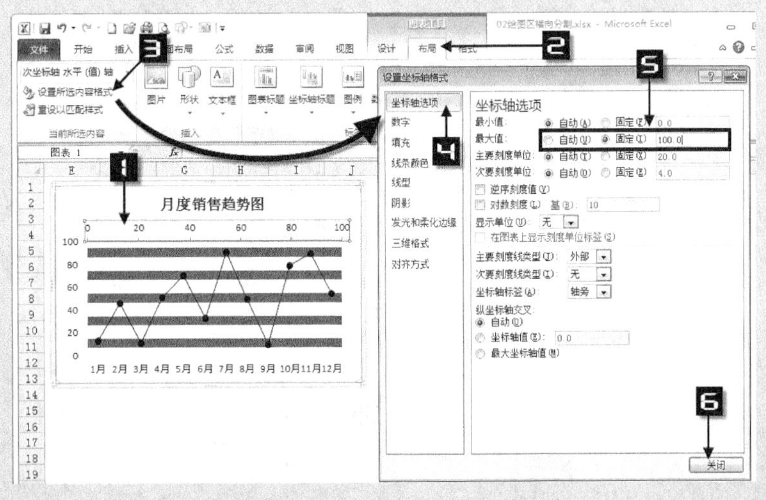

图 140-5 设置次坐标轴水平（值）轴

Step 5 选中“次坐标轴 水平（值）轴”，然后按<Delete>键，删除“次坐标轴 水平（值）轴”。

Step 6 选择“辅助列”数据系列，然后在【图表工具】选项卡的【布局】组中，单击【设置所选内容格式】按钮，打开【设置数据系列格式】对话框，切换到【系列选项】选项卡，设置【分类间距】为“0%”，然后单击【关闭】按钮，关闭【设置数据系列格式】对话框，如图 140-6 所示。

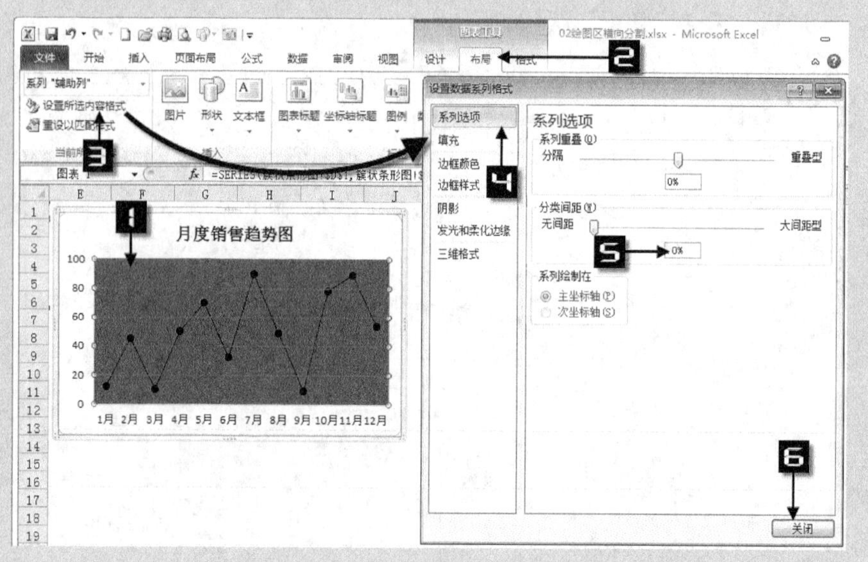

图 140-6　设置数据系列分类间距

Step 7 两次单击条形图的第 1 个数据点，然后在【图表工具】选项卡的【格式】组中，单击【形状填充】下拉按钮，在【主题颜色】或【标准色】颜色组中为内部填充色设置合适的颜色。如图 140-7 所示，依次修改条形图的每个数据点，为其选择合适的内部填充色，即可为 3 个区间设置不同颜色的“绘图区背景”。

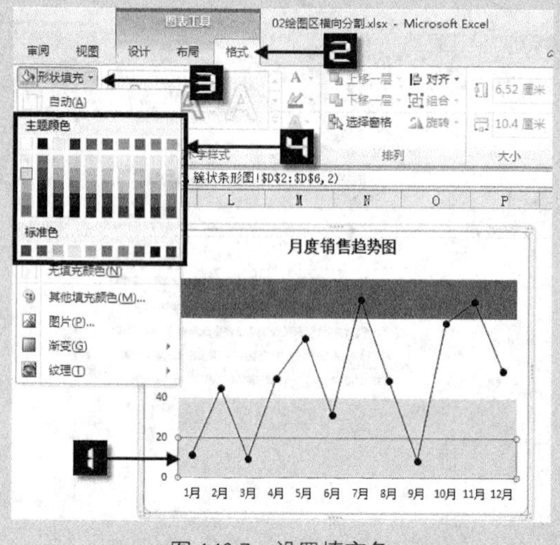

图 140-7　设置填充色

提示

也可以根据需要将背景设置为其他的颜色组合，如图 140-8 所示的两幅图表，一幅为蓝、白相间的背景，一幅为多种颜色横向分割的背景。

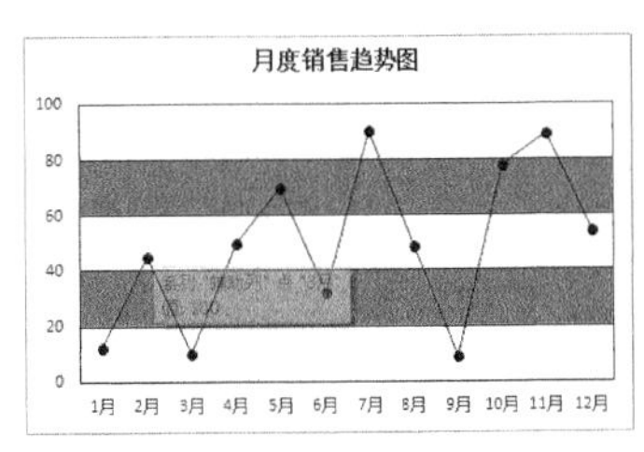

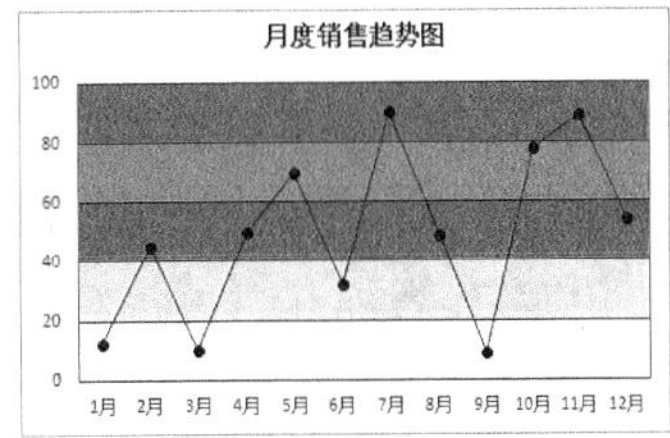

图 140-8　分割绘图区

140.2　堆积柱状图

Step 1　在 D1:F13 单元格区域中添加辅助数据，用于绘制辅助的堆积柱状图系列，如图 140-9 所示。

	C	D	E	F
1		区间1	区间2	区间3
2		40	40	20
3		40	40	20
4		40	40	20
5		40	40	20
6		40	40	20
7		40	40	20
8		40	40	20
9		40	40	20
10		40	40	20
11		40	40	20
12		40	40	20
13		40	40	20
14				

图 140-9　堆积柱状图辅助区域

Step 2　选择 D1:F13 单元格区域，按<Ctrl+C>组合键复制单元格区域，然后选中图表，按<Ctrl+V>组合键，粘贴新增“区间 1”、“区间 2”和“区间 3”共 3 个数据系列，如图 140-10 所示。

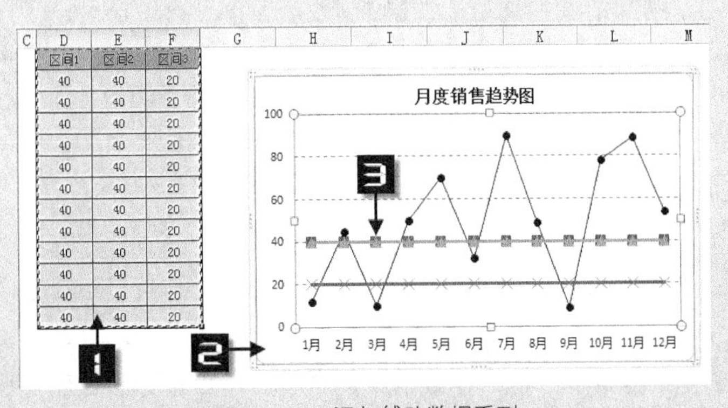

图 140-10　添加辅助数据系列

Step 3　选择“区间 3”系列，然后在【图表工具】选项卡的【设计】组中，单击【更改图表类型】按钮，打开【更改图表类型】对话框。切换到【柱形图】类型，选择【堆积柱形图】子类型，然后单击【确定】按钮，关闭【更改图表类型】对话框。并按照同样的方法依次更改“区间 1”和“区间 2”两个系列的图表类型，如图 140-11 所示。

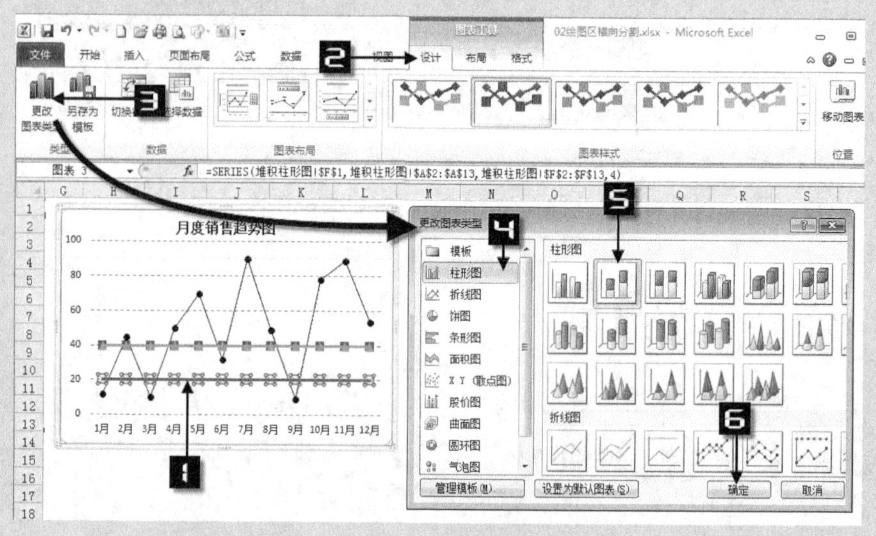

图 140-11　更改图表类型

Step 4　选择“区间 3”数据系列，然后在【图表工具】选项卡的【布局】组中单击【设置所选内容格式】按钮，打开【设置数据系列格式】对话框，切换到【系列选项】选项卡，设置【分类间距】为“0%”，然后单击【关闭】按钮，关闭【设置数据系列格式】对话框，如图 140-12 所示。

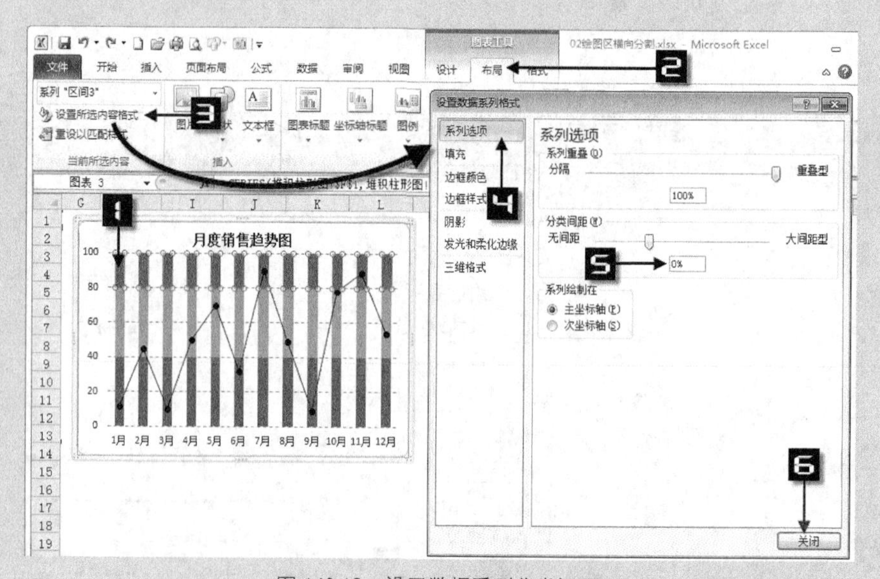

图 140-12　设置数据系列分类间距

Step 5　进一步美化图表，选择“区间 3”数据系列，然后在【图表工具】选项卡的【布局】组中单击【设置所选内容格式】按钮，打开【设置数据系列格式】对话框，切换到【填充】选项卡→选择【纯色填充】单选钮→单击【颜色】下拉按钮，为数据系列选择合适的颜色，然后单击【关闭】按钮，关闭【设置数据系列格式】对话框。并按照同样的方法依次更改“区间 1”和“区间 2”两个系列的填充颜色，如图 140-13 所示。

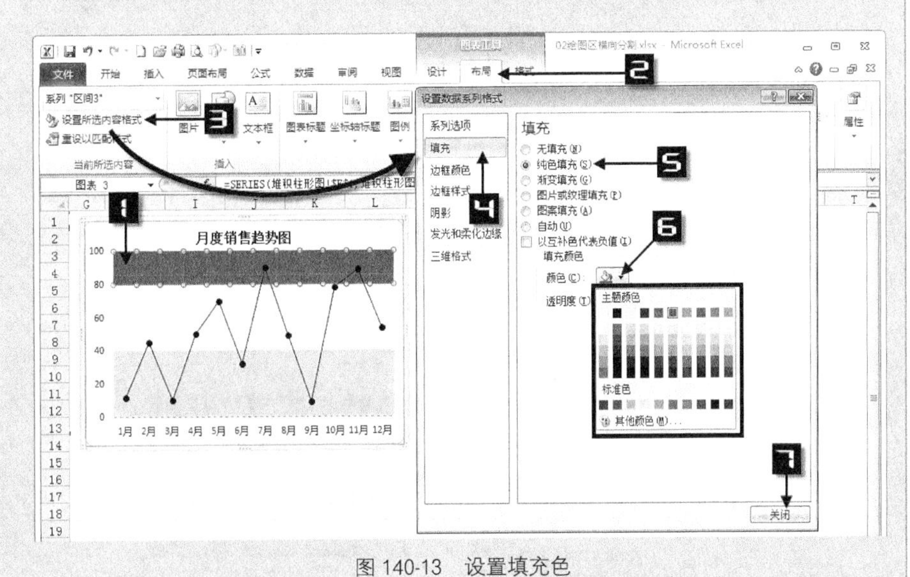

图 140-13　设置填充色

140.3　堆积面积图

Step 1　在 D1:F13 单元格区域添加辅助数据，用于绘制辅助的堆积面积图系列，如图 140-14 所示。

	D	E	F
1	区间1	区间2	区间3
2	40	40	20
3	40	40	20
4	40	40	20
5	40	40	20
6	40	40	20
7	40	40	20
8	40	40	20
9	40	40	20
10	40	40	20
11	40	40	20
12	40	40	20
13	40	40	20
14			

图 140-14　堆积面积图辅助区域

Step 2　拖动鼠标指针选择 D1:F13 单元格区域，选择【插入】选项卡→【面积图】下拉按钮→选择【二维面积图】组中的【堆积面积图】将其作为绘图区的背景，如图 140-15 所示。

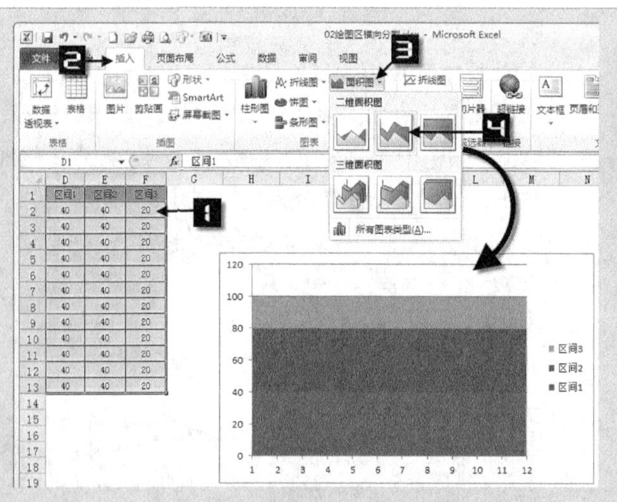

图 140-15　插入堆积面积图

Step 3　选择图表中的“图例”，按<Delete>键删除“图例”，如图 140-16 所示。

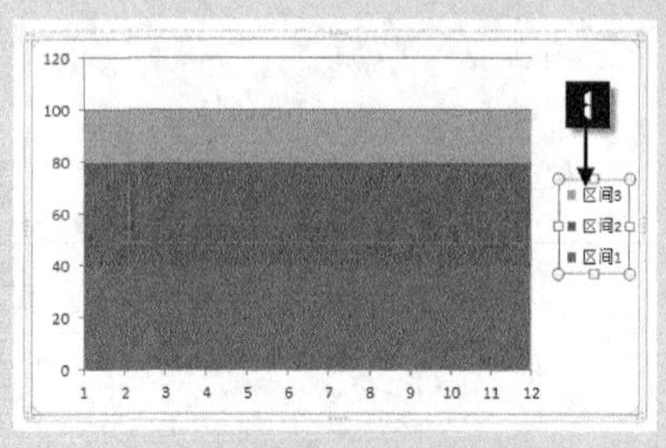

图 140-16　删除图例

Step 4　单击选择“垂直（值）轴”，然后在【图表工具】选项卡的【布局】组中单击【设置所选内容格式】按钮，打开【设置坐标轴格式】对话框，切换到【坐标轴选项】选项卡，设置【最大值】为【固定】数值“100”，同时，将【主要刻度线类型】下拉框选择成“无”，单击【关闭】按钮，关闭【设置坐标轴格式】对话框，如图 140-17 所示。

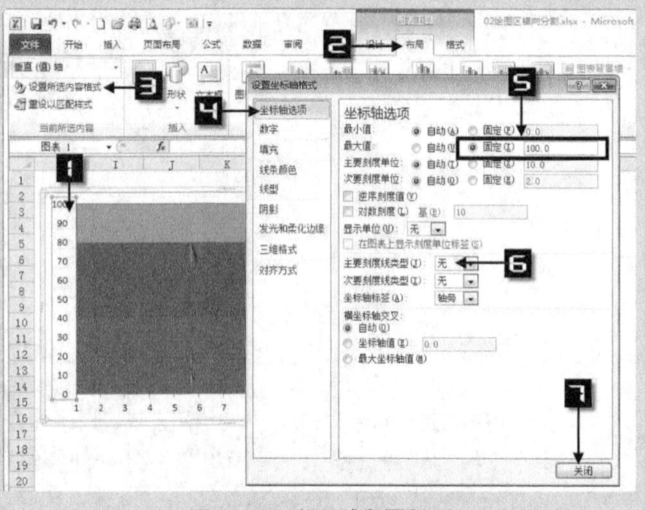

图 140-17　设置堆积面积图

Step 5　拖动鼠标指针选择 B1:B13 单元格区域，按<Ctrl+C>组合键复制单元格区域，然后选中图表，按<Ctrl+V>组合键，粘贴新增“销售额”数据系列。

Step 6　选中图表，然后在【图表工具】选项卡的【布局】组中的【当前所选内容】组下拉框中选择【系列“销售额”】，并切换到【图表工具】选项卡的【设计】组，单击【更改图表类型】按钮，打开【更改图表类型】对话框，切换到【折线图】类型，选择【带数据标记的折线图】子类型，然后单击【确定】按钮，关闭【更改图表类型】对话框，如图 140-18 所示。

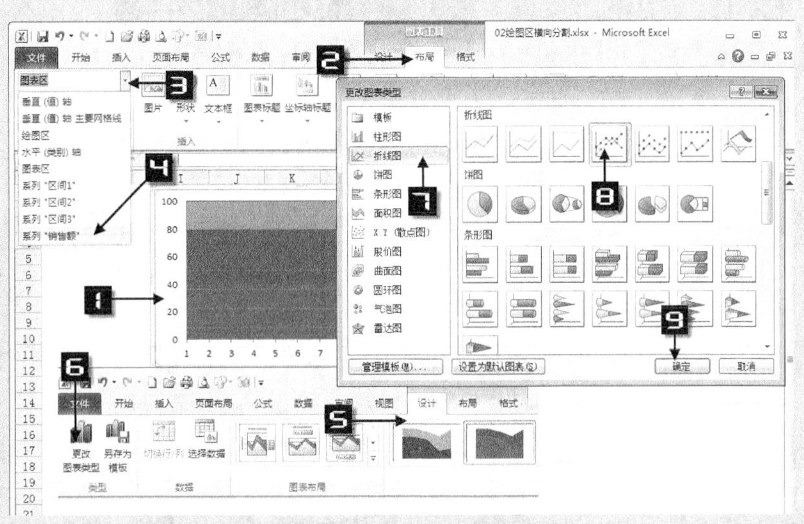

图 140-18　更改图表类型

Step 7　选择“销售额”数据系列，然后在【图表工具】选项卡的【布局】组中单击【设置所选内容格式】按钮，打开【设置数据系列格式】对话框，切换到【系列选项】选项卡，选择【次坐标轴】单选钮，单击【关闭】按钮，关闭【设置数据系列格式】对话框。如图 140-19 所示。

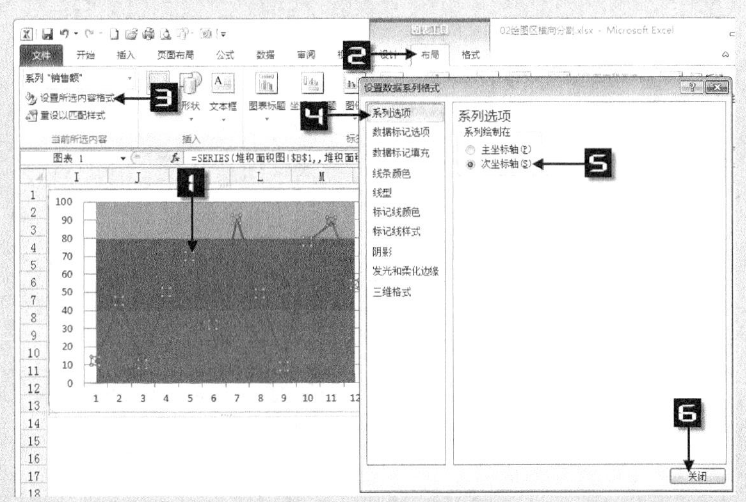

图 140-19　更改坐标轴

Step 8　选中图表，然后在【图表工具】选项卡的【布局】组中的【坐标轴】下拉选项中选择【次要横坐标轴】→【显示从左向右坐标轴】，如图 140-20 所示。

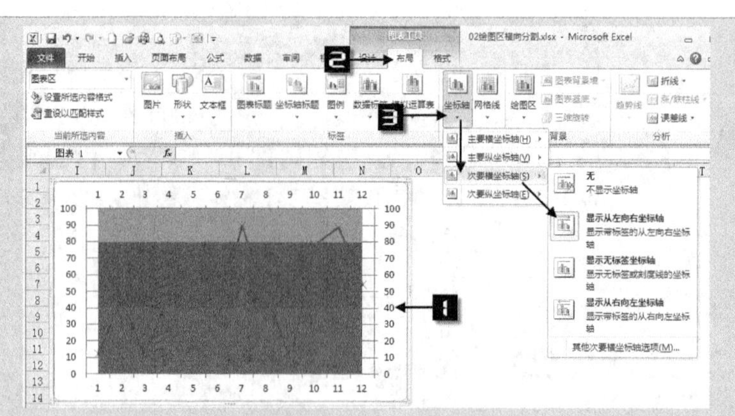

图 140-20　显示次要横坐标轴

Step 9　选择“水平（类别）轴”，然后在【图表工具】选项卡的【布局】子选项中单击【设置所选内容格式】按钮，打开【设置坐标轴格式】对话框，切换到【坐标轴选项】选项卡，在【位置坐标轴】单选项中选择【在刻度线上】，并将【主要刻度线类型】、【次要刻度线类型】、【坐标轴标签】3 项下拉框均设置为“无”，单击【关闭】按钮，关闭【设置坐标轴格式】对话框，如图 140-21 所示。

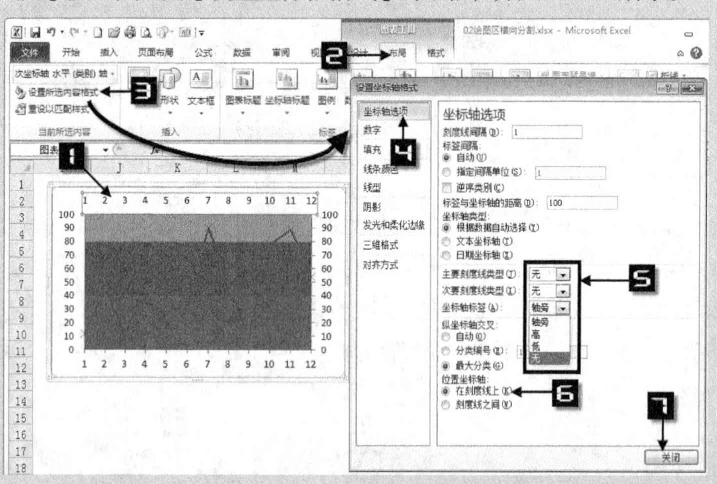

图 140-21　隐藏次要横坐标轴

Step 10　选择“次坐标轴 垂直（值）轴”，按<Delete>键删除“次坐标轴 垂直（值）轴”。进一步美化图表，为堆积面积图数据系列设置合适的填充颜色，设置“销售额”数据系列格式，删除“垂直（值）轴 主要网格线”，设置“垂直（值）轴”的主要刻度单位等，最终图表如图 140-22 所示。

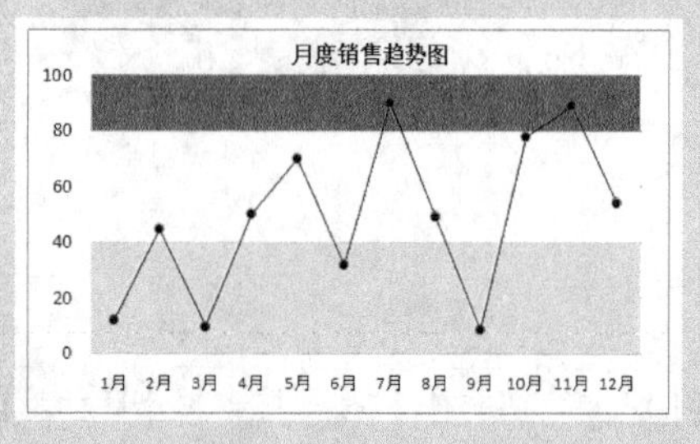

图 140-22　进一步优化图表

技巧 141　绘图区的纵向分割

在上一技巧中介绍了利用辅助数据与组合图表技术横向分割图表绘图区的技巧，使用类似的方法还可以创建纵向分割绘图区的图表。

如图 141-1 所示的图表中，将 1～4 月、5～9 月和 10～12 月销售额区间的数据点用不同的颜色进行标识，可以将绘图区的背景纵向分割为 3 个区间。本技巧将使用两种不同的方法来达到此目的。

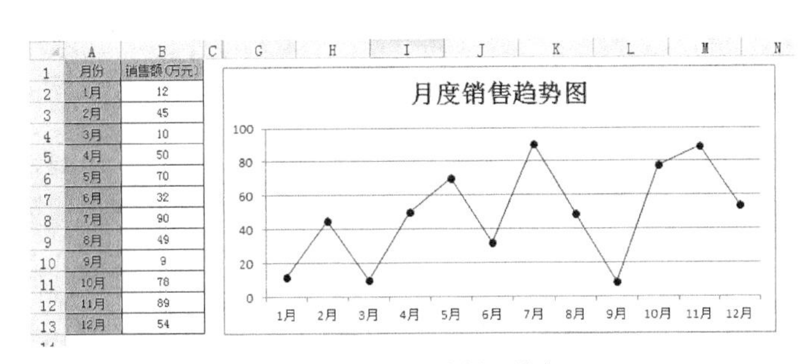

	A	B
1	月份	销售额(万元)
2	1月	12
3	2月	45
4	3月	10
5	4月	50
6	5月	70
7	6月	32
8	7月	90
9	8月	49
10	9月	9
11	10月	78
12	11月	89
13	12月	54

图 141-1　纵向分割原始表

141.1　堆积条形图

Step 1　在 D1:F13 单元格区域添加辅助数据，用于绘制辅助的堆积条形图系列，如图 141-2 所示。

	D	E	F
1	1-4月	5-9月	10-12月
2	40	50	30
3	40	50	30
4	40	50	30
5	40	50	30
6	40	50	30
7	40	50	30
8	40	50	30
9	40	50	30
10	40	50	30
11	40	50	30
12	40	50	30
13	40	50	30
14			

图 141-2　条形图辅助区域

Step 2　拖动鼠标指针选择 D1:F13 单元格区域，按<Ctrl+C>组合键复制单元格区域，然后选中图表，按<Ctrl+V>组合键，粘贴新增“1-4 月”、“5-9 月”和“10-12 月”共 3 个数据系列，如图 141-3 所示。

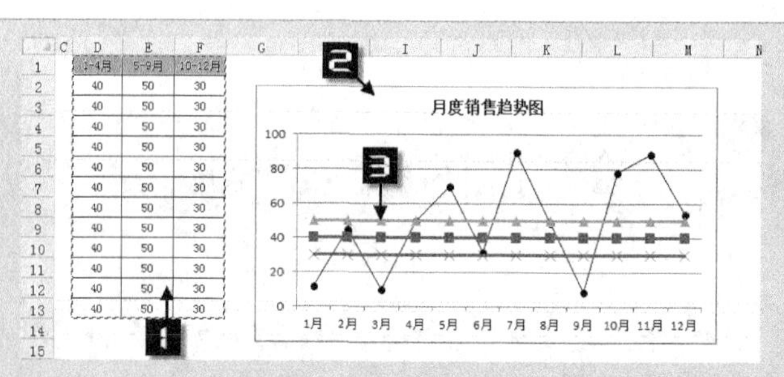

图 141-3　添加辅助数据系列

Step 3

选择“1-4 月”系列，然后在【图表工具】选项卡的【设计】组中，单击【更改图表类型】按钮，打开【更改图表类型】对话框，切换到【条形图】类型，选择【堆积条形图】子图表类型，然后单击【确定】按钮，关闭【更改图表类型】对话框。并按照同样的方法依次更改“5-9 月”和“10-12 月”两个系列的图表类型，如图 141-4 所示。

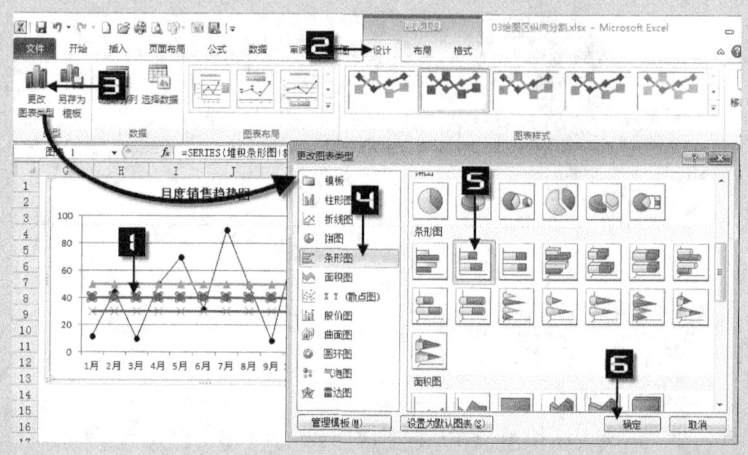

图 141-4　更改图表类型

Step 4

选择“1-4 月”数据系列，然后按<Ctrl+1>组合键，打开【设置数据系列格式】对话框，切换到【系列选项】选项卡，设置【分类间距】为“0%”，然后单击【关闭】按钮，关闭【设置数据系列格式】对话框，如图 141-5 所示。

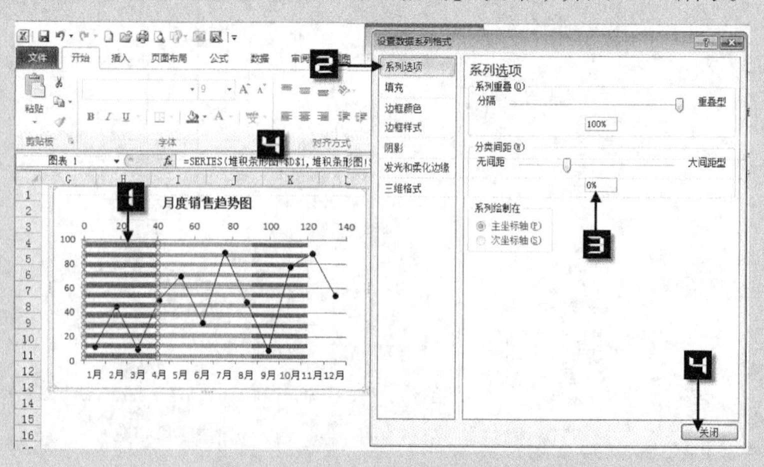

图 141-5　设置数据系列分类间距

Step 5　选中“次坐标轴 水平（值）轴”，然后在【图表工具】选项卡的【布局】组中，单击【设置所选内容格式】按钮，打开【设置坐标轴格式】对话框，切换到【坐标轴选项】选项卡，设置【最小值】为【固定】数值“0”，【最大值】为【固定】数值“100”，并将【主要刻度线类型】、【次要刻度线类型】、【坐标轴标签】3 项下拉框均设置为“无”，然后单击【关闭】按钮，关闭【设置坐标轴格式】对话框，如图 141-6 所示。

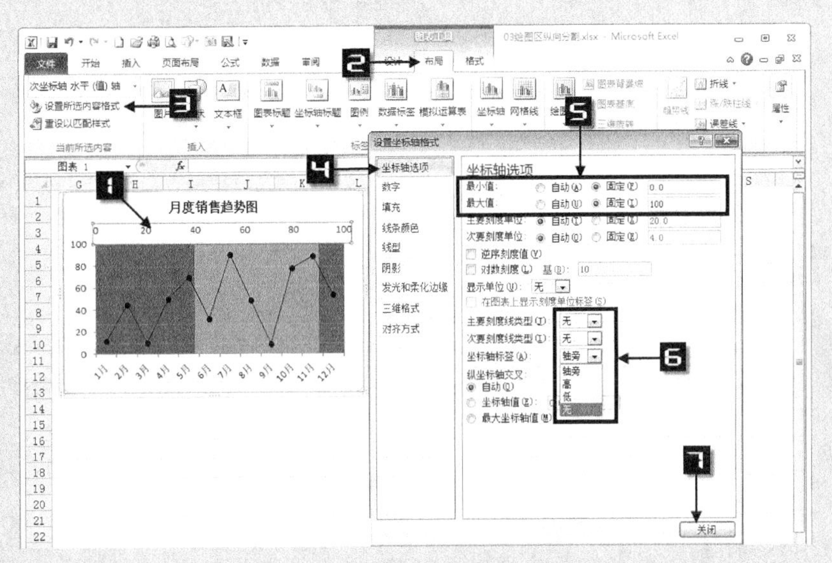

图 141-6　设置次要横坐标轴

Step 6　进一步美化图表，选择“1-4 月”数据系列，然后在【图表工具】选项卡的【布局】组中单击【设置所选内容格式】按钮，打开【设置数据系列格式】对话框，切换到【填充】选项卡，选择【纯色填充】单选钮，单击【颜色】下拉按钮，为数据系列选择合适的颜色，然后单击【关闭】按钮，关闭【设置数据系列格式】对话框。并按照同样的方法依次更改“5-9 月”和“10-12 月”两个系列的填充颜色，如图 141-7 所示。

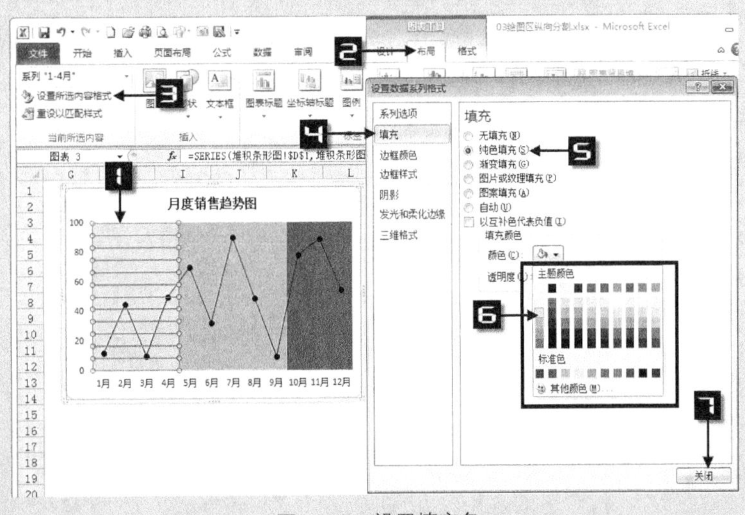

图 141-7　设置填充色

141.2 簇状柱形图

Step 1 在 D1:D13 单元格区域添加辅助数据，用于绘制辅助的簇状柱形图系列，如图 141-8 所示。

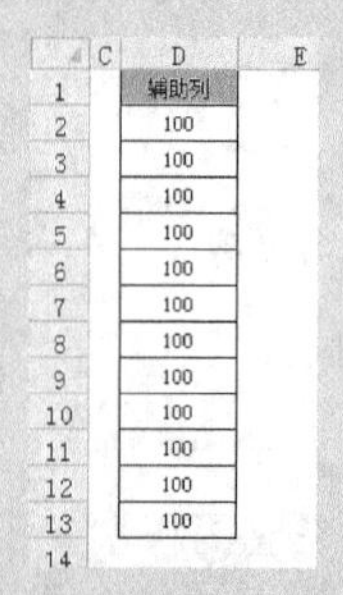

	D
1	辅助列
2	100
3	100
4	100
5	100
6	100
7	100
8	100
9	100
10	100
11	100
12	100
13	100
14	

图 141-8 柱形图辅助区域

Step 2 拖动鼠标指针选择 D1:D13 单元格区域，按<Ctrl+C>组合键复制单元格区域，然后选中图表，按<Ctrl+V>组合键，粘贴新增“辅助列”数据系列，如图 141-9 所示。

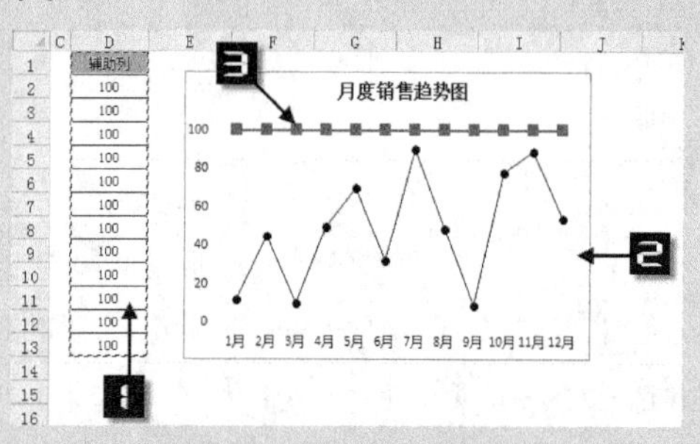

图 141-9 添加辅助数据系列

Step 3 选择“辅助列”数据系列，然后在【图表工具】选项卡的【设计】组中单击【更改图表类型】按钮，打开【更改图表类型】对话框，切换到【柱形图】类型，选择【簇状柱形图】子类型，然后单击【确定】按钮，关闭【更改图表类型】对话框，如图 141-10 所示。

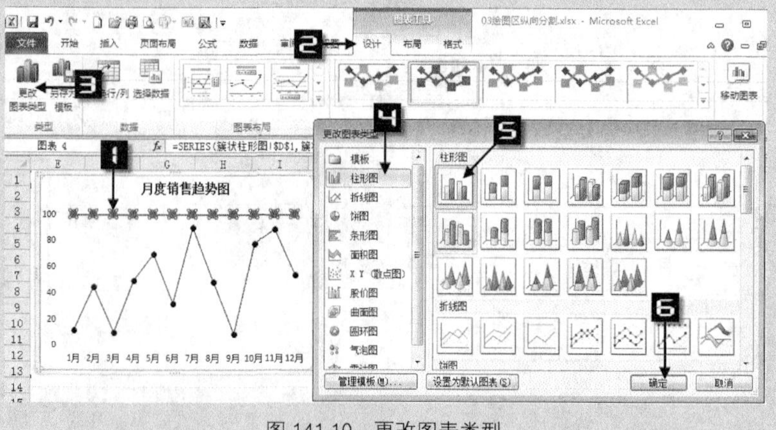

图 141-10 更改图表类型

Step 4　选择“辅助列”数据系列，按<Ctrl+1>组合键，打开【设置数据系列格式】对话框，切换到【系列选项】选项卡，设置【分类间距】为“0%”，然后单击【关闭】按钮，关闭【设置数据系列格式】对话框，如图 141-11 所示。

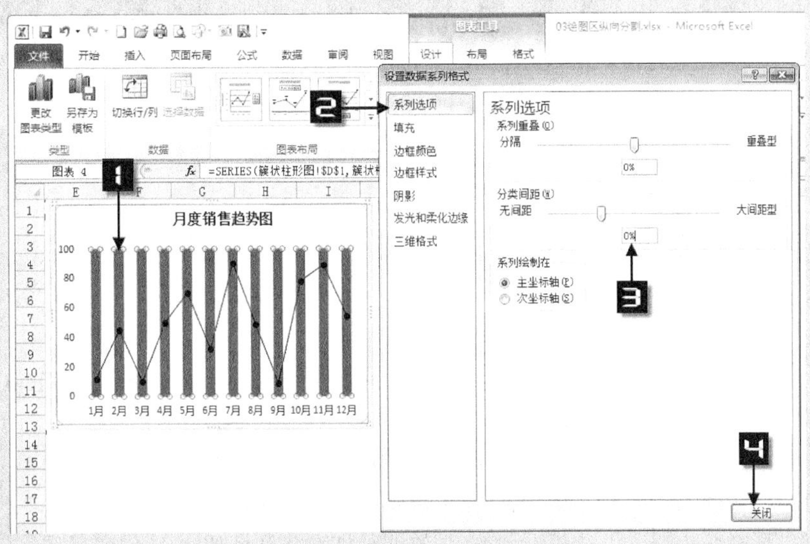

图 141-11　设置数据系列分类间距

Step 5　两次单击柱形图的第 1 个数据点，然后在【图表工具】选项卡的【格式】组中，单击【形状填充】下拉按钮，在【主题颜色】或【标准色】颜色组中为内部填充色设置合适的颜色。如图 141-12 所示，依次修改柱形图的每个数据点，为其选择合适的内部填充色，即可虚拟出 3 个区间不同颜色的“绘图区背景”。

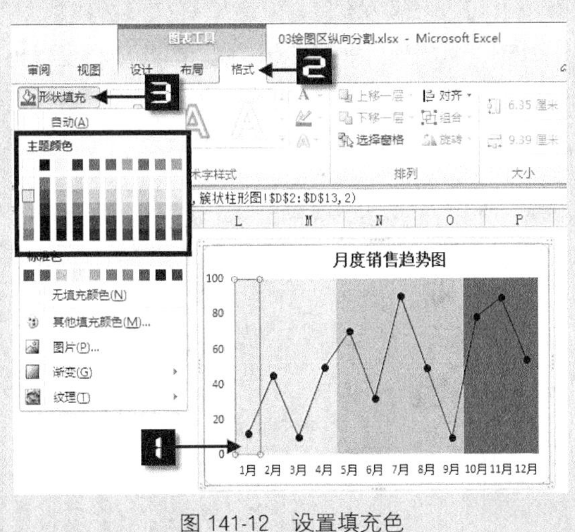

图 141-12　设置填充色

也可以根据需要将背景设置为其他的颜色组合，如图 141-13 所示的两幅图表，一幅为蓝白相间的背景，一幅为多种颜色横向分割的背景。

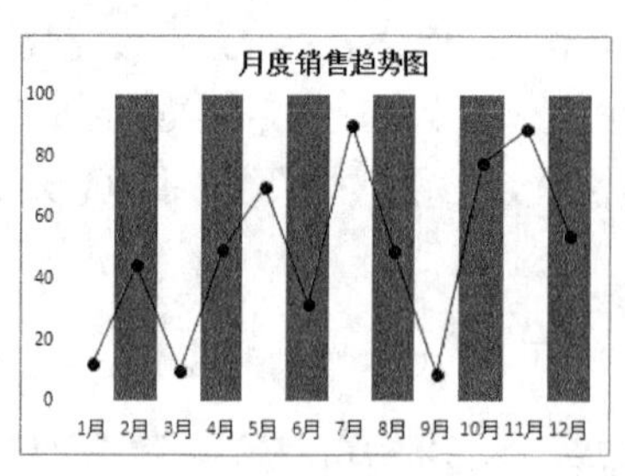

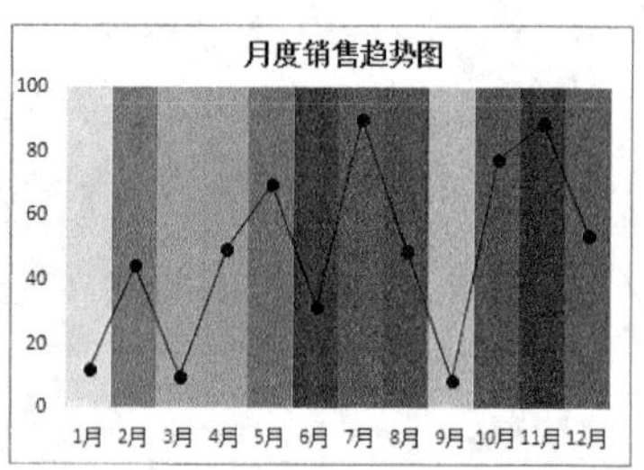

图 141-13 分割绘图区

技巧 142 为图表添加横向参考线

为了让图表更加清晰易懂，有时候需要为图表添加一些横向参考线，例如平均线、目标线、预算线、控制线等。

如图 142-1 所示，需要迅速判断出销量超过 130 万台的城市，常规状态下，即使是添加了数据标签也很难清晰地分辨出哪些城市超过了 130 万台，有效的一种方法是增加一条参考线，使结果一目了然，本技巧将使用两种方法来达到此目的。

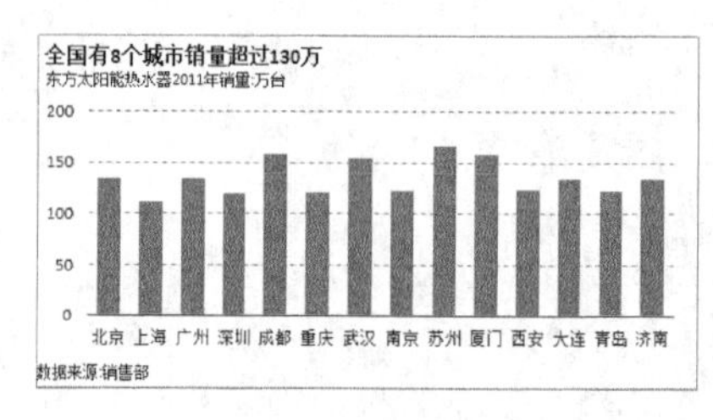

图 142-1 未添加参考线的图表

142.1 插入形状

Step 1 单击【插入】功能区→【形状】下拉按钮→【直线】，然后按下<Shift>键后，将鼠标指针移动至图表中 y 轴为“130”右边的空白点，此时鼠标指针呈“十”字形状，横向拖动鼠标指针到相应位置，即可在图表中绘制一条直线，如图 142-2 所示。

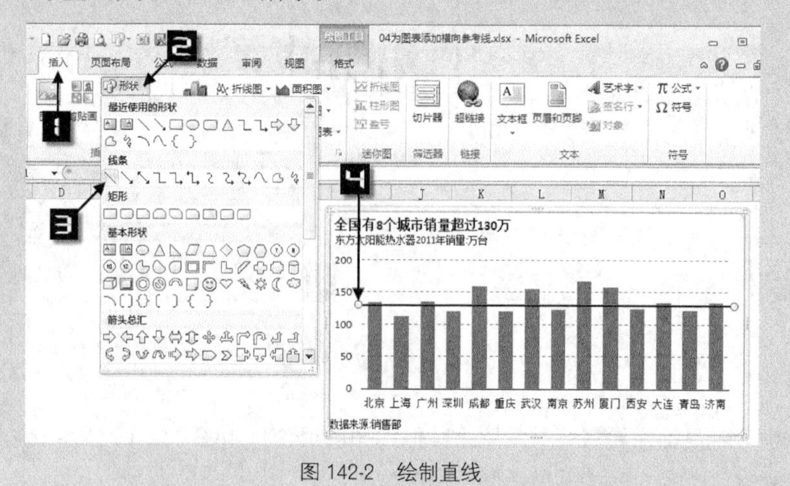

图 142-2 绘制直线

Step 2　单击上一步插入的“直线”，然后选择【绘图工具】选项卡的【格式】组，单击【形状轮廓】下拉按钮→【粗细】下拉按钮，设置线条粗细为“2.25 磅”，如图 142-3 所示。

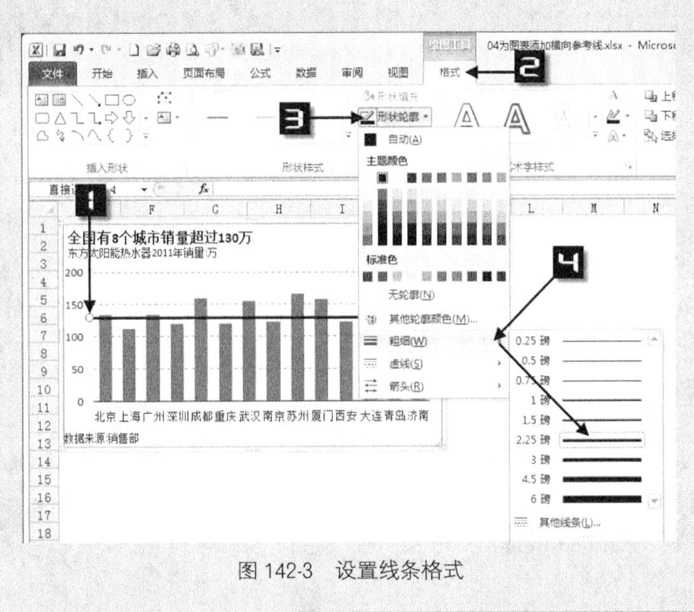

图 142-3　设置线条格式

绘制直线的方法相对简单，但其最大的缺点是不够精确，如本例的这个图表，很难准确找到 130 万这个数值在垂直轴上的位置。

142.2　折线图

Step 1　在 D1:D15 单元格区域中添加辅助数据，用于绘制辅助的折线图系列，如图 142-4 所示。

	C	D	E
1		参考线	
2		130	
3		130	
4		130	
5		130	
6		130	
7		130	
8		130	
9		130	
10		130	
11		130	
12		130	
13		130	
14		130	
15		130	
16			

图 142-4　折线图辅助区域

Step 2　选择 D1:D15 单元格区域，按<Ctrl+C>组合键复制单元格区域，然后选中图表，按<Ctrl+V>组合键粘贴新增“参考线”数据系列，如图 142-5 所示。

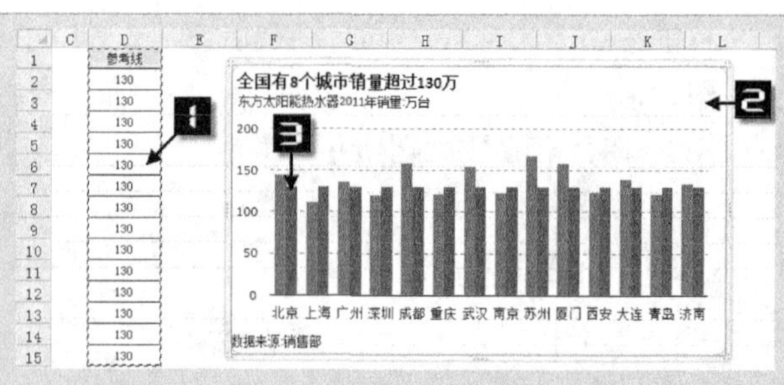

图 142-5　添加辅助数据系列

Step 3

选择“参考线”数据系列，然后在【图表工具】选项卡的【设计】组中单击【更改图表类型】按钮，打开【更改图表类型】对话框，切换到【折线图】类型，选择【折线图】子类型，然后单击【确定】按钮，关闭【更改图表类型】对话框，如图 142-6 所示。

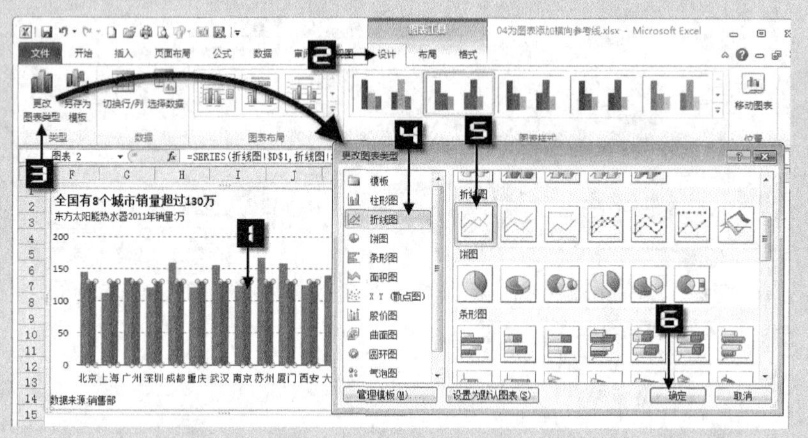

图 142-6　更改图表类型

Step 4

选择“参考线”数据系列，然后在【图表工具】选项卡的【布局】组中单击【设置所选内容格式】按钮，打开【设置数据系列格式】对话框，切换到【系列选项】选项卡，将【系列绘制在】选择为【次坐标轴】，单击【关闭】按钮，关闭【设置数据系列格式】对话框，如图 142-7 所示。

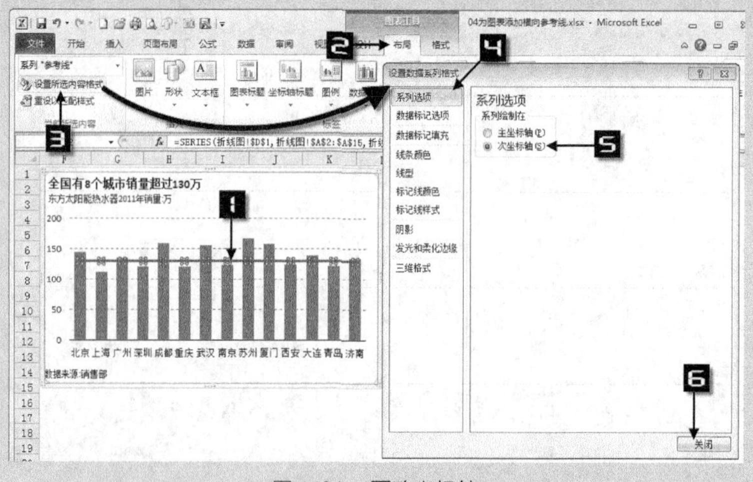

图 142-7　更改坐标轴

Step 5 选中图表，然后在【图表工具】选项卡的【布局】组中单击【坐标轴】下拉按钮→【次要横坐标轴】→【显示无标签坐标轴】，如图 142-8 所示。

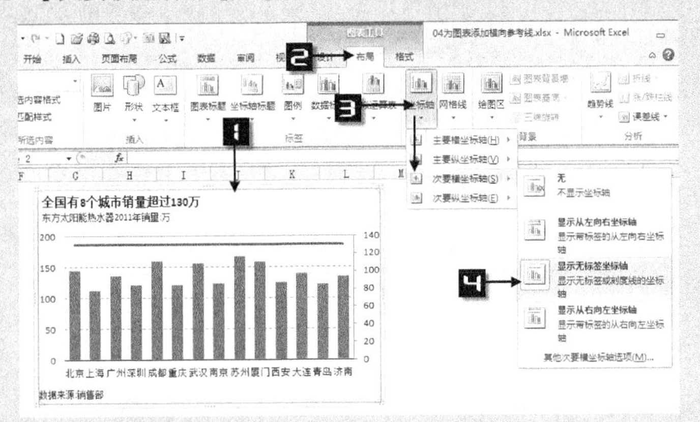

图 142-8　显示次要横坐标轴

Step 6 选中图表，然后在【图表工具】选项卡的【布局】组中的【当前所选内容】组的下拉框中选择“次坐标轴 水平（类别）轴”，并单击【设置所选内容格式】按钮，打开【设置坐标轴格式】对话框。切换到【坐标轴选项】组，在【位置坐标轴】中选择【在刻度线上】单选钮，然后切换到【线条颜色】组，在【线条颜色】中选择【无线条】单选钮，单击【关闭】按钮，关闭【设置坐标轴格式】对话框，如图 142-9 所示。

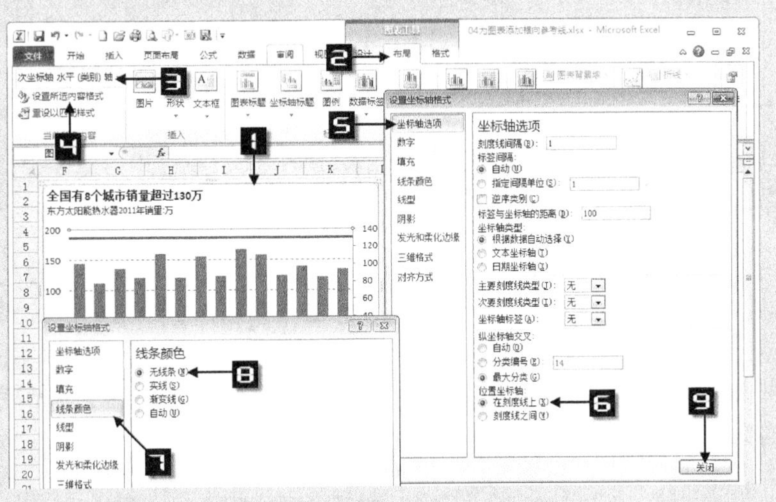

图 142-9　设置次横坐标轴格式

Step 7 选中“次坐标轴 垂直（值）轴”，然后在【图表工具】选项卡的【布局】组中单击【设置所选内容格式】按钮，打开【设置坐标轴格式】对话框。切换到【坐标轴选项】选项卡，设置【最小值】为【固定】数值“0”，【最大值】为【固定】数值“200”，并将【主要刻度线类型】、【次要刻度线类型】、【坐标轴标签】3 项下拉框均设置为“无”。然后切换到【线条颜色】组，在【线条颜色】中选择【无线条】单选钮，单击【关闭】按钮，关闭【设置坐标轴格式】对话框，如图 142-10 所示。

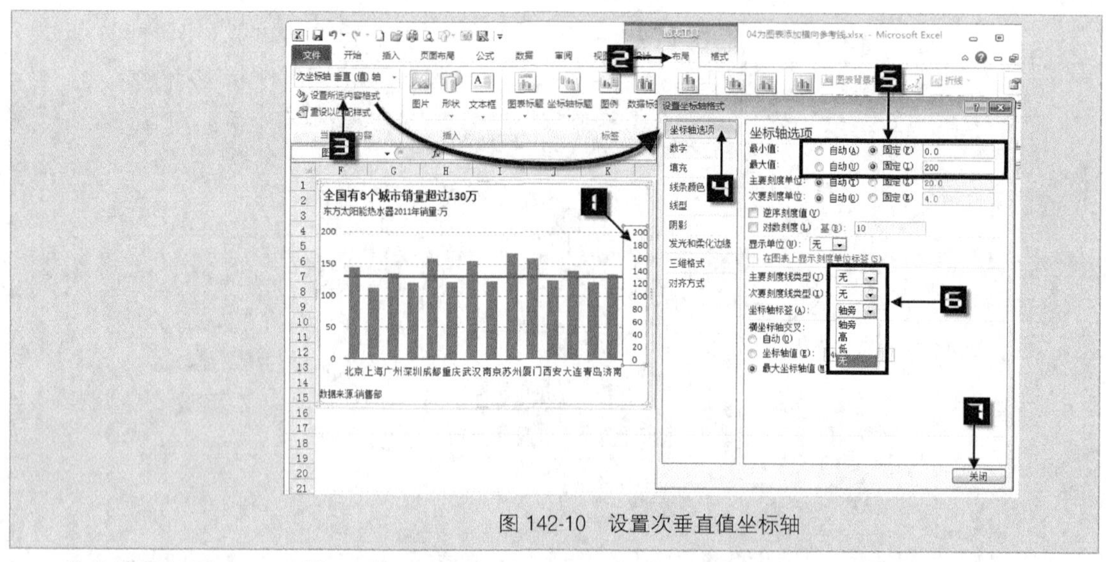

图 142-10　设置次垂直值坐标轴

最终效果如图 142-11 所示。

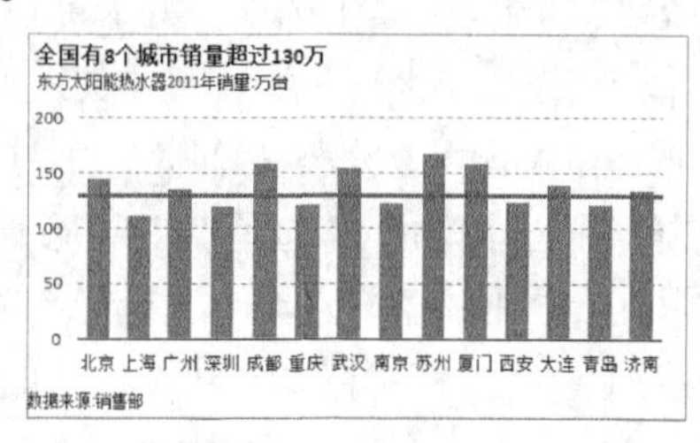

图 142-11　横向参考线最终效果图

技巧 143　为图表添加纵向参考线

与技巧 142 类似，为了让图表更加清晰易懂，有时候需要为图表添加一些参考线，例如平均线、目标线、预算线、控制线等。

如图 143-1 所示，用户需要迅速标示出同比增长率超过平均增长率的城市，利用散点图增加一条平均线，将使结果一目了然。

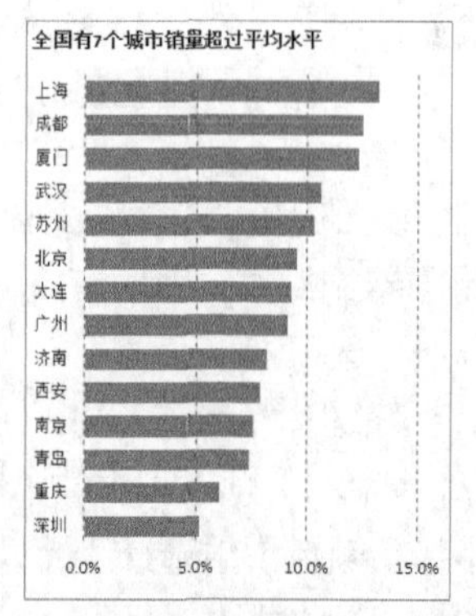

图 143-1　未添加平均线的图表

Step 1 在 D1:E3 单元格区域中添加辅助数据，用于绘制辅助的散点图系列，如图 143-2 所示。

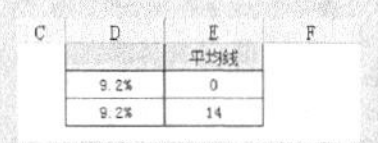

C	D	E	F
		平均线	
	9.2%	0	
	9.2%	14	

图 143-2　散点图辅助区域

Step 2 选择 D1:E3 单元格区域，按<Ctrl+C>组合键复制单元格区域，然后选中图表，依次选择【开始】选项卡→【粘贴】下拉按钮→【选择性粘贴】命令，打开【选择性粘贴】对话框，在【选择性粘贴】对话框中选择【新建系列】和【列】单选钮，以及勾选【首行为系列名称】和【首列为分类 X 标志】复选框，单击【确定】按钮关闭对话框，新增“平均线”数据系列，如图 143-3 所示。

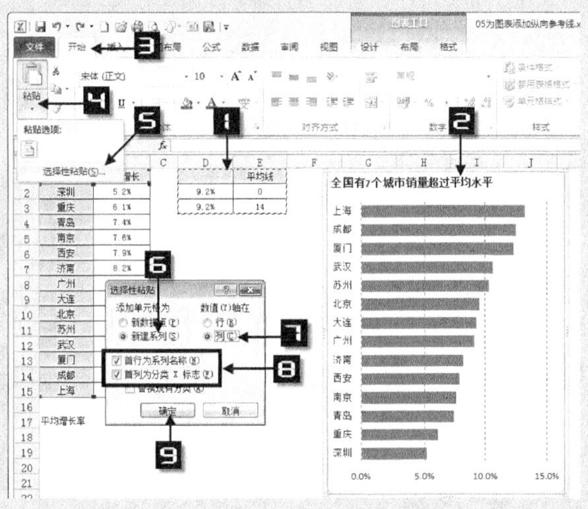

图 143-3　添加辅助数据系列

Step 3 选择“平均线”数据系列，然后在【图表工具】选项卡的【设计】组中单击【更改图表类型】按钮，打开【更改图表类型】对话框，切换到【XY（散点图）】类型，选择【带直线的散点图】子类型，单击【确定】按钮关闭对话框，如图 143-4 所示。

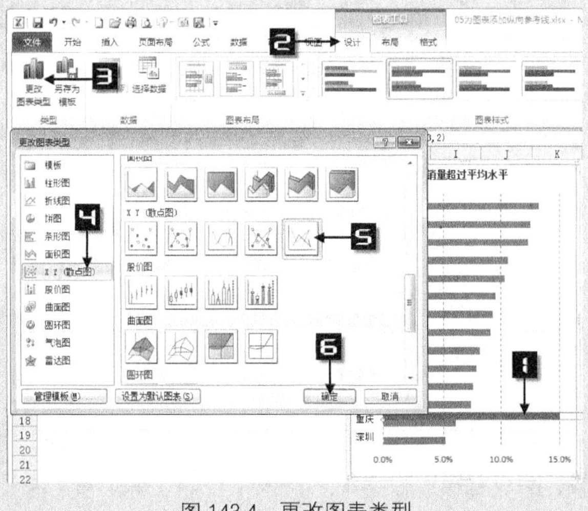

图 143-4　更改图表类型

Step 4 选中“次坐标轴 垂直（值）轴”，然后在【图表工具】选项卡的【布局】组中单击【设置所选内容格式】按钮，打开【设置坐标轴格式】对话框。切换到【坐标轴选项】选项卡，设置【最小值】为【固定】数值“0”，【最大值】为【固定】数值“14”，单击【关闭】按钮关闭对话框，如图 143-5 所示。

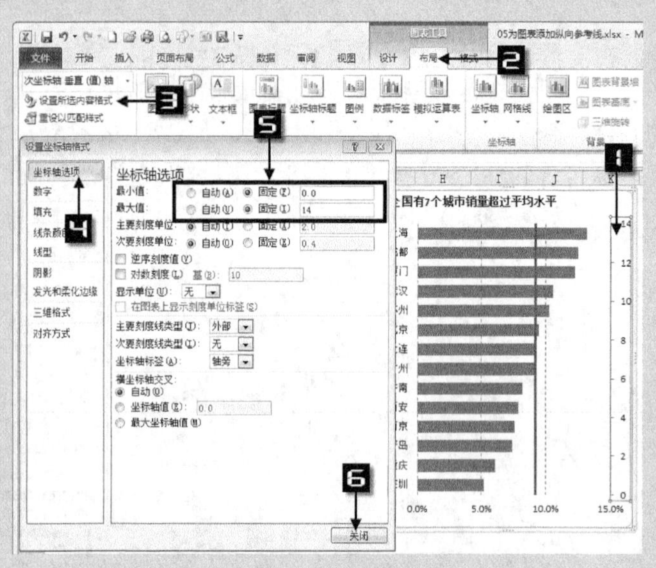

图 143-5 更改坐标轴

Step 5 再次选中“次坐标轴 垂直（值）轴”，然后按<Delete>键删除“次坐标轴 垂直（值）轴”，如图 143-6 所示。

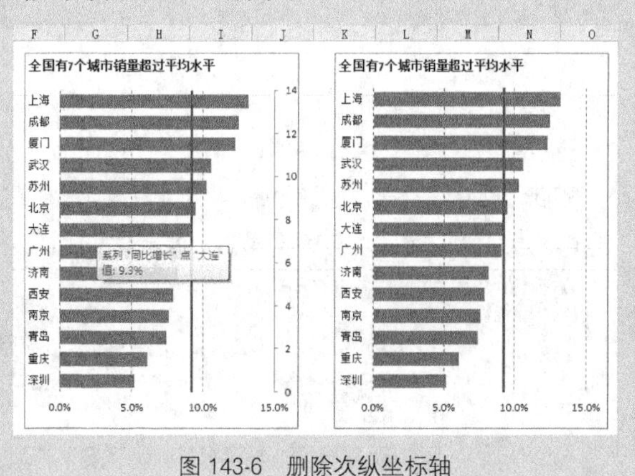

图 143-6 删除次纵坐标轴

技巧 144 背景饼图

某些商务图表在饼图中使用图片背景时，这些背景会在每个数据点中重复出现，即每个数据点使用各自的背景，图表显得比较零乱且不太美观，效果如图 144-1 所示。而本技巧将介绍一种方法使各个数据点共享一幅背景图片，使图表更专业和美观。

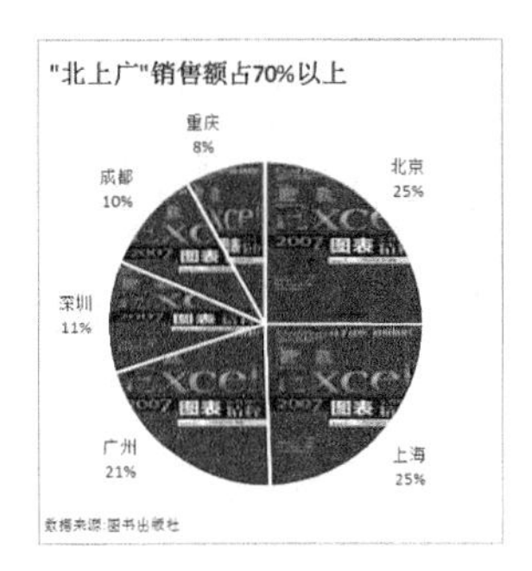

图 144-1　每个数据点使用各自的背景

Step 1 拖动鼠标指针选择 A1:B7 单元格区域，选择【插入】选项卡→【饼图】下拉按钮→选择【二维饼图】组中的【饼图】，同时删除图例，修改标题，如图 144-2 所示。

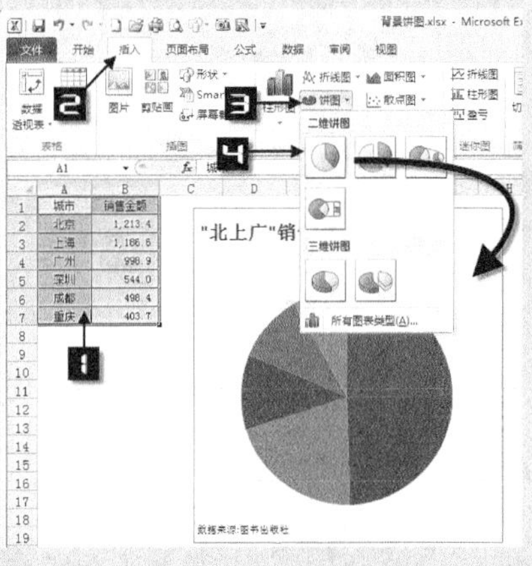

图 144-2　插入饼图

Step 2 选择图表，然后在【图表工具】选项卡的【设计】组中单击【选择数据】按钮，打开【选择数据源】对话框，单击【添加】按钮，打开【编辑数据系列】对话框，在【系列名称】中输入“背景”，在【系列值】中输入“1”，依次单击【确定】按钮分别关闭【编辑数据系列】和【选择数据源】对话框，如图 144-3 所示。

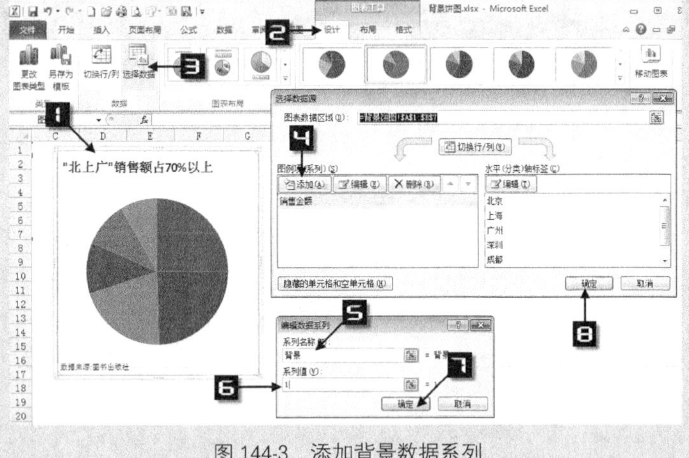

图 144-3　添加背景数据系列

Step 3

选中图表，然后在【图表工具】选项卡的【布局】组中的【当前所选内容】组下拉框中选择“系列“销售金额””，然后单击【设置所选内容格式】，打开【设置数据系列格式】对话框，切换到【系列选项】选项卡，将【系列绘制在】单选项选择为【次坐标轴】；切换到【填充】选项卡→单击【无填充】单选框；切换到【边框颜色】选项卡→单击【实线】单选按钮→单击【颜色】下拉按钮，选择“白色 背景 1”；切换到【边框样式】选项卡→选择【宽度】为“1 磅”→选择【复合类型】为“单线”，然后单击【关闭】按钮关闭对话框，如图 144-4 所示。

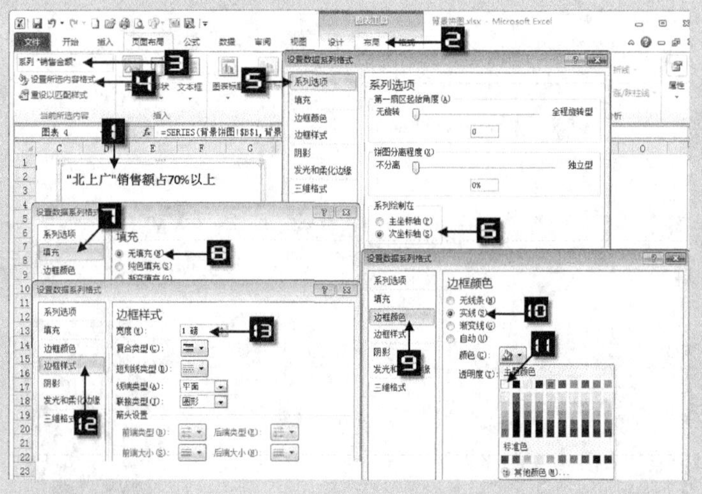

图 144-4　设置数据系列格式

Step 4

选中图表，然后在【图表工具】选项卡的【布局】组中的【当前所选内容】组下拉框中选择“系列“背景””，单击【设置所选内容格式】，打开【设置数据系列格式】对话框，切换到【填充】选项卡→单击【图片或纹理填充】单选钮，然后单击【文件】按钮，在打开的【插入图片】对话框中选中需要作为背景的图片，单击【插入】按钮，即可为饼图插入一幅背景图片，然后单击【关闭】按钮关闭对话框，如图 144-5 所示。

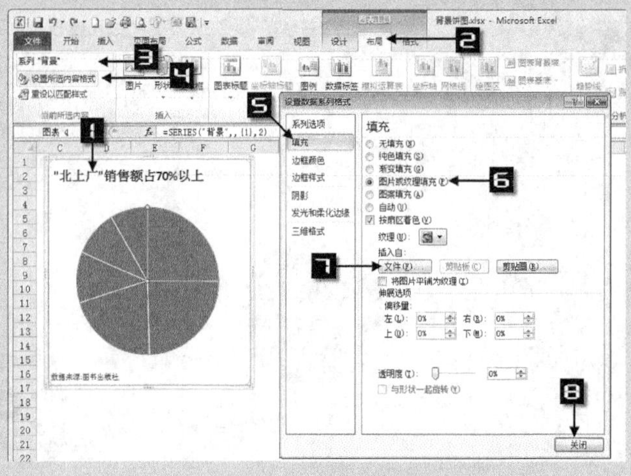

图 144-5　设置饼图背景

Step 5　选中图表，然后在【图表工具】选项卡的【布局】组中的【当前所选内容】组下拉框中选择【系列 “销售金额”】，然后单击【数据标签】下拉按钮→【其他数据标签选项】，打开【设置数据标签格式】对话框，切换到【标签选项】，在【标签包括】中勾选【类别名称】和【值】复选框，在【标签位置】中选择【数据标签外】单选钮，单击【关闭】按钮关闭对话框，如图 144-6 所示。

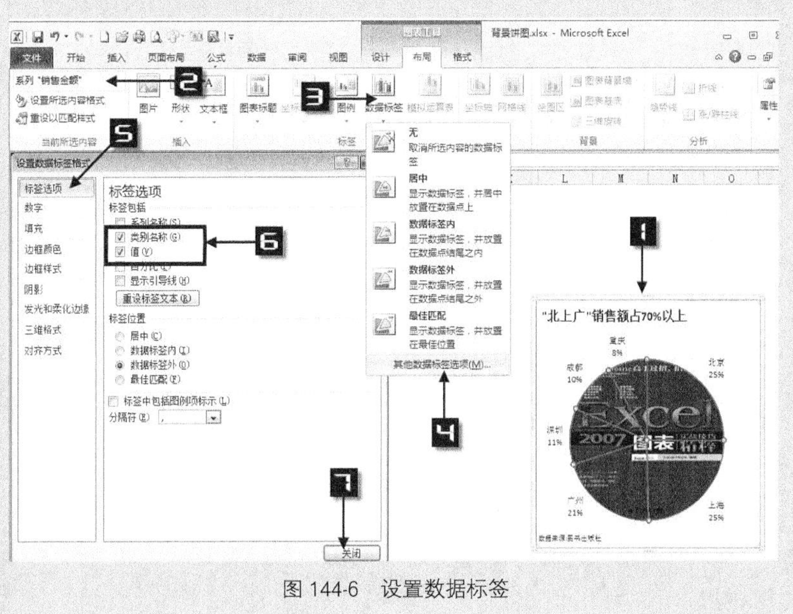

图 144-6　设置数据标签

最终结果如图 144-7 所示，这样的图表将更专业和美观。

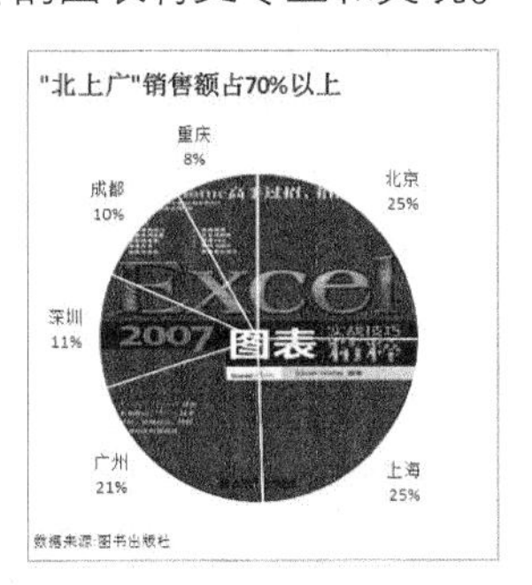

图 144-7　背景饼图

技巧 145　将背景图片与图表合二为一

为了使图表更形象地表达观点，传递信息，使读者眼球迅速被你图表所吸引，有时需要为图表插入背景图片。用户通常会将图片作为图表区的背景图片，这种方法的主要缺点是较难控制图表的长宽比例以及图表在图片中所处的位置。本技巧将介绍一种将背景图片与图表合二为一的方法。

Step ① 插入背景图片作为图表的背景，单击【插入】选项卡的【图片】按钮，打开【插入图片】对话框，选择需要插入的图片，单击【插入】按钮即可将图片插入到工作表备用，如图 145-1 所示。

图 145-1　插入背景图片

Step ② 选择 A1:B8 单元格区域，选择【插入】选项卡→【条形图】下拉按钮→选择【二维条形图】组中的【簇状条形图】创建条形图，将图表拖动到插入图片合适的位置上，同时修改图表标题、添加副标题、添加脚注、添加数据标签、删除水平（值）轴、删除图例、修改网格线等图表元素，如图 145-2 所示。

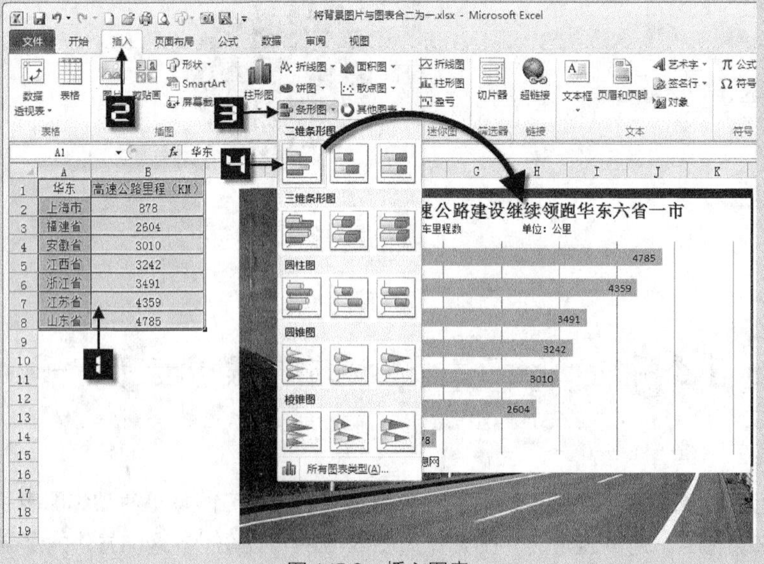

图 145-2　插入图表

Step 3 选择“绘图区”，然后依次选择【图表工具】→【格式】→【形状填充】下拉按钮，在颜色面板中选择【无填充颜色】，如图 145-3 所示。

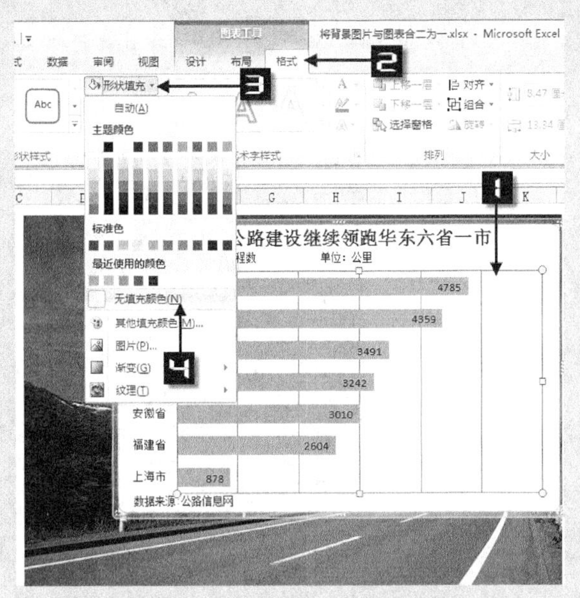

图 145-3　设置绘图区背景为无填充

Step 4 选择“图表区”，然后依次选择【图表工具】选项卡→【格式】→【形状填充】下拉按钮，在颜色面板中选择【无填充颜色】，并将图表中文字颜色设置“白色”，如图 145-4 所示。

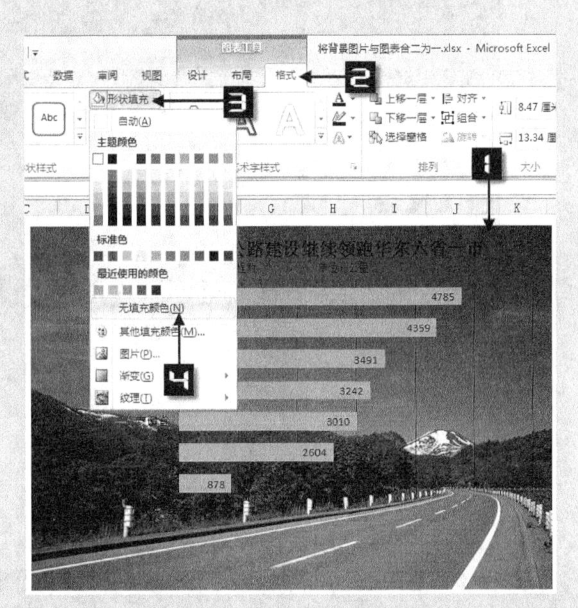

图 145-4　设置图表区背景为无填充

Step 5 选择图表，然后按住<Shift>键后选中图片，依次选择【图片工具】选项卡→【格式】→【组合】下拉框，单击【组合】按钮，即可将图片与图表两者结合，如图 145-5 所示。

图 145-5　组合图表与背景图片

这样制作图表背景图片的最大的优点是，可以轻松控制背景图片的长宽比例以及图表在图片中所处的位置。最终效果如图 145-6 所示。

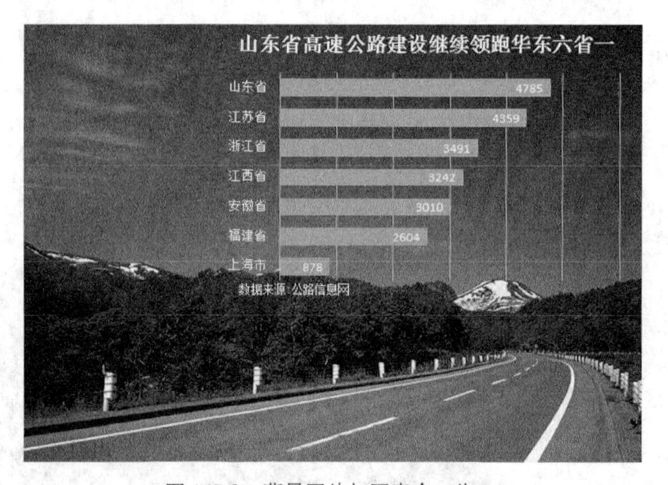

图 145-6　背景图片与图表合二为一

技巧 146　使用图形或图片设置系列格式

在 Excel 中插入图表后，Excel 会为系列使用默认的颜色或样式。在许多情况下，为了使图表更清晰、更生动形象，用户需要修改这些默认的颜色或样式，例如可以将系列格式替换为图形或图片，包括折线图的数据标记和柱形图、条形图、面积图、气泡图以及雷达图的系列填充等。如图 146-1 所示，用红色五角星图形设置折线图的数据标记；或如图 146-2 所示，用形象的图片“房子”替代柱形图的填充背景，并且还定义了图片的刻度，每一栋房子代表“50 个单位”的数据。下面将分别介绍这两幅图表的制作技巧。

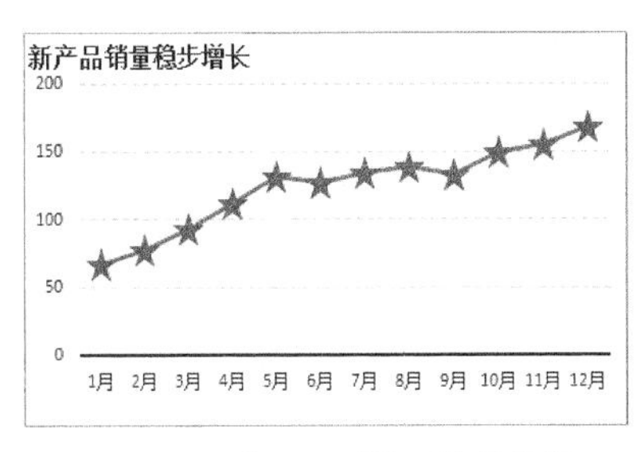

图 146-1　使用图形设置数据标记

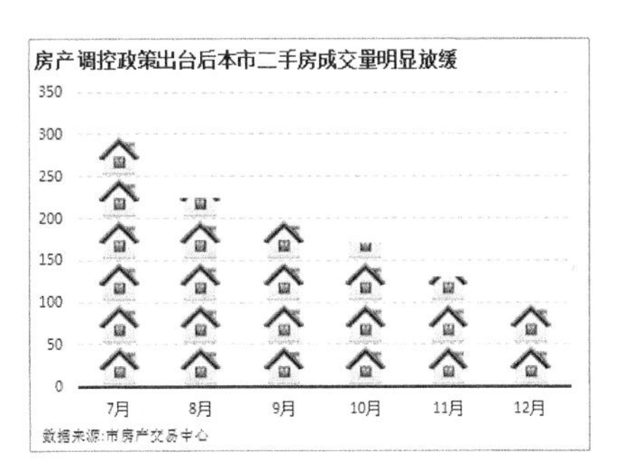

图 146-2　使用图片替代填充背景

使用图形作为折线图的数据标记

Step 1　选择 A1:B13 单元格区域，选择【插入】选项卡→【折线图】下拉按钮→选择【二维折线图】组中的【带数据标记的折线图】新建折线图，同时修改图表标题，以及主要横坐标轴、主要纵坐标轴和“销售数量”数据系列格式等，如图 146-3 所示。

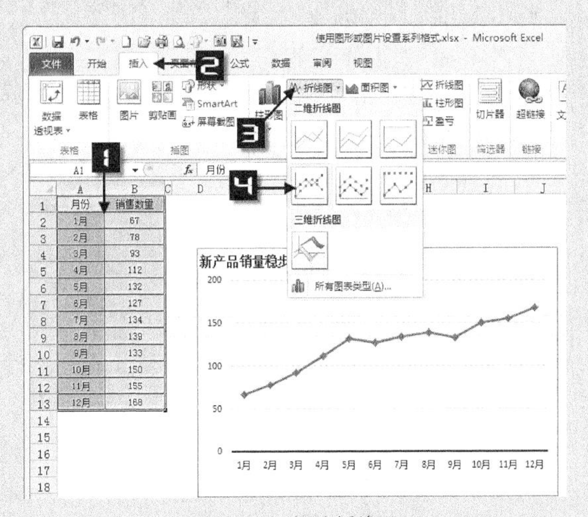

图 146-3　新建折线图

Step 2　单击任意空单元格，然后在【插入】选项卡的【形状】下拉按钮中选择【星与旗帜】中的【五角星】形状，此时鼠标指针变为“十”字形，在工作表的任意位置拖动鼠标指针，即可在工作表中绘制一个五角星图形，并设置图形大小，填充颜色备用，如图 146-4 所示。

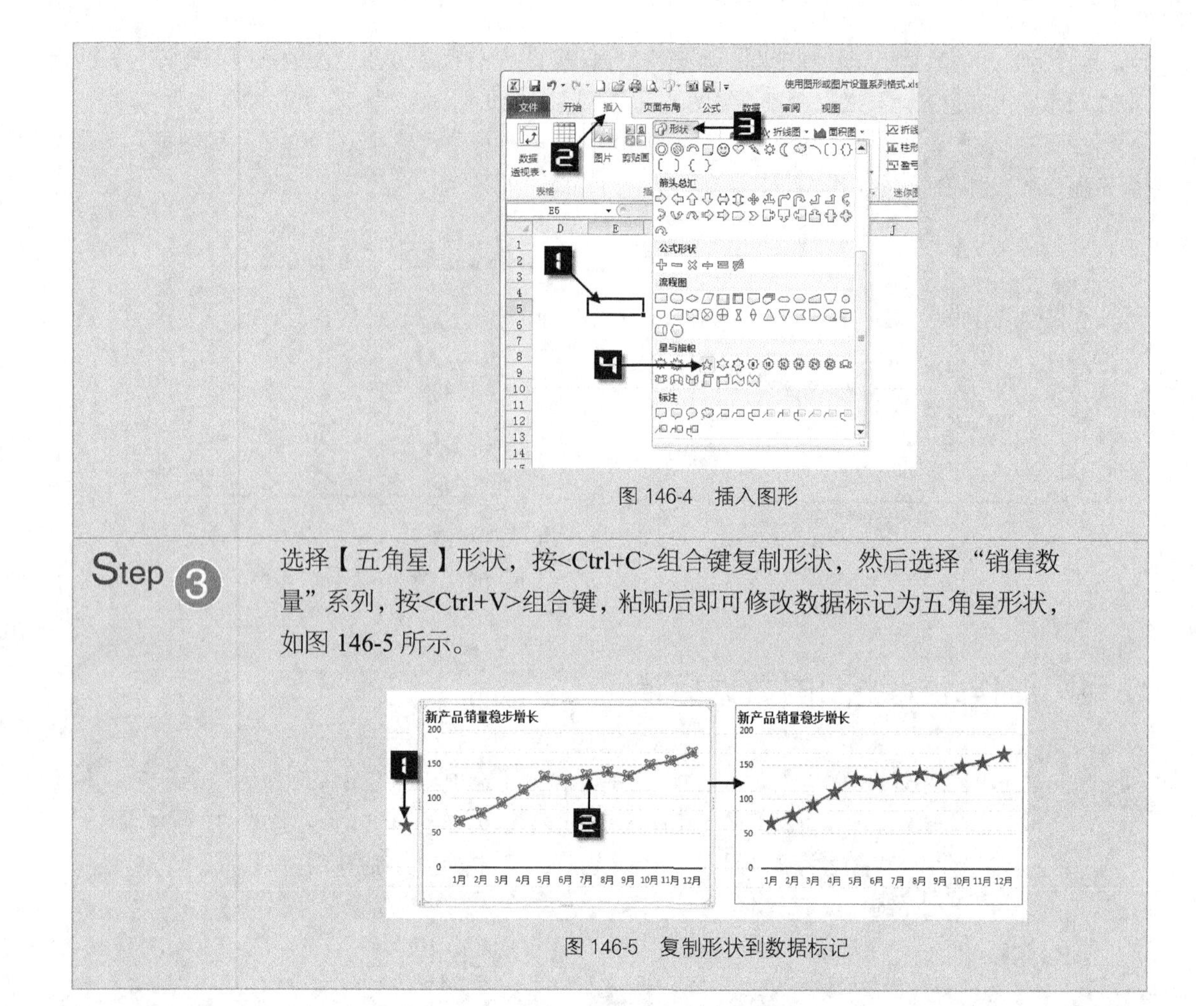

图 146-4　插入图形

Step 3　选择【五角星】形状，按<Ctrl+C>组合键复制形状，然后选择“销售数量”系列，按<Ctrl+V>组合键，粘贴后即可修改数据标记为五角星形状，如图 146-5 所示。

图 146-5　复制形状到数据标记

如果需要将数据系列某个数据点的数据标记用形状替代，可按<Ctrl+C>组合键复制形状后，两次单击该数据标记，单独选中该数据标记后，按<Ctrl+V>组合键粘贴即可，如图 146-6 所示。

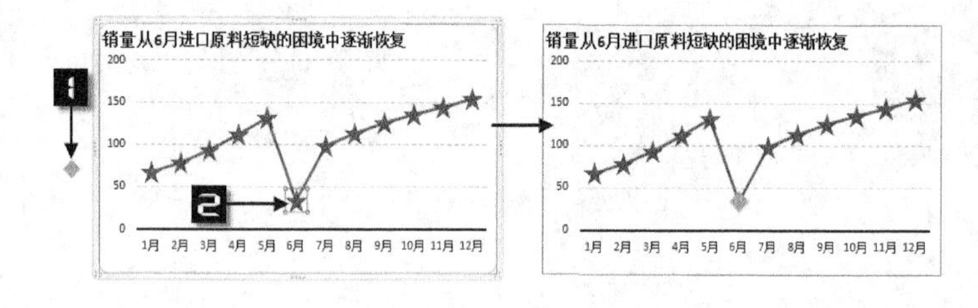

图 146-6　复制形状到一个数据标记

技巧 147　使用图片作为柱形图的系列格式

Step 1　选择 A1:B7，选择【插入】选项卡→【柱形图】下拉按钮→选择【二维柱形图】组中的【簇状柱形图】新建柱形图，如图 147-1 所示。

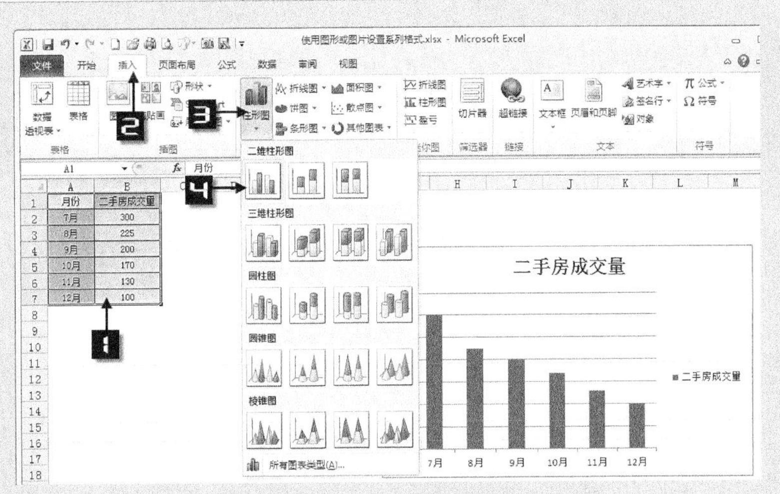

图 147-1　插入柱形图

Step 2　选中“垂直（值）轴”，然后在【图表工具】选项卡的【布局】组中单击【设置所选内容格式】按钮，打开【设置坐标轴格式】对话框。切换到【坐标轴选项】选项卡，设置【最小值】为【固定】数值“0”，【最大值】为【固定】数值“350”，【主要刻度单位】【固定】数值“50”，并将【主要刻度线类型】和【次要刻度线类型】下拉框均设置为“无”。切换到【线条颜色】选项卡，单击【无线条】单选钮，然后单击【关闭】按钮关闭对话框。删除图例，调整图表大小，修改图表标题及位置、垂直（值）轴、主要网格线格式等，如图 147-2 所示。

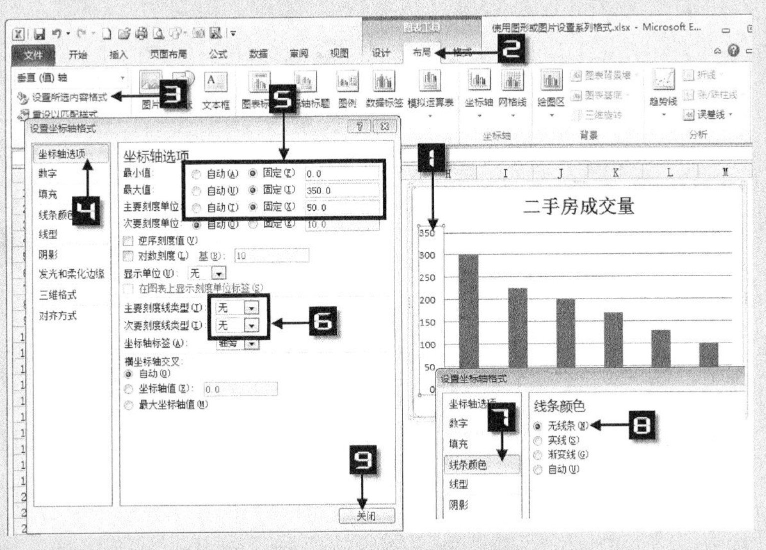

图 147-2　修改柱形图格式

Step 3　单击任意空单元格，然后单击【插入】选项卡的【图片】按钮，打开【插入图片】对话框，选择需要插入的图片，单击【插入】按钮，即可将图片插入到工作表备用，如图 147-3 所示。

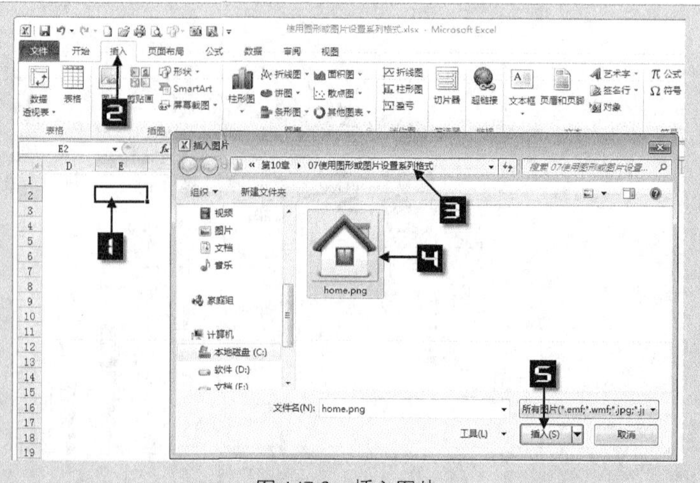

图 147-3　插入图片

Step 4　选择上一步插入的图片，按<Ctrl+C>组合键复制图片，然后选择“二手房成交量”数据系列，依次选择【图表工具】选项卡→【布局】组→【设置所选内容格式】按钮，打开【设置数据系列格式】对话框。切换到【填充】选项卡→单击【图片或纹理填充】单选钮，然后单击【剪贴板】按钮，同时选择【层叠并缩放】单选钮，并在文本框中输入数值“50”，然后单击【关闭】按钮关闭对话框，如图 147-4 所示。

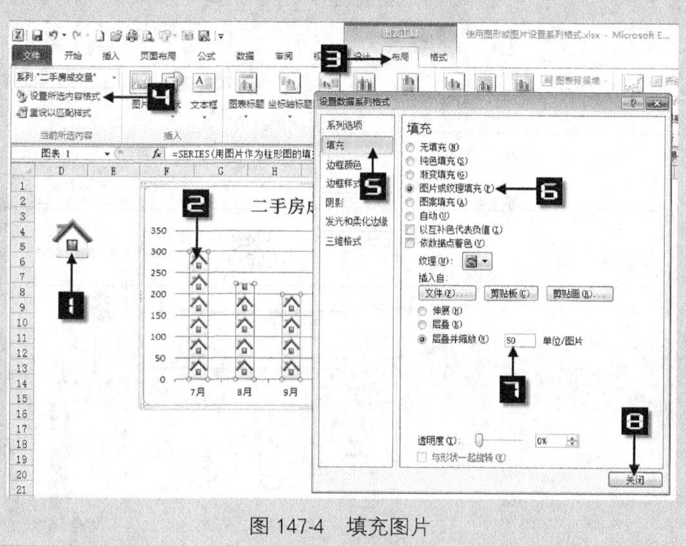

图 147-4　填充图片

最终效果如图 147-5 所示，这样的图表在一定的场合将会更生动、形象地展示数据。

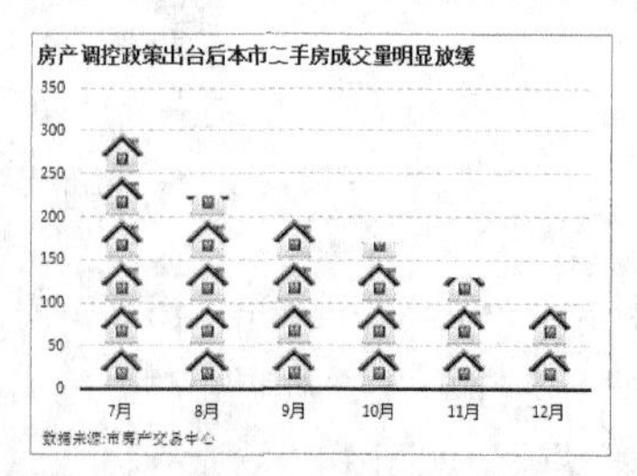

图 147-5　图片替代柱形图填充背景

在图表元素中，除了数据系列和标记用图片替代外，也可以将图片应用于图表区、绘图区、图例、坐标轴等。对于三维图表，还可以将图片应用于背景墙和基底。

技巧 148　利用自定义图表模板创建个性化图表

如果经常需要使用不同的数据创建相同样式的图表，或者经常需要对图表做出同样类型的修改，又或者需要创建个性化的图表，比如每月都要分区域创建“城市销售分析图表”，在图表中销售额用柱形图放置于主纵坐标轴，而利润率用折线图放置于次纵坐标轴。如图 148-1 所示，已对华北区的销售数据制作了图表，而对华东区、华南区的销售数据需要制作相同格式的图表。这样，就可以创建一个图表模板，从而节省重复的手工操作并能较好地保持图表格式的一致性。本技巧将介绍如何创建自定义图表模板，以及如何使用自定义图表模板。

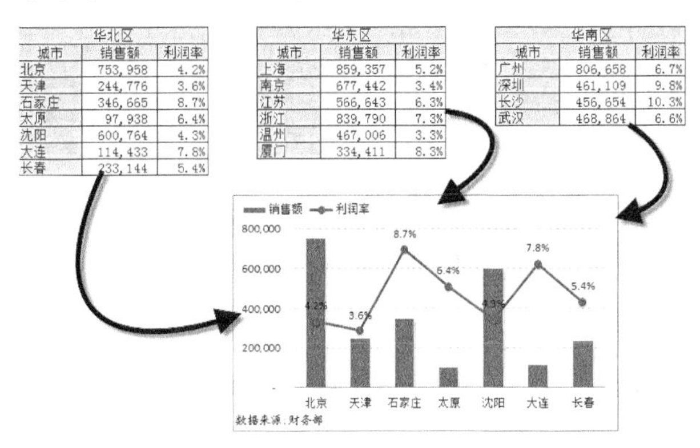

华北区		
城市	销售额	利润率
北京	753,958	4.2%
天津	244,776	3.6%
石家庄	346,665	8.7%
太原	97,938	6.4%
沈阳	600,764	4.3%
大连	114,433	7.8%
长春	233,144	5.4%

华东区		
城市	销售额	利润率
上海	859,357	5.2%
南京	677,442	3.4%
江苏	566,643	6.3%
浙江	839,790	7.3%
温州	467,006	3.3%
厦门	334,411	8.3%

华南区		
城市	销售额	利润率
广州	806,658	6.7%
深圳	461,109	9.8%
长沙	456,654	10.3%
武汉	468,864	6.6%

图 148-1　相同格式的图表

148.1　创建自定义图表模板

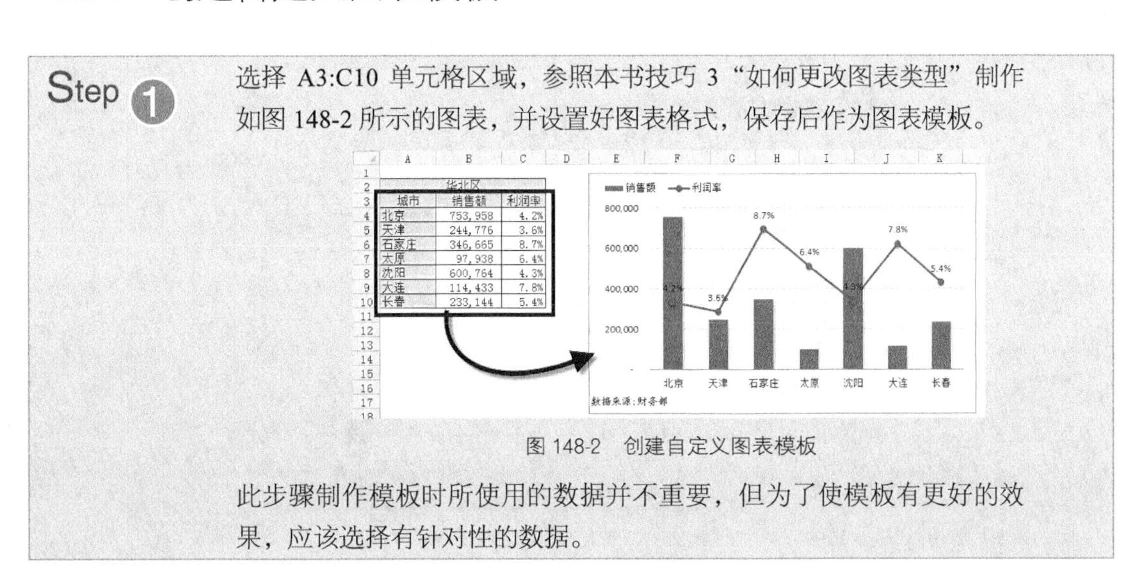

Step 1　选择 A3:C10 单元格区域，参照本书技巧 3“如何更改图表类型”制作如图 148-2 所示的图表，并设置好图表格式，保存后作为图表模板。

华北区		
城市	销售额	利润率
北京	753,958	4.2%
天津	244,776	3.6%
石家庄	346,665	8.7%
太原	97,938	6.4%
沈阳	600,764	4.3%
大连	114,433	7.8%
长春	233,144	5.4%

图 148-2　创建自定义图表模板

此步骤制作模板时所使用的数据并不重要，但为了使模板有更好的效果，应该选择有针对性的数据。

Step 2 选中图表，然后在【图表工具】选项卡的【设计】组中单击【另存为模板】按钮，打开【保存图表模板】对话框。在【文件名】文本框中录入“分城市销售分析图表”为自定义图表模板输入直观的名字，单击【保存】按钮关闭【保存图表模板】对话框，这样就完成了自定义图表模板的创建，如图 148-3 所示。保存完成后，可删除上一步制作的图表。

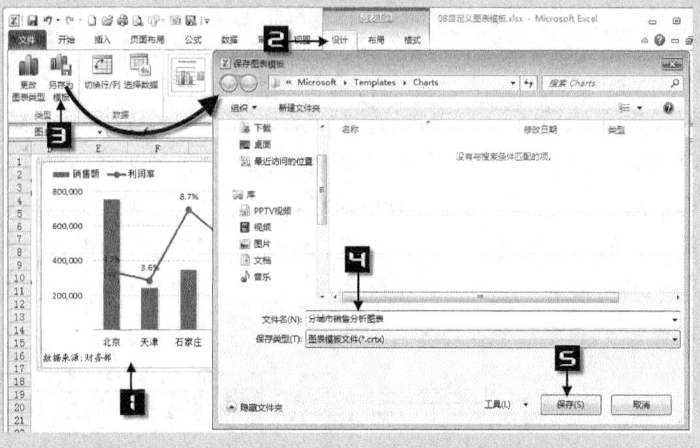

图 148-3　保存自定义图表模板

在 Windows7 中，自定义图表模板默认的存储路径如下：C:\Users\Administrator\AppData\Roaming\Microsoft\Templates\Charts

148.2　使用自定义图表模板

选择 A3:C10 单元格区域，单击【插入】选项卡中【图表】组中的【创建图表】按钮，打开【插入图表】对话框。在【插入图表】的左侧切换到【模板】类型，选择“分城市销售分析图表”模板，然后单击【确定】按钮，关闭【插入图表】对话框。依次选择 E4:G10、I4:K7 单元格区域创建基于自定义图表模板的图表，实现了手工操作重复的减少和图表格式的统一、规范，如图 148-4 所示。

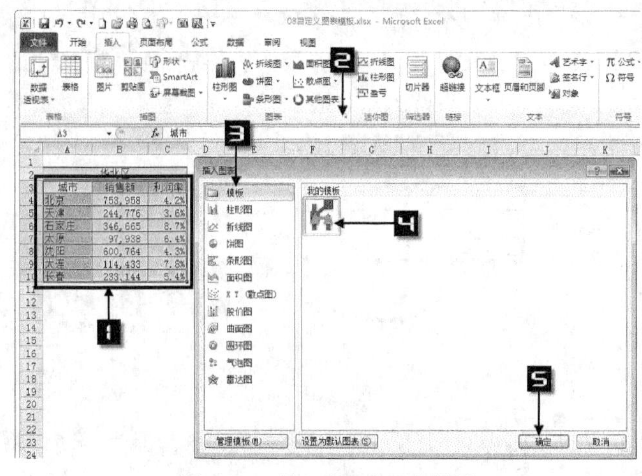

图 148-4　使用自定义图表模板

也可以利用自定义图表模板修改现有的图表，方法是选中图表，然后在【图表工具】选项卡的【设计】组中单击【更改图表类型】按钮，打开【更改图表类型】对话框。切换到【模板】类型，选择“分城市销售分析图表”模板，然后单击【确定】按钮关闭对话框，即可快速完成对现有图表的修改，如图 148-5 所示。

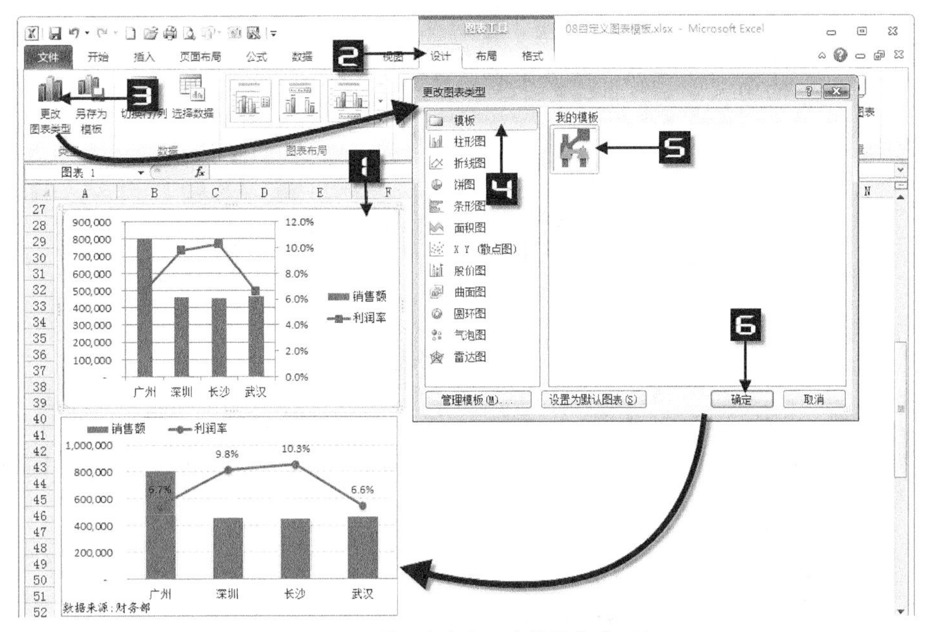

图 148-5　利用自定义图表模板修改图表

在某些情况下，基于自定义模板创建的图表不能随文档的设置而自动更改，比如在修改了 Excel 文档的主题后，基于自定义模板创建的图表不会随着主题文档的颜色而自动变化。

技巧 149　使用主题功能美化图表

Excel 2010 提供了主题功能，只要一次简单的鼠标单击，就能改变整个文档的外观。文档主题由 3 个部分组成：颜色、字体和效果（对于图形对象）。使用主题的好处是帮助非设计专业的用户方便快速地产生一个整体美观、协调一致的文档。本技巧将介绍如何使用主题功能美化图表。

Excel 2010 为用户内置了 44 套主题，如要对文档应用主题，只需在【页面布局】选项卡中单击【主题】下拉按钮，在打开的主题面板中将鼠标指针移动到相应的主题上可显示该主题的预览，鼠标指针单击选择相应的主题，整个文档颜色、字体、图形将发生相应变化。除使用自定义模板创建的图表外，图表的颜色、字体也将发生变化，如图 149-1 所示。

同时，用户也可以混合使用主题元素。例如可以使用一个主题的颜色，而使用另一个主题的字体，以及第三个主题的效果。用户只需在【页面布局】选项卡的【主题】组中，分别单击【颜色】、【字体】、【效果】下拉按钮，分别选择即可，如图 149-2 所示。

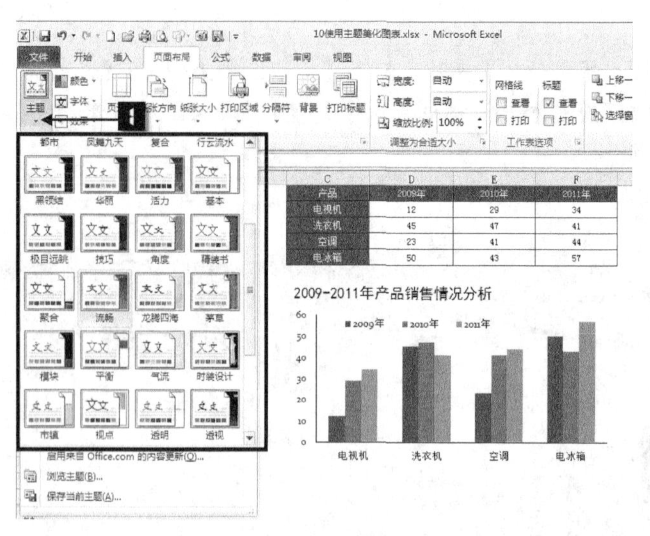

图 149-1　使用文档主题

同时，用户可以自定义主题中的颜色、字体以及效果，例如需要创建一套与公司的颜色方案相匹配的主题颜色或字体等，并定义为主题样式，每次使用时方法与选择 Excel 2010 内置的主题样式相同。

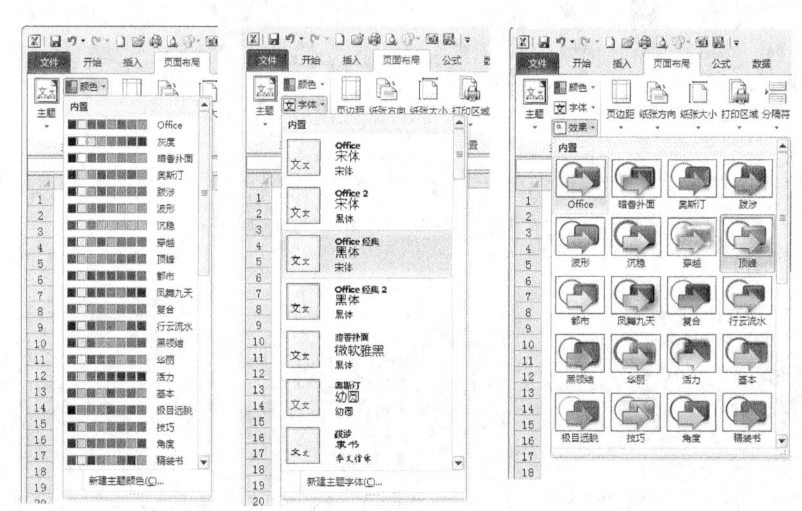

图 149-2　分别设置主题元素

149.1　新建主题的颜色

在【页面布局】选项卡的【主题】组中，单击【颜色】下拉按钮，在打开的颜色面板中单击【新建主题颜色】按钮，打开【新建主题颜色】对话框，其中包括 12 种类型的颜色，修改某类颜色，右边的“示例”窗口可即时进行预览。要改变某种颜色如“强调文字颜色 1”，单击“强调文字颜色 1”旁的下拉按钮，在弹出的拾色器中选择相应的颜色或通过色盘指定相应颜色的 RGB 值修改颜色，重复上述步骤修改其他颜色，然后在【名称】文本框中为新建的主题颜色输入直观的名称，如“公司主题色”，单击【保存】即可保存设定的主题颜色，如图 149-3 所示。

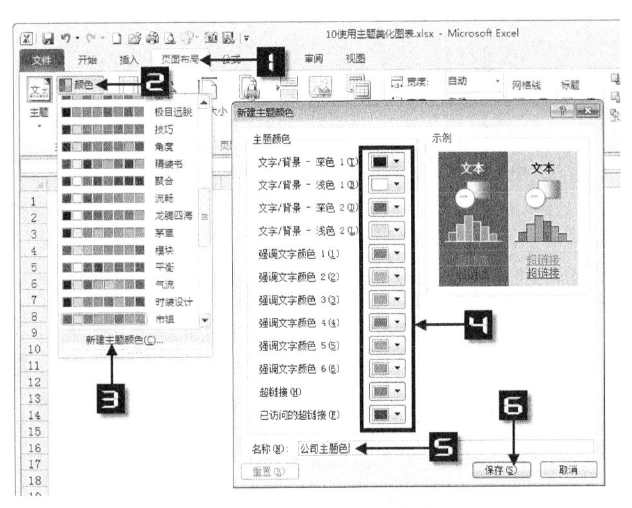

图 149-3　自定义主题颜色

149.2　新建主题的字体

在【页面布局】选项卡的【主题】组中，单击【字体】下拉按钮，在打开的字体面板中单击【新建主题字体】按钮，打开【新建主题字体】对话框，字体分“西文”和“中文”两种类型，每种类型中包括一种标题字体和一种正文字体。修改某类字体，右边的“示例”窗口可即时进行预览，单击某类字体下拉框即可进行修改，然后在【名称】文本框中为新建的主题字体输入直观的名称，如“公司主题字体”，单击【保存】即可保存设定的主题字体，如图 149-4 所示。

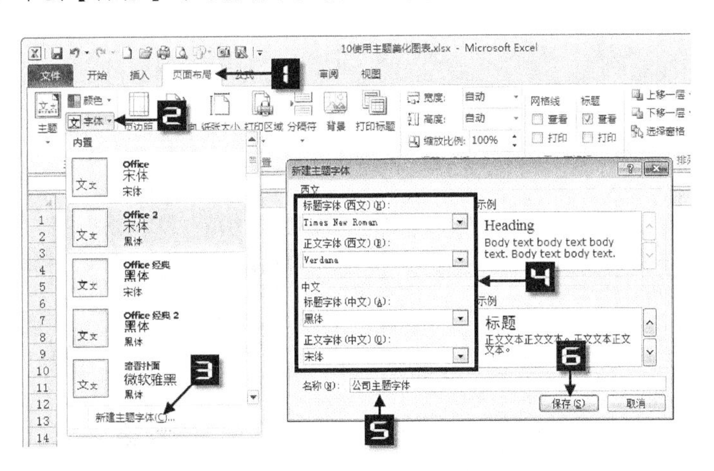

图 149-4　自定义主题颜色

技巧 150　使用条件格式创建图表

Excel 2010 中对条件格式功能进行了比较大的改进，条件格式不仅仅是帮助显示数值的一个工具，在某些情况下，还可以用来代替一个图表。

在 Excel 2010 中使用条件格式的方法是选中一个或多个单元格区域，然后选择【开始】选项卡→【样式】组→【条件格式】下拉菜单中的一个功能。我们通常用来建立图表功能的是：数据条、色阶和图标集。本技巧将介绍如何使用数据条与图标集功能。

150.1　使用数据条创建图表

数据条条件格式是在一个或多个单元格区域内直接显示水平条。默认情况下，条形的长度是由每个单元格内的数值相对于区域内其他单元格数值的大小情况决定的。数据条可以方便读者快速看出某些特殊的数据或数据点的趋势，同时也可以比较数值大小。

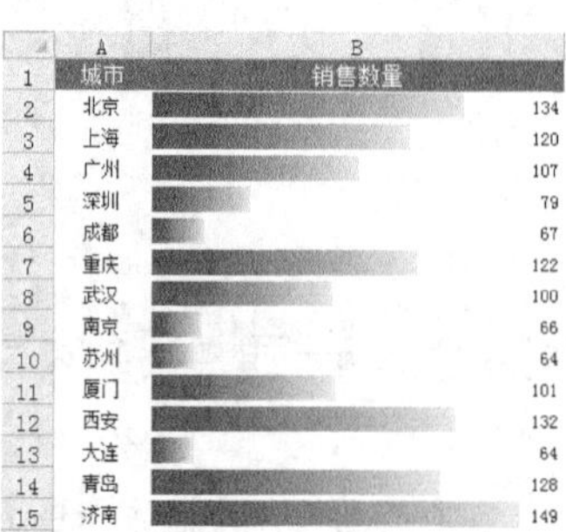

图 150-1　简单数据条

图 150-1 所示为一个城市名称和销售数量的单元格区域，数据条应用在第 2 列，最简单的使用方法是：选择 B2:B15 单元格，然后选择【开始】选项卡→【条件格式】下拉菜单→【数据条】功能，在 6 种数据条颜色中选择一种即可。

如要对数据条进行更灵活的操作，可以先选中单元格区域，然后选择【开始】选项卡→【条件格式】下拉菜单→【新建规则】功能，打开【新建格式规则】窗口，在【格式样式】下拉菜单中选择【数据条】，如图 150-2 所示。

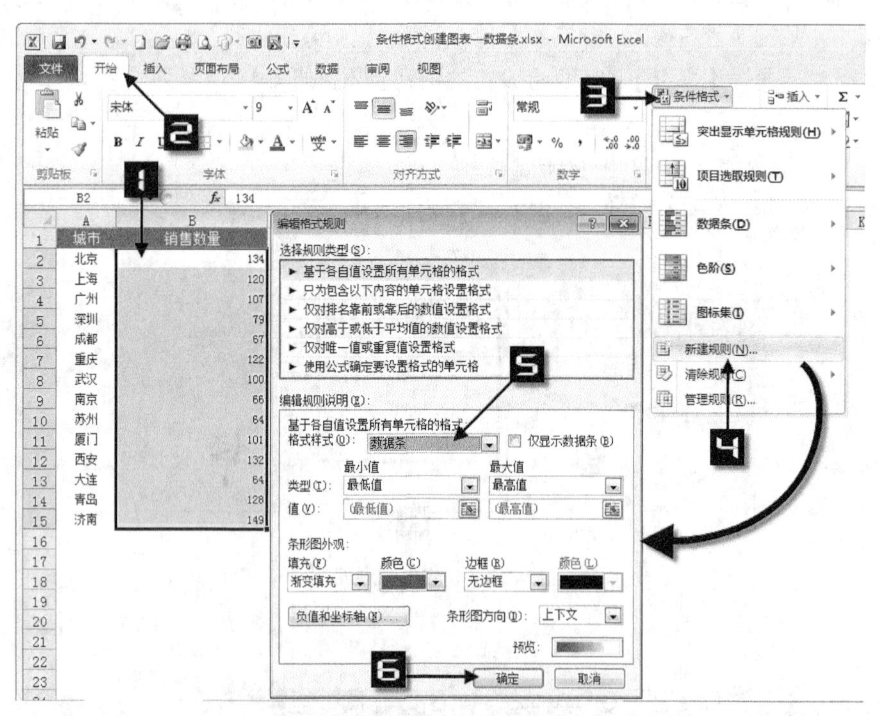

图 150-2　新建数据条规则

如果希望只显示数据条，而不显示数值，可以勾选【仅显示数据条】复选框。

【类型】下拉菜单和【值】文本框，可以设置如何生成数据条。默认情况下，“最短数据条”为区域中的最小值，“最长数据条”为区域中的最大值，其他选项介绍如下。

● 数字：输入一个固定的数值。如果区域中一个数值小于“最短数据条”选项中的数值，数据条将显示最短数据条；如果区域中一个数值大于“最长数据条”选项中的数值，数据条将显示最长数据条。

● 百分比：输入一个 0%～100%的百分比值。数据条的长度取决于数值的范围，例如如果区域类数值范围是从 1～20，将“最短数据条”选项中百分比值设置为 20%，单元格内小于等于 4（即 20 的 20%）时，数据条显示最短数据条。而将“最长数据条”选项中百分比值设置为 80%，单元格内大于等于 16（即 20 的 80%）时，数据条显示最长数据条。

● 公式：输入一个求值公式。如果公式涉及单元格引用，必须使用绝对引用。

● 百分点值：输入一个 0%～100%的百分比值。与“百分比”选项不同，“百分点值”选项将数据按大小排列等级，再根据等级次序设置数据条的长度。例如如果区域中数据为 1～10，共 10 个数值，将“最短数据条”选项中百分点值设置为 30%，单元格内小于等于 3.7（最小值+（最大值−最小值）×0.3）的数值，数据条显示为最短数据条。而将“最长数据条”选项中百分点值设置为 80%，单元格内大于等于 8.2（最小值+（最大值−最小值）×0.8）的数值，数据条显示为最长数据条。

某些情况下，使用数据条可以替代图表，尤其是需要在多个不相邻区域创建图表，并且对于每个区域都要使用相同的刻度进行比较。如图 150-3 所示，此图表由数据条创建，方法是按住<Ctrl>键，选中这些不相邻区域，然后选择【开始】选项卡→【条件格式】下拉菜单→【数据条】功能，选择一种合适的颜色即可。

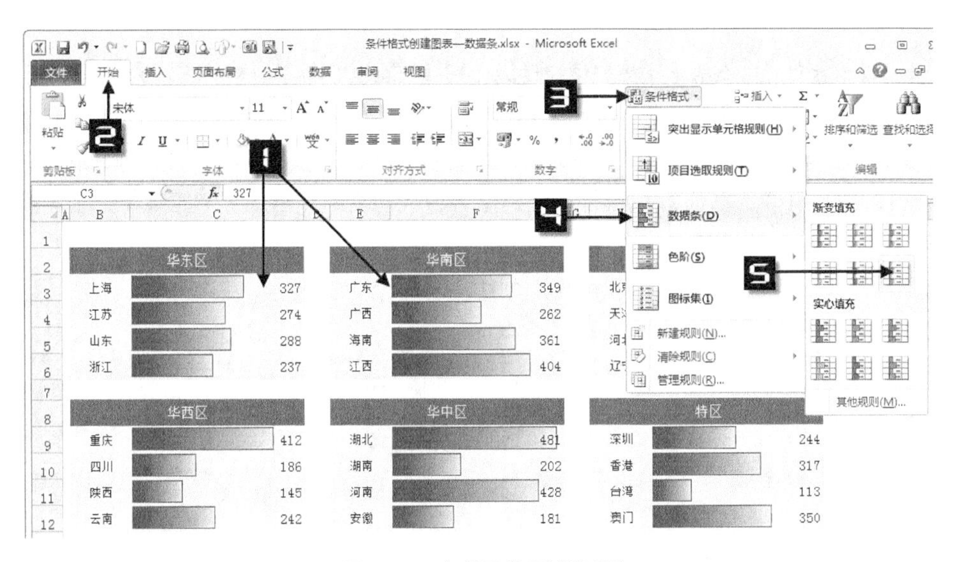

图 150-3　多单元格区域数据条

数据条操作简单，容易掌握，但存在如下限制。

● 数据条只能以明暗渐变的方式显示，无法设置纯色或其他渐变方式。

● 数据条不能很好处理负数，通常条形图的负值向相反方法显示，而数据条无法做到。

● 数据条并不精确，甚至会严重“歪曲”数据。如图 150-4 所示，数值大部分在 10000～30000，然后有一个例外值 25，将“最短数据条”【类型】设置为“数字”，并在【文本框】中输入“10000”。根据上述规则，如果区域中一个数值小于“最短数据条”选项中的数值，数据条将显示最短数据条，因此，25 的数据条长度与 10000 一样。

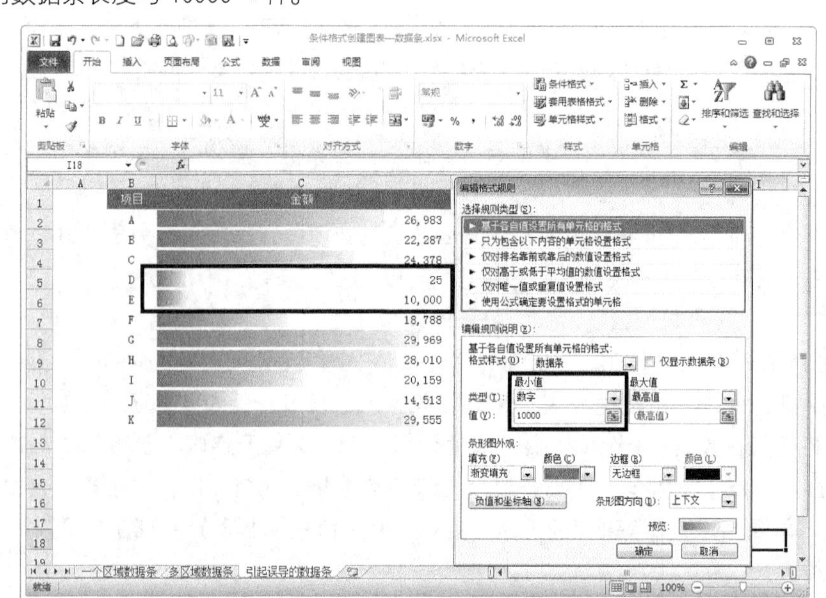

图 150-4　引起“误导”的数据条

150.2　使用图标集创建图表

图标集条件格式是在一个或多个单元格区域内显示一个图标，图标由每个单元格内的数值相对于区域内其他单元格数值的大小情况决定。Excel 2010 提供了 17 种图标集，每种图标集的数目为 3～5 个。

图 150-5 所示为一个城市名称和销售数量的单元格区域，图标集应用在第 2 列，最简单的使用方法是：选择 B2:B14 单元格，然后选择【开始】选项卡→【条件格式】下拉菜单→【图标集】功能→选择【三个符号（无圆圈）】即可。

在图标集功能中，图标总是左对齐，没有办法让其居中对齐或右对齐，如图 150-6 中的第 2～8 行所示，D 列的图标看起来像应用于 C 列的数值。

	A	B
1	门店	销售额
2	上海店	54531
3	杭州店	31195
4	宁波店	63662
5	绍兴店	37681
6	嘉兴店	61001
7	湖州店	39155
8	南京店	39442
9	苏州店	20052
10	无锡店	63050
11	常州店	71097
12	镇江店	59484
13	南通店	14371
14	扬州店	86034

图 150-5　简单图标集

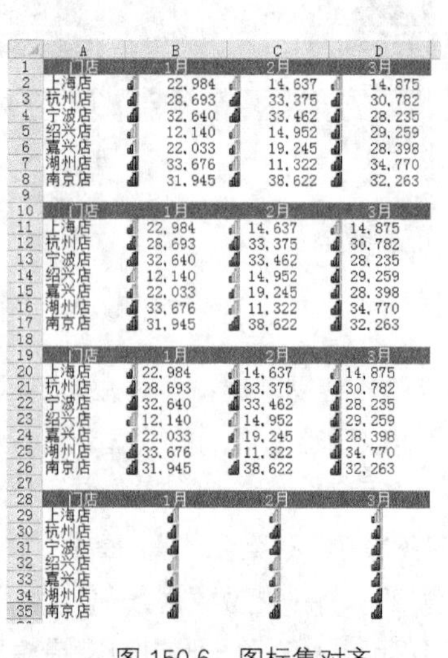

	A	B	C	D
1	门店	1月	2月	3月
2	上海店	22,984	14,637	14,875
3	杭州店	28,693	33,375	30,782
4	宁波店	32,640	33,462	28,235
5	绍兴店	12,140	14,952	29,259
6	嘉兴店	22,033	19,245	28,398
7	湖州店	33,676	11,322	34,770
8	南京店	31,945	38,622	32,263
9				
10	门店	1月	2月	3月
11	上海店	22,984	14,637	14,875
12	杭州店	28,693	33,375	30,782
13	宁波店	32,640	33,462	28,235
14	绍兴店	12,140	14,952	29,259
15	嘉兴店	22,033	19,245	28,398
16	湖州店	33,676	11,322	34,770
17	南京店	31,945	38,622	32,263
18				
19	门店	1月	2月	3月
20	上海店	22,984	14,637	14,875
21	杭州店	28,693	33,375	30,782
22	宁波店	32,640	33,462	28,235
23	绍兴店	12,140	14,952	29,259
24	嘉兴店	22,033	19,245	28,398
25	湖州店	33,676	11,322	34,770
26	南京店	31,945	38,622	32,263
27				
28	门店	1月	2月	3月
29	上海店			
30	杭州店			
31	宁波店			
32	绍兴店			
33	嘉兴店			
34	湖州店			
35	南京店			

图 150-6　图标集对齐

一种处理方法是让单元格区域的数字居中对齐，如图 150-6 中的第 11～17 行所示。或者让单元格区域的数字左对齐，如图 150-6 中的第 20～26 行所示。

另一种处理方法是仅显示图标，操作方法是：选中单元格区域，然后选择【开始】选项卡→【条件格式】下拉菜单→【新建规则】功能，打开【新建格式规则】窗口，在【格式样式】下拉菜单中选择【图标集】，在【图标样式】下拉菜单中选择【四等级】，然后勾选【仅显示图标】复选框，最后单击【确定】按钮，如图 150-7 所示。

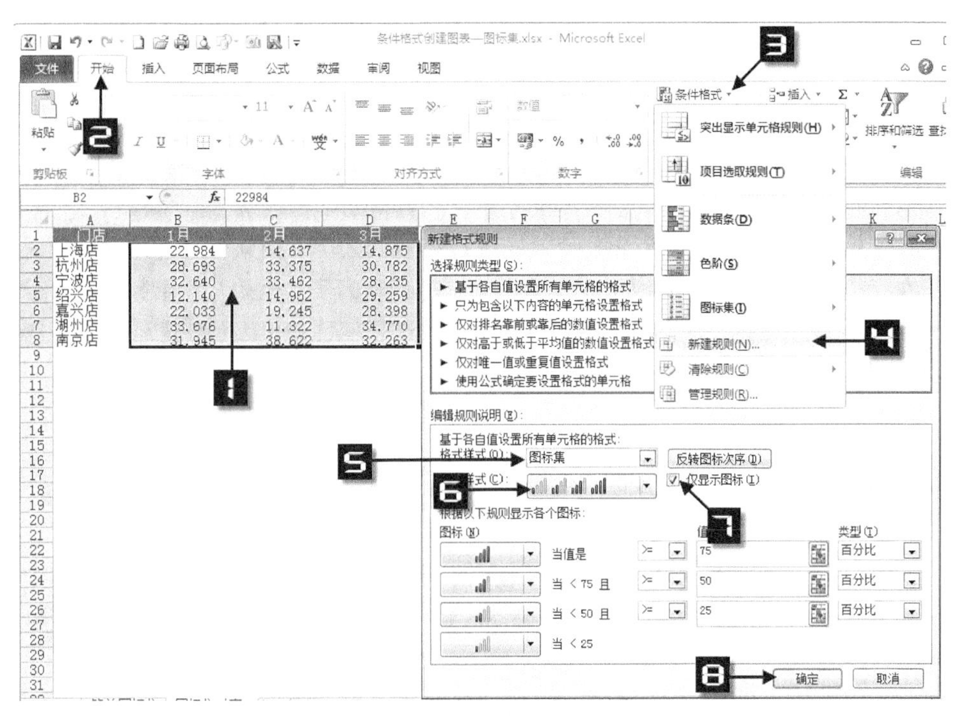

图 150-7　仅显示图标的图标集

技巧 151　使用 REPT 函数创建图表

Excel 2010 提供了一个 REPT 函数，用户使用该函数可以不断地重复显示某一文本字符串，对单元格进行填充，因此，可以利用该函数的特性创建“图表”。

REPT 函数提供了两个参数，REPT(text,number_times)，text 参数为需要重复显示的文本，number_times 参数为指定文本重复的次数。

本技巧将通过两个案例介绍如何使用 REPT 函数创建图表。

151.1　分地区销售额条形图

图 151-1 所示为某公司全年分城市销售额统计，现在利用 REPT 函数在 C 列生成条形图。

选择 C2:C7 单元格，输入公式=REPT("|",B2/100)，按<Ctrl+Enter>组合键完成编辑，然后选择【开始】选项卡，在【字体】下拉框中将 C2:C7 单元格字体修改为“Arial”，同时，在【字号】下拉框中选择“9”号字体，适当修改单元格格式即可，如图 151-2 所示。

	A	B	C
1	城市	销售额	
2	北京	8,071.80	
3	上海	6,620.50	
4	广州	5,930.40	
5	深圳	4,597.00	
6	成都	3,992.60	
7	重庆	2,731.10	
8	武汉	1,937.20	

图 151-1　原始数据

	A	B	C
1	城市	销售额	
2	北京	8,071.80	||||||||||||||||||||||||||||||||||||||||||||||||||||||||||||||||||||||||||||||||
3	上海	6,620.50	||||||||||||||||||||||||||||||||||||||||||||||||||||||||||||||||||
4	广州	5,930.40	||||||||||||||||||||||||||||||||||||||||||||||||||||||||||||
5	深圳	4,597.00	||||||||||||||||||||||||||||||||||||||||||||||
6	成都	3,992.60	||||||||||||||||||||||||||||||||||||||||
7	重庆	2,731.10	||||||||||||||||||||||||||||
8	武汉	1,937.20	||||||||||||||||||||

图 151-2　完成后图表

在本案例中，REPT 的第 2 个参数除以 100 以缩放其大小，如果不这样处理，公式会重复显示几千次字符"|"，所以，需要根据数据的量级选择调整因子，例如，如果数据是百分比，也许需要乘以某个调整因子。需要特别强调的是，无论选择何种调整因子，同一幅图表中的调整因子必须相同。

151.2　费用超支结余对称图

图 151-3 所示为某公司每月管理费用的预算金额与实际金额，现在需要做一幅图表反映管理费用的超支与结余情况，如果为超支，在 G 列显示条形图，如果为结余，在 E 列显示条形图。

	A	B	C	D	E	F	G
1	月份	预算	实际		节余		超支
2	1月	40,000	42,004			1月	
3	2月	50,000	47,050			2月	
4	3月	50,000	37,302			3月	
5	4月	50,000	56,004			4月	
6	5月	50,000	70,770			5月	
7	6月	80,000	70,653			6月	
8	7月	90,000	78,005			7月	
9	8月	100,000	110,034			8月	
10	9月	80,000	76,075			9月	
11	10月	70,000	77,443			10月	
12	11月	70,000	67,953			11月	
13	12月	60,000	56,774			12月	

图 151-3　原始数据

选择 E2:E13 单元格，输入公式=IF(B2>C2,TEXT(B2/C2-1,"0.0%")&" "&REPT("|",(B2/C2-1)*100),"")，按<Ctrl+Enter>组合键完成编辑，然后选择【开始】选项卡，在【字体】下拉框中将 E2:E13 单元格字体修改为“Arial”，在【字号】下拉框中选择“9”号，在【字体颜色】下拉框中选择“蓝色,文字 2”。

选择 G2:G13 单元格，输入公式=IF(C2>B2,REPT("|",(C2/B2-1)*100)&" "&TEXT(C2/B2-1, "0.0%"),"")，按<Ctrl+Enter>组合键完成编辑，然后选择【开始】选项卡，在【字体】下拉框中将 E2:E13 单元格字体修改为“Arial”，在【字号】下拉框中选择“9”号，在【字体颜色】下拉框中选择“红色，强调文字，颜色 2”。完成后的效果如图 151-4 所示。

	A	B	C	D	E	F	G
1	月份	预算	实际		节余		超支
2	1月	40,000	42,004			1月	5.0%
3	2月	50,000	47,050		6.3%	2月	
4	3月	50,000	37,302		34.0%	3月	
5	4月	50,000	56,004			4月	12.0%
6	5月	50,000	70,770			5月	41.5%
7	6月	80,000	70,653		13.2%	6月	
8	7月	90,000	78,005		15.4%	7月	
9	8月	100,000	110,034			8月	10.0%
10	9月	80,000	76,075		5.2%	9月	
11	10月	70,000	77,443			10月	10.6%
12	11月	70,000	67,953		3.0%	11月	
13	12月	60,000	56,774		5.7%	12月	

图 151-4　完成后图表

技巧 152　完成图表制作后的检查

在制作完图表后，应该进行一次全面的检查，以确保制作的图表准确无误地传递信息。一般而言，需要注意以下几个方面。

152.1　检查图表元素是否齐全

一幅专业的图表必须具备的元素有：标题（主标题和副标题）、绘图区、图例、脚注以及其他图表元素等。这些元素不仅必须具备，而且摆放位置必须合理，在完成图表制作前还须对这些元素进行详细的检查，检查的内容有：

- 主标题和副标题是否准确无误地阐述图表所传递的主要信息；
- 检查计量单位是否无误；
- 图例说明是否齐全；
- 绘图区数据系列是否齐全，多系列之间是否划分清晰；
- 如有数据标签，数据标签是否准确，位置是否合理；
- 主垂直（值）坐标轴数值是否正确；
- 如有副垂直（值）坐标轴，是否与主坐标轴区分清晰，数值是否准确；
- 水平坐标轴名称是否准确齐全；
- 脚注、备注信息是否具备。

152.2　检查原始数据中的公式

图表只是呈现数据的一种方式，其正确与否取决于制作图表的原始数据。而原始数据的来源可能较为复杂，如手工输入、公式、Access 数据库、SQL 数据库，甚至是网页引用等，为了避免造成图表的错误，需要对原始数据进行检查。

多数情况下，制作图表的原始数据中会使用公式，Excel 2010 提供了错误检查功能，在制作图表时，单击【公式】选项卡中的【错误检查】下拉按钮，单击【错误检查】选项，Excel 2010 将帮助我们逐步检查工作表上的错误，如图 152-1 所示。

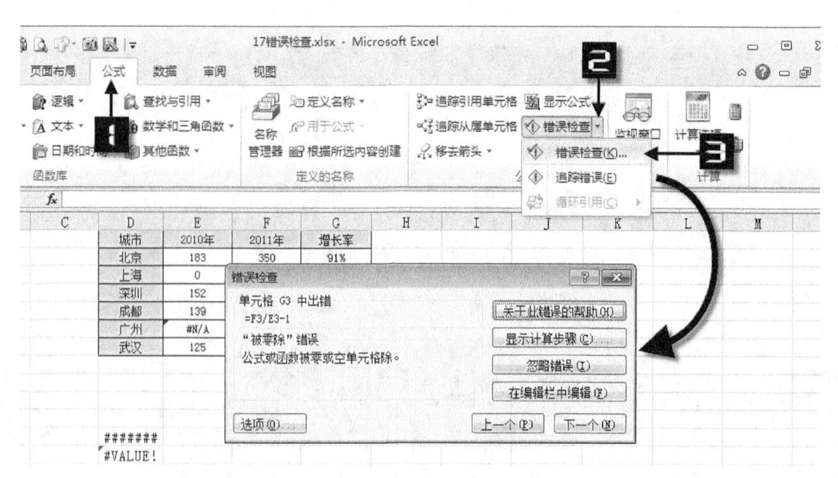

图 152-1　错误检查

表 152 所示是 Excel 2010 公式中的常见错误及其处理方法。

表 152　　　　常见错误及其说明

错 误 值	说　　明
########	错误原因：如果单元格所含的数字、日期或时间比单元格宽，或者单元格的日期、时间公式产生了一个负值，就会产生########错误。 解决方法：如果单元格所含的数字、日期或时间比单元格宽，可以通过拖动列表之间的宽度来修改列宽。如果使用的是 1900 年的日期系统，那么 Excel 中的日期和时间必须为正值
#VALUE!	错误原因：#VALUE!提示的错误原因主要有 3 种：一是公式中将文本格式当作数值处理；二是将单元格引用、公式或函数作为数组常量输入；三是函数要求使用单一参数，但实际参数为单元格区域或数组。 解决方法：使用 VALUE 函数或 TEXT 函数等方法将文本转换为数值，检查函数是否使用了正确的参数
#DIV/0!	错误原因：当公式的除数为零时，将会产生此错误。 解决方法：修改单元格引用，或者在用作除数的单元格中输入不为零的值
#N/A	错误原因：当在函数或公式中没有可用数值时，将产生此错误值。 解决方法：如果工作表中某些单元格暂时没有数值，请在这些单元格中输入"#N/A"，公式在引用这些单元格时，将不进行数值计算，而是返回#N/A；或者检查函数指定的查找位置是否正确，是否输入了正确的参数
#NAME?	错误原因：在公式中使用了 Excel 不能识别的文本，将产生此错误值。 解决方法：确认公式中使用的名称是否存在，确认公式的拼写是否正确，确认公式中文本是否加上半角“""”引号，确认公式中区域引用是否使用半角“:”号
#NUM!	错误原因：在公式中使用了无效的参数，将产生此错误值。 解决方法：检查函数所使用的参数类型是否符合要求，使用类型转换函数将参数转换为适用的类型
#REF!	错误原因：当公式中单元格引用无效时，如删除了由其他公式引用的单元格，或将单元格粘贴到由其他公式引用的单元格中，将产生此错误值。 解决方法：更改公式或者在删除或粘贴单元格之后，立即单击【撤消】按钮，以恢复工作表中的单元格

152.3　刷新外部数据源

当图表中引用外部数据时，Excel 默认在打开文件时更新一次数据，然后每隔 60 分钟刷新一次数据。比如在两次更新的间隔时间内生成的图表，很可能没有引用最新的数据。为了避免这种情况，在制作图表前单击【数据】选项卡中的【全部刷新】按钮，确保制作的图表使用最新的数据来源，如图 152-2 所示。

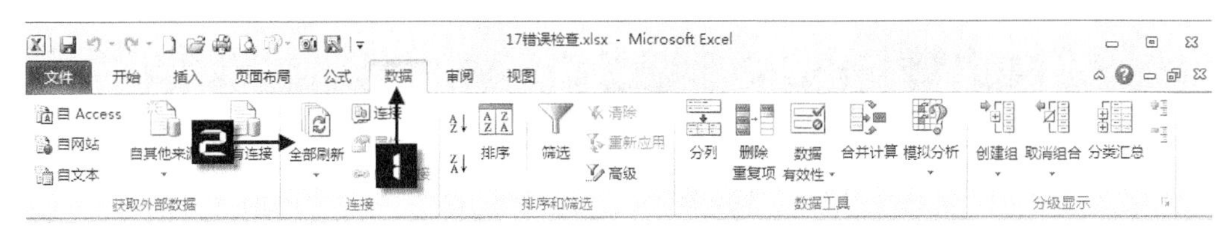

图 152-2　刷新数据

技巧 153　综合案例 1:强调盈亏状况的柱形图

企业是依法设立的以营利为目的、独立核算并自负盈亏的经济组织，因此盈利与否永远是企业最关心的信息。

对盈亏状况进行分析时，我们要根据实际情况选择相应的图表类型，如果是为了表达同一个主体或同一项目不同时间的盈亏状况，通常选用柱形图。而如果是为了表达同一时间不同主体或不同项目之间的盈亏状况对比，往往选用条形图。

如图 153-1 所示，东方龙机械公司自 2007 年成立至今，在经历了创业初期的市场开拓、行业的低迷不振后，终于在 2010 年实现了扭亏为盈，并且在 2011 年实现了利润的大幅增长，总经理在 2011 年股东大会上向股东所做的报告中，利用如下图表对公司创立 5 年的盈亏情况做出了分析。

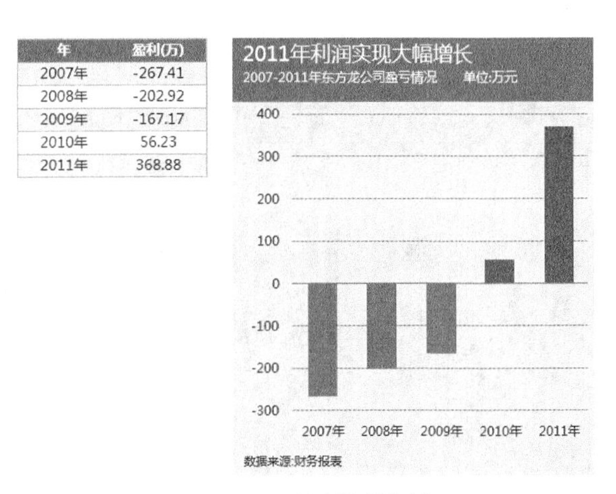

年	盈利(万)
2007年	-267.41
2008年	-202.92
2009年	-167.17
2010年	56.23
2011年	368.88

图 153-1　盈利状况分析

下面我们将介绍如何制作这幅图表。

Step 1　拖动鼠标指针选择 B2:C7，选择【插入】选项卡→【柱形图】下拉按钮→选择【二维柱形图】组中的【簇状柱形图】，并删除默认的“图例”、“标题”等图表元素，然后选中图表，选择【图表工具】选项卡→【格式】组，在【大小】选项组的【形状高度】文本框中输入“9.5 厘米”，在【形状宽度】文本框中输入“7.5 厘米”，如图 153-2 所示。

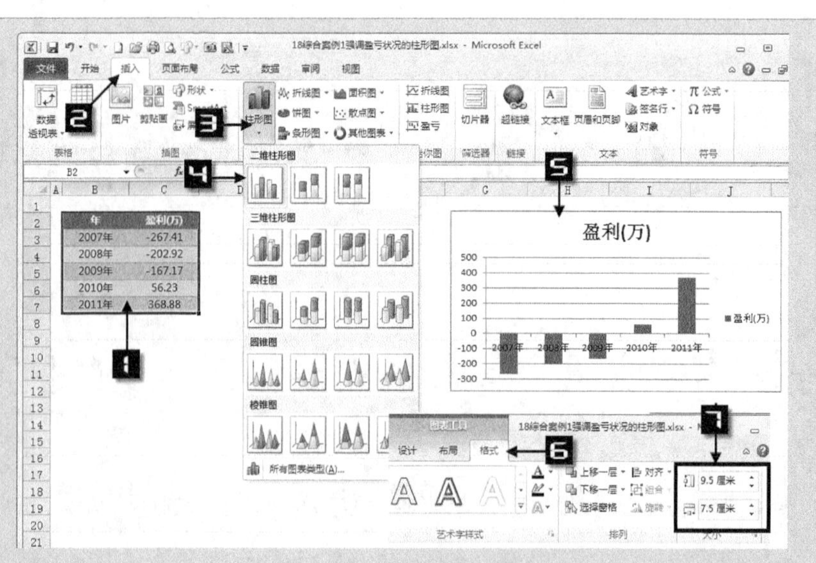

图 153-2　插入簇状柱形图

Step 2　选择“水平（类别）轴”，然后在【图表工具】选项卡的【格式】子选项中单击【设置所选内容格式】按钮，打开【设置坐标轴格式】对话框，切换到【坐标轴选项】选项卡，将【主要刻度线类型】和【次要刻度线类型】下拉框设置为“无”，将【坐标轴标签】下拉框均设置为“低”，单击【关闭】按钮，关闭【设置坐标轴格式】对话框，如图 153-3 所示。

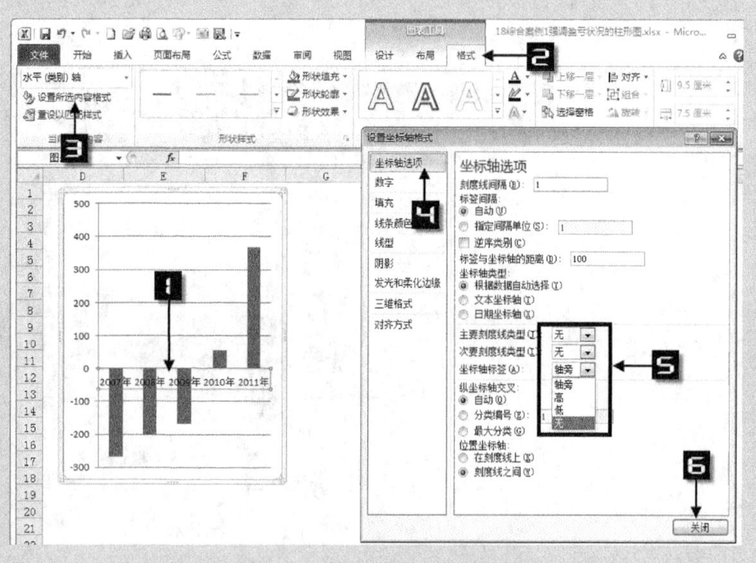

图 153-3　设置水平（类别）轴

Step 3　单击选择“垂直（值）轴”，然后在【图表工具】选项卡的【格式】组中，单击【设置所选内容格式】按钮，打开【设置坐标轴格式】对话框，首先切换到【线条颜色】选项卡，将垂直（值）轴线条颜色设置成“无”，再切换到【坐标轴选项】选项卡，设置【最小值】为【固定】数值“-300”，【最大值】为【固定】数值“400”，【主要刻度单位】为【固定】数值“100”，同时将【主要刻度线类型】下拉框选择成“无”，单击【关闭】按钮，关闭【设置坐标轴格式】对话框，如图 153-4 所示。

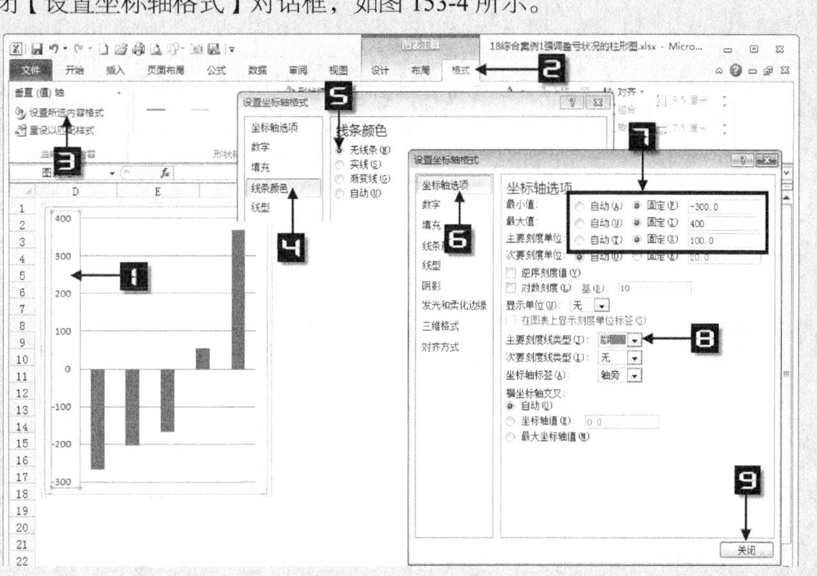

图 153-4　设置垂直轴

Step 4

选择【系列“盈利（万）”】数据系列，然后在【图表工具】选项卡的【格式】组中单击【设置所选内容格式】按钮，打开【设置数据系列格式】对话框，切换到【系列选项】选项卡，设置【分类间距】为“100%”，进一步美化图表，切换到【填充】选项卡，单击【纯色填充】单选钮，单击【颜色】下拉按钮，选择【其他颜色】选项，打开【颜色】对话框，切换到【自定义】选项卡，在【颜色模式】下拉按钮中选择“RGB”，分别在【红色】、【绿色】和【蓝色】文本框中依次输入数值“0”、“176”、“80”，然后单击【确定】按钮关闭【颜色】对话框，再单击【关闭】按钮，关闭【设置数据系列格式】对话框，如图 153-5 所示。

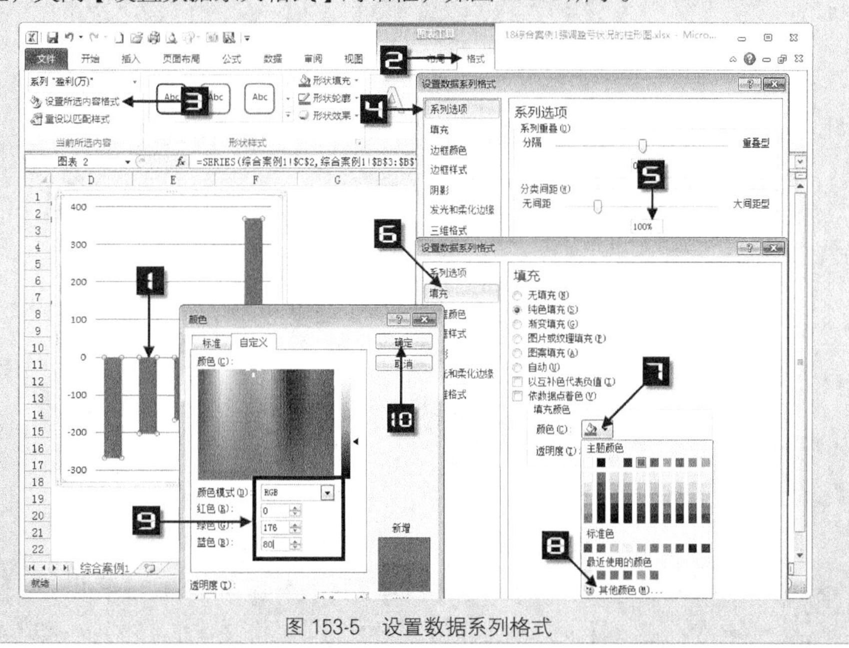

图 153-5　设置数据系列格式

Step 5 两次单击“盈利（万）”数据系列的“2011 年”数据点，然后在【图表工具】选项卡的【格式】组中单击【形状填充】下拉按钮，在【标准色】颜色组中选择【红色】。如图 153-6 所示，并照同样方法修改“2010 年”数据点，即可将盈利的年份数据点填充色设置为红色。

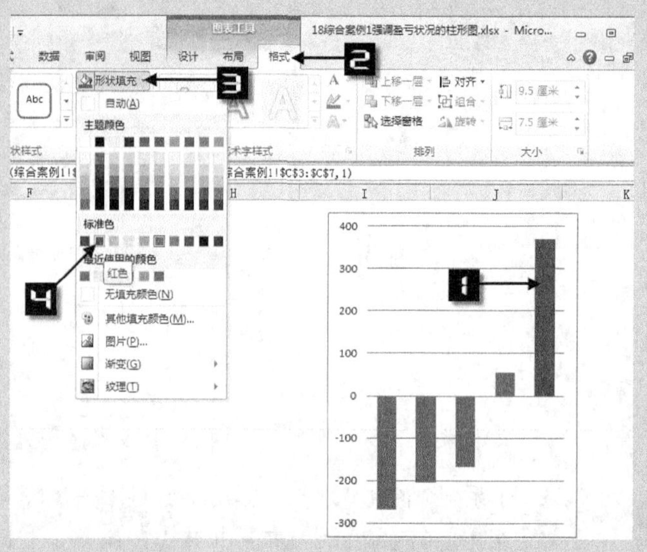

图 153-6　设置数据点填充色

Step 6 Excel 默认的标题无法做到与图表等宽，文字排版也比较局限，因此，将采用插入文本框的方式创建标题和脚注。首先选中“绘图区”，将鼠标指针移动到绘图区的上边框，当鼠标指针变成双箭头时向下拖曳，为图表留出标题位置，同时将鼠标指针移动到绘图区下边框，向上拖曳，为图表留出脚注位置，如图 153-7 所示。

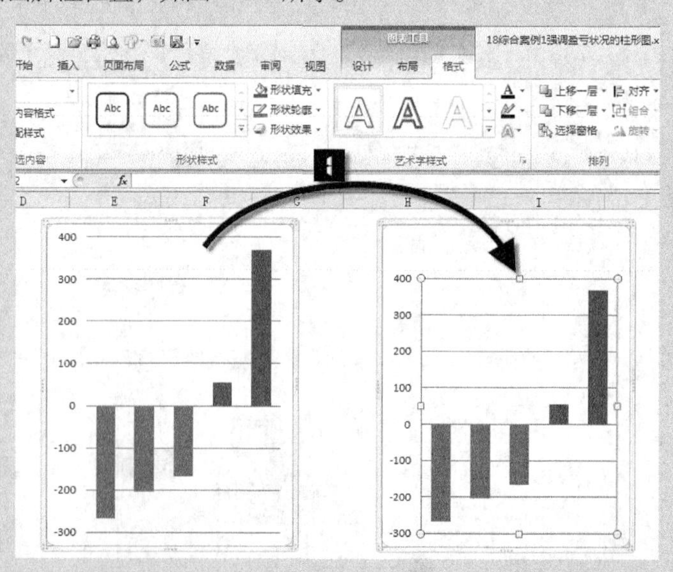

图 153-7　缩小绘图区

Step 7 选中图表，然后在【图表工具】选项卡的【布局】组中的【插入】组中选择【文本框】下拉选项中的【横排文本框】，在上一步空出的位置中绘制文本框并编写图表主标题和副标题，并修改主、副标题的字体及字号大小，拖曳文本框的左右和上下边框，使文本框与图表密合。同时，在图表下方位置采取同样的方法插入脚注文本框，如图 153-8 所示。

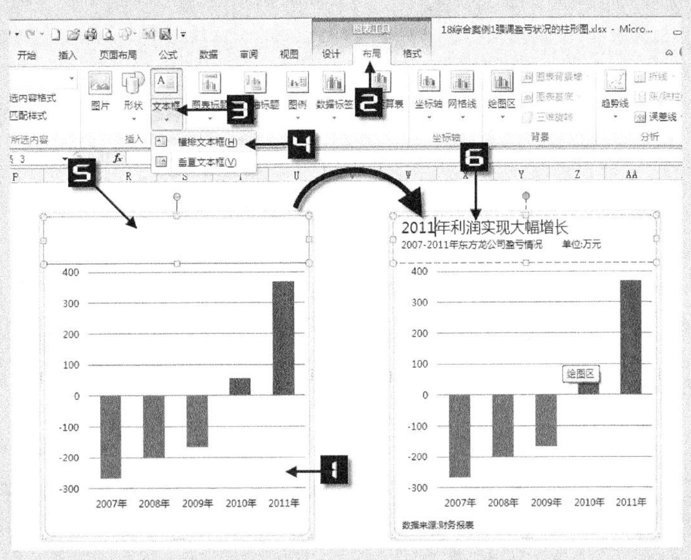

图 153-8　插入标题脚注

Step 8

在上一步插入的标题文本框中拖动鼠标指针选择所有文字，然后选择【开始】选项卡→【字体】组→【填充颜色】下拉框→【其他颜色】按钮，打开【颜色】对话框，切换到【自定义】选项卡，在【颜色模式】下拉按钮中选择“RGB”，分别在【红色】、【绿色】和【蓝色】文本框中依次输入数值“79”、“129”、“189”，然后单击【确定】按钮关闭【颜色】对话框，为标题设置填充背景，如图 153-9 所示。然后单击【开始】选项卡→【字体】组→【字体颜色】下拉框，在【主体颜色】组中选择“白色”，为标题设置字体颜色，如图 153-10 所示。

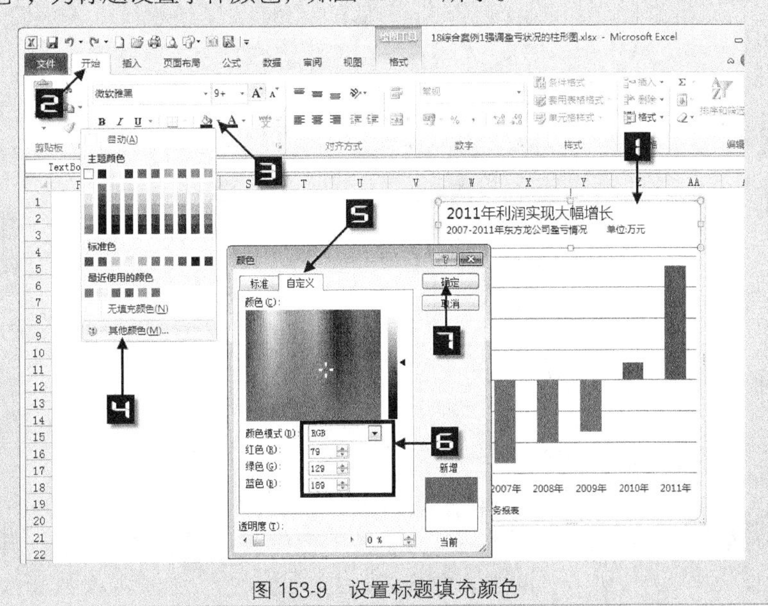

图 153-9　设置标题填充颜色

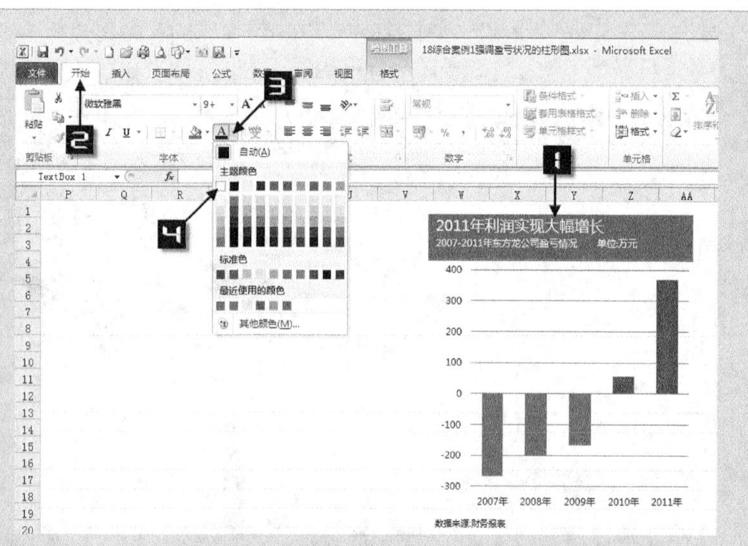

图 153-10 设置标题字体颜色

Step 9 单击选中图表，然后选择【图表工具】选项卡→【格式】组→【形状填充】下拉框→【其他填充颜色】按钮，打开【颜色】对话框，切换到【自定义】选项卡，在【颜色模式】下拉按钮中选择“RGB”，分别在【红色】、【绿色】和【蓝色】文本框中依次输入数值“219”、“229”、“241”，然后单击【确定】按钮，关闭【颜色】对话框，如图 153-11 所示。然后单击选中“绘图区”，参照同样的方法设置绘图区的背景颜色。

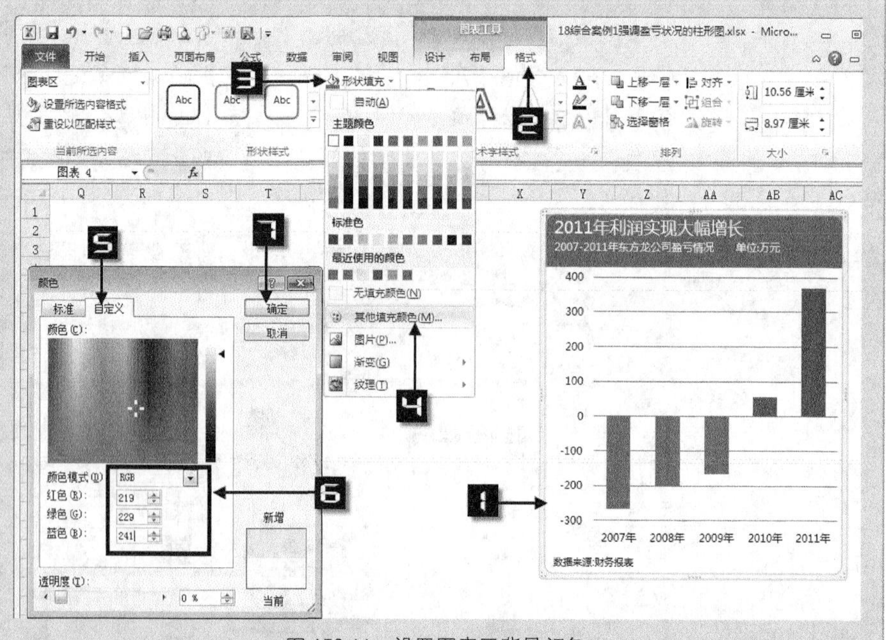

图 153-11 设置图表区背景颜色

Step 10 单击选中“垂直（值）轴 主要网格线”，然后选择【图表工具】选项卡→【格式】组→【形状轮廓】下拉框→【虚线】，设置网格线虚线为“方点”，如图 153-12 所示。

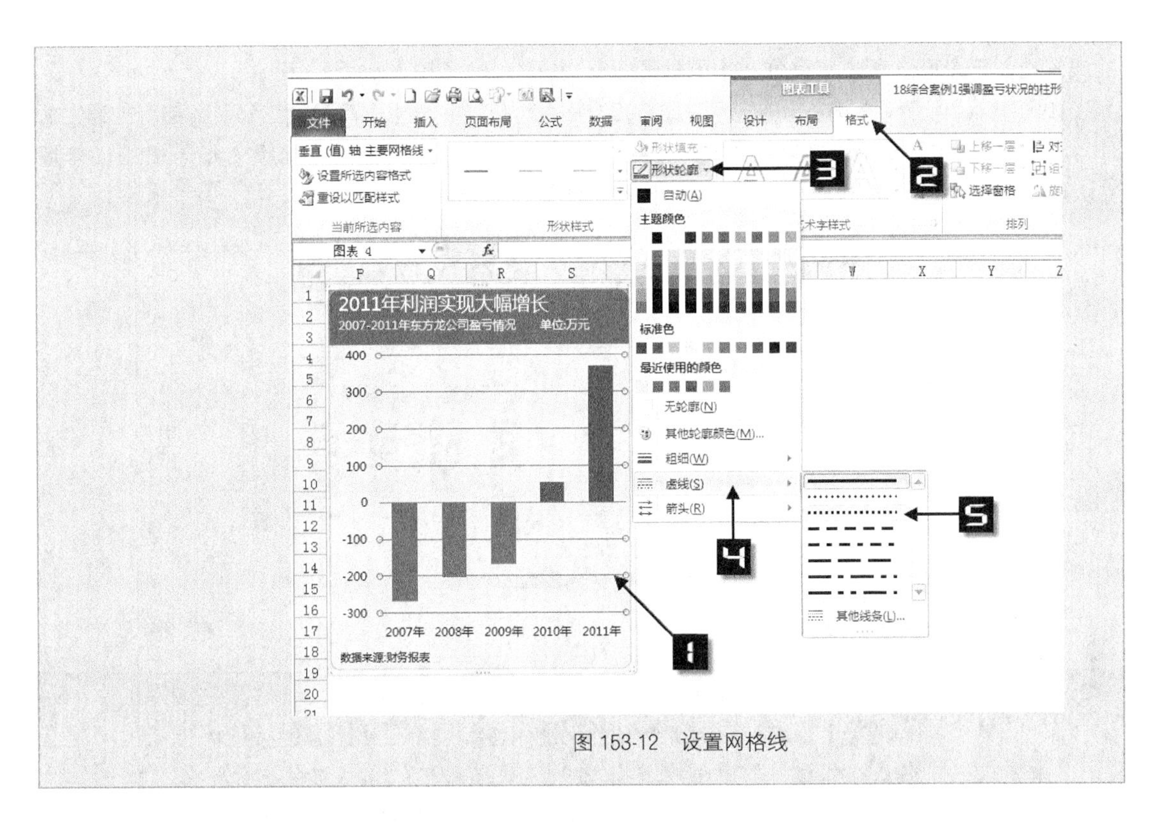

图 153-12　设置网格线

完成后去掉图表边框，最终效果如图 153-13 所示。

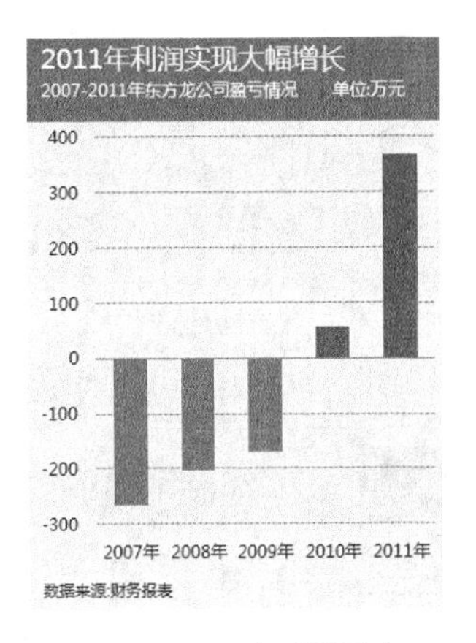

图 153-13　完成后图表

技巧 154　综合案例 2：体现销售额构成变化的百分比堆积柱形图

企业的销售额往往由几类产品构成，从产品角度分析不同年份销售额的构成比例往往不同，饼图适合表现某一时点或某个整体的构成，但如果要通过呈现一段时间内产品份额的变化来表现产品的成长性，用户可以考虑用百分比堆积柱形图。

如图 154-1 所示，东方龙机械公司从 2008 年开始投产 99 智能型产品，在公司各部门的通力协作下该产品销售额占比从 2008 年的 7%增长至 2011 年的 48%，总经理在向股东大会做 2011 年股东大会的报告中，利用如下图表对公司近 4 年来的销售额构成做出了分析。

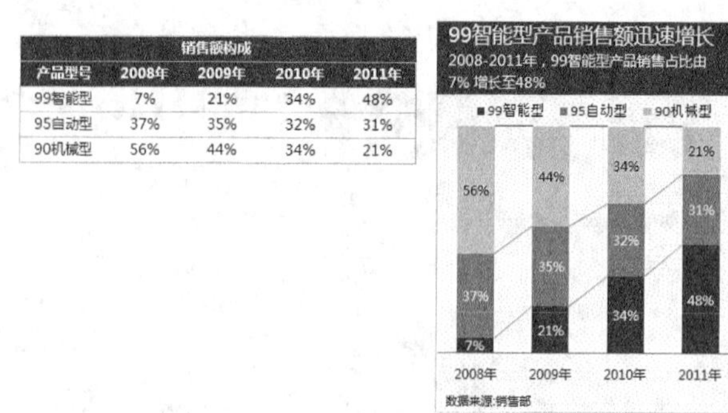

销售额构成				
产品型号	2008年	2009年	2010年	2011年
99智能型	7%	21%	34%	48%
95自动型	37%	35%	32%	31%
90机械型	56%	44%	34%	21%

图 154-1 销售额构成分析

下面我们将介绍如何制作这幅图表。

Step 1 拖动鼠标指针选择 B3:F6，选择【插入】选项卡→【柱形图】下拉按钮→选择【二维柱形图】组中的【百分比堆积柱形图】，并删除默认的“图例”、“标题”、“垂直（值） 轴”、“垂直（值）轴 主要网格线”等图表元素，然后选中图表，选择【图表工具】选项卡→【格式】组，在【大小】选项组的【形状高度】文本框中输入“9.4 厘米”，在【形状宽度】文本框中输入“7.5 厘米”，另外将“绘图区”调整到合适的大小，为后续步骤插入的标题文字留出位置，如图 154-2 所示。

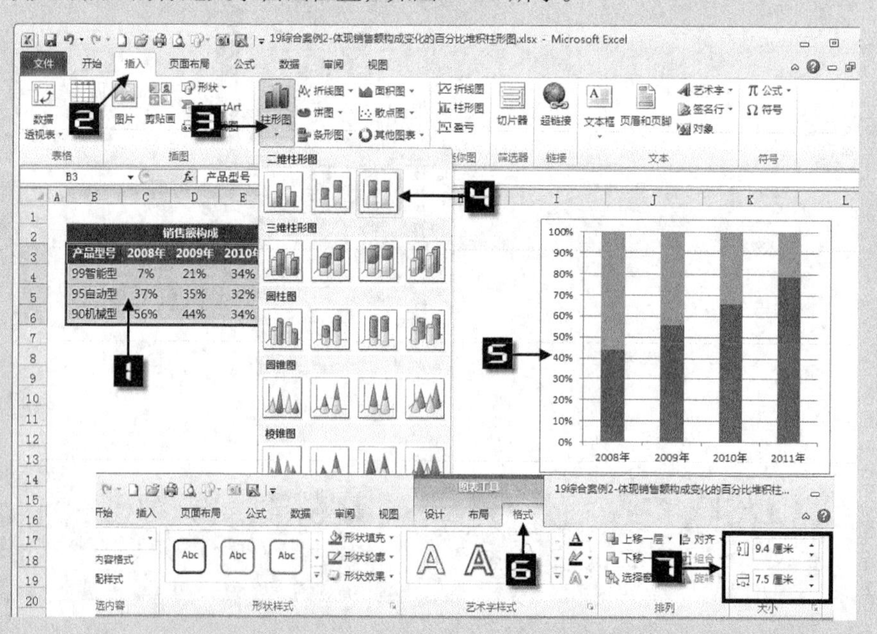

图 154-2 插入百分比堆积柱形图

Step 2 在“水平（类别）轴”上单击鼠标右键，在弹出的快捷菜单中选择【设置坐标轴格式】，打开【设置坐标轴格式】对话框，切换到【坐标轴选项】选项卡，将【主要刻度线类型】下拉框设置为“无”，单击【关闭】按钮，关闭【设置坐标轴格式】对话框，如图 154-3 所示。

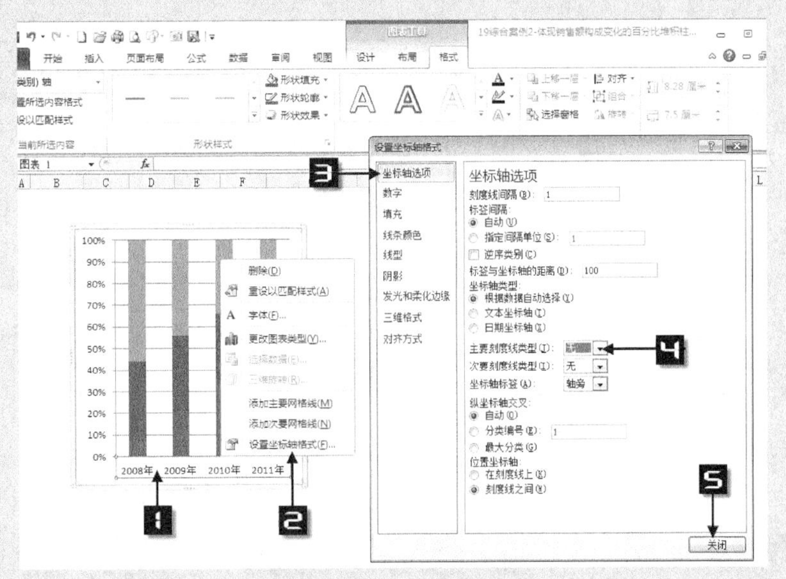

图 154-3　设置水平坐标轴

Step 3

单击选择图表，依次选择【图表工具】选项卡→【布局】组→【分析】选项组→【折线】下拉按钮→【系列线】，为图表添加“系列线 1”，然后在“系列线 1”上单击鼠标右键，在弹出的快捷菜单中选择【设置系列线格式】，打开【设置系列线格式】对话框，切换到【线条颜色】选项卡，在右侧单选框中选择 【实线】，并在颜色面板中选择“白色，背景 1，深色 50%”，单击【关闭】按钮，关闭【设置系列线格式】对话框，如图 154-4 所示。

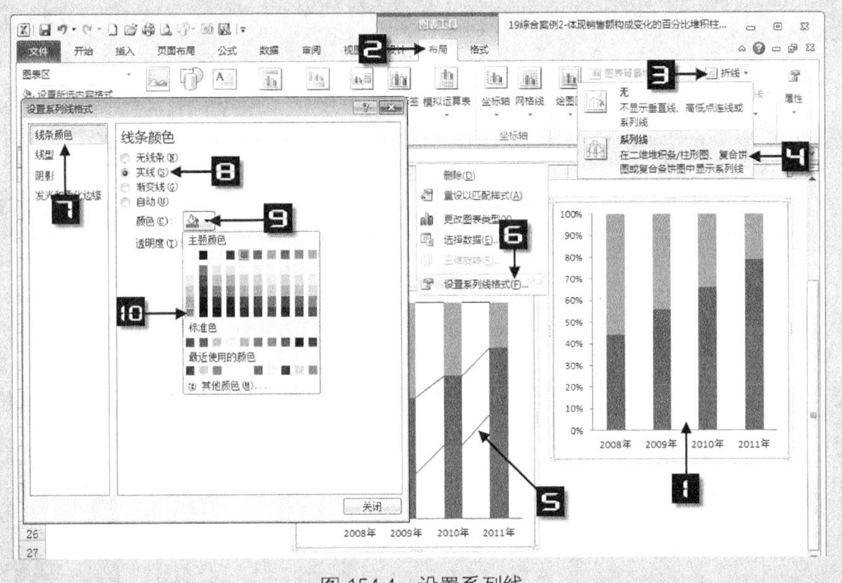

图 154-4　设置系列线

Step 4

单击选择【系列“99 智能型”】数据系列，然后在【图表工具】选项卡的【布局】组中单击【设置所选内容格式】按钮，打开【设置数据系列格式】对话框，切换到【系列选项】选项卡，设置【分类间距】为“100%”，进一步美化图表，切换到【填充】选项卡，单击【纯色填充】单选钮，单击【颜色】下拉按钮→【其他颜色】选项，打开【颜色】对话框，切换到【自定义】选项卡，在【颜色模式】下拉按钮中选择“RGB”，分别在【红色】、【绿色】和【蓝色】文本框中依次输入数值“0”、“88”、“154”，如图 154-5 所示。采取同样的步骤，分别为【系列“95 自动型”】、【系列“90 机械型”】数据系列设置填充颜色，对应的“RGB”值分别为“37，162，255”和“151，215，255”。

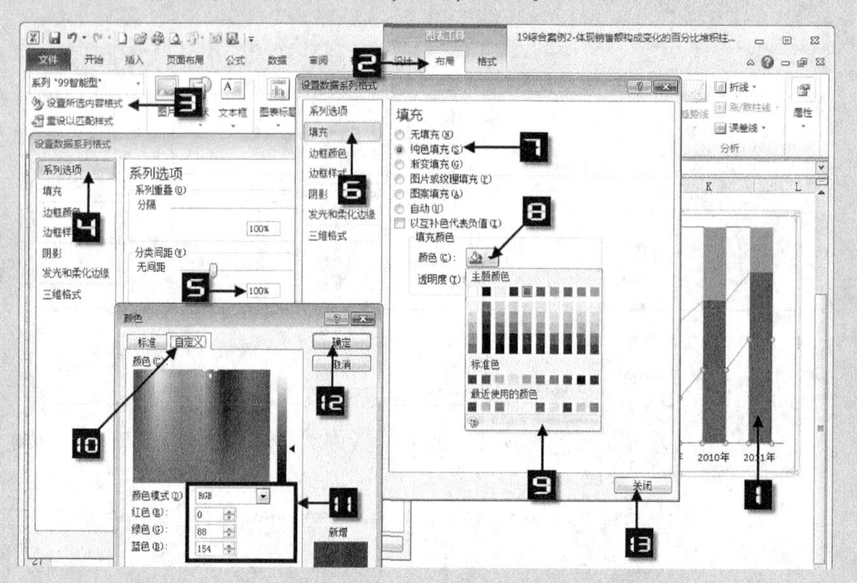

图 154-5　设置数据系列格式

Step 5　依次在数据系列“99 智能型”、“95 自动型”、“90 机械型”上单击鼠标右键，在弹出的快捷菜单中选择【添加数据标签】，为数据系列添加数据标签，然后依次选中数据系列的数据标签，在【开始】选项卡→【字体颜色】下拉框中选择“白色”，将数据标签字体颜色设置成白色，如图 154-6 所示。

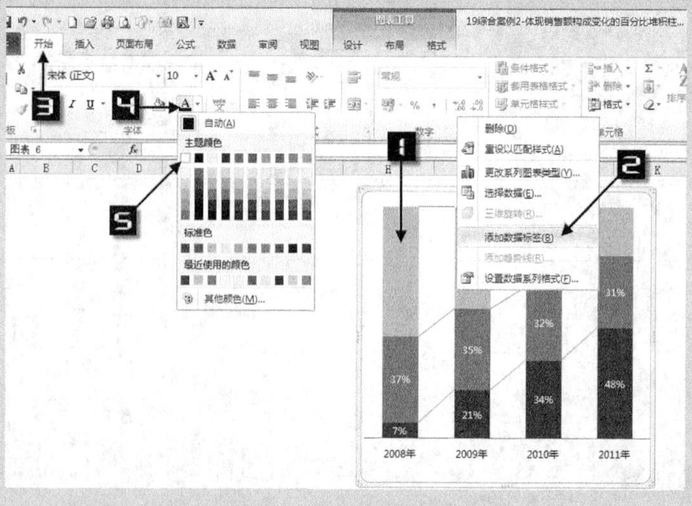

图 154-6　设置数据标签

Step 6

单击选中图表，然后在【图表工具】选项卡的【布局】组中的【插入】组中选择【文本框】下拉选项中的【横排文本框】，在图表上方空出的位置绘制文本框并编写主标题和副标题，修改主、副标题的字体及字号大小，拖曳文本框的左右和上下边框，使文本框与图表密合。同时，在图表下方位置采取同样的方法插入脚注文本框，如图 154-7 所示。

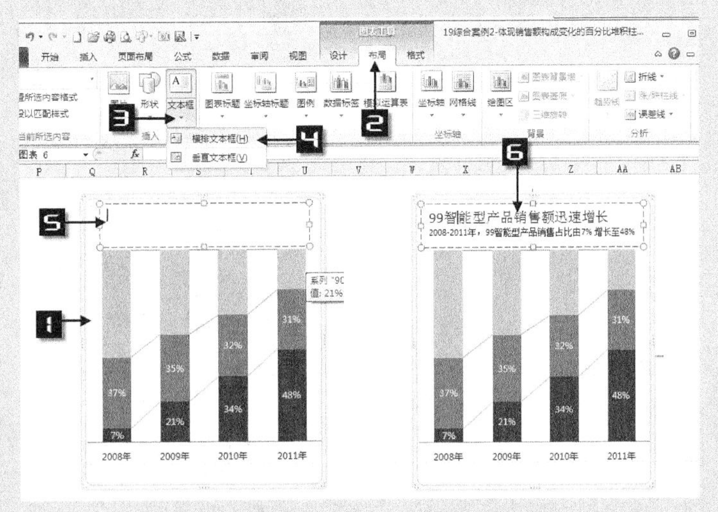

图 154-7　插入标题与脚注

Step 7

在上一步插入的标题文本框中拖动鼠标指针选择所有文字，然后选择【开始】选项卡→【字体】组→【填充颜色】下拉框→【其他颜色】按钮，打开【颜色】对话框，切换到【自定义】选项卡，在【颜色模式】下拉按钮中选择“RGB”，分别在【红色】、【绿色】和【蓝色】文本框中依次输入数值“0”、“88”、“154”，然后单击【确定】按钮关闭【颜色】对话框，为标题设置填充背景，如图 154-8 所示。接着再单击【开始】选项卡→【字体】组→【字体颜色】下拉框，在【主体颜色】组中选择“白色”，为标题设置字体颜色，如图 154-9 所示。

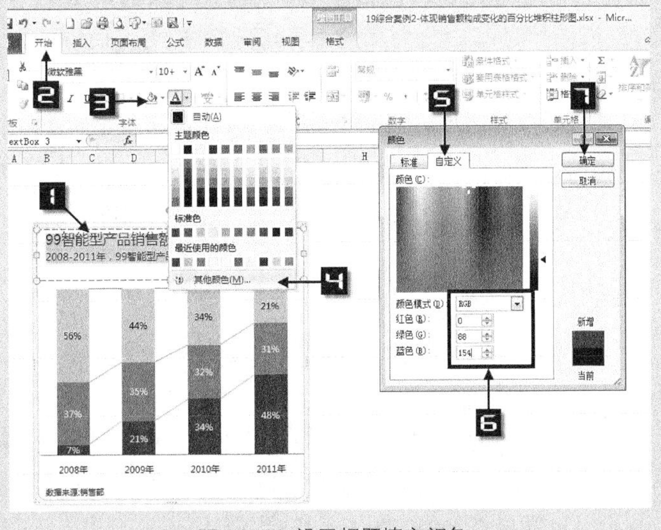

图 154-8　设置标题填充颜色

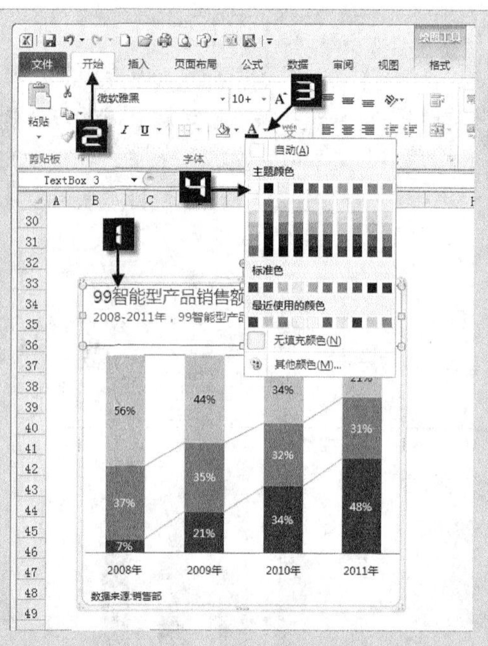

图 154-9　设置标题字体颜色

Step 8 单击选中图表，然后选择【图表工具】选项卡→【格式】组，单击【形状填充】下拉框→【主体颜色】组，选择“白色，背景 1，深色 5%”，为图表区设置背景颜色，如图 154-10 所示。然后单击选中“绘图区”，参照同样的方法设置绘图区的背景颜色。

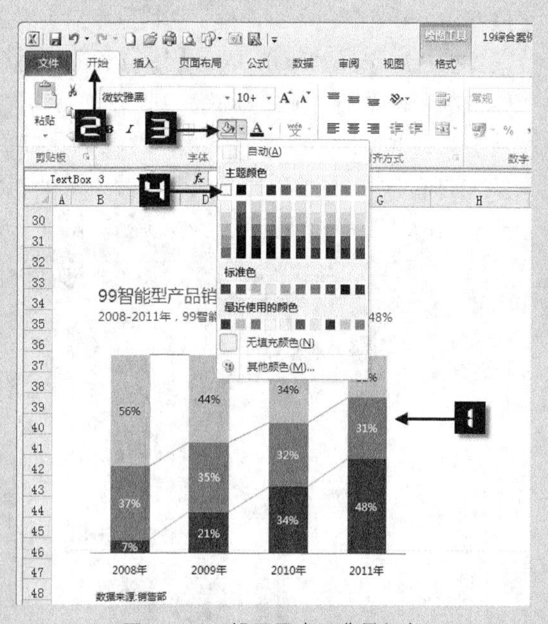

图 154-10　设置图表区背景颜色

Step 9 选中图表，然后在【图表工具】选项卡→【布局】组→【图例】下拉框中选择【在顶部显示图例】，并调整图例位置到绘图区与标题之间。完成后最终效果如图 154-11 所示。

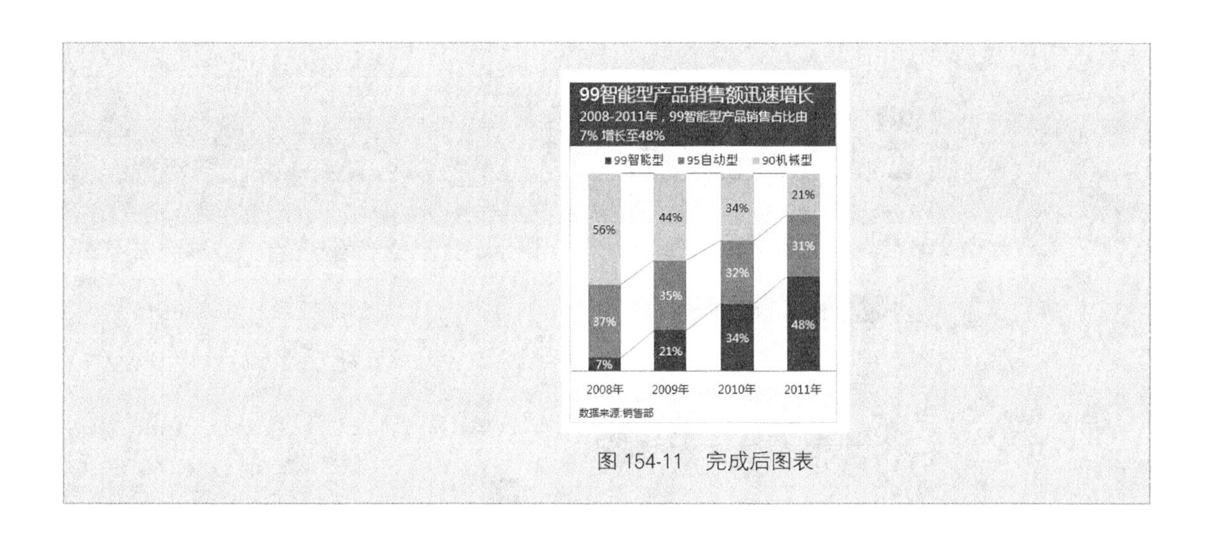

图 154-11　完成后图表

技巧 155　综合案例 3：个性化的折线图数据标记

折线图的数据标记不仅可以帮助阅读者理清图表元素之间的对应关系，而且可以起到美化图表、突出重点的作用，如图 155-1 所示图表，是东方龙机械公司从 2011 年第一季度至 2012 年第一季度的销售额与利润率分析图，折线上的数据标记变成了一个大圈，而数字则放入了圈中，有点类似于气泡图。不过，大、小气泡图会根据数字的改变来改变圈的大小，而这种样式则是依然通过折线的高和低来反映数字的大小，圈本身是等大的。

季度	销售额	环比增长
11'Q1	1397	19.6%
Q2	1652	18.3%
Q3	1966	19.0%
Q4	2069	5.2%
12'Q1	2131	3.0%

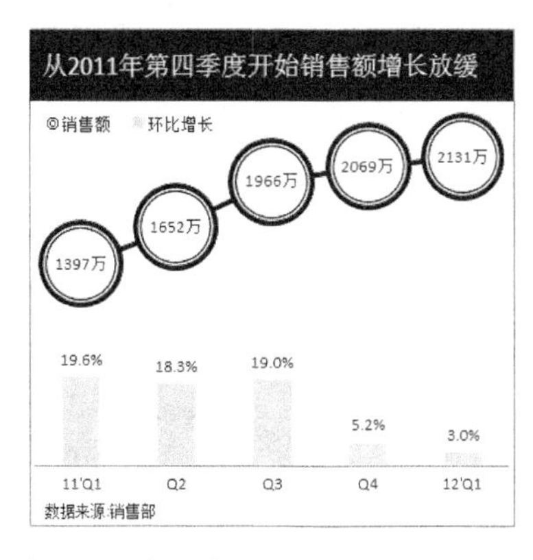

图 155-1　个性化折线图数据标记

下面我们将介绍如何制作这幅图表。

拖动鼠标指针选择 B2:D7，选择【插入】选项卡→【折线图】下拉按钮→选择【带数据标记的折线图】命令，并删除默认的“图例”、“标题”等图表元素，然后选中图表，选择【图表工具】选项卡→【格式】组，在【大小】选项组的【形状高度】文本框和【形状宽度】文本框中均输入“10 厘米”，如图 155-2 所示。

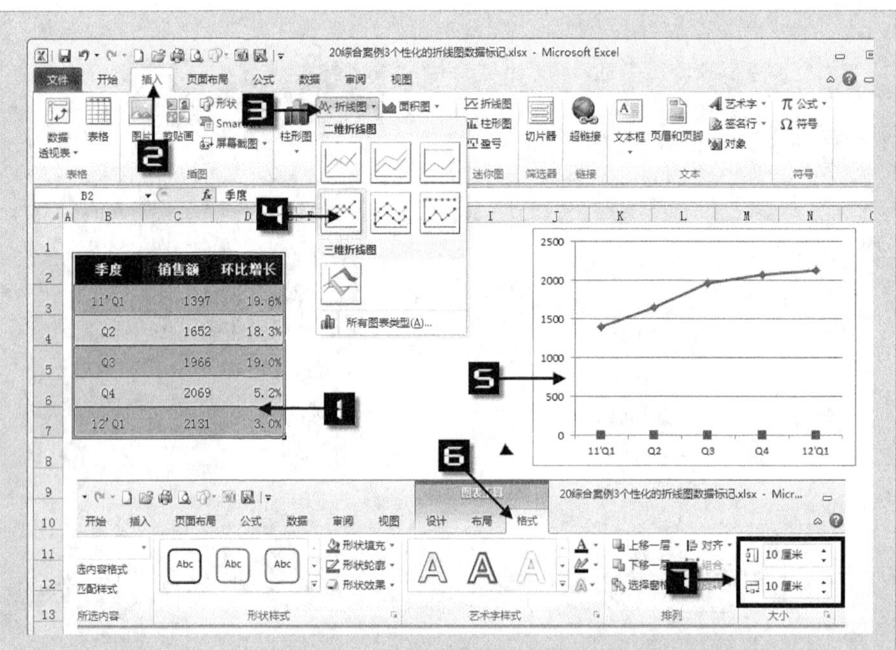

图 155-2　插入带数据标记折线图

Step 2　在数据系列【系列“环比增长”】上单击鼠标右键，在弹出的快捷菜单中选择【设置数据系列格式】，打开【设置数据系列格式】对话框，切换到【系列选项】选项卡，选择【系列绘制在】中的【次坐标轴】单选钮，单击【关闭】按钮，关闭【设置数据系列格式】对话框，如图 155-3 所示。

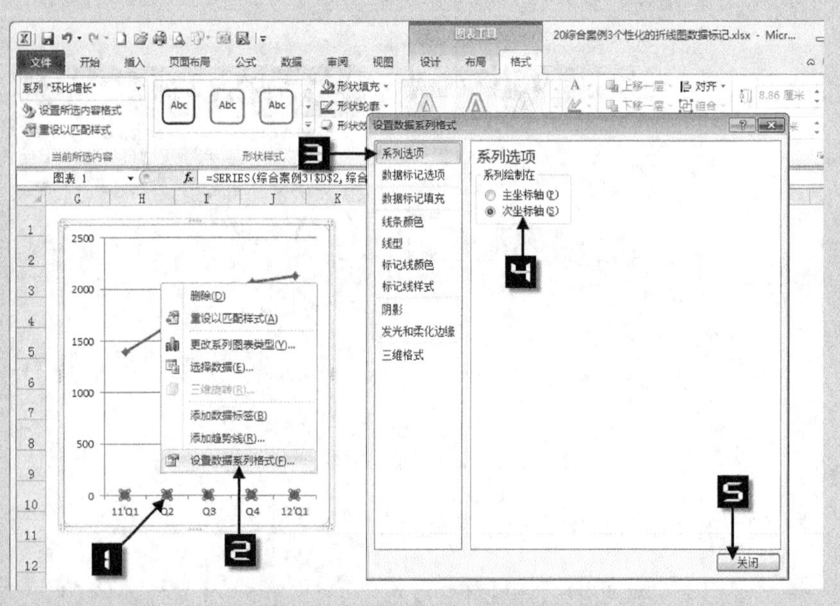

图 155-3　环比增长绘制在次坐标

Step 3　在数据系列【系列“环比增长”】上单击鼠标右键，在弹出的快捷菜单中选择【更改系列图表类型】，打开【更改图表类型】对话框，切换到【柱形图】类型，选择【簇状柱形图】子类型，然后单击【确定】

按钮，关闭【更改图表类型】对话框，如图 155-4 所示。

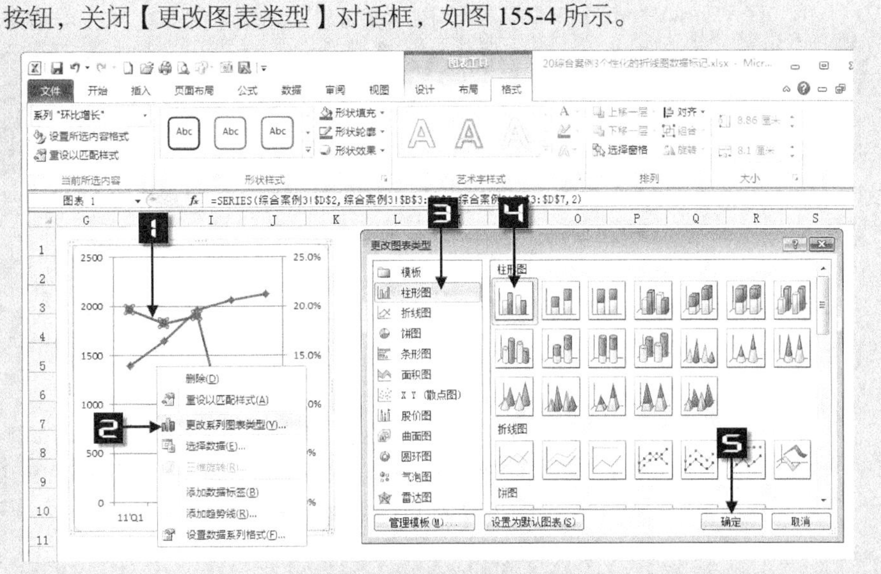

图 155-4　更改次坐标图表类型

Step 4

在【次坐标轴 垂直（值）轴】上单击鼠标右键，在弹出的快捷菜单中选择【设置坐标轴格式】，打开【设置坐标轴格式】对话框，切换到【坐标轴选项】选项卡，设置【最小值】为【固定】数值“0”，【最大值】为【固定】数值“0.8”，并将【主要刻度线类型】、【次要刻度线类型】、【坐标轴标签】3 项下拉框均设置为“无”，然后切换到【线条颜色】组，在【线条颜色】单选项中选择【无线条】，单击【关闭】按钮，关闭【设置坐标轴格式】对话框，如图 155-5 所示。另外，采取同样的操作将【垂直（值）轴】的【主要刻度线类型】、【次要刻度线类型】、【坐标轴标签】3 项下拉框均设置为“无”，并选中【垂直（值）轴 主要网格线】，按<Delete>键删除网格线。

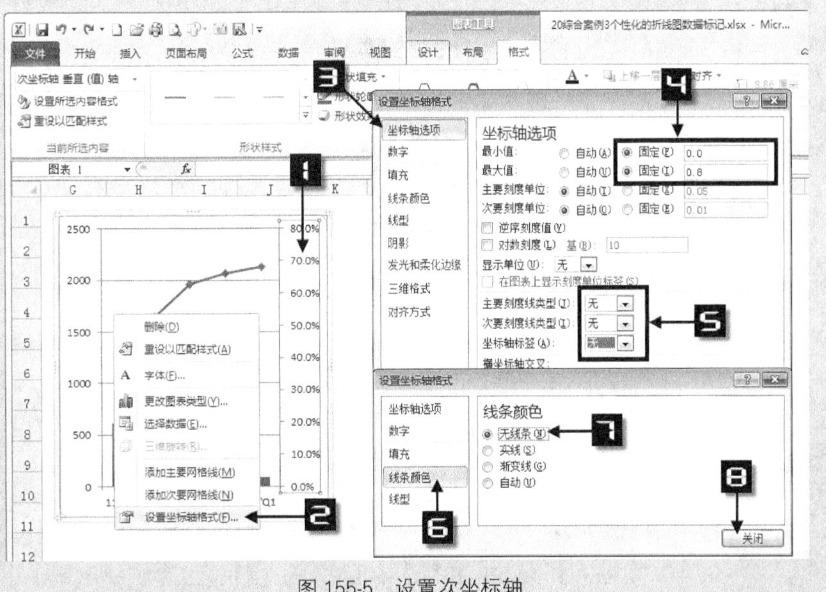

图 155-5　设置次坐标轴

Step 5 在数据系列【系列“销售额”】上单击鼠标右键，在弹出的快捷菜单中选择【设置数据系列格式】，打开【设置数据系列格式】对话框，依次进行如下操作。

切换到【数据标记选项】选项卡，在右侧【数据标记类型】单选框中选择【内置】，在【类型】下拉列表中选择【圆型】，并在【大小】文本框中输入“45”。

切换到【数据标记填充】选项卡，在右侧【数据标记填充】选择【纯色填充】单选钮，并在【颜色】面板中选择“白色 背景 1”。

切换到【线条颜色】选项卡，在右侧【线条颜色】选择【实线】单选钮，并在【颜色】面板中选择“黑色 文字 1”。

切换到【线形】选项卡，在右侧【宽度】文本框中输入“3”。

切换到【标记线颜色】选项卡，在右侧【标记线颜色】选择【实线】单选钮，并在【颜色】面板中选择“黑色 文字 1”。

切换到【标记线样式】选项卡，在右侧【宽度】文本框中输入“5”，然后在【复合类型】下拉框中选择【由粗到细】。

最后单击【关闭】按钮，关闭【设置数据系列格式】对话框，如图 155-6 所示。

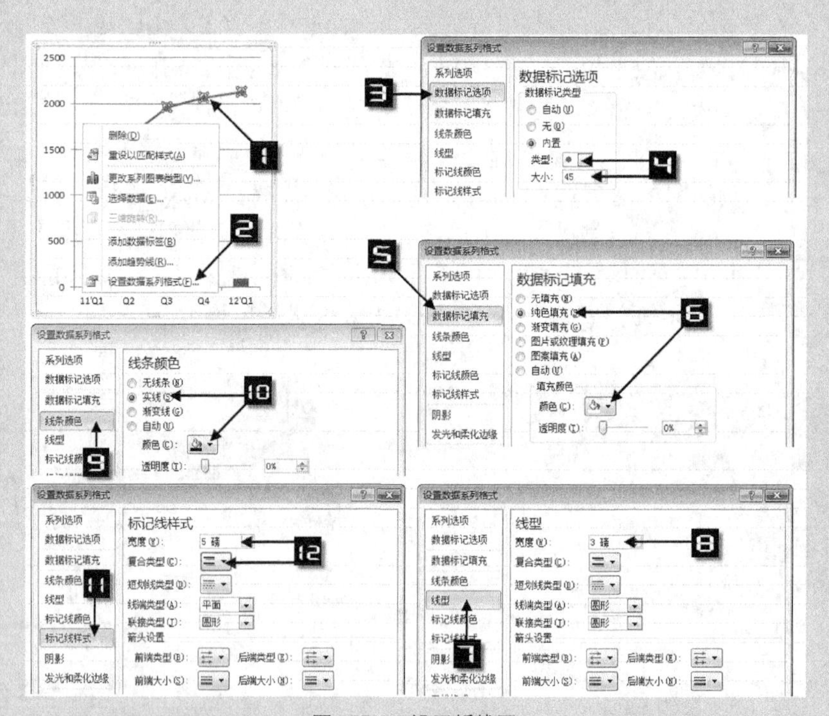

图 155-6 设置折线图

Step 6 单击选择【系列“销售额”】数据系列，然后在【图表工具】选项卡→【布局】组→【数据标签】下拉按钮中选择【其他数据标签选项】，打开【设置数据标签格式】对话框，切换到【标签选项】选项卡，在右侧【标签包括】多选框中勾选【值】，在【标签位置】单选钮中选择【居中】，然后切换到【数字】选项卡，在右侧【代码格式】文本框中输入【G/通用格式"万"】，单击【添加】按钮，最后单击【关闭】按钮，关闭【设置数据标签格式】对话框，如图 155-7 所示。

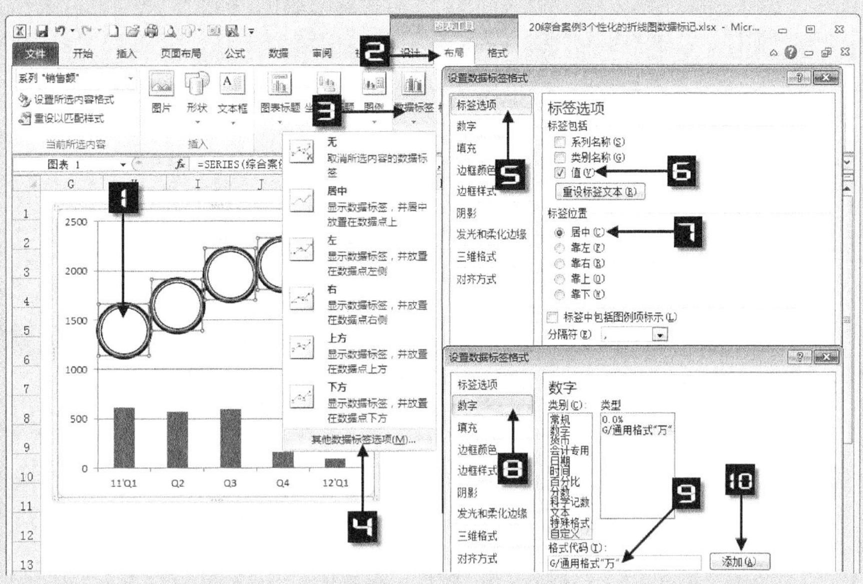

图 155-7　设置数据标签

Step 7

在数据系列【系列"环比增长"】上单击鼠标右键，在弹出的快捷菜单中选择【添加数据标签】命令，然后再次选中该数据系列，依次选择【图表工具】选项卡→【格式】组，在【形状填充】下拉框中【主题颜色】面板中选择"白色,背景 1,深色 15%"，如图 155-8 所示。

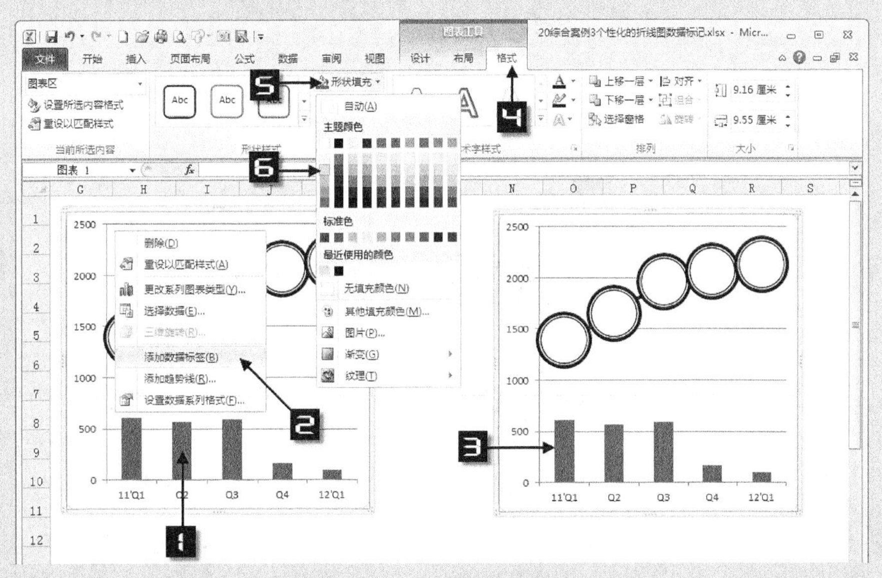

图 155-8　设置柱形图格式

Step 8

单击选中"绘图区"，将鼠标指针移动到绘图区的上边框，当鼠标指针变成双箭头时向下拖曳，为图表留出标题位置，同时将鼠标指针移到绘图区下边框，向上拖曳，为图表留出脚注位置。然后在【图表工具】选项卡的【布局】组【插入】组中选择【文本框】下拉选项中的【横排文本框】，绘制文本框并编写图表主标题。同时，修改主标题的字体及字号大小，以及文本框背景和字体颜色，拖曳文本框的左右和上下边框，使文本框与图表密合。同时，在图表下方位置采取同样的方法插入脚注文本框，如图 155-9 所示。

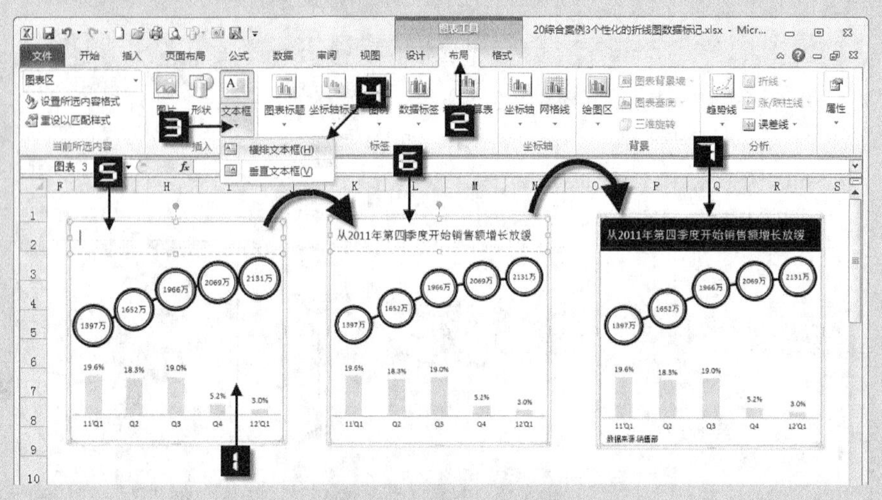

图 155-9 设置标题与脚注

Step 9 通常情况下可以直接插入图表图例，但本案例中图表图例比较特殊，销售额折线图仅仅只需要显示圆圈，而无需显示折线，这样与本图表风格比较吻合。因此，我们采取插入文本框的方式设置图例，其中表示销售额数据系列的圆圈和表示环比增长的方块可以在【插入】选项卡→【文本】组→【符号】面板→【几何图形符】中找到，如图 155-10 所示。

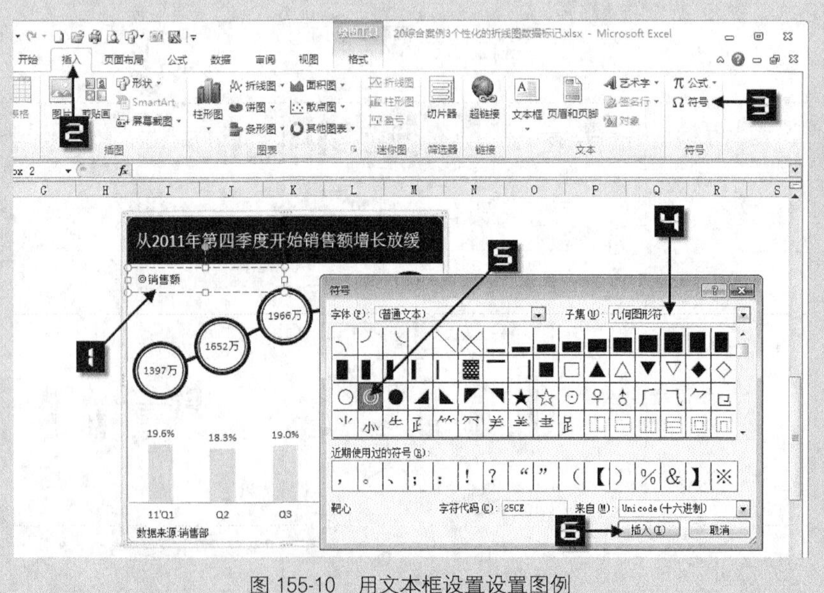

图 155-10 用文本框设置设置图例

完成后最终效果如图 155-11 所示。

季度	销售额	环比增长
11' Q1	1397	19.6%
Q2	1652	18.3%
Q3	1966	19.0%
Q4	2069	5.2%
12' Q1	2131	3.0%

图 155-11　完成后图表

技巧 156　综合案例 4：强调变化趋势的粗边面积图

面积图与折线图都能反映数据随时间变化的趋势，而粗边面积图不仅能反映这种趋势，同时能强调趋势的变化程度。如图 156-1 所示图表，是某上市公司从 1993 年 5 月上市至 2011 年 5 月股票价格走势图，其中面积图反映了公司股票价格的走势，而粗边的折线图强调了公司股票价格持续走强的这种趋势，并且在图表中标明了股票价格的高低点。同时，为避免坐标轴数据过多导致凌乱，从 1994 年开始每隔两年显示了“坐标轴”。整幅图表清晰简单、一目了然，而且与标题要表达的观点也遥相呼应。

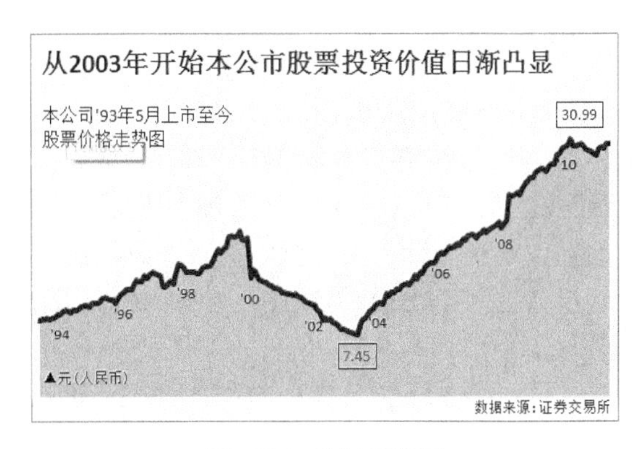

图 156-1　粗边面积图

下面我们将介绍如何制作这幅图表。

为制作图表建立必要的辅助列，拖动鼠标指针分别选中 C2:C218 与 D2:D218 单元格，分别输入如下公式，按<Ctrl+Enter>组合键完成编辑。

```
C2:C218   =IF(AND(MOD(YEAR(A2),2)=0,MONTH(A2)=1),TEXT(A2,"'yy"),"")
D2:D218   =IF(OR(B2=MAX($B$2:$B$218),B2=MIN($B$2:$B$218)),B2,NA())
```

Step 2 拖动鼠标指针选择 B1:B218，选择【插入】选项卡→【折线图】下拉按钮→选择【二维折线图】组中的【折线图】，并删除默认的“图例”、“标题”、“水平（类别）轴”、“垂直（值）轴”、“垂直（值）轴 主要网格线”等除【系列“收盘价”】数据系列以外的其他图表元素，然后选中图表，选择【图表工具】选项卡→【格式】组，在【大小】选项组的【形状高度】文本框中输入“9 厘米”，在【形状宽度】文本框中输入“14 厘米”，另外将“绘图区”调整到合适的大小，为后续步骤插入的标题、脚注留出位置，如图 156-2 所示。

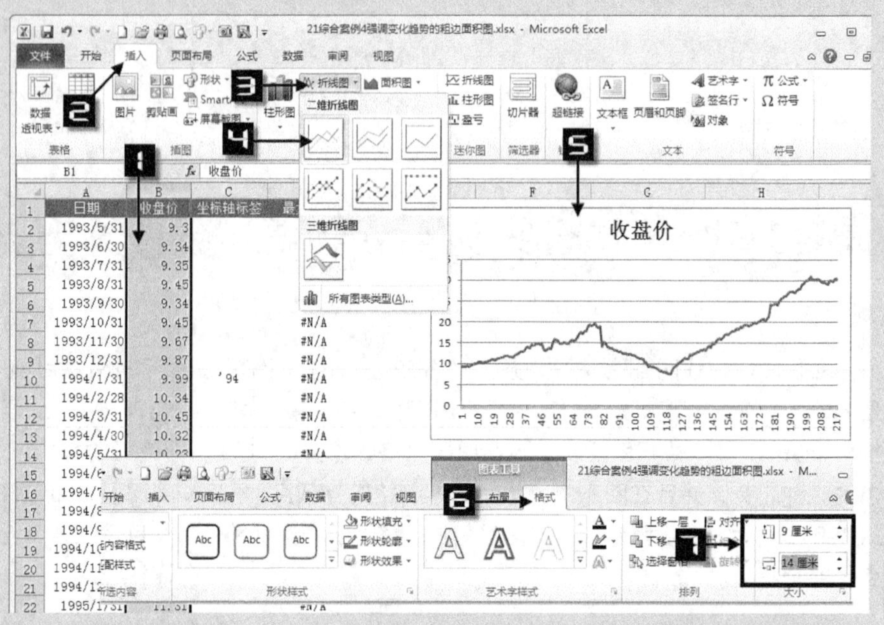

图 156-2 插入折线图

Step 3 单击选中图表，然后在【图表工具】选项卡的【设计】组中单击【选择数据】按钮，打开【选择数据源】对话框，依次进行如下操作。

选择【图例项（系列）】窗口中的【添加】按钮，打开【编辑数据系列】对话框，在【系列名称】文本框中输入“面积图”，在【系列值】文本框中选择数据源“$B$2:$B$218”，然后单击【确定】按钮关闭【编辑数据系列】对话框。

选择【图例项（系列）】窗口中的【添加】按钮，打开【编辑数据系列】对话框，在【系列名称】文本框中输入“最大最小值”，在【系列值】文本框中选择数据源“$D$2:$D$218”，然后单击【确定】按钮关闭【编辑数据系列】对话框。

选择【水平（分类）轴标签】窗口中的【编辑】按钮，打开【轴标签】对话框，在【轴标签区域】文本框中选择数据源“$C$2:$C$218”，然后单击【确定】按钮关闭【轴标签】对话框。

最后单击【确定】按钮，关闭【选择数据源】对话框，如图 156-3 所示。

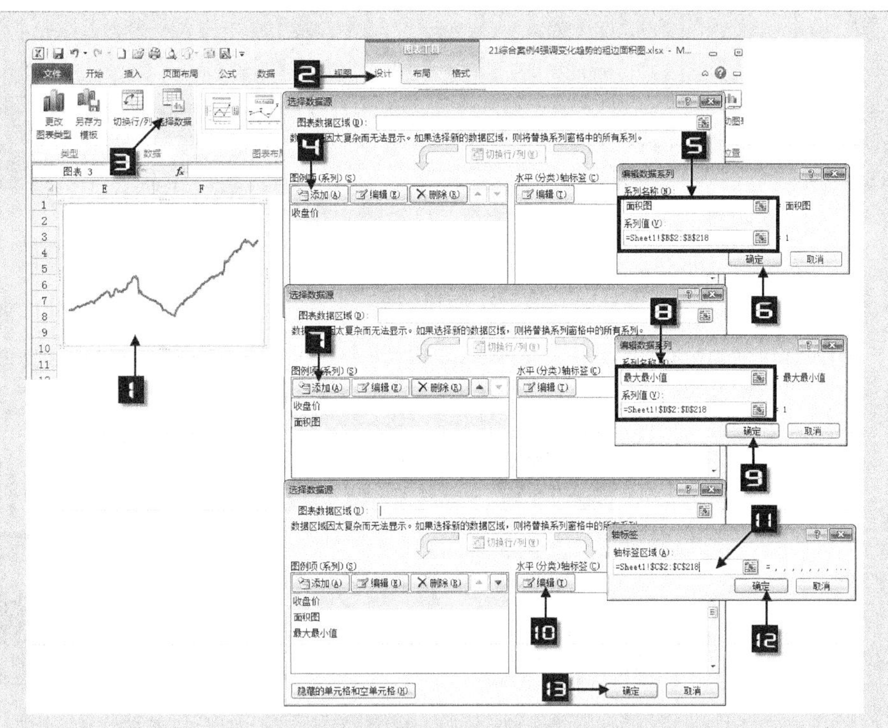

图 156-3　添加数据系列

Step 4　在数据系列【系列“面积图”】上单击鼠标右键，在弹出的快捷菜单中选择【更改系列图表类型】，打开【更改图表类型】对话框，切换到【面积图】类型，在右侧选择【面积图】子类型，然后单击【确定】按钮，关闭【更改图表类型】对话框，如图 156-4 所示。

图 156-4　更改图表类型

Step 5　在数据系列【系列“收盘价”】上单击鼠标右键，切换到【线条颜色】选项卡→单击【实线】单选按钮→单击【颜色】下拉按钮→选择【其他颜色】选项，打开【颜色】对话框，切换到【自定义】选项卡，在【颜色模式】下拉按钮中选择“RGB”，分别在【红色】、【绿色】和【蓝色】文本框中依次输入数值“0”、“46”、“92”，然后单击【确定】按钮关闭【颜色】对话框，然后切换到【线型】选项卡→选择【宽度】为“4 磅”，最后单击【关闭】按钮，关闭【设置数据系列格式】对话框，如图 156-5 所示。

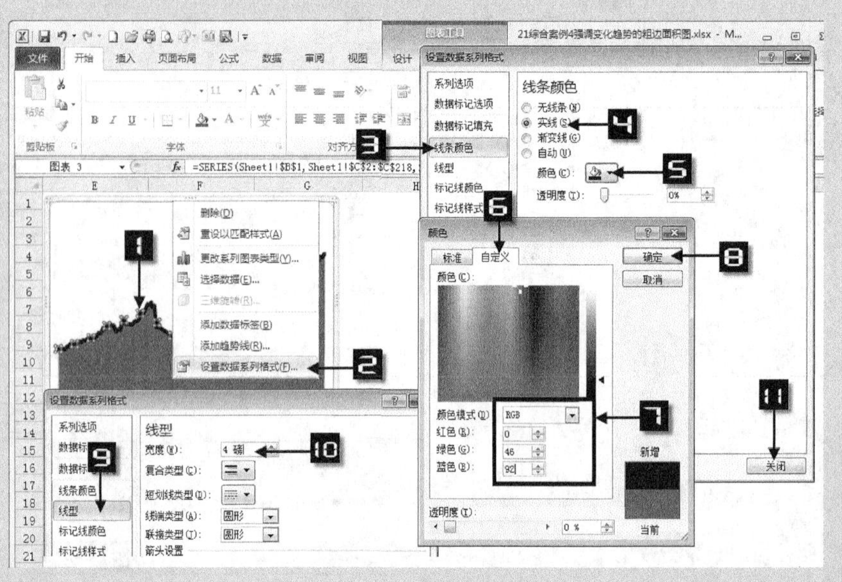

图 156-5　设置数据系列格式

Step 6　单击选择【系列“收盘价”】数据系列，然后在【图表工具】选项卡→【布局】组→【数据标签】下拉按钮中选择【其他数据标签选项】，打开【设置数据标签格式】对话框，切换到【标签选项】选项卡，在右侧【标签包括】多选框中勾选【类别名称】，在【标签位置】单选按钮中选择【靠下】，最后单击【关闭】按钮，关闭【设置数据标签格式】对话框，如图 156-6 所示。

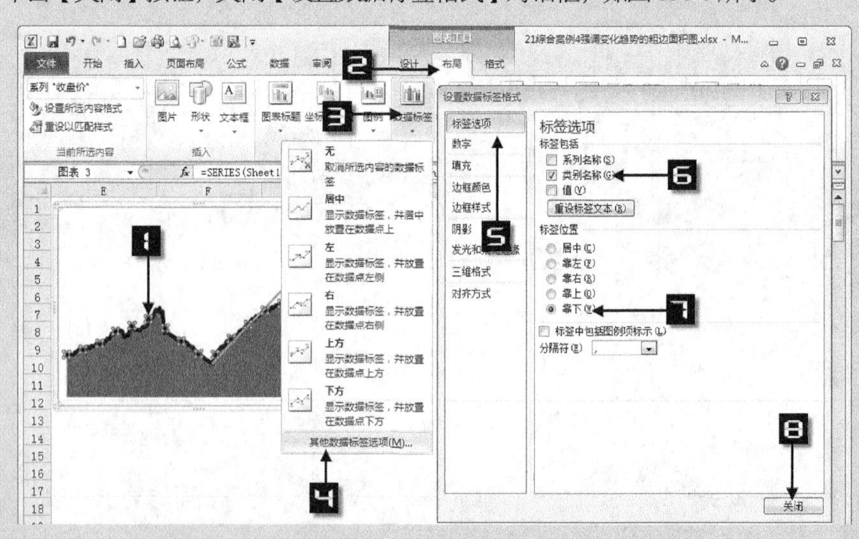

图 156-6　设置折线数据标签

Step 7　单击选择【系列“最大最小值”】数据系列，然后在【图表工具】选项卡→【布局】组→【数据标签】下拉按钮中选择【其他数据标签选项】，打开【设置数据标签格式】对话框，切换到【边框颜色】选项卡，在右侧勾选【实线】单选钮，并在颜色面板中选择“黑色,文字 1”；切换到【标签选项】选项卡，在右侧勾选【实线】复选框，“标签位置”设置为【靠下】，最后单击【关闭】按钮，关闭【设置数据标签格式】对话框，然后两次单击最高点数据标签，将其拖到折线上方适当位置，并适当修改数据标签字体颜色，如图 156-7 所示。

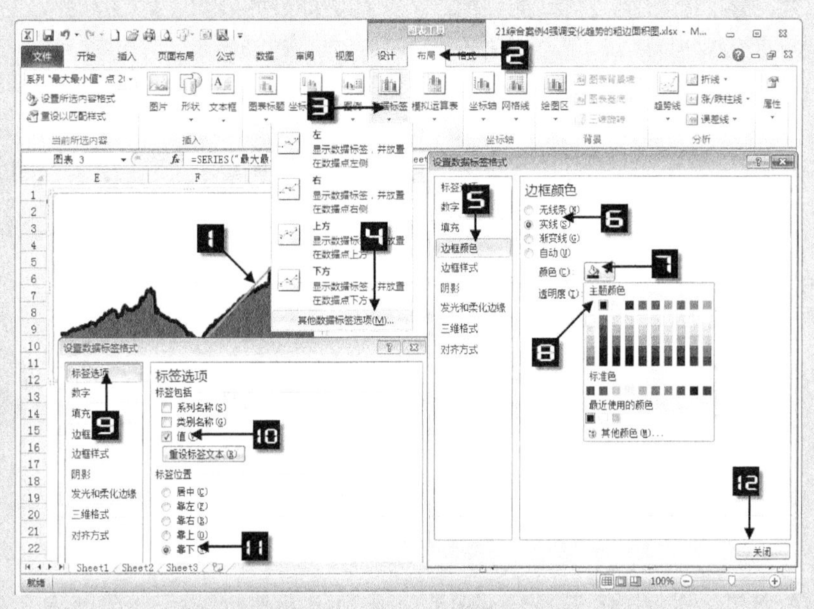

图 156-7　设置高低点数据标签

Step 8　单击选择数据系列【系列“最大最小值”】，然后在【图表工具】选项卡的【布局】组中单击【设置所选内容格式】按钮，打开【设置数据系列格式】对话框，首先切换到【线条颜色】选项卡，在右侧勾选【无线条】单选钮；切换到【数据标记选项】选项卡，在右侧勾选【无】单选钮，最后单击【关闭】按钮，关闭【设置数据系列格式】对话框，如图 156-8 所示。

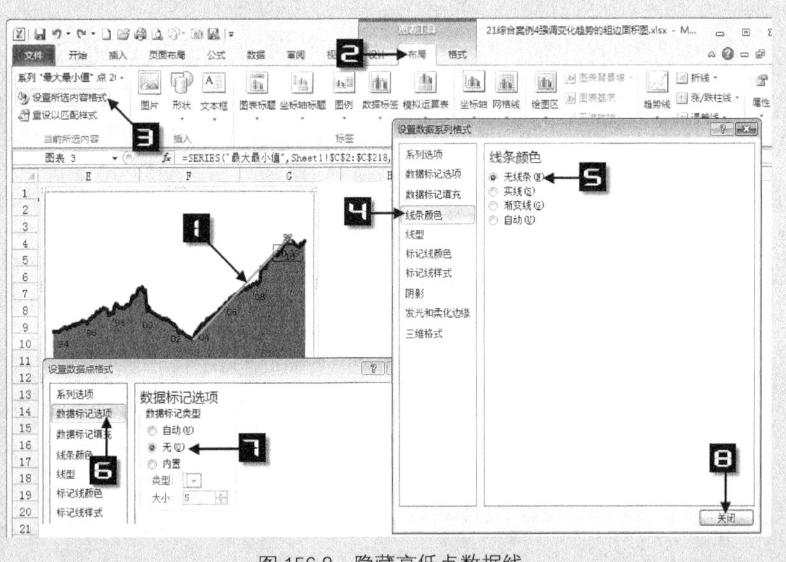

图 156-8　隐藏高低点数据线

Step 9

单击选中图表，在【图表工具】选项卡的【布局】组中的【插入】组中选择【文本框】下拉选项中的【横排文本框】，绘制文本框并编写图表主标题，同时修改主标题的字体及字号大小，拖曳文本框的左右和上下边框，使文本框与图表密合。采取同样的方法在相应位置插入副标题和脚注，如图 156-9 所示。

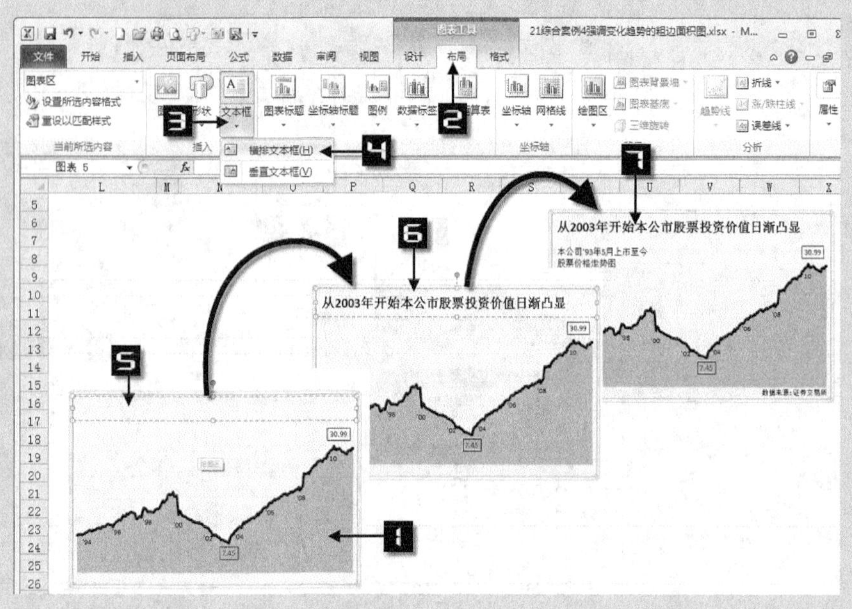

图 156-9　插入标题脚注

Step 10

修改面积图背景填充颜色、绘图区填充颜色以及图表区填充颜色后，最终效果如图 156-10 所示。

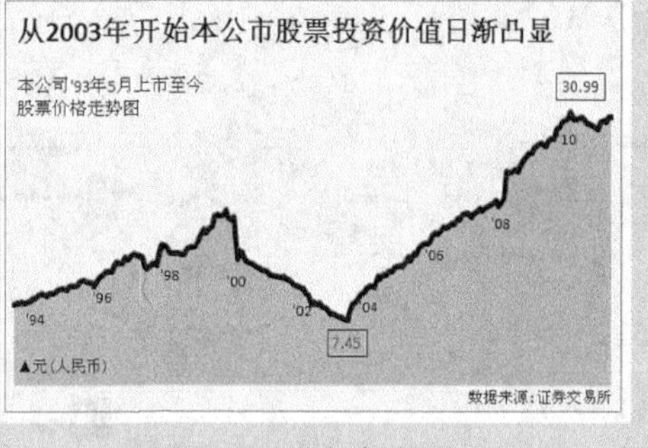

图 156-10　完成后图表

技巧 157　网格点图

网格点图可以制作小组或个人一周工作安排图，并且在制作过程中可学习双重标签技术应用，数据如图 157-1 所示。

	周一	周二	周三	周四	周五	周六	周日
甲	吃饭	开会		开会		打麻将	
乙	睡觉		K歌		旅游		
丙		QQ		微博			淘宝

图 157-1　数据源

Step 1 准备作图数据。分别选取 B7:V7、B8:V8、B9:V9、B10:V10、B11:V11 单元格区域，输入下列公式，按<Ctrl+Enter>组合键，完成数据编辑，如图 157-2 所示。

```
=MID("甲乙丙",(COLUMN()+5)/7,1)
=COUNTIF($B$7:B7,B7)*10
=IF(B10="",NA(),FIND(B7,{"甲乙丙"})*10)
=INDEX(OFFSET($B$2,MATCH(B7,$B$3:$B$5,),1,1,7),MOD(COLUMN()-2,7)+1)&""
="周"&TEXT(MOD(COLUMN()-2,7)+1,"[=7]日;[dbnum1]")
```

甲	甲	甲	甲	甲	甲	甲	乙	乙	乙	乙	乙	乙	乙	丙	丙	丙	丙	丙	丙	丙
10	20	30	40	50	60	70	10	20	30	40	50	60	70	10	20	30	40	50	60	70
10	10		10		10		20		20		20				30		30			30
吃饭	开会		开会		打麻将		睡觉		K歌		旅游				QQ		微博			淘宝
周一	周二	周三	周四	周五	周六	周日	周一	周二	周三	周四	周五	周六	周日	周一	周二	周三	周四	周五	周六	周日

图 157-2　作图数据

Step 2 创建散点图。选取 B8:V9 单元格区域，单击【插入】选项卡中的【散点图】→【仅带数据标记的散点图】命令，在工作表中插入一个散点图，如图 157-3 所示。

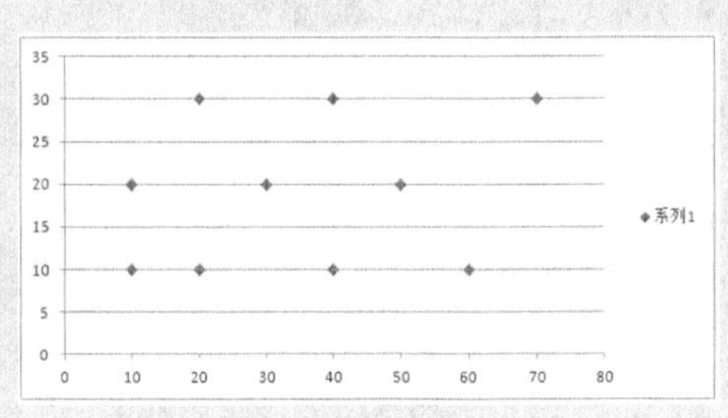

图 157-3　创建图表

Step 3 重复添加数据。选取 B9:V9 单元格区域，按<Ctrl+C>组合键复制，单击图表，按<Ctrl+V>组合键粘贴，完成添加数据系列，如图 157-4 所示。

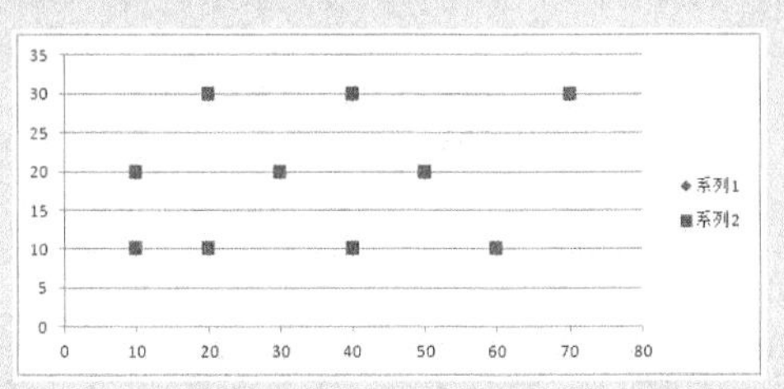

图 157-4　添加数据

Step 4 编辑模拟 y 轴数据。分别选取 B13:B15、C13:C15、D13:D15 单元格区域，输入下列公式，向下填充，完成模拟 y 轴数据编辑，如图 157-5 所示。

```
=B3
=0
=ROW(A1)*10
```

甲	0	10
乙	0	20
丙	0	30

图 157-5　模拟 *y* 轴数据

Step 5

添加模拟 *y* 轴数据。右键单击图表，按<E>键，打开【选择数据源】对话框，单击【添加】按钮，打开【编辑数据系列】对话框，在【系列名称】编辑框中输入“模拟 Y 轴”，在【X 轴系列值】编辑框中，选取 C13:C15 单元格区域，在【Y 轴系列值】编辑框中选取 D13:D15 单元格区域，单击【确定】按钮关闭【编辑数据系列】对话框，再次单击【确定】按钮关闭【选择数据源】对话框，完成添加数据系列，如图 157-6 所示。

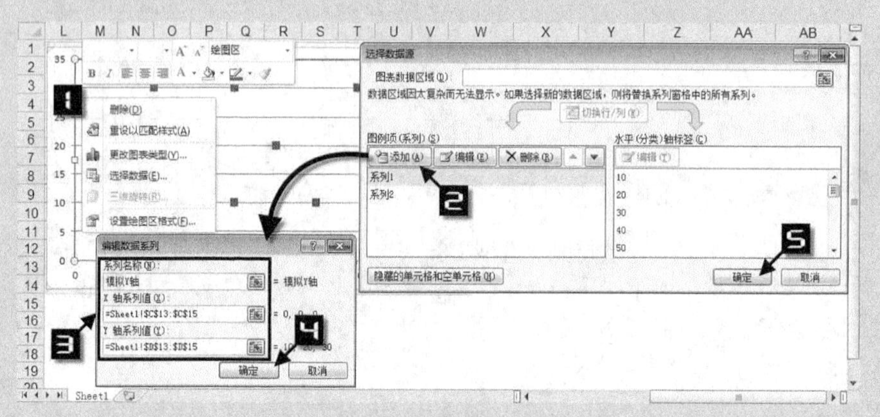

图 157-6　添加模拟 *y* 轴数据

Step 6

设置坐标轴格式。在图表中选择【水平（值）轴】，按<Ctrl+1>组合键，打开【设置坐标轴格式】对话框，分别设置坐标轴选项的【最大值】为固定值“80”，【主要刻度单位】为固定值“10”，设置【主要刻度线类型】和【坐标轴标签】为“无”，如图 157-7 所示。使用同样的方法，设置纵坐标轴的【最大值】为固定值“40”，【主要刻度线单位】为固定值“10”，【主要刻度线类型】和【坐标轴标签】为“无”。

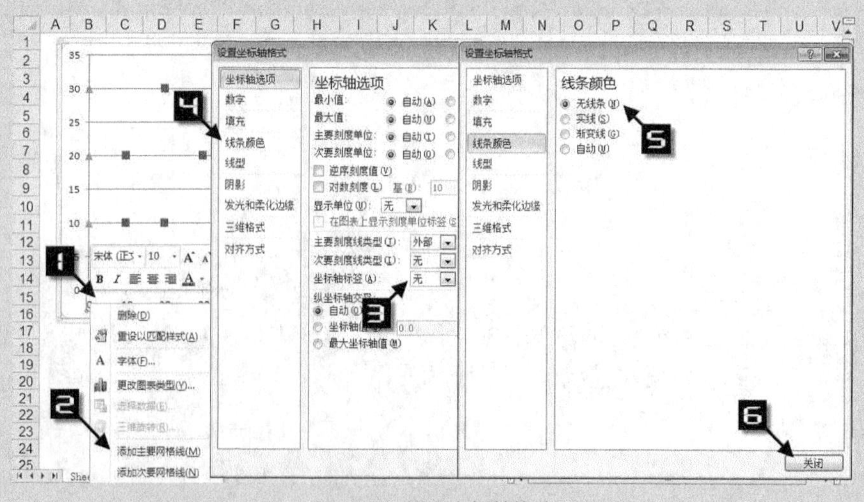

图 157-7　设置坐标轴格式

Step 7

选中图表，在【布局】选项卡中，单击【图表元素】下拉按钮，选择【系列 1】选项，单击【数据标签】→【上方】命令，添加系列 1 数据标签。再选择【系列 2】选项，单击【数据标签】→【右】命令，添加系列 2 数据标签。然后选择【模拟 Y 轴】选项，单击【数据标签】→【左】命令，添加模拟 y 轴数据标签。单击【网格线】→【主要纵网格线】→【主要网格线】命令，为图表添加主要垂直（值）轴网格线，如图 157-8 所示

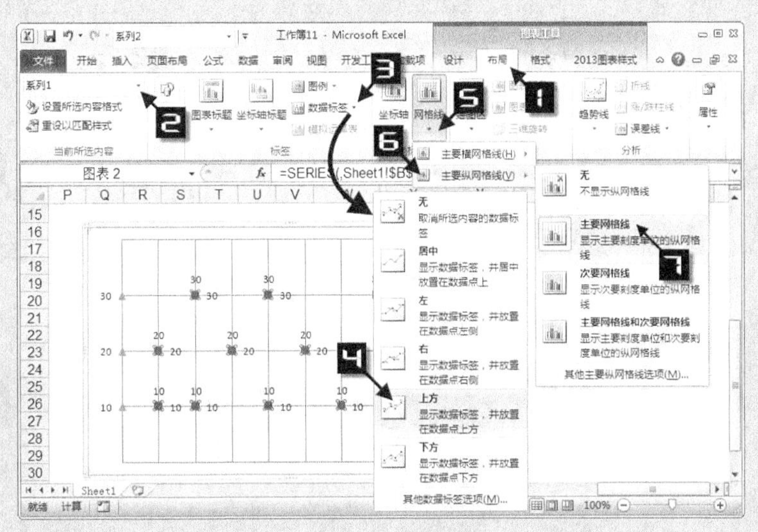

图 157-8　添加数据标签

Step 8

在工作表中，单击【插入】→【形状】→【五边形】命令，在工作表绘制一个五边形，并设置填充色为“黄色”。再复制该黄色左箭头，选择图表中【系列 2 数据标签】，按<Ctrl+1>组合键打开【设置数据标签格式】对话框，切换到【填充】选项卡，选择【图片或纹理填充】单选钮，单击【剪贴板】按钮，将所选数据标签设置为左箭头形状。使用相同的方法，将【系列 1 数据标签】设置为绿色下箭头形状，如图 157-9 所示。

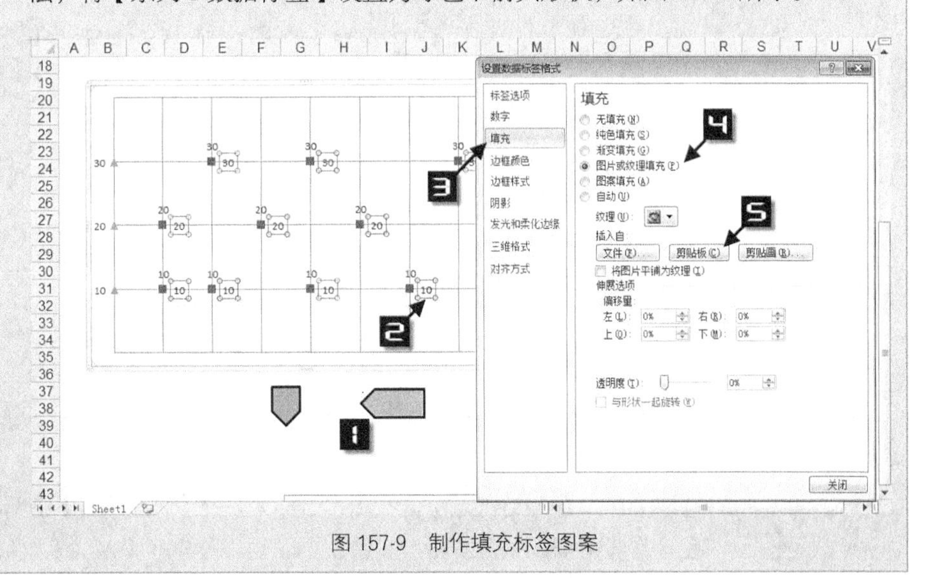

图 157-9　制作填充标签图案

Step 9 单击图表中黄色的【系列 2 数据标签】，选择该数据系列所有的标签。再单击“旅游”标签，选择单个数据标签，在公式编辑栏输入公式“=Sheet1!$M$10”，按回车键完成设置单元格引用，使用相同的方法，逐个设置数据标签引用对应的单元格。其中【系列 2 数据标签】分别引用 B10:V10，【系列 1 数据标签】分别引用 B11:V11，【模拟 Y 轴数据标签】分别引用 B13:B15，如图 157-10 所示。

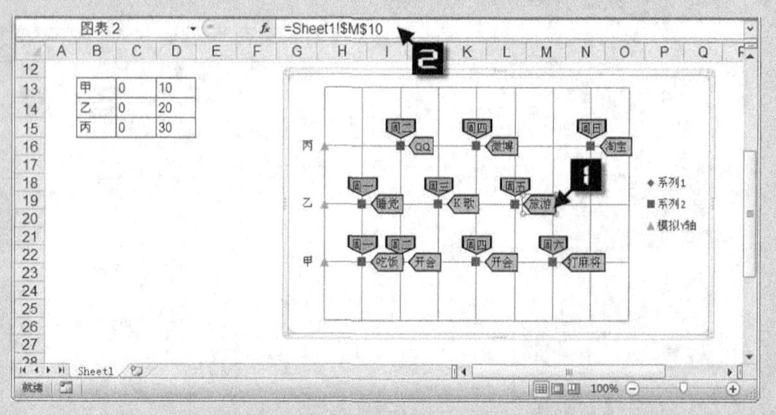

图 157-10　修改数据标签

为了提高效率，可以使用数据标签修改小工具实现批量修改图表的数据标签，数据标签修改小工具下载地址为 http://club.excelhome.net/thread-256051-1-1.html。

Step 10 删除图例，添加图表标题，调整绘图区大小，完成网格点图，如图 157-11 所示。

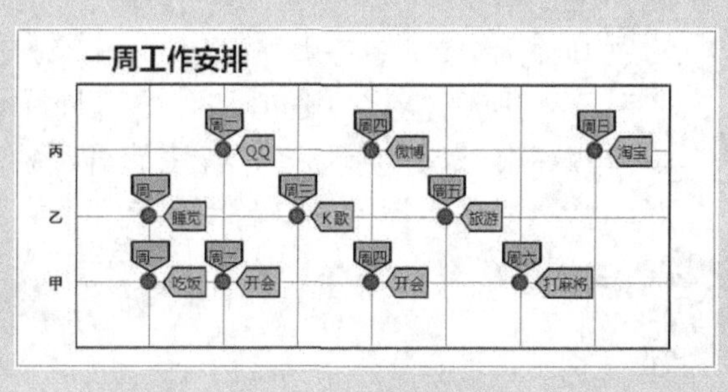

图 157-11　网格点图

技巧 158　信息式图表

信息式图表是由若干个饼图和文字组成的一种图表。Excel 2010 增强了图片功能，用户可以方便地制作信息式图表。

Step 1 选取 D2:E2 单元格区域，依次单击【插入】→【饼图】→【饼图】命令，在工作表中插入一个饼图。然后在【图表工具】→【格式】选项卡中调整图表的【形状高度】和【形状宽度】均为【3 厘米】，如图 158-1 所示。

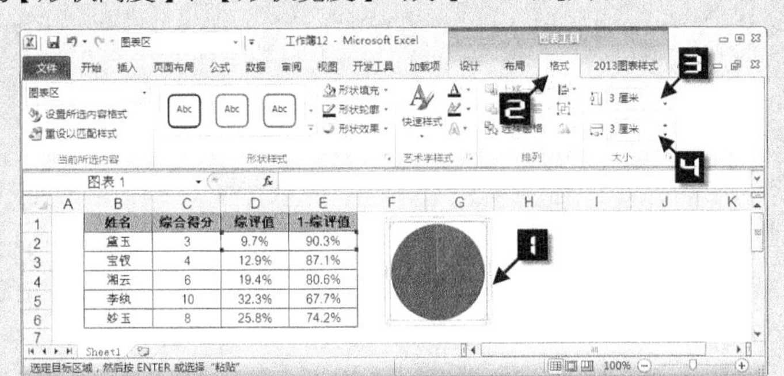

图 158-1　制作饼图

Step 2　选择饼图数据系列，再次选择饼图中红色扇区，然后在【图表工具】→【格式】选项卡中单击【形状填充】→【无填充颜色】命令，以及【形状轮廓】→【浅蓝】命令，将所选扇区设置为透明。使用相同的方法，将图表区和绘图区均设置为【无填充颜色】和【无轮廓】的透明背景。再将饼图复制粘贴 4 个，分别调整复制饼图的引用单元格区域为 D3:E3、D4:E4、D5:E5、D6:E6，完成 5 个透明饼图，如图 158-2 所示。

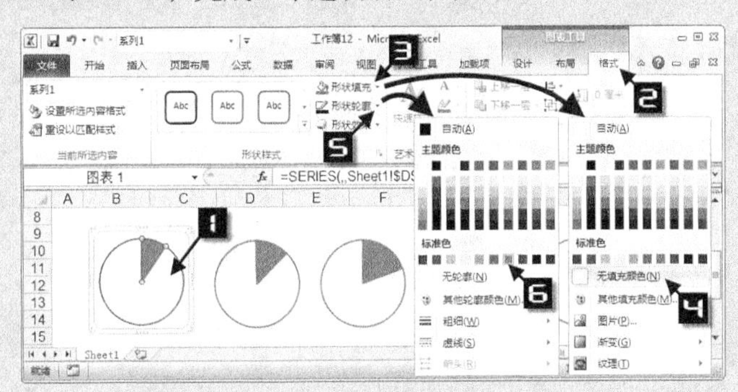

图 158-2　设置饼图格式

Step 3　选取饼图，复制，单击【开始】，再选择工作表的一个空白单元格，然后单击【粘贴】→【粘贴为图片】命令，将图表粘贴为一个透明图片，调整图片的高度和宽度均为 1 厘米左右。使用相同的方法，分别复制其他 4 个图表，粘贴为图片，如图 158-3 所示。

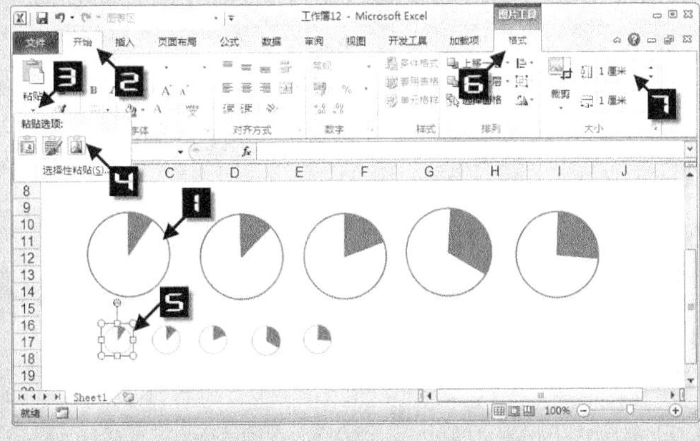

图 158-3　转换图表为图片

Step 4 选取 B21:E26 单元格区域，依次单击【插入】→【折线图】→【堆积折线图】命令，在工作表插入一个折线图，再单击【图表工具】→【设计】→【切换行/列】命令，生成有 5 个数据系列的折线图，如图 158-4 所示。

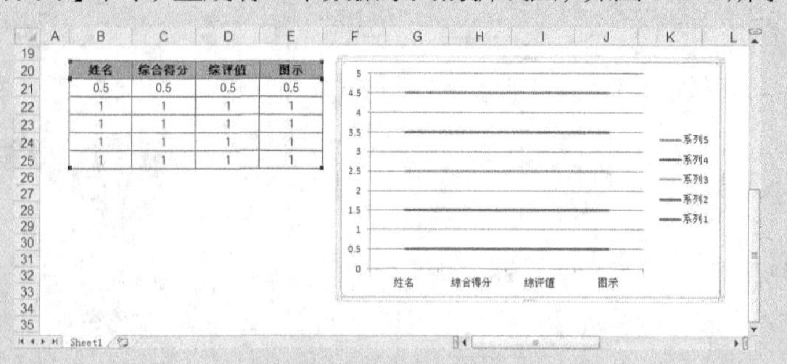

图 158-4 创建折线图

Step 5 设置垂直（值）轴格式。选择垂直（值）轴，按<Ctrl+1>组合键打开【设置坐标轴格式】对话框，设置【主要刻度单位】为【固定】数值“1.0”，设置【次要刻度单位】为【固定】数值“0.5”，选择【逆序刻度】复选框，切换到【线条颜色】选项卡，选择【无线条】，如图 158-5 所示。

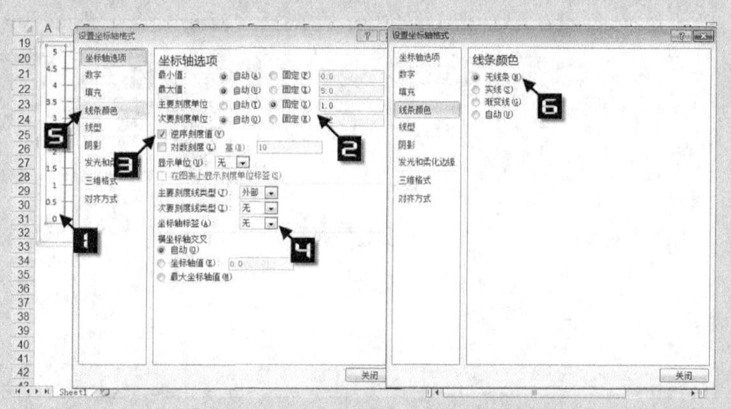

图 158-5 设置垂直（值）轴格式

Step 6 设置水平轴格式。删除图例，单击水平轴，切换到【线条颜色】选项卡，选择【无线条】，如图 158-6 所示，单击【关闭】按钮，关闭【设置坐标轴格式】对话框。

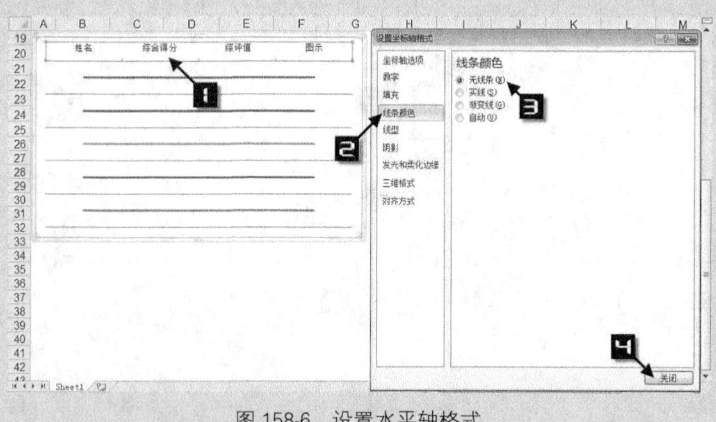

图 158-6 设置水平轴格式

Step 7　选择图表，选择【布局】选项卡中的【网格线】→【主要横网格线】→【主要网格线和次要网格线】命令，为图表添加网格线。再选择次要横网格线，单击【格式】→【形状轮廓】→【黑色】命令，选择主要网格线，单击【形状轮廓】→【白色】→【粗细】→【2.25】，如图 158-7 所示。

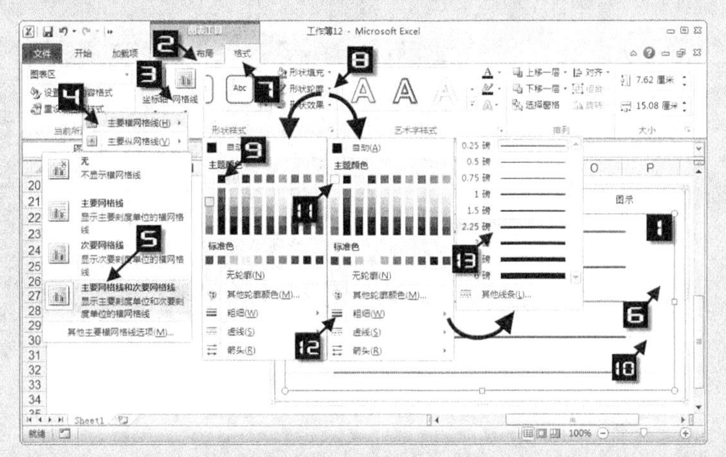

图 158-7　设置网格线

Step 8　选择图表，依次单击【图表工具】→【布局】选项卡中的【数据标签】→【居中】命令，在图表中显示数据标签，逐个删除最右侧的一列数据标签，再手工修改数据标签引用 B2:D6 单元格的内容，如图 158-8 所示。

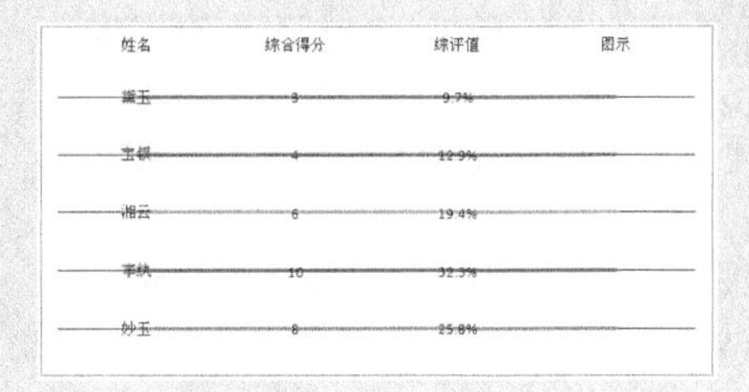

图 158-8　添加数据标签

Step 9　设置各数据【线条颜色】为【无线条】，选择准备好的透明饼图图片，按<Ctrl+C>组合键复制，选中图表中的数据系列【系列 1】，再单击右侧的【图示】数据点，按<Ctrl+V>组合键进行粘贴，所选数据点应用图片填充，如图 158-9 所示。使用相同的方法，复制粘贴其他 4 个数据点图片，然后设置各系列【线条颜色】为【无线条】。

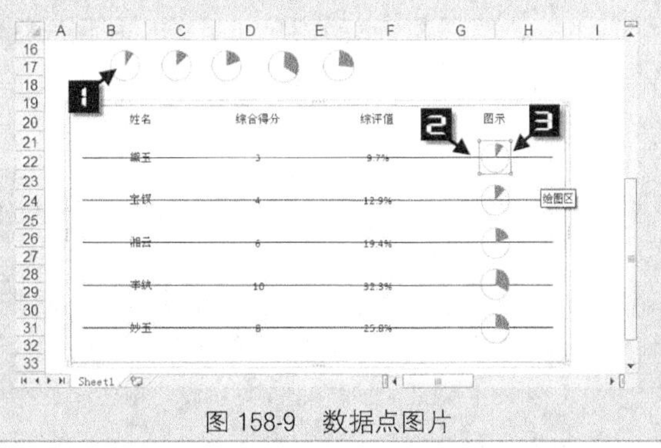

图 158-9　数据点图片

Step 10 选择图表区，单击【开始】选项卡中的【填充颜色】为“黑色”,【字体颜色】为“白色”。再选择绘图区，单击【开始】选项卡中的【填充颜色】为“黑色”。添加图表标题，适当调整绘图区大小和字体，完成图表制作，如图 158-10 所示。

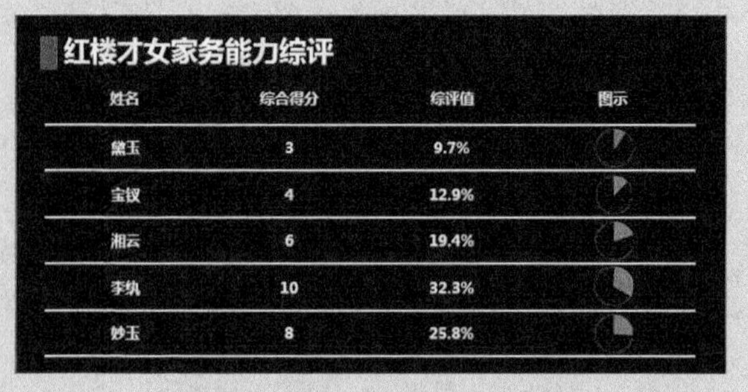

图 158-10　信息式图表

技巧 159　直示式比对图

直示式比对图以其明显的标识将比对结果呈现给读者。

Step 1 作图数据整理。在 F3:M3 单元格区域分别输入下列公式，并下拉填充公式至 16 行，完成作图数据编辑，如图 159-1 所示。

```
=B3
=D3
=2
=D3-C3
=IF(E12>0,D12,NA())
=IF(E12<0,D12,NA())
=IF(E12,NA(),D12)
=2
```

	10年	11年
空调	10.3	9.3
洗衣机	18.5	18.5
手机	18.9	24.6
电脑	19.8	10.3
汽车	4	13.8

	本期	留空	变化值	上升	下降	持平	标签
空调	9.3	2	-1		2		2
洗衣机	18.5	2	0			2	2
手机	24.6	2	5.7	2			2
电脑	10.3	2	-9.5		2		2
汽车	13.8	2	9.8	2			2

图 159-1　作图数据

Step 2 选择 F3:M3 单元格区域，依次单击【插入】选项卡中的【柱形图】→【堆积柱形图】命令，在工作表中插入一个堆积柱形图，再单击【图表工具】→【设计】→【切换行/列】命令，生成有 7 个数据系列的堆积柱形图，如图 159-2 所示。

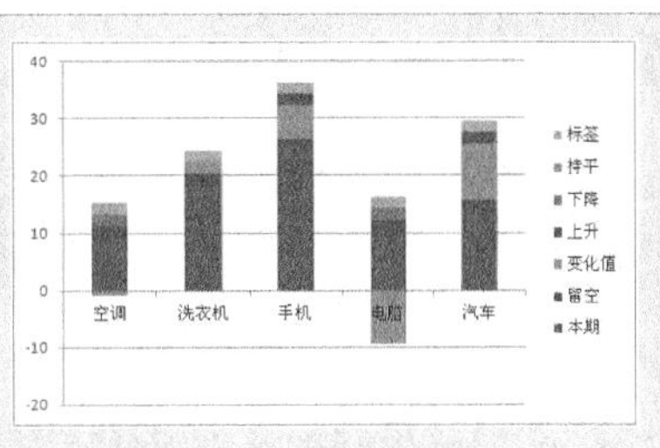

图 159-2　创建堆积柱形图

Step 3 选择图表中的【变化值】数据系列，按〈Delete〉键删除。选择【留空】数据系列，单击【图表工具】→【格式】选项卡中的【形状填充】→【无填充颜色】命令，同样地，再设置【标签】系列，如图 159-3 所示。

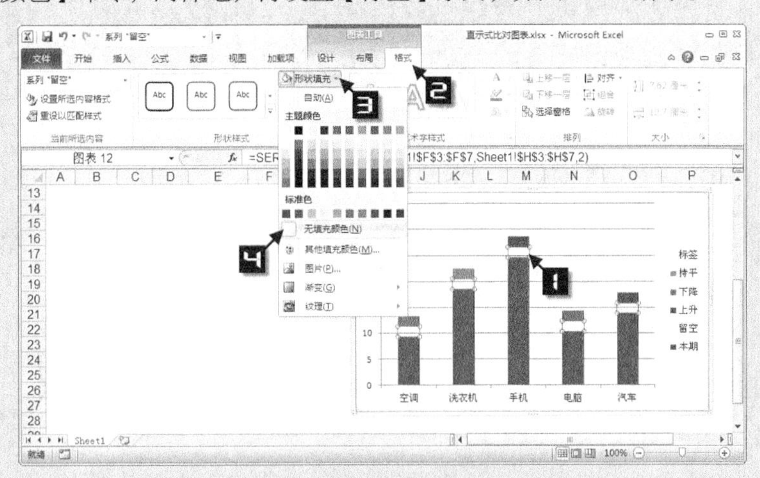

图 159-3　设置数据系列

Step 4 选中图表中的【标签】数据系列，依次单击【图表工具】→【布局】选项卡中的【数据标签】→【轴内侧】命令，在柱形图上方显示数据标签。再删除网格线和垂直（值）轴，删除【标签】和【留空】图例项，并将图例移动到图表上方，如图 159-4 所示。

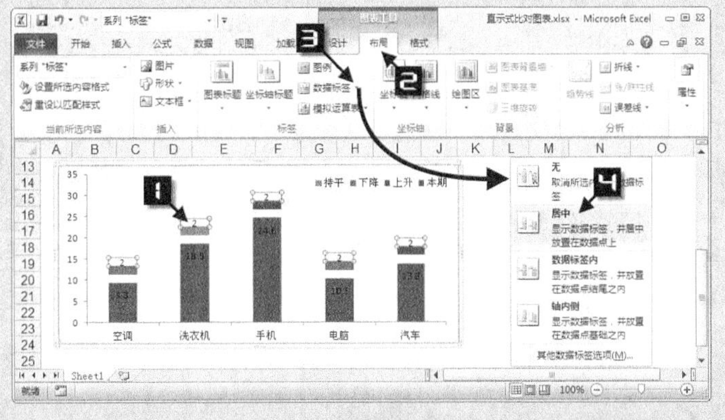

图 159-4　添加数据标签

Step 5 依次单击【插入】→【形状】→【上箭头】命令，在工作表中绘制一个上箭头图形，调整为三角形，再单击【绘图工具】→【格式】选项卡中的【形状填充】→【绿色】命令，完成上箭头格式设置。使用相同的方法，插入【下箭头】和【等号】形状，如图 159-5 所示。

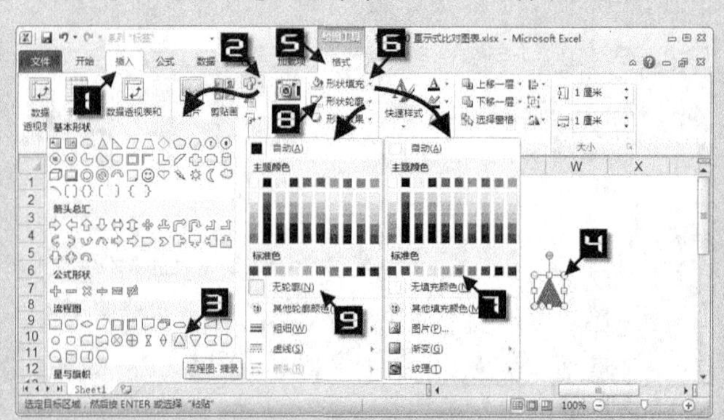

图 159-5　绘制形状

Step 6　单击图片【上箭头】，按<Ctrl+C>组合键，单击【上升】系列，按<Ctrl+V>组合键粘贴到柱形图中。使用同样的方法，将【下箭头】和【等号】形状，分别粘贴到【下降】和【持平】系列的柱形图中，如图 159-6 所示。

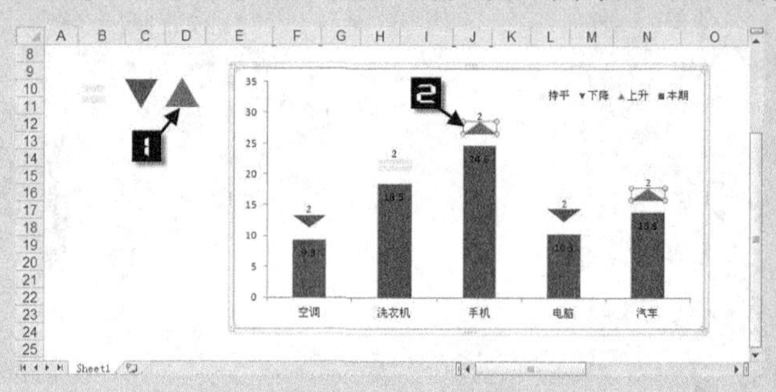

图 159-6　添加标识图片

Step 7　添加【本期】数据系列标签，手工修改【标签】系列数据标签分别引用 I3:I7 单元格区域。将绘图区调整至图表区右侧，在图表区左侧加入图表标题、副标题、说明文字、图片和脚注等，设置图表格式，完成直示式比对图，如图 159-7 所示。

图 159-7　直示式比对图

技巧 160　表样式图表

表样式图表是使用条形图和文字、图片组合绘制的界面类似 Excel 2010 表样式的图表。

Step ① 根据 C2:G8 单元格区域的数据表，构建 I2:N9 单元格区域的绘图数据表，如图 160-1 所示。

姓名	编号	相片	考核项目	综合得分
李纨	HL02009		魅力指数	15
妙玉	HL04011		魅力指数	11
史湘云	HL03008		魅力指数	9
贾探春	HL01009		魅力指数	6
薛宝钗	HL03004		魅力指数	5
林黛玉	HL03006		魅力指数	3

背景条形	姓名	编号	相片	考核项目	综合得分
55	10	10	5	10	20
	10	10	5	10	15
55	10	10	5	10	11
	10	10	5	10	9
55	10	10	5	10	6
	10	10	5	10	5
55	10	10	5	10	3

图 160-1　绘图数据表

Step ② 选择 I2:N9 单元格区域的绘图数据表，在【插入】选项卡中，依次单击【条形图】→【堆积条形图】命令，在工作表中插入一个条形图，删除图例和网格线，如图 160-2 所示。

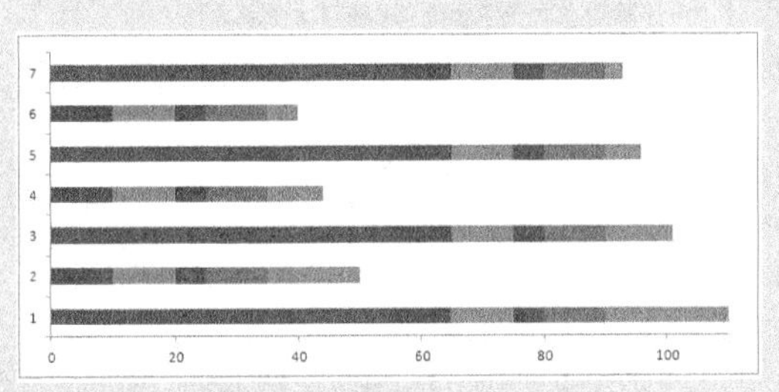

图 160-2　堆积条形图

Step ③ 在图表选择【姓名】系列，按<Ctrl+1>组合键，打开【设置数据系列格式】对话框，选择【系列绘制在】→【次坐标轴】选项。使用相同的方法，设置 “编号”、“相片”、“考核项目”、“综合得分” 4 个数据系列也绘制在次坐标轴上，在【布局】选项卡中，依次单击【坐标轴】→【次要纵坐标轴】→【显示默认坐标轴】，如图 160-3 所示。

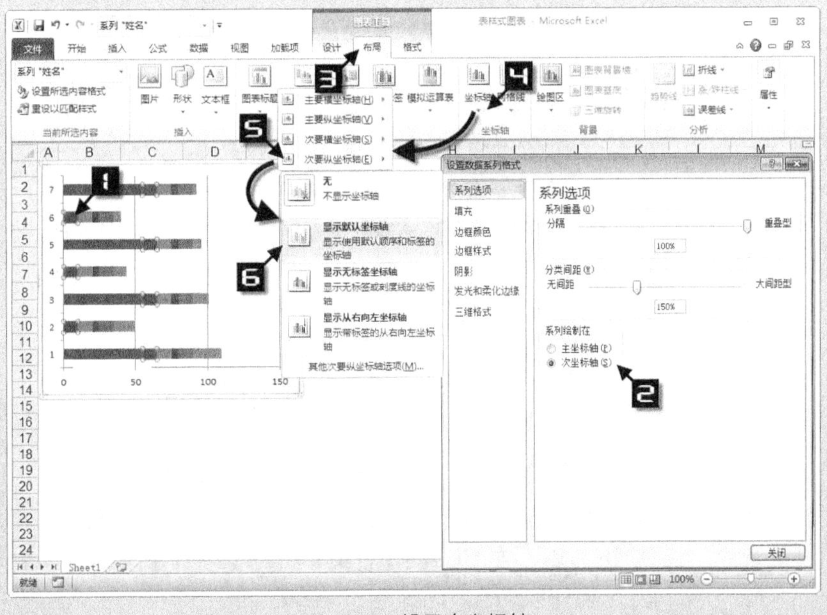

图 160-3　设置次坐标轴

Step 4 单击图表中主要横坐标轴，切换到【设置坐标轴格式】对话框，设置坐标轴刻度的【最小值】为【固定】数值“0”，设置【最大值】为【固定】数值“55”，设置【主要刻度线类型】和【坐标轴标签】均为“无”，如图 160-4 所示。再单击次要横坐标轴，同样设置坐标轴格式。

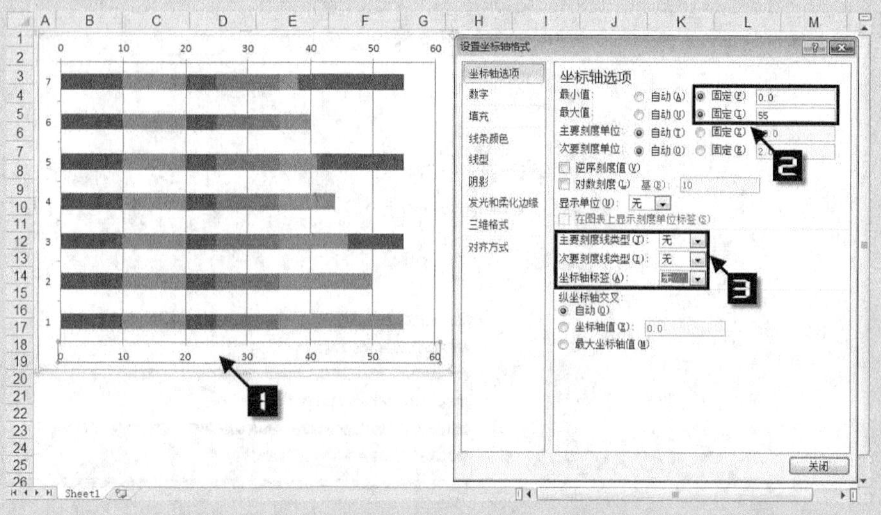

图 160-4 设置坐标轴刻度

Step 5 单击【次坐标轴 垂直（值）轴】，选择【逆序类别】复选按钮，使条形图的排列顺序与数据表相同，如图 160-5 所示。删除垂直（值）轴和次垂直（值）轴，完成设置坐标轴格式。

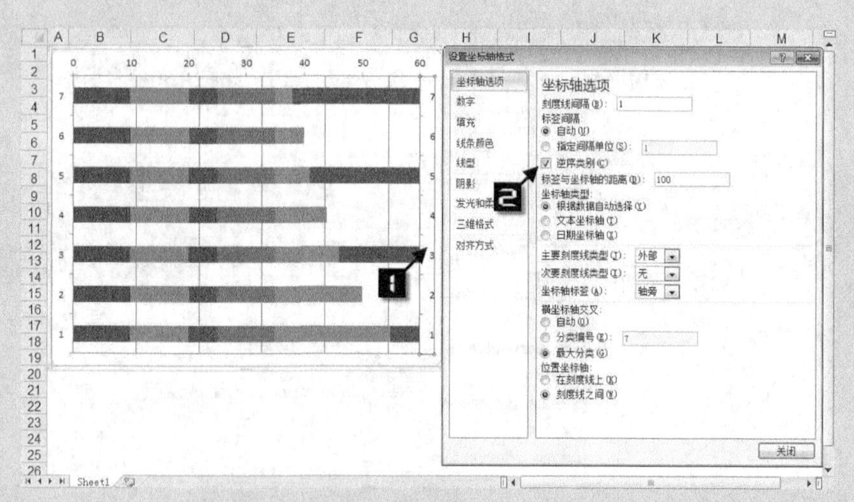

图 160-5 设置次垂直（值）轴格式

Step 6 单击【背景条影】系列，设置【分类间距】为“0%”，切换到【填充】选项卡，选择【纯色填充】单选钮，【颜色】选择“白色，背景 1，深色 25%”，如图 160-6 所示，单击【姓名】系列，设置【分类间距】为“30%”。

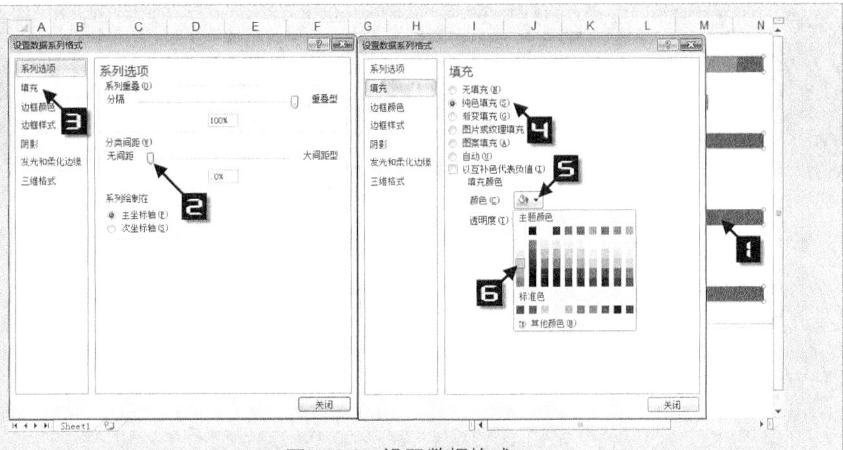

图 160-6　设置数据格式

Step 7　为“姓名”、“编号”、“照片”、“考核项目”、“综合得分”系列添加数据标签，分别引用 C2:G8 区域文字。然后分别复制 E3:E8 区域内的图片，单击图表中的“相片”系列，再单击对应的数据点，粘贴图片到所选数据点上，如图 160-7 所示。为了提高效率，可以使用数据标签修改小工具实现批量修改图表的数据标签。

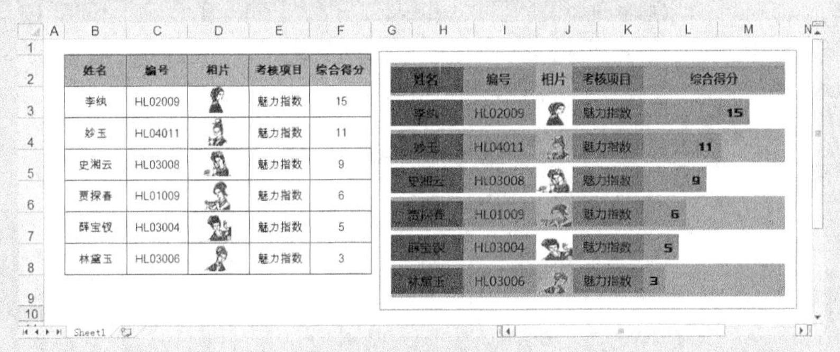

姓名	编号	相片	考核项目	综合得分
李纨	HL02009		魅力指数	15
妙玉	HL04011		魅力指数	11
史湘云	HL03008		魅力指数	9
贾探春	HL01009		魅力指数	6
薛宝钗	HL03004		魅力指数	5
林黛玉	HL03006		魅力指数	3

图 160-7　添加数据标签

Step 8　分别选择“姓名”、“编号”、“照片”、“考核项目”系列以及“综合得分”第一个数据点，切换到【填充】选项卡，选择【无填充】单选钮，完成设置数据系列格式，如图 160-8 所示。

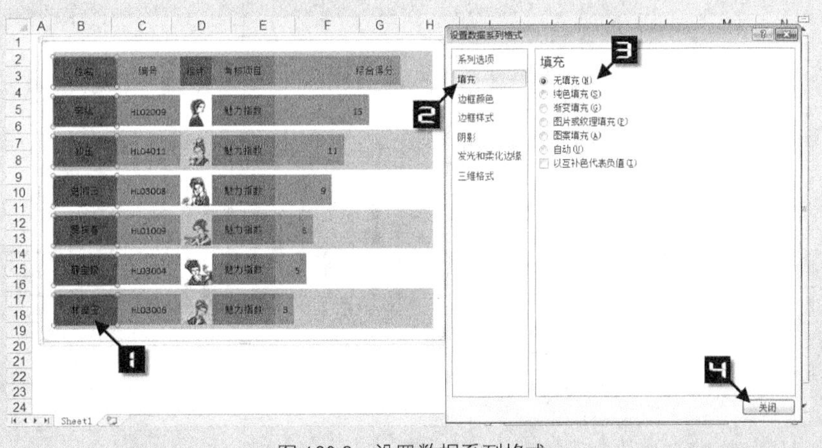

图 160-8　设置数据系列格式

Step 9 设置图表标题，调整绘图区大小，完成表样式图表，如图 160-9 所示。

红楼人物魅力指数

姓名	编号	相片	考核项目	综合得分
李纨	HL02009		魅力指数	15
妙玉	HL04011		魅力指数	11
史湘云	HL03008		魅力指数	9
贾探春	HL01009		魅力指数	6
薛宝钗	HL03004		魅力指数	5
林黛玉	HL03006		魅力指数	3

图 160-9　表样式图表

技巧 161　消费总分图

利用柱形图、折线图和形状的组合，可以制作出令人耳目一新的图表。

Step 1 选择 A1:C16 单元格区域，单击【插入】选项卡中的【柱形图】→【簇状柱形图】命令，在工作表中插入一个柱形图，删除图例、网格线、垂直轴，如图 161-1 所示。

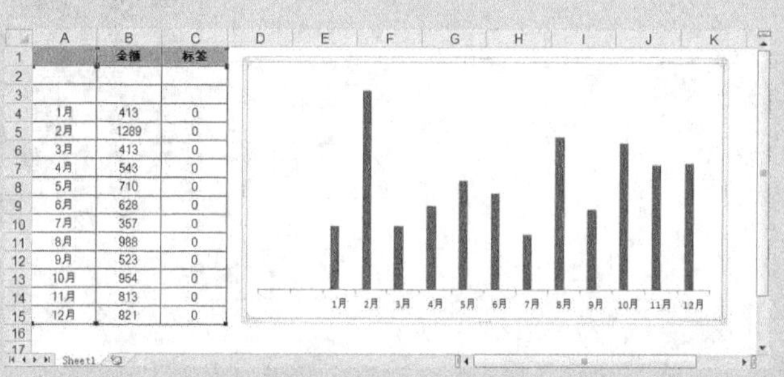

	金额	标签
1月	413	0
2月	1289	0
3月	413	0
4月	543	0
5月	710	0
6月	628	0
7月	357	0
8月	988	0
9月	523	0
10月	954	0
11月	813	0
12月	821	0

图 161-1　创建图表

Step 2 选择【水平分类轴】，按<Ctrl+1>组合键打开【设置坐标轴格式】对话框，设置【主要刻度线类型】为“无”，设置【坐标轴标签】为“无”，如图 161-2 所示。

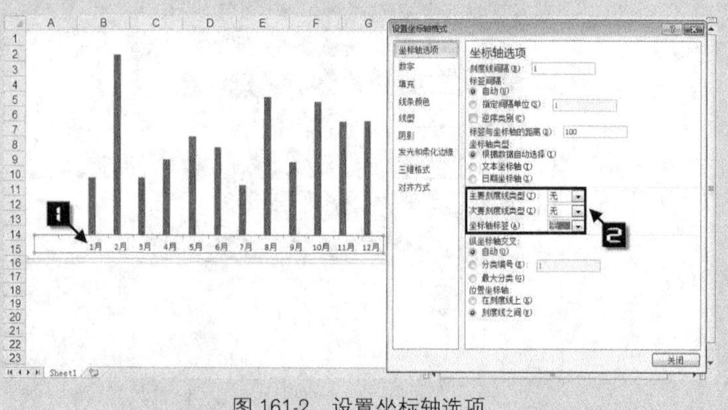

图 161-2　设置坐标轴选项

Step 3　切换到【线条颜色】选项卡，选择【实线】单选钮，单击【颜色】下拉按钮，选择“橙色，强调文字颜色 6，深色 25%”。再切换到【线型】选项卡，设置线型【宽度】为“6 磅”，单击【关闭】按钮关闭对话框，完成设置坐标轴格式，如图 161-3 所示。

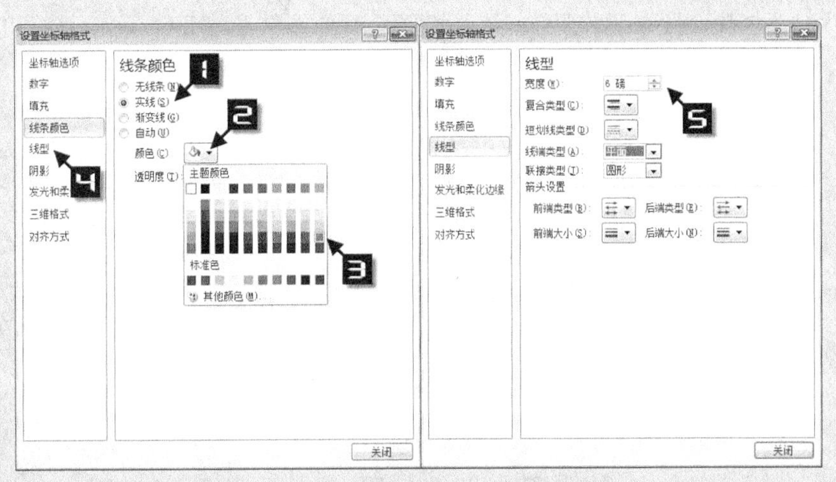

图 161-3　设置坐标轴格式

Step 4　选择图表，在【布局】选项卡【当前所选内容】组中选择【系列“标签”】，切换到【设计】选项卡，然后依次单击【更改图表类型】→【XY（散点图）】→【仅带数据标记的散点图】→【确定】，将所选系列更改为散点图，如图 161-4 所示。

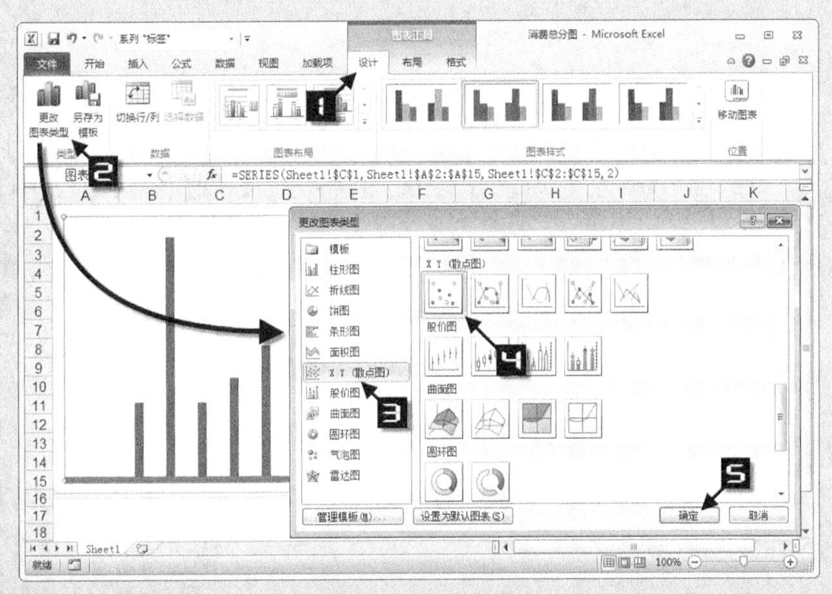

图 161-4　更改图表类型

Step 5　切换到【数据标记选项】页，选择【内置】→【圆点】→【25】，切换到【数据标记填充】选项卡，选择【纯色填充】单选钮，【颜色】选择“橙色，强调文字颜色 6，深色 25%”，如图 161-5 所示。

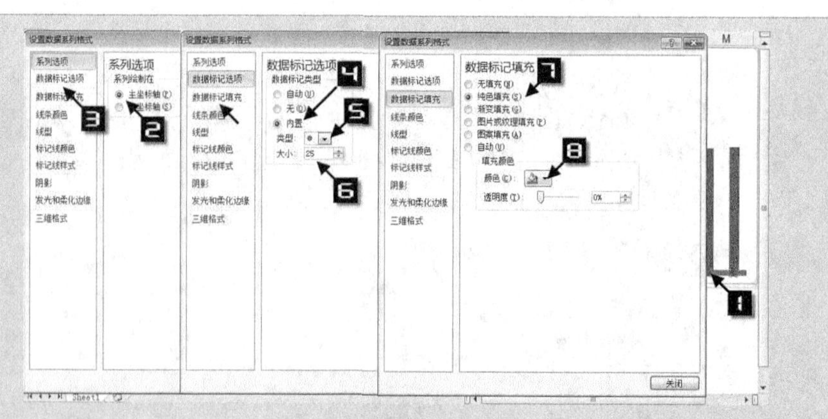

图 161-5 设置数据格式

Step 6 切换到【标记线颜色】选项卡，选择【实线】单选钮，在【颜色】下拉表中选择“白色”，切换到【标记线样式】选项卡，【宽度】选择“2 磅”，【复合类型】选择“双线”，如图 161-6 所示。

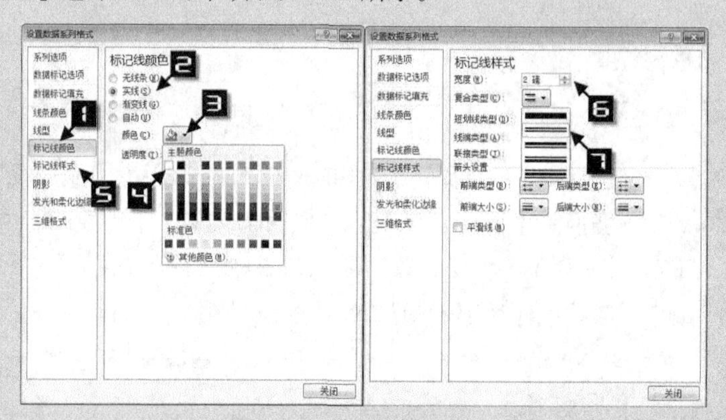

图 161-6 设置数据格式

Step 7 分别为【金额】、【标签】数据添加数据标签，选择【标签】数据标签，选择【系列名称】复选框，取消勾选【X 值】单选钮，选择【标签位置】→【居中】选项按钮，设置【标签】数据标签字体颜色为“白色”，如图 161-7 所示，选择【系列“金额”】，设置填充颜色为“浅橙色”，柱形图中“2 月”柱体颜色设置为“橙色”。

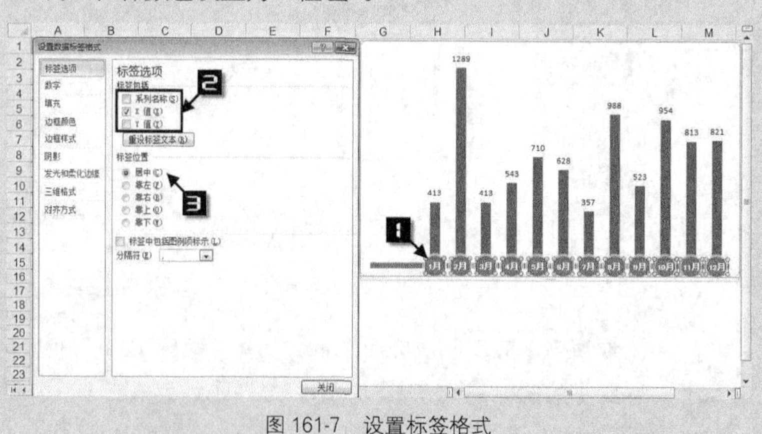

图 161-7 设置标签格式

Step 8

选择图表，调整绘图区大小。单击【插入】选项卡中的【形状】→【椭圆】，按住<Shift>键在图表左侧绘一个圆，并使圆形与水平线相切。然后在【格式】选项卡中选择【形状轮廓】→【橙色，强调文字颜色 6，深色 25%】，再单击【形状轮廓】→【粗细】→【6 磅】命令，并设置圆形的颜色为【无填充颜色】，完成圆形格式设置，如图 161-8 所示。

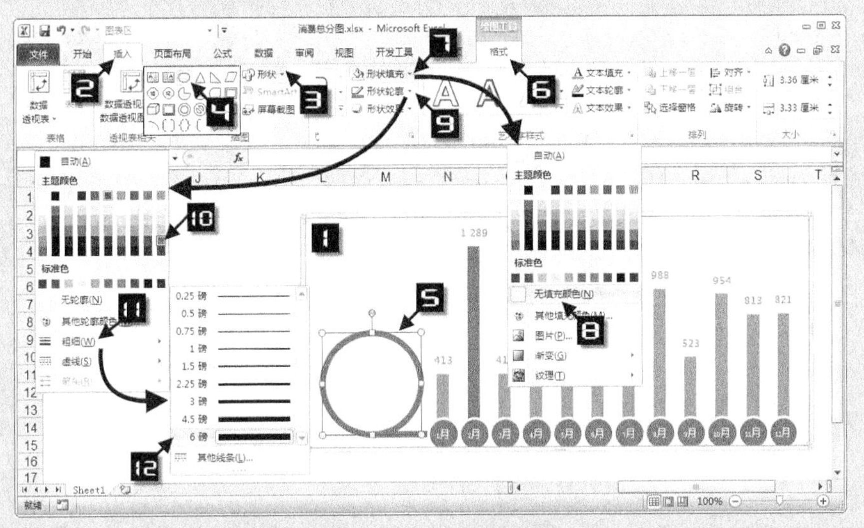

图 161-8　设置圆形格式

Step 9

在 F2 单元格输入“全年消费金额 8450”，选择圆形图形，在公式编辑栏输入公式“=Sheet1!$E$2”，按回车键完成设置圆形引用单元格内容。再单击【开始】选项卡中【垂直居中】和【居中】命令，将文字设置到圆形中间，如图 161-9 所示。

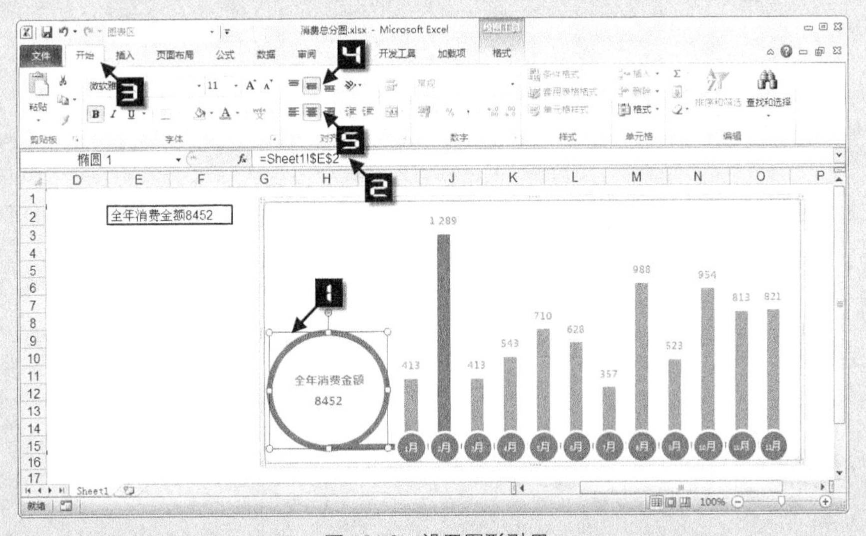

图 161-9　设置图形引用

Step 10

添加图表标题，调整图表区和绘图区大小，完成点柱组合图，如图 161-10 所示。

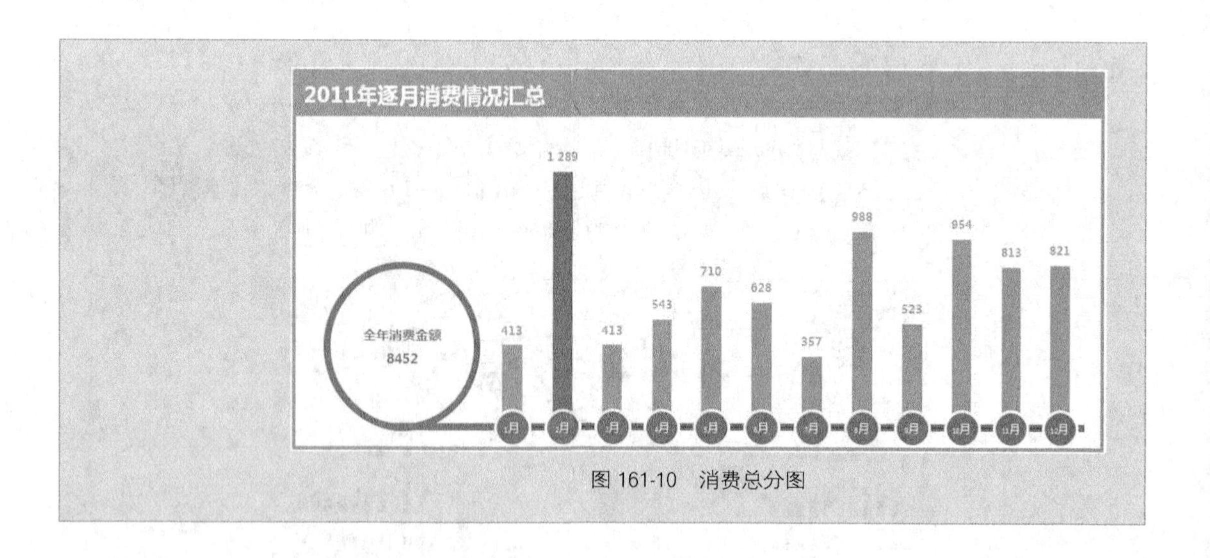

图 161-10　消费总分图

延伸阅读…… **Excel 2010 数据透视表应用大全**

在高度信息化的今天，大量数据的处理与分析成为个人或企业迫切需要解决的问题。Excel 数据透视表作为一种交互式的表，具有强大的功能，在数据分析工作中显示出越来越重要的作用。本书内容翔实全面，全方位涉猎 Excel 2010 数据透视表及其应用的方方面面；叙述深入浅出，每个知识点辅以实例来讲解分析，让读者知其然也知其所以然；要点简明清晰，帮助读者快速查找并解决学习工作中遇到的问题。本书面向应用，深入实践，大量典型的示例更可直接借鉴。我们相信，通过精心挑选的示例，有助于原理的消化学习，并使技能应用成为本能。

简要目录